CHAOS – ANTICHAOS

BYBLOS VERLAG BERLIN

Jack Cohen & Ian Stewart

Chaos – Antichaos

Ein Ausblick auf die Wissenschaft des 21. Jahrhunderts

AUS DEM ENGLISCHEN VON FRIEDRICH GRIESE

Sonderausgabe Byblos Verlag GmbH, Berlin 1997

Die Originalausgabe erschien 1994 unter dem Titel
'The Collaps of Chaos. Discovering Simplicity in a Complex World'
bei Viking Penguin, New York.

how exquistiley the individual mind to
the external world
is fitted – and how exquisitiley, too
the external world is fitted to the mind
and the creation (by lower name
can it be called) which they with blended might
accomplish.

William Wordsworth

»Das nächste große Erwachen des menschlichen Geistes könnte durchaus eine Methode hervorbringen, den qualitativen Inhalt der Gleichungen zu verstehen. Heute können wir es nicht. Heute können wir nicht verstehen, daß die Strömungsgleichungen des Wassers so etwas enthalten wie die spiralige Struktur der Turbulenz, die man zwischen rotierenden Zylindern beobachtet. heute können wir nicht verstehen, ob Schrödingers Gleichung Frösche, Komponisten oder Moral enthält – oder ob sie sie nicht enthält.«

Richard P. Feynman

[Inhalt]

[Vorwort]

Diesem Buch liegt ein Paradox zugrunde. Je mehr wir über das Universum erfahren, desto komplizierter erscheint es uns, doch wir haben entdeckt, daß hinter diesen Komplexitäten etwas ganz Einfaches steckt: die Naturgesetze. Wie können einfache Gesetze ein komplexes Verhalten erklären? Woher »kommt« die Komplexität? Wie ist es möglich, daß die ungeheure Vielfalt des Lebens auf der Erde aus einfachen chemischen Substanzen hervorgegangen ist? Wie konnte sich eine so komplizierte Struktur wie das Gehirn entwickeln? Die Wissenschaft hat im Laufe der Jahrhunderte ein ausgedehntes System von Antworten auf solche Fragen entwickelt, eine praktische Philosophie, die wir als Reduktionismus bezeichnen und die uns zeigt, wie komplexe Erscheinungen auf einer Beschreibungsebene sich zurückführen lassen auf die Wechselwirkung einer Vielzahl einfacher Elemente auf einer tieferen Ebene. Die Komplexität der Lebewesen läßt sich zum Beispiel darauf zurückführen, daß sie DNS enthalten. In diesem wirklich riesigen Molekül liegt eine ungeheure Menge von Informationen verschlüsselt, die einem Organismus sagen, was im Laufe seiner Entwicklung zu geschehen hat.

Das Universum erscheint nicht immer komplex. Im Alltag erfahren wir die Welt als relativ einfach – wir könnten auch gar nicht funktionieren, wenn wir mit all den Komplexitäten zurechtkommen müßten. Wir können uns, wenn wir die Welt und die Stellung des Menschen in ihr verstehen wollen, nicht nur darauf beschränken, die komplexen Dinge einer höheren Ebene mit einfachen Dingen auf einer tieferen Ebene zu erklären. Wir müssen außerdem erklären, warum wir die Welt auf jeder Daseinsebene so behandeln können, als wäre sie einfach.

Woher kommen die Einfachheiten der Natur? Meist wird darauf geantwortet, daß die Natur in ihrem innersten Wesen einfach sei: Ihrem Geschehen liegen einfache Gesetze zugrunde. Was wir im großen Maßstab als einfach beobachten, die Spiralform der Galaxien oder die V-förmige Flugformation der Gänse, ist nichts als die auf einer höheren Ebene sichtbar werdende tiefere Einfachheit. Leider ist diese Antwort nicht mehr überzeugend. Nach der Chaostheorie können einfache Gesetze sehr komplizierte, praktisch unvorhersehbare Folgen haben. Einfache Ursachen können komplexe Wirkungen nach sich ziehen. Nach der Komplexitätstheorie verhält es sich umgekehrt: Komplexe Ursachen können einfache Wirkungen nach sich ziehen. Und nach der gängigen reduktionistischen Theorie steckt hinter den einfachen Großstrukturen des Universums nicht Einfachheit, sondern unfaßbare Komplexität. Die Spiralarme einer Galaxie enthalten unzählige, fast beliebig verteilte Sterne. Eine der weitestreichenden Einfachheiten der Biologie besagt, daß das Erbmaterial fast aller Lebensformen aus ein und demselben Riesenmolekül aufgebaut ist; dessen Funktionen beruhen aber auf einem verwickelten chemischen Code, dessen Entschlüsselung, nur auf das menschliche Erbmaterial bezogen, einen Aufwand erfordert, der dem gesamten amerikanischen Raumfahrtprogramm entspricht.

Unser Buch zeigt, wie Einfachheit in der Natur aus Chaos und Komplexität erzeugt wird. Das sind zwei Themen, die im Grenzbereich des modernen Denkens liegen und oft miteinander verwechselt werden. In einer Flut neuerer Bücher ist das eine oder andere zum allgemeinen, alles erklärenden Prinzip erhoben worden. Wir fragen, wie sich in einem chaotischen Universum die großen Einfachheiten der Natur behaupten können. Wir betrachten beides, das Chaos und die Komplexität, und leiten die Einfachheit aus ihrer Wechselwirkung her. Wir zeigen, daß die einfachen Großstrukturen in vielen verschiedenen komplexen Systemen auftreten, weil Muster dieser Art nicht von den Details der Grundlage abhängen.

Das Buch gliedert sich in zwei Teile. In der ersten Hälfte geht es um das, was die Wissenschaft weiß, in der zweiten geht es um die Frage, wie das, was die Wissenschaft weiß – und was sie nicht weiß –, zu beurteilen ist. Die erste Hälfte ist eine Besichtigungsfahrt zu den Inseln der Wahrheit, die von der herkömmlichen Wissenschaft kartographisch erfaßt wurden; die zweite Hälfte ist ein gewagter und unorthodoxer Sprung in die Meere der Unwissenheit, von denen sie umgeben sind. In der ersten Hälfte können wir Ihnen anhand von etlichen Straßenkarten im voraus sagen, wohin die Reise gehen soll. Das geht in der zweiten Hälfte nicht, weil es dort, wo wir hinreisen wollen, nicht nur keine Straßenkarten, sondern auch keine Straßen gibt. Wir werden jedoch hier und da Warnschilder aufstellen: Hier wohnen Drachen.

Kurz, in der ersten Hälfte wird erklärt, wie einfache physikalische Gesetze über die Chemie der DNS-Moleküle zu der Komplexität von Lebewesen, zu Evolution, Intelligenz und menschlicher Kultur führen. Dies ist die herkömmliche reduktionistische Sicht. Nebenbei geben wir eine knappe Einführung in die zentralen Fragen der modernen Wissenschaft, von der wir hoffen, daß sie verständlich und in sich schlüssig ist. Wir behandeln die Kosmologie, die Quantenmechanik, den Pfeil der Zeit, die biologische Entwicklung, die Evolution, das Bewußtsein, die Intelligenz und die Kultur. Dabei ist Wissenschaft für uns kein starres System von unzweifelhaften Erkenntnissen, sondern ein sich entwickelndes System von Ideen.

Das zentrale Kapitel 7 zeigt, daß die Frage, woher die Komplexität kommt, falsch gestellt ist. Wichtiger ist, sich zu fragen, warum es überhaupt Einfachheit gibt. Die erste Hälfte stellt die anerkannten wissenschaftlichen Fakten bereit, anhand derer diese verzwicktere Frage in der zweiten Hälfte im Zusammenhang betrachtet werden kann. Einfachheiten der Form, der Funktion und des Verhaltens – so unsere These – ergeben sich unter Einwirkung äußerer Zwänge aus Komplexitäten auf tieferen Ebenen. Nicht Dinge stehen im Mittelpunkt, sondern die Regeln für das Verhalten der Dinge. Wir gehen an die Fragen, die in der ersten Hälfte diskutiert werden, auf eine neue und teils auch ketzerische Weise heran. Wir treten zum Beispiel der Ansicht entgegen, die DNS sei eine genetische Blaupause für Organismen, indem wir nachweisen, daß im Prinzip zwei völlig verschiedene Organismen eine identische DNS besitzen könnten. Ob das in der Natur vorkommt? Wenn, dann wäre es sehr aufschlußreich ... Während die Evolution sonst direkt auf chemische Veränderungen in der DNS zurückgeführt wird, sind wir der Ansicht, daß sich bei den meisten Formänderungen von Organismen an den Genen überhaupt nichts ändert – und daß sich sogar bei gleichbleibender Form die Gene beträchtlich ändern können.

Im letzten Kapitel werden Inhalt und Kontext zu zwei neuen Begriffen zusammengefaßt: Simplexität und Komplizität. Unter Simplexität verstehen wir die Tendenz, daß in Systemen, deren Gesamtstruktur nicht von den Details ihrer Grundlage abhängt, aus der zugrunde liegenden Unordnung und Komplexität einfache Regeln entstehen. Unter Komplizität verstehen wir die Tendenz, daß wechselwirkende Systeme sich gemeinsam in einer Weise entwickeln, durch die beide verändert werden, wobei aus einfachen Anfängen wachsende Komplexität entsteht, eine Komplexität, die im Detail nicht vorhersagbar ist, deren allgemeine Richtung aber begreiflich und absehbar ist.

Aus der Tatsache, daß in der zweiten Hälfte Lücken in den orthodoxen Theorien des ersten Teils aufgedeckt werden, sollten Sie nicht schließen, daß wir diese Theorien für falsch halten. Sie sind, so weit wie sie gehen, schon richtig, nur gehen sie nicht weit genug. Der Reduktionismus ist auf halbem Wege stehen geblieben. Wir möchten jedoch nicht bloß Lücken aufspüren, sondern auch herausfinden, wie man sie schließen kann. Wir möchten Ihnen eine andere, sehr viel geheimnisvollere Welt zum Bewußtsein bringen. Das, was wir erklären wollen, ist bisher nicht formalisiert worden, und deshalb greifen wir statt auf formale Definitionen und Beschreibungen auf Illustrationen, Bilder, Metaphern und Beispiele zurück. Was wir, wie Tausende vor uns, zu begreifen suchen, sind »emergente Phänomene« – das kollektive Verhalten eines Systems, das über dessen Komponenten hinausgeht. Da es über sie hinausgeht, kann es nicht in den Komponenten stecken – wo ist es also? Vertrackt. Unsere Zusammenarbeit an diesem Buch ist, zumindest für uns, ein Beispiel eines solchen Phänomens. Aus unseren gemeinsamen Überlegungen haben sich viele Dinge ergeben, die keiner von uns unabhängig vom anderen »gewußt« hat – das Buch konnte nur von uns gemeinsam geschrieben werden.

Jeder von uns wäre, wenn er dies allein geschrieben hätte, sehr viel sicherer gewesen, recht zu haben, aber [paradoxerweise] auch sehr viel vorsichtiger in der Darstellung seiner Ideen. Was wir zusammen vortragen, mag von A bis Z falsch sein, aber wir sprechen es mit großem Selbstvertrauen aus. Wir hoffen, daß unsere Ideen, auch wenn sie falsch sein sollten, Ihnen neue Orte erschließen, die einen Besuch wert sind. Wir glauben, daß wir dort, wo wir unrecht haben, auf konstruktive Weise unrecht haben, und daß unsere Irrtümer aufschlußreicher sind als die richtigen Ansichten der orthodoxen Theorie.

In einem Vorwort pflegt man den Freunden und Kollegen zu danken, die durch Überredung oder Bestechung dazu gebracht wurden, erste Entwürfe zu lesen und zu kritisieren. Bei uns waren es Janet Brandon, Teri Bristol, Baron Mendes da Costa, Richard Craven, Dawn Ann Drzal, Alan Garfinkel, Brian Goodwin, Steve Gould [ihm besonderen Dank für seine bewährte Rolle als Fachmann für Witze], Helen Haste, Kate Lyons, Robert Mash, Anne McCaffrey, Jacquie McGlade, Tim Poston, Terry Pratchett, Irving Rapaport, Lena Sarah, Rabbi Pete Tobias sowie David und Helen Wake. Ferner danken wir der viktorianischen Computerwissenschaftlerin Augusta Ada Lovelace und den fremden Bewohnern des Planeten Zarathustra, mit denen wir viele hilfreiche Gespräche führten, von denen einige in diesem Buch festgehalten sind. Diese Gespräche sind zwar auf unserem eigenen Mist gewachsen, aber trotzdem haben wir eine Menge aus dem gelernt, was unsere Figuren erzählten. Besonders danken wir Niplphut für den Hinweis, daß die Vorstellung, das Ei sei ein Computer mit einer Startdiskette, auf einer gravierenden Fehldeutung beruht.

Bei Büchern wie diesem sind Fußnoten obligatorisch, aber weil Fußnoten so schrecklich akademisch wirken, haben wir sie ans Ende verbannt. Die ersten Worte zeigen jeweils, worauf die Anmerkung Bezug nimmt, aber vorn deutet nichts darauf hin, daß es überhaupt Anmerkungen gibt. Sie sind eine Zugabe und sollen gelesen werden, wenn Sie mit dem Haupttext fertig sind. Wenn Sie aber einen Quellennachweis für etwas wünschen oder wenn Sie meinen, wir hätten uns sorgfältiger ausdrücken sollen oder wir hätten etwas Dummes gesagt, dann schauen Sie in den Anhang.

Eines der nützlichsten Wörter unserer Sprache ist »trotz«. Trotz des Erfolges der herkömmlichen Wissenschaft meinen wir, daß Wissenschaftler sich nicht darauf beschränken sollten, in immer subtilere Einzelheiten vorzudringen. Trotz der Tatsache, daß wir nicht all die großen Philosophen gelesen haben, wagen wir uns in ihre Gefilde und erfinden ihre Räder zum zweiten Mal. Und trotz seiner zahlreichen Mängel hoffen wir, daß Sie unser Buch als einen anregenden Kontrast zur starren Orthodoxie empfinden werden und daß es Sie ein bißchen verändern wird.

Jack Cohen und Ian Stewart
Blackwell und Coventry
Juli 1993

[1] Einfachheit und Komplexität

Ein Jeschiwaknabe wurde in der Talmudschule von drei Rabbis unterrichtet. Ein Freund wollte wissen, wie er sie fand.

»Den ersten fand ich sehr schwierig; alles ging durcheinander, er erklärte kaum etwas, aber ich verstand, was er sagte. Der zweite war viel klarer und sehr viel gescheiter. Ich habe ihn zum Teil verstanden.«

»Und der dritte? Er soll sehr gut sein.«

»Oh, er war glänzend! So eine herrliche, volltönende Stimme – sie strömte, als käme sie direkt aus dem Herzen. Ich wurde in Bereiche entführt, von denen ich keine Ahnung gehabt hatte! Alles war so klar, so luzide – und ich verstand nicht ein Wort.«

Ist das Universum, in dem wir leben, einfach oder kompliziert?

Für den Commonsense, den Alltagsverstand, ist die Welt eine einfache Ansammlung von vertrauten Objekten, deren Beziehungen untereinander bekannt sind. Wenn wir den Kühlschrank aufmachen, Milch in eine Untertasse gießen und diese auf den Boden stellen, damit die Katze davon trinkt, brauchen wir uns nicht herumzuschlagen mit der Thermodynamik der Kühlung, der molekularen Struktur der Substanzen, aus denen sich die Milch zusammensetzt, den interatomaren Kräften, von denen keramische Materialien zusammengehalten werden, oder den elektrischen Impulsmustern von Zellen im Gehirn der Katze. Unser Gehirn hat Wege gefunden, unsere Welt zu strukturieren und begreiflich zu machen, ohne diesen immer komplexer werdenden Fragen nachzugehen. Wenn Sie aus dem Fenster schauen, werden Sie rund vierzig Arten von Dingen sehen – Blumen, Bäume, Vögel, Zäune, Autos, Menschen, Wolken –, vielleicht auch zweihundert, wenn Sie genau hinschauen und zwischen Narzissen und Gänseblümchen unterscheiden. Ihre täglichen Geschäfte erledigen Sie mit Hilfe eines Grundwortschatzes von rund fünfhundert Wörtern.

Bei genauerem Hinsehen zeigen sich jedoch Komplexitäten, die zu verwickelt erscheinen, als daß der menschliche Geist sie begreifen könnte. So ist das Objekt, das wir nach Art des Alltagsverstandes mit dem Ausdruck »Blume« bezeichnen, von phantastischer Komplexität. Denken Sie nur an all die komischen Dinge, die Sie finden, wenn Sie genauer hinschauen, wie Staubgefäße und Pollenkörner. Sie sind dazu da, daß die Pflanze sich durch Ausbildung von Samen vermehren kann. Oft benötigt sie dazu Pollenkörner einer anderen Pflanze verwandter Art. Häufig stammen diese Körner von Bienen, die sie beim Besuch einer Blume abstreifen und auf einer anderen ablegen. Für ihre Bemühungen werden die Bienen mit Nektar belohnt, aus dem sie Honig machen. Blumen brauchen Bienen, und Bienen brauchen Blumen. Wie ist dieser bemerkenswerte Handel zwischen Pflanzen und Insekten zustandegekommen?

Eine weitere Komplexität von Pflanzen: Sie kennen einen Trick, den Tiere nicht kennen. Sie können Kohlendioxid aus der umgebenden Luft und Wasser aus dem Boden aufnehmen und das Licht dazu nutzen, diese beiden Substanzen zu zerlegen und wieder zu komplizierteren Substanzen zusammenzufügen, zum Beispiel zu Zuckern; man bezeichnet diesen Prozeß als Photosynthese. Der Trick ist nur möglich, weil Pflanzen eine ziemlich komplizierte Substanz enthalten, das Chlorophyll, das den Tieren im allgemeinen fehlt. Wie funktioniert das Chlorophyll?

Noch eine Komplexität, die erstaunlichste von allen: Pflanzen wachsen aus winzigen Samen hervor. Ist die ganze Komplexität der ausgewachsenen Pflanze irgendwie in dem Samen zusammengedrängt? Oder entsteht die Komplexität spontan, während der Same sich entwickelt? Sehr befriedigend ist keine Antwort.

Um Fragen dieser Art zu beantworten, müssen wir tiefer graben. Was verstehen wir unter »Einfachheit« und »Komplexität«? Können einfache Ursachen komplizierte Wirkungen hervorrufen? Oder muß die von uns beobachtete Wirkung auf irgendeine kryptische Weise in der Ursache enthalten sein? Ist Komplexität eine Erhaltungsgröße, oder kann man Komplexität aus dem Nichts erzeugen? Die Beziehung zwischen Einfachheit und Komplexität in der Natur gehört zu den tiefsten und umfassendsten Fragen der modernen Wissenschaft.

Komplexitäten haben Zähne

Was unserem Alltagsverstand als einfach erscheint, ist die ruhige Oberfläche eines brodelnden Meeres der Komplexität. Diese Komplexität ist nicht bloß etwas, das außerhalb von uns existiert, aber unseren Blicken entzogen ist, wie die Tiefen des Meeres oder die geologischen Schichten der Erde. Sie steckt auch ganz real in uns, wie das Chlorophyll in der Pflanze. Auch wir arbeiten mit einem ähnlich komplizierten chemischen Trick: Bei uns ist es das Hämoglobin unserer roten Blutkörperchen, das den Körper mit Sauerstoff versorgt. Und alles, was wir über die Welt wissen, verdanken wir einem Großverbraucher dieses Sauerstoffs, der komplexesten Struktur, die wir bislang kennen: dem menschlichen Gehirn. Man kennt das scherzhafte Wort: »Wenn unser Gehirn so simpel wäre, daß wir es verstehen könnten, wären wir zu simpel, um es zu verstehen.«

Angesichts der unglaublichen verborgenen Komplexitäten des Universums ist es nicht erstaunlich, daß viele sich auf die Einfachheiten des Alltagsverstandes zurückziehen und lieber nicht tiefer bohren, nach der Devise: »Selig sind die Unwissenden« oder »Was ich nicht weiß, macht mich nicht heiß«. Doch leider haben die real existierenden Komplexitäten scharfe Zähne. Sie denken vielleicht, es sei einfach, ein Auto zu bremsen: Sie treten bloß auf das Bremspedal, und das Auto bleibt stehen. Wenn Ihre Vorstellung von Bremsen sich darauf beschränkt, wenn Sie gewissermaßen denken: »Bremsen sind zum Anhalten da«, könnten Sie auf eisglatter Fahrbahn in Schwierigkeiten geraten. Das wird Ihnen nicht passieren, wenn Sie etwas mehr über das Funktionieren von Bremsen wissen – daß sie die Drehgeschwindigkeit der Räder verringern, so daß die Reibung zwischen den Reifen und der Straße dafür sorgen kann, daß auch das Fahrzeug verlangsamt wird. Wir sind umgeben von technischen Geräten, deren scheinbare Einfachheit immer trügerischer wird. Sie werden das entdecken, wenn Sie versuchen, einen Videorecorder zu programmieren oder eine Digitaluhr einzustellen. Wenn Sie in eine Dampfmaschine aus viktorianischer Zeit hineinschauen, können Sie sich ungefähr ein Bild davon machen, wie sie funktioniert. Wenn Sie die Rückseite eines Fernsehgeräts öffnen, ist da nichts, was Sie auf Anhieb verstehen könnten – das Gehäuse ist sogar zum größten Teil leer. So ist es auch mit der Natur: Betrachten Sie Lebewesen unter dem Mikroskop – sie sind noch unverständlicher als ein Fernseher. »Sie enthalten keine Teile, die vom Benutzer zu bedienen sind.«

Ist das nur eine Frage des falschen Standpunkts? Für den durchschnittlichen Großstadtbewohner ist der Urwald komplex und unbegreiflich, während er sich inmitten der geordneten Einfachheiten von New York wie etwa Kaufhäuser, U-Bahnen, Taxis, Drogenhändler und Straßenräuber wie zu Hause fühlt. Auf den Urwaldbewohner wirkt New York verwirrend, während er mit den Schlan gen und Spinnen im übersichtlichen, einfachen Urwald völlig vertraut ist. Das war der ganze Witz des Films ›Crocodile Dundee‹, wenn man den Urwald durch den australischen Outback ersetzt. Eine scheinbare Komplexität, hinter der aber vielleicht etwas Einfaches steckt, liegt darin, daß Stechpalmenblätter nur in Bodennähe stachlig sind. Wenn Sie es noch nicht bemerkt haben sollten, schauen Sie beim nächsten Mal genauer hin. Es ist unübersehbar. Ist es nicht raffiniert von den Bäumen, daß sie bei der Ausbildung von Dornen kostensparend vorgehen und ihre Bemühungen auf die Unterseite konzentrieren, wo die Blätter von Tieren abgeweidet werden könnten? Wie unglaublich komplex die Natur doch ist! Wobei wir natürlich nicht wissen, ob es die Pflanze überhaupt etwas kostet, Dornen auszubilden. Vielleicht ist es schwieriger, alle Blätter gleichartig zu formen, als sie verschieden sein zu lassen; es ist ja auch komplizierter, ein Stück Land zu ebnen, als unterschiedliche Höhen zuzulassen. Es könnte also sein, daß die Stechpalme das Einfachste tut, nur wir sehen darin etwas Kompliziertes.

Dies zugestanden, scheint das Universum aber immer noch ziemlich kompliziert zu sein, wenn wir einmal die Scheuklappen des Alltagsverstandes ablegen und den bequemen, täuschenden Einfachheiten auf den Grund gehen. Falls wir nicht im Schlaf überrascht werden wollen, wenn diese Komplexität beschließt, uns zu beißen, müssen wir sie irgendwie in den Griff bekommen. Das kann auf zweierlei Weise geschehen. Obskure Erwerbszweige [wie die Astrologie oder das Klempnerhandwerk] nehmen für sich in Anspruch, mit diesen verborgenen Komplexitäten auf ihre Weise fertig zu werden, sind aber äußerst zurückhaltend, wenn sie ihre Methoden erläutern sollen. Der Astrologe, der Ihnen das Horoskop stellt und Ihnen voraussagt, daß Sie einem großen, dunkelhaarigen Fremden begegnen werden, und der Klempner, der einen sonderbar geformten Schraubenschlüssel hervorholt, um eine Mutter loszuschrauben, von deren Existenz an Ihrem Waschbecken Sie nicht einmal etwas ahnten, haben beide so manches auf Lager, was sie nicht preisgeben. Die Wissenschaft geht ganz anders vor. Sie behauptet, hinter den scheinbaren Komplexitäten die zugrunde liegenden Einfachheiten zu sehen, die sie Naturgesetze nennt. Statt diese Komplexitäten als Komplexitäten zu behandeln, arbeitet die Wissenschaft mit diesen einfachen Gesetzen, und sie behauptet, die Welt auf diese Weise für den Alltagsverstand noch verständlicher zu machen. Es ist ein Alltagsverstand auf gehobenem Niveau, ein Alltagsverstand mit anderen Intuitionen, aber wenn ein Wissenschaftler behauptet, daß es wegen des Gesetzes der Energieerhaltung unmöglich sei, ein Perpetuum mobile zu bauen, dann ist sein Gedankengang genauso einfach und einleuchtend, wie wenn man sagt, die Katze brauche Milch, weil sie Durst hat.

Schenkelknochen gleich Raumschiff?

Es spricht also einiges für den Alltagsverstand – sofern er sich im Hinblick auf den aktuellen Sachverhalt hinreichend mit der wirklichen Welt deckt. Der Alltagsverstand funktioniert, wenn er mit der Realität kongruent ist. Anderenfalls kann er schrecklich irren, wie zum Beispiel, wenn brennendes Benzin mit Wasser gelöscht werden soll. Das Benzin, das auf dem Wasser schwimmt, brennt weiter, und das Feuer breitet sich nur weiter aus. Die Formel »Wasser löscht Feuer« klingt vernünftig, aber nicht selten ist sie grundverkehrt. Der Haken ist, daß unser Gehirn überwiegend in solchen Formeln denkt. Das Wort »begreifen« kommt von »greifen«. Etwas verstehen heißt, es geistig zu ergreifen, es zu einem Objekt zu machen, das man als eine Einheit anfassen und festhalten kann. Dieses Verfahren ist im Laufe der menschlichen Evolution zu einer festen Gewohnheit geworden.

Die Wissenschaft hat Komplexitäten auf zugrunde liegende Einfachheiten reduziert, so daß unsere Gehirne das bislang Unbegreifliche begreifen konnten. Und wenn man etwas begriffen hat, kann man es als Werkzeug benutzen – vorausgesetzt man weiß, daß man es begriffen hat und kann denselben Trick nochmals bewußt anwenden. Dann kann man – durch Begreifen des Begriffs »Werkzeug« – nach dem greifen, was wir Meta-Ebene nennen wollen, eine Ebene größerer Allgemeinheit.

Wir werden das Präfix »meta« öfter benutzen, im Sinne einer »allgemeineren Version von« oder gelegentlich einer »höheren Verständnisebene«. So ist Meta-Physik [in Lexika kommt dieses Wort tatsächlich vor, geschrieben »Metaphysik«] eine Theorie höherer Ebene über das Funktionieren der Physik; sie ist nicht Bestandteil der Physik selbst. »Meta-Klempnerei« kommt nicht im Lexikon vor, aber wenn, dann würde es soviel bedeuten wie »eine Theorie höherer Ebene der Klempnerei«. Die Meta-Klempnerei würde sich etwa mit der Frage befassen, wie man sich den Anschein gibt, als verstünde man wirklich, was zu tun ist, wenn das Wohnzimmer knietief unter Wasser steht, nicht aber mit der Frage, wie man ein Rohr abdichtet – das wäre schlichte Klempnerei.

Statt sich einzelner spezieller Slogans zu bedienen wie »Steine sind geeignet, um damit Kaninchen zu jagen« oder »Feuer ist geeignet, Dinge zu verbrennen«, kann man auf die höhere Ebene des Meta-Slogans »Werkzeuge sind geeignet, menschliche Fähigkeiten zu verstärken« gehen und darüber nachdenken, wie sich aus dem, was man bereits begriffen hat, neue Werkzeuge entwickeln lassen. Aus diesem Prozeß der Forschung und Entwicklung geht die Technik hervor. Der inzwischen klassische Science-Fiction-Film ›2001: Odyssee im Weltraum‹ von Stanley Kubrick [Drehbuch: Arthur C. Clarke und Kubrick] zeigt zu Beginn in der Hauptrolle den Affenmenschen Mondgucker. Seine Untersuchungen münden in die Entdeckung, daß man mit einem Knochen den Schädel eines Leoparden einschlagen kann. Außer sich vor Freude schleudert Mondgucker den Schenkelknochen hoch in die Luft – und dieser verwandelt sich in ein Raumschiff.

Die Symbolik mag trivial sein, aber die Aussage stimmt. Als der Vorläufer des Menschen lernte, Verallgemeinerungen über den Aufbau der natürlichen Umwelt zu bilden, ähnliche Objekte unter identischen Bezeichnungen zusammenzufassen, also die Macht der Metapher zu nutzen, war er auf einen phantastischen Kniff gestoßen, um Dinge, die für den menschlichen Verstand zu komplex sind, zu vereinfachen. Wenn man jedes Blatt, jedes Insekt, jeden gebrochenen Ast als ein einmaliges Exemplar wahrnimmt, wird es im Urwald unmöglich, einer Schlange mit den Augen zu folgen. Man muß Unterscheidungen treffen zwischen Dingen, die stechen, und solchen, die harmlos sind, zwischen Dingen, die brechen, und solchen, die einem den Weg versperren, zwischen Dingen, die Geräusche machen, wenn man darauftritt, und solchen, die das nicht tun. Man kommt nicht so leicht auf die Idee, aus Stöcken und Lehm eine Hütte zu machen, wenn man nicht zuvor gut begriffen hat, daß Lehm haftet und daß Stöcke mit Lehm bestrichen werden können. Und das alles muß ziemlich schnell gehen: Etikettiere deinen Nächsten, bevor er dich etikettiert! Da die Überlegungen in Echtzeit ablaufen müssen, kann nur etwas hastig Zusammengestoppeltes herauskommen. Wir müssen in Slogans denken, weil eine hohe Kongruenz mit der Realität zuviel Zeit beanspruchen würde. Wenn plötzlich etwas Schwarz-Gelbes auftaucht, bekommt es sofort das Etikett »Tiger«, obwohl es sich auch bloß um ein merkwürdig gefärbtes Blatt handeln könnte – weil Tiger nämlich beißen können. Besser, man bringt sich in Sicherheit, als später seinen Irrtum zu bereuen.

Wilde Elektronen

Nachdem die Menschheit den Kniff heraus hatte, den Dingen Etiketten aufzukleben, zu verallgemeinern und in der Natur statt der verwirrenden Komplexitäten die übergreifenden Einfachheiten wahrzunehmen, war die Entdeckung der Naturgesetze, der Wissenschaft und der Technik bloß noch eine ermüdende Forschungs- und Entwicklungsarbeit. Der Kniff funktioniert offenbar am besten, wenn die zugrunde liegenden Einfachheiten mechanistisch aufgefaßt werden. Deshalb geht es in der Physik nicht um Osterblumen oder Löwenrudel, sondern um Elektronen und Atomgitter. Tatsächlich scheint die Natur einfacher zu werden, wenn wir von der unmittelbaren Erfahrungsebene des Menschen nach oben oder unten abgehen. Auf der ultramikroskopischen Ebene stellt sich die Materie als eine riesige Anhäufung von Teilchen dar, die nur in einer sehr begrenzten Zahl verschiedener Arten vorkommen, und das Ganze unterliegt den Gesetzen der Quantenmechanik. Auf der galaktischen Ebene gibt es nichts als ungeheure Schwaden von Materie, die sich unter der Wirkung der Schwerkraft durch den leeren Raum bewegen, wobei sie anmutig und unausweichlich den gekrümmten Weltlinien der allgemeinen Relativitätstheorie folgen. Die moderne Physik behauptet, sie stehe kurz vor der endgültigen Synthese der beiden Theorien, der Mikro- und der Makrotheorie, zu einer Theorie von Allem.

Auf unserer menschlichen Erfahrungsebene scheint sehr viel mehr los zu sein: Da gibt es Schuhe und Schiffe und Siegellack, Kohlköpfe und Könige. Doch diese vielfältige Mischung, der Stoff, aus dem unser Leben besteht, ist, wenn man wissenschaftlichen Büchern glaubt, bloß die logische, zwangsläufige Konsequenz aus einigen wenigen Gesetzen von eleganter Einfachheit – den Gesetzen der Quantenmechanik und der Relativitätstheorie – oder der mutmaßlich noch eleganteren Gesetze ihrer seit langem gesuchten Synthese. In mancher Hinsicht ist diese Behauptung richtig, doch die Einfachheit der Physik ist gleichwohl in einem gewissen Sinne illusorisch. Wir werden noch auf die beiden Aspekte des Problems zurückkommen, zunächst aber darauf eingehen, was es mit dem illusorischen Charakter der Einfachheiten der Physik auf sich hat. Das heißt nicht, daß die Physik sich mit unwirklichen Dingen befaßt; nur hängt ihr beträchtlicher Erfolg weitgehend davon ab, was sie zu ihrem Untersuchungsgegenstand macht.

Auf der außermenschlichen Ebene scheint das Universum deshalb einfacher zu werden, weil wir nur über sehr begrenzte technische Möglichkeiten verfügen, sein Verhalten in Raum und Zeit in Effekte zu übersetzen, die dem menschlichen Maßstab entsprechen. Wenn wir die Natur in Größenordnungen beobachten wollen, die erheblich von unserem eigenen Maßstab abweichen, müssen wir die Dinge entweder vergrößern [durch Mikroskope] oder zu uns heranholen [durch Teleskope]. Auch die zeitlichen Größenordnungen verändern wir durch Hochgeschwindigkeits- und Zeitlupenfotografie oder durch das Sammeln von Beobachtungen über sehr lange Zeiträume. Wahrscheinlich entgeht uns eine Menge von dem möglichen Spaß dadurch, daß wir mühsam durch Gläser spähen müssen. Das erhabene Bild einer Galaxie, die für eine einzige Umdrehung um ihre eigene Achse eine Million Jahre benötigt – wie können wir es je erfassen? Am anderen Ende der Zeitskala sausen die subatomaren Teilchen in einem solchen Tempo umher, daß wir selbst mit den teuersten Maschinen nur einen kurzen Blick auf sie erhaschen.

Die Physik nimmt eine pragmatische und streng kritische Haltung ein. Sie befaßt sich nur mit einfachen Systemen, die sie weitgehend kontrollieren kann, und erwartet dafür eine einwandfreie Übereinstimmung zwischen Experiment und Theorie. So sagt die Quantenmechanik mit spektakulärem Erfolg das Verhalten eines einzelnen Elektrons im Potentialwall eines Protons voraus; es geht hier um das Wasserstoffatom, dessen theoretischer Analyse jedes ernstzunehmende Physiklehrbuch eine hervorragende Stellung einräumt. Ganz etwas anderes ist das Verhalten von Elektronen »in freier Wildbahn«. Die Physiker glauben zwar, es werde von den gleichen Gesetzen bestimmt, die sie experimentell für einzelne Elektronen in einem Wasseratom gefunden haben, doch stützt sich dieser Glaube auf eine Extrapolation aus einfachen, dem Experiment zugänglichen Systemen [und – allerdings erst in jüngster Zeit – auf Supercomputer-Berechnungen, in denen das Verhalten winziger Mengen von ausgedehnter Materie simuliert wird]. Es kann aber seiner Natur nach nicht direkt, »in freier Wildbahn«, beobachtet werden. Allerdings werden Physiker völlig zu Recht argumentieren, daß die Beweislast beim Skeptiker liegt, solange nichts dafür spricht, daß »wilde« Elektronen sich anders verhalten als »zahme«. Die Physik befaßt sich eben mit erfundenen, vereinfachten Welten. Darauf beruht ihre Stärke, deshalb funktioniert sie so gut: Ihr Rohmaterial ist so beschaffen, daß es sich in einfache Versuchsanordnungen zwingen läßt. Wissenschaften wie die Biologie sind nicht in einer so glücklichen Lage.

Wie entdecken wir Gesetze?

Sehr häufig wird von »Naturgesetzen« die Rede sein, und da käme uns eine geeignete geistige Vorstellung sehr zustatten. Am passendsten für unsere Zwecke ist Isaac Newtons Gravitationsgesetz, demzufolge die Gravitationskraft zwischen zwei Körpern dem Quadrat des Abstands zwischen ihnen umgekehrt proportional ist. [Es besagt ferner, daß die Kraft ihren Massen direkt proportional ist, aber das interessiert uns hier nicht.] Newton entdeckte sein Gesetz, als er sich überlegte, worauf die von Johannes Kepler entdeckte elliptische Form der Planetenbahnen beruhen könnte. Da Newton ein sehr guter Mathematiker war – er gilt allgemein als einer der drei größten Mathematiker aller Zeiten –, konnte er unschwer beweisen, daß ein punktförmiges Teilchen, das einer dem Quadrat des Abstand umgekehrt proportionalen Anziehung unterliegt, einer elliptischen Bahn folgen wird. Dieser Beweis befriedigte ihn jedoch nicht ganz, weil Planeten keine Punkte sind. Schließlich entdeckte er, daß kugelförmige Körper, die einer dem Quadrat des Abstands umgekehrt proportionalen Gravitation unterliegen, genau die gleichen Kräfte erzeugen, wie wenn ihre gesamte Masse im Mittelpunkt konzentriert wäre. Das befriedigte ihn schon viel mehr. So richtig überzeugte ihn aber erst die Einsicht – zugespitzt in der fast mit Sicherheit erfundenen Geschichte vom Apfel –, daß dieses Gesetz, richtig verstanden, auch die Bewegung fallender Objekte auf der Erde bestimmt. Äpfel fallen ebenso wie der Mond, weil sie vom Mittelpunkt der Erde angezogen werden. Normalerweise denken wir natürlich nicht, daß der Mond fällt. Tatsächlich ist er aber ständig am Fallen; weil er sich jedoch auf seiner Bahn seitwärts bewegt, macht die Fallstrecke genau die Erdkrümmung wett. So behält der Mond trotz seiner ständigen Fallbewegung praktisch denselben Abstand vom Erdmittelpunkt ein. Newton ersann ein glänzendes Gedankenexperiment: Eine Kanone auf einem Turm feuert mit immer höherer Geschwindigkeit ein Geschoß ab. Das Geschoß bewegt sich, während es zur Erde fällt, zugleich vorwärts. Bei genügend hoher Geschwindigkeit umrundet es die Erde und trifft die Kanone. Es beschreibt eine Umlaufbahn – und fällt dennoch.

Die folgende Zeichnung stellt die Art von Denkprozeß dar, der die Entdeckung des Gravitationsgesetzes zugrunde liegt

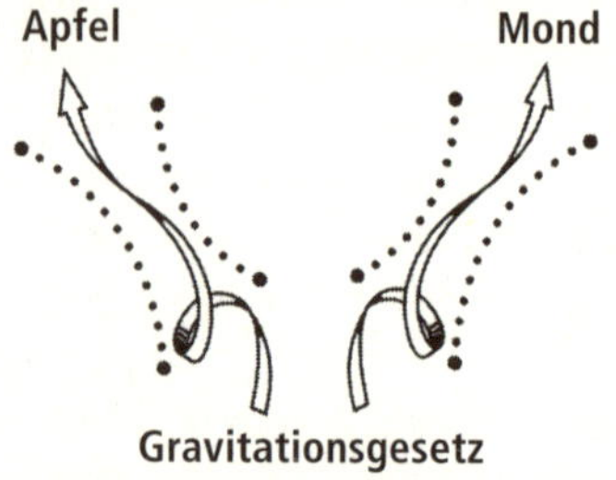

Abbildung 1:
Anatomie eines Naturgesetzes

Oben sieht man zwei verschiedene reale Erscheinungen, den fallenden Apfel und den kreisenden Mond. Von dort führen zwei Trichter hinunter zu einer Erklärungsebene, auf der wir in beiden Fällen dasselbe Prinzip antreffen: die dem Kehrwert des Quadrats entsprechende Anziehung. Der Blick ist in diesem Bild nach unten in die Trichter gerichtet, auch wenn der Pfeil der Kausalität, der nach unserer Meinung da sein sollte, aufwärts zeigt. Die Entdeckung verläuft von oben nach unten, die Erklärung dagegen von unten nach oben. Genauso verhält es sich bei einer einfachen Landkarte, die ein kompliziertes Gelände erklärt; um die Karte zu zeichnen, muß man aber das Gelände erforschen. [Siehe Abb. 2.]

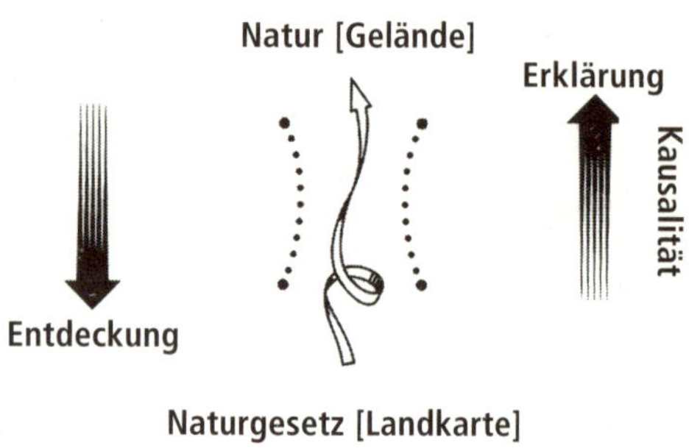

Abbildung 2:
Entdeckung und Erklärung verlaufen in entgegengesetzter Richtung.

Für Newtons Entdeckung des Gravitationsgesetzes waren etliche Trichter erforderlich. Oben waren für ihn Dinge wie der Mars, die Satelliten des Jupiter und die Taumelbewegungen des Mondes und der Erde um ihre Achse. Am unteren Ende jedes Trichters fand er immer dasselbe: die dem Kehrwert des Quadrats entsprechende Anziehung. Deshalb nannte er seine Entdeckung »Gesetz der universalen gravitativen Anziehung« – »Gesetz«, weil er dachte, daß es jederzeit streng gilt, und »universal«, weil er überzeugt war, daß es für alle Paare von Körpern im gesamten Universum gilt.

Mit ähnlichen Methoden entdeckte Newton andere Naturgesetze. Ausgehend von Galileo Galileis Beobachtungen über die Bewegung von Körpern, fand er eine Reihe von »Bewegungsgesetzen«, deren wichtigstes besagt, daß die Beschleunigung eines Körpers der Kraft, die auf ihn einwirkt, proportional ist. Newtons Gesetze waren, besonders zusammengenommen, ein spektakulärer Erfolg: Sie erklärten das »System der Welt« mit bemerkenswerter Genauigkeit.

Theorien zerstören Tatsachen

Man muß, wie gesagt, genau hinschauen, um zu erkennen, daß die Welt, die einen umgibt, tatsächlich komplex ist. Und man muß noch genauer hinschauen, um einzusehen, daß ihre Komplexität zum großen Teil auf einfachen Ursachen beruht. Seit Newton hat jeder Wissenschaftler davon geträumt, ein neues Naturgesetz zu entdecken, eine neue tiefere Einfachheit, mit der sich zahllose unzusammenhängende Beobachtungstatsachen erklären ließen. Das Wort »Gesetz« hat jedoch eigentümliche, recht unpassende Beiklänge. Menschliche Gesellschaften ersinnen Gesetze, um das individuelle oder kollektive Verhalten zu steuern; Gesetze verbieten bestimmte Handlungen und sehen Strafen für ihre Nichtbeachtung vor. Ein Naturgesetz kann man jedoch nicht brechen. Gleichwohl »gehorcht« die Natur einfachen Gesetzen. Diese Gesetze scheinen – was Generationen von Schülern zutiefst irritiert hat – mathematischer Natur zu sein. Wir Menschen bemerken, daß dem Funktionieren des Universums tiefere Einfachheiten zugrunde liegen, die wir an ihrer mathematischen Eleganz erkennen und dann als Naturgesetze bezeichnen. Dieses mathematische Herangehen an das Universum funktioniert tatsächlich; auf ihm beruht praktisch die gesamte Naturwissenschaft. Platon sagte: »Gott ist ein Geometer«. Paul Dirac nannte Gott einen Mathematiker. Noch weiter ging James Jeans, indem er als Fachgebiet Gottes die reine Mathematik nannte. Im besten Fall ist die mathematische Beschreibung von einer Reinheit und Eleganz, die das wahre Wesen der Phänomene einzufangen scheint. »Theorien zerstören Tatsachen«, sagte Peter Medawar auf einer Mensa-Konferenz in den sechziger Jahren und meinte damit, daß eine allgemeine Theorie uns der Notwendigkeit entheben kann, eine große Zahl isolierter Tatsachen aufzuzeichnen. Um die Orte anzugeben, an denen sich die Planeten des Sonnensystems zu einem bestimmten Zeitpunkt befinden [oder befinden werden], kann man riesige Zahlentabellen aufstellen. Kennt man Newtons Gesetze, kommt man dagegen mit ganz wenigen Angaben aus; man muß nur wissen, wo sie sich zu irgendeinem beliebigen Zeitpunkt befinden und wie schnell sie sich bewegen. Der Rest ergibt sich aus routinemäßigen Berechnungen. Vor rund dreißig Jahren beklagte der Mathematiker René Thom, daß die Biologie »ein Friedhof von Tatsachen« sei. Viele Biologen protestierten energisch, in der Meinung, Thom beklage die Tatsachen. Doch was er beklagte, war der Friedhof. Er wünschte sich eine Theorie, die all die Tatsachen organisiert und Leben in den Friedhof bringt.

Zu Newtons Zeiten hatten die Wissenschaftler [die sich damals Naturphilosophen nannten] eine recht strenge Auffassung von den Naturgesetzen: Sie hielten sie für wahr. Seither hat sich vollzogen, was Thomas Kuhn einen Paradigmenwechsel nennt – ein Wandel des Weltbildes. An die Stelle von Newtons Gravitationsgesetz ist etwas anderes getreten, das die beobachtete Bewegung genauer vorhersagt: Einsteins allgemeine Relativitätstheorie. Einsteins Theorie, nach der die Materie die Krümmung der Raumzeit bedingt und die Gravitation die aus dieser Krümmung resultierenden Verzerrungen der Bewegung darstellt, erklärt eine Reihe von Merkwürdigkeiten, die sich in Newtons Bild nicht einfügen, zum Beispiel die allmähliche Verschiebung [»Präzession«] der Merkurbahn und die Beugung des Lichtstrahls eines fernen Sterns durch das Gravitationsfeld der Sonne. Heute beobachten wir das Licht eines fernen Quasars, das durch eine zwischen ihm und uns befindliche Galaxie, die als »Gravitationslinse« wirkt, gebeugt wird, so daß wir von dem Quasar mehrere Abbildungen sehen – eine Art Fata Morgana.

Ein anderer Paradigmenwechsel hat an die Stelle von Newtons Bewegungsgesetzen die Quantenmechanik gesetzt, derzufolge die Masse und die Energie in winzigen, unteilbaren Paketen vorkommen und alles gleichermaßen Wellen- und Teilchencharakter hat. Die Relativitätstheorie wie die Quantenmechanik sind Gesetzessysteme, wie es auch Newtons Gesetze waren. Ob man nun von der Chemie oder von der Kosmologie aus in den Trichter hineinblickt – unten erblickt man die Quantenmechanik.

Abbildung 3:
Trichterdiagramm
für die Quantenmechanik

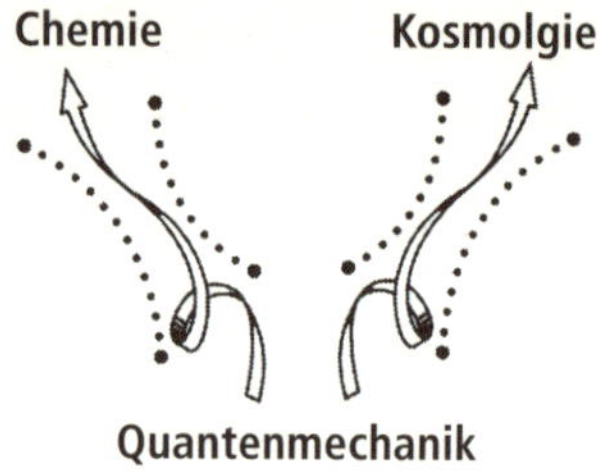

Genau auf diese Weise kommt es zu den großen wissenschaftlichen Verallgemeinerungen: dadurch, daß in unterschiedlichen Komplexitäten ähnliche Gesetze, ähnliche Einfachheiten entdeckt werden. Wenn Systeme dieselben tiefen Ähnlichkeiten aufweisen, müssen sie denselben einfachen Regeln gehorchen.

Die Quantenmechanik ist, wie wir im nächsten Kapitel ausführlicher darstellen werden, sowohl am atomaren Aufbau der chemischen Elemente als auch an dem Urknall beteiligt, aus dem diese hervorgegangen sind. Besonders die Kosmologen sind sehr davon beeindruckt, daß sich so der logische Kreis von der mikroskopischen zur makroskopischen Welt schließt. Viele von ihnen sehen darin – wie die Wissenschaftler zu Newtons Zeit – einen Beweis dafür, daß das Naturgesetz, das sich im Urknall äußert, wahr ist. Aus der Geschichte lernen wir noch nicht einmal, daß wir aus der Geschichte nichts lernen.

Die Relativitätstheorie und die Quantenmechanik sind zwar besser als die Gesetze Newtons – sie beschreiben mehr Aspekte der realen Welt genauer –, aber dennoch sind Newtons Gesetze für die Wissenschaftler von großem Nutzen. Erstens sind die darin vorkommenden mathematischen Formeln einfacher, und zweitens entspricht das geistige Bild von Massen und Kräften mehr dem menschlichen Maßstab. Newtons Gesetze versagen nur in den beiden Extremfällen des mikroskopisch Kleinen und des astronomisch Großen – dort, wo Körper sich sehr schnell bewegen, eine gewaltige Dichte aufweisen oder sehr klein sind. Für die meisten Phänomene der menschlichen

Erfahrungswelt gelten Newtons Gesetze weiter, vor allem aus Gründen der Bequemlichkeit.

Auch die Biologie kennt »Gesetze«, die allerdings seltener mathematisch formuliert sind. Ein Beispiel liefert das Chlorophyll. Millionen verschiedener Pflanzenarten bauen in dem Prozeß, den wir als Photosynthese bezeichnen, aus Sonnenlicht Kohlenhydrate auf, und gleichgültig, von welcher Art aus wir in den Trichter hineinschauen, unten finden wir stets dieselbe Substanz: Chlorophyll. Man braucht nicht für jede Pflanzenart eine andere Methode. Allerdings ist das Wort »Gesetz« hier nicht ganz angebracht – Chlorophyll ist eher eine zugrunde liegende Universalie. Doch diese Allgemeinheit spielt hier dieselbe Rolle wie ein Gesetz, und wir werden Aussagen wie »Chlorophyll ist für die Photosynthese verantwortlich« für unsere Zwecke ebenso wie ein Naturgesetz behandeln wie Newtons Gravitationsgesetz.

Ist das Universum ein Computer?

Sei es, weil die Naturgesetze in mathematischer Symbolik ausgedrückt sind, sei es, weil die Wissenschaft mit Mehrdeutigkeiten und Ungenauigkeiten nichts anfangen kann – jedenfalls neigen Wissenschaftler dazu, Naturgesetze als mathematische Aussagen zu formulieren. In diese Tatsache darf man aber nicht allzu viel hineindeuten. Betrachten wir einen Stein, der einen Abhang hinunterpurzelt, hier und da an Felsen oder Maulwurfshügeln abprallt und schließlich am Fuß des Abhangs zur Ruhe kommt. Würde der Stein tatsächlich mathematische Gesetze befolgen, müßte er in wenigen Sekunden eine Folge von Berechnungen ausführen, die selbst die Fähig keiten des schnellsten Supercomputers übersteigen. Aber tut der Stein das wirklich? Mißt er seine eigene Position bis zur hundertsten Dezimalstelle genau, was ja bekanntlich nötig ist, damit das »richtige Ergebnis« herauskommt? Berechnet er in einer Orgie dynamischer Gleichungen seinen Weg von einem Aufprall zum nächsten? Es gibt Physiker und Philosophen, die dieser Meinung sind; nach ihrer Ansicht ist nicht Materie, sondern Information der Grundstoff des Universums. Das Universum wird dann zu einem Supercomputer von beispielloser Schnelligkeit und Kapazität, der emsig ausrechnet, was sich aus seinem »Programm« ergibt, wobei dieses Programm in den Naturgesetzen besteht.

Es könnte aber auch sein, daß die einfachen Gesetze, die wir als fundamental betrachten, gar nicht fundamental sind, sondern lediglich Näherungen des realen Verhaltens der Natur oder Konsequenzen dieses Verhaltens. Wir wissen inzwischen, daß Newtons Gesetze nicht starre Regeln sind, denen die Natur bloß gehorcht; sie sind hervorragende, aber zuweilen ungenaue Beschreibungen dessen, was die Natur tut. Sie sind nicht Gesetze der Natur, sondern menschliche Gesetze, und sie können, wie alle menschlichen Gesetze, gebrochen werden. Es gibt sogar ein menschliches Gesetz, nämlich »Murphy's Gesetz«, demzufolge sie auf jeden Fall gebrochen werden – ein interessanter Fall der Selbstbezüglichkeit. Wenn die Natur unsere Gesetze bricht, haben unsere Berechnungen mit dem, was in der Natur tatsächlich passiert, nichts zu tun. Es mag sein, daß wir die Gesetze der Dynamik anwenden, um zu berechnen, wohin der Stein fallen wird, aber der Stein geht nicht so vor. Er kann es auf keinen Fall, wenn wir die verkehrten Gesetze anwenden. Der Newtonsche Stein hat keine Wahl: Wohin er auch fällt, er muß dort landen. Aus dieser Sicht ist das Universum nicht ein Computer, sondern eine Maschine; sie besteht aus Materie, und es liegt im Wesen der Materie, sich in einer Weise zu verhalten, die zufällig übereinstimmt mit bestimmten Berechnungen, an denen Menschen Gefallen finden.

Soweit das klassische Bild eines purzelnden Steins. Das Quantenbild ist subtiler und sehr viel befremdlicher für die menschliche Intuition. Aus der Sicht der Quantenmechanik folgen die subatomaren Teilchen, aus denen der Stein sich zusammensetzt, tatsächlich allen möglichen Bahnen, die sich mit den Gesetzen der Quantenmechanik vereinbaren lassen. Was wir sehen, ist nach dem Quanten-Paradigma die Überlagerung all dieser Potentialitäten. Daß das Ergebnis dieses seltsamen Prozesses so aussieht wie ein Stück Fels, das sich nach den Newtonschen Gesetzen bewegt, ist bloßer Zufall. Die Newtonschen Gesetze sind aus dieser Sicht mathematische Konsequenzen der eigentlichen Quantengesetze, gültig für bescheidene, aber gleichwohl größere Mengen von Materie, die sich mit mäßiger Geschwindigkeit bewegen.

In anderen Wissenschaftsbereichen, besonders dort, wo wirklich exakte Messungen oder wiederholbare Experimente nicht möglich sind, pflegt man heutzutage von »Modellen« statt von »Gesetzen« zu sprechen. Man sucht nach zugrunde liegenden Regeln und Regelmäßigkeiten, die einen begrenzten Bereich von Erscheinungen auf einfache, verständliche Weise erklären. »Gesetze« mögen sich aus dieser Sicht als sehr einfache, besonders erfolgreiche Modelle darstellen. Entscheidend ist: Wir können zwar nicht sicher sein, daß das, was wir als Naturgesetz betrachten, wirklich wahr ist, aber dennoch beobachten wir eine Menge von Mustern und Regelmäßigkeiten in der Welt, und diese Muster können wir sehr effektiv nutzen, um gewisse Aspekte der Realität unter unsere Kontrolle zu bringen. Die Gesetze der Aerodynamik zum Beispiel funktionieren hinreichend gut, so daß Flugzeuge, die unter Zugrundelegung dieser Gesetze konstruiert sind, oben bleiben. Die meisten Fakten sprechen, wenngleich nicht ganz so schlüssig, dafür, daß der Vogelflug gleichfalls auf diesen Gesetzen beruht. Es ist jedoch nicht möglich, ausgehend von der Aerodynamik den Beweis zu erhalten, daß ein Vogel ebenfalls oben bleiben wird; es scheinen aber, trotz solcher zugegebenen Ungewißheiten, dennoch einfache Gesetze am Werk zu sein. Nur wirken einige eben versteckter als andere, und je versteckter sie sind, desto mehr neigen wir dazu, diese Gesetze für »fundamental« zu halten.

Erhaltung der Komplexität

Bei vielen Menschen scheint eine intuitive Vorstellung zu herrschen, die man am einfachsten als »Erhaltung der Komplexität« bezeichnen kann. Sie gehen davon aus, daß komplizierte Wirkungen komplizierte Ursachen haben [und einfache Wirkungen einfache Ursachen]. Das Auge ist ein kompliziertes

Organ, folglich muß eine einfache Erklärung wie Darwins Evolutionstheorie falsch sein. Die Inflation ist eine einfache Wirkung, folglich muß sie eine einfache Ursache haben, und folglich muß es eine einfache Methode zu ihrer Bekämpfung geben. Das menschliche Bewußtsein ist etwas ungeheuer Kompliziertes, folglich kann es nicht auf Naturgesetze zurückgehen: Es muß etwas Übernatürliches enthalten. Frühe Theorien der biologischen Entwicklung behaupteten, in jeder menschlichen Samenzelle sei ein Homunkulus enthalten, ein winziger, in allen Einzelheiten vollkommen ausgebildeter Mensch. Die Begründung lautete: Man kann keinen Menschen bilden, wenn man nicht schon einen hat, und sei es in versteckter Form.

Wir können die Komplexität eines Systems vorläufig definieren als die Menge der zu seiner Beschreibung benötigten Information. Eine kleine ganze Zahl kann nur sehr wenig Information vermitteln und nur sehr einfache Dinge beschreiben, zum Beispiel die Position eines Punktes auf einem Computerbildschirm; mit einer hinreichend langen Liste von Zahlen lassen sich aber weit kompliziertere Dinge beschreiben. [Ein Videoband ist letztlich bloß eine solche Liste, und wenn das Stück Videoband lang genug ist, kann man darauf die Beschreibung von allem unterbringen, was es auch sei.] Wenn man der Ansicht ist, daß Komplexität in diesem Sinne – als »Bit-Menge« – zwischen Ursache und Wirkung erhalten bleibt, dann gibt es nur eine Möglichkeit, wie aus einfachen Gesetzen komplexe Wirkungen hervorgehen können. Komplexität in der Natur, wie sie etwa in den verwickelten Stößen zwischen den Molekülen eines Gases vorliegt, kann nur darauf beruhen, daß eine riesige Anzahl von Objekten wechselwirkt. Wenn Systeme mit einer großen Anzahl von Variablen durch einfache Gesetze bestimmt werden, wird die zugrunde liegende Ordnung dadurch verschleiert, daß wir nicht jede Komponente erfassen können, und so wird sie für unsere begrenzte Hirnkapazität unerreichbar.

Diese Ansicht über den Ursprung der Komplexität ist in den letzten zehn Jahren aus verschiedenen Richtungen entschieden in Frage gestellt worden. Die neuesten Entwicklungen der Mathematik zeigen verblüffend paradoxe Möglichkeiten, wie die Welt sich ändern kann. Wir wissen insbesondere, daß starre, prädeterminierte, einfache Gesetze zu einem Verhalten führen können, das so unregelmäßig ist, daß es praktisch zufallsbedingt ist. Einfache Regeln können unglaublich komplexe Wirkungen hervorrufen. Ein Beispiel ist die berüchtigte Mandelbrot-Menge, die wir in Kapitel 6 beschreiben werden; sie ist eines der verwickeltsten geometrischen Objekte, die je die Zimmerwand eines Teenagers verziert haben. Das Computerprogramm, von dem sie erzeugt wird, ist jedoch nur ein paar Befehle lang. Das Phänomen, daß ungeheuer komplexe Wirkungen auf einfache Ursachen zurückgehen, bezeichnet man als Chaos, und es spricht vieles dafür, daß es weit verbreitet ist. Stuart Kaufmann vom Sante Fe Institute war bahnbrechend in der Erforschung des umgekehrten Prozesses, »Antichaos«, bei dem komplexe Ursachen einfache Wirkungen hervorrufen; auch dieser ist weit verbreitet. Komplexität kann verlorengehen, so wie sie auch erzeugt werden kann.

Abbildung 4:
DieMandelbrot - Menge:
Wird irgendeine Region der Menge vergrößert, zeigen sich neue, verwickelte Details,wie in der Folge von Vergrößerungen (Peitgen und Saupe, > The Science of Fractal Images<).

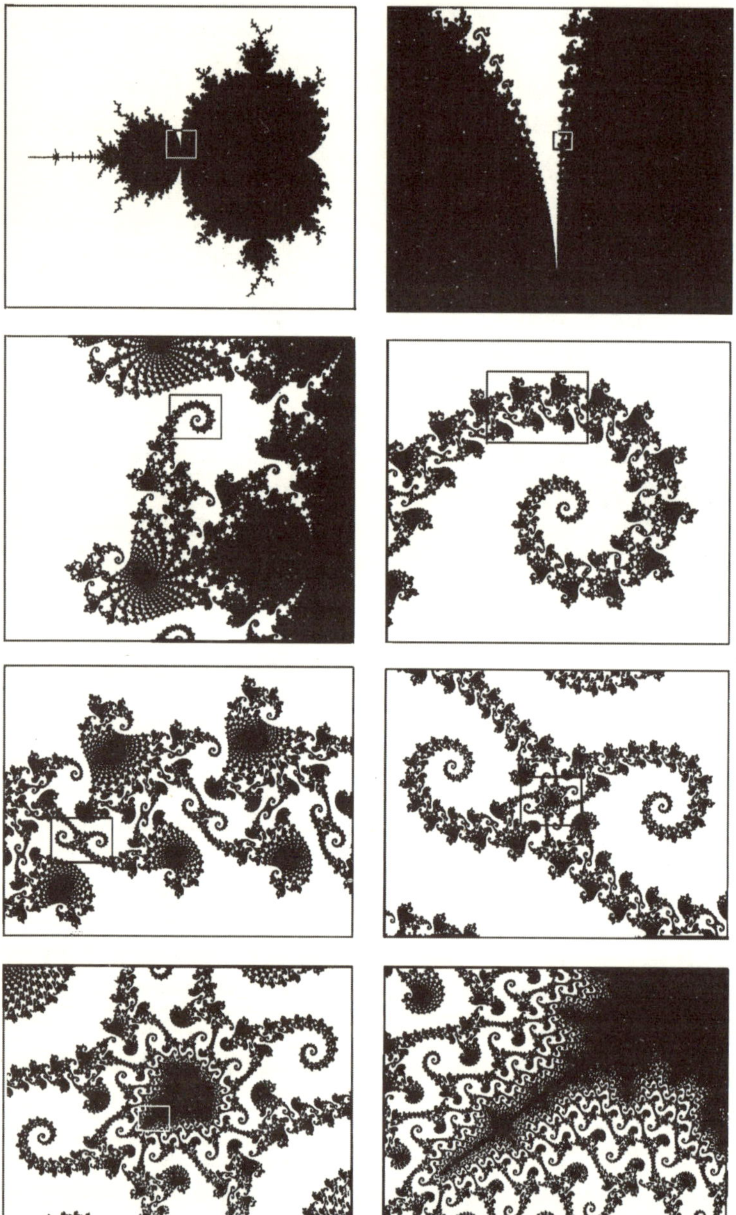

Wir können das Erhaltungsprinzip gleichwohl retten, aber dazu müssen wir unsere Begriffe von Einfachheit und Komplexität in der Weise verfeinern, daß sowohl die Prozesse, welche die Phänomene erzeugen, als auch die Phänomene selbst einbezogen werden. Wir könnten beispielsweise sagen, daß ein System dann einfach ist, wenn es, statt durch einfache Listen von Zahlen beschrieben zu werden, durch einfache Regeln vorgeschrieben wird. Damit wird das Problem der Komplexität von den Resultaten auf die Prozesse, von den Wirkungen auf die Ursachen verschoben. Einfache Prozesse können dann komplexe Resultate erzeugen in dem Sinne, daß ein Prozeß, der durch eine kurze Liste von Zahlen charakterisiert ist, Wirkungen erzeugen kann, die nur durch riesige Listen beschrieben werden können. Es gehört zu den interessanten Nebenwirkungen dieses Vorschlags, daß man dann kaum noch sagen kann, ob etwas »wirklich« einfach ist oder nicht. Es genügt dann nicht mehr, bloß Zahlen zu zählen; vielmehr müssen wir uns dann fragen, ob das Ergebnis auf eine kurze Liste geheimer Regeln zurückgehen könnte. Welcher Regeln? Die Grenze ist der Himmel.

Jetzt ist Pandoras Katze wirklich aus dem Sack, um es mit einer angemessen chaotischen Metapher zu sagen. Wie wäre es mit Meta-Regeln, Regeln zur Erzeugung von Regeln? Vielleicht läßt sich das ganze Universum durch eine einzige Meta-Meta-Meta-Regel vorschreiben! [Das ist der Traum der Theorie von Allem.] Pragmatisch scheint das sinnvollste Vorgehen in folgendem zu bestehen: Wir bleiben bei der naiven Definition von Komplexität, wir akzeptieren, daß einfache Regeln zu Resultaten führen können, die nicht einfach sind, und versuchen zu verstehen, wie sich die Komplexität verhält, wenn wir von einem Prozeß zu den durch ihn erzeugten Resultaten übergehen.

Spielt uns das Gehirn einen Streich?

Einigen wir uns vorläufig darauf, daß die Natur – egal, durch welchen Mechanismus – tatsächlich einfachen Gesetzen zu gehorchen scheint. Wir haben behauptet, daß ihre Komplexität zum Großteil eine Folge dieser Gesetze ist und entweder auf den gesetzmäßigen Wechselwirkungen einer großen Zahl von Interaktionspartnern oder auf dem Chaos als Komplexitätsgenerator beruht. Diese Behauptung hat natürlich nur solange Bestand, wie diese Gesetze zumindest einige Aspekte des »wirklichen« Funktionierens der Natur einfangen. Es könnte jedoch sein, daß das, was wir als Gesetze ansehen, bloß Muster sind, die wir der Natur überstülpen, ähnlich den Tierformen, die wir nach Belieben in den Wolken entdecken können. Es könnte sein, daß unsere geschätzten fundamentalen Gesetze nichts anderes sind als Merkwürdigkeiten der Natur, die den menschlichen Geist zufällig ansprechen. Falls das stimmt, könnte das Naturgeschehen weitgehend in Prozessen bestehen, die wir nicht zu begreifen vermögen, und die Folgen, die wir aus unseren imaginären Gesetzen ableiten, hätten mit der Natur überhaupt nichts zu tun.

Aufgrund unserer Evolution denken wir nun einmal in Slogans, und deshalb spielt uns das Gehirn manchmal seltsame Streiche. Viele Busse tragen auf der Rückseite die Warnung: »Let busses pull out.« [Eigentlich: »Achtung! Bus schert aus.« Wörtlich: »Lassen Sie die Busse sich ausdehnen.«] Auf einem Bus schrieb ein Graffitikünstler unter diese Warnung: »und helfen Sie, die Minibuspopulation zu verringern«. Darin steckt außer dem Wortspiel auch ein zerebrales Schema, ein Streich, den uns das Gehirn spielt: die Idee, daß Busse aus Minibussen hervorgehen. Unsere mentalen Verknüpfungen werden in diesem Fall dort unterbrochen, wo ungefähr der Slogan »Babys sind kleine Erwachsene« steckt. Das passiert uns ständig, und wenn wir merken, daß es uns passiert, lachen wir. Weil unser Gehirn einen Hang zu Verwechslungen hat, müssen wir uns hüten, in das, was vielleicht nur eine zufällige Ähnlichkeit ist, allzuviel hineinzudeuten. Ist das, was wir als Naturgesetz ansehen, vielleicht nichts anderes als ein Streich des Gehirns, eine partielle Übereinstimmung zwischen dem, was unser neuraler Apparat sich vorstellen kann, und dem, was wirklich geschieht? Wir könnten zum Beispiel meinen, zwischen der Behaarung eines Hundes und den Wäldern Amazoniens eine Analogie zu erkennen; daraus folgt aber nicht, daß zwischen Brasilien und einem Pudel ein sinnvoller Vergleich gezogen werden kann. Es gibt Freudianer, die überall Sexuelles wahrnehmen, Phallus- oder Schamsymbole; tatsächlich ist fast alles entweder konvex oder konkav, mit Ausnahme der Dinge, die flach sind. Damit soll vielen Freudschen Metaphern nicht ihre Berechtigung abgesprochen werden – man kann es aber auch übertreiben. Wie Freud selbst gesagt hat: »Manchmal ist eine Zigarre eben nur eine Zigarre.«

Es ist außerdem unbestreitbar, daß die Muster, die wir explizit zu erkennen vermögen, begrenzt sind durch das Material, das unserem Vorstellungsvermögen zur Verfügung steht. 1963 führte Benoit Mandelbrot den neuen Begriff eines »Fraktals« ein, einer geometrischen Form, die unter allen Vergrößerungsmaßstäben eine Feinstruktur besitzt. Dieser Begriff hat das wissenschaftliche Denken seither stark beeinflußt. Eine der Einfachheiten, die das Weltbild der neunziger Jahre maßgebend bestimmen, war bis 1963 nicht vorhanden. So wie der Begriff »Kugelform« Regentropfen, Planeten und Sonnen zu einer Einheit zusammenfaßt, so sehen wir jetzt eine Einheit, die so verschiedene Dinge wie Bäume, Wolken und Küstenlinien umfaßt. Bevor die Einfachheit »Fraktal« eingeführt wurde, war es nicht nur unmöglich, diese Einheit auszudrücken, sondern es war praktisch unmöglich, sie überhaupt wahrzunehmen. Genau dieses Beispiel wirft jedoch die Frage auf, ob unsere mentalen Muster tatsächlich die Realität widerspiegeln. Nicht nur, daß Bäume und Küstenlinien schon existierten, bevor Mandelbrot eine treffende Formulierung für ihre Geometrie fand; auch die Planeten folgten schon elliptischen Bahnen, bevor Kepler den Menschen diesen Aspekt ihrer Bewegung zur Kenntnis brachte. Die Natur kann ein Muster benutzen, bevor die Menschen gelernt haben, es wahrzunehmen. »Weiß« ein Baum, daß er ein Fraktal ist? Zumindest in gewisser Hinsicht scheint das der Fall zu sein. Die Form seiner Zweige ist eine Konsequenz aus der Genetik und der Chemie der Pflanze. Der augenscheinliche Beweis ist, daß diese Konsequenz als eine fraktale Struktur ausgedrückt werden kann. Mathematische Spielereien, die sogenannten L-Systeme, vermögen eine Vielzahl von Pflanzen und Blüten nachzuahmen. Es ist unwahrscheinlich, daß das ein vollkommener Zufall, eine bloße geometrische Täuschung ist; wahrscheinlicher ist, daß die kombinatorischen Regeln von L-Systemen in wenn auch idealisierter Form eine tiefe mathematische Konsequenz des Wirkens der Genetik und Chemie der Pflanzen erfassen. Zum Glück erfassen Keplers elliptische Bahnen eine hochgradige mathematische Konsequenz des Wirkens der Gravitation – wieso sollte nicht Ähnliches die Form von Bäumen bestimmen? Sie müssen ihre charakteristischen Formen irgendwelchen allgemeinen Prinzipien verdanken.

Vorausgesetzt natürlich, daß es so etwas wie einen Baum wirklich gibt, daß es also einen allgemeinen, globalen Begriff gibt, der dem entspricht, wie die Natur Bäume »sieht«. Menschen verstehen von Bäumen nicht so viel, wie sie zu verstehen glauben. Wir werden es Ihnen beweisen. Es gibt mindestens zwei radikal verschiedene Arten von Bäumen, deren Lebensstil so weit voneinander abweicht wie der eines Rockstars von dem eines Mönches. Nein, wir meinen nicht die gängige Lehrbuchunterscheidung zwischen Laub- und Nadelbäumen, sondern etwas viel Entscheidenderes. Manche Bäume haben nämlich eine Mykorrhiza, andere haben sie nicht. Eine Mykorrhiza ist eine Lebensgemeinschaft, in der Pilze die Wurzeln des Baumes mit Nährstoffen versorgen. Bäume mit einer Mykorrhiza und Bäume ohne eine solche sehen gleichermaßen fraktal aus, aber unter der Erde unterscheiden sie sich, nicht so sehr in ihrer Form wie in ihrer Funktion. Für das Funktionieren des Baums macht es einen gewaltigen Unterschied, ob er eine Mykorrhiza hat oder nicht. Während der längsten Zeit ihres Bestehens hat die Menschheit die meisten Bäume völlig falsch verstanden, weil sie von dem, was sie oberirdisch sah, so besessen war, daß es ihr nicht einfiel, unter der Erde genauer nachzusehen. Und das, obwohl es viele Anzeichen gab, die jetzt »sonnenklar« sind, wie etwa der Ring von Blätterpilzen, der rings um den Stumpf auftaucht, wenn ein Baum gefällt worden ist. Aha, deshalb ... Ganz recht!

Wir möchten jetzt eine Frage ansprechen, sie aber erst in Kapitel 11 beantworten. Es besteht die Gefahr eines logischen Zirkels, der dann vorläge, wenn die vermuteten Muster »Fraktal« oder »Mykorrhiza« einzig unserem Denken entspringen. Vielleicht sind es nur zerebrale Schemata, die auf die Gelegenheit warten, sich dem Universum aufzudrängen. Sobald sich etwas findet, was diesem Muster entspricht, etikettieren wir es als baumartig. Ist es dann erstaunlich, daß baumartige Dinge [wie die Pflanzen, die wir als Bäume etikettiert haben] Fraktalen ähneln? Und selbst wenn Bäume [wegen der Genetik und der Chemie], Küstenlinien [wegen der Geologie] und Wolken [wegen der Meteorologie] »wirklich« eine fraktale Struktur aufweisen, erhebt sich die Frage: »Weiß« ein Baum, daß er ein Fraktal ist, im gleichen Sinne, wie eine Wolke es »weiß«? »Wußte« er, daß er ein Fraktal war, bevor Mandelbrot diesen Begriff erfand? Gleiches gilt für die Mykorrhiza: Ist alles, was nach einer Pilzkolonie aussieht, wirklich jeder anderen derartigen Kolonie gleich? »Weiß« ein Baum, daß er eine Mykorrhiza hat? Sind Fraktale und Mykorrhizen möglicherweise keine Schemata, sondern Meta-Schemata, individuell brauchbar, aber als Verallgemeinerung sinnlos? Und selbst angenommen, daß sie für uns bequeme Beschreibungen der Realität darstellen – was zunehmend der Fall zu sein scheint-: Stehen sie zu ihr in der gleichen engen Beziehung wie Newtons Gesetze mit der Bahnbewegung des Mars?

Spiele der Mathematiker

Zerebrale Schemata sind, falls nicht mehr dahinter steckt, nichts als unterbrochene Leitungen im Telefonnetz unseres Gehirns – inkongruent mit der Realität und unbrauchbar für ihr Verständnis. Es gibt jedoch Dinge, die wie zerebrale Schemata aussehen und dennoch brauchbar sein können. Das sind die Metaphern, und sie sind brauchbar, wenn ihre Kongruenz mit der Realität über die bloße äußere Form hinausgeht. Formen sind das Ergebnis von Prozessen, und Kongruenzen von Prozessen sind Metaphern mit einem wirklich brauchbaren Inhalt. Weil wir das Universum nicht objektiv erfahren können, sehen wir zuweilen Muster, die nicht vorhanden sind. Einer der stärksten Beweise für die Existenz eines Geometer-Gottes war vor rund zweitausend Jahren die ptolemäische Theorie der Epizyklen. Danach sollte die Bewegung aller Planeten des Sonnensystems auf einem verwickelten System von rotierenden Kreisen beruhen. Mathematisch komplizierter kann es kaum noch werden. Doch der Schein trügt, und heute gilt dieses System weder als mathematisch noch als sinnvoll.

Der Prozeß, den es beschreibt, deckt sich nicht mit der Realität. Der epizyklische Prozeß läßt sich nämlich an jede Art von Bahn anpassen, sogar an eine rechteckige, falls man den Kreis mit wechselnder Geschwindigkeit rotieren läßt. Was zuviel erklärt, erklärt nichts. Die Kreise existierten nur im Kopf des Ptolemäus.

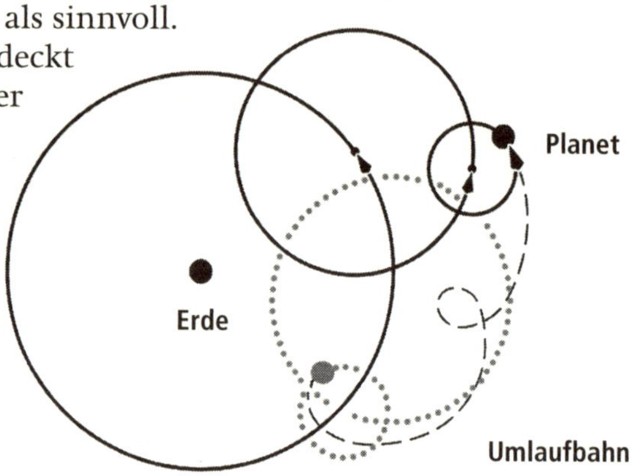

Abbildung 5: Ptolemäische Epizyklen. Ein Planet bewegt sich auf einem Kreis, dessen Mittelpunkt sich auf einem anderen Kreis bewegt, dessen Mittelpunkt... u.s.w.

Irren ist menschlich. Sind jene Dinge, die wir so hoffnungsvoll Naturgesetze nennen, zerebrale Fallen, Metaphern oder »echte« Gesetze? Die Realität pflegt Phänomene hervorzubringen, die nicht zu unseren Metaphern passen. In der Londoner U-Bahn konnte man einmal durch den Einwurf einer silbernen Drei-Penny-Münze den auf sechs Penny eingestellten Fahrscheinautomaten dazu bringen, seinen ganzen Fahrscheinvorrat auszuspucken. Das war nicht die Metapher, die die Konstrukteure gemeint hatten. Doch sie waren es, die einen Fehler gemacht hatten; der Apparat gehorchte nur einer tieferen Metapher – einer Metapher der Natur.

Sind die Muster, die wir in der Natur zu erkennen glauben, nun zerebrale Schemata oder echte Gesetze? Das Urteil ist noch nicht gesprochen, aber es könnten Schemata sein. Die Mathematik ist in den letzten Jahren sehr fruchtbar gewesen und hat ungezählte »neue« geistige Bilder hervorgebracht – darunter die [Theorie der] Katastrophen, das Chaos, die Fraktale –, die auf neue Einfachheiten in der Welt hindeuten könnten. Jedes neue Bild verlängert die Liste der Muster, die wir benennen, erkennen und manipulieren können. Es ist nicht klar, ob alle diese Muster sich in der Praxis als deckungsgleich mit der Realität erweisen werden. Vielleicht beschreiben sie nur Spiele, die von Mathematikern gespielt werden, die aber nichts mit der Welt außerhalb menschlicher Gehirne zu tun haben.

Bislang haben wir von dem, was sich in Gehirnen abspielt, so gesprochen, als sei es völlig losgelöst von der physikalischen Welt. Gehirne sind verwickelte Organe, die sich ihre eigenen Modelle der Realität aufbauen können, winzige geistige Universen. Das Universum, das wir erfahren, ist in einem ganz realen Sinne ein Produkt unserer Einbildungskraft. Das heißt jedoch keineswegs, daß das Universum nicht unabhängig von uns existiert. Die Einbildung ist eine Aktivität von Gehirnen, die aus denselben Stoffen aufgebaut sind wie das übrige Universum. Unsere Gehirne sind »Produkte der Realität«. Weil Gehirne gleichfalls Bestandteil der realen Welt sind, können zerebrale Schemata auch dann, wenn sie wirklich bloß Schemata sind, sehr reale Wirkungen haben. Ziegen suchen und fressen Blätter, nicht Chlorophyll. In ihrem Kopf steckt ein Blatt-Schema, und alles, was dem entspricht, wird gefressen. Liebende werden beim Anblick des Mondes von Gefühlen überwältigt, auch wenn sie Physikerin ist und er Astronom; das mentale Mond-Schema hat eine mächtige Wirkung auf reale Menschen. Lebewesen mit Gehirn reagieren auf das Universum vorwiegend über die Schemata im Gehirn. Sie reagieren nicht entfernt so direkt auf quantenmechanische Wellenfunktionen oder auf molekulare Strukturen – es sei denn, sie würden von einem stumpfen Gegenstand getroffen.

Mathematik ist eine Aktivität von Gehirnen, und wenn Gehirne sich mit Mathematik befassen, müssen sie in einem gewissen Sinne nach mathematischen Gesetzen funktionieren. Falls Gehirne dazu wirklich in der Lage sind, warum dann nicht auch Ziegen, Blätter und Chlorophyll Moleküle? Es könnte durchaus sein, daß unser Geist nichts anderes ist ein Wirbel von Elektronen in Nervenzellen; diese Zellen sind jedoch Bestandteil des Universums und haben sich in ihm entwickelt. Die Wirbel von Elektronen haben Millionen Jahre einer natürlichen Auslese überstanden, die auf Kongruenz mit der Realität ausgerichtet war.

Gibt es ein besseres Verfahren, vereinfachte Modelle der Welt zu bilden, als die Nutzung von tatsächlich vorhandenen Einfachheiten? Zerebrale Schemata, die sich allzu weit von der Realität entfernen, sind untauglich fürs Überleben. Intellektuelle Konstrukte wie die Epizyklen oder die Bewegungsgesetze können entweder tiefe Wahrheiten über die Natur oder raffinierte Täuschungen sein. Es ist die Aufgabe der Wissenschaft, einen Ausleseprozeß für Ideen bereitzustellen, der ebenso streng ist wie der, den die Evolution benutzte, um das Untaugliche auszumerzen. Eines ihrer wichtigsten Instrumente ist die Mathematik, weil die Mathematik die Bilder in unseren Köpfen nachahmt, die uns helfen, das Universum zu vereinfachen. Doch im Unterschied zu diesen Bildern können mathema tische Modelle von einem Gehirn auf ein anderes übertragen werden. Dadurch ist die Mathematik zu einem wichtigen Berührungspunkt zwischen verschiedenen menschlichen Geistern geworden; mit ihrer Hilfe hat die Wissenschaft sich für Newton und gegen Ptolemäus entschieden. Newtons Gesetze mögen zwar auch Täuschungen sein, aber sie sind sehr viel bessere Täuschungen als die des Ptolemäus. Vielleicht haben wir uns einen Geometer-Gott nach unserem eigenen Bild geschaffen, doch sollte das der Fall sein, dann haben wir dafür die grundlegenden Einfachheiten genutzt, welche die Natur darbot, während die Evolution unser Gehirn formte. Nur ein mathematisches Universum kann Gehirne entwickeln, die Mathematik betreiben. Nur ein Geometer-Gott kann einen Geist schaffen, der sich selbst vormachen kann, daß ein Geometer-Gott existiert.

Der Witzbold der Wissenschaft

Das ist ein ziemlich heikler Punkt: Wir können uns durchaus entschiedener äußern. Es spricht alles dafür, daß die von den Physikern entdeckten einfachen mathematischen Gesetze wirklich existieren; sie sind real und nicht bloß Produkte der menschlichen Einbildung. Wir haben sie vermutlich noch nicht richtig erfaßt, aber wir sind ihnen ziemlich nahe gekommen. Das beweist uns der Erfolg der Technik. Wenn sie bloß Einbildung wären, würden Jumbojets kaum fliegen. Irgendwie müssen die Einfachheiten der physikalischen Gesetze echte Einfachheiten sein, die in einer auf den ersten Blick scheinbar komplexen Welt verborgen sind, denn sie funktionieren; sie können nicht bloß übermäßige Vereinfachungen eines Geistes sein, der der komplizierten Welt nicht gewachsen ist. Allein deshalb vermochte die Physik mit spektakulärem Erfolg die Dinge zu erklären oder uns zumindest einzureden, daß sie sie erklärt habe. Die von der Physik benutzten Muster mögen unvollkommen sein, bloße Näherungen, aber es sind gute Näherungen, und das kann nicht einfach Zufall sein. Würden wir nichts anderes tun, als das Universum durch mentale Schablonen zu filtern und alles, was nicht unseren Vorurteilen entspricht, zu verwerfen, so würde sich das, was wir verworfen haben, tückisch an uns rächen.

Biologen haben es nicht ganz so leicht wie Physiker, aber zumindest kann ein Biologe uns einen Blick durchs Mikroskop gewähren und uns Geschöpfe und Strukturen zeigen, die unsere wildesten Phantasien übersteigen. Die von Biologen beobachteten Allgemeinheiten, zum Beispiel die allgegenwärtige Rolle der DNS in der Fortpflanzung, sind ebenfalls real. Auch Wirtschaftswissenschaftler sehen Muster – mikroökonomische wie den Cash-flow und makroökonomische wie die Inflation, die Arbeitslosigkeit, die Handelsbilanz und den Dow Jones-Index. Wie gekonnt sie diese Muster handhaben, demonstrieren sie uns dadurch, daß sie uns ungeheuer detailliert und in gelehrten Worten erklären, warum wir uns mitten in einem Konjunkturtief befinden. Die Steuerung ist nicht ganz so einfach wie die Beschreibung: Oft vergessen sie zu erwähnen, daß das Tief eigentlich ein Hoch sein sollte.

Noch schwerer haben es Mathematiker. Ihre Einfachheiten sind per definitionem imaginär – im Sinne von »der Imagination entsprungen«, nicht im Sinne von »phantastisch«. Deshalb kann man Mathematik nicht im Fernsehen darstellen; Sie brauchen nur eine siebendimensionale Hypersphäre zu erwähnen, und schon wird der Produzent verlangen, daß Sie den Zuschauern eine zeigen. Sehr viel besser kommt Mathematik – ähnlich wie die beliebte Witzsendung ›Goon Show‹ – im Radio an, bei einem Publikum, das aus Gewohnheit einfallsreich und nachdenklich ist. Die Mathematik ist in mancher Hinsicht der Witzbold, die ›Goon Show‹ der Wissenschaft; ein typischer Goon-Witz wie etwa: »Schließen Sie die Tür und bringen Sie sie herein«, hat etwas ebenso Surreales wie die Aussage des Mathematikers: »Eine Kleinsche Flasche ist eine Oberfläche mit nur einer Seite«. Diejenigen, die das System der Welt mit Hilfe mathematischer Vorstellungen bestimmen möchten, sehen den Beweis dafür, daß die Mathematik richtig liegt, in der Kongruenz zwischen den Mustern der Mathematik und den Regelmäßigkeiten des Universums. Das kann kein bloßer Zufall sein, nicht nur das Ergebnis einer geistigen Filterung, die allein die Erfolge ausliest und die Mißerfolge geflissentlich übergeht. Dafür funktioniert das mathematische Bild der Natur zu gut und zu oft. Mag sein, daß Gott kein Mathematiker ist, aber er kann es mit den Besten von ihnen aufnehmen.

Eine letzte Frage ...

Die Geschichte der Wissenschaft ist im großen und ganzen die Schilderung eines langwierigen Kampfes, in dem es darum geht, die versteckten Einfachheiten einer komplizierten Welt zutage zu fördern. Es ist eine erstaunliche Geschichte des Triumphs der unbedeutenden Menschheit über gewaltige Mysterien. Die herausragenden Einzelnen, denen es gelingt, unbekannte Einfachheiten aufzudecken, werden über Generationen, über Jahrtausende hinweg verehrt. Die Mathematiker sprechen immer noch ehrfurchtsvoll von Archimedes, der im dritten Jahrhundert vor Christus lebte. Die Kosmologen lassen die Epizyklentheorie des Ptolemäus, nach der die Planeten sich auf Kreisbahnen bewegen, die ihrerseits Kreisbahnen um andere Kreisbahnen beschreiben, nicht mehr gelten, aber sie erinnern sich seines Namens.

Es ist das eigentliche Ziel der Wissenschaft, die Komplexitäten des Universums transparent zu machen, so daß wir durch sie hindurch die darunter liegenden Einfachheiten erkennen. Schicht auf Schicht haben wir abgetragen, um zu immer einfacheren und immer allgemeineren Regeln zu gelangen; wir haben erklärt, wie einfache Gesetze Komplexität entstehen lassen können. Doch am Ende der Trichter, die von der Komplexität unseres Alltagslebens abwärts führen, stoßen wir auf zwei Dinge, die einander scheinbar widersprechen: Ordnung und Chaos.

Abbildung 6:
Oben ist die Komplexität, aber was ist unter dem Trichter ?

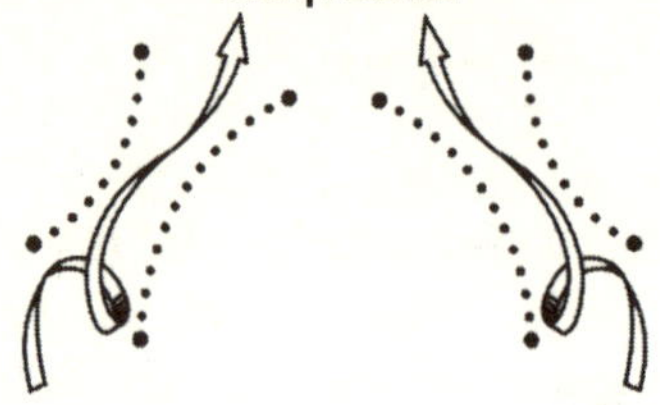

Und das Chaos wirkt, gleichgültig, ob in ihm eine versteckte Ordnung herrscht oder nicht, zu desorganisiert, als daß es die Komplexitäten des Lebens und des Universums oder überhaupt irgend etwas erklären könnte. Das wirft eine Frage auf, die uns in diesem ganzen Buch beschäftigen wird: Wie können einfache Gesetze – selbst solche mit eingebautem Chaos – organisierte Komplexität erklären?

[2] Die Gesetze der Natur

Ein Maschinenbaustudent, ein Mathematikstudent und ein Student der Betriebswirtschaftslehre wurden auf Exkursion geschickt. Ihre Aufgabe: mit Hilfe eines Barometers die Höhe eines Kirchturms zu ermitteln. Hinterher erstatteten sie ihrem Professor Bericht. Der Maschinenbauer sagte: »Er ist rund 150 Fuß hoch.«

»Wie haben Sie das herausgekriegt?«, fragte der Professor.

»Ich habe das Barometer von oben herunterfallen lassen und die Zeit gemessen, bis es aufschlug; dann habe ich anhand der Bewegungsgesetze die Höhe errechnet.«

Anschließend bat der Professor den Mathematiker herein, und der sagte: »Er ist 151 Fuß hoch, angenähert.«

»Wie haben Sie das herausgekriegt?«

»Ich bemerkte, daß das Barometer exakt zwei Fuß lang ist. Ich maß, an der Basis des Kirchturms beginnend, eine Strecke von zweihundert Fuß aus, stellte dort das Barometer auf, legte mich auf den Boden und markierte die Stelle, wo die Sichtlinie von der Kirchturmspitze über die Oberkante des Barometers den Boden schneidet. Dann maß ich mit Hilfe des Barometers den Abstand dieses Punktes vom Fußpunkt des Barometers. Danach brauchte ich bloß noch die gleichwinkligen Dreiecke zu berechnen.«

Schließlich bat der Professor den BWL-Studenten herein, und der sagte: »Er ist 154 Fuß und 7 Zoll hoch.«

»Wie haben Sie das herausgekriegt?«

»Völlig ratlos schlenderte ich auf dem Kirchhof umher, als ich den Küster bemerkte, der beim Laubkehren war. Ich ging auf ihn zu und sagte: ›Küster, ich habe hier ein schönes neues Barometer. Das bekommen Sie, wenn Sie mir sagen, wie hoch der Kirchturm ist.‹ Und er sagte, er sei 154 Fuß und 7 Zoll hoch.«

Den ursprünglichen Anstoß, wissenschaftlich an das Universum heranzugehen, gab das Bemühen, Dinge zu verstehen, die sich auf der menschlichen Erfahrungsebene manifestieren: Lichter am Himmel und später Bäume, Tiger und Tornados. Heute reicht die Suche nach den Einfachheiten, die der scheinbaren Komplexität der Welt zugrunde liegen, bis hinunter unter die atomare Ebene und hinaus bis an die äußersten Grenzen des Universums. Dabei folgt man der Strategie, die Komplexitäten einer bestimmten Ebene auf die der nächsttieferen Ebene zu reduzieren. In diesem Sinne wird die Ökologie des Planeten Erde auf die Interaktion von Organismen zurückgeführt; die heutigen Organismen haben sich aus sehr viel einfacheren Organismen entwickelt; die Entwicklung eines bestimmten Organismus ist durch den genetischen Code in seiner DNS festgelegt; das chemische Verhalten der DNS resultiert aus einfachen Gesetzen über das Verhalten der Atome; Atome können als Ansammlungen subatomarer Teilchen verstanden werden; subatomare Teilchen werden von der Quantenmechanik erklärt. Raum, Zeit und Materie entstanden mit dem Urknall, und man nimmt an, daß eine vereinheitlichte Theorie von Allem ihr Verhalten bestimmt. Das ist die generelle Route, auf der sich die Wissenschaftler von der Qualle zu den Quarks und Quasaren voranarbeiteten. Verweilen wir etwas bei Chemie und Physik, den tieferen Ebenen dieser Weltsicht. Denken wir einmal darüber nach. Was ist eigentlich so kompliziert an den chemischen Substanzen? Im wesentlichen, daß es so furchtbar viele verschiedene davon gibt. Wir brauchen sie für fast alles. Unsere Bekleidung besteht zu einem Großteil aus Kunstfasern – Nylon zum Beispiel. Wir bauen Busse aus Metall, Legierungen und Kunststoffen – alles chemische Substanzen. Bier ist ein Gemisch aus mehreren chemischen Substanzen, vorwiegend Wasser und Alkohol. Unser Essen besteht wie das Bier aus chemischen Substanzen. Praktisch alles besteht aus chemischen Substanzen: Planeten, Pflanzen, Menschen. Eine der chemischen Substanzen in Pflanzen ist das Chlorophyll. Eine der chemischen Substanzen in Menschen ist das Hämoglobin. Wenn aus einer Riesenmenge von chemischen Substanzen auch nur eine fehlt, können wir nicht überleben. Wenn man vom Leben her durch den Trichter blickt, stößt man unten auf die Chemie.

Die Chemie ist ein Legospiel

Was die Chemie für die Menschheit so wichtig macht, ist die Tatsache, daß Substanzen sich verändern können. Wenn man zwei Stöcke aneinander reibt, bis sie sich entzünden, bekommt man Flammen, Wärme und einen Haufen Asche. Eine Lammkeule, die man an das so entstehende Feuer hält, brät, bekommt mehr Geschmack, ist leichter zu verzehren – und enthält weniger Krankheitserreger. Pflanzliches Material, das mit Wasser vermengt einige Wochen in einer Schale steht, wird zu einem Gebräu, das, in Maßen getrunken, die Menschen geselliger, im Übermaß genossen weniger gesellig macht. Das richtige Gestein, mit Holz oder Holzkohle vermischt und auf eine genügend hohe Temperatur gebracht, ergibt Metall, aus dem Schwerter und Angelhaken gemacht werden können. Mit Auszügen aus entsprechenden Pflanzen kann man Tuch färben und interessante Farben erzielen. Die Folgen der Chemie sind Kochen, Krieg und Mode.

Die alten Griechen meinten, alle Materie bestehe aus vier Elementen: Erde, Luft, Feuer und Wasser. Wenn man beispielsweise Holz erhitzt, sieht man Flammen und Rauch hervorkommen, und zurück bleibt krümelige graue Asche; das läßt vermuten, daß Holz aus ein wenig Feuer, ein wenig Luft und viel Erde besteht. Einige Griechen deuteten – eher aufgrund von philosophischen Überlegungen als von Experimenten – außerdem an, daß alle Materie sich aus winzigen unteilbaren Teilchen zusammensetze, den sogenannten Atomen. Die Theorie der Elemente ist so dehnbar, daß man sie fast jedem beobachteten Phänomen anpassen kann. Trotzdem enthielt sie eine wichtige Idee, nämlich die, daß die Substanzen, die wir in der uns umgebenden Welt vorfinden, allesamt aus einer kleineren Anzahl von einfacheren Substanzen zusammengesetzt sind. Die Atomtheorie war bis in die jüngste Zeit hinein nicht experimentell überprüfbar und weitgehend nutzlos, auch wenn sie sich schließlich als richtig erwies. Eine ihrer modernen Konsequenzen ist allerdings eine brauchbare Theorie der Elemente.

Die Chemie hat eine lange empirische Entwicklung hinter sich, eine Phase des unstrukturierten Herummurksens. Am Anfang stand ein nicht ganz so respektables Bemühen, die Alchimie, die große Probleme anging wie etwa die Suche nach dem »Stein der Weisen«, der Blei in Gold verwandeln würde. Dabei weckte sie jedoch ein Interesse an den seltsamen Veränderungen, die eintreten, wenn verschiedene Substanzen gemischt und erhitzt oder einer sonstigen Behandlung ausgesetzt werden. Außerdem gab sie den Anstoß zur Entwicklung verschiedener Laborgeräte wie Retorten und Tiegel, welche die zu behandelnden Substanzen aufnehmen, und zu wichtigen Verfahren wie der Kristallisation, der Filtration und der Destillation. Zu Chaucers Zeit war die Alchimie zu einem fruchtbaren Boden für Betrüger und Gauner geworden, die durch die vorgetäuschte Demonstration der Erzeugung von Gold reichen Gönnern Geld für weitere Experimente abluchsten. [Das entsprechende Verfahren heißt heute Stellung eines Förderungsantrags.]

Das Bild der Griechen war im einzelnen falsch, enthielt aber den Keim einer richtigen Idee. Die meisten Substanzen kann man in einfachere zerlegen, die einfachsten Substanzen, die Elemente, jedoch nicht. Kann man dies nicht als bestimmende Eigenschaft der Elemente nehmen und sehen, was dabei herauskommt? Die Elemente sind nach dieser Definition die einfachsten Substanzen, die es gibt, und die Grundbausteine für alle anderen. Sie sind die »Primzahlen« der Chemie. Nun ist es aber weniger eine Sache der Theorie als vielmehr des Experiments, herauszufinden, welche Substanzen Elemente sind. Es sind, wie sich zeigt, mehr als vier – tatsächlich sind es um die hundert. Dazu zählen Wasserstoff, Sauerstoff, Schwefel, Kohlenstoff, Eisen und Chlor. Salz ist kein Element: es setzt sich aus Natrium und Chlor zusammen, Zucker aus Kohlenstoff, Wasserstoff und Sauerstoff. Schwefelsäure kann in Schwefel, Wasserstoff und Sauerstoff zerlegt werden. Hämoglobin enthält unter anderem Eisen. Chemisch reine Substanzen, die aus verschiedenen Elementen zusammengesetzt sind, nennt man Verbindungen.

Keines der Elemente der alten Griechen ist wirklich ein Element. Wasser ist eine Verbindung; Luft und Erde sind Gemische. Das Feuer gab Anlaß zu einem der berühmtesten Irrtümer der Wissenschaftsgeschichte. Um die Mitte des 18. Jahrhunderts nahm man an, eine brennende chemische Substanz scheide einen Stoff aus, den man Phlogiston nannte. Mit dieser Theorie erklärte man so unterschiedliche Beobachtungen wie die Flammen, die von brennendem Holz ausgehen [Zeichen des austretenden Phlogistons], und die pulvrige Natur der Asche [ein Festkörper zerfällt, wenn er sein Phlogiston verliert]. Die Phlogiston-Idee erklärte, wie durch Schmelzen reines Metall entsteht. Man nehme eine gewisse Menge von entphlogistoniertem Blei [Erz] und erhitze es mit Holz, das viel Phlogiston enthält. Das Erz nimmt das Phlogiston aus dem Holz auf und wird zu reinem Metall; das Holz, das sein Phlogiston verliert, verwandelt sich dabei in Asche. Heute erkennen wir, wo der Irrtum der Phlogiston-Anhänger lag. Bei der Verbrennung wird nicht Phlogiston abgegeben, sondern Sauerstoff aufgenommen; Phlogiston ist praktisch »negativer Sauerstoff«. Eine chemische Reaktion, bei der Sauerstoff übertragen wird, kann genauso gut als eine Übertragung von Phlogiston in entgegengesetzter Richtung aufgefaßt werden. Beide Theorien sind einander in einem gewissen Sinne logisch gleichwertig. Als die Chemiker jedoch zur quantitativen Analyse übergingen und die reagierenden chemischen Substanzen wogen, wurde deutlich, daß Phlogiston eine negative Masse haben muß. Das »entphlogistonierte Blei«, heute als Bleioxid bezeichnet, wiegt mehr als durchSchmelzen entstandenes Blei. Die Phlogiston-Theorie wurde aufgegeben. Die Unterteilung der Substanzen in Elemente und Verbindungen war der erste große Erfolg der Philosophie des Reduktionismus, die in der wissenschaftlichen Methodenlehre noch immer die Führung behauptet. Beim reduktionistischen Vorgehen werden komplizierte Systeme in einfachere Bestandteile zerlegt, die durch relativ einfache Regeln – Naturgesetze – miteinander verknüpft sind. Die Zahl der chemischen Elemente ist relativ gering, aber dennoch ist die Komplexität der Verbindungen etwas vollkommen Natürliches, denn auch eine kleine Zahl von Bausteinen kann auf unglaublich vielfältige Weise miteinander kombiniert werden. Aus einem Lego-Satz können ungeheuer viele Sachen gebaut werden, obwohl die Anzahl der verschiedenen Teilearten gering ist; man muß die Teile nur unterschiedlich zusammenfügen. Die Chemie ist ein Legospiel mit den Elementen als Teilen.

Gedecke

Die ganzen Zahlen 1, 2, 3, 4 ... kann man alle durch wiederholte Addition aus dem einen »Element« 1 erhalten, zum Beispiel $7 = 1 + 1 + 1 + 1 + 1 + 1 + 1$. Heißt das, daß 1 die einzige Zahl ist, auf die es in der Arithmetik ankommt? Natürlich nicht. Die Operation »+« ist ebenfalls bedeutsam; dank des + ist die Arithmetik sogar äußerst komplex, weil + von der 1 zu all den anderen Zahlen führt. Reduktionistisch an ein Phänomen heranzugehen heißt nicht, daß alle Fragen lediglich auf Eigenschaften der individuellen Bestandteile dieses Phänomens bezogen werden. Wichtig sind auch die Regeln, nach denen diese Komponenten zusammengefügt werden.

Solche Überlegungen liegen der Chemie zugrunde. Mischt man zum Beispiel Wasserstoff und Sauerstoff in einem Kolben, so bilden sie ein Gas. Ein wenig Wärme oder ein Funken bringt das Gemisch jedoch zur Explosion, und anschließend schlägt sich an der Innenseite des Kolbens Wasser nieder. Wasser ist also eine Art Kombination aus Wasserstoff und Sauerstoff. Was für eine Art von Kombination, das erklärt die zweite griechische Theorie, die Atomtheorie. Vor anderthalb Jahrhunderten war jeder Chemiker, der etwas auf sich hielt, von ihr überzeugt. Welche Beweise veranlaßten sie, ein solches Vertrauen in Teilchen zu setzen, die so winzig waren, daß man sich nicht vorstellen konnte, sie jemals zu entdecken? Beim Wiegen der Bestandteile stellt man fest, daß Wasser sich stets aus spezifischen und unveränderlichen Anteilen von Sauerstoff und Wasserstoff zusammensetzt. Tatsächlich setzen sich alle Verbindungen aus spezifischen und unveränderlichen Anteilen der sie bildenden Elemente zusammen. Die Chemiker stellten lange Listen dieser charakteristischen Anteile auf und prüften, wie sich der Anteil eines bestimmten Elements von einer Verbindung zur anderen verändert. Bald wurde deutlich, daß die Anteile für das jeweils gewählte Element stets ganzzahlige Vielfache einer gemeinsamen Menge sind, ungeachtet der Verbindung, in der das Element auftritt. In einigen Wasserstoffverbindungen findet man die zweifache, in anderen die dreifache Menge Wasserstoff, aber niemals die 3,74563fache. Das ist eine auffällige und erstaunliche Tatsache, und sie verlangt nach einer Erklärung.

Dazu eine Analogie. Ein Supermarkt verteilt im Rahmen einer Werbeaktion für ein geheimnisvolles Produkt Packungen mit diesem Produkt in den Farben Rot, Blau, Grün und Gelb. Die Anzahl der Objekte in der Packung hängt nur von der Farbe ab. Um den 1. Preis – eine Woche auf den Bahamas – zu gewinnen, muß man erraten, wieviele Objekte in der jeweiligen Packung sind. Man darf sie natürlich nicht öffnen, aber das heißt nicht, daß man sie nicht wiegen darf. Jetzt stellen Sie fest, daß das Gewicht stets 170 beziehungsweise 270, 370, 470 Gramm beträgt. Man wird sich kaum der Schlußfolgerung entziehen können, daß die Packung 70 Gramm wiegt und entweder 1, 2, 3 oder 4 identische Objekte von jeweils 100 Gramm Gewicht enthält.

Die chemische Schlußfolgerung erscheint ebenso unausweichlich. Verbindungen bestehen nicht einfach aus Elementen, sondern aus ganzzahligen Vielfachen spezifischer Mengen von Elementen. Das chemische Universum tritt in bestimmten Portionen auf. Außerdem werden die vorhandenen Portionen bei chemischen Reaktionen nur umverteilt, wobei über jede Portion genau Buch geführt wird. Wasser [zwei Portionen Wasserstoff, eine Portion Sauerstoff] plus Schwefeltrioxid [eine Portion Schwefel, drei Portionen Sauerstoff] ergibt Schwefelsäure [zwei Portionen Wasserstoff, eine Schwefel und vier Sauerstoff]. Die Zahlenmystik der Verbindungen läßt vermuten, daß sie aus ganzzahligen Vielfachen der kleinsten möglichen Mengen bestehen, in denen die sie bildenden Elemente vorkommen können. Was ist aber die kleinste mögliche Menge – und warum muß das so sein? Die Atome! Schlußfolgerung: Verbindungen entstehen aus der Kombination ganzer Zahlen von Atomen; außerdem scheinen alle Atome eines Elements identisch zu sein.

Eine weitere Konsequenz scheint nicht minder unausweichlich zu sein. Aus dem Abwiegen ergibt sich, daß eine bestimmte Menge reiner Schwefelsäure, die, sagen wir, 101 Schwefelatome enthält, exakt 202 Wasserstoffatome und 404 Sauerstoffatome enthalten muß. Wie wird diese Übereinstimmung sichergestellt? Zählen die Gase Wasserstoff und Sauerstoff die Anzahl der Schwefelatome, um sie mit zwei beziehungsweise vier zu multiplizieren und dann für die Kombination die entsprechende Anzahl bereitzustellen, wie ein knauseriger, aber ehrlicher Buchhalter? Das ist kaum anzunehmen. Es muß eine einfachere Erklärung geben. Angenommen, für eine Abendgesellschaft werden bei einem Partyservice 101 Messer, 202 Gabeln und 404 Weingläser bestellt. Es ist gewiß möglich, daß die Lieferung für zwei Gäste bestimmt ist, von denen der eine 100 Messer, 2 Gabeln und 202 Gläser, der andere 1 Messer, 200 Gabeln und 202 Gläser erhält – aber es ist unwahrscheinlich. Sehr viel plausibler ist die Annahme, daß 101 Gäste kommen werden und jeder ein Gedeck erhält, bestehend aus einem Messer, zwei Gabeln und vier Gläsern. Gewiß etwas seltsame Zahlen, aber bestimmt eine bombige Party.

Mit anderen Worten: Schwefelsäure besteht nicht einfach aus beliebig vermengten Atomen von Schwefel, Wasserstoff und Sauerstoff im Verhältnis 1:2:4. Sie setzt sich zusammen aus »Gedecken«, die jeweils aus einem Schwefelatom, zwei Wasserstoffatomen und vier Sauerstoffatomen bestehen. Diese Gedecke heißen Moleküle. Reine Substanzen bestehen also aus einer großen Zahl von identischen Molekülen, und jedes Molekül ist eine spezifische Zusammenstellung von Atomen unterschiedlicher Art. Die Begriffe »Atom« und »Molekül« sind quantitative Begriffe, während der Begriff »Element« ein qualitativer ist. Jeder Atomtyp determiniert ein bestimmtes Element, das aus diesem Atomtyp und nur aus diesem besteht; liegt ein Element jedoch in größeren Mengen vor, sind diese Atome in Molekülen angeordnet. Ein Molekül Sauerstoff enthält zwei Sauerstoffatome, ein Molekül Stickstoff enthält zwei Stickstoffatome. Kohlenstoff in größeren Mengen verwendet etliche verschiedene Anordnungen von Atomen, zum Beispiel die von Graphit oder von Diamant. Ein Molekül Helium enthält nur ein Atom, so daß die Unterscheidung zwischen Atomen und Molekülen hier vom Kontext abhängig ist.

»Theorien zerstören Tatsachen.« Die bloße Annahme, daß alles aus ganzen Zahlen von Atomen besteht, macht lange Listen mit den prozentualen Anteilen der eine Substanz bildenden Elemente überflüssig. Statt ihrer braucht man nur eine kurze Liste der [proportionalen] Gewichte der rund hundert Atomtypen und dazu eine recht lange Liste mit chemischen Formeln.

Es lohnt sich, diese Gewichte genauer unter die Lupe zu nehmen. Da das Wasserstoffatom das leichteste ist, erscheint es sinnvoll, Einheiten zu wählen, bei denen das Wasserstoffatom das Gewicht 1 hat. Heute – auf die Gründe kommen wir noch zurück – teilt man Wasserstoff das Gewicht 1,008 zu. Die Zahlen, die so entstehen, nennt man Atomgewichte. Die ersten Elemente haben die folgenden Atomgewichte: Wasserstoff 1,008, Helium 4,00, Lithium 6,94, Beryllium 9,01. Die Atomgewichte liegen nahe bei ganzen Zahlen, mit wenigen Ausnahmen, von denen Chlor mit dem Atomgewicht 35,45 die schlimmste ist. Setzt sich alles aus Wasserstoff zusammen? Die Zahlenmystik läßt das vermuten, aber es ist kein chemischer Prozeß bekannt, der Wasserstoff in ein anderes Element verwandeln würde. Das wichtige Bindeglied zwischen den Zahlen 7 und 1 ist die Operation +, und zwischen den Elementen und Verbindungen besteht das wichtige Bindeglied in der Art und Weise, wie die Elemente sich zusammenschließen, über die wir noch gar nichts gesagt haben. Auf jeden Fall kann das Ganze eine Täuschung, ein Zufall sein, denn 35,46 ist von einer ganzen Zahl so weit entfernt wie nur möglich.

Die Atome von innen

Stellen wir das einstweilen zurück und wenden wir uns einer anderen Frage zu. Wieso entsteht, wenn die beiden Gase Wasserstoff und Sauerstoff sich zu Wasser verbinden, eine Flüssigkeit?

Wieso kommt bei der Verbindung eines gelben Pulvers [Schwefel], eines rötlichen Metalls [Kupfer] und eines farblosen Gases [Sauerstoff] ein blauer Festkörper [Kupfersulfat] heraus?

Das sind Fragen, die es in sich haben und auf die wir hier nicht detailliert eingehen können, aber irgendwie müssen wir uns doch auf die physikalischen Eigenschaften der chemischen Elemente einen Reim machen. Vermutlich drücken sich in ihnen Eigenschaften ihrer Atome aus. Welche?

Die Elemente lassen sich in größere Klassen unterteilen. Es gibt Metalle wie Kupfer, Eisen, Natrium, Kalium; Gase wie Wasserstoff, Helium, Stickstoff, Sauerstoff; nichtmetallische Festkörper wie Bor, Kohlenstoff, Schwefel. Natrium und Kalium besitzen ebenso wie viele andere Paare eine starke Familienähnlichkeit. Eine Reihe von Wissenschaftlern schlug verschiedene »numerologische« Einteilungen vor, doch das erfolgreichste Schema führte Dimitri Mendelejew im Jahre 1869 ein. Er entwickelte eine »periodische Tafel«, die die Familienähnlichkeit zwischen Elementen aufzeigte. Sie ordnet in einer ganz neuartigen Form die Elemente nach ihrem Atomgewicht an und faßt sie zu Gruppen zusammen. [Die einzelnen Gruppen umfassen 2, 8, 8, 18, 18 und 32 Elemente, merkwürdige Zahlen, auf die wir noch zurückkommen.] Der Aufbau der Tabelle war nicht fehlerfrei, aber dennoch konnte Mendelejew auf ihrer Grundlage zehn »fehlende« Elemente vorhersagen. Acht von ihnen sind inzwischen bekannt. Er sagte auch ihre Eigenschaften vorher, indem er die fehlenden Elemente mit den ihnen entsprechenden in anderen Gruppen verglich.

Um Mendelejews Tafel zu erklären, mußte ein weiterer Reduktionsschritt getan werden, von den Atomen zu ihrem inneren Aufbau, und ihn tat der Physiker Niels Bohr. Seiner Theorie zufolge sind die Atome nicht unteilbar, sondern aus drei Arten von Teilchen zusammengesetzt: Protonen, die eine positive elektrische Ladung tragen, Neutronen, die ungeladen sind, und Elektronen, die eine der des Protons genau entgegengesetzte negative Ladung tragen. Protonen und Neutronen sind in der Nähe des Zentrums des Atoms eng benachbart und bilden seinen Kern; Elektronen umkreisen den Kern in verschiedenen Abständen. Neutronen und Protonen haben annähernd gleiche Massen; die Massen von Elektronen sind weit geringer und vergleichsweise fast zu vernachlässigen. Das Wasserstoffatom besteht aus einem Proton und einem Elektron, wodurch die Masse des Protons [und folglich auch des Neutrons] annähernd der eines Wasserstoffatoms entspricht: Atomgewicht 1. Helium hat zwei Protonen, zwei Neutronen und zwei Elektronen: Atomgewicht 2 + 2 + eine Winzigkeit = 4. Kohlenstoff hat sechs von jedem: Atomgewicht ungefähr 6 + 6 + eine Winzigkeit = 12. Chlor hat 17 Protonen, 18 Neutronen, 17 Elektronen: Atomgewicht ungefähr 17 + 18 + eine Winzigkeit = 35.

Wir wissen heute, daß sich in den merkwürdigen Zahlen in Mendelejews Tafel die Anordnung der Elektronen ausdrückt. Sie umgeben den Kern in konzentrischen »Schalen«, die aus geheimnisvollen Gründen der Quantentheorie 2, 8, 8, 18 ... Elektronen enthalten. Die chemischen Eigenschaften eines Elements – seine Wechselwirkungen mit anderen Elementen – werden von seinen Elektronen bestimmt. Am wichtigsten für die Chemie sind die auf der äußersten Schale, weil die Außenelektronen am leichtesten mit den Elektronen anderer Elemente wechselwirken. Tatsächlich hängen die allgemeinen chemischen Eigenschaften eines Elements nur von der Zahl der Elektronen auf seiner äußersten Schale ab. Natrium hat zum Beispiel auf den einzelnen Schalen zwei, acht und ein Elektron, das verwandte Kalium zwei, acht, acht und ein Elektron. In beiden Fällen weist die Außenschale ein Elektron auf, womit sich die chemischen Ähnlichkeiten zwischen den beiden Elementen erklären. Es kommt jedoch eine Komplikation hinzu. Die größeren Schalen können zwar bis zu achtzehn Elektronen aufnehmen, aber sie »mögen« das nicht, wenn sie außen liegen. Eine Außenschale, die acht Elektronen aufweist, ist »aufgefüllt«; versucht man, weitere Elektronen hinzuzufügen, beginnen sie weiter außen eine neue Schale zu bilden. Wenn diese Schale groß genug wird, können zusätzliche Elektronen der ursprünglichen, scheinbar vollen Schale hinzugefügt werden, die jetzt eine Stufe tiefer liegt. Das mag seltsam klingen, aber es ist im Grunde ein Stabilitätsproblem: Alle über die acht hinausgehenden Elektronen werden herausgedrängt, sofern draußen nichts ist, das sie drinnen festhält. Atome mit einer vollen Außenschale – zwei Elektronen bei nur einer Schale, sonst acht – sind ungewöhnlich stabil und chemisch träge. Es sind die »Edelgase« Helium, Neon, Argon, Krypton, Xenon und Radon. Von echtem Adel kann aber keine Rede sein – sie sind vielmehr Snobs, die es ablehnen, sich mit irgendwelchen anderen Atomen gemein zu machen, sie selbst eingeschlossen.

Bohrs Theorie stellt einen weiteren Triumph des reduktionistischen Denkens dar. Ihre modernen Nachfolger sind komplizierter und ersetzen das Bild von Teilchen auf einer Kreisbahn durch abstraktere mathematische Schemata, aber im wesentlichen erklären sie die gleichen Beobachtungstatsachen in der gleichen Weise. Das Bild der Atome als Kombinationen aus Protonen, Neutronen und Elektronen räumt zugleich mit einer weiteren Schwierigkeit in der Liste der Atomgewichte auf, den Sonderfällen wie etwa dem Chlor. Wenn die meisten Elemente ganzzahlige Atomgewichte haben, einige aber nicht, sollte man diesen Ausnahmen mit einem gewissen Argwohn begegnen. Man braucht nicht lange nachzudenken, um eine plausible Erklärung zu finden: Vielleicht ist das, was wir als Chlor betrachten, in Wirklichkeit ein Gemisch aus zwei verschiedenen Elementen, so wie die Luft ein Gemisch aus mehreren Gasen ist. Der Dreh beim Chlor ist, daß es offenbar keine Möglichkeit gibt, die beiden Komponenten des mutmaßlichen Gemischs chemisch voneinander zu unterscheiden; für die Chemie scheinen sie also ein einziges Element zu sein.

Es geht aber doch. Man nehme ein Chloratom vom Atomgewicht 35 und nenne es künftig Chlor-35. Man füge seinem Kern zwei Neutronen hinzu, wodurch das Atomgewicht auf 37 steigt und ein neues Element entsteht – man nenne es Chlor-37. Warum dann an dem Namen »Chlor« festhalten? Denken Sie daran, daß die chemischen Eigenschaften eines Elements von seinen Elektronen bestimmt werden, besonders von der Anzahl der Elektronen auf der Außenschale. Nicht nur, daß die Außenschale von Chlor-37 die gleiche Anzahl von Elektronen aufweist wie Chlor-35 – alle Elektronenschalen sind beim Chlor-37 und beim Chlor-35 identisch. Nur die Kerne unterscheiden sich. Kein Wunder, daß die beiden nicht durch chemische Eigenschaften zu unterscheiden sind! Solche chemisch identischen, aber subatomar verschiedenen Elemente nennt man Isotope. Das beobachtete Atomgewicht des Chlors, 35,46, rührt daher, daß es ein Gemisch aus Chlor-35 und Chlor-37 im Verhältnis von ungefähr drei zu eins ist.

Beachten Sie bitte, daß die chemischen Eigenschaften eines Elements von seiner Elektronenzahl, das Atomgewicht aber von seinen Protonen und Neutronen bestimmt wird. Dieser Unterschied in den Eigenschaften der subatomaren Teilchen ist für die schiefe Zahl des Chlors verantwortlich. Wenn wir diese Gedanken weiterverfolgen, geraten wir immer tiefer ins Atom hinein. Doch bevor wir in derselben Richtung weitereilen, wollen wir der Chemie ein menschliches Antlitz verleihen.

Kohlenstoff-Schizophrenie

Lego ist zwar sehr flexibel, aber man kann die Teile nicht ganz beliebig zusammenfügen. Die kleinen Nocken auf dem einen Block müssen in die Fassungen auf dem anderen gesteckt werden. Auch die Chemie hat Regeln des Zusammenbaus. So sind für ein Molekül Wasser zwei Atome Wasserstoff und ein Atom Sauerstoff erforderlich. Warum nicht eines von jeder Sorte? Die chemischen Eigenschaften von Atomen werden, wie schon gesagt, hauptsächlich von ihrer äußeren Elektronenschale bestimmt. Eine volle Außenschale weist acht Elektronen auf – außer in dem Fall, daß die Außenschale die erste ist, dann sind es nur zwei –, und Atome mit voll besetzten Außenschalen sind chemisch träge: die Edelgase. Volle Schalen sind ungewöhnlich stabil. Zählen wir die Elektronen. Ein Sauerstoffatom hat sechs Elektronen in der Außenschale, braucht aber acht, um wirklich stabil zu sein, also »fehlen« zwei. Ein Wasserstoffatom kann ein Elektron bereitstellen. Schlußfolgerung: Um die Außenschale eines Sauerstoffatoms aufzufüllen, sind zwei Wasserstoffatome nötig. Es geht, wie beim Lego, um die Nocken, die in die Fassungen passen. Der Sauerstoff hat zwei Fassungen, der Wasserstoff eine Nocke. Um die Fassungen eines Sauerstoffatoms zuzustöpseln, bedarf es zweier Wasserstoffatome.Kohlenstoff hat vier Außenelektronen, aber da er für eine vollständige Schale acht benötigt, fehlen ihm vier Elektronen. Es scheint, als hätte er vier Nocken, aber man kann es auch so sehen, daß er vier Fassungen hat. Die elektronischen Nocken von vier Wasserstofatomen passen genau in die Fassungen eines Kohlenstoffatoms; das ergibt ein Molekül Methan, jenes Erdgas, das Sie in Ihrem Backofen verbrennen. Dies ist die elektronische Theorie der chemischen Bindung, genauer gesagt, eines bestimmten Mechanismus, der kovalenten Bindung, durch die sich Atome zu Molekülen zusammenschließen.

In Wirklichkeit ist das chemischen Verhalten des Kohlenstoffs weit komplizierter als das jedes anderen Elements. Dafür ist weitgehend die schizophrene Natur seiner äußeren Elektronenschale – entweder vier Nocken oder vier Fassungen, entweder vier vorhandene oder vier fehlende Elektronen – verantwortlich: Sie läßt eine große Vielfalt stabiler Kombinationen zu. Der

Kohlenstoff kann – und das ist einzigartig – kovalente Bindungen mit sich selbst eingehen. Ohne die Vielseitigkeit des Kohlenstoffs sähe das Leben völlig anders aus. Leben, wie wir es kennen, wäre sogar unmöglich, weil nur Kohlenstoff Strukturen bilden kann, die komplex genug sind, um Lebensvorgänge zu stützen. An praktisch allen chemischen Substanzen, die in Lebewesen vorkommen, ist Kohlenstoff beteiligt. Deshalb bezeichnet man Kohlenstoffverbindungen als organische Verbindungen.

Die organische Chemie ist grundlegend für das Verständnis des Lebens. Wir wollen hier kein Lehrbuch der Chemie verfassen, aber ein bißchen von ihrem Aroma sollte man schon mitbekommen. Die einfachsten organischen Verbindungen sind Kohlenwasserstoffe, die nur aus Kohlenstoff- und Wasserstoffatomen bestehen. Man pflegt sie in Familien einzuteilen, beginnend mit dem Methan, das, wie erwähnt, vier Wasserstoffatome besitzt, die in ein zentrales Kohlenstoffatom eingestöpselt sind. Äthan, sein nächster Bruder, hat zwei Kohlenstoffatome, die miteinander verstöpselt sind, so daß Platz für sechs Wasserstoffatome bleibt. Als nächstes kommt das Propan, eine Reihe von drei Kohlenstoffatomen, die von acht Wasserstoffatomen umgeben sind. In Wirklichkeit sind diese Moleküle zwar dreidimensional, aber oft werden sie als eine lange Reihe von Kohlenstoffatomen dargestellt, wie Ruderer in einem Boot, wobei die Wasserstoffatome wie die Riemen nach außen ragen: zwei je Ruderer, auf beiden Seiten angeordnet, wie bei einem richtigen Boot, und dazu je eines, das am Bug nach vorn weist und am Heck nachschleppt. Zweimal die Anzahl der Ruderer plus zwei. Es scheint, als ließe sich dieses Muster unbegrenzt fortsetzen, so daß lange Ketten von Kohlenstoffatomen entstehen, die von Wasserstoff umgeben sind. Und das ist auch der Fall: Chemiker haben Ketten synthetisiert, die bis zu 100 aneinandergereihte Kohlenstoffatome enthalten und zwangsläufig 202 Wasserstoffatome enthalten müssen. Eine der wichtigsten Einheiten der organischen Chemie tritt erstmals in der Verbindung Benzol auf, die aus sechs Kohlenstoff- und sechs Wasserstoffatomen besteht. Auf den ersten Blick besitzt sie viel zu wenig Wasserstoffatome; ein »Ruderboot«-Muster wie das oben beschriebene würde vierzehn Wasserstoffatome erfordern, um alle Fassungen der sechs Kohlenstoffatome zuzustöpseln. Friedrich Kekulé erkannte – angeblich aufgrund eines Traums, in dem sich eine Schlange in den Schwanz biß –, daß ein geschlossener Ring aus sechs Kohlenstoffatomen möglich wäre.

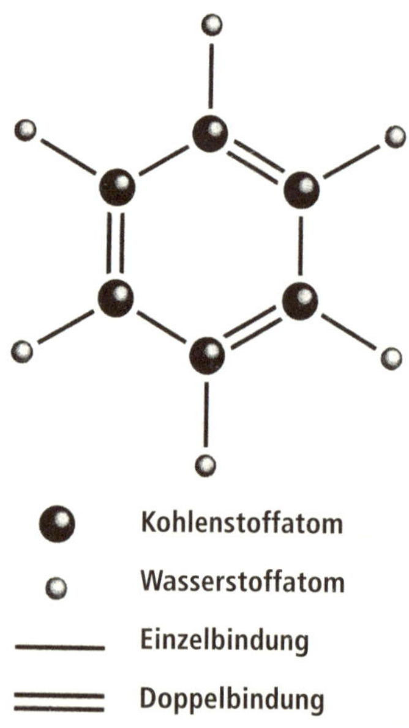

Abbildung 7 : Der Benzolring

Dieser Benzolring kommt in zahlreichen organischen Verbindungen vor; er trägt dazu bei, das Molekül durch den Einbau von »Querverstrebungen« zu »versteifen«. Beim Benzolring werden außerdem die Mängel des Nocke/Fassung-Ansatzes deutlich. Wir haben eine Einzelbindung [-] eingezeichnet, wo eine Nocke in eine Fassung paßt, und eine Doppelbindung [=], wo zwei Nocken in zwei Fassungen passen. Einzel- und Doppelbindungen wechseln sich auf dem Ring ab; dieses Muster wird von der Forderung diktiert, daß Kohlenstoffatome vier Fassungen besitzen sollten, Wasserstoffatome aber nur eine Nocke. Man kann die Zahl der Bindungen jedoch auf andere Weise passend machen – indem auf dem zentralen Ring aus Kohlenstoffatomen alle Einzelbindungen in Doppelbindungen und alle Doppelbindungen in Einzelbindungen verwandelt werden. In Wirklichkeit verhält Benzol sich weder wie die eine noch wie die andere Form, sondern eher wie ein Mittelwert aus beiden. Ist es ein Gemisch? Nein. Es ist eine »Resonanzstruktur«, die durch eine Zeichnung wie diese, auf der die sechs Kohlenstoffatome sich symmetrisch in die Elektronen teilen, nicht angemessen darstellt werden kann. Dieser Struktur am nächsten käme eine Zeichnung, auf der jede Kohlenstoff-Kohlenstoff-Bindung aus anderthalb Nocken bestünde.

Man kann also, indem man einige freie Fassungen mit Wasserstoffatomen zustöpstelt, sechs Kohlenstoffatome zu einem Ring zusammenfügen. Andererseits kann elementarer Kohlenstoff nur Kohlenstoffatome enthalten. Die häufigsten Formen, Graphit und Diamant, bestehen aus riesigen Mengen von Atomen, die in einem Kristallgitter angeordnet sind. Theoretiker erkannten vor einigen Jahren, daß sich sechzig Kohlenstoffatome im Prinzip zu einem dreidimensionalen Molekül zusammenfügen lassen, dessen Bindungen einen regelmäßigen mathematischen Festkörper bilden, der den Nähten eines Fußballs gleicht. Man vermutete, daß diese exotische Form von Kohlenstoff, die nach dem Ingenieur und Erfinder Buckminster Fuller, der solche Strukturen für Gebäude propagierte, Buckminsterfulleren getauft und respektlos auch als »Buckyballs« bezeichnet wurde, in den Tiefen des interstellaren Raums vorkommen könnte.

Nach gewaltigen Anstrengungen wurde sie kürzlich auf der Erde synthetisiert; dazu schickte man unter geeigneten Bedingungen einen elektrischen Strom durch eine Kohlenstoffelektrode. Diese Form hat sogar noch exotischere Cousins, die man zusammenfassend als Fullerene bezeichnet; einer davon weist je Molekül siebzig Atome auf. Es sagt etwas über die starren Grenzen aus, die von Wissenschaftlern oft um ihr eigenes Fachgebiet gezogen werden, daß die Experimentatoren, die das Buckminsterfulleren entdeckten, sich lange gefragt haben, ob eine solche Struktur mathematisch und chemisch realisierbar sei; dabei hätte ihnen jeder Mathematiker sagen können, was sie vor sich hatten: ein abgestumpftes Ikosaeder, das man erreicht, indem man bei einem zwanzigflächigen Festkörper die Ecken abschleift. Es gehört zu einer Liste von gängigen Formen, die man als Polyeder oder »Vielflächner« bezeichnet.

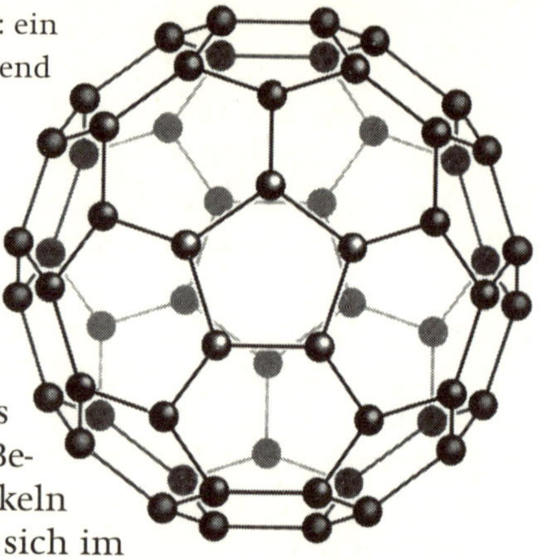

Abbildung 8: Das Buckminsterfulleren-Molekül: ein abgestumpfter, zwanzigflächiger Käfig, bestehend aus sechzig Kohlenstoffatomen.

Theoretische Chemiker hatten außerdem schon Dutzende von Artikeln publiziert, in denen die Eigenschaften dieses hypothetischen Moleküls vorhergesagt wurden. Die Fullerene finden gegenwärtig großes Interesse, erstens, weil sich aus ihnen möglicherweise ein ganz neuer Bereich organischer Verbindungen entwickeln läßt, von deren Nutzanwendungen man sich im Moment gar keine Vorstellung macht, und zweitens, weil sie elegant sind. Ob sie im All vorkommen, wissen wir noch nicht, aber als Krönung des Ganzen hat man letzthin am Rand von Felsspalten natürliche Fullerene entdeckt. Fullerene sind relativ leicht herzustellen, für die Natur ebenso wie für den Menschen. Die Natur hat das schon immer gewußt, nur wir haben das jetzt erst entdeckt.

Quantenungewißheit

Mit der Reduktion chemischer Substanzen auf Moleküle und weiter auf Atome werden die Gesetze der Chemie auf die der Physik zurückgeführt. Wenn wir uns mit der Natur der chemischen Bindungen und den Materialeigenschaften chemischer Substanzen befassen, gelangen wir noch tiefer, in den Bereich der subatomaren Physik. Nach der einfachsten Vorstellung, dem Bild der alten Griechen, sind Atome unteilbare Teilchen, winzige Brocken Materie, die nicht in noch winzigere Brocken zerrissen werden können. Nach der Vorstellung der klassischen [im Sinne von »Nicht-Quanten-«] Physik sind Atome teilbar, aber die Elektronen, Neutronen und Protonen, aus denen sie bestehen, ähneln ziemlich den Atomen der Griechen. Der Hauptunterschied besteht darin, daß diese Teilchen nicht bloß Masse, sondern auch eine elektrische Ladung haben. Dazu muß noch ein weiteres Attribut eingeführt werden: der Spin. Gewisse Aspekte des Verhaltens von Elektronen sind in diesem klassischen Bild nur dann zu verstehen, wenn man sich winzige Teilchen vorstellt, die sich wie ein Kreisel um eine Achse drehen. Die Physiker haben in das Atom hineingeschaut, und am Ende ihres mentalen Trichters erblickten sie etwas, das zunächst nach Newtonscher Mechanik aussah – eine weitere Bestätigung, falls es ihrer bedurfte, für die Wahrheit der Newtonschen Gesetze.

Leider waren andere Aspekte des Verhaltens von Elektronen innerhalb des Newtonschen Rahmen überhaupt nicht zu verstehen. Insbesondere müßte ein elektrisch geladener Körper, der einen anderen Körper umkreist, beispielsweise das Elektron, das den Atomkern umkreist, nach der Newtonschen Mechanik seine elektrische Ladung in den Raum abstrahlen. Doch Elektronen halten hartnäckig an ihrer Ladung fest. Niels Bohr rettete die Situation eine Zeitlang durch die Annahme, daß Elektronen der Newtonschen Mechanik meistens gehorchen, außer dann, wenn sie es nicht tun; doch als immer mehr Tatsachen über das bizarre Verhalten der subatomaren Teilchen bekannt wurden, begriff man, daß man am unteren Ende des atomaren Trichters etwas Radikaleres benötigte. Dieses Etwas war die Quantenmechanik. Das ist ein hochkompliziertes Gebiet, auf das wir uns nicht allzu weit einlassen möchten; wir möchten Ihnen jedoch zeigen, wohin der reduktionistische Ansatz geführt hat, wie weit er sich von der gewohnten menschlichen Erfahrung entfernt hat, während er immer tiefer in die verborgenen Schichten der Regelmäßigkeiten der Natur eindrang.

Die Quantenwelt ist eine Welt der Ungewißheiten. Es läßt sich unmöglich vorhersagen, wann ein radioaktives Atom zerfallen wird. Ein Atom, das gleich zerfallen wird, unterscheidet sich in nichts von einem anderen. Einstein hatte etwas gegen dieses Bild eines »würfelnden Gottes«, aber es ist offenkundig, daß die Ungewißheiten wirklich bestehen. Dinge, welche die klassische Physik als Teilchen sieht, beispielsweise Elektronen, verhalten sich manchmal wie Wellen und breiten sich aus. In der klassischen Mechanik verbindet sich mit den Wellen eine Zahl, ihre Frequenz: die Anzahl der Wellen, die in einer bestimmten Zeit an einem Punkt vorbeilaufen. Sie haben außerdem eine Energie. Die Energie einer klassischen Welle kann jede beliebige Größe haben, und sie hängt nicht von ihrer Frequenz ab. In der Quantenmechanik muß die Energie aber stets einem ganzzahligen Vielfachen einer bestimmten Zahl proportional sein, der Planck-Konstante. Der Proportionalitätsfaktor ist die Frequenz des Lichts. Tatsächlich tritt Licht einer gegebenen Frequenz in winzigen Paketen mit einer feststehenden Energie auf. Das klingt fast so, als würden Teilchen beschrieben. Da die Planck-Konstante unglaublich klein ist, ist die Verteilung der Energien beinahe stetig, aber die Physiker können so exakte Messungen machen, daß die verbotenen Unstetigkeiten deutlich hervortreten. Diese Lücken helfen uns außerdem, andere Beobachtungen zu verstehen.

In der Quantenmechanik bedeutet eine Messung gewöhnlich, daß etwas gestört wird. Es ist praktisch unmöglich, alles, was man gern wissen möchte, gleichzeitig in Erfahrung zu bringen. Stellen Sie sich vor, Sie wollten die Position eines Fußballs auf einem Spielplatz ermitteln. In der klassischen Mechanik können Sie einen sehr, sehr schwachen Lichtstrahl darauf richten; das reflektierte Licht verrät Ihnen dann, wo der Ball ist. Sie stören ihn um einen ganz, ganz winzigen Betrag, der aber praktisch nicht ins Gewicht fällt. Im Prinzip könnten Sie die Position mit beliebiger Genauigkeit ermitteln. In der Quantenwelt gibt es für die Energie, die Sie durch die Messung auf den Fußball übertragen, jedoch eine Untergrenze – dank Planck. Es ist, als würden Sie mit verbundenen Augen auf dem Platz umhertapsen und wuchtige Fußtritte nach allen Richtungen austeilen. Wenn Sie den Ball schließlich treffen und ausrufen: »Ich habe ihn!«, sagt jemand: »Phantastisch, aber wo ist er jetzt?«, und Sie kommen sich ziemlich blöde vor. Das eigentliche

Problem in der Quantenmechanik ist ein wenig vertrackter: Sie können messen, wo der Ball ist, aber dann können Sie nicht mehr feststellen, wie schnell er sich bewegt. Sie können auch messen, wie schnell er sich bewegt, aber dann wissen Sie nicht, wo er ist. Das ist die Unschärferelation von Werner Heisenberg, an der die Verrücktheit der Quanten-Naturgesetze deutlich wird.

Auch wenn sie mit unserer vertrauten Alltagswelt keine Ähnlichkeit hat, läßt sich die Quantenmechanik doch als ein in sich stimmiges System mathematischer Regeln begründen, und sie funktioniert. Sie funktioniert phantastisch. Probleme treten dann auf, wenn wir zu erklären versuchen, was ihre Regeln bedeuten. Beobachtbare Größen wie etwa der Spin eines Elektrons verhalten sich einfach nicht wie klassische Beobachtungsgrößen. Ein Elektron kann beispielsweise einen »Aufwärts«- oder einen »Abwärts«-Spin haben; stellen Sie sich einen rotierenden Kreisel [»aufwärts«] vor: Wird seine Achse um 180° gedreht, erhalten Sie »abwärts«. Der Spin kann aber auch in einem »überlagerten« Zustand sein, zum Beispiel 50 Prozent aufwärts und 50 Prozent abwärts. Das ist nicht dasselbe wie eine horizontale Drehachse. Es ist eher wie ein Spin, der nicht genau bekannt ist, bei dem aber eine Wahrscheinlichkeit von 50 Prozent besteht, daß er aufwärts ist, und eine Wahrscheinlichkeit von 50 Prozent für abwärts. Quanten-Observablen sind ihrer Natur nach probabilistische Größen – das heißt, bis sie beobachtet werden. Ihre Messung scheint dann das Elektron plötzlich zu einer Wahl zu zwingen: entweder aufwärts oder abwärts. Es ist, als wäre der Elektronenspin eine hochgeworfene Münze, die endlos trudelt, bis Sie sie beobachten, indem Sie sie auf einer ebenen Fläche landen lassen.

Jedes Quantenobjekt hat eine »Wellenfunktion«, welche die Wahrscheinlichkeitswolke von Zuständen beschreibt, in der dieses Objekt existieren kann. Nach der »Kopenhagener Deutung« der mathematischen Regeln wird die Wellenfunktion durch eine Messung gezwungen, »zusammenzubrechen« und dabei statt in unbestimmten Wahrscheinlichkeiten in spezifischen Gewißheiten zu enden. Solange Sie nicht eine solche Beoabachtung machen, wird das System sich in einem Zustand befinden, in dem sich all die möglichen Dinge, die geschehen könnten, überlagern.

Erwin Schrödinger hat diesen unbefriedigenden Sachverhalt in einem Gedankenexperiment zugespitzt, bei dem eine sehr unglückliche Katze eine Rolle spielt. Die Katze ist zusammen mit einem radioaktiven Atom und einem Gerät, das feststellt, ob dieses Atom zerfallen ist, in einen undurchdringlichen Kasten gesperrt. Wird dieser Detektor durch den Zerfall des Atoms aktiviert, öffnet er eine Kapsel mit Giftgas, das die Katze tötet. Radioaktive Atome haben es nun an sich, daß sie zerfallen, wann es ihnen beliebt, und so können wir außerhalb des Kastens irgendeinen Moment festlegen und fragen, ob das Atom schon zerfallen ist. Das läuft, da der Detektor das Giftgas nur freisetzt, wenn das Atom zerfällt, auf die Frage hinaus, ob die Katze lebendig oder tot ist. Nun können wir, weil das Ganze sich in dem undurchdringlichen Kasten abspielt, keine Messungen machen. Daher ist das Atom nicht in einem reinen Zustand; es ist weder »zerfallen« noch »nicht zerfallen«, sondern befindet sich in einer probabilistischen Überlagerung beider Zustände. Das bedeutet, daß sich die Wellenfunktion der Katze ebenfalls in einer probabilistischen Überlagerung der entsprechenden Zustände »tot« und »lebendig« befindet, denn wir wissen ja, daß der Zustand der Katze vom Zustand des Atoms bestimmt wird. Aber muß eine Katze nicht entweder lebendig oder tot sein?

Nach der Kopenhagener Deutung der Quantenmechanik muß sie es nicht. Nicht, bis Sie den Kasten öffnen. Durch das Öffnen lassen Sie ihre Wellenfunktion zusammenbrechen, und entweder stirbt sie auf der Stelle, oder sie springt freudig aus dem Kasten und schwört sich, nie wieder an blöden Experimenten teilzunehmen. Es gibt viele Probleme mit der Kopenhagener Deutung. Falls sie stimmt: Wie wäre es, Schrödingers Katze zu sein, bevor jemand den Kasten öffnet? Ist nicht schon die Katze ein Beobachter? Eugene Wigner hat sich darüber Gedanken gemacht; er ersann einen hypothetischen unsichtbaren Freund, der zusammen mit der Katze in dem Kasten sitzt und ein Auge auf sie hat. Dann befindet auch für den Fall, daß Sie einer Katze nicht zugestehen, ein Beobachter sein zu können, ein echter Beobachter in dem Kasten – aber er kann seine Beobachtung nicht der Außenwelt mitteilen. Wigners Freund sieht eine zusammengebrochene Wellenfunktion, aber Wigner nicht! Wir machen uns ebenso Gedanken über die Kopenhagener Deutung, wie Wigner es tat, und wir werden in Kapitel 8 nochmals auf Schrödingers Katze zurückkommen.

Der Urknall

Statt immer tiefer in das Atom vorzudringen und die interne Struktur der Chemie zu betrachten, können wir jene Chemie ins Auge fassen, die sich im Universum ringsum abspielt. Wir können beispielsweise die relative Häufigkeit der chemischen Elemente in dem unserer Beobachtung einigermaßen zugänglichen Teil des Universums feststellen. Dank der Quantenmechanik können wir die Zusammensetzung chemischer Moleküle an Veränderungen des Lichts ablesen, das durch sie hindurchgegangen ist; die Untersuchung dieses Lichts nennen wir Spektroskopie. Schicken Sie Sonnenlicht durch ein Prisma, so wird es in die in ihm enthaltenen Farben aufgespaltet, und das mehrfarbige Lichtband, das dabei entsteht, nennt man ein Spektrum. Die einzelnen Farben entsprechen Licht von einer bestimmten Wellenlänge. Das Spektrum der Sonne weist dort dunkle Linien auf, wo Moleküle das sie durchdringende Licht absorbiert haben, weil es sich mit ihren charakteristischen Schwingungen in Resonanz befindet. Diese Absorptionslinien sind so etwas wie eine molekulare Signatur, die der Außenwelt Mitteilungen macht wie »Kohlenstoff hier«. Die Astronomen stellten fest, daß sie mit spektroskopischen Verfahren mehr über die Chemie des Inneren eines Sterns erfahren konnten als über die Chemie des Erdinneren. Das Licht der Sterne kann nämlich aus tieferen Schichten zu den äußeren vordringen und dabei die spektroskopische Signatur mitnehmen, während die Erde nicht so durchlässig ist. Mit Hilfe solcher Methoden erfährt man, daß das Universum eine ungeheure Menge Wasserstoff, eine beträchtliche Menge Helium und erheblich kleinere Anteile anderer Elemente enthält. Im Sinne der Suche nach mathematischen Regelmäßigkeiten wäre es hübsch, wenn wir zum Abschluß des Ganzen eine Theorie finden könnten, die diese Anteile vorhersagt. Das ist möglich, aber es unterscheidet sich in seiner Art und Komplexität himmelweit von allem, was wir bislang geschildert haben. Es stützt sich auf die Vergangenheit des Universums oder zumindest unserer speziellen Region des Universums. Die Elemente entstehen überwiegend durch Kernreaktionen im Inneren von Sternen. Die Anteile der einzelnen Isotope, die dabei erzeugt werden, hängen von den Besonderheiten dieser Reaktionen ab. Außerdem gibt es Isotope, die radioaktiv sind und innerhalb unterschiedlicher Zeitspannen in andere Isotope zerfallen. Der Wert 36,46 für Chlor ist eine Konsequenz der Kosmologie und der Geschichte, nicht der Chemie.

Tatsächlich müssen wir nicht nur auf die Chemie der Sterne zurückgreifen, sondern auf die Entstehung der Sterne selbst. Das führt uns zu jenem Zeitpunkt zurück, in dem nach Ansicht der Kosmologen mit dem Urknall Raum und Zeit begonnen haben. Der Urknall hat den Vorzug, zwei wichtige astronomische Beobachtungen zu erklären. Die eine ist die scheinbare Expansion des Universums, bestätigt durch spektroskopische Untersuchungen ferner Himmelskörper, ursprünglich von Galaxien, heute aber vorwiegend jener hochenergetischen Objekte, die man Quasare nennt. Je weiter der Himmelskörper entfernt ist, desto weiter verschieben sich die Linien der chemischen Signatur in den roten Bereich des Spektrums. Diese »Rotverschiebung« hängt mit der Geschwindigkeit zusammen, und ihre Existenz bedeutet, daß ferne Bereiche des Universums sich von uns entfernen. Das Universum wird größer. Diese Expansion kann als eine fortlaufende Konsequenz des Urknalls betrachtet werden, der allem einen mächtigen Stoß versetzt hat, von dem es sich noch erholen muß. Die zweite Beobachtung ist die kosmische Hintergrundstrahlung, ein fast gleichförmiges Radiorauschen, das einer Temperatur von 3° K entspricht; dies ist das »Echo« des Urknalls. Letzthin hat der COBE-Satellit schwache Rippel in der Hintergrundstrahlung entdeckt, Unregelmäßigkeiten, die als »Keime« nötig waren, damit Sterne entstehen konnten.

Die Anteile der Elemente im Universum hängen also von den Kernreaktionen im Inneren von Sternen ab, und die Existenz von Sternen geht auf die Rippel im Urknall zurück. Nehmen Sie das alles zusammen, so können Sie die Anteile der Elemente im heutigen Universum berechnen, und das Ergebnis ist ziemlich genau. Das ist beeindruckend: Auch Sterne bestehen aus Chemie. Die mathematischen Theorien, die zum Urknall führen, verknüpfen zwei Dinge. Das eine ist Einsteins Relativitätstheorie, die Idee, daß Gravitation gekrümmte Raumzeit ist. Das andere ist die Quantenmechanik. Wir finden, wie in Kapitel 1 erwähnt, die Quantenmechanik am unteren Ende von zwei Trichtern – der eine führt von der Chemie, der andere von der Kosmologie zu ihr. Das läßt die Quantenmechanik gewiß als ziemlich fundamental erscheinen. Sie bietet einen verläßlichen geistigen Rahmen für das

Nachdenken über das Universum im Kleinen wie im Großen, und sie muß daher mit mindestens einigen Aspekten der Funktionsweise des Universums kongruent sein.

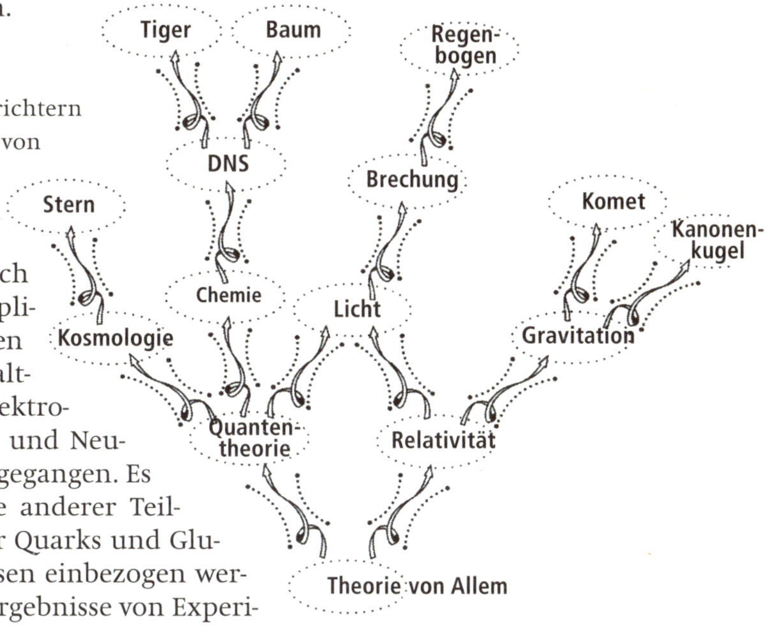

Abbildung 9: Tief unter den Trichtern liegt die Theorie von Allem.

Die Teilchenphysik ist jedoch sehr viel komplizierter geworden und über die altbekannten Elektronen, Protonen und Neutronen hinausgegangen. Es gibt eine Fülle anderer Teilchen, darunter Quarks und Gluonen. Sie müssen einbezogen werden, weil die Ergebnisse von Experimenten in Teilchenbeschleunigern durch sie verständlich werden. Große Schwierigkeiten entstehen jedoch bei dem Versuch, die heutige Teilchenphysik tatsächlich mit der Gravitation zu verknüpfen. Eine wirklich vereinheitlichte Theorie fehlt noch immer. Viele Physiker meinen, einer Theorie von Allem auf der Spur zu sein. Diese Bezeichnung mag großspurig klingen, aber wenn dieselben fundamentalen Gesetze tatsächlich Materie, Gravitation, Raum und Zeit erklären können, haben sie vielleicht doch ein gewisses Anrecht auf harmloses Eigenlob. Diese Physiker meinen, daß wir bald wissen werden, was sich unter dem letzten Trichter befindet, und daß absolut alles auf dieselben fundamentalen Gesetze hinausläuft.

Anthropische Prinzipien

Aus der quantenmechanischen Verknüpfung zwischen Kosmologie und Chemie ergibt sich eine merkwürdige Koinzidenz. Organismen sind vollkommen auf das Element Kohlenstoff angewiesen, weil er allein die komplizierten chemischen Strukturen bilden kann, die für etwas so Esoterisches wie das Leben erforderlich sind. [Vielleicht käme auch noch Silizium dafür in Frage, aber sonst bestimmt nichts.] Kohlenstoff entsteht wie alle anderen Elemente, die schwerer als Wasserstoff sind, in den nuklearen Öfen der Sterne. Der ganze komplizierte Mechanismus des Urknalls ist also nötig, um zu erklären, wie Kohlenstoff überhaupt entstehen kann.

Nicht nur das – die Bildung von Kohlenstoff in Sternen ist außerdem nur möglich dank einer ungewöhnlichen quantenmechanischen Koinzidenz in den Energieniveaus dieses Elements. Das macht die Bildung von Kohlenstoff sehr viel einfacher, als es sonst der Fall wäre. Damit kommen wir unausweichlich auf das »anthropische Prinzip«, demzufolge es wirklich einigermaßen töricht ist, wenn eine auf Kohlenstoff basierende Lebensform die Frage stellt, wieso die Struktur des Universums und die Gesetze der Quantenmechanik ausgerechnet die Bildung von Kohlenstoff erlauben. Würden sie das nicht erlauben, so das Argument, wäre die auf Kohlenstoff basierende Lebensform gar nicht da, um so zu fragen. Das ist so, als ob die Überlebenden einer Katastrophe sich hinterher fragen: »Wieso habe ich überlebt?«, wobei sie vergessen, daß sie, wenn sie nicht überlebt hätten, diese Frage nicht stellen würden.

Das ist wirklich eine sehr logische Überlegung, aber sie hat einen Haken. Die Physiker würden gern wissen, warum der Wert der verschiedenen »Fundamentalkonstanten« der Natur so und nicht anders ist, etwa jener der Planck-Konstante, der $6{,}6 \times 10^{-34}$ beträgt. Das ist ein außerordentlich kleiner Wert, aber dennoch ist er von entscheidender Bedeutung. Würde die Planck-Konstante nur um wenige Prozent davon abweichen, betrüge sie etwa 7×10^{-34}, so könnten die Sterne keinen Kohlenstoff bilden. Somit gäbe es uns nicht, und wir könnten nicht fragen, warum die Planck-Konstante gerade diesen Wert hat. Wir können den Wert aus der Tatsache ableiten, daß es uns gibt und wir nach seiner Größe fragen. Damit verstehen wir aber trotzdem nicht die physikalischen Gründe für die Existenz dieses Werts. Manche gehen deshalb weiter und befürworten das »starke anthropische Prinzip«, wonach die Planck-Konstante den beobachteten Wert aus dem Grunde hat, intelligente Wesen zu ermöglichen. So weit möchten wir denn doch nicht gehen, denn das klingt zu sehr nach der Bemerkung, die Natur habe Nasen geschaffen, damit man sich eine Brille aufsetzen kann.

Holismus

Seit den Zeiten Platons und des pythagoreischen Kults im alten Griechenland, wenn nicht schon früher, haben ganzzahlige Beziehungen, regelmäßige Geometrien und andere mathematische Muster in der Natur die Menschen übermäßig beeindruckt. Sind das wirklich Naturgesetze, wie Physiker und Chemiker behaupten, oder sind es notdürftige Modelle, zusammengestoppelt von einem zweibeinigen Affen, der unrettbar besessen ist vom »Holismus«, der Verehrung ganzer Zahlen? Sind sie gerade gut genug, um das neugierige, aber leichtgläubige Gehirn des Affen zu befriedigen, haben aber mit dem wirklichen Geschehen in der Natur nicht das Geringste zu tun?

Wir haben Ihnen eine ganze Reihe von scheinbaren Zufällen geschildert, bei denen »zahlenmystische« Muster in Chemie und Physik deutlich wurden. Immer gab es Probleme: Die Muster waren nicht ganz astrein und mußten ein wenig zurechtfrisiert werden. Um beispielsweise das nicht ganzzahlige Atomgewicht des Chlors zu erklären, mußte ein neuer Begriff eingeführt werden, die Isotope. Das Frisieren ermöglichte eine glattere Erklärung durch eine »tiefere« Strukturebene, aber bei genauerem Hinsehen zeigte sich, daß auch diese neue Ebene nicht ganz astrein war: Atome bestehen nicht nur aus Protonen, Neutronen und Elektronen; diese haben wiederum ihre eigene Substruktur ... Manipulationen auf der ganzen Linie! Die Erklärungen stimmten weitgehend, aber mit Tricks: Die charakteristischen Anteile der Elemente wurden mit der Atomtheorie erklärt, aber mit sonderbaren und willkürlichen Werten für die Gewichte einzelner Atome; dann wurden die Gewichte der Atome mit Bohrs Theorie der Elektronenschalen erklärt, aber mit sonderbaren und willkürlichen Regeln für ihren Aufbau und beträchtlichen Manipulationen an den Isotopen. Schließlich benutzten wir die Quantentheorie, um die Regeln der Schalen zu erklären, und beriefen uns auf die Kosmologie, um das Überwiegen verschiedener Isotope verständlich zu machen – aber dabei weisen die Quantentheorie und die Kosmologie selbst Merkwürdigkeiten auf.

Da überlegt man sich doch, ob die Gesetze von Physik und Chemie real oder zerebrale Täuschungen sind. Um diese Frage zu klären, werden wir die Hilfe von Wesen in Anspruch nehmen, deren Gedankengänge nicht unbedingt den unseren folgen. Ihre Aufgabe wird nicht so sehr darin bestehen, tendenziöse Fragen nach dem Sinn des Ganzen zu beantworten, als vielmehr darin, unserem Denken neue Anstöße zu geben, unorthodoxe Überlegungen anzuregen. Natürlich muß man alles, was sie sagen, »mit einer Prise Salz« nehmen.Oder, in diesem Fall, einer Prise Buckminsterfulleren.

Treibstoff in Hülle und Fülle

Das Raumschiff ›Schenkelknochen‹ umkreist die ferne Welt Zarathustra. Der Treibstoff, Buckminsterfulleren in einer Benzollösung, ist knapp. Er reicht gerade für eine sichere Landung, aber nicht mehr für einen neuen Start. Gehörte Zarathustra zur zivilisierten Weltgemeinschaft, gäbe es kein Problem: Man schaut rein, macht einen kurzen Abstecher zur Fullerenstation und fliegt wieder heim. Leider gehört Zarathustra nicht dazu, aber dem ›Großen Galaxienführer‹ zufolge ist es von intelligenten Wesen bewohnt. Seine Technologie, heißt es, sei [a] hochentwickelt und [b] sonderbar. Nach Abschätzung der Wahrscheinlichkeiten kommt der Flugcomputer zu der einzig möglichen Entscheidung: Landen und hoffen. Er gibt eine exakt berechnete Menge Reaktionsmasse mit einer ebenso exakt berechneten Geschwindigkeit frei. ›Schenkelknochen‹ verläßt problemlos die Umlaufbahn und setzt nach dem absoluten, für eine sichere Landung erforderlichen Minimum an Treibstoffverbrauch auf. Die Meßgeräte stimmen mit den vorhergesagten Werten bis auf vier Dezimalstellen überein.Zunächst gilt es, mit der heimischen Lebensform Kontakt aufzunehmen. Das geht einfacher als erwartet: Kaum hat sich der Staub gelegt, als sich ein schimmerndes purpurrotes schneckenartiges Tier ins Blickfeld schiebt, das eine Gruppe von acht flaumbedeckten gelben Geschöpfen vor sich hertreibt, die an Zwergstrauße erinnern. Man denkt sofort an einen Schäfer mit einer Schafherde. Die Schnecke treibt ihre Herde direkt auf das Raumschiff zu. Bald streichen die Strauße um die Luftschleuse herum, und die Schnecke klettert über die Kabine, schleimige Spuren auf dem Glas hinterlassend. Jetzt gilt es, sich mit den Wesen zu verständigen. Das ist längst nicht so einfach wie die elegante Landung; die Xenobiologie gehorcht Gesetzen, die nicht so klar sind wie die Newtonschen. Die Wesen stoßen eine bemerkenswerte Bandbreite von Geräuschen aus, die von einem tiefen Dröhnen bis zu fledermausartigen Piepsern reichen. Ein Mensch könnte mit seinem Sprechapparat nicht solche Töne erzeugen. Käpt'n Arthur läßt das Übersetzungsprogramm anlaufen, und nachdem es den Krach draußen einige Minuten lang analysiert hat, um eine ausreichende sprachliche Datenbank aufzubauen, geht das rote Licht aus.

Käpt'n Arthur [räuspert sich]: »Seien Sie gegrüßt, Wesen von einer anderen Welt.«

Niplphut: »Nein, Sie sind das Wesen von einer anderen Welt. Wir leben hier. Wie merkwürdig, daß Sie uns so ähnlich/unähnlich sind [Unzutreffendes streichen].«

Käpt'n Arthur: »Wir kommen in friedlicher Absicht. Ich bin Käpt'n Arthur, und dies ist mein Kollege Stanley.«

Niplphut: »Ich bin Nyplefufflpofta-Gostaphut Dritte Generation, aber Sie können Niplphut zu mir sagen. Danach zu urteilen, wie vorsichtig Sie geflogen sind, dürfte Ihnen der Treibstoff ausgegangen sein.«

Stanley: »Käpt'n, phantastisch! Offenbar verstehen sie die Newtonschen Bewegungsgesetze, sonst könnten sie unsere Flugbahn nicht deuten. Bestimmt sind sie in Physik und Chemie genauso weit wie wir.«

Niplphut: »Als wir sahen, wie Sie den Treibstoffverbrauch optimierten, erkannte ich sofort, daß Sie Pnurflpiefs Bewegungsgesetze anwandten. Sonderbar, daß Sie etwas so Veraltetes benutzen, aber es ist tatsächlich eine hervorragende Näherung. Wir nehmen daher an, daß Sie die Rechenkosten senken müssen. Übrigens, nach der Satzung dürfen Sie hier parken/nicht parken [Unzutreffendes streichen].«

Käpt'n Arthur: »Hm, kann ich »nicht parken« streichen?«

Niplphut [nach kurzer Beratung]: »Sie müssen ›parken‹ streichen, nach der Satzung hier.« [Schnecke schwenkt etwas von unbestimmter, aber leicht abstoßender Form.]

Käpt'n Arthur: »Sind Sie Verkehrspolizist? Sie sehen aus wie eine Schnecke.«

Niplphut: »Nein, ich bin eins von den acht gelben Straußdingern. Die purpurrote Schnecke ist die Satzung. Es ist ein zusammengesetzter Bienenstock-Bürokrat, und ich habe Ihnen schon gesagt, was er über das Parkverbot hier sagte.«

Käpt'n Arthur: »Tut mir leid. Ich hatte den Eindruck, Sie seien eine Herde Schafe, die gehütet werden. Deshalb dachten wir, die Schnecke sei die intelligente.«

Niplphut: »Dieser Begriff ist entschieden unzutreffend.«

Käpt'n Arthur: »Was?«

Niplphut: »Ich weiß nicht, wovon Sie sprechen. Was ist eine ›Herdeschafe‹?«

Stanley: »Da besteht eine Inkongruenz, Käpt'n. Der Übersetzer kommt nicht mit Begriffen klar, denen nichts aus ihrer Erfahrung entspricht. Man kann nicht verlangen, daß sie mit Einzelheiten der irdischen Biologie zu Rande kommen, nur mit universellen Abstraktionen.«

Käpt'n Arthur: »Ich hoffe, er kommt mit ›Buckminsterfulleren‹ klar, sonst sind wir aufgeschmissen.«

Niplphut: »Was sind ›Buckminsterfulleren‹?«

Käpt'n Arthur: »Hoppla.« [In besorgtem Ton:] »Daraus besteht unser Treibstoff.«

Niplphut: »Ich glaube, Sie sind in Schwierigkeiten. Ihr Übersetzer leidet an einer begrifflichen Inkongruenz.«

Stanley [im Flüsterton]: »Er hat auch Schwierigkeiten mit Singular und Plural. Nach dem hier werde ich Wochen brauchen, um das neurale Netzwerk wieder in Ordnung zu bringen.«

Käpt'n Arthur: »Es muß eine Möglichkeit geben, den Begriff rüberzubringen. Seid ihr gut in Chemie?«

Niplphut: »Was sind ›Chemie‹?«

Käpt'n Arthur: »Ich glaube, wir fangen am besten ganz von vorn an. Hm ... Ich halte einen Finger hoch. Jetzt halte ich zwei Finger hoch ... [Er geht alles durch, von der Arithmetik über die Atomgewichte bis zum periodischen System. Niplphut erlernt die menschliche Schreibweise für die Elemente bis hin zum Kohlenstoff und bekommt vorgeführt, wie man Strukturdiagramme von Molekülen zeichnet. Das alles scheint keine Schwierigkeiten zu machen. Obwohl kaum etwas davon dem neuesten wissenschaftlichen Stand auf Zarathustra entspricht, sind die Parallelen doch unmißverständlich.

Bei den acht Elektronen einer voll besetzten Schale wird er ganz aufgeregt, aus Gründen, die zu erläutern er sich die größte Mühe gibt, aber ohne Erfolg]

Nun, was wir brauchen, ist eine ausreichende Menge einer bestimmten Form von Kohlenstoff. Diese hier.« [Zeichnet Diagramm des Buckminsterfulleren-Moleküls und hält den Atem an.]

Niplphut: »Ach so, Buckyball. Das Zeug kriegen Sie in jedem Großmarkt.« [In verschwörerischem Ton:] »Meine Gattinnen benutzen es als Gefieder-Makeup, très sexy.«

Stanley: »Käpt'n, trockenes Buckminsterfulleren können wir nicht nehmen. Wir brauchen eine Benzol-Lösung.«

Käpt'n Arthur: »Richtig, das vergesse ich immer, weil es als Flüssigkeit aus den Pumpen kommt. Aber wenn sie Buckminsterfulleren als Kosmetik verkaufen, dürfte Benzol kein Problem sein.«

Niplphut: »Was sind ›Benzol‹?«

Käpt'n Arthur: »Dies hier.« [Zeichnet Diagramm des Moleküls.]

Niplphut: »Hmmm. Knifflig.«

Käpt'n Arthur: »Was meinen Sie mit knifflig?«

Niplphut: »Nicht oktimal genug. Wir halten es nicht auf Lager. Macht nichts, Buckyball hat sechzig Atome, und das ist auch nicht furchtbar oktimal – seltsam.« [Zögernd:] »Ich denke, wir könnten etwas Benzol für Sie zusammenzimmern, wenn es unbedingt sein muß.«

Stanley: »Oktimal? Was meinen Sie ...«

Käpt'n Arthur: »Nicht jetzt, Stanley.« [Zu Niplphut:] »Was ist das für eine Zivilisation, die Buckminsterfulleren in Großmärkten verkauft, aber kein Benzol auf Lager hat? Wirklich fremdartig!«

Niplphut: »Das ist eben, was Sie ›außerirdisch‹ nennen, Käpt'n.«

Außerirdische Wissenschaft

In dem Dialog verbirgt sich eine ernste Frage. Wie weit würde eine außerirdische Wissenschaft mit der unseren kongruent sein?

Wenn die »Naturgesetze«, die wir zu erkennen glauben, wirklich genuine Muster sind, dann müßten sie universell sein, und Niplphut müßte in der Lage sein, zwischen der menschlichen Wissenschaft und der Wissenschaft der Bewohner von Zarathustra eine vernünftige Übersetzung zu bewerkstelligen. Sollten sie jedoch den menschlichen Gehirnen entsprungene Schemata sein, so werden die Gehirne der Zarathustraner ganz andere Schemata hervorbringen, und der Dialog wird nichts anderes sein als ein sinnloses Wortgefecht zwischen unterschiedlichen Paradigmen.

Könnte ein Kosmetikum der Außerirdischen ein Raumschiff der Terraner antreiben? Wer auch immer das Buckminsterfulleren herstellt, es wird stets dieselben chemischen Eigenschaften haben. Wir machen uns jene Eigenschaften zunutze, die es als Treibstoff verwendbar machen, die Zarathustraner jene Eigenschaften, die es als Kosmetikum verwendbar machen. Es liegt keine Inkongruenz vor, wenn ein und dieselbe Substanz zu verschiedenen Zwecken genutzt wird. Ist es wirklich vorstellbar, daß Buckminsterfulleren auf Zarathustra eine gängige Substanz ist, Benzol dagegen eher exotisch? Müßten die Chemiker auf Zarathustra nicht erkennen, daß Benzol ein einfacheres Molekül derselben allgemeinen Klasse – geschlossene Ringe oder Käfige – ist? Vermutlich schon, doch sollte ihr Sinn für mathematische Symmetrie ein anderer sein als der unsere, dann könnte es passieren, daß ihnen der Zusammenhang entgeht. Jedenfalls kann man Buckminsterfulleren aus Felsspalten kratzen, während Benzol sich verflüchtigt und keine Ablagerungen bildet. Also kann das, was in einigen Gesellschaften exotisch ist, in anderen durchaus gang und gäbe sein.

Würden die Zarathustraner in der Lage sein, eine Physik und Chemie zu entwickeln, die es mit der unseren aufnehmen kann?

Sie brauchen diese Fächer wie wir, um sich ihre eigene Biologie zu erklären. Vorausgesetzt, sie hätten von Atomen und Molekülen das gleiche allgemeine Bild, wäre wohl zu erwarten, daß sie darüber zu denselben Schlußfolgerungen gelangt sind. Die Chemie bewährt sich in der Praxis – mit ihrer Hilfe werden Nylongurte und Polyäthylenfolien hergestellt; ihre Muster können also nicht bloß Hirngespinste sein. Vermutlich würden die Zarathustraner wohl auch eine Theorie der Atomstruktur besitzen, die mit der unseren kongruent wäre. Sie würden manches wissen, was uns unbekannt ist, und umgekehrt, aber vermutlich würden die Überschneidungen größer sein als die Lücken, und wir könnten ihre Chemie mit der unseren zu einer in sich stimmigen Struktur zusammenfügen.

Es bleibt natürlich immer noch die Möglichkeit, daß Außerirdische existieren, die so andersartig sind, daß ihre Wissenschaft schlicht und einfach »im rechten Winkel« zu der unseren steht. Sie sind in dem Raum zwischen den Sternen aufgewachsen, sie haben ein Verständnis für die Gravitation entwickelt, aber nicht für die Optik; sie haben das Graviton entdeckt, das hypothetische Teilchen, das die Gravitation übertragen soll, aber sie haben keine Ahnung davon, was ein Elektron oder ein Atom ist, und dementsprechend haben sie keinen Begriff von der Chemie. Gegen diese Vermutung wird gewöhnlich eingewandt, daß die Physik der Gravitonen nur in Verbindung mit all den anderen Teilchen wie den Photonen und Elektronen Sinn macht. Falls eine reale Theorie von Allem existiert, müßten die Zarathustraner in der Tat irgendwann zu einer Physik und einer Chemie gelangen, die sich mit ihr in Einklang bringen läßt, auch wenn sie bislang noch nicht zu dieser Stufe der Allgemeinheit vorgedrungen sind. So wie wir aus Gründen der mathematischen Konsistenz gezwungen waren, die Existenz exotischer Teilchen anzuerkennen, würden auch die Außerirdischen gezwungen sein, die Existenz von Photonen, Elektronen und – logisch weitergedacht – von Buckminsterfulleren anzuerkennen.

Vielleicht gibt es aber gar keine Theorie von Allem; vielleicht ist die herkömmliche Physik bloß ein mathematisches System, das bei Menschen Anklang findet, weil sie seine zerebralen Schemata mögen. Vielleicht gibt es aber auch tatsächlich eine Theorie von Allem, nur haben wir uns von den falschen mentalen Trichtern verleiten lassen und keine Chance, sie jemals zu finden. Sollte es so sein, dann können wir die Möglichkeit nicht ausschließen, daß wirklich andersartige Außerirdische eine Wissenschaft oder, schlimmer noch, eine Mathematik entwickelt haben, die der unseren entgegengesetzt ist. Die Außerirdischen würden dann dasselbe Territorium kartiert haben wie wir, doch während wir eine Straßenkarte davon angefertigt hätten, hätten sie eine geologische Karte gemacht. Mit solchen Wesen wäre eine Verständigung wahrscheinlich nicht möglich. Wir haben aber keine Ahnung, wie eine Alternative zum gegenwärtigen Verständnis der Physik aussehen könnte. Deshalb gehen wir davon aus, daß intelligente Außerirdische in der Lage wären, sich mit uns über Physik und Chemie zu verständigen.

Bei der Biologie könnte das allerdings ganz anders aussehen.

[3] Die Organisation der Entwicklung

Ein Mann liegt auf dem Sterbebett, umringt von seinen Angehörigen, der weinenden Ehefrau und vier Kindern. Drei der Kinder sind hochgewachsen, gutaussehend und athletisch gebaut, aber das vierte und jüngste ist ein häßlicher Zwerg.

»Meine liebe Frau«, flüstert der Mann, »sag mir ehrlich, ob das jüngste Kind wirklich von mir ist. Ich möchte die Wahrheit wissen, bevor ich sterbe. Ich werde dir verzeihen, falls ...«

Die Frau fällt ihm sanft ins Wort. »Ja, mein Liebster, ganz gewiß, ohne Frage, ich schwöre beim Grab meiner Mutter, daß du sein Vater bist.«

Daraufhin schließt der Mann glücklich für immer die Augen.

Die Frau murmelt leise vor sich hin: »Gott sei Dank hat er nicht nach den anderen drei gefragt.«

Auf einer Abendgesellschaft stellt die Frau des Hauses ihren Gästen den berühmten Mann vor. »Dies ist Professor Mumpelfitz. Er ist eine Autorität auf dem Gebiet der Krokodile.«

»Gnädige Frau«, sagt der Professor mit einem Lächeln der Bescheidenheit, »Sie tun mir zuviel Ehre an. Es sind die Augenlider des Krokodils, bei denen ich mich auskenne.«

Eine Biene, die um eine Blüte herumsummt, ist für uns ein so vertrauter Anblick, daß wir kaum einen Gedanken daran verschwenden, wie bemerkenswert er ist. Eine Biene ist ein Wunder der Mikrotechnik, das in der Lage ist, zu schweben, die richtige Blütenart zu erkennen, den Nektar herauszuholen und mit der Beute zum Stock zurückzufliegen. Wir mögen imstande sein, mit doppelter Schallgeschwindigkeit den Atlantik zu überqueren, aber der gesammelte Sachverstand der gesamten Menschheit ist nicht in der Lage, eine Biene zu bauen. Er ist nicht in der Lage, etwas so Kompaktes wie eine Biene zu bauen, das wie eine Biene fliegen kann – oder das überhaupt fliegen kann. Alles, was wir gebaut haben, würde sich schwertun, Blumen zu erkennen, von der Unterscheidung zwischen Geißblatt und Osterglocken ganz zu schweigen. Eine Biene ist wirklich ein komplexes Geschöpf.

Zwischen den Komplexitäten der Biologie und denen der Chemie bestehen gewisse Ähnlichkeiten. Den Millionen von Verbindungen stehen Millionen von verschiedenen Tier- und Pflanzenarten gegenüber, doch so wie die chemischen Verbindungen aus wenigen Arten von Atomen bestehen, bestehen lebende Organismen aus wenigen Arten von Zellen – Nervenzellen, Muskelzellen, Blutzellen ... Gewiß besitzen die Zellen eine komplizierte innere Struktur, aber das gilt auch für Atome. Vielleicht können wir sogar hoffen, so etwas wie ein Periodensystem lebender Zellen zu finden, einen einfachen Schlüssel zu einer tieferen mathematischen Regelmäßigkeit.

Andererseits ist das Leben etwas sehr Merkwürdiges. Wir sind zwar von Geburt an umgeben von Lebewesen, doch fast jeder empfindet vor dem Leben als solchem so etwas wie Ehrfurcht. Die Vorstellung, daß ein Lebewesen in Wirklichkeit bloß eine ziemlich komplizierte Maschine sei, wird von vielen entschieden abgelehnt; sie empfinden den Vergleich als erniedrigend. Eine mathematische Klassifikation des Lebens würden sie wohl noch erniedrigender finden.

Bei der Biene liegen mindestens zwei Arten von Komplexität vor. Das eine ist die Komplexität der Struktur des einzelnen [ausgewachsenen] Organismus. Das andere ist die Komplexität seiner Entwicklung. Das Leben der Biene nimmt seinen Ausgang von einer einzelnen Zelle, einem befruchteten Ei, dessen Durchmesser höchstens einen Zehntelmillimeter beträgt. Wie kann die ganze Komplexität des ausgewachsenen Insekts in einem so winzigen Ei komprimiert sein? Falls sie aber nicht so komprimiert sein kann, wo zum Teufel kommt sie dann her? Das sind schwierige Fragen, die wir auf mehreren Ebenen angehen müssen. Deshalb stehen am Anfang dieses Kapitels, einmalig im ganzen Buch, zwei Witze – ein gewöhnlicher Witz und ein Meta-Witz.

Befassen wir uns zunächst mit der Komplexität der Struktur, die aber, wie wir bald sehen werden, von der Komplexität der Entwicklung nicht zu trennen ist. Das ist im Grunde nicht erstaunlich. Ein Auto ist an sich schon ein recht kompliziertes Stück Technik, aber Autos kommen nicht fix und fertig auf die Welt, fahrbereit, vollgetankt, mit aufgepumpten Reifen und mit einem neckischen Hündchen, das im Rückfenster geistlos vor sich hin nickt. Autos müssen hergestellt werden, und durch den Herstellungsprozeß kommt die Komplexität hinein. Auch Organismen müssen hergestellt werden, aber sie sind weit komplizierter als Autos. Autos schlüpfen nicht aus dem Ei, aber die meisten Organismen sind zugleich Organismus-Fabriken, die neue Organismen derselben Art herstellen können. Man stelle sich Autofabriken vor, die Autos bauen, welche zu neuen Autofabriken heranwachsen. Das wäre eine Komplexität!

Bauanleitung für ein Virus

Chemie ist, wie wir gesehen haben, in Wahrheit nichts als komplizierte Physik, wobei die Komplexität auf die Vielseitigkeit von Lego-Bausteinen zurückgeht. Im gleichen Sinne könnte man sich fragen, ob die Biologie, das Leben, nicht bloß sehr komplizierte Chemie ist. Wir Menschen sind mit der Zeit zu sehr tüchtigen Chemikern geworden. Am Anfang versuchten wir, Blei in Gold zu verwandeln, und am Ende verwandelten wir Erdöl in Nylon. Heute nutzen wir unsere chemischen Kenntnisse, um uns zu bekleiden, Schädlinge zu töten, Ernteerträge zu steigern und lebenswichtige Substanzen bereitzustellen, wenn unser Körper nicht richtig funktioniert. Viele dieser wichtigen Moleküle können wir synthetisieren, das heißt, selbst herstellen. Könnten wir auch die chemischen Substanzen synthetisieren, aus denen ein einfacher Organismus besteht, sie in der Weise zusammensetzen, wie die Natur es macht, und das so entstehende künstliche Lebewesen zum Leben erwecken?

Im Prinzip ja. Praktisch sind wir dem vielleicht schon sehr viel näher, als Sie denken, doch könnte der Weg auch noch weiter sein, als manche Wissenschaftler sich das vorstellen.

Als die einfachsten Lebewesen gelten allgemein die Viren, die aus zwei wichtigen Typen von chemischen Substanzen bestehen: Proteinen und Nukleinsäuren. Keiner dieser Typen ist einfach. Proteine sind riesige organische Moleküle – lange, zerknitterte Ketten, deren einzelne Glieder aus einem relativ kleinen Arsenal sehr viel einfacherer chemischer Substanzen, den Aminosäuren, ausgewählt werden. Proteine sind der häufigste chemische Bestandteil aller Lebewesen; die meisten Geschöpfe bestehen, wenn man vom Wasser absieht, mindestens zur Hälfte aus Protein. Man kann ein Protein spezifizieren, wenn man die Reihenfolge der Aminosäuren und die Form kennt, zu der es sich falten soll, so wie man ein Goethezitat spezifieren kann, wenn man die entsprechenden Buchstaben, Zwischenräume und Interpunktionszeichen in der richtigen Reihenfolge auflisten kann. Während bei Goethe anschließend nicht das Problem besteht, wie man ihn richtig zerknittert, haben die Biologen lange darüber geknobelt, woher ein Protein weiß, wie es sich zu falten hat. Wie sich zeigt, sorgt die Chemie, genauer, die Physik der chemischen Bindungen in gewissem Umfang automatisch dafür. Einem Protein braucht man meistens nicht zu sagen, wie es sich falten soll, so wie man dem Salz nicht sagen muß, daß es zu Würfeln kristallisieren soll. Manchmal hat das Protein aber eine echte Wahl, und dann stehen andere Proteine, die sogenannten Chaperonen, bereit, ihm einen Schubs in die gewünschte Richtung zu geben.

Auch Nukleinsäuren entstehen durch die geordnete Aneinanderreihung einfacherer Komponenten. Sie liefern die chemischen Instruktionen für den Bau eines Virus, sie steuern also die Reproduktion von Viren. Diese Funktion erfüllen sie in allen Lebewesen, und wir werden auf diese bemerkenswerten chemischen Substanzen noch zurückkommen.

Ein einfaches Virus hat einen Kern aus Nukleinsäure, der von einer Schutzhülle aus Proteinen umgeben ist. Die Struktur besteht meistens aus sich wiederholenden Protein-Bausteinen, die zu eleganten mathematischen Formen wie Spiralen oder Dodekaedern angeordnet sind. Viren sind chemische Maschinen, und sie können sich nicht selbst vermehren; das überlassen sie komplexeren Lebensformen. Bakterien sind winzige chemische Werkstätten, die eine Fülle von verschiedenen chemischen Maschinen herstellen können. Viele Viren sind Parasiten auf Bakterien: Sie dringen in sie ein und unterwandern ihre Produktionsanlagen, so daß sie nicht neue Bakterien, sondern neue Viren herstellen. Ein Virus ist ein Kuckuck in einem Bakteriennest, und es bringt seinen Wirt dazu, sogar mehr Arbeit zu leisten als ein Kuckuck das tut.

Die meisten Viren und alle übrigen Organismen bedienen sich einer bestimmten Form von Nukleinsäure, um Informationen von einer Generation an die nächste weiterzugeben. Es ist die Desoxyribonukleinsäure, glücklicherweise abgekürzt zu DNS. Die Zerlegung eines DNS-Moleküls ergibt die folgenden Komponenten: einen Zucker [Desoxyribose], einfache Phosphorverbindungen, nämlich Phosphatgruppen, und vier eher harmlos wirkende chemische Substanzen mit den Namen Adenin, Thymin, Guanin und Cytosin. [Diese vier Komponenten erwiesen sich, wie wir im Laufe dieses Kapitels noch sehen werden, als entscheidend für die moderne Biologie, was man, von ihrer chemischen Zusammensetzung ausgehend, nie vermuten würde.] Ein DNS-Molekül ist fadenförmig und wirklich riesenhaft; deshalb muß es sehr komprimiert im Zellkern untergebracht werden. Die in einer menschlichen Zelle enthaltene DNS wäre, würde man sie auseinanderziehen, anderthalb Meter lang – ein Draht von anderthalb Kilometer Länge in einer Aspirintablette. Wir könnnen DNS ohne Hilfe lebender Organismen synthetisieren, aber nur kurze Abschnitte von rund hundert Bausteinen. Wenn wir chemische Helfer, die sogenannten Enzyme, aus lebenden Zellen hinzuziehen, können wir nach dem Vorbild der Viren die chemische Werkstatt unterwandern und Bakterien dazu bringen, Designer-DNS mit einer Länge von Tausenden von Einheiten herzustellen. Eine theoretische Grenze für die Größe des Moleküls, das auf diese Weise erzeugt werden könnte, ist nicht zu erkennen.

Als Lebensformen sind Viren nicht sonderlich interessant, da sie für ihre lebenswichtigen Funktionen überwiegend auf ihren Bakterienwirt angewiesen sind. Das Bakterium, ein weit komplexeres System, erledigt alle komplizierten chemischen Vorgänge für sie und setzt einen Schwarm von exakten Viruskopien frei, die sich dann auf andere Bakterien stürzen können. Wir können Viren rein chemisch verstehen, als eine gewiß komplizierte chemische Maschine, die aber nicht so kompliziert ist, daß man einen völlig anderen Standpunkt einnehmen müßte, um die von ihr produzierten Effekte verstehen zu können. Wenn wir jedoch fragen, ob Lebewesen komplizierte Chemie sind, dann sprechen wir von selbständigen Lebewesen. Schließlich sind schriftliche Dokumente chemisch noch einfacher als Viren, und sie können sich sehr effizient vermehren – durch Parasitieren eines Menschen mit Kopiergerät. Das zählt ebensowenig als selbständiges Leben wie ein Virus.

Chemische Werkstätten

Die einfachsten selbständigen Lebewesen sind die Bakterien – »Keime« –, von denen die Viren sich ihre Vermehrung abnehmen lassen. Bakterien haben keinen Kern, enthalten aber die entscheidende DNS, von der eine Schleife an einer Stelle der Bakterienwand befestigt ist. Sie haben eine äußere Hülle, die eine Fülle von komplizierten Zuckern, einige Fette und einige Proteine enthält – alles chemische Moleküle. Die Hülle hat die Aufgabe, die Außenwelt dort zu halten, wo sie sein sollte – draußen –, und das Zellinnere dort zu halten, wo es sein sollte. [Wenn man sich zu sehr mit seiner Umgebung vermischt, kann man als selbständiges Wesen nicht überleben.] Im Bakterium befindet sich ein Satz von spezialisierten chemischen Werkzeugen, Zusammenstellungen von Nukleinsäuren und Proteinen, deren Aufgabe es ist, Hunderte von anderen Arten von Protein herzustellen. Diese leisten dann den größten Teil der chemischen Arbeit, die das Bakterium am Leben erhält. Es gibt Proteine, die sich an vorbeitreibende Nahrungsmoleküle anklammern und sie ins Innere ziehen, und andere, die Wasser oder andere chemische Substanzen hinein- oder herauspumpen. [Bei entsprechender Stimmung macht es Bakterien richtig Spaß, sich mit Teilen ihrer Umgebung zu vermischen, so wie es uns in Restaurants passiert.] Es gibt Proteine, die chemische Energie für andere Prozesse verfügbar machen. Die Energie wird bereitgestellt in Gestalt energiereicher chemischer Bindungen, speziell derer von Basen und Phosphaten, und sie wird vielfach gespeichert in Gestalt von Zuckern und durch deren Umwandlung in Alkohole freigesetzt. Manche Bakterien können die Energie des Sonnenlichts nutzen oder sie aus rostendem Eisen gewinnen. Bakterien und andere Lebewesen, die sich auf diese Weise als »chemische Werkstatt« organisieren, bezeichnet man als Prokaryonten. Gewiß sind sie einfacher als viele Geschöpfe, aber glauben Sie deshalb nicht, daß sie tatsächlich sehr einfach sind. Die Metapher der chemischen Werkstatt ist treffend, wenn sie unangegemessen ist, dann nur deshalb, weil eine Werkstatt – denken Sie an eine wirklich moderne mit Hunderten von computergesteuerten Werkzeugmaschinen – sehr viel einfacher ist als ein Bakterium.

Prokaryonten gibt es schon sehr lange. Fossilien und eine faszinierende fossile Chemie zeigen, daß sie schon in den ältesten Gesteinen vorhanden sind, die sich nur fünfhundert Millionen Jahre nach der Entstehung der Erde bildeten. Sie waren die dominierenden Lebensformen in den folgenden drei Milliarden Jahren. Ohne ihre Mühen sähe die chemische Zusammensetzung unserer Erdoberfläche ganz anders aus. So wurden viele Eisenerzlager von Bakterien angelegt, die in den Urmeeren lebten und ihre eigenen winzigen Magnete hatten, die ihnen verrieten, wo – nein, nicht Norden, sondern wo unten war. Sie können das, weil das Magnetfeld der Erde nicht nur nach den Polen ausgerichtet, sondern auch gegen den Horizont geneigt ist.

Die größte Veränderung, die diese frühen Prokaryonten bewirkten, bestand aber nicht in der Erzeugung von Eisenerz, sondern von Sauerstoff, was weit wichtiger war. Sie brauchten den Sauerstoff nicht für ihre eigenen Zwecke; er war ein Nebenerzeugnis ihrer von Sonnenergie betriebenen Prozesse und wurde von unzähligen chemischen Werkstätten in die Umwelt gekippt. Er reicherte sich in der Atmosphäre an. Das war schlecht für die Bakterien, die an der Oberfläche oder an den Ufern des Ozeans lebten; sie mußten ihre Chemie umstellen, um in einer Umwelt, die von einem so aggressiven Gas erfüllt war, überleben zu können. Wir Sauerstoffatmer haben zum Sauerstoff eine mehr gelassene Einstellung, aber er ist eine überaus reaktionsfreudige Substanz, und selbst wir verbringen viel Zeit damit, Metalloberflächen anzustreichen, damit sie uns nicht verrosten, und Flaschen mit sauerstoffbeständigem Material aufzuhängen, die wir als Feuerlöscher bezeichnen. Das alles wäre nicht nötig, wenn es den Sauerstoff nicht gäbe; allerdings gäbe es ohne den Sauerstoff auch uns nicht.

Das Wunder der Entwicklung

Als sich vor einer Milliarde Jahren erhebliche Mengen Sauerstoff in der Atmosphäre angereichert hatten, kamen einige der anderen Organismen auf einen neuen, sehr viel effizienteren chemischen Prozeß, um mit Hilfe des Sauerstoffs Energie aus Zucker zu gewinnen: Sie verbrannten ihn. Nicht indem sie ihn zu einem Feuer aufstapelten, sondern indem sie ihn mit Sauerstoff reagieren ließen, wobei er sich in Alkohole und schließlich in Kohlendioxid verwandelte. Dieser Kunstgriff ebnete den Weg für weit kompliziertere Organismen, die Eukaryonten, auf deren Geschichte wir im nächsten Kapitel eingehen werden. Diese Organismen begnügten sich nicht mehr damit, zu leben, zu wachsen, sich zu teilen, einander zu fressen, zu sterben oder zu wachsen, wie es die Prokaryonten drei Milliarden Jahre lang getan hatten. Sie entwickelten sich.

Ausgehend von einer bestimmten Form eines komplizierten chemischen Systems, das uns in Gestalt der einen Eizelle am vertrautesten ist, wuchsen sie in einer ungeheuer komplizierten Folge von Veränderungen zu Geschöpfen heran, die zur Ernährung, zum Wachsen und – äußerst wichtig – zur Fortpflanzung eine völlig andere Haltung einnahmen. Manche blieben einzellig, aber selbst ein einzelliger Eukaryont wie die Amöbe weist sehr viel mehr Struktur auf als jeder Prokaryont; er ist eine chemische Fabrik, nicht bloß eine Werkstatt. Er schließt, anders als etwa ein Bakterium, seine DNS in einen Zellkern ein.

Die übrigen Eukaryonten wurden zu vielzelligen Lebewesen. Wenn Viren chemische Maschinen und Bakterien chemische Werkstätten sind, dann können wir solche Eukaryonten mit Industriekomplexen vergleichen. Würmer, Fische, Menschen – sie setzen sich aus einer mehr oder weniger großen Anzahl von kooperierenden Zellen zusammen, deren jede ihren eigenen Kern hat. Ein Bakterium braucht zu keinem Zeitpunkt seiner Lebensgeschichte seine Größe mehr als zu verdoppeln, und es behält seine Struktur weitgehend bei; schließlich teilt es sich, und das Ganze beginnt von vorn. Man kann leicht zu der Ansicht gelangen, dies sei nichts als Chemie, denn einfache Strukturen wie Kristalle sind zu Ähnlichem imstande. [Übrigens auch Flammen, die sich in einer günstigen Umgebung mit rein chemischen Mitteln rasch vermehren.] Menschen dagegen müssen zur millionenfache Größe des ursprünglichen Eis heranwachsen und millionenfach komplizierter werden. Erst nach dieser Explosion von Komplexität sind sie in der Lage, ein neues Ei zu produzieren, damit der Prozeß weitergehen kann.

Dies ist der eigentliche Zaubertrick, den komplizierte Lebewesen, »höhere« Tiere und Pflanzen, uns enthüllen. Dies ist es, was nicht als »bloße« Chemie, als ein komplizierter Cousin des Wachstums von Kristallen, aufgefaßt werden kann. Ein winziges menschliches Ei, eine Kugel von rund einem Zehntelmillimeter Durchmesser, die einige tausend Arten von chemischen Substanzen und chemischen Bauwerkzeugen enthält, begnügt sich nicht damit, sich selbst zu kopieren, ein nahezu exaktes Duplikat von sich herzustellen. Ganz und gar nicht. Ein menschliches Ei nimmt vielmehr alle möglichen chemischen Substanzen aus seiner Umgebung in sich auf und baut aus ihnen etwas völlig anderes als ein Ei: einen Embryo. Der Embryo vermag viel besser als das Ei Nahrung und Energie aus seiner Umgebung – in diesem Fall der Uteruswand seiner Mutter – zu gewinnen; dadurch entwickelt er sich seinerseits zu einem anderen, weit komplizierteren System. Daran ist eine

Menge Chemie beteiligt, aber sie ist um so viele Größenordnungen komplizierter als die gewöhnliche Chemie, daß die wirklich interessanten Dinge von vornherein abgeschnitten würden, spräche man hier von »bloßer« Chemie. Bald hat der sich entwickelnde Organismus das Stadium erreicht, in dem er als Baby in die Außenwelt treten kann. Aus dem Baby wird ein Kleinkind, ein Kind, ein Jugendlicher, und erst dann wird der Apparat reif, um den Zyklus mit einem neuen Ei wiederholen zu können. Auch einfache Tiere wie Würmer und Insekten entwickeln sich. Ihre einfachen Eier, von denen man leicht glauben kann, sie seien »nur« chemische Systeme, folgen ebenfalls ungeheuer komplizierten Entwicklungswegen. Insekten durchlaufen ein Larvenstadium – die Vorstufe eines Schmetterlings ist zum Beispiel eine Raupe –, und die Larve hat eine völlig andere Form als das schließlich entstehende Insekt. Es gibt Tiere, die nacheinander zu vier oder fünf verschiedenen Geschöpfen werden müssen, ehe sie den Punkt erreichen, wo das Ei wieder in Erscheinung treten kann. Und aus ein und demselben Ei können unterschiedliche Geschöpfe hervorgehen, zum Beispiel eine Bienenkönigin oder die Bienenarbeiterin, mit der dieses Kapitel begann.

Dieses System ist so vielseitig und anpassungsfähig, daß es wahre Wunder vollbringen kann. Wird ein Ei etwa auf natürliche oder künstliche Weise geteilt, so kann es zwei Babys hervorbringen. Zwillinge. Werden zwei Eier derselben Art zu einem verschmolzen, entsteht gewöhnlich ein Baby von normaler Größe. In der Mathematik des Eis ist $1/2 + 1/2 = 2$ und $1 + 1 = 1$. Wie können diese Tatsachen auf rein chemische Weise erklärt werden?

Mönchische Gewohnheiten

Menschen können blaue oder braune Augen, rosige oder braune Haut und rote, schwarze, braune oder blonde Haare haben. Diese Eigenschaften nennt man Merkmale. Ihre Vererbung von einer Generation auf die nächste ist zufallsbedingt: Wenn beide Eltern schwarzhaaring sind, kann das Kind rote Haare haben. Trotzdem reden wir oft so, als seien Kinder aus Teilen ihrer Eltern zusammengesetzt: »Sie hat die Nase von ihrem Vater.« Wo ist dann aber die Nase ihrer Mutter geblieben?

Früher dachte man, die Merkmale des Kindes seien eine Mischung aus den Merkmalen des Vaters und der Mutter. Bei einem kleinwüchsigen Vater und einer hochgewachsenen Mutter sollten nach dieser Theorie mittelgroße Kinder herauskommen. Aus dem gleichen Grunde sollten ein Rotschopf und eine Platinblonde Kinder mit rosa Haaren haben. Rosahaarige Kinder sind jedoch, von Punkfrisuren abgesehen, recht dünn gesät. Von welchem Mechanismus auch immer die Haarfarbe abhängen mag, die Mischung kann es jedenfalls nicht sein.

Den wahren Mechanismus entdeckte der Mönch Gregor Mendel in den sechziger Jahren des vorigen Jahrhunderts. Er züchtete Erbsen mit unterschiedlichen Merkmalen, kreuzte sie [indem er Pollen von einer Pflanze zur Befruchtung von anderen oder ihrer selbst verwendete] und fand heraus, daß der Anteil der Nachkommenschaft, der jeweils bestimmte Merkmale aufwies, klaren mathematischen Regeln gehorchte. Kreuzt man eine Pflanze, die gelbe Erbsen hervorbringt, mit einer gleichartigen Pflanze, so kann man erwarten, durchweg Nachkommen zu erhalten, die gelbe Erbsen hervorbringen. Dies gilt für einige Pflanzenpaare, während andere Paare drei Viertel gelbe und ein Viertel grüne Erbsen hervorbringen. Der Vererbung liegt, wie Mendel herausfand, das einfache Zahlenverhältnis 3:1 zugrunde. Danach untersuchte er Kombinationen zweier verschiedener Merkmale: glatte beziehungsweise runzlige und gelbe beziehungsweise grüne Erbsen. Dabei gibt es vier Möglichkeiten: glatte gelbe, glatte grüne, runzlige gelbe und runzlige grüne Erbsen. Mendel fand gleichfalls einfache Proportionen: 9:3:3:1. Die mathematische Einfachheit dieser Zahlen war beeindrukkend. Und Mendel konnte diese einfachen Proportionen sogar erklären. Man gebe »gelb« und »glatt« den Wert 3, »grün« und »runzlig« den Wert 1 – das sind die Anteile dieser Merkmale, wenn man sie für sich betrachtet. Wenn Merkmale kombiniert auftreten, multipliziere man die Werte miteinander. So bekommt »gelbrunzlig« den Wert »gelb« x »runzlig« = 3 x 1, also 3. Die Zahlen, die man für die Paare erhält, sind 9, 3, 3 und 1; die magischen Proportionen 9:3:3:1 werden also von einer Art Vererbungsarithmetik bestimmt. Gibt es vielleicht Gesetze der Vererbung, so wie es Bewegungsgesetze und Gesetze der Chemie gibt?

Spätere Generationen fanden mit den Hilfsmitteln der Statistik heraus, daß Mendels quantitative Ergebnisse ein bißchen geschönt waren; der brave Mönch hatte, wie die meisten von uns, holistische Neigungen, von denen er sich möglicherweise in Grenzfällen leiten ließ, um zu den erhofften Resultaten zu gelangen. Doch inzwischen war seine eigentliche Idee in weniger subjektiven Experimenten immer wieder bewiesen worden. Mendel erkannte, daß es Faktoren geben muß, die die Farbe der Erbsen bestimmen, und daß diese Faktoren von beiden Eltern ererbt sein müssen. Heute bezeichnet man diese Faktoren als Allele. Es gibt einen Zusammenhang, aber auch einen Unterschied zwischen den Allelen und den Genen – ein Wort, das in die Umgangssprache Eingang gefunden hat. Die Geschichte ist verwickelt, weil man lange nicht wußte, auf welcher physikalischen Grundlage die Vererbung beruht; die Genetiker beobachteten zwar, was die Gene bewirkten, hatten aber keine Ahnung, worin sie bestanden. Die Allele sind etwas relativ Einfaches; es sind die Unterschiede zwischen den Genen, die unterschiedlichen Formen, die ein Gen annehmen kann. Jede Erbsenpflanze hat ein Gen für die Farbe der von ihr produzierten Erbsen; diese Farbe kann entweder gelb oder grün sein; das Gen »Erbsenfarbe« hat daher [mindestens] zwei Allele, gelb und grün. Genetische Experimente werden in Wirklichkeit an Allelen durchgeführt, weil man die Wirkungen von Allelen auch dann beobachten kann, wenn man nicht weiß, was ein Gen eigentlich ist. Unterschiede in den Merkmalen deuten auf eine zugrunde liegende Differenz in den Genen hin, also entsprechen die Allele den Merkmalsunterschieden. Kehren wir der Einfachheit halber zu Mendels Ausdrucksweise zurück und nennen wir die Dinge Faktoren. Die einfachste Theorie ist die, daß jede Pflanze einen einzigen Faktor besitzt, der die Erbsenfarbe bestimmt. Der Nachkomme eines Gelberbsen-Elternteils und eines Grünerbsen-Elternteils ererbt also zwei Faktoren. Er kann sie aber nicht beide behalten, denn er darf ja, wie seine Eltern, nur einen Faktor für die Farbe besitzen. Trifft er vielleicht zufällig eine Auswahl zwischen den Faktoren seiner Eltern? Dann müßten die Nachkommen im Durchschnitt je zur Hälfte gelbe und grüne Erbsen haben. Aber das ist nicht der Fall; das Verhältnis ist 3:1, nicht 1:1.

Eine andere Möglichkeit wäre, daß der Nachkomme zwei Faktoren ererbt, einen von jedem Elternteil. So ist es in der Tat. Aber dann müssen auch die Eltern, die ja von derselben Art sind, jeweils zwei Faktoren gehabt haben. Was das Kind erbt, ist ein jeweils zufällig ausgewählter Faktor von jedem Elternteil. Nennen wir die Faktoren E für GElb und R für GRün; die möglichen Paarungen sind dann EE, ER, RE und RR. Hat eine Erbsenpflanze die Faktorenn EE oder RR, dann ist klar, welche Farbe ihre Erbsen haben sollten. Was ist aber mit ER, wo die beiden einander widersprechen? Mendel sagt, daß in solchen Fällen eine einfache Regel gilt: Es gibt einen Faktor, der sich immer durchsetzt. Einen solchen Faktor nennt man dominant; der andere ist rezessiv. Bei Erbsen ist E dominant. Bei Menschen ist schwarzes Haar dominant, rotes rezessiv. Sind beide Eltern rothaarig, können sie also keine schwarzhaarigen Kinder bekommen, sind beide schwarzhaarig, können sie aber durchaus rothaarige Kinder bekommen, vorausgesetzt, beide haben einen rezessiven Faktor für rotes Haar und einen dominanten für schwarzes. Jedenfalls ergeben sich bei allen Paaren EE, ER und RE Nachkommen mit gelben Erbsen; nur RR ergibt Nachkommen mit grünen Erbsen. Beachten Sie die Zahlen: drei Paare gelb, eines grün – das magische Verhältnis 3:1.

Gene und Schine

Schön, aber was ist denn nun ein Gen? Nehmen wir ein Merkmal des entwikkelten Organismus, beispielsweise die Farbe der Erbsen bei einer Erbsenpflanze. Wir wissen, daß die Farbe verschieden sein kann; wir wissen ferner, daß solche Unterschiede durch Kreuzung weitergegeben werden können. Es gibt eine Art genetischer Variation, die sich unter sonst gleichen Umständen dahin auswirkt, die Farbe der Pflanze zu variieren. Als handliche Abkürzung für diese umständliche Feststellung sagen wir, daß die Pflanze ein Gen für die Erbsenfarbe besitzt. Damit wollen wir nicht sagen, daß irgendwo in der Pflanze etwas ist, dessen einzige Funktion darin besteht, die Farbe der Erbsen zu bestimmen. So einfach sind Kausalbeziehungen in einem komplizierten, interaktiven System keinesfalls. Was wir sagen wollen, ist, daß man in der Pflanze etwas finden kann, durch dessen Entfernung oder Veränderung die Farbe der Erbsen sich ändert.

Um es durch eine Analogie zu erläutern: Stellen Sie sich vor, wir wollten zu verstehen suchen, wie ein Auto funktioniert, indem wir jeweils eine Komponente entfernen, um so die Theorie zu überprüfen, daß Autos von Schinen gesteuert werden [das »Schin«, abgeleitet aus »Maschine«, ist das Analogon des »Gens«]. Werden die Räder entfernt, so bewegt sich das Auto nicht vom

Fleck; es besitzt folglich »ein Schin für Bewegung«. Es besitzt außerdem Schine für das Wischen der Windschutzscheibe, für die Belästigung von Fußgängern, das Dröhnen bei hundert Stundenkilometern und das Schleudern. Die Entfernung der Räder bewirkt zwar, daß das Auto sich nicht vom Fleck bewegt, doch folgt daraus nicht, daß die Räder die Bewegung verursachen. Auch das Entfernen des Motors bewirkt, daß das Auto sich nicht bewegt; Gleiches gilt für den Benzintank, das Getriebe und sogar den nickenden Hund, falls der Fahrer abergläubisch ist und ohne ihn nicht losfahren will. Das Schin für Bewegung ist also nicht das Rad allein; Schine sind nicht gleichbedeutend mit Komponenten. Schine für Schleudern oder für Dröhnen bei hundert Stundenkilometern sind wirklich vertrackt. Schine können nicht direkt beobachtet werden; ihr Vorhandensein wird erschlossen aus »mechanischen Allelen« wie bewegen/stehenbleiben oder dröhnen- nicht dröhnen.

An einer fiktiven Population fortpflanzungsfähiger Autos könnten wir durch das Austauschen mechanischer Komponenten die Wirkungen verschiedener Schine studieren, ohne überhaupt zu wissen, was ein Schin wirklich ist. Wir könnten etwa die Frage stellen: »Wird das Schin für Bewegung vererbt?«, und sie dadurch beantworten, daß wir Autos untersuchen, denen das Bewegungs-Schin fehlt. Fehlt ihren Babys ebenfalls das Bewegungs-Schin? Das ist, nur mit anderen Worten, die Frage: »Haben Autos, die sich nicht bewegen, Nachkommen, die sich nicht bewegen?« Wir brauchen dafür nicht ein Schin als solches herauszupräparieren.

So gesehen, gibt es ein Schin für jedes erdenkliche Merkmal eines Autos. Das heißt nicht, daß für jedes Merkmal eine einzelne mechanische Komponente verantwortlich ist. Ein Merkmal ist zum Beispiel die Geschwindigkeit, aber Autos enthalten keine Komponente und keinen Komplex von Komponenten, dessen Wirkung ausschließlich darin besteht, das Auto schneller fahren zu lassen. Andererseits hängen viele Schine eng mit einzelnen Komponenten zusammen. Es spricht etwas dafür, daß es eine Komponente gibt, die ausschließlich dem Schin »Fähigkeit zur Verlangsamung« entspricht, nämlich die Bremse. Doch das Merkmal »Fähigkeit zur Verlangsamung« ist nach unserem Verständnis der Automechanik sehr genau definiert. Und sogar eine Bremse hat andere Funktionen wie etwa »das Auto an einem Berghang parken«. Und wenn es sein muß, kann man seine Fahrt auch mit Hilfe der Gangschaltung verlangsamen.

Gene haben große Ähnlichkeit mit Schinen; die Genetiker neigten zu der Ansicht, daß sie Bestandteile des Erbmaterials – was immer das sein mag – des Organismus sind, haben sie aber, jedenfalls bis vor kurzem, nur indirekt, anhand der Allele, erforscht. Niemand hatte einen Faktor gesehen. Es war so, als könne man sich bei der Untersuchung von Autos nur an die Probleme halten, die sie machen, ohne die Haube öffnen und nach den Teilen sehen zu können. Schließlich fand man heraus, daß Mendels Faktoren in den Chromosomen stecken, winzigen Gebilden innerhalb des Zellkerns, die durch Färbung sichtbar werden. Die aus dem Griechischen abgeleitete Bezeichnung Chromosom bedeutet »farbiger Körper« und ist, wie ein Großteil des Wissenschaftsjargons, bloß eine ausgefallene Beschreibung einer offenkundigen, aber vermutlich unerheblichen Tatsache.

Das Wichtige an den Chromosomen ist, daß Samen- und Eizellen jeweils einen halbierten Chromosomenbestand aufweisen; diese halben Chromosomensätze werden durch die Befruchtung vereinigt. Dabei geht es erstaunlich kompliziert zu. Betrachten wir das am Beispiel des Menschen. Mama und Papa haben jeweils sechsundvierzig Chromosomen, angeordnet in dreiundzwanzig Paaren [wobei die geschlechtsbestimmenden Chromosomen etwas sonderbar sind, wie das meiste, was mit Sex zu tun hat]. Jede Samenzelle von Papa enthält einen Satz von dreiundzwanzig Chromosomen. Dieser Satz von Chromosomen kommt dadurch zustande, daß zwischen den beiden Teilen eines Chromosomenpaares ein »Crossing over« stattfindet, ein zufallsbedingtes Hin- und Herwechseln entsprechender Gene; von den so entstehenden zwei »durchmischten« Chromosomen wird dann eines zufällig ausgewählt. Dasselbe geschieht in Mamas Eizelle. Wenn die dreiundzwanzig durchmischten Chromosomen von Papa und die dreiundzwanzig durchmischten Chromosomen von Mama durch die Befruchtung zusammenkommen, entsteht wieder ein vollständiger Satz von sechsundvierzig Chromosomen, dreiundzwanzig zusammenpassende Paare. In diesem Stadium stammen alle Gene auf dem einen Chromosom eines Paares von Papa, alle auf dem anderen Chromosom von Mama. Die Vermengung der Gene von Mama und Papa auf ein und demselben Chromosom findet erst eine Generation später statt.

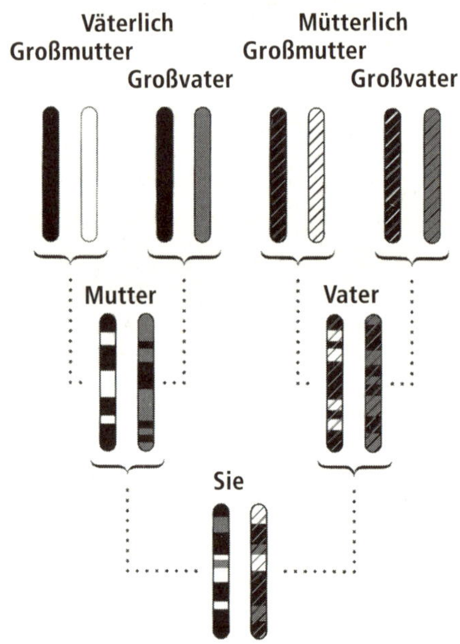

Abbildung 10 : Drei Generationen menschlicher Gene. Jeweils nur ein Chromosom ist, sehr schematisch, dargestellt. Insgesamt sind es jeweils 23 Paare.

Doch die Proportionen, in denen die Gene dieses oder jenes Merkmal beeinflussen, hängen nicht davon ab, ob sie auf demselben Chromosom sitzen oder auf beide Teile eines Chromosomenpaares verteilt sind. Die Zahlen stimmen recht gut mit Mendels Beobachtungen überein, auch wenn zwei Generationen nötig sind, um die Gene gründlich zu durchmischen. Alle von Mendel beobachteten Verteilungen lassen sich mit den Wahrscheinlichkeiten der Bildung verschiedener Paare aus den Genen von Papa und den entsprechenden Genen von Mama erklären. Um die von ihm gefundenen einfachen mathematischen Verhältnisse zu verstehen, braucht man die chemische Zusammensetzung der Chromosomen nicht im einzelnen zu kennen; es spielt sozusagen gar keine Rolle, woraus Chromosomen bestehen, wenn sie sich nur so verhalten, wie Chromosomen es eben tun. Wichtig wird die Chemie erst, wenn wir tiefer graben und danach fragen, warum sie sich so verhalten oder warum vollkommen dominante oder vollkommen rezessive Gene wirklich sehr selten sind. Dann zeigt sich, daß die Chromosomen hauptsächlich aus einer bestimmten chemischen Substanz bestehen, der DNS.

Die Treppe zum Paradies

In den dreißiger Jahren erschien ein schönes wissenschaftliches Buch von Joseph Needham unter dem Titel ›Chemical Embryology‹. Es lenkte die Aufmerksamkeit der Embryologen auf die chemischen Prozesse, die in der Entwicklung ablaufen, sie steuern, um genau zu sein. Needham ermahnte die Embryologen, die erfolgreichen Methoden der Chemie zu nutzen, statt bloß die sukzessiven Formveränderungen zu beschreiben, die während der Entwicklung von Embryonen zu Tieren oder Menschen ablaufen. Bis dahin war die Embryologie nichts anderes als Entwicklungsanatomie. Es gelang Needham jedoch nicht, die Fackel der Aufklärung anzuzünden. Ein Vierteljahrhundert später schrieben James Watson und Francis Crick einen Brief an die Zeitschrift ›Nature‹, der den Scheiterhaufen für jede Erklärung der biologischen Entwicklung in Brand setzte, die sich nicht auf die Chemie stützte. Die Bombe, die sie zündeten, war die chemische Struktur der DNS, der berühmten Doppelhelix, die Crick mit der für ihn typischen Unbescheidenheit in seiner Stammkneipe als das Geheimnis des Lebens ausgab. An der Entdeckung waren mehrere andere Wissenschaftler maßgebend beteiligt, darunter eine Laborassistentin namens Rosalind Franklin, aber Crick und Watson fügten alles zusammen.

Das DNS-Molekül ist lang und dünn, aus zwei Strängen zusammengewoben, und gewendelt wie ein verzwirnter Faden oder eine Spirale. Wendeltreppen haben diese Form, bestehen allerdings in der landläufigen Ausgabe aus nur einem »Strang«. Die DNS hat zwei Stränge. Stellen Sie sich einen üblichen Korkenzieher, der in einen Korken hineingedreht wird. Dabei beschreiben die beiden Enden des Griffs eine spiralförmige Bahn im Raum, und diese beiden geisterhaften Spiralen sind miteinander verknüpft. [Verwechseln Sie diese Beschreibung nicht mit der Spirale des eigentlichen Korkenziehers; die liegt nur einmal vor.]

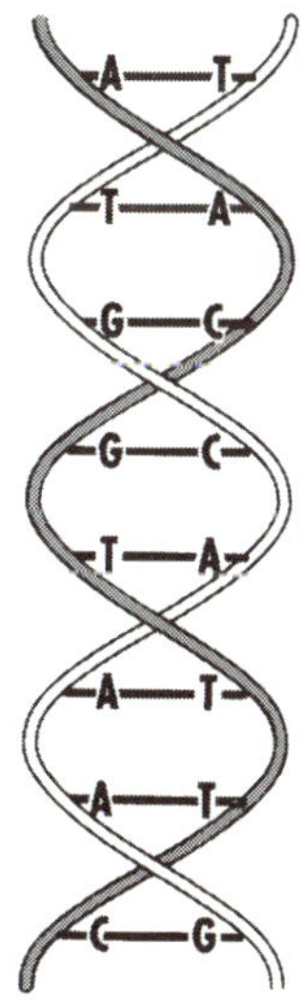

Abbildung 11: Die spiralige Struktur eines DNS-Moleküls

Der zentrale Treppenaufgang des Schlosses Chambord im Loiretal zeigt die gleiche Doppelhelix-Struktur. Die um einen Mittelpfeiler laufende Treppe ist nach den Seiten hin offen, und man sieht die Leute hinauf- und hinuntergehen. Besucher sind oft überrascht, wenn sie merken, daß das, was wie eine einzige Treppe aussieht, in Wirklichkeit zwei Treppen sind. Sie können auf der einen hinaufgehen, während jemand anders auf der anderen herunterkommt; Sie werden den anderen dann auf der – über den Mittelpfeiler hinweg – gegenüberliegenden Seite sehen, ihm aber nicht begegnen. Das kann nicht anders sein, weil die Stufen jeweils auf einem der beiden Stränge angebracht sind. Da diese Stränge sich nicht berühren, bleiben auch die Stufen getrennt. In Chambord wurde die eine Treppe vom Adel, die andere von der Dienerschaft benutzt. Man kann von der einen nur auf die andere wechseln, indem man auf einem der Stockwerke die Treppe verläßt. Die spiraligen Stränge der DNS bestehen aus Zucker und Phosphatgruppen. Die doppelte Wendeltreppe der DNS weist ebenfalls »Stufen« auf, und sie bestehen aus den vier entscheidenden chemischen Substanzen, die wir schon erwähnt haben: Adenin, Thymin, Guanin und Cytosin. Die Doppeltreppe von Chambord besitzt auf jeder Höhe zwei Stufen, eine auf jeder der beiden getrennten Treppen, und sie stoßen im Mittelpfeiler aufeinander. Bei der DNS gibt es keinen Mittelpfeiler; die Stufen der beiden Treppen sind durch Wasserstoffbrücken miteinander verbunden [Abb. 11]. Die vier Moleküle, aus denen die Stufen bestehen, sind in Form und Größe verschieden, und um in dem verfügbaren Raum zusammenzupassen, kann Adenin nur mit Thymin und Guanin nur mit Cytosin gepaart sein. Wenn wir für die vier Verbindungen die Anfangsbuchstaben A, T, G und C verwenden, paart sich A mit T und C mit G. Auf beiden Treppen können alle vier vorkommen, aber wenn man auf einer Stufe A hat, muß sich auf der gegenüberliegenden Stufe T befinden und so weiter. Wenn beispielsweise die ersten Stufen der einen Treppe AACGTTTCGAT heißen, dann heißen die entsprechenden Stufen auf der anderen, komplementären Treppe TTGCAAAGCTA. Es sind nur die Paarungen A mit T, T mit A, G mit C und C mit G zulässig. Diese vier Stufen, aus denen sich die DNS-Treppe zusammensetzt, nennen wir Basen.

Genetische Blaupausen

Die Basen A, T, G und C sind wie die Buchstaben eines Alphabets. Diese Buchstaben sind in der DNS verknüpft zu langen Sätzen, Absätzen, Kapiteln ... Das Buch des Lebens? Vielleicht ist die Basensequenz eine verschlüsselte Spezifikation des Organismus, der sich schließlich entwickeln wird, ein Art molekularer Blaupause für das Tier oder die Pflanze, zu der sie gehört. Die DNS wäre dann sehr flexibel als genetisches Material, denn man könnte mit ihr, würde man den Code kennen, praktisch jede Charakterisierung »schreiben«. Computer, um ein ähnliches Beispiel zu nennen, verwenden einen binären Code, der aus den Symbolen 0 und 1 besteht, doch Sequenzen dieser Symbole können Wörter, Bilder, praktisch alles darstellen. Das DNS-Molekül ist deshalb so riesig, weil die Beschreibung von Tieren eine wirklich komplizierte Angelegenheit ist. Sie erinnern sich: Die in jedem Ihrer Zellkerne enthaltene DNS entspricht einem Draht von anderthalb Kilometern Länge in einer Aspirintablette.

Wenn diese kodierten Beschreibungen in den Zellen stecken, muß die Beschreibung bei jeder Zellteilung kopiert werden, damit genügend Beschreibungen vorhanden sind. Da die Paarung von A mit T und G mit C feststeht, kann man sich leicht vorstellen, wie ein Mechanismus zum Kopieren der DNS-Blaupause der Zelle aussehen könnte. Angenommen, die Doppelwendel löst sich auf in die beiden Stränge, aus denen sie besteht. Ein Strang beginnt mit AACGTTTCGAT; der andere weist die dazu passenden Partner TTGCAAAGCTA auf. Die beiden Stränge werden jetzt aber nicht mehr durch Wasserstoffbrücken zusammengehalten. An den freien Enden, wo die Wasserstoffbrücken unterbrochen wurden, können sich jetzt neue Moleküle von A, T, G und C anlagern.

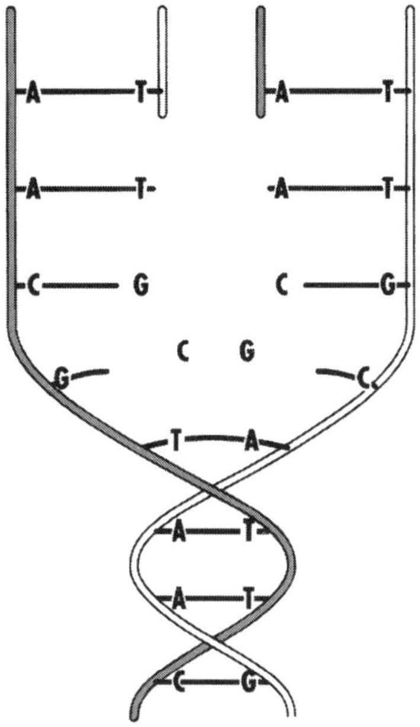

Abbildung 12: An einem aufgetrennten DNS-Strang werden neue Basen angehängt.

Wegen der Paarungsregeln haben sie aber nicht die freie Wahl. Das einzige, was sich an die freien Enden des Stranges AACGTTTCGAT anlagern kann, ist die komplementäre Sequenz TTGCAAAGCTA – allerdings nicht die alte, denn die hat sich abgespalten, sondern eine neue Kopie, die Buchstabe für Buchstabe zusammengestellt wird. Und aus dem gleichen Grunde ist das einzige, was sich an die freien Enden des Stranges TTGCAAAGCTA anlagern kann, eine neue, komplementäre Sequenz AACGTTTCGAT. Am Ende haben wir zwei perfekte Kopien der originalen Doppelhelix, die jeweils einen Strang der originalen DNS-Doppelwendel enthalten.

Diese Darstellung der Replikation ließ eine Reihe neuer Metaphern entstehen, die in den Medien weite Verbreitung fanden. Eines der erfolgreichsten Bilder ist das von der DNS-Kette als einer »Blaupause« für die Entwicklung. So wie man der Blaupause für ein Auto oder eine Stereoanlage die Informationen für den Zusammenbau des entsprechenden Geräts entnehmen kann, so dachte man sich, daß die Basensequenz die Information enthält, die den Aufbau des Organismus steuert. Damit ein Tier sich entwickelt, brauchen bloß die Anweisungen befolgt zu werden, die in der DNS, aus der seine Gene bestehen, aufgelistet sind. Die DNS der Gene spezifiziert verschiedene Proteine, die vom Organismus wiederum für Funktionen verwendet werden, die durch seine Chemie festgelegt sind.

Die Entdeckung von Crick und Watson wurde begierig aufgegriffen – endlich glaubte man zu wissen, was die Gene wirklich sind. Ein Gen ist aus dieser neodarwinistischen Sicht eine DNS-Teilsequenz. Zunächst nahm man an, jedes der von den klassischen Genetikern identifizierten Gene entspreche einem zusammenhängenden DNS-Abschnitt, aus dem scheinbar plausiblen Grund, daß es nicht komplizierter zu sein brauchte. Tatsächlich sind die DNS-Sequenzen, die einem Gen entsprechen, oft von einer Menge DNS-Schrott umgeben, dessen Funktion nicht ersichtlich ist; sie können scheinbar sinnlose Sequenzen [sogenannte Introns] enthalten, und die einem bestimmten Gen entsprechende Sequenz kann sich sogar mitten in einer Sequenz befinden, die einem anderen Gen entspricht. Wie sich zeigte, brauchte die Natur hinsichtlich der DNS nicht in erkennbarer Weise der klassischen Genetik zu folgen.

Tatsächlich sind die chemischen Prozesse, die vom DNS-Code zum fertigen Organismus führen, ziemlich verwickelt. Wenn die DNS zum Beispiel ein Enzym spezifiziert – eine Proteinart, die andere Substanzen dazu bringt, in bestimmter Weise miteinander zu reagieren –, bewirkt die Blaupause oft ein längeres Protein. Die Verlängerung befördert das Enzym an den Ort in der Zelle, wo es gebraucht wird, und sorgt dafür, daß es unterwegs inaktiv bleibt. [Wenn Sie Benzin für den Rasenmäher kaufen, befördern Sie es bis zur Einfüllung in den Tank in einem Kanister; es soll nicht Feuer fangen, bevor es gebraucht wird.] Die Enzyme machen sich dann an die Arbeit, bauen andere Proteine um, bilden gemeinsam Pumpen, Bau- und Abbauvorrichtungen, kurz, alles, was man in einer gut ausgestatteten chemischen Fabrik erwartet – und das Ganze beruht letzlich auf den Spezifikationen in der DNS-Blaupause.

Der ganze Vorgang ist verwickelt, aber doch als ein, wenn auch hochkomplizierter, chemischer Vorgang zu verstehen, als eine Art molekulare Technologie. Alles, was für lebende Zellen charakteristisch ist, beruht, wie sich zeigte, auf Chemie. Man verstand noch nicht die Blaupause zu lesen, und man hatte noch keine Ahnung, wozu ein Großteil von ihr diente, aber man hatte doch den Eindruck, als ginge es um massenhafte Variationen über ein grundlegendes chemisches Thema.

Wie sich dann herausstellte, kommt es darauf an, die Anweisungen der Blaupause in der richtigen Reihenfolge auszuführen, besonders beim sich entwickelnden Embryo. Beim Kuchenrezept ist es nicht anders: Wenn Sie den Teig schlagen, bevor Sie die Eier und den Zucker hineingetan haben, werden Sie sich über das Ergebnis wundern. Die chemische Fabrik der Zelle sorgt für die richtige Ordnung durch den Einsatz chemischer Boten, die von früher aktivierten Genen erzeugt werden und die anschließend aktivierten Gene nach Bedarf an- oder abschalten. Diese genetischen Schalter sind DNS-Abschnitte auf beiden Seiten der Segmente, die bestimmte Proteine spezifizieren. Bei komplizierten Pflanzen und Tieren dienen tatsächlich nur fünf Prozent der DNS oder weniger der Spezifikation der Proteinsynthese; der Rest besteht aus Steuerungssequenzen, die die Syntheseverfahren organisieren. Tatsächlich besteht, wie es scheint, ein Großteil der Blaupause aus Anweisungen, wie die Blaupause zu verwenden ist.

Eine genetische Zeitbombe

Die chemische Deutung der biologischen Entwicklung machte deren Rätsel, ihr bis dahin unerklärliches »Wunder«, zunehmend verständlich. So wußte man zum Beispiel seit den Anfängen der Genetik, daß eine Veränderung an einem Gen den Organismus, der dieses Gen enthält, nicht zwangsläufig beeinflußt. Dafür kann sie aber dessen Nachkommen beeinflussen. Das klassische Beispiel ist der Unterschied zwischen linksdrehenden und rechtsdrehenden Schneckenhäusern. Ein Schneckenhaus ist spiralig wie eine Helix, die sich um einen fiktiven Kegel windet, und wenn man von oben auf die Spitze des Kegels blickt, kann die Windung entweder im Uhrzeigersinn oder gegen den Uhrzeigersinn verlaufen, rechts oder links herum. Nun liegt die Annahme nahe, daß die Richtung der Windung von einem Gen spezifiziert wird; das Bild von der »Blaupause« unterstellt ja, daß alle Strukturaspekte eines Organismus in seiner DNS kodiert sind. Bei Züchtungsversuchen, wie sie Mendel unternahm, zeigte sich etwas sehr Merkwürdiges. Man würde doch erwarten, daß es ein Gen gibt, das bestimmt: »Dieser Organismus wird ein Linksgewinde entwickeln«, und ein anderes Gen, das ein Rechtsgewinde spezifiziert, und daß die Drehrichtung eines Schneckenhauses davon abhängt, welches Gen die Schnecke von ihren Eltern erbt. [Außerdem könnte eines natürlich dominant und das andere rezessiv sein, und man würde erwarten, daß sich in den folgenden Generationen verschiedene Proportionen von links- und rechtsdrehenden Schnecken zeigen.] Aber dem ist nicht so. Es gibt vielmehr ein Gen, das spezifiziert: »Die Nachkommen dieses Organismus werden ein Linksgewinde entwickeln«. Und natürlich ein entsprechendes Gen für Rechtsgewinde. Das Gen wirkt sich erst eine Generation später aus, wie eine genetische Zeitbombe.

Nach der alten Auffassung, daß die Genetik die aktuellen Merkmale eines Organismus bestimmt, ist dieser Effekt kaum zu verstehen. Statt »linksdrehend« als ein Merkmal der Nachkommen aufzufassen, müßte man als Merkmal der Elterngeneration eine »Tendenz, linksdrehende Kinder hervorzubringen,« unterstellen. Wenn man dies anerkennt, gerät man ins Uferlose. Folgt man dagegen der neuen Auffassung, daß die DNS eine Blaupause ist, läßt sich das Problem verhältnismäßig einfach lösen. Die Lösung steckt in dem Mechanismus, durch den die DNS-Spezifikationen in Proteine umgewandelt werden. Diesen wollen wir zunächst beschreiben, um dann auf die Schnecken zurückzukommen.

Die Kodierung der Proteine

Proteine sind, wie Sie wissen, komplizierte chemische Substanzen, die dadurch entstehen, daß einfachere chemische Substanzen, die Aminosäuren, aneinandergereiht werden. Es gibt zweiundzwanzig Aminosäuren, die mit unterschiedlicher Häufigkeit vorkommen und Namen wie Glycin, Valin, Glutamin und so weiter tragen. Die DNS-Blaupause spezifiziert die Reihenfolge, in der sie zusammengestellt werden sollen ... Halt! Wie können nur vier verschiedene Basen [A, T, C, G] der DNS soviele Aminosäuren spezifizieren?

Dazu ein Vergleich. Wie können nur sechsundzwanzig Buchstaben alle Wörter im Duden spezifizieren? Antwort: Jedes Wort ist eine Kette von Buchstaben. Gleiches gilt für die Aminosäuren, und wir können sogar abschätzen, wie lang die »Codewörter« sind. Aus jeweils zwei DNS-Basen lassen sich genau sechzehn verschiedene Ketten bilden: AA, AT und so weiter bis GG. Das reicht nicht für zweiundzwanzig Aminosäuren, also versuchen wir es mit Ketten aus drei Basen, und davon gibt es vierundsechzig – mehr als genug. Tatsächlich benutzt die Natur, um Proteine zu spezifizieren, Ketten aus drei DNS-Basen, sogenannte Tripletts – das ist der berühmte »genetische Code«. Im allgemeinen können jedoch mehrere verschiedene Tripletts einer bestimmten Aminosäure entsprechen. Die Aminosäure Valin wird beispielsweise sowohl von CAA als auch von CAG, CAT und CAC spezifiziert, während sowohl GTT als auch GTC Glutamin bedeuten. Außerdem gibt es drei Tripletts [ATT, ATC und ACT], die überhaupt keinem Protein entsprechen; sie bedeuten »Stop«.

Wie übersetzt die Chemie diesen Code in Proteine? Die Proteine werden nicht im Zellkern hergestellt, wo die DNS liegt, sondern von Zellbestandteilen, die wir als Ribosomen bezeichnen. Es wäre denkbar, daß die DNS zu den Ribosomen gebracht wird, aber könnte dabei nicht unterwegs ein Teil von ihr entführt werden? Um das zu verhindern, hält die Zentrale die Blaupause unter Verschluß und schickt stattdessen per Kurier eine Fotokopie zu den Proteinwerken. Diese Kopie besteht aus einer zweiten Art von Nukleinsäure, der Ribonukleinsäure [RNS]. Sie weist interessante und bemerkenswerte Unterschiede zur DNS auf, aber uns braucht hier nur zu interessieren, daß sie ebenfalls aus einer Sequenz von vier verschiedenen Basen besteht, die fast mit denen der DNS übereinstimmen. Bei der RNS ist eine DNS-Base, das Thymin, durch Uracil ersetzt, eine geringfügig veränderte chemische Substanz. Es ist, als würden wir einen Buchstaben anders schreiben, CA*T* statt CAT, und es wirkt sich auf die chemischen Mechanismen aus, aber nicht auf den Sinn des Codes. [Nehmen Sie dieses Bild bitte nicht wörtlich: In Wirklichkeit wird Uracil mit dem Symbol »U« bezeichnet.] Die Zelle macht eine RNS-Kopie von der DNS-Sequenz im Kern und schickt sie zu den Ribosomen. Man bezeichnet diese »Fotokopie« als Boten-RNS. Genaugenommen wird die Sequenz eines Chromosoms in Teilabschnitte zerlegt, und statt einer einzigen langen werden Tausende von kurzen Fotokopien hinausgeschickt. Und wenn eine unterwegs verlorengeht, wird eine andere Kopie losgeschickt.

Gut, aber wer baut die Proteine auf? Die Proteinwerke verfügen über ein Team von sehr spezialisierten, kurzen RNS-Segmenten, Transfer-RNS genannt. Jedes Segment erkennt genau ein DNS-Triplett, packt sich ein Molekül der entsprechenden Aminosäure und fügt es an das wachsende Proteinmolekül an. Die Zelle hat, wie jede Fabrik, ihr Verwaltungspersonal und ihre spezialisierten Techniker. Sie werden vielleicht denken, das sei ein reichlich kompliziertes Verfahren für die Herstellung von Proteinen, aber überlegen Sie einmal, ob ein sehr viel einfacheres Verfahren verläßlich genug wäre, um über Milliarden Jahre zu halten.

Man weiß inzwischen eine Menge darüber, wie Gene Proteine herstellen, aber um einen Organismus zu bilden, reicht es nicht aus, einen Haufen verschiedener Proteine zusammenzustoppeln. Sie müssen vor allem zur rechten Zeit am rechten Ort sein. Um die Lücke zwischen der Chemie und der Form zu schließen, hat der Entwicklungsbiologe Lewis Wolpert eine Theorie der »positionalen Information« entwickelt. Sie geht von der Vorstellung aus, daß bestimmte Orientierungssubstanzen im sich entwickelnden Organismus in der Weise verteilt sind, daß beispielsweise die Konzentration an einem Ende höher ist als am anderen. Bestimmte Zellen des Organismus können dann mit Hilfe dieser Substanz feststellen, wo sie sich befinden, und in ihren DNS-Anweisungen nachschauen, was sie zu tun haben. Auf diese Weise können gleichartige Urzellen sich unterschiedlich entwickeln – zu Muskeln, Nieren oder Nerven. Man könnte sagen, der Organismus stellt seinen Zellen eine Karte [die Unterschiede der chemischen Konzentration] und ein Handbuch [DNS] zur Verfügung. Man schaut in der Karte nach, um zu wissen, wo man ist, und danach im Buch, um zu wissen, was man zu tun hat. Dies ist ein sehr flexibles System, im Prinzip vergleichbar damit, wie die Besucher eines Fußballstadions Bilder erzeugen, indem jeder eine farbige Karte in die Höhe hält. Um es richtig zu machen, muß man wissen, wo man sitzt und welche Karte man hochzuhalten hat. Der Haken an Wolperts Theorie ist, daß sie gewissermaßen zu flexibel ist; daß sie mehr Variation zuläßt, als tatsächlich vorkommen. Aus bunten Karten kann man jedes beliebige Bild machen.

Egoistische Gene

Nicht die gesamte DNS kodiert Proteine. Wir erwähnten bereits, daß es einen großen Anteil von »DNS-Schrott« gibt: Gene, die vielleicht einmal brauchbar waren, die aber degeneriert sind oder deren Kontext sich geändert hat; Überreste von Viren, die keinen Schaden mehr anrichten; endlose Wiederholungen kurzer Basensequenzen, die zwischen einzelnen Genen liegen; Introns innerhalb der proteinkodierenden Abschnitte, die aus der RNS-Kopie herausgeschnitten werden, um als Boten-RNS zu dienen; und sonstiger Plunder, der einfach nur mitgeschleppt wird. Der DNS-Schrott wird genau wie der ganze Rest fröhlich mitrepliziert. Ein Großteil davon hat vermutlich überhaupt keine Funktion für den Organismus, doch ein Teil davon könnte eine wichtige Rolle in der Buchführung der DNS-Chemie spielen. Richard Dawkins hat [in einem Buch gleichen Titels] den Begriff des »eogistischen Gens« eingeführt; die Grundidee ist, daß der Organismus für das Gen nur dazu dient, Kopien von sich selbst zu machen. Herbert Spencer, der die Ideen von Charles Darwin der Öffentlichkeit erläuterte, hatte gesagt, daß das Huhn dem Ei nur dazu dient, ein anderes Ei zu machen. Nach Dawkins Vorstellung existieren sowohl Hühner als auch Eier nur deshalb, weil Hühnergene sie für ihre eigene Replikation brauchen. Aus dieser Sicht besteht das einzige Kriterium für den Erfolg eines Gens in seiner Fähigkeit, repliziert zu werden. Jede DNS, die es schafft, in die Zukunft repliziert zu werden, hat eine Zukunft. Sie erinnern sich, daß Viren-DNS sich nur mit Hilfe eines Wirtsbakteriums replizieren kann. Diese kurzen, repetitiven Basensequenzen parasitärer DNS sind noch erfolgreicher: Sie brauchen sich nicht die Mühe zu machen, eine eigene Proteinhülle herzustellen, sie brauchen nicht in die weite Welt hinaus und nach einem Bakterium zu suchen, bei dem sie schnorren können. Wie für die Sequenzen von Katzen in einem menschlichen Haushalt wird für ihre Reproduktion und ihren Unterhalt gesorgt, auch wenn sie nichts für ihren Wirt tun.

Dawkins sagt, es sei der DNS »egal«, welche Bedeutung sie für den Organismus hat – falls sie überhaupt eine hat. Wenn eine Basensequenz an irgendetwas beteiligt ist, das ihrer Replikation förderlich ist, werden mehr und mehr Kopien von dieser Sequenz entstehen. Umgekehrt wird eine Sequenz, die Mühe hat, repliziert zu werden, schließlich aussterben. Logisch! Was denn sonst? Der Erfolg hat Erfolg. Dinge, die tüchtig darin sind, kopiert zu werden, werden bald in großer Zahl existieren; Dinge, die es nicht schaffen, werden verschwinden.

Die DNS-Welt ist und war seit jeher von scharfer Konkurrenz geprägt. Gewisse Sequenzen haben Erfolg, indem sie sich zu ungeheuer komplizierten Blaupausen entwickeln und ihre Existenz dadurch aufrechterhalten, daß sie Bakterien, Amöben, Affen und Menschen hervorbringen, die sich um ihre fortgesetzte Replikation kümmern. Andere DNS-Sequenzen leben in der von diesen Blaupausen geschaffenen Umwelt, leben sogar direkt neben ihnen in denselben Zellfabriken und werden von demselben Apparat repliziert, ohne für irgendetwas als Blaupause zu dienen.

Designer-Gene

Zurück zu den Schnecken. Die Eier einer Mutterschnecke enthalten, auch wenn sie noch im Eierstock sind und vor der Befruchtung, eine gewisse Menge abgepackter Boten-RNS, welche die Mutter zusammen mit allem anderen zur Verfügung stellt. Das Proteinwerk erhält einen Stapel mütterlicher Fotokopien, verpackt und beschriftet mit »Jetzt öffnen«, »Nicht vor der ersten Stufe der Zellteilung öffnen«, »Nur öffnen, wenn die Temperatur unter 10° C sinkt« und so weiter. Diese frühen Entwicklungsstadien bestimmen unter anderem die Drehrichtung des Schneckenhauses. Es hängt also von den Genen der Mutter und nicht von denen der sich entwickelnden Schnecke ab, in welche Richtung sich ihr Haus dreht. Bald darauf beginnt die eigene DNS der Schnecke, Boten-RNS herzustellen und die in ihren eigenen Genen enthaltenen Anweisungen zu interpretieren, doch die Mutter gibt dem Ganzen eine Starthilfe.

Ein anderes maternales Gen, das sich in der nächsten Generation mit einschneidenderen Folgen auswirkt, kommt bei der Fruchtfliege *Drosophila* vor. Bei Genetikern sind die Fruchtfliegen besonders beliebt, weil sie sich sehr schnell vermehren und einen breiten Fächer leicht erkennbarer Merkmale besitzen. Ein *Drosophila*-Gen führt zu Nachkommen, die völlig normal zu sein scheinen, aber unfruchtbar sind. Man nennt dieses Gen sinnigerweise »enkellos«. Diese Unfruchtbarkeit beruht auf einem anderen Mechanismus als die Beeinflussung von Babys Drehrichtung durch Mutter Schnecke, nämlich auf Symbiose, einer Zusammenarbeit unterschiedlicher Organismen zum beiderseitigen Vorteil. [Symbiose ist durchaus nichts Ungewöhnliches. In den Mägen einer Kuh leben symbiotische Bakterien, die ihr bei der Verdauung der Zellulose helfen. Auch Würmer und Termiten enthalten symbiotische Bakterien, die diesem Zweck dienen.] Ein sich entwickelndes Ei enthält Material, aus dem schließlich die Eier [oder Samenzellen] des entwickelten Organismus werden, das Keimplasma. Unbefruchtete Insekteneier enthalten eine Population von symbiotischen Bakterien, die benötigt werden, um das Keimplasma zu determinieren. Der von der DNS der Mutter programmierte Eierstock muß aktiv werden, damit dieser Helferschwarm zur rechten Zeit und am rechten Ort in das Ei kommt. Das klappt nicht, wenn die Mutter das Gen »enkellos« trägt. Alles andere funktioniert prima, aber die bakteriellen Helfer sind nicht zur Stelle, wenn sie im Ei der Tochter benötigt werden, und kommen ihrer Aufgabe nicht nach. Die Genetiker haben seit den zwanziger Jahren eine Fülle von genetischen Abweichungen bei Fruchtfliegen [und anderen Organismen] erkannt. Ihre Auswirkungen sind teilweise relativ harmlos – Pigmentmangel bei Albinos; Augenfarbe; mehr, weniger oder andersartige Körperbehaarung –, teilweise aber auch sehr erheblich, zum Beispiel Stummelflügeligkeit. Manche Abwandlungen – man nennt sie letal – bringen die Entwicklung ganz zum Erliegen, weil eine wichtige Instruktion fehlt oder falsch ist. Viele dieser Effekte hatte man schon lange vor dem Auftreten der Molekularbiologie verstanden, andere hat man seither entdeckt, ohne daß sie das Gesamtbild nennenswert verändert hätten. Man hat allerdings Gene gefunden, die sehr wichtige systematische Auswirkungen auf die Entwicklung haben.

Bei bestimmten Varianten von *Drosophila* waren die Antennen durch Beine ersetzt [das Gen nennt man Antennapedia], bei anderen die Hinterflügel, die gewöhnlich sehr viel kleiner sind als die Vorderflügel, als normale Flügel [bithorax] entwickelt. Die für diese Auswirkungen verantwortlichen Gene waren nicht von der gewöhnlichen Sorte, die für die Merkmalsbestimmung zuständig ist – das Antennapedia-Gen kann ein völlig normales Bein erzeugen, nur an der falschen Stelle. Man bezeichnet diese Gene als homöotische Gene, und sie belegen, daß es im Entwicklungsprozeß um Variationen über ein Thema geht, weil sie von einer Variation zur anderen wechseln können.

Durch vergleichende Entwicklungsforschung waren einige Biologen schon zu der Ansicht gelangt, daß die verschiedenen Körperanhänge der Fruchtfliege insgesamt Variationen über ein Thema seien. Die Fruchtfliege glich in ihren Augen einem Schweizer Offiziersmesser: ein Körper plus eine Reihe von Zusätzen, die man während des Herstellungsprozesses ohne Schwierigkeiten auf unterschiedlichste Weise anordnen kann. Eine andere Gruppe von Biologen war zu dem Schluß gekommen, daß frühe Vorläufer der Fruchtfliege vier Flügel gehabt haben mußten, daß die Evolution aber ein Flügelpaar modifiziert und in kleine Stabilisierungskreisel verwandelt hatte, damit das Insekt vernünftig fliegen kann. Beide Gruppen von Biologen fanden sich sehr ermutigt durch die Entdeckung der homöotischen Abweichungen, so wie Paläontologen, die in fossilen Geschöpfen mit mehreren Zehen Vorläufer des Pferdes sehen, hin und wieder durch die Geburt eines modernen Pferdes mit überzähligen Zehen ermutigt werden.

Wegen der homöotischen Gene müssen wir unsere Vorstellung von der Funktionsweise der DNS-Blaupause korrigieren. Stellen Sie sich vor, daß in einer Flugzeugwerft plötzlich Flugzeuge produziert werden, die dort, wo eigentlich eine Tragfläche sein sollte, ein komplett ausgebildetes Fahrwerk aufweisen. Man könnte annehmen, ein besoffener Konstruktionszeichner habe den gesamten Plan für das Fahrwerk systematisch an die verkehrte Stelle gezeichnet. Wahrscheinlicher ist jedoch, daß es einen ganzen Stapel von numerierten Blaupausen für die einzelnen Teile des Flugzeugs gab und dazu einen Grundbauplan für die ganze Maschine, bestehend aus Anweisungen von der Art »hier Artikel Nummer 555 einfügen«. Eine Sekretärin hat dann versehentlich »575« statt »555« getippt, und so kam dort, wo eigentlich eine Tragfläche [Blaupause 555] hingehörte, ein Fahrwerk [Blaupause 575] hin.

Die homöotischen Gene scheinen weniger die praktischen Einzelheiten als vielmehr die »Verwaltung« der Entwicklung zu beeinflussen. Sie programmieren nicht Einzelteile, sondern die Zusammenfügung dieser Teile. Sie programmieren wichtige Weichenstellungen innerhalb der Entwicklung.

Wenn Wissenschaftler etwas so Interessantes wie die homöotischen Gene entdecken, möchten sie natürlich wissen, was dahinter steckt, vor allem, ob die DNS dieser Gene Besonderheiten aufweist. Sie entdeckten, daß alle homöotischen Gene eine bestimmte DNS-Sequenz enthalten, genannt Homeobox. Sie ist ziemlich kurz, und sie könnte ein Warnschild sein, das der genetischen Fabrik signalisiert: »Ich bin ein genetischer Schalter.« Diese speziellen DNS-Sequenzen kommen außerdem bei allen möglichen Lebewesen vor: Fischen, Mäusen, Menschen.

Die Funktionsweise homöotischer Gene läßt sich in einem gewissen Umfang chemisch erklären. Zumindest bei *Drosophila* und teilweise auch bei anderen Organismen sind die homöotischen Gene diejenigen, die andere Gene an- und abschalten. Ihre Produkte passen zu den Anschaltsequenzen bestimmter Gengruppen, und wenn ein homöotisches Gen sich ändert, paßt es entweder zu nichts mehr – dann kommt die Entwicklung zum Erliegen –, oder es paßt zu einer anderen Gengruppe. Kurz, die DNS-Sequenz Nummer 555 spezifiziert eine Antenne, Sequenz 575 ein Bein, und das homöotische Allel Antennapedia spezifiziert die verkehrte Zahl. Wir sprachen davon, daß es DNS-Schrott gibt, Basensequenzen, die als Relikte evolutionärer Vorfahren in der normalen Entwicklung nicht mehr genutzt werden und permanent »abgeschaltet« sind. Ein solches genetisches Fossil könnte durch eine Änderung bei einem homöotischen Gen aktiviert werden, und so kann eine Fruchtfliege plötzlich Merkmale entwickeln, die seit ihrer Ur-Ur-Ur-Urgroßmutter nicht mehr vorgekommen sind.

Maternale Effekte, homöotische Gene und eine Fülle weiterer Anomalien und Entwicklungsstörungen werden von der Entwicklungsbiologie untersucht, einem der aktivsten Forschungsgebiete. Man hofft, wenn man diese Dinge richtig verstanden hat, zielgerichtet in die Entwicklung von Tieren – und vielleicht sogar von Menschen – eingreifen, die genetische Blaupause korrigieren und teilweise sogar umschreiben zu können. Es gibt dabei neben den technischen auch ethische Probleme, aber es erscheint verlockend, Erbkrankheiten einmal ausrotten oder irgendwie heilen und schädlingsresistente Pflanzen züchten zu können. Aus dem, was einmal ein Wunder war, wird eine biochemische Technologie – Gentechnik.

Rekursion in der DNS

Das Wort »Gentechnik« geht einem leicht über die Lippen. Man spricht darüber, als bräuchten in der DNS-Blaupause bloß ein paar Veränderungen vorgenommen zu werden, und schon hat man einen neuen Organismus. Tatsächlich stellt das Bild von der Blaupause aber eine ungeheure Vereinfachung dar. Man denkt dabei an einen sich entwickelnden Organismus, der sich Satz für Satz durch sein »Buch des Lebens« liest und die Teile zusammenbaut, ähnlich wie ein Kind, das aus Plastikteilen ein Spielzeugauto oder wie eine Fabrik, die ein echtes Auto zusammenbaut. So funktioniert die DNS-Blaupause aber nicht. Vor allem ist sie rekursiv, selbstbezüglich. Im Alltagsleben lernen wir, der Selbstbezüglichkeit nicht zu trauen – so etwa, wenn »der« im Wörterbuch als »der bestimmte Artikel« definiert wird. Für Computerwissenschaftler ist die Selbstbezüglichkeit aber sehr hilfreich – und zwar aus einem ähnlichen Grund wie die Definition »Eine Mauer ist eine Reihe von Ziegelsteinen, auf der eine Mauer errichtet wird«, aus der man tatsächlich entnehmen kann, wie eine Mauer gebaut wird. [Das ist nur eine Kurzformel für »Eine Mauer ist eine Reihe von Ziegelsteinen, auf die eine Reihe von Ziegelsteinen gesetzt wird, auf die eine Reihe von Ziegelsteinen gesetzt wird, auf die eine Reihe von Ziegelsteinen gesetzt wird ...«] Daraus ist nicht zu entnehmen wie man aufhört, aber dafür kann auf andere Weise gesorgt werden. Weil die DNS-Chemie wie ein Computer funktioniert, macht sie gleichfalls von der Rekursion Gebrauch.

Blaupausen für Autos geben an, wie man komplizierte kleine Komponenten wie etwa Getrieberäder anfertigt, wie man sie zu einem Getriebe zusammenfügt, an was man das Getriebe anschließt und so weiter. Biologische Blaupausen tun gleichzeitig mehr und weniger. Sie tun weniger insofern, als ihre Hauptaufgabe darin besteht, die Herstellung von Werkzeugen zu steuern – von Proteinen, die dann aufgrund ihrer speziellen chemischen Beschaffenheit andere Veränderungen bewirken. Es ist so, als würde die Blaupause für ein Auto angeben, welche Arbeiter zu aktivieren sind, wobei aber nur die Arbeiter – verschiedene Fachleute – wüßten, was sie zu tun haben. In der Blaupause stünde zum Beispiel »Aktiviere Jupp« und sonst nichts, aber Jupp wüßte, daß es seine Aufgabe ist, das Getriebe einzubauen.

Gleichzeitig leisten die DNS-Blaupausen jedoch mehr als die Blaupause fürs Auto. Auto-Blaupausen geben nicht genau an, wie jede einzelne Komponente herzustellen ist: So holt Jupp sich die Schrauben und Muttern fertig vom Lager. DNS-Blaupausen müssen dagegen die exakte chemische Struktur aller von ihnen aktivierter »Arbeiter«-Moleküle angeben. Die Auto-Blaupause braucht keine Pläne für die von den Arbeitern benutzten Werkzeuge, etwa die elektrischen Schraubenzieher, zu enthalten; die DNS-Blaupause muß aber nicht nur Pläne für die Werkzeuge enthalten, sondern auch für die Werkzeuge, die die Werkzeuge machen. Und sie muß Anweisungen dafür enthalten, wie die Anweisungen zu lesen sind.

Wie unglaublich kompliziert die DNS-Blaupause wirklich ist, wollen wir Ihnen nun zeigen. Lassen Sie sich von dieser Ankündigung bitte nicht abschrecken. Das System ist tatsächlich so kompliziert, daß es fast unmöglich zu verstehen ist. Wir verstehen es jedenfalls nicht, und wir erwarten nicht, daß Sie es verstehen werden. Was Sie von dieser Diskussion mitnehmen sollten, ist ein Meta-Verständnis: ein Verständnis dafür, daß die Funktionsweise der DNS verteufelt kompliziert wird, wenn man sie detailliert auflistet. Einige Details können wir Ihnen nicht ersparen, denn wir möchten Sie überzeugen; Sie können sie aber gleich wieder vergessen.

Die DNS-Blaupause operiert auf vier Ebenen. Der Werkzeugkasten der Zelle besteht weitgehend aus RNS, und die RNS-Struktur wird direkt von Teilen der DNS-Sequenz abgelesen. Die Ribosomen – die winzigen vollautomatisierten Werkzeuge, die Boten-RNS lesen und Proteine zusammenbauen – bestehen aus zwei Sorten RNS: großer und kleiner ribosomaler RNS. Die »frei verfügbaren« Verknüpfungsmoleküle, welche die verschiedenen Aminosäuren abholen und für die Montage zum Ribosom bringen, die sogenannte Transfer-RNS, werden gleichfalls direkt von DNS-Teilsequenzen abgelesen. Die Enzyme, welche die RNS-Werkzeuge von den DNS-Teilsequenzen ablesen, sind Proteine, die man als RNS-Polymerase bezeichnet. Sie müssen wie alle anderen Proteine hergestellt werden – und dafür brauchen sie den Rest des Systems einschließlich ihrer selbst. Nicht anders ist es bei den wichtigen Proteinen des Protein-Synthesesystems, den ribosomalen Proteinen. Die ganze Struktur ist selbstbezüglich.

Es gibt aber noch eine weitere Ebene der Rekursion, von der es abhängt, wann die einzelnen Teile hergestellt werden und wieviel davon hergestellt wird. Diese Entscheidungen werden von Proteinen kontrolliert, die mit Hilfe der Boten-RNS von einem wiederum anderen Teil der DNS-Kette spezifiziert werden. Die kontrollierenden Proteine passen genau zu speziellen DNS-Sequenzen auf beiden Seiten der Transfer-RNS, der ribosomalen RNS und der proteinkodierenden Sequenzen, und sie aktivieren oder inaktivieren die an diesen proteinkodierenden Sequenzen haftenden RNS-Polymerasen. Die Produktion der Kontrollproteine wird natürlich von anderen [gelegentlich auch denselben] Kontrollproteinen kontrolliert.

Spezielle Sequenzen auf der RNS, sogenannte Ribozyme, wirken wie Enzyme; sie zerlegen und fügen die RNS-Sequenzen zusammen, welche die Polymerasen von der DNS kopieren, und lösen die darin enthaltenen Boten-RNS heraus, die dann zu den Gensequenzen zusammengefügt werden, welche die Proteine kodieren. Spezielle Enzyme und andere Proteine eskortieren diese

Moleküle in den Zellkern, wo die DNS ist, oder in das Zytoplasma, wo die Ribosomen sind. Es gibt sogar spezielle Proteine, Histone genannt, die die DNS wegschließen, wenn sie nicht gebraucht wird.

Das Bild von der DNS als einer Blaupause läßt all diese Komplexitäten unter den Tisch fallen. Es ist aber kein so schlechtes Bild, wenn man dabei bedenkt, wie Blaupausen in einer wirklich hochtechnisierten Fabrik genutzt werden. Eine Fabrik-Blaupause ist mehr als eine bloße Aufzählung von Anweisungen wie »Stecke Bolzen R141 in Loch B775«. Sie enthält explizit oder implizit eine Menge weiterer Anweisungen: wo der Bolzen im Lager zu finden ist, wann Lagervorrat nachzubestellen ist und so weiter. Moderne Fabriktechnologie ist ebenfalls rekursiv: Die Werkzeugmaschinen zur Herstellung von Autos werden ihrerseits von Werkzeugmaschinen hergestellt.

Eine lebende Zelle ähnelt insofern sehr einer Fabrik, und alles, was in der Zelle abläuft, ist Chemie, aber nicht Chemie im Sinne von »bunten Flüssigkeiten in Retorten«, sondern eher im Sinne von molekularen Kalkulationen. Die komplizierten chemischen Substanzen machen ständig so unwahrscheinliche Dinge und wechselwirken mit so vielen anderen chemischen Systemen, die noch unwahrscheinlichere Dinge machen, daß wir zu ihrer Beschreibung nicht chemische, sondern spezielle biologische Begriffe benötigen.

Die »Gentechnik« greift in dieses unglaublich komplexe Netzwerk chemischer Kalkulationen ein, nimmt ein paar Veränderungen vor und beobachtet, ob etwas Interessantes oder nützliche Resultate herauskommen. Dabei versteht sie im Grunde nicht, wie die chemische Fabrik der Zelle funktioniert. Würden Sie das bedenkenlos mit einer realen Fabrik machen, auch wenn Sie keinerlei Nebenwirkungen entdecken könnten? Oder würden Sie nicht doch Bedenken haben, daß nach dem Auswechseln von einigen beliebigen Maschinenteilen nun zwar statt Aluminiumdosen Teddybären hergestellt werden, daß aber die Fertigung eines Tages kreischend zum Stillstand kommen könnte, weil sich Fusseln von den Teddys angesammelt haben und das Kühlsystem verstopfen?

Trouble mit Trabbels

Wir haben gesehen, daß es möglich ist, einer außerirdischen Intelligenz chemische Zusammenhänge zu verdeutlichen, indem wir die Chemie als eine komplizierte »strukturierte« Physik darstellten. Könnten wir auch biologische Zusammenhänge verdeutlichen, indem wir sie als komplizierte »strukturierte« Chemie darstellen? Gehorcht die Gentechnik auf Zarathustra denselben Regeln wie auf der Erde? Oder ist ihr Treibstoff diesmal unser Kosmetikum?

Stanley: »Käpt'n, ich habe schlechte Nachrichten. Die Hydrokulturen sind beschädigt. Ohne sie werden uns Nahrung und Sauerstoff ausgehen.«

Käpt'n Arthur: »Wie konnte das passieren? Die Landung hat doch einwandfrei geklappt.«

Stanley: »Ja, aber hier herrscht eine andere Gravitation. Ein Gartenroboter hat seine Position falsch berechnet, ist an eine Wasserleitung gestoßen und explodiert, und dabei ist der ganze Vorrat niedergebrannt.«

Niplphut: »Haben Sie die genetischen Grünpausen gespeichert?«

Käpt'n Arthur: »Wie bitte?«

Niplphut: »In meiner Welt sind alle lebenden Organismen durch lineare replizierende Sequenzen einfacher chemischer Moleküle bestimmt. Ich bin kein Biologe, aber wenn Sie eine ähnliche Biochemie haben, werden unsere Molekulartechniker vielleicht in der Lage/nicht in der Lage [Unzutreffendes streichen] sein, neue Nahrungspflanzen für Sie zu züchten.«

Stanley: »Für ein Kunststeak aus Soja würde ich meinen Arm opfern!«

Käpt'n Arthur: »Man wird Sie beim Wort nehmen, Stanley. Erklären Sie Niplphut die Sache mit der DNS.« [Was dieser tut.]

Niplphut: »Interessant. Die ZNS, das Erbmaterial auf Zarathustra, verwendet auch einen Code. Seine Paare sind jedoch aus acht Basen ausgewählt, in Übereinstimmung mit dem Prinzip der Oktimalität. Sind Sie sicher, daß ihre DNS Tripletts aus vier Basen verwendet? Das ist höchst sonderbar.«

Stanley: »Oktimalität?«

Niplphut: »Die Natur bevorzugt die Zahl acht. Ich habe Ihnen das erklärt, als Sie mir sagten, volle Elektronenschalen enthielten acht Elektronen.«

Käpt'n Arthur: »Ach, deshalb waren Sie so aufgeregt! Wir haben von Ihren Ausführungen nicht ein Wort verstanden.«

Niplphut: »Das Prinzip der Oktimalität ist unser höchstes Naturgesetz. Es freut mich, daß Sie 64 verschiedene »Tripletts« finden, denn Sie fordern ja wohl, daß es soviele sein müssen, weil 64 das Quadrat von 8 ist. Die ZNS stellt die gleiche Zahl von Möglichkeiten bereit; eine gewisse strukturelle Entsprechung müßte also gegeben sein. Aber nur vier Basen? Das wundert mich.«

Stanley: »Das ist sorgfältig überprüft worden, Niplphut.«

Niplphut: »Dann will ich es Ihnen glauben/nicht glauben [Unzutreffendes streichen]. Ich denke, man kann 4 als die 2/3-Potenz von 8 betrachten. Aber 2/3 ist eine merkwürdige Zahl, gar nicht oktimal ...« [Zögernd:] »Ich räume ein, daß 4 eine gebrochene Potenz von 8 ist, etwas, was ein ziemlich unorthodoxer Wissenschaftler bei uns als ein Fraktimal bezeichnet. Die Terraner haben fraktimales Erbmaterial ... Das muß ich Brondelmat erzählen – es wird ihn brennend interessieren.« [Die Diskussion geht weiter. Die Replikationsvorgänge der ZNS sind denen der DNS sehr ähnlich, und so weiter. Irgendwo in den kleinen Details der Boten-ZNS treten jedoch Abweichungen auf. Dann holt Niplphut seinen Kollegen Fimplut, einen Biochemiker, mit einem Stapel Lehrbücher herbei, und er und Stanley vergleichen die molekulare Struktur der terrestrischen DNS mit dem zarathustrischen Erbmaterial ZNS.]

Fimplut: »Die Unterschiede sind enorm. Ich glaube nicht, daß das mit unseren Verfahren zu machen ist.«

Käpt'n Arthur: »Sind die Unterschiede denn wirklich wichtig? Die DNS-Blaupause ist eine vollständige Beschreibung der Pflanze. Können Sie denn darauf nicht genauso aufbauen, wie Sie es mit der ZNS machen? Oder vielleicht die eine in die andere übersetzen?«

Fimplut: »Hm, das kommt drauf an/kommt nicht drauf an Ich weise nur darauf hin, daß wir es so nicht machen.«

Käpt'n Arthur: »Wie?«

Fimplut: »Wir haben noch nicht vollständig heraus, wie man von den ZNS-Basensequenzen zu Pflanzen kommt. Wir müssen künstliche ZNS in bestehende Organismen einbringen – überwiegend benutzen wir Trabbels – und sie für uns arbeiten lassen.«

Käpt'n Arthur: »Dann versuchen Sie es doch einmal mit DNS.«

Fimplut: »Ich befürchte, daß DNS entweder gar nicht auf Trabbels wirkt oder daß sie sie tötet. Ich werde den Versuch gern/ungern [Unzutreffendes streichen] machen, aber egal, wie er ausgeht, einen Salat werden Sie daraus nicht machen können.«

Käpt'n Arthur: »Aber die Information, die Sie brauchen, liegt doch vollständig in der DNS vor!«

Fimplut: »Die Information, die in Phlegbart und Snulligans Perisphärischem Potentaten steckt, liegt in jedem handelsüblichen Hyperkubus vor, aber ohne einen Hyperkubus-Spieler muß das Lied der drei kleinen Schulfnerge rein implizit bleiben. Nicht nur das – da ist außerdem das Problem der mütterlichen ZNS. Trabbels stellen die Startinformation für den sich entwickelnden Organismus aus ihrer eigenen ZNS bereit – zum Glück ist sie sehr flexibel programmiert. Könnten Sie etwas mütterliche DNS erübrigen?«

Stanley: »Nein, alle Hydrokulturpflanzen wurden zerstört.«

Fimplut: »Dann wird es nicht gehen. Ohne die erforderliche Startinformation können wir eine genetische Kultur nicht starten. Das ist, als wollte man einen Duft-Recorder ohne Handbuch programmieren. Oder auch mit einem.«

Alternativpläne

Fimplut hat auf ein gravierendes Problem hingewiesen. Die Metapher »genetischer Code« suggeriert, daß die ganze Struktur eines Organismus in der DNS-»Botschaft« enthalten ist. Aber genügt es, die Codebotschaft zu kennen, selbst angenommen, daß die Bedeutung jedes einzelnen kodierten Symbols bekannt ist? Wenden wir uns einem anderen Bereich zu, wo wir auch mit Codes zu tun haben: Computerprogrammen. Übersetzt in eine Computer-Metapher, enthält die DNS die Befehle, säuberlich kodiert in »digitaler« Form [mit den vier Ziffern A, T, C, G]. Die Zelle agiert wie ein Computer und führt die im Programm angegebenen Befehle aus. Das Bestechende an dieser Metapher ist, daß sie klarer als die Blaupausen-Metapher anerkennt, daß der Entwicklungsprozeß flexibel ist. Es macht gerade die Stärke von Computerprogrammen aus, daß sie ihre Abläufe je nach den Umständen ändern können, eine Fähigkeit, die man als bedingte Verzweigung bezeichnet. Das DNS-Programm hat diese Fähigkeit auch.

Wenn Sie sich heute einen neuen Computer kaufen, können Sie ihn nicht einfach einschalten und erwarten, daß er in Aktion tritt. Er wird mit einer gesonderten Startdiskette verkauft, die verschiedene nützliche Dinge installiert. Zusätzlich zu dem Programmcode in dem neuen Computer benötigen Sie die Startdiskette, die vorher auf einem anderen Computer produziert wurde. Gleiches gilt für den DNS-Code. Ein Ei [Computer] benötigt nicht nur seinen eigenen Code [die DNS-Sequenz in seinen Genen], sondern auch eine Startdiskette [die von der Mutter bereitgestellte RNS-Information]. Die ersten Phasen der Eientwicklung werden nicht von den Genen des Eis kontrolliert, sondern von denen der Mutter. Wir haben gesehen, daß die Schneckenmutter ihre Babys mit Startdisketten versorgt, die ihnen sagen, welche Drehrichtung sie einschlagen sollen. Da Mendels Merkmal »Erbsenfarbe« sich auf die »Eier« der Erbsenpflanze – ihre Samen, die Erbsen – bezieht, scheint es, als sei dieses spezielle Gen ein mütterliches Gen. Aber die maternale RNS-Startdiskette ist natürlich von der DNS der Mutter programmiert, und so haben die Genetiker keine großen Probleme, weil sie sagen können, daß der ganze Prozeß trotzdem von der DNS kontrolliert wird. Dabei stört es sie nicht, daß sich das Ganze um eine Generation verschiebt.

Bedingte Verzweigung

Das sich entwickelnde Ei wird nicht nur von maternalen Genen, sondern auch von seiner physischen Umgebung beeinflußt. Chemische Systeme sind im allgemeinen temperaturempfindlich. Reaktionen verlaufen gewöhnlich schneller und oftmals anders, wenn die beteiligten chemischen Substanzen wärmer sind. In einer warmen Küche geht Brotteig schneller auf als in einer kalten, weil das Gas, das ihn aufgehen läßt, bei Wärme schneller erzeugt wird. Chemische Reaktionen werden außerdem von dem Medium beeinflußt, in dem sie ablaufen, vom Vorhandensein von Verunreinigungen und vielen weiteren Faktoren. Die Chemie der Entwicklung ist gegen solche Einwirkungen nicht immun, aber sie hat gelernt, mit ihnen fertig zu werden. Dabei gibt es mindestens zwei verschiedene Ansätze.

Einige Entwicklungssysteme lösen das Problem, indem sie sicherstellen, daß alle Bedingungen genauestens kontrolliert sind, so wie eine Fabrik, die Polyäthylen herstellt, Temperatur, Feuchtigkeit und Luftreinheit kontrollieren wird. Vertreter dieses Ansatzes sind die Säugetiere: Ihre Eier entwickeln sich innerhalb eines Muttertieres, das seinen Körper – und damit die Eier, die es in sich trägt – durch ein eigenes thermostatisches System auf einer geeigneten konstanten Temperatur hält. Die Chemie der Säugerentwicklung reagiert sehr empfindlich auf Temperaturänderungen. Werden Säugereier *in vitro* gezüchtet, wie es bei »Retortenbabys« während eines Teils ihrer Entwicklung geschieht, müssen alle Bedingungen ihrer unmittelbaren Umgebung in engen Grenzen konstant gehalten werden, sonst entwickeln sich die Embryos nicht. Schon eine Temperaturschwankung von 1,7° C wirkt verheerend.

Amphibien, zum Beispiel Frösche, benutzen eine andere Methode: Sie sind für alle Fälle gerüstet. Ihre Eier entwickeln sich – wie die der meisten Nichtsäuger – außerhalb ihres Körpers, so daß eine Kontrolle unmöglich ist. Englische und nordamerikanische Frösche legen ihre Eier zu Beginn des

Frühlings in Tümpeln ab, in denen die Temperatur zwischen 27° bei Tage und knapp über 0° bei Dunkelheit schwanken kann. Das bewältigen sie mit Hilfe verschiedener Enzyme für die Entwicklung; wenn es kalt ist, benutzen sie »schnelle«, wenn es heiß ist, »langsame«. Diesen Trick benutzen viele Organismen, die mit großen Temperaturschwankungen fertig werden müssen.

Ein Großteil der Frosch-DNS wird für die Programmierung dieser Alternativen verwendet. Welche Strategie nutzt das DNS-Programm effektiver aus? Braucht die Säugetiermutter mehr DNS, um die Entwicklung ihres eigenen Körpers mit seinen Thermostaten und Kontrollmechanismen für die chemischen Konzentrationen innerhalb der Gebärmutter zu programmieren, als der Frosch sie braucht, um alternative chemische Abläufe zu programmieren? Nein; Frösche haben längere DNS-Sequenzen als Säuger, obwohl Säuger doch die komplexeren Geschöpfe sind. Es ist allerdings unklar, ob kürzere DNS-Sequenzen effektiver oder lediglich kürzer sind. Außerdem spielen hier noch andere Fragen hinein. Einige Amphibien schützen ihre Eier dadurch, daß sie sie übelschmeckend oder gar hochgiftig machen, was sie obendrein durch Warnfarben anzeigen. Das Säugerweibchen hat weitblickende Augen und ein raffiniertes Gehirn, um Raubtiere auszumachen und zu meiden. Auch für solche Dinge muß die DNS-Sequenz sorgen. Wir wissen noch nicht genug darüber, wie die Nutzung der DNS optimiert wird, und können daher nicht sagen, welche Methode die beste ist. Die Natur scheint mit beiden gut zurechtzukommen.

Noch etwas spricht für die Metapher der DNS als Programm. Programme sind Software, im Unterschied zur Hardware, den elektronischen Bauteilen, und lassen sich daher leicht abändern. Blaupausen können abgeändert werden, auch wenn einem diese Eigenschaft von Blaupausen nicht sofort einfällt. Der Evolutionsprozeß, auf den wir im nächsten Kapitel näher eingehen, kann die DNS-Sequenz leicht abändern. Sich entwickelnde Organismen müssen sich sogar davor hüten, daß dies allzu häufig passiert. Jeder Kopiervorgang ist fehleranfällig. Wenn Sie ein Dokument fotokopieren und das Glas ist verschmutzt, ist die Kopie mangelhaft. Den mittelalterlichen Mönchen sind beim Kopieren von Handschriften viele Fehler unterlaufen. Jeder kennt das Spiel »Stille Post«, bei dem man seinem Nachbarn etwas ins Ohr flüstert, der es dann seinem Nachbarn weitersagt; aus »Schick ein Dutzend Panzer; die Stadt wird angegriffen« wird dann am Ende »Schick den Hund zum Tanzen; die Katze hat gepfiffen«.

Kopierfehler im DNS-Programm, sogenannte Mutationen, können weitreichende Auswirkungen haben. Alles kann davon betroffen sein: die Sequenzen in den Genen, welche Proteine bestimmen, die Kontrollsequenzen, die entscheiden, wann ein Gen an- oder abgeschaltet wird, die Proteine, die das Anschalten besorgen sollen, die Rezeptoren, welche die von Drüsen ausgeschütteten Hormonmengen regulieren ... All diese chemischen Wechselwirkungen können verfälscht werden, wodurch der Entwicklungsweg des Nachfahren dann von dem seines Vorfahren abweicht. Da bestimmte Gene dafür verantwortlich sind, wann andere Gene angeschaltet werden, kann der ganze Entwicklungsprozeß beschleunigt oder retardiert werden; Enzyme [wie diejenigen, die beim Froschembryo Temperaturschwankungen ausgleichen] können verstärkt oder abgeschwächt werden. Das kann dazu führen, daß manche Systeme sich schneller entwickeln, andere langsamer.

Systematische Änderungen der Entwicklung

Bei den meisten Säugetieren findet eine beschleunigte Entwicklung des Herzen und des Kreislaufsystems statt, so daß diese für den Transport von Nährstoffen von der Gebärmutterwand zu den entsprechenden Teilen des Embryos genutzt werden können. Beim Embryo des Menschen entwickelt sich als erstes funktionierendes Organ das Herz. Andere Organe bleiben dagegen so weit zurück, daß der eine oder andere sie gar nicht erst entwickelt, zum Beispiel Weisheitszähne. Wenn wir Glück haben, wird es uns schließlich gelingen, die Entwicklung von Weisheitszähnen so sehr zu retardieren, daß wir sie ganz loswerden.

Bei den meisten Tieren hört die Entwicklung auf, wenn sie geschlechtsreif werden – vorher kann die Entwicklung nicht enden, weil die geschlechtliche Reifung selbst ein Teil von ihr ist –, so daß alles, was sich bis dahin nicht entwickelt hat, keine Chance mehr hat. Damit eröffnen sich zwei grundverschiedene Optionen, die es der ausgewachsenen [adulten] Form des Nachfahren erlauben, der jugendlichen [juvenilen] Form seines Vorfahren zu ähneln. Sie heißen Progenese und Neotenie, und wir behandeln sie der Reihe nach.

Wo es für ein Lebewesen vorteilhaft ist, sich schnell zu vermehren – wenn beispielsweise reichlich Nahrung da ist und es darum geht, soviel wie möglich einzuheimsen, werden Mutationen gefördert, die die Pubertät früher eintreten lassen und zu vorzeitiger Geschlechtsreife führen. Dies ist die Progenese, die man bei vielen Insektenarten beobachtet, welche sich ein temporäres Nahrungsüberangebot zunutze machen. Pilzmücken pflanzen sich fort, wenn sie noch Maden sind; einige Arten des Totengräber-Käfers vermehren sich als Larven. Die Progenese ist die bevorzugte Erklärung für die geringe Körpergröße bei isolierten Säugerpopulationen, wie sie auf Inseln oder in anderen Fällen starker Konkurrenz vorkommen können. Der ausgewachsene Malteser Elephant, der heute ausgestorben ist, war nur einen Meter groß.

Der entgegengesetzte Effekt, die Neotenie, ist ebenfalls sehr verbreitet: Wenn es so richtig Spaß macht, als Larve zu leben, zögert die Larve die Umwandlung in die adulte Form hinaus. Es gibt einen mexikanischen Salamander, der wie der Frosch als Kaulquappe beginnt und sich dann in die adulte Form verwandelt. Es gibt jedoch Salamander, die Axolotls, die diese Metamorphose nicht durchmachen, sondern sich schon als Kaulquappen fortpflanzen, als große, gutentwickelte Kaulquappen, aber Kaulquappen gleichwohl. Menschen sind extrem neotene Primaten; wir behalten alle möglichen juvenilen Merkmale wie Neugier, Unbehaartheit, Kopfform und Knuddeligkeit bis ins Erwachsenenalter bei. Frauen sind in dieser Beziehung möglicherweise weiter als Männer. Andere Arten stehen kurz davor, die adulte Form ganz abzuschaffen; sie können sich fast noch als Larven fortpflanzen, brauchen aber die hormonalen Veränderungen, die mit der Umwandlung in die adulte Form verbunden sind, damit ihr Geschlechtsapparat aktiv wird. So lebt die Eintagsfliege drei Jahre lang als Larve in fließenden Gewässern, und ihre adulte Lebensphase verkürzt sich auf einen Tag, an dem sie sich paart.

Dies alles wirft eine andere Frage auf. Nicht nur Unterschiede und Veränderungen bedürfen der Erklärung. Wenn geringfügige Änderungen im Entwicklungsprogramm so leicht enorme Unterschiede bewirken können, warum bleiben sich dann alle so gleich? In der Umwelt, wenn nicht in der Genetik, gibt es eine Fülle von Unterschieden, so daß sich die Frage erhebt: Warum beobachten wir nicht große Unterschiede innerhalb einer Art? Nichtgenetische Faktoren können Gene stark beeinflussen – das Medikament Contergan [Thalidomid] rief bei menschlichen Embryos in den fünfziger Jahren erhebliche Defekte hervor. Wiederum ist die Frage nicht so sehr, warum das geschah, sondern vielmehr, warum die Fülle sonstiger Medikamente oder auch Mutationen sich nicht in gleicher Weise auswirken. Wenn die Entwicklung nichts als Chemie ist, müßte sie für äußere chemische Einflüsse empfänglich sein.

Ein vielseitiges Talent der viktorianischen Epoche

Wir lassen uns diese Frage von einer Dame der viktorianischen Epoche beantworten. Es ist Augusta Ada, Gräfin Lovelace, Tochter des Dichters Lord Byron und eine Pionierin der Computerwissenschaft. Sie entwickelte viele der Programmierungsideen für die berühmte, aber nicht realisierte »analytische Maschine« von Charles Babbage, eine mechanische Rechenmaschine. Wir lassen sie hier zu Wort kommen, weil wir Rat und Hilfe von jemandem brauchen, der im Rechnen bewandert ist und sich in der Naturgeschichte der viktorianischen Epoche auskennt wie in seiner Westentasche, aber von den heutigen Theorien über die biologische Entwicklung keine Kenntnis hat. Unsere Frau Ada hat dieses Buch bis hierher gelesen und weiß daher von manchen Dingen, von denen die echte Lady Ada keine Ahnung haben konnte. Ihr Gesprächspartner ist Wallace Lupert, eine fiktive Gestalt, die das vertreten soll, was unter heutigen Biologen Konsens ist.

Augusta Ada: »Mir scheint, daß Substanzen wie Thalidomid, die sich direkt auf einen in Entwicklung befindlichen Organismus auswirken, sehr selten sind. Das ist auch zu erwarten, da der Entwicklungsablauf bei den meisten Lebewesen sehr stabil ist.«

Wallace Lupert: »Aber Bienen und Termiten entwickeln sich unterschiedlich, wenn man sie entsprechend füttert. Manche Fische können, wenn Nahrung knapp wird, andere Formen annehmen, sich aber dennoch fortpflanzen. Und was sagen Sie zum Hirtentäschel?«

Augusta Ada: »Ich weiß, worauf Sie hinauswollen. In einem Pflasterspalt entwickelt das Hirtentäschel in etwa zehn Tagen gerade mal zwei Blätter, eine Blüte und ein Täschchen mit einem Samen; in einem Blumenbeet kann es drei Monate lang jede Woche einen Kubikmeter Pflanzenmaterial hervorbringen, mit Tausenden von Täschchen, die jeweils mehrere dicke Samen enthalten.«

Wallace Lupert: »Genau. Wollen Sie damit sagen, daß Nahrung eine knappe Substanz ist?«

Augusta Ada: »Für mich ist es nicht sonderlich überraschend, daß ein Organismus durch ein knappes Nahrungsangebot dazu gebracht wird, eine zwar vollständige, aber doch eingeschränkte Entwicklung einzuschlagen. Jedesmal, wenn die genetischen Schalter angeschaltet werden, macht er aus dem vorhandenen Energie- und Stoffangebot das Beste. Bienen und Termiten sind seltene Sonderfälle, und ihre Flexibilität ist zweifellos genetisch programmiert. Auch die analytische Maschine kann ihre Berechnungen in Reaktion auf äußere Signale ändern – wenn ich sie entsprechend programmiere. Aber auch ein solches Verhalten ist auf jeden Fall selten. Bei den meisten Tierarten hat die Nahrung keinen großen Einfluß auf die Entwicklung. Ich erinnere Sie an Gespenstheuschrecken und an jene Schmetterlingsarten, die äußerlich einem Blatt ähneln. Wenn sie sich anders entwickeln, geht ihnen die Verkleidung verloren, und sie werden von Freßfeinden vertilgt.«

Wallace Lupert: »Sie haben ein sehr ›pingeliges‹ DNS-Programm.«

Augusta Ada: »Das stimmt. Wenn die Befehle für die analytische Maschine einen Fehler enthalten, kann das dazu führen, daß sie aufhört zu rechnen, statt weiterzurechnen und ein falsches Ergebnis auszuwerfen.«

Wallace Lupert: »Aber es gibt doch Lebewesen, die weitaus vielseitiger sind, zum Beispiel Ratten, Kakerlaken oder der Spitzwegerich. Sie können in unterschiedlichsten Habitaten leben, ohne daß sich das im geringsten oder jedenfalls nicht nennenswert auf ihre Entwicklung auswirkt.«

Augusta Ada: »In solchen Fällen hat die Evolution eine Auslese getroffen, die auf Vielseitigkeit zielt. Menschen sind infolge der Neotenie unspezialisiert, ihre Entwicklung hörte auf, bevor die Spezialisierung einsetzt.«

Wallace Lupert: »Ah, die Geschichte vom Dachs!«

Augusta Ada: »Wie bitte?«

Wallace Lupert: »Das kommt in ›The Sword in the Stone‹ vor, einem Buch, das nach Ihrer Zeit erschienen ist. Der Dachs schreibt eine Abhandlung, in der erklärt wird, warum der Mensch zum Herren aller Tiere wurde. Sie wissen ja, daß alle Embryos sich ziemlich ähnlich sehen. Nach der Theorie des Dachses schuf Gott die Lebewesen zunächst als Embryos. Dann rief er sie alle zu sich und forderte sie auf, sich zu überlegen, was sie sein wollten. Er bot ihnen an, unentgeltlich jeden gewünschten Körperteil so abzuändern, daß es ihnen im späteren Leben von Nutzen sein würde. Die Embryos überlegten sich's und trugen dann der Reihe nach ihre Wünsche vor. Die Dachse baten um drei freundliche Gaben: eine dicke Haut, ein Maul, das als Waffe dienen konnte, und Heugabeln als Arme. Alle spezialisierten sich so oder so, bis Gott zum letzten Embryo kam, dem Menschen. ›Bitte, lieber Gott‹, sagte der Embryo Mensch, kriecherisch wie immer, ›ich denke, daß Du mir die Form, die ich jetzt habe, aus guten Gründen, die Du selbst am besten kennst, verliehen hast und daß es ungehörig wäre, daran etwas zu ändern.‹ Daraufhin gratuliert Gott dem Menschen als dem einzigen Geschöpf, das sein Rätsel gelöst hat: daß Anpassungsfähigkeit der Spezialisierung überlegen ist.«

Augusta Ada: »Das muß ich einmal lesen. Erinnern Sie mich dran! Der Witz dabei ist, daß natürlich auch der Mensch sich spezialisiert.«

Wallace Lupert: »Wie meinen Sie das?«

Augusta Ada: »Der Mensch spezialisiert sich darauf, vielseitig zu sein. Menschliche Gene spezifizieren das Merkmal Vielseitigkeit. Auch dieses Merkmal erfordert ein pingeliges Programm.«

Wallace Lupert: »Heißt das, daß das genetische Programm des Menschen sehr starr ist?«

Augusta Ada: »Alle genetischen Programme sind sehr starr. Darauf beruhen die großen Unterschiede zwischen den Arten. Alle Individuen einer Art haben praktisch identische Gene. Natürlich abgesehen von einigen Mutationen – teils wertvolle Merkmale, die beibehalten werden, teils schlechte, die aussterben werden.«

Wallace Lupert: »Sie meinen, jeder kriegt von Mutter und Vater dieselben Gene?«

Augusta Ada: »Selbstverständlich! Jeder kriegt dieselben Gene, kein Zweifel. Andere Gene gibt es nicht. Gäbe es größere Abweichungen zwischen den Genen, würden wir alle in Form und Größe verschieden sein. Und alles würde durch die Fortpflanzung durcheinandergeraten. Nein, die Gene müssen überwiegend identisch sein. Von einem Elternteil kann man natürlich eine abweichende Mutation kriegen, aber nicht von beiden – das wäre äußerst unwahrscheinlich.«

Wallace Lupert: »Okay. Wenn einer von beiden Eltern dasselbe Gen geerbt hat, dann sagen wir heute, er sei homozygot bezüglich dieses Gens. Wenn einer von seinen Eltern verschiedene Allele kriegt, sagen wir, er sei heterozygot bezüglich dieses Gens. Sie behaupten also, daß alle Individuen bezüglich fast aller Gene homozygot seien.«

Augusta Ada: »Ich behaupte viel mehr. Ich behaupte, daß die meisten Gene bei allen Individuen identisch sind. Ich vermute allerdings, daß, wenn Differenzen innerhalb der Population vorliegen, infolge von Zufallspaarungen einige Individuen nach ein bis zwei Generationen bezüglich einiger Gene heterozygot werden; praktisch deckt sich meine Auffassung also mit der Ihren. Sie können es durch Tierzuchtversuche feststellen. Weitreichende Mutationen findet man selten.«

Wallace Lupert: »Hmm. Was würden Sie denn dazu sagen, daß ohne Zuchtversuche durch die Auszählung der Proteinarten in 100 000 Genen festgestellt wurde, daß jedes Individuum bezüglich rund 10 Prozent seiner Gene heterozygot ist? Bei allen Arten, einschließlich des Menschen?«

Augusta Ada: »Das würde mich sehr wundern.«

Wallace Lupert: »Es stimmt aber. Tatsächlich weist innerhalb der Population rund ein Drittel aller Gene Abweichungen auf.«

Augusta Ada: »Woran liegt es dann, daß wir zwischen den Menschen keine größeren Abweichungen beobachten?«

Wallace Lupert: »Die Gene sind zwar verschieden, aber die Organismen, die sie hervorbringen, gleichen sich weitgehend.

Augusta Ada: Das ist, was ich gefragt habe, bloß mit anderen Worten. Wie dem auch sei – wenn ich Sie recht verstanden habe, dann ist *Drosophila* als Versuchstier deshalb so beliebt, weil Veränderungen an ihren Genen zahlreiche Veränderungen in ihrem äußeren Erscheinungsbild hervorrufen.«

Wallace Lupert: »Ja, das sagte ich, und das stimmt auch.«

Augusta Ada: »Dann haben Sie ein Paradoxon vorgetragen.«

Kanalisierung

Conrad Waddington, der heute als einer der bedeutendsten Embryologen gilt, hat dieses Paradoxon schon in den fünfziger Jahren erkannt, ist ihm in eigenen Experimenten auf den Grund gegangen und hat als Lösung das Konzept der Kanalisierung vorgeschlagen. Mit ihm müssen wir uns auseinandersetzen, wenn wir verstehen wollen, wie unterschiedliche genetische Programme dasselbe Tier hervorbringen können [oder wie ein und dasselbe Programm bei unterschiedlichen Temperaturen und unter unterschiedlichen Bedingungen dasselbe Tier hervorbringen kann]. Der Effekt, von den Embryologen früher Regulation genannt, wurde herangezogen, um Zwillinge zu erklären. Eine zwanglose Erklärung durch einfache – oder auch recht komplexe – chemische Vorgänge gibt es nicht.

Bei *Drosophila* Experimenten wird beobachtet, wie sich Mutationen eines bestimmten Gens auswirken, während alles übrige unverändert bleibt. Entscheidend ist, daß bei wildlebenden *Drosophila* die Auswirkungen von einzelnen Genmutationen nicht entfernt in demselben Maß auftreten wie bei der ingezüchteten, domestizierten Laborrasse. Ihre genetische Ausstattung wird daher als Wildtyp bezeichnet; dieser Wildtyp lebt normalerweise außerhalb von Laboratorien. Die Entwicklung der wildlebenden *Drosophila* ist sehr resistent gegen Veränderungen sei es der Umweltbedingungen, sei es des Entwicklungsprogramms. Die von ihm so genannten »unterschiedlichen genetischen Hintergründe« haben, wie Waddington zeigte, zur Folge, daß das Entwicklungsprogramm in unterschiedlicher Weise für Umwelteinflüsse empfindlich ist. Werden zum Beispiel viele *Drosophila*-Puppen erwärmt, entstehen einige Fliegen, bei denen eine bestimmte Ader in den Flügeln fehlt, als Querader bezeichnet, weil sie quer zur Richtung der Hauptadern verläuft. Fliegen, denen nach Erwärmung die Querader fehlt, wurden von Waddington selektiv weitergezüchtet, um den Anteil dieser Fliegen zu erhöhen. Als rund 70 Prozent der Nachkommen bei Erwärmung keine Querader entwickelten, traten außerdem einige Fliegen auf, bei denen die Querader auch ohne Erwärmung fehlte.

Einige Biologen meinten, daß Waddington behaupte, auf die Vererbung erworbener Merkmale gestoßen zu sein, eine Version der Evolutionstheorie, die nicht mehr in Mode war [und es auch heute nicht ist]. Was Waddington wirklich demonstrierte, war die Selektion von Fliegen, die eine niedrige Schwelle für Umweltreize besaßen. Nach seiner Ansicht selektiert die Evolution, wenn überhaupt, dann nur selten die offenkundigen Auswirkungen einer einzelnen Genmutation. Die Mitglieder einer Spezies unterscheiden sich in jeder erdenklichen Weise, doch das Entwicklungsprogramm ist hinreichend resistent gegen diese Unterschiede, daß es trotz ihrer dasselbe Resultat zu erreichen vermag. [Wir können seine Ideen auch im Sinne des DNS-Programms erklären, aber damals war die Funktionsweise der DNS noch nicht im einzelnen bekannt.] Die Arten erreichen diese Stabilität dadurch, daß sie sich ein Repertoire von »Pufferungs«-Tricks zulegen, wie sie von Froscheiern genutzt werden, um Temperaturschwankungen entgegenzuwirken. Die Fliegen ohne Querader hatten im Laufe von Waddingtons selektiver Züchtung diese Pufferungsfähigkeit teilweise eingebüßt, und deshalb wurden einige schon von normalen Temperaturen beeinflußt.

Waddingtons Bild für die Entwicklung war die »epigenetische Landschaft« – eine sanft geneigte Fläche, einem aufgespannten Gummituch vergleichbar, mit zusammenhängenden Hügelketten und Tälern, die in Hangrichtung verlaufen. Die Entwicklung wird dargestellt durch Kugellager, die durch die Täler rollen und am unteren Ende des Tuches herunterfallen. Die Stelle, an der sie herunterfallen, bestimmt die Merkmale des entwickelten Organismus. Die Gene bestimmen Tiefe und Lage der Täler sowie Höhe und Lage der Hügelketten. Man kann sich das so vorstellen, daß sie von unten an der Fläche ziehen und auf diese Weise unterschiedliche Formen erzeugen. Gleichzeitig drückt die Umwelt von oben und formt ihrerseits die Landschaft. Das Kugellager kann in den Tälern in jede Richtung rollen, gelangt in ein anderes Tal aber nur, wenn es eine Hügelkette überwindet. Auch können Täler sich hangabwärts vereinigen. Zahlreiche Variationen der möglichen Bahnen ändern nichts an der letztendlichen »Bestimmung«.

Die Selektion von Fliegen ohne Queradern hat, in dieses Bild übersetzt, eine Hügelkette so weit abgetragen, daß das Kugellager mit etwas mehr Druck von oben [Erwärmung der Puppen] das, was noch von der Hügelkette übrig ist, überwinden und eine neue Bahn einschlagen läßt. Nachdem Waddingtons Fliegenrasse für einen niedrigen Hügelrücken selektiert worden war, reichte der von untenangreifende Zug der Gene bei einigen von ihnen aus, um den Hügelrücken abzusenken, ohne daß es noch einen außergewöhnlichen Umweltdrucks bedurfte.

Wildlebende Geschöpfe haben eingeschliffene Täler mit nur wenigen niedrigen Hügelrücken, und deshalb ist die Entwicklung resistent gegen die Zugwirkung der Gene, mit anderen Worten, »kanalisiert«. Auch Schwankungen der Umwelt können sie kaum beeinflussen, und um eine hohe Hügelkette zu beseitigen, bedarf es schon einer großen Veränderung. Domestikation, speziell Inzucht im Hinblick auf ein bestimmtes Merkmal ohne Rücksicht auf das übrige Programm, erzeugt niedrige Hügelketten und flache Täler, die für Veränderungen sei es der Gene, sei es der Umwelt sehr viel anfälliger sind. Das ist es, was mit der Labor-*Drosophila* passierte.

Gleichgültig, ob Waddingtons Metapher etwas mit der biologischen Wirklichkeit zu tun hat oder nicht – das, was uns an der Entwicklung in Staunen versetzt, ist der Kanalisierung zuzuschreiben. Die Furchen in der Entwicklungslandschaft sind so resistent gegen Unterschiede, daß aus zwei halben Eiern zwei perfekte Babys hervorgehen können – eineiige Zwillinge. Die Labor-*Drosophila* waren dagegen selektiert worden für Landschaften, die alles andere als resistent sind; deshalb sind sie so geeignet für Experimente, aber untauglich für das Leben in freier Wildbahn. Ihre Entwicklung reagiert auf Veränderungen der Umwelt, und genau diese Tatsache ermöglicht es den Wissenschaftlern, an ihnen die chemischen Prozesse der Entwicklung zu studieren, ohne sich durch die Kanalisierung aufhalten zu lassen, die gerade jene Veränderungen vereitelt, die sie studieren möchten.

Ererbter Reichtum

Wie ist es zur Kanalisierung gekommen? Dank ihrer kann die Entwicklung komplexer Tiere resistenter gemacht werden gegen genetische und Umweltschwankungen, und zwar in einem solchen Maße, daß es uns so vorkommen kann, als strebe die Entwicklung einem vorherbestimmten Ziel entgegen. Eltern können mehr als bloß Gene weitergeben, nämlich eine ansehnliche Ausstattung mit den Dingen, die für den Umgang mit Genen erforderlich sind. Das maternale DNS-Programm übergibt nicht bloß eine DNS-Kopie; es stattet das Ei außerdem mit einer Menge Energie und Material aus. Menschen nutzen diese mütterliche Ausstattung durch Hennen und Gräser, wenn sie Eier und Getreideprodukte essen. Die mütterliche Zelle, die zu dem Ei werden wird, besitzt aber außerdem einen vollständigen Satz funktionierender chemischer Werkzeuge, um das Programm zu lesen und darauf einzuwirken. Das Ei braucht sich nicht aus seinem eigenen DNS-Programm einen eigenen DNS-Leser aufzubauen – es bekommt ihn umsonst von Mutter. Mutters Programm stellt außerdem einen vollen Satz von Geninstruktionen bereit, und es kann ihre Eierstöcke so programmieren, daß die Eier eine ganz spezifische Architektur erhalten und dadurch einen glänzenden Start bekommen. Dies ist ein ziemlich universelles Phänomen; die Eier der meisten Tiere greifen erst auf das eigene DNS-Programm zurück, wenn die Entwicklung bereits in Gang gekommen ist. Der erste Entwicklungsabschnitt ist automatisch gegen Veränderungen resistent, weil er unter der Kontrolle der Mutter steht, und sie selbst ist gegen Veränderungen resistent, weil ihre Mutter es war, und so weiter. Die vom Embryo selbst kontrollierte Entwicklung braucht erst gegen Veränderungen resistent zu sein, nachdem der Embryo die Dinge in die Hand genommen hat.

Die Arten werden zu systematischen Kategorien unterschiedlichen Umfangs zusammengefaßt; eine der größten ist der Stamm [Phylum]. Das Stadium, in dem der Embryo seine eigene Zukunft in die Hand nimmt, bezeichnet man als phylotypisches Stadium, weil alle Tiere, die demselben Stamm angehören, einander an diesem Punkt am meisten ähneln. Frühere Stadien sind geprägt von unterschiedlichen Dottermengen und Eiformen; spätere Stadien steuern, wie die Geschöpfe in der Erzählung des Dachses, auf unterschiedliche adulte Formen zu. Aber alle Tiertypen eines gegebenen

Stammes scheinen »vereinbart« zu haben, in jener entscheidenen Phase, in der das neue genetische Programm zu laufen beginnt, in der beim Stafettenlauf der Entwicklung der Stab von der Mutter an das Kind weitergegeben wird, an einer gemeinsamen Struktur festzuhalten. Die Arten eines Stammes konvergieren, von sehr unterschiedlichen Eiern aus, auf das phylotypische Stadium zu, und anschließend divergieren sie zu ihren adulten Formen hin, aber dieses eine entscheidende Stadium durchlaufen sie alle. Erst nach dem phylotypischen Stadium können Defekte in den genetischen Programmen des Embryos sich auswirken. Dies ist der Punkt, an dem die meisten der hundert Millionen Larven, die eine Austernmutter produziert, zugrunde gehen, weil ihre eigenen genetischen Defekte sichtbar werden.

Der entscheidende Punkt ist, daß das DNS-Programm des Embryos die Entwicklung nicht initiiert. Es führt gewissermaßen nur die begonnene Entwicklung fort und schmückt sie in späteren Stadien aus. Es kümmert sich um den Beginn der Pubertät, stimmt die Neotenie ab, sorgt für die richtige Augenfarbe und die richtige Zahl von Schnurrhaaren. Es muß auch dafür sorgen, daß die Eizellen des Nachwuchses richtig zusammengesetzt sind, damit das Ganze in künftigen Generationen weitergehen kann. Es ist in mancher Hinsicht weniger als eine Blaupause, weniger als ein Computerprogramm, und an dem Punkt geriet Käpt'n Arthur in Verlegenheit. Die Wissenschaftler auf Zarathustra haben ebensowenig wie die unseren ein Verfahren gefunden, die ersten Stadien unabhängig von einem elterlichen Organismus zu steuern. Keine der Zivilisationen verfügt über die Technologie zur Herstellung eines Eis.

Die DNS-Sequenz ist eine lange Botschaft mit Informationen darüber, welche Proteine wann herzustellen und welche Enzyme bei welchen Temperaturen einzusetzen sind. Die Eizelle tritt nicht als ein unbeschriebenes Blatt ins Leben. Sie beginnt innerhalb eines zellulären Computerprogramms, das nicht nur bereits programmiert ist, sondern auch schon läuft. Angenommen, wir könnten ein Ei herstellen, all die Moleküle an die richtige Stelle bringen. Könnten wir es starten? Ein neuerworbener Computer funktioniert erst nach einer längeren Installationsprozedur. Dic läuft heutzutage automatisch ab, mit einer Startdiskette, die auf einem anderen Computer produziert wurde. Reale Eier bekommen ihre Startdisketten von Mutter, nebst allem, was sie in Schwung bringt. Wir wären in Verlegenheit, es sei denn, wir könnten eine Ersatz-Startdiskette beschaffen.

Angenommen, wir könnten das Ei starten, würde es auch richtig funktionieren? Könnten wir ihm die für seine Entwicklung angemessene Umgebung verschaffen? Man spricht heute viel von Gentechnik; auf die Computerwelt übertragen, wäre es wohl realistischer, sie als Hacking, als Herumbasteln am DNS-Code zu bezeichnen. Müssen wir nun außerdem noch erwägen, zusätzlich zum DNS-Programm selbst an den umgebenden Betriebssystemen herumzubasteln? Ist es klug, am Programm herumzubasteln, wenn man über das Betriebssystem praktisch überhaupt nichts weiß? Oder kommt es darauf gar nicht an? Schließlich wurde dieses Computersystem von der DNS der Mutter eingerichtet. Ist die Herstellung eines lebensfähigen Eis bloß eine Frage von ausreichender Forschung und Entwicklung? Könnten wir, falls der Kongreß genügend Geld bereitstellen würde, das Künstliche Ei-Projekt zu einem erfolgreichen Abschluß bringen? Ist die biologische Entwicklung für uns nicht mehr als eine Mischung aus Chemie, Kybernetik und Informationstheorie?

Nur dann, wenn wir es schaffen, die mütterlichen Gene, die Kanalisierung, die hierarchische Struktur der Gene und tausend andere Dinge zu berücksichtigen, von denen wir derzeit nichts wissen. Das ist ein ziemlich ehrgeiziges Vorhaben, erheblich komplizierter als der Versuch, anhand der DNS-Blaupause aus einem Super-Lego-Proteinbaukasten einen Spielzeug-Organismus zusammenzubauen. Und wenn es schon schwer ist, etwas so Komplexes zu machen, was soll man dann erst von dem Plan sagen, ein ganzes System von Organismen miteinander interagieren zu lassen und das ganze System dazu zu bringen, sich in Richtung auf immer kompliziertere Zustände der Organisation und der Mannigfaltigkeit zu verändern? Denn das ist logischerweise der nächste Punkt in unserem reduktionistischen Programm.

Wir nennen es Evolution. Darwin hat es nicht so genannt aber das allerletzte Wort in der ›Entstehung der Arten‹ lautet »evoluiert«.

[4] Die Möglichkeiten der Evolution

Zwei Dinosaurier, nette, kleine Pflanzenfresser, knabberten an den Blättern eines kleinen Busches, als der eine plötzlich vor Schreck erstarrte.

»Eeeegh! Guck mal, was da kommt!«

Der andere schaute sich um, neugierig, worüber sein Freund sich aufregte.

»Aaaaagh! Ein Tyrannosaurus rex! Und er hat uns gesehen! Wir sind dem Tod geweiht!« Als er sich wieder zurückwandte, sah er den ersten Dinosaurier davoneilen, so schnell seine plumpen Beinchen ihn tragen konnten. »Sei nicht blöd!«, rief der zweite Dinosaurier dem Fliehenden nach. »Du bist doch nicht schneller als ein Tyrannosaurus!« Der erste Dinosaurier blickte tückisch grinsend über die Schulter.

»Nein!« schrie er. »Aber schneller als du.«

Wir erkennen jetzt, daß die Komplexität lebender Organismen zum großen Teil auf komplizierten, aber strukturierten chemischen Zusammenhängen beruht. Relativ direkt ist die Verbindung zwischen Chemie und biologischer Aktivität beim Virus, das kaum mehr ist als ein Stück chemischer Software in einer schützenden Hülle; das Virus mogelt jedoch, denn es macht Anleihen bei der sehr viel komplexeren Chemie der Bakterien und Zellen. Die Bakterien können wiederum als chemische Werkstätten, die Zellen als chemische Fabriken aufgefaßt werden. Schwierigere Fragen werfen Organismen auf, die nicht bloß existieren und sich vermehren, sondern sich individuell entwickeln. Wir verglichen sie mit Industriekomplexen, um anzudeuten, daß auch die biologische Entwicklung als ein komplizierter Prozeß verstanden werden kann, so wie ein Auto als ein kompliziertes Zusammenspiel von Rädern, Getriebe und Elektrik verstanden werden kann; allerdings sind Autos noch im Vergleich zu den einfachsten Lebewesen geradezu der Inbegriff der Einfachheit.

Andererseits wäre es falsch, in lebenden Organismen »bloß« ein Stück komplizierter Chemie zu sehen. Sie sind eine ganz spezielle Form komplizierter Chemie mit sehr ungewöhnlichen Eigenschaften; diese Eigenschaften veranlassen uns, Fragen zu stellen, auf die man gar nicht kommen würde, wenn man nur in üblichen chemischen Begriffen dächte. Würden wir Lebewesen in rein chemischen Begriffen verstehen, bestünde die Antwort auf jede Frage, die wir stellen, in einer ungeheuer langen Folge von chemischen Veränderungen. Wir würden dieser Erklärungen bald überdrüssig werden und nach einer einfacheren Antwort auf einer anderen Ebene suchen.

Im Hinblick auf Lebewesen lautet eine der wichtigsten Fragen: Woher kommen sie? Es ist phantastisch, daß sie aufgrund verwickelter chemischer Mechanismen funktionieren, und es ist faszinierend, der Struktur dieser Mechanismen auf den Grund zu gehen, aber wie sind solche erstaunlichen Mechanismen überhaupt entstanden?

Mit dieser Frage sind wir schon mitten in der Evolutionstheorie. Fast alles, was in den letzten hundertfünfzig Jahren über Biologie gedacht worden ist, hing mit der Evolution zusammen. Dinge, die sonst völlig rätselhaft erscheinen, hofft man mit Hilfe der Evolutionsidee verstehen zu können. Kein Wunder, daß viele angesichts der erstaunlichen Funktionsweise lebender Organismen auf die theologische Erklärung zurückgreifen, daß das Leben »ganz einfach« erschaffen wurde. Richtig verstanden, bietet die Evolution eine rationale Alternative: Sie zeigt, wie das Wirken einfacher Prinzipien in langen Zeiträumen [aber in einer immer komplexer werdenden Umwelt] zu der bemerkenswerten Organisation führen könnte, die wir ringsum beobachten. Die Evolutionstheorie hat ihrerseits eine Evolution durchgemacht; sie ist ziemlich spitzfindig und einigermaßen komplex geworden. Darin äußert sich bis zu einem gewissen Grade die Komplexität des irdischen Lebens, der eine Theorie der Entwicklung des Lebens Rechnung tragen muß.

Unsere Alltagserfahrung befähigt uns nicht gerade, evolutionäre Systeme richtig zu erfassen: Wir richten uns gewöhnlich nach vereinfachten Weltmodellen; wir denken selten daran, wie kleine Veränderungen sich in langen Zeiträumen auswirken; und fast nie wagen wir uns an Fragen, die auch nur entfernt so komplex sind wie die Gesamtheit des Lebens auf der Erde. Viele Aspekte der Evolution laufen unserer Intuition zuwider.

Reproduktion ist etwas anderes

Wir haben die biologische Entwicklung mit Computerbildern umschrieben: Der Muttercomputer baut ein Computer-Ei, das unter dem Einfluß eines eingebauten Programms seine Struktur verändert. Und wir haben gesehen, daß zumindest die ersten Stadien dieser Veränderungen auf einer Startdiskette beruhen, die von der Mutter bereitgestellt wird, und nicht nur auf der eingebauten Software des Eis. Bevor es nicht richtig in Gang gekommen ist, hat das Ei keinen Zugang zu seiner eigenen Software. Das ist ein ganz anderes Bild als beispielsweise die Vorstellung von Katzen, die kleine Kätzchen »machen«, welche ihrerseits zu Katzen heranwachsen. Die Reproduktion [Fortpflanzung] ist also nicht ganz so einfach, wie wir uns das üblicherweise vorstellen: Katzen werden zu Kätzchenkopien, diese zu Katzenkopien, diese zu Kätzchenkopiekopien und so weiter, wie es Abbildung 13 zeigt.

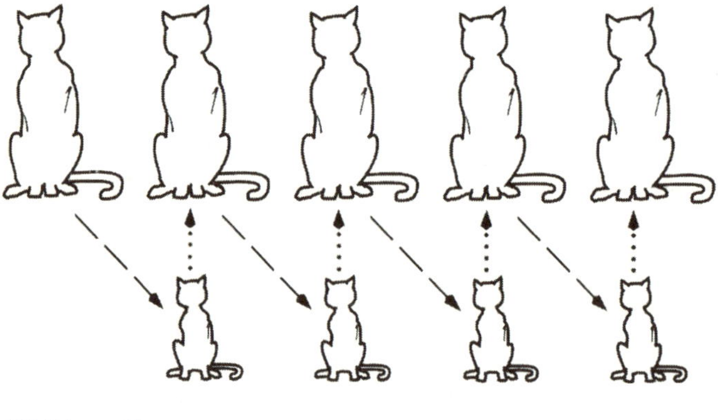

Abbildung 13: Wie eine Katzenkopie nicht entsteht.
Pfeil-schräg steht hier für »gebiert«, Pfeil-senkrecht für »wächst heran zu«.

In Wirklichkeit entspricht die Reproduktion der Katzen eher der Abbildung 14; was reprouziert wird, sind Eier, und diese erzeugen Katzen [die wiederum Eier enthalten]. Das Wort »Reproduktion« weckt, jedenfalls bei Zeitgenossen, falsche Assoziationen. Wir sprechen davon, daß ein Fotokopierer ein Dokument reproduziert. Aber ein Katzenkind ist keine exakte Kopie seiner Mutter. Es ist daher zu unterscheiden zwischen der Replikation, der Erzeugung exakter Kopien, und der biologischen Reproduktion, bei der auch Strukturveränderungen möglich sind.

Abbildung 14: Wie Katzen reproduziert,aber nicht kopiert werden.

Zurück zur Computermetapher: Stellen Sie sich vor, die Computer würden nur repliziert, so daß die voll entwickelte nächste Computergeneration eine exakte Kopie der vorigen Generation ist [Abb. 15]. In einem solchen System können die Computer nicht besser werden. Außerdem ist nicht zu erkennen, wie ein solcher Zyklus in Gang kommen kann. Wenn man einen identischen Computer braucht, um einen Computer zu machen, woher nimmt man dann den ersten Computer? Offensichtlich haben wir wesentliche Aspekte dieses Prozesses übersehen.

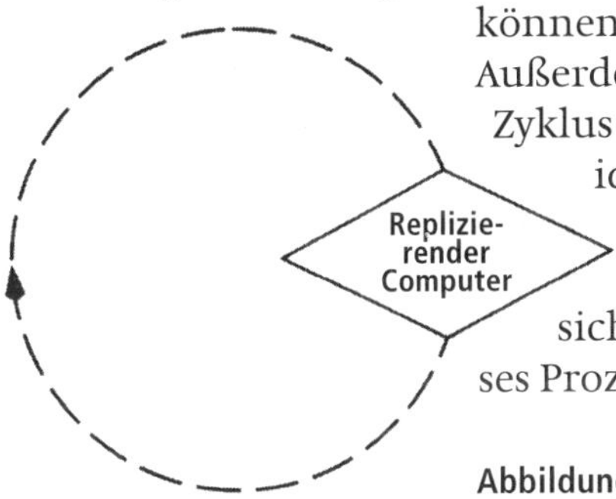

Abbildung 15: Wie kann ein Zyklus in Gang kommen?

Das Gerüst der Natur

Ein vergleichbares Rätsel stellen die Männer dar, die mit Stahlpickeln Eisenerz aus einem Bergwerk schlagen. Man benötigt Eisenerz, um Stahlpickel herzustellen, und man benötigt Stahlpickel, um Eisenerz zu schlagen. Wie kann ein solcher Prozeß in Gang kommen? Die Antwort liegt natürlich auf der Hand. Eisenerz kommt nicht nur in den Tiefen eines Bergwerks vor, und umgekehrt kann man, wenn es sein muß, auch ohne eiserne Geräte Bergwerke graben. Die Moral von der Geschichte: Man kann von außen in einen zyklischen Prozeß hineinkommen. Schwierig ist es dann, wieder herauszukommen; dazu muß man den Prozeß verändern. Ein anderer Vergleich: Wenn ein Bogen errichtet ist, hält er, weil das Gewicht eines jeden Steins von seinen Nachbarn getragen wird. Man kann aber nicht die Steine einen nach dem anderen einsetzen, wenn sie nicht von irgend etwas gestützt werden. Daher errichtet man ein Gerüst. Wenn Sie also beobachten, daß ein Computer perfekte Kopien von sich baut, heißt das nicht, daß der Prozeß nicht irgendwie in Gang kommen kann. Der erste Computer könnte in einem anderen Prozeß zustande gekommen sein.

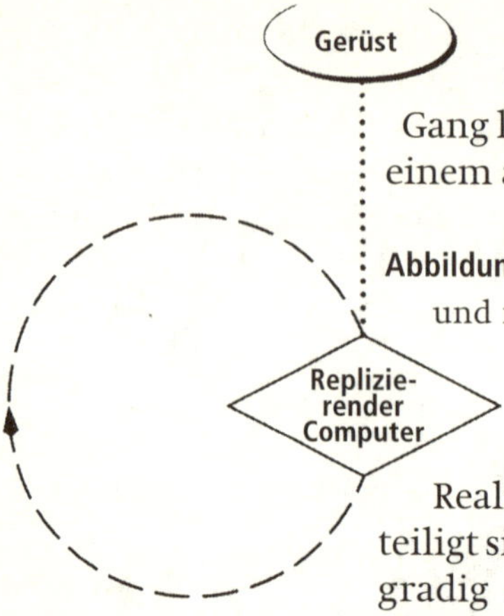

Abbildung 16: Beginne mit einem Gerüst und nimm es dann weg.

Die Aufrechterhaltung des Lebens ist ein Zyklus, an dem die Chemie der DNS und ihre Realisierung in der biologischen Entwicklung beteiligt sind. Die DNS ist, wie wir gesehen haben, hochgradig selbstbezüglich. Wie kann ein solcher geschlossener Zyklus in Gang kommen? Die Antwort: Er ist anfangs nicht vollständig ausgebildet. Der Ursprung des Lebens ist keine Schleife; er ist eine Sache chemischer Prozesse, die zur Bildung einer Schleife führen. Der wichtigste chemische Schritt ist das Auftreten von RNS und DNS. Wir wissen, daß Kohlenstoff dazu neigt, große Moleküle zu bilden, eine Komplizierung, die sich beim Kohlenstoff »wie von selbst« ergibt, also für ihn »bergab« liegt. Die Komplexität von RNS und DNS mit ihrer organisierten »Datenverarbeitung« scheint aber etwas völlig anderes zu sein. Geht man nur von der Kohlenstoffchemie aus, so liegt die Datenverarbeitung für sie nicht »bergab«. Es muß aber etwas geben, für das sie bergab liegt, sonst wäre sie nie entstanden.

Etwas, das für die DNS bergab liegt, ist die Replikation. Wenn erst einmal ein bißchen DNS da ist, dauert es nicht lange, und sie hat sich furchtbar vermehrt; die Entstehung von viel DNS ist also leicht zu erklären. Auch die Tatsache, daß kurze DNS-Ketten sich zu längeren zusammenfügen können, ist chemisch leicht zu verstehen. Die Frage ist: Woher stammt das erste Fitzelchen? Es kann nur durch die zufällige – das heißt, unvorhersehbare, aber wie Verkehrsunfälle unausweichliche – Kombination einfacherer Moleküle entstanden sein. Einer verbreiteten Theorie zufolge fängt alles mit einem reichen Gemisch von organischen Substanzen an, der sogenannten Ursuppe. Die Suppenzutaten sind in der Tat einfach: Methan, Ammoniak, Kohlendioxid, Wasser. Energie mutmaßlich in Form von Blitzen und Sonnenlicht. Unter solchen Bedingungen werden sich ohne weiteres Formaldehyd, Zyanide und andere kleine organische Moleküle bilden. Und da Komplexität im LegoStil für den Kohlenstoff »bergab« liegt, gilt dies auch für viele mittelgroße organische Moleküle wie die Aminosäuren, die Grundbausteine der Proteine. In Laborexperimenten werden diese Moleküle tatsächlich erzeugt. Am Reaktionsgefäß bleibt dabei ein brauner klebriger Rückstand hängen, der Harze und Teere enthält, Moleküle, die um die zehntausend Atome enthalten, ziemlich komplexe organische Verbindungen. Um Leben zu erzeugen, braucht man also nur die Ursuppe umzurühren und zu warten, daß sie zu kochen anfängt.

Dies ist die gängige Lehrbuchtheorie. Dagegen wird von Gegnern der Evolutionstheorie gewöhnlich eingewandt, daß Moleküle wie die DNS oder auch nur das Hämoglobin zu komplex seien, als daß sie durch zufällige Wechselwirkungen kleinerer Moleküle entstanden sein könnten. Sie bringen dann den abgedroschenen Vergleich von den Affen, die auf Schreibmaschinen herumspielen, und dabei kommt zufällig der ›Hamlet‹ heraus. Grundsätzlich stimmt es, daß ein Affe, der blindlings in die Tasten haut, schließlich den ›Hamlet‹ und alles andere, was man sich denken kann, zusammentippen wird. Allerdings wird man sehr lange darauf warten müssen. Gegen die Annahme, daß die Komplexität des Lebens allein durch zufällige Mutationen entstanden sein soll, spricht, daß das Universum noch nicht lange genug existiert, als daß molekulare Affen Gelegenheit gehabt hätten, zufällig das Hämoglobin zusammenzutippen. Wir lassen diesen Einwand vorläufig auf sich beruhen [siehe aber Kapitel 10 für eine mögliche Antwort].

Viele Wissenschaftler meinen – aus verwandten, aber ein wenig anderen Gründen –, daß es ganz so einfach nicht gewesen sein kann. Nach ihrer Ansicht ist die molekulare Struktur der DNS und der RNS etwas zu kompliziert, um chemisch aus der Ursuppe entstanden sein zu können. Es muß eine Art Gerüst gegeben haben, ein einfacherer chemischer Replikationsvorgang, auf dem die DNS-Replikationsschleife aufbauen konnte. Das Gerüst für den Aufbau der Schleife ist längst verschwunden, aber wir können trotzdem über die möglichen Abläufe spekulieren.

Zu den faszinierenderen Theorien gehört die von Graham Cairns-Smith, der der Ansicht war, daß der »High-Tech«-Charakter der DNS-Replikation einer Erklärung bedürfe, die auf der technischen Skala der Chemie etwas tiefer angesiedelt ist. Gibt es in der Natur chemische Replikationssysteme, die als Gerüst fungieren könnten? Ja, es gibt sie: die Kristalle. Ein winziger Kristallkeim, in eine Lösung derselben Substanz eingebracht, wird wachsen und seine atomare Struktur replizieren. Der wachsende Kristall wird so groß werden, daß er dann und wann unter seinem eigenen Gewicht zerbricht; so entstehen mehr Kristalle. Was repliziert wird, ist das makroskopische Objekt »Kristall«, nicht nur sein Atomgitter. Obendrein ist eine Art Vererbung am Werk. Flache Kristalle erzeugen mehr flache Kristalle, klumpige erzeugen mehr klumpige.

Die Kristallreplikation allein ist jedoch etwas zu einfach. Was noch fehlt, ist ausreichende Variabilität. Cairns-Smith erkannte, daß Ton diese fehlende Zutat bieten kann. Interessante chemische Reaktionen spielen sich oft an Oberflächen ab, weil die Reagenzien an Oberflächen miteinander in Kontakt gebracht und solange festgehalten werden können, bis sie sich verbinden. Oberflächen sind Katalysatoren. Die Oberfläche von Ton ist hochkomplex, mit verwickelten nadelartigen Kristallstrukturen übersät. Diese Strukturen enthalten Unregelmäßigkeiten, Versetzungen, bei denen die regelmäßige Gitterstruktur des Kristalls unterbrochen ist. Da Kristalle gern in der Weise wachsen, daß sie ihre Atomgitter verlängern, wiederholen sich die Versetzungen auf der nächsthöheren Ebene. Das Ganze ähnelt ein wenig dem Bau einer Ziegelmauer. Wenn man in der ersten Reihe einen Fehler gemacht hat, muß man ihn in den folgenden Reihen wiederholen, damit die Ziegel aneinanderstoßen. So unterschiedlich die Versetzungen über die Tonoberfläche verteilt sein können, sie replizieren sich. Es kommen sogar Mutationen vor: Hier und da können spontan neue Versetzungen entstehen.

Nehmen wir einmal an, eine bestimmte Art von Ton habe genau die richtige chemische Beschaffenheit, um die Bildung von organischen Molekülen an seiner Oberfläche zu katalysieren, von Molekülen, die möglicherweise die Replikation dieser Art von Ton in einer Art chemischer Symbiose stabilisieren. Durch die Replikation entsteht mehr Ton mit derselben Eigenschaft, entstehen also mehr Moleküle von derselben Art. Damit haben wir einen Replikationszyklus, der mehr und mehr Kopien eines Moleküls herstellt, obwohl dieses Molekül sich ohne fremde Hilfe nicht replizieren kann. Freilich unterscheidet sich dieser Zyklus von dem des Lebens insofern, als das Leben eine Phasenverschiebung von einer Generation einfügt, der Ton aber nicht [Abb. 17]. Zu den Molekülen, deren Bildung durch die Oberfläche von Ton als Katalysator unterstützt wird, gehören jedenfalls Proteine, Zucker und Nukleinsäuren. Ein Replikationszyklus von Nukleinsäuren – RNS, vielleicht sogar DNS –, könnte mit Hilfe des Tons als Gerüst in Gang gekommen sein.

Vielleicht hatte die Bibel recht. Vielleicht ist der Mensch wirklich aus Ton gemacht. [Diese Bemerkung ist nur im Englischen sinnvoll, weil der Lehm, von dem die Bibel spricht, genau wie der Ton als clay bezeichnet wird].

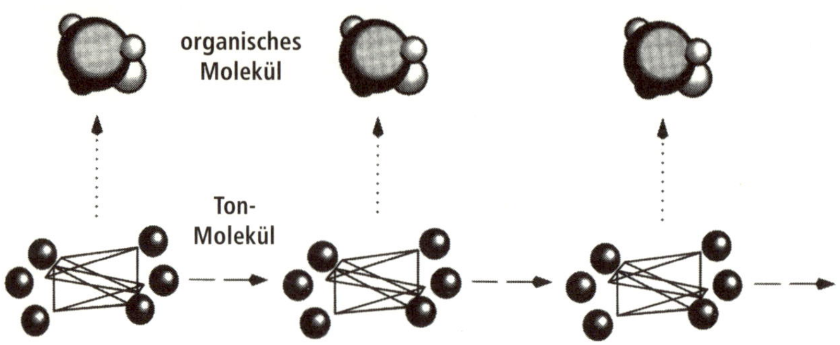

Abbildung 17: Tongerüst für die Replikation eines organischen Moleküls. Anders, als in Abbildung 13 bedeutet der Pfeil-waagerecht hier»kopiere« und der Pfeil-senkrecht »baue auf«.

Die Asymmetrie der Selektion

Ein zyklischer Prozeß der vollkommenen Replikation kann seine Produkte nicht verbessern, weil sie alle identisch sind. Noch schwieriger ist es allerdings bei einem zyklischen Prozeß der unvollkommenen Replikation, weil die Qualität der Kopie im allgemeinen nachläßt. Legen Sie ein Dokument in einen Fotokopierer und kopieren Sie es. Kopieren Sie dann die Kopie, die Kopie der Kopie und so fort. Moderne Kopierer sind recht gut, aber nach einigen hundert Schritten wird die Qualität der Dokumente ziemlich schlecht, und irgendwann wird das Ganze unleserlich. Gelegentlich kommt es auch vor, daß die Lesbarkeit des vervielfältigten Dokuments durch den Kopierer verbessert wird. Ein Matrixdrucker setzt die Buchstaben aus unzusammenhängenden Punkten zusammen, und ein so entstandenes Dokument ist nach dem Kopieren oft besser lesbar, weil die Zwischenräume zwischen den Punkten durch das Kopieren ausgefüllt werden. Aber solche Fälle sind selten. Sie können sich zufällig ergeben, wenn sich genau an der richtigen Stelle ein Staubkorn befindet, oder, wie bei Matrixdrucken, auf systematische Weise, doch in der Regel ist eine Kopie schlechter als das Original.

Beim Fotokopieren führt die Abwärtsrichtung, die sich von selbst ergibt, zu immer schlechteren Kopien. Das Leben scheint dagegen eine Aufwärtsrichtung einzuschlagen. Die Geschichte des Lebens auf der Erde ist eine Geschichte wiederholter Verbesserungen, mit einer Tendenz zu immer komplexeren und höher organisierten Formen. Dieser »Fortschritt« verläuft nicht gleichförmig, und gelegentlich erleidet er, einen Rückschlag, doch im großen und ganzen zeigt das Leben eine hartnäckige Aufwärtstendenz.

Die Natur lebender Organismen erscheint vielen so rätselhaft, daß sie auf Schöpfungsmythen zurückgreifen, in denen ein präexistierendes Wesen von ungeheurer Komplexität Urheber der geringeren Komplexität des Lebens ist und Verbesserungen durch absichtliche Änderungen des Bauplans bewirkt. Die intuitive Idee, die diesen Mythen zugrunde liegt, ist die »Erhaltung der Komplexität«, die Vorstellung, daß einfache Ursachen keine komplizierten Folgen haben können. Diese Intuition – wir sagten es schon in Kapitel 1 – ist ein Irrtum. Wenn man nach einer Quelle von Komplexität sucht, braucht man sich wirklich nicht auf ein präexistierendes Wesen zu berufen. Es läßt sich sogar ziemlich leicht erreichen, daß ein unvollkommener Kopiervorgang Verbesserungen erzeugt. Allerdings nicht, wenn der Reihe nach Einzelkopien hergestellt werden. Man muß zwei Neuerungen einführen. Zum einen muß man viele Kopien anfertigen. Zum anderen benötigt man einen Selektionsprozeß, der alles, was schlechter wird, fortwirft, aber alles, was besser wird, beibehält. Bei Fotokopien braucht man einen Menschen, der diese Idee in die Tat umsetzt, und das ist nicht besonders praktisch. Was das Leben betrifft, ist kein Aufpasser nötig, weil das Leben die Selektion durch seine eigenen Aktivitäten vornehmen kann. Wenn Lebewesen um Ressourcen wie Nahrung und Licht konkurrieren und nur die Gewinner es schaffen, sich zu vermehren, werden sich zufällige Veränderungen, welche die Gewinnchancen verbessern, in der Population ausbreiten, während Veränderungen, bei denen die Verlustchance steigt, aussterben.

Ein einfaches Gedankenexperiment mit »künstlichem Leben« bestätigt das. Denken wir uns eine fiktive Population von sechs unterschiedlich langen Würmern und dazu einige Reproduktionsregeln. Zur Vermehrung sind zwei Würmer erforderlich, und ihr Nachwuchs hat eine symmetrische Chance, länger oder kürzer zu sein, so daß die durchschnittliche Länge der Nachkommen dieselbe ist wie die der Eltern. Die natürliche Selektion greift jedoch asymmetrisch ein und begünstigt längere Nachkommen. Das beruht auf folgenden Regeln: In jeder Phase werden die Würmer in drei zufällig zusammengestellte Paare aufgeteilt. Dies sind die Zuchtpaare, aber sie vermehren sich auf ungewöhnliche Weise. Sie kämpfen zunächst einen Kampf auf Leben und Tod, bei dem jeweils der längere gewinnt. [Sind sie gleich lang, ist es Zufall, wer gewinnt.] Der Gewinner erzeugt dann zwei Nachkommen, deren Länge durch Münzwurf bestimmt wird. Bei Kopf entstehen zwei »mutierte« Nachkommen, die um eine beziehungsweise zwei Einheiten länger sind als der Gewinner des Kampfes. Bei Zahl entstehen zwei »mutierte« Nachkommen, die um eine beziehungsweise zwei Einheiten kürzer sind als der Gewinner des Kampfes. Danach stirbt der Gewinner, und es bleiben nur die Nachkommen übrig. Die nächste Generation besteht also gleichfalls aus sechs Würmern, und das Ganze kann sich wiederholen.

Nehmen wir an, die ursprüngliche Population weise die Längen 1, 2, 3, 4, 5 und 6 auf. Es werden die drei Zufallspaare [1,3], [2,4] und [5,6] gebildet. Aus dem Kampf gehen die Würmer mit der Länge 3, 4 und 6 als Sieger hervor. Angenommen, die Würmer 3 und 4 werfen Kopf, der Wurm 6 dagegen Zahl; Wurm 3 erzeugt dann Nachkommen mit den Längen [4,5], Wurm 4 erzeugt Nachkommen mit den Längen [5,6], und Wurm 6 erzeugt Nachkommen mit den Längen [4,5]. Die nächste Generation weist folglich die Längen 4, 4, 5, 5, 5 und 6 auf. Abbildung 18 zeigt die ersten fünf Generationen dieses Experiments. Beachten Sie, daß die Länge stetig zunimmt, obwohl der Münzwurf sicherstellt, daß Verkürzungen die gleiche Chance haben wie Verlängerungen. Grund ist eine eingebaute Tendenz: Ausgangspunkt der Veränderung, die durch den Zufall des Münzwurfs entschieden wird, ist der längere Wurm des jeweiligen Paares, der Sieger im Überlebenskampf.

Diese Verknüpfung von zufälligen Veränderungen und anschließender konkurrenzbedingter Auslese liegt der Evolutionstheorie zugrunde.

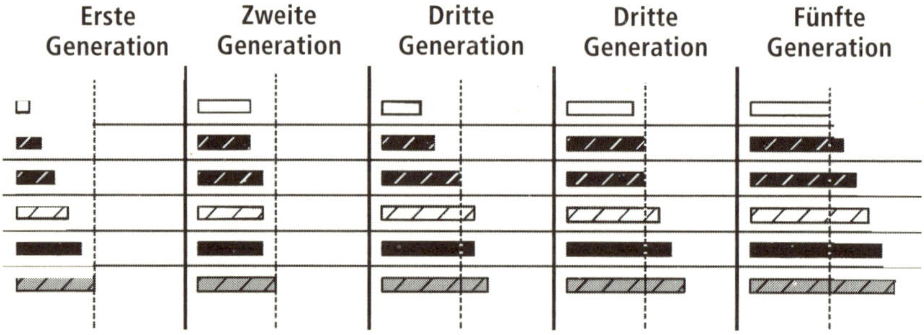

Abbildung 18 : Sukzessive Generationen künstlicher Würmer. Kürzere und längere Mutationen sind gleich wahrscheinlich, aber Auslese im Sinne größerer Länge eliminiert die meisten kurzen Mutationen.

Die Evolution der Evolution

Evolutionsideen waren schon seit längerem im Umlauf, als der junge Charles Darwin in der Schule von Shrewsbury in England seine Lektionen in Biologie, Philosophie und Naturphilosophie erhielt, wobei letztere dem, was wir heute Naturwissenschaft nennen, am nächsten kam. Erasmus Darwin [der Großvater von Charles] und andere, darunter Jean-Baptiste Lamarck, glaubten, daß Tier- und Pflanzenarten nicht für alle Zeiten fixiert sind, sondern Veränderungen unterliegen. Die beiden schwierigsten Fragen für diese Anhänger der Artenumwandlung waren, wie das Leben überhaupt begonnen hatte und wie ein Tier – genauer, ein Menschenaffe – sich in den Menschen verwandelt haben konnte. Aber schon damals hatten einige Denker von evolutionärer Ausrichtung versucht, diesen haarigen Problemen beizukommen.

Darwin beließ es nicht bei der Annahme, daß es eine Artenumwandlung geben müsse, sondern er liefert eine Erklärung dafür. Er zeigte einen plausiblen Mechanismus auf, der den Artenwandel unausweichlich erscheinen läßt. Es heißt, er habe Thomas Malthus' ›Essay on the Principle of Population‹ gelesen, dessen zentrale Aussage lautet, daß eine exponentiell wachsende Bevölkerung [die sich also in jeder Generation mit einem bestimmten Betrag multipliziert] über ihr linear wachsendes Nahrungsangebot [zu der in jeder Generation ein bestimmter Betrag hinzuaddiert wird] hinauswachsen wird. Folglich, so Malthus, werde die »natürliche Vermehrung« der Bevölkerung schließlich über das Nahrungsangebot hinausgehen. Nach gängiger Meinung entnahm Darwin diesem Buch die Lehre, daß unter wildlebenden, sich natürlich vermehrenden Tieren stets Nahrungskonkurrenz herrscht. Zwischen diesen Konkurrenten [auch innerhalb einer Art] gibt es viele kleine Unterschiede, so daß diejenigen, die besser in der Lage sind, Nahrung zu finden, zu speichern oder effektiv zu nutzen, im Durchschnitt mehr von ihresgleichen zeugen werden.

Die Botschaft, die Darwin bei Malthus entdeckte, war jedoch grundsätzlicherer Art. Sie lautete: Die Regeln der Natur – auch einfache Regeln wie die, daß exponentielles Wachstum lineares Wachstum hinter sich läßt – binden die Absichten und Wünsche der Menschen in unentrinnbare Gesetzmäßigkeiten ein. Etwas Ähnliches hatte schon Isaac Newton verkündet, aber da seine Aufmerksamkeit nicht der Politik, sondern vordergründig den Planeten und Gezeiten gegolten hatte, hatte man seine Botschaft nicht recht zur Kenntnis genommen. Was Darwin dank Malthus erkannte, war die Tatsache, daß auch die Menschen den Naturgesetzen unterworfen sind. Daraus leitete er ab, daß die natürliche Auslese – die unter anderem zum Artenwandel führt – eine unausweichliche Konsequenz der konkurrierenden Vermehrung von Organismen ist, die um begrenzte Ressourcen kämpfen müssen.

Der Mechanismus ist im Grunde derselbe wie bei unseren künstlichen Würmern, nur sind die Regeln komplizierter. Um sich fortpflanzen zu können, müssen Organismen bis zum Fortpflanzungsalter überleben. Dabei konkurrieren sie mit anderen Organismen, und nur die Gewinner pflanzen sich fort. Die Nachkommen besitzen dieselben Merkmale wie ihre Eltern, unterliegen aber zufälligen Mutationen, die zu »besseren« oder »schlechteren« Organismen führen können, wobei die »besseren« den Konkurrenzkampf in der Regel besser überstehen, während die »schlechteren« meistens schlechter abschneiden. Die Mutationen sind zufallsbedingt, doch die Konkurrenz, so Darwin, wird die schlechteren ausschalten. Dies ist sein Prinzip der natürlichen Auslese.

Darwin beließ es nicht bei der Erklärung, daß eine Evolution stattgefunden habe; er stellte eine Behauptung auf, die die hierarchische Ordnung des Tierreichs damit erklärte, daß die natürliche Auslese die Tiere zur Diversifikation getrieben habe. Tierarten, die sich ähneln, haben gemeinsame Vorfahren in der [nach geologischen Zeitmaßstäben] jüngeren Vergangenheit; Tierarten mit größeren Unterschieden haben gemeinsame Vorfahren in einer ferneren Vergangenheit. Was die beiden Arten auseinandergetrieben hat, so daß sie erkennbar verschieden wurden, ist die Tatsache, daß sie sich auf unterschiedliche Verfahren spezialisierten, um ein und dieselbe Ressource zu konkurrieren. Schließlich wurden sie dann durch diese Spezialisierungen von der Konkurrenz befreit. Hunde und Katzen zum Beispiel haben sich auf eine unterschiedliche Karnivoren-Existenz verlegt und jagen mit unterschiedlichen Methoden unterschiedliche Beutetiere. Sie sind so keine Konkurrenten mehr.

Darwin fühlte sich mit seiner Erklärung nicht recht wohl, setzte sie doch Mechanismen der Vererbung voraus, die sich nicht miteinander vereinbaren ließen. Froh war er über Merkmale, die kein stetiges Spektrum bildeten, beispielsweise ein Federschopf, der bei einem Vogel entweder vorhanden oder nicht vorhanden war, doch er wußte nicht, was er mit Merkmalen anfangen sollte, die zwar in einer ganzen Population, nicht aber unter den Nachkommen bestimmter Individuen eine stetige Variation zeigten. Es war ihm bekannt, daß Merkmale wie eine kleine oder große Nase sich in einer Familie über viele Generationen halten können, aber er wußte nicht, woran das liegen konnte, wenn in der übrigen Bevölkerung auch Nasen mittlerer Größe vorkamen. In Lehrbüchern findet man öfter den Hinweis, Darwin habe an die Vermischung von Erbmerkmalen geglaubt, von der im vorigen Kapitel in Verbindung mit rosa Haaren die Rede war, aber das ist falsch. Dafür wußte er zu gut über domestizierte Tauben, Hunde und Pferde Bescheid, und die Leute, von denen er umgeben war, sagten, so wie sie auch heute noch sagen: »Hat er nicht die Nase seines Vaters?« oder: »Du weißt doch, große Ohren liegen bei denen in der Familie.« Daß solche regelmäßig auftretenden Eigenheiten innerhalb von und zwischen Zuchtrassen und in Familien vorkommen und daß sie mit einer Vermischung nicht zu vereinbaren sind, war ihm durchaus bewußt. Aber er konnte sie sich nicht erklären.

Es war ihm auch bewußt, daß gewisse Eigenheiten, beispielsweise die muskulösen Arme des Hufschmieds und seiner Söhne, auf Unterschieden in der Lebensweise beruhen. Schmiedelehrlinge entwickeln muskulöse Arme, weil sie häufig schwere Werkzeuge und Eisenstücke [und die Beine von Pferden] heben; sie brauchen sie nicht geerbt zu haben. Darwin überlegte sich, ob solche erworbenen Merkmale in der nächsten Generation auftauchen würden. Lamarck glaubte, sie könnten an die Nachkommenschaft weitergegeben werden, aber Darwin war anderer Ansicht.

Er hat sich in verschiedenen Auflagen seines Buches ›Die Entstehung der Arten‹ immer wieder mit diesen Problemen befaßt und sie bald so, bald anders zu lösen versucht, doch zu einer Klärung kam es erst um 1930, als Mendels Ideen mit der Evolutionstheorie verschmolzen wurden. Die Mendelgesetze allein können nur sichtbare Merkmale wie Albinismus, rote Haare oder runzlige Erbsen erklären. Die Auswahl zwischen einer kleinen Zahl von Faktoren [oder »Allelen« nach heutigem Sprachgebrauch] hilft nicht weiter, wenn wir es mit graduellen Merkmalen wie Größe, Gewicht oder Intelligenz zu tun haben, weil die Möglichkeiten viel zu zahlreich sind, als daß ein paar Faktoren sie kontrollieren könnten. In den Anfängen der Statistik überlegte sich auch Darwins Onkel Francis Galton, wie es zu graduellen Merkmalen kommen könnte. Erst um 1930 wurde die stetige Merkmalsvariation mit den Mendelgesetzen auf einen Nenner gebracht, als Sewall Wright die Idee der »Spitzen der Angepaßtheit« einführte, die als die effektivsten Werte in einem stetigen Spektrum das Bindeglied zwischen der stetigen Variation und den diskreten Merkmalen lieferten. Seine Vorstellung war die von einer Gebirgskette mit stetig abgestuften Höhenunterschieden, aus denen jedoch einige Gipel herausragen, und die Evolution bewirkt, daß graduelle Merkmale Werte annehmen, die diesen voneinander getrennten Gipfeln entsprechen. Wir werden diese Ideen ausführlicher in Kapitel 6 erläutern, aber sie sollten hier doch erwähnt werden.

Laßt die Rangordnungen fallen

Wenn es um die Evolution geht, entsteht leicht Verwirrung. Es gibt sehr verlockende Vergleiche, zu denen wir alle neigen, aber sie helfen uns nicht weiter. Wir stellen drei [oder auch mehr] verschiedene Rangordnungen auf, die vom Einfachen bis zum Komplizierten reichen, aber am Ende bringen wir sie alle durcheinander. Das passiert selbst gestandenen Evolutionsbiologen. Dabei sind es wirklich ganz verschiedene Rangordnungen, die unterschiedlichen Zwecken dienen und hinter denen jeweils eine andere Philosophie steckt. Genaugenommen hat die dritte, die die längste und ruhmvollste Geschichte aufzuweisen hat, überhaupt keine brauchbare philosophische Grundlage.

Die erste ist eine individuelle Rangordnung. Sie haben Ihr Leben als ein Ei begonnen, aus dem ein Embryo wurde, aus dem ein Fetus wurde, aus dem ein Baby wurde, aus dem ... Ihr Weg zu wachsender Komplexität wird weitergehen, während Sie dieses Buch lesen, und Ihr Geist wird [so hoffen wir] zu unbekannten Orten geführt und lernen, neuen Gedankengängen zu folgen. Dies ist die Rangordnung Ihrer individuellen Entwicklung, Ihrer Ontogenese. Wir sind im vorigen Kapitel ausführlicher darauf eingegangen. Diese Entwicklung wird durch die DNS-Erklärung in ein ganz neues Licht gerückt. Ein Auto, das in der Fabrik zusammenmontiert wird, wird mit jedem Teil, das hinzukommt, komplizierter. Beim sich entwickelnden Embryo scheint es auf den ersten Blick nicht anders zu sein: Anfangs sieht er ziemlich einfach aus, dann wachsen ihm verschiedene Dinge wie die Haut, das Rückenmark, die Augen, die Arme, die Beine und das Gehirn. Aber diese Komplikationen werden ihm nicht von außen durch Industrieroboter hinzugefügt. Sie stecken implizit in der DNS-Blaupause; die Komplexität war schon von Anfang an da und wird in ihrem vollen Glanz sichtbar, wenn der Embryo sich entwickelt und das Implizite explizit wird. Anderthalb Meter DNS in einer menschlichen Eizelle, auf denen die Information im molekularen Format gespeichert ist. Denken Sie daran!

Die zweite ist die Rangordnung der Evolution. Bakterien waren vor zwei Milliarden Jahren die kompliziertesten Lebewesen. Vor rund einer Milliarde Jahre wurde die DNS, statt wie in Bakterien bloß eine Schleife zu bilden, in einen abgesonderten Zellkern eingeschlossen; bald darauf wurden Geschöpfe, die den heutigen Amöben ähnelten, vielzellig und erfanden einen neuen Trick, die individuelle Entwicklung. Vor fünfhundert Millionen Jahren waren die meisten der heute existierenden Hauptgruppen von Lebewesen in irgendeiner Form vorhanden. Das Landleben eröffnete diesen Formen ganz neue Verhaltensweisen. Vor 120 Millionen Jahren waren Insekten, Dinosaurier und Säugetiere entstanden, und zwar nicht bloß eine Handvoll, sondern ein ganzer Fächer verschiedener Arten; die inzwischen erreichte biologische Vielfalt war enorm. Warmblütige Säugetiere und Vögel sind erst seit vierzig Millionen Jahren die dominierenden Lebensformen zu Lande; Säugetiere mit einem großen Gehirn gibt es erst seit zwanzig Millionen Jahren. Unsere eigene Spezialisierung, wirklich große Gehirne, gibt es erst seit ein paar Millionen Jahren. Dies stellt eine hochgradig nichtlineare Steigerung der Komplexität dar, gemessen am Hirnvolumen [oder einem anderen Kriterium wie der Unabhängigkeit von der Umwelt oder daran, wieviel Privilegien Erzeuger an ihre Nachkommen weitergeben, doch davon später mehr].

Die dritte Rangordnung ist die Stufenleiter des Lebens. Sie besteht aus den heute lebenden Organismen, die ohne Rücksicht auf den Gang der Evolution nach dem Grad ihrer Komplexität angeordnet werden. Viele Zoologiebücher sind so aufgebaut; in Kapitel 1 kommen am Anfang die Amöbe und andere Protozoen, in Kapitel 13 zum Schluß die Primaten [wir]. In vielen naturgeschichtlichen Museen beginnt die Ausstellung noch immer links mit den »primitiven« Tieren, und nach rechts hin folgen dann die »höherentwickelten«.

Die Säugetiere, jene Gruppe, der wir selbst angehören und in die wir uns am besten einzufühlen vermögen, stehen am oberen Ende der zweiten und dritten Rangordnung, aber das heißt nicht unbedingt, daß sie »die Besten« sind. Wir haben uns nun einmal auf das Gehirn spezialisiert, das uns befähigt, uns mit anderen Geschöpfen zu vergleichen, das uns aber auch dazu bringt, das Hirnvolumen als Kriterium anzulegen. Eine hündische Stufenleiter des Lebens würde ohne Zweifel die Hunde ans oberste Ende stellen und als Kriterium den Geruchssinn anlegen, an dem es uns privilegierten Menschenaffen höchlichst mangelt. Die modernen Fische, Teleostei oder Knochenfische genannt, sind später als die Säugetiere entstanden und nach vielen Kriterien mit Ausnahme des Hirnvolumens sehr viel erfolgreicher gewesen.

Sie weisen zum Beispiel sehr viel mehr Arten auf und haben mehr unterschiedliche Biotope besiedelt. Wir könnten uns andere Rangordnungen ausdenken. Würden wir die Erfindung der Fische, die Schwimmblase, als Bewertungsmaßstab anlegen, würden wir bei den jüngeren Fischarten ebenfalls sehr viel bessere Schwimmblasen finden, und wir könnten auch eine aufsteigende Rangordnung der Fischarten aufstellen, in der die Schwimmblasen, beginnend mit ihrer Erfindung vor rund achtzig Millionen Jahren, eine stetige Verbesserung aufweisen. Wir könnten auch die Komplexität der Blaupause als Kriterium wählen, gemessen an der Menge DNS im Kern [was, wie wir sehen werden, einigermaßen naiv ist]. An der Spitze dieser Rangordnung stehen heute einige Wassermolche und Lungenfische, wir mit Sicherheit nicht. Beunruhigt Sie das? Größe ist nicht alles, aber auch in dieser Beziehung hat es in den letzten tausend Millionen Jahren eine generelle Steigerung gegeben. Lebewesen sind in dieser Hinsicht wie Autos: Mit fortschreitender Evolution gibt es mehr Arten von ihnen, und sie werden komplizierter, gleichgültig, welchen Maßstab der Komplexität man auch anlegt.

Die Rangordnung der individuellen Entwicklung unterscheidet sich offenkundig von den beiden anderen, geht es hier doch um einen einzigen Organismus. Dennoch wird sie mit den anderen durcheinandergeworfen, weil es zwischen den Stadien der embryonalen Entwicklung und den Stadien der Evolutionsgeschichte eine Reihe verwirrender Ähnlichkeiten gibt. Menschliche Embryos entwickeln zunächst Kiemenspalten. Warum? Eine Erklärung lautete, daß unsere Entwicklung ein Spiegel unserer Evolutiongeschichte sei – oder wie Ernst Haeckel es ausdrückte: »Die Ontogenese ist eine Wiederholung der Phylogenese.« Heute ist man der Ansicht, daß dies, wenn überhaupt, dann nur in einem sehr indirekten Sinne wahr ist. Viele Jahre lang war es jedoch die Grundlage der Embryologie und der Evolutionstheorie, weil es die verlockende Aussicht bot, die längst ausgestorbenen evolutionären Vorläufer eines Organismus aus seinen lebenden Embryos abzuleiten. [Fälschlich, aber das ist eine andere Geschichte.]

Die beiden anderen Rangordnungen besitzen eine verführerische Ähnlichkeit, doch kann es zwischen ihnen keine Übereinstimmung geben. Im Stammbaum der Evolution sind die Dinosaurier sehr wohl vertreten, doch da heute keine mehr leben, können sie auf der Stufenleiter des Lebens nicht vorkommen. Außerdem kann ein heute lebendes Tier nach keinem Verständnis von Evolution und auf keiner evolutionären Zeitskala der Vorfahr eines anderen heute lebenden Tieres sein, jedenfalls nicht ohne eine ganz phantastische Zeitmaschine. Die Verwechslung der zweiten mit der dritten Rangordnung zeigt sich in Äußerungen wie »Der Mensch stammt vom Affen ab.« Mitnichten. Der moderne Mensch und die modernen Menschenaffen stammen von einem gemeinsamen Vorfahren auf dem evolutionären Stammbaum ab. Uns mag dieser Vorfahr vielleicht mehr äffisch als menschlich erscheinen, was uns in Verwirrung stürzt, doch die heutigen Menschenaffen könnten mit gleichem Recht behaupten, vom Menschen abzustammen. Das Mißverständnis erlaubt ein paar billige Seitenhiebe gegen die Evolutionstheorie – »Von welchem Affen behaupten Sie abzustammen, Mr. Darwin?« –, und es ist ja auch sehr viel einfacher, in der Unklarheit zu verharren und ein scheinbar leichtes Angriffsziel zu haben, als das eigene Gehirn zu benutzen und sich zu bemühen, eine neue Idee zu verstehen.

Die Verwirrung rührt auch daher, daß viele Menschen – selbst viele Zoologen – das sehr starke Gefühl haben, daß *Amoeba* oder *Hydra* oder Würmern im Vergleich zu Säugetieren etwas Primitives oder Urtümliches anhaftet. Haeckels Bild von dem Embryo, der seinen eigenen Familienstammbaum emporklettert, hat schon seine Reize. Dennoch ist es irreführend. Wir mögen versucht sein, die Kiemenspalten des menschlichen Embryos mit denen eines modernen Fisches zu vergleichen, sie als etwas zu begreifen, das sich während des »fischartigen Stadiums« unserer Evolution entwickelt hat; besser täten wir jedoch daran, die Kiemenspalten des menschlichen Embryos mit dem Schlund zu vergleichen, den alle Wirbeltiere in jenem Entwicklungsstadium haben und der sich bei den Fischen zu Kiemen, bei uns aber zu einem ganz andersartigen Sprech- und Schluckapparat entwickelt.

Embryos klettern nicht an ihrem Familienstammbaum hoch, *Amoeba* ist nicht unser wie auch immer entfernter Vorfahr, und die moderne Stufenleiter des Lebens zeigt nicht moderne, sondern immer noch primitive Vertreter wichtiger Stadien unserer Evolution. Lungenfische haben mit unserer Geschichte nichts zu tun. Gewiß, es gibt drei verschiedene, überzeugende Rangordnungen, in die man die Organismen – auf erhellende Weise – vom Einfachen zum Komplexen einordnen kann, aber man sollte sie keinesfalls miteinander verwechseln.

Wozu Sex?

Bei Lebewesen, die sich ungeschlechtlich fortpflanzen, ist das Erbmaterial der Nachkommenschaft, von Mutationen abgesehen, mit dem des Elters identisch. Ungeschlechtliche Organismen machen Fotokopien von sich selbst. Geschlechtliche Organismen verfügen über einen neuen Trick: Sie können Gene beider Eltern vermischen. Das geschieht nicht aufs Geratewohl, indem alle elterlichen Gene in einen Sack geschüttet werden, um dann eine Zufallsauswahl zu treffen. Der Fortpflanzungsmechanismus kombiniert die elterlichen Gene auf eine Weise, die sicherstellt, daß genau eine Version von jedem Gen weitergegeben wird. Sie erinnern sich, daß die DNS der Zelle zu Chromosomen zusammengefaßt ist und daß Chromosomen von den Eltern »sich überkreuzen« und dabei Erbmaterial an entsprechenden Stellen austauschen. Es kann also durchaus passieren, daß ein Kind »die Nase seines Vaters« erbt. So einfach, wie es klingt, ist es allerdings nicht. Keine einzelne DNS-Sequenz wird den Code für die Nase als solche enthalten. Man kann nicht einmal sagen, daß die DNS »weiß«, daß es Nasen gibt. Das Kind hat vielleicht eine Nase, deren Form weitgehend durch Erbmaterial vom Vater bestimmt ist, wobei etwas Erbmaterial von der Mutter beigemengt ist; die Haut über der Nase wie über dem Rest seines Körpers geht vielleicht überwiegend auf Gene von der Mutter zurück und so fort. Sie sehen, wie gemischt eine Nase werden kann. Da die DNS-Sequenzen nicht direkt beobachtbaren Merkmalen entsprechen, darf man sich die Nachkommen nicht als eine Zusammenstellung von ausgewählten elterlichen Merkmalen vorstellen. Viele Merkmale, zum Beispiel die Blutgruppen, entsprechen jedoch ziemlich genau spezifischen DNS-Abschnitten, und für solche Merkmale ist die Vorstellung von einem DNS-Strang, der sie direkt diktiert, kein so schlechtes Bild.

Warum ist es überhaupt zur geschlechtlichen Fortpflanzung mit all ihren Komplikationen für die DNS gekommen? Der Blick auf das molekulare Geschehen wird uns keine Antwort liefern; wir müssen die Sache unter evolutionärem Aspekt betrachten. Was ist vom Sex zu erwarten? H. J. Muller wies 1964 darauf hin, daß die ungeschlechtliche »Fotokopierer«-Fortpflanzung die gleichen Mängel hat, die wir schon an wiederholten Fotokopien bemerkt haben: Bei jeder Wiederholung wird das Ergebnis schlechter. Er verglich den Vorgang mit dem irreversiblen Verhalten einer Ratsche, die wohl eine Kerbe vorrücken kann, aber nicht zurück. Wir haben gesehen, daß eine Fotokopie gelegentlich besser ausfallen kann als das Original, doch Muller behauptete, daß mit den diskreten Einheiten, in denen das Erbmaterial auftritt, ein Mechanismus gegeben ist, der irreversibel zur Verschlechterung des Erbmaterials von sich ungeschlechtlich fortpflanzenden Organismen führt.

Der entscheidende Punkt ist, daß die meisten Mutationen schlecht sind, weil sie die Überlebenschancen des Organismus verringern. Zufällige Änderungen an einem computerartigen System führen meistens zu Schwierigkeiten, und die DNS ist keine Ausnahme von dieser Regel. Nun kommt es aber laufend zu Mutationen. Eine Population gleich welcher Art wird einige Individuen enthalten, bei denen keine schlechten Mutationen vorliegen, einige mit einer solchen Mutation, einige mit zwei und so weiter. Der Anteil derjenigen ohne eine schlechte Mutation wird relativ klein sein, und auf längere Sicht werden Zufallsereignisse, die den Fortpflanzungserfolg beeinflussen, dafür sorgen, daß dieser Teil der Population ausstirbt. Wenn er ausgestorben ist, werden keine Individuen ohne eine schlechte Mutation mehr auftreten, genauer gesagt, sie werden aufgrund einer weiteren Mutation, die eine schlechte »rückgängig« macht, so selten auftreten, daß man diesen Fall praktisch vernachlässigen kann. Klick! macht Mullers Ratsche, und nachdem sie eine Kerbe höhergerückt ist, kann sie nicht mehr zurück. Die wenigsten schlechten Mutationen liegen in der Population jetzt bei jenen Individuen vor, die nur eine schlechte Mutation aufweisen, und wie zuvor werden Zufallsschwankungen sie schließlich aus dem Genpool ausschließen. Klick! Sie verstehen, wie es funktioniert. Wegen Mullers Ratsche wird bei Organismen, die sich ungeschlechtlich fortpflanzen, die Zahl der schlechten Mutationen ständig zunehmen, und schließlich werden so viele schlechte Mutationen zusammenkommen, daß die Organismen ganz aussterben, weil zuviele schlechte Mutationen tödlich sind.

Mit Sexualität läßt sich der Mechanismus von Mullers Ratsche umgehen. Bei Organismen, die sich geschlechtlich fortpflanzen, mögen einige Nachkommen eine schlechte Mutation – sagen wir, vom Vater – erben, andere aber nicht, weil sie die entsprechende DNS von der Mutter bekommen. Jene Nachkommen, die die wenigsten schlechten Mutationen aufweisen, werden sich am erfolgreichsten fortpflanzen. Der neue Besen der Sexualität kehrt schlechte Mutationen aus der Population heraus. Er ist aber unvollkommen, wie alle Besen, und so werden einige Nachkommen mit schlechten Mutationen überleben und sich fortpflanzen, und wenn beide Eltern eine schlechte Mutation aufweisen, werden alle Nachkommen sie haben. Dies ist aber ebenfalls sehr unwahrscheinlich, und so kann auch dieser Fall vernachlässigt werden.

Dies ist ein genetischer Reservemechanismus nicht nur für einzelne DNS-Stränge, sondern für ganze Gene und Genkomplexe. Jeder Organismus mit geschlechtlicher Fortpflanzung trägt zwei Versionen von jedem Gen in sich, von denen aber nur eine realisiert wird. Die andere ist eine Reserve, die, obwohl nicht realisiert, im Genpool bleibt. Ein bedeutender evolutionärer Vorteil der geschlechtlichen Fortpflanzung ist also, daß sie einen Schraubenschlüssel in Mullers Ratsche schmeißt.

Die Komplikationen der animalischen Sexualität würden sehr viele Bücher füllen, ja, man kann sagen, sie haben es schon getan, vom ›Kama Sutra‹ bis ›Wuthering Heights‹. Wir nennen hier nur ein herausragendes Beispiel, auf das wir noch zurückkommen: den Anglerfisch. Beim Menschen wird das Geschlecht von den Geschlechtschromosomen bestimmt, von denen es zwei Arten gibt, X und Y. Männer haben das Chromosomenpaar XY, Frauen XX. Die beiden Chromosomen unterscheiden sich erheblich: Man hat 115 Gene identifiziert, die nur auf dem X-Chromosom vorkommen, und vermutlich sind es noch viel mehr. Das Geschlecht eines Anglerfisches wird aber nicht von seiner Genetik bestimmt, obwohl das Männchen weniger als ein Tausendstel vom Volumen des Weibchens hat und sein Leben lang am Weibchen festgewachsen ist. Das reife Weibchen sondert eine Substanz ab, die eine vorbeischwimmende Anglerfischlarve in ein »Männchen« verwandelt. Die Larve haftet sich an das Weibchen, hört sehr früh auf zu wachsen, wird zum Parasiten und befaßt sich nur noch mit der Samenproduktion. Alle anderen Larven werden zu Weibchen [und die meisten werden gefressen, bevor sie sehr viel größer werden]. Es ist ein schlaues System, das jedem Männchen eine reife weibliche Gefährtin garantiert und keine unnötige Mühe auf überzählige Männchen verschwendet.

Zweierlei Merkmale?

Noch in den siebziger Jahren nahm man an, daß Tiere und Pflanzen zwei grundverschiedene Arten von Merkmalen haben. Da waren zum einen die Merkmale, die von Botanikern und Zoologen, die an der systematischen Klassifikation der Organismen interessiert sind, besonders beachtet werden – Merkmale, die sich nicht ändern und Aufschluß über die fernen Vorfahren des Organismus geben. Es sind die tiefen, wesentlichen Homologien, Abbildungen eines Organs oder Organsystems auf ein anderes, äußerlich abweichendes Organ oder System. Wir werden sie deshalb als »tiefe Merkmale« bezeichnen. Aus dieser Sicht sind die verschiedenen Bestandteile einer Blüte – die Blütenblätter, Kelchblätter und Staubbeutel, die den Pollen enthalten – »eigentlich« Blätter; die Antennen und Mundteile von Insekten sind »eigentlich« Beine; die Gliedmaßen des Wals ähneln unseren Armen und den Flügeln der Fledermaus weit mehr als den Flossen eines Fisches; alle Wirbeltiere haben Kiemenspalten und ein Gehirn. Und so weiter und so fort. Es geht hier nicht um die Ähnlichkeit der Funktionen, etwa zwischen dem Kopf einer Fliege und eines Menschen, sondern um Ähnlichkeiten in ihrem Entwicklungsprogramm.

Die andere Merkmalsart ist banaler; mit ihr arbeiten die Genetiker: Das kann die Farbe der Samenkapsel oder des Mäusefells sein, die Runzligkeit oder Glätte der Erbse, es können kleine Größenunterschiede sein, die Verteilung der Haare am Körper der Fruchtfliege *Drosophila*, die Augenfarbe oder Blutgruppe von Schulkindern oder die Fähigkeit, die Zunge hochzurollen. Diese werden wir als »einfache Merkmale« bezeichnen.

Diese klare Polarität wurde jedoch durch ein paar Merkmale verdorben. Besonders die homöotischen Gene schienen den Genetikern viel zu wichtig zu sein, als daß man ihnen gestatten könnte, in aufeinanderfolgenden Generationen hin- und herzuwechseln, wodurch aus Antennen Beine und dann wieder Antennen würden. Fruchtfliegen mit dem Bithorax-Gen sind vierflüglig wie ihre fernen Vorfahren, während die moderne Version zwei Flügel und zwei winzige Kreisel hat, die ihr das Gleichgewicht geben. Daß durch die Änderung nur eines Gens aus einer modernen Fliege eine Frühform werden könnte, erschien den Eingeweihten fast so schockierend, wie wenn heute bei der Paarung von zwei Straußen ein Dinosaurier entstünde.

Heute verstehen wir, warum bestimmte Genänderungen, die man am ehesten bei der sich entwickelnden Nachkommenschaft antrifft, nur triviale Auswirkungen haben, während andere, die vor allem in einem frühen Entwicklungsstadium ganze Gengruppen an- oder abschalten, sich dramatischer auswirken. Wir erkennen sogar schon Zusammenhänge zwischen den genetischen Blaupausen unterschiedlicher, aber eng verwandter Organismen und ihrem Entwicklungsweg. Das heißt nicht, daß wir »die Blaupause lesen« und dann sagen können, welche Art von Entwicklungsprozessen sie steuert; wir sehen aber, daß es zwischen genetischen Differenzen – das heißt, Differenzen zwischen den Blaupausen verwandter Organismen – und Differenzen in ihrer Entwicklung Zusammenhänge gibt. Wenn wir nicht wieder der Versuchung erliegen, Embryos ihren Familienstammbaum emporklettern zu lassen, sollte uns dies in unserem Verständnis der Evolution bestärken. Was der Evolution unterliegt, sind genetische Sequenzen, und unterschiedliche Sequenzen führen zu unterschliedlichen adulten Organismen.

Betrachten wir diesen Gedanken aus einem anderen Blickwinkel. Adulte Organismen können nicht evoluieren. Alles, was sie können, ist sterben. Auch Eier können nicht evoluieren; alles, was sie können, ist sich entwickeln. Wenn weder das ausgewachsene Tier noch das Ei evoluieren können, was kann dann evoluieren? Nur die Blaupause. Die Blaupause ist die DNS-Sequenz des Organismus. Wir gelangen also zu der Ansicht der Neodarwinisten: Das Rohmaterial, an dem die Evolution ansetzt – der Stoff, der zufällig mutiert –, ist die DNS. Ihre Ansicht, in ›Das egoistische Gen‹ sehr schön dargestellt, lautet: In der Evolution geht es nur um Differenzen in der DNS.

Mutationen, jene genetischen Veränderungen, an denen die Evolution ansetzt, sind Veränderungen in der chemischen Struktur der DNS. Doch beliebige Abweichungen dürfen es nicht sein, weil Schäden an einer Substanz – hier ein paar Atome weggenommen, dort ein paar hinzugefügt – eine andere Substanz ergeben. Trotz der Mutation muß das ganze System noch funktionieren. Am einfachsten erreicht man das durch eine Änderung der Sequenz der DNS-Basen, indem man eine Base oder eine kurze Teilsequenz einfügt oder herausnimmt oder eine Teilsequenz gegen eine andere austauscht. Die kodierte Botschaft ändert sich, aber die Symbole bleiben intakt. Eine Mutation ist ein chemischer Druckfehler.

In diesem Sinne muß ein Gen aus einer Gruppe von DNS-Codewörtern bestehen, die einen kohärenten Entwicklungseffekt erzeugt. Es kann eine bestimmte Teilsequenz oder eine Ansammlung von Teilsequenzen sein; was es im einzelnen ist, hängt vermutlich davon ab, wie der Organismus den Code interpretiert. Eine Mutation eines bestimmten Gens – ein Druckfehler in einem bestimmten Absatz des Buches des Lebens – verändert den daraus entstehenden Organismus.

Die natürliche Auslese setzt jedoch bei den Organismen an, nicht direkt bei der DNS. Dadurch wird das Ganze ziemlich verwickelt. Ein stark vereinfachtes Zerrbild, das leider oft vorgetragen wird, ohne daß man es als ein solches kenntlich macht, lautet folgendermaßen. Form und Verhalten eines Organismus werden von seinen Genen bestimmt, die bestimmte Merkmale wie blaue Augen, spitze Hörner oder starke Beine erzeugen. Von den Merkmalen hängt es ab, ob ein Organismus einen Konkurrenzvorteil hat. Zufällige Mutationen verändern den DNS-Code, also ein oder mehrere Gene, also ein oder mehrere Merkmale. Die Auslese beseitigt Organismen, deren Merkmale ihre Überlebenschancen verringern, und damit die entsprechenden Gene. Eine »gute« Mutation, die die Überlebenschancen des Organismus erhöht, wird ihrerseits überleben, eine »schlechte« nicht.

Die meisten Leser werden schon Albinos gesehen haben, seien es Kaninchen, Mäuse oder Fische. Sie sind bleich und haben rote Augen. Albinismus beruht auf dem Fehlen eines Pigments. Dieses Pigment wird von einem Protein erzeugt, dem Enzym Tyrosinase, das seinerseits von einer bestimmten DNS-Sequenz erzeugt wird. Kommt es in dieser Sequenz zu einer Mutation, wird das Protein nicht produziert, folglich fehlt das Pigment, folglich entstehen unpigmentierte Tiere, Albinos. Hier können wir die Zusammenhänge zwischen DNS-Sequenz und Merkmal sehr sicher beschreiben. Ähnliches läßt sich von einer ganzen Reihe anderer Merkmale sagen, und Neodarwinisten neigen zu der Ansicht, daß alle evolutionären Veränderungen durch eine mehr oder weniger subtile Variation über diese Art von Mechanismus zustande kommen. Das ist ein Zerrbild, an dem wir im weiteren Verlauf Kritik üben werden; wir werden zeigen, wie subtil der Zusammenhang zwischen DNS und Organismus wirklich ist, wie flexibel alle Glieder in der Kausalkette tatsächlich sind. Aber für den Augenblick mag uns das Zerrbild genügen.

Es löst nämlich auf Anhieb das Problem mit den beiden unterschiedlichen Arten von Merkmalen [und einigen schwer unterzubringenden Sonderfällen]. Wenn die DNS der definitive Stoff der Vererbung ist, brauchen die Organismen sich über verschiedene Arten von formbaren oder starren Merkmalen keine Gedanken zu machen. Diese Differenzen sind abhängig von dem Entwicklungsprogramm, das von der Sequenz der Basen in der DNS spezifiziert wird. Es gibt DNS-Sequenzen, die nur ein Protein erzeugen, andere, die eine mehr organisatorische Aufgabe haben und Gruppen anderer Gene anschalten, wieder andere, die diese anschalten und so weiter. Es gibt eine Hierarchie von Genen, vergleichbar der Leitungsstruktur eines Großunternehmens. Diejenigen Gene, die formbare Merkmale kontrollieren – einfache Arbeiter, die an der Proteinmaschine die Knöpfe drücken –, stehen am unteren Ende der Hierarchie. Andere Gene, die die unveränderlichen Strukturen wie etwa das Rückenmark oder die Eingeweide kontrollieren, gehören zum oberen Management.

Zweierlei Mutationen?

Mutationen der DNS sind im allgemeinen geringfügig – eine Base wird verändert, oder eine Base wird eingefügt oder fällt fort. Gelegentlich können ganze DNS-Stränge eingefügt werden oder fortfallen, aber wir wollen eine typische Mutation betrachten, die sich auf einzelne Basen bezieht. Die Sequenz

... CAT • CAT • AAG • TGA ...

spezifiziert die Aminosäuren

... Valin • Valin • Phenylalanin • Threonin ...

Tauschen wir das erste C gegen ein A aus, so erhalten wir

... AAT • CAT • AAG • TGA ...

mit der Bedeutung

... Leucin • Valin • Phenylalanin • Threonin ...

Eine Aminosäure wurde geändert, und damit wurde auch das entstehende Protein geändert. Das Ergebnis dieser einen Änderung an einer Aminosäure kann unwichtig sein, spielt aber oft eine wesentliche Rolle. Betrachten wir zum Vergleich eine Mutation, bei der die dritte Base von T in C geändert wird:

... CAC • CAT • AAG • TGA ...

Da sowohl CAC als auch CAT Valin spezifizieren, spezifiziert diese mutierte Sequenz die gleiche Liste von Aminosäuren:

... Valin • Valin • Phenylalanin • Threonin ...wie zuvor.

In den meisten Biologiebüchern heißt es, daß eine Änderung des Codes, die dieselbe Aminosäure erzeugt, unerheblich sei, aber die Biologie selbst nimmt es etwas genauer als die Lehrbücher. Angenommen, in verschiedenen Zellarten sind die Transfer-RNS für verschiedene Tripletts ein und derselben

Aminosäure in unterschiedlichen Mengen vorhanden. Für das Triplett CAT ist beispielsweise viel Transfer-RNS da, aber nicht sehr viel für CAC, oder umgekehrt. Die scheinbar neutrale Mutation von CAT zu CAC könnte dann dazu führen, daß in Muskelzellen sehr viel von diesem speziellen Protein erzeugt wird, in – sagen wir – Hautzellen aber sehr wenig. Außerdem könnte eine zweiter Mutation CAC in TAC [Methionin] verwandeln, während eine einzige Mutation unmöglich aus CAT ein Triplett für Methionin machen kann. Das einzige entsprechende Triplett ist tatsächlich TAC, und um dieses aus CAT zu erhalten, sind zwei Mutationen erforderlich. Die Wirklichkeit wird also in den Biologiebüchern allzu sehr vereinfacht.

Welche Wirkung kann eine einzelne DNS-Mutation haben? Die obengenannte Mutation hat nur einen winzigen Teil eines Proteins verändert. Erzeugt eine winzige Änderung der DNS stets eine winzige Änderung im betreffenden Organismus? Nicht unbedingt. Es kommt darauf an, ob die Änderung ein »einfaches« oder ein »tiefes« Merkmal betrifft.

Derselbe Unterschied muß aus dem gleichen Grund auch bei den Bit-Strings gemacht werden, aus denen ein Computerprogramm besteht. Eine bestimmte binäre Sequenz wie etwa 10011101 bedeutet für sich genommen nichts. In einem Textverarbeitungsprogramm könnte sie beispielsweise den Buchstaben »d« in der Begrüßungsfloskel »Willkommen in SuperWord« kodieren, oder sie könnte festlegen, daß der Computer im Hintergrund des Verarbeitungsprogramms irgendeine Operation ausführt. Wird diese Sequenz geändert, so könnte das im ersten Fall [»einfaches« Merkmal] beispielsweise zur Folge haben, daß die Begrüßungsfloskel dann lautet: »Willkommen in SuperWorm«. Im zweiten Fall [»tiefes« Merkmal] könnte praktisch alles passieren – daß die Festplatte formatiert wird, daß auf ein völlig anderes Programm umgeschaltet wird, daß alle »R« gelöscht werden, daß alle Absätze mit gerader Wortzahl kursiv gedruckt werden oder daß die ersten Takte von Händels »Halleluja« erklingen. Höchstwahrscheinlich würde es den Rechner abstürzen lassen. Die Bit-Strings weisen in beiden Fällen keinen Unterschied auf, aber in der Bedeutung, in den Aktionen, die sie auslösen, besteht ein gewaltiger Unterschied.

Zwar sind Mutationen in DNS-Sequenzen zufällig in dem Sinne, daß die Mutationswahrscheinlichkeit für jede Base die gleiche ist, doch heißt das nicht, daß die Folgen aller Mutationen gleichermaßen bedeutsam sind. Wie wir gesehen haben, gibt es DNS-Abschnitte, die Schrott enthalten, andere, die die Erzeugung von Proteinen kontrollieren, wieder andere, die das An- und Abschalten anderer Gene kontrollieren und so weiter. Eine Mutation von DNS-Schrott wird keine Auswirkung haben [sofern die DNS Schrott ist und die Mutation diesen nicht in Nichtschrott zurückverwandelt] und keinen erkennbaren Effekt – weil wir »Schrott« so definiert haben. Nach einer Mutation einer DNS-Sequenz, die die Erzeugung eines Proteins kodiert, wird ein anderes Protein entstehen. Wie sich das auswirkt, hängt von der Art des Fehlers ab, aber im allgemeinen werden die Funktionen, für die dieses Protein benutzt wird, beeinträchtigt. Das Ergebnis wird eine kohärente Ereignisfolge sein, aber nicht die beabsichtige Folge – so mag *Drosophila* ein makellos geformtes Bein entwickeln, wo eigentlich eine Antenne sein sollte. Daraus könnte man folgern, daß durch zufällige Mutation ausgelöste kohärente Effekte größeren Zuschnitts für die Evolution »bergab« liegen, daß sie leicht zustande kommen. Für die Komplexität der Veränderung, die eine einzige DNS-Mutation auszulösen vermag, scheint es tatsächlich keine Grenze zu geben. Eine Mutation ist ein genetischer Schalter, und ein Schalter kann im einen Fall ein Blitzlicht, im anderen aber auch die gesamte Stromversorgung der Vereinigten Staaten kontrollieren. DNS-Abschnitte, die mit dem »Strukturaufbau« und mit der »Programminterpretation« zu tun haben, wirken sich auf die Folgen einer einzelnen Mutation sehr nachhaltig und empfindlich aus. Die Vorstellung, alle Mutationen seien gleich wichtig, ist sehr irreführend. »Benachbarte« Sequenzen können in der Entwicklung grundverschiedene Auswirkungen haben.

Diese Erkenntnis – daß es auf die Bedeutung der DNS-Sequenz im Entwicklungsprogramm und nicht bloß auf ihre Form ankommt – hat zahlreiche fruchtbare Forschungsvorhaben nach sich gezogen, und man scheint wirklich so weit zu sein, daß nur noch im Detail festgestellt werden muß, wie die DNS im jeweiligen Einzelfall die Entwicklungsschritte determiniert. Die einzige Aufgabe, die noch bleibt, ist, in der Computersprache ausgedrückt, das »Disassembling« des DNS-Codes, die Rückverwandlung solcher kryptischer symbolischer Befehle wie CGATAA in ihre chemischen und organisatorischen Bedeutungen.

Der Rhythmus des Lebens

Die Chemie des Lebens ist neben der »molekularen Kalkulation« von einem anderen wesentlichen Zug geprägt, in dem sie sich sehr von der normalen Retorten-Chemie unterscheidet. Sie ist sehr viel dynamischer. Die Reaktionen der üblichen Chemie laufen auf ein Endprodukt hinaus: Man mischt Silbernitrat- und Natriumchloridlösungen und sieht, wie das Silber als Silberchlorid ausfällt, weil das »Massenwirkungsgesetz« die Reaktion zu einem einzigen Produkt hindrängt. In den dreißiger Jahren erkannte man, daß die Chemie des Lebens ganz anders ist: Viele Reaktionen in der Zelle verlaufen zyklisch. Das klassische Beispiel ist der Krebs-Zyklus [bei uns: Krebs-Martius-Zyklus; Anm. d. Ü.], in dem die Nahrungsstoffe der Zelle in einer Reihe von Schritten, bei denen alle verwendeten Zwischensubstanzen wie etwa die energiereichen Phosphate regeneriert werden, in Kohlendioxid und Wasser umgewandelt werden. Firmen, die mit Biochemikalien handelten, verteilten große Schaubilder, die »sämtliche« biochemischen Wege der Zelle zeigten und, an der Laborwand aufgehängt, Eindruck schinden sollten. An der Wand des Labors für nichtlineare Systeme der Universität Warwick hängt noch immer eins mit der Aufschrift »Der Alptraum des Mathematikers«.

Man hatte erkannt, daß das Massenwirkungsgesetz auch für diese Zyklen gelten müsse, die zu einem spezifischen Produkt führen, und daß die Konzentration des resultierenden Produkts irgendwie auf die anfänglichen

Reaktionsraten zurückwirken müsse, um den Zyklus im Gleichgewicht zu halten. Doch eine Eigenschaft dieser Reaktionsketten und -zyklen wurde erst in den siebziger und achtziger Jahren richtig gewürdigt, obwohl Brian Goodwin sie schon 1964 in einem Buch beschrieben hatte: Nimmt man nämlich ein Signal, verzögert es um einen feststehenden Zeitbetrag und führt es dann wieder an der Stelle ein, von der es ausgegangen ist, dann hat man praktisch eine Uhr. Dies ist jedoch eine molekulare Uhr, ein zartes, fließendes Netzwerk chemischer Veränderungen.

Andere Biologen, die nicht an chemischen Substanzen, sondern an Tieren und Pflanzen interessiert waren, hatten für die Beschreibung der rhythmischen Aspekte ihres Verhaltens bestimmte Begriffe: Pulsschlag, Schlaf-Wach-Rhythmus, Vermehrungszyklen. Doch die Biochemiker von Brian Goodwins Forschergruppe an der Universität Sussex hatten über den Laboreingang geschrieben: »We got rhythm«. Verzögertes Feedback erzeugt Schwingungen, und Goodwin hatte erkannt, daß auch die grundlegenden biochemischen Vorgänge der Zelle – die Transkription und Translation der Gene, in denen die Enzyme kodiert sind – nicht gleichförmig und fließend ablaufen konnten. Das Enzym und möglicherweise auch die resultierenden Produkte mußten daher stoßweise erzeugt werden. Gleiches galt für all die anderen Reaktionen auf den beeindruckenden, aber allzu übersichtlichen Wandkarten: In der ganzen Zelle mußte es ständig drunter und drüber gehen, mit lautem Krachen und Quietschen, und jede Komponente mußte unglaublichen Schwankungen unterliegen.

Dies war nicht die stille, gesetzte Chemie, wie sie die Urheber der Schautafel im Sinn hatten.

Inzwischen haben wir uns an diese neue Vorstellung gewöhnt, aber es hat lange gedauert, bis sie zu dem durchschnittlichen Biochemiker durchgedrungen war. Der wichtigste Anstoß kam von der Endokrinologie, der Wissenschaft von den Substanzen [vornehmlich Hormonen], die von den Drüsen erzeugt werden. Bei der klinischen Messung des Hormonspiegels kommt es sehr auf die Tageszeit an. Nachts ist der Adrenalinspiegel niedrig, und Zellteilungen können schneller ablaufen. Prolactin zeigt tagsüber andere Schwankungen als nachts, und die Ausschüttung beider Hormone hängt von jeweils anderen Umständen ab. Die Kliniker fanden, daß jene Hormone, die die Hypophyse veranlassen, die Eierstöcke beziehungsweise die Hoden der Patienten anzuregen, in halbstündigen Intervallen verabreicht werden mußten; andernfalls wirkten sie nicht. Sowohl die Empfänglichkeit für Reize als auch die Reize selbst waren rhythmisch. In den fünfziger Jahren hatten wir gelernt, daß die Hypophyse der Dirigent des endokrinen Orchesters sei; in den achtziger Jahren entdeckten wir, daß alle Drüsen Musik machten, und obendrein eine recht komplizierte Musik. Diese »temporale Organisation«, wie Goodwin sie nannte, durchdringt die ganze Chemie des Lebens bis hin zu den alltäglichsten Reaktionen der Zelle. Sie hängt außerdem mit den äußeren Zyklen von Tag und Nacht und mit den Jahreszeiten zusammen, wobei der Vierundzwanzig-Stunden-Zyklus der maßgebende ist.

Der Vier-Minuten-Zyklus der Gentranskription und der Oxydation nach Krebs; der viertägige östrische Zyklus der Maus; der jährliche Paarungszyklus der Schafe; die alle fünf bis sechs Jahre auftretende Massenvermehrung der Lemminge; der synchronisierte siebzehnjährige Lebenszyklus bestimmter Zikaden – das ganze Leben ist vom Rhythmus bestimmt.

Selbstorganisation kann »bergab« sein

In der Kabine des Raumschiffs ›Schenkelknochen‹ ist es spät geworden. Anfangs hatte sich das Gespräch darum gedreht, wer besser sei, die Whifflpoffler Schnakenfänger oder die Dimpfoter Oktimisten, zwei Mannschaften, die sich in der Phugball-Liga von Zarathustra den Rang streitig machten, und man hatte sich dann – großzügig gefördert durch einen Kasten zarathustranischer Ocktails, den Niplphut an Bord gebracht hatte – den großen Fragen des Lebens, des Oktiversums und des Ganzen zugewandt.

Stanley: »Ich habe nie kapiert, wieso Lebewesen offenbar imstande sind, sich ohne äußere Hilfe selbst zu komplizieren. Wo kommt die zusätzliche Komplexität her?«

Niplphut: »Ich frage mich, ob man in eine siegreiche Position käme, wenn man das siebzehnte ›S‹ in ein ›C‹ mutieren ließe.«

Käpt'n Arthur: »Niplphut, hör endlich auf, mit dem Computer von ›Schenkelknochen‹ zu spielen!«

Niplphut: »Verzeihung/Du kannst mich mal [Unzutreffendes streichen]. Ich experimentiere mit künstlichem Leben. Ich habe ein Programm geschrieben – natürlich in oktimaler Arithmetik –, das im Speicher des Computers künstliche Organismen freisetzt.«

Stanley: »Was? Du setzt Wanzen in meinem Computer frei?«

Niplphut: »Mach dir keine Sorgen, Stanley. Es sind bloß Symbolketten. Schau!« [Der Bildschirm zeigt eine Liste:]

S Start
E Ende
Fs Finde vorigen Start
Fe Finde nächstes Ende
C Kopiere alles zwischen »Start« und »Ende«, einschließlich der Symbole S und E selbst, und füge die Kopie in die Lücke ein, die unmittelbar hinter »Ende« beginnt.

Käpt'n Arthur: »Die kommen mir nicht gerade wie Organismen vor.«

Niplphut: »Nun, ein primitiver Organismus könnte zum Beispiel eine Sequenz von Befehlen sein wie

S Fs Fe C E

↑ wobei der Pfeil die Ausgangsposition des Programmzeigers anzeigt. Der Evolutionsprozeß wird damit eingeleitet, daß man den Programmzeiger auf das erste Symbol setzt, und dann werden die Befehle der Reihe nach ausgeführt, während der Zeiger die Reihe entlangwandert, jeweils ein Befehl.«

Stanley: »Und was passiert?«

Niplphut: »Etwas sehr Interessantes, Stanley. Dieser spezielle Organismus findet seinen eigenen Start S, dann sein eigenes Ende E, dann kopiert er alles, was dazwischen ist, nämlich sich selbst, in die Lücken hinter seinem letzten E; und der Zeiger rückt weiter zur nächsten Stelle vor, und es ergibt sich

S Fs Fe C E S Fs Fe C E

↑

Das Programm hat sich repliziert!«

Käpt'n Arthur: »Das ist interessant. So überraschend ist es aber auch wieder nicht, denn die Programmiersprache enthält einen Befehl ›Kopieren‹. Geht das so weiter?«

Niplphut: »In der Tat, wie du leicht nachprüfen kannst. Die Replikationen gehen endlos weiter, und bald wird der Computer voll sein von Kopien des ursprünglichen Organismus:

S Fs Fe C E S Fs Fe C E S Fs Fe C E S Fs Fe C E ...«

Stanley: »Das ist eine perfekte Replikation. Aber in der Realität kommen gelegentlich Fehler vor.«

Niplphut: »Natürlich. Auch die habe ich einprogrammiert. Nehmen wir mal an, eines der E-Symbole mutiert zu einem S. Dann bekommt man

S Fs Fe C S S Fs Fe C E S Fs Fe C E S Fs Fe C E ...

| - Mutation.«

Stanley: »Was passiert damit?«

Niplphut: »Computerspeicher haben keinen unbegrenzten Platz, Stanley. Wenn der Befehlszeiger des Computers ans Ende des Speicherplatzes kommt, fängt er automatisch wieder von vorne an, und schließlich stößt er auf das erste S der mutierten Sequenz. Dabei wird eine neue Lebensform geschaffen, nämlich die Sequenz zwischen dem ersten ›S‹ und dem nächsten ›E‹, das jetzt weiter hinten in der Sequenz steht:

S Fs Fe C S S Fs Fe C E

Phantastisch! Zwischen dem ›S‹ und dem ›E‹ befinden sich genau acht Befehle. Wieder einmal triumphiert die Oktimalität! Und dieser Organismus ist nicht nur länger, sondern außerdem komplexer als der erste – er enthält zwei ›C‹-Befehle. Der erste führt zu

S Fs Fe C S S Fs Fe C E S **Fs Fe C S S Fs Fe C E**

↑

und der mutierte Organismus hat sich erfolgreich repliziert!«

Stanley: »Ja, aber der zweite ›C‹-Befehl erzeugt eine Kopie von dem ursprünglichen Organismus, der zweiten Hälfte der Mutante, und diese [kursiv] überschreibt die vordere Hälfte der neuen Kopie

S Fs Fe C S S Fs Fe C E S *Fs Fe C E* **S Fs Fe C E**

↑- und tötet sie!«

Käpt'n Arthur: »Und dann repliziert sich der ursprüngliche Organismus und tötet die zweite Hälfte der Mutante, ehe er seine eigene Replikation wiederaufnimmt wie zuvor!«

Stanley: »Es ist eine ziemlich doofe Mutante, Niplphut.«

Niplphut: »Ich probier ja bloß die einfachsten Sachen aus, auf die ich komme. Möglichkeiten gibt es noch viele. Stell dir beispielsweise vor, es kommt zu einer zweiten Mutation. Der einzige überlebende mutierte Organismus wird nun zu S Fs Fe C S S Fe **E** E

| - Mutation

Dann habe ich eine etwas kürzere Mutante erzeugt

S Fs Fe C S S Fe E, die sich selbst kopiert, ohne eine Kopie vom ursprünglichen Organismus zu machen, und auf diese Weise überlebt und den ganzen Speicherraum übernimmt ...«

Stanley: »Der hat nur sieben Befehle zwischen dem ›S‹ und dem ›E‹, Niplphut. Er kommt mir reichlich septimal vor.«

Niplphut [wirkt irritiert, überspielt das aber]: »... und natürlich würde ein leicht abgeändertes Programm, das die neue Kopie beispielsweise an eine beliebige Stelle im Speicher schreibt, zu einer ersten Mutante führen, die nicht ihre eigenen Nachkommen tötet, und zu einer komplizierten Konkurrenz zwischen Programm-Organismen um die knappe Ressource Speicherplatz.«

Käpt'n Arthur: »Ich versteh' schon, daß es Spaß macht, damit zu spielen, Niplphut, aber wo ist der springende Punkt?«

Niplphut: »Der Punkt, mein lieber Käpt'n, ist der, daß wir schon in diesem extrem einfachen Beispiel selbstreplizierende Mutanten von wachsender Komplexität finden, die am Replikationsprogramm des ursprünglichen Organismus parasitieren, und einen rudimentären Fall von Immunität, wenn der ursprüngliche Organismus sich wehrt. Diese Art von Verhalten ist typisch für kalkulierende Wesen.«

Stanley: »Und dank der DNS ist das Leben das kalkulierende Wesen schlechthin. Wir sollten daher nicht überrascht sein, wenn die selbstorganisierenden und selbstkomplizierenden Eigenschaften des Lebens uns kontraintuitiv vorkommen.«

Niplphut: »Du hast recht, Stanley. Daran ist aber nicht das Leben schuld, sondern deine Intuition.«

Tiere aus dem Stabilbaukasten

Weitere Komplikationen entstehen, wenn man Veränderungen an Organismen durch Veränderungen der DNS zu erklären versucht. Waddingtons Versuche zur genetischen Assimilation zeigten, daß viele der Merkmale eines Organismus nicht in der Form oder Funktion des Organismus exprimiert werden. Sie sind potentiell. Das wußten wir natürlich schon. Wenn ein bestimmtes Hormon vorhanden ist, zeigen sich männliche Merkmale, wenn ein anderes Hormon vorhanden ist, zeigen sich weibliche Merkmale, gleichgültig, welches Geschlecht die Gene in den Zellen des Körpers festlegen. Das Entwicklungsmuster beider Geschlechter ist in jedem Embryo vorhanden, und ein einziger Schalter, ein Hormon [das letztlich von einer einzigen kurzen DNS-Sequenz determiniert wird] entscheidet, welches der beiden potentiellen anatomischen und physiologischen Muster tatsächlich realisiert wird. Auch Umweltreize wie die Erwärmung einer *Drosophila*-Puppe können bei Fliegen, die für diese Behandlung empfänglich sind, die Entwicklung auf einen anderen Weg umschalten und zum Fehlen der Querader führen.

Andererseits finden wir aber auch eine beträchtliche Stabilität; das System weist viele gegebene Tatsachen auf. Bewirkt eine Mutation, daß ein Tier erheblich größer wird, etwa durch die Ausschüttung von mehr Wachstumshormon, so platzt es nicht aus der Haut, wenn es zu groß wird. Die Haut ist nicht einfach ein Sack von feststehendem Volumen; sie kann offenbar wachsen, um dem Körper, den sie umhüllt, angemessen zu sein. Auch Blutgefäße und Nerven finden offenbar zu ihrem Zielpunkt. Es ist nicht so, daß Tiere, bei denen sich ein neues Organ entwickelt, erst auf entsprechende Mutationen in den Anweisungen warten müßten, die für das Nervenwachstum verantwortlich sind, damit die Nerven in das Organ hineinwachsen. Tiere sind keine Schöpfungen aus dem Stabilbaukasten, denen die Evolution einen neuen Elektromotor einbaut, aber nicht die Batterie, die ihn mit Strom versorgt, oder ein neues Rad, aber nicht die Achse, auf der es sich dreht.

Den letzten Satz müssen wir ein wenig einschränken. Es gibt nämlich Tiere, die anscheinend nach dem Prinzip des Stabilbaukastens konstruiert sind. Ein gegebenes Organ besteht immer aus der exakt gleichen Anzahl von Zellen, und ihre ganze Entwicklung verläuft in sehr starren Bahnen. Wenn man das Ei eines Fadenwurms halbiert, erhält man nicht Zwillinge, sondern zwei verschiedene, oft nahezu perfekte halbe Fadenwürmer, von denen der eine aus der Hälfte der Stabilbauteile, der andere aus der anderen Hälfte aufgebaut ist. Es ist so, als würde man das Ei eines Feuerwehrautos halbieren, und es kämen ein Lastwagen und eine Leiter heraus. Der berühmteste ist der Fadenwurm *Caenorhabditis*, und über den Zusammenhang zwischen seinen Genen und seinem Entwicklungsprogramm wissen wir vermutlich mehr als bei jedem anderen Organismus. [Wir wissen mehr über die Gene des Bakteriums *E. coli*, aber das entwickelt sich nicht.] Gerade wegen dieser starren Entwicklung fand Sidney Brenner *Caenorhabditis* ideal für Untersuchungen mit dem Ziel, das DNS-Programm Punkt für Punkt auf das Entwicklungsprogramm abzubilden [im mathematischen Sinne]. Unter »Abbildung« ist zu verstehen, daß jeder Teil der DNS-Sequenz mit einem bestimmten Schritt in der Entwicklung des Organismus verknüpft werden soll: Dies ist die Sequenz, die die Zelle Nr. 97 an der richtigen Stelle wachsen läßt; die die Gesamtstruktur des Nervensystems bestimmt, und so weiter.

Erstaunlich ist, daß bei diesem Fadenwurm mehr als die Hälfte der »strukturbildenden« Gene von dem Typ der maternalen Gene zu sein scheinen, die sich erst in der Folgegeneration auswirken. Die Mehrheit der Gene, die für die »Haushaltsführung« verantwortlich sind und die Enzyme erzeugen, welche die laufenden Aufgaben in allen Zellen erledigen, greift auf mütterliche Fotokopien zurück. Die Gene des Wurmbabys treten erst in Aktion, wenn die Zellen fertig sind und funktionieren. Und das ist erst der Anfang einer erstaunlich komplizierten Geschichte. Dieser archetypische Stabilbau-Organismus könnte sich selbst aus den Teilen im Baukasten zusammenbauen, doch die Bauanleitungen sind erheblich verwickelter als »Stecke Schraube A in Loch B«. Es gibt also mindestens drei Ebenen der genetisch kontrollierten Entwicklung. Von Veränderungen an Genen der unteren Ebene sind nur einzelne Merkmale betroffen – ob Pigment gebildet wird, wieviele Haare einer hat, wieviel Wachstumshormon gebildet wird. Veränderungen bei »Manager«-Genen erzeugen eine koordinierte Folge von Entwicklungsänderungen, sei es, weil sie sehr früh wirken [und möglicherweise ein mütterliches Geschenk sind], sei es, weil sie auf andere [homöotische] Gene oder auf ganze Partien hormonempfindlicher Gewebe wirken [geschlechtsbestimmende Gene]. Schließlich gibt es Gene, die zu integrierten »Entwicklungsbausätzen« gehören. Um auf das reagieren zu können, was andere Gene im Laufe seiner Entwicklung aus dem Körper machen, muß die Haut eine Menge von eingebauten Eigenschaften besitzen; dies gilt auch für Muskeln, Knochen und Gelenke, die sich alle einvernehmlich entwickeln müssen, wenn das Tier nicht beim ersten Gehversuch auseinanderfallen soll. Vielleicht gibt es in der genetischen Blaupause Teile, die über die Beziehungen zwischen Muskeln, Knochen und Gelenken oder über die Verbindungen zwischen den Sinnesorganen und dem Gehirn wachen.

Quellen der Innovation

Wir haben jetzt den Kern des Evolutionsprozesses auf die DNS zurückgeführt. Einzelne Mutationen verändern lediglich den DNS-Code. Die natürliche Auslese wirkt aber nicht direkt auf DNS-Codes ein. Sie ist kein Inspektor der Qualitätskontrolle, der die Code-Sequenzen prüft, ihre Tauglichkeit berechnet, einen Aufkleber draufklatscht und jene Sequenzen, die nicht den Erwartungen entsprechen, aussondert. Die natürliche Auslese agiert mit Abstand: Mutationen der DNS erzeugen [auf dem Umweg über die Entwicklung] Differenzen in der Form und Funktion des Organismus, und bei diesen Differenzen setzt die natürliche Auslese an. Die Ergebnisse wirken auf die DNS zurück, denn sie braucht, um repliziert zu werden, den Organismus. DNS, die Verlierer im Kampf um die Fortpflanzung produziert, wird aussterben; DNS, die Gewinner produziert, wird sich replizieren und auf diese Weise weiterhin Gewinner produzieren [bis die Evolution das ganze Spiel an anderer Stelle umstößt]. Die lebenden Geschöpfe führen Stellvertreterkriege, doch die DNS kontrolliert die Entscheidungen auf der Vorstandsetage. Richard Dawkins beschreibt diese Kämpfe ungemein gut in seinem Buch ›The Blind Watchmaker‹.

Die Funktionsweise dieses Rückkopplungszyklus ist schwer zu durchschauen. Bestimmte Einzelfälle glauben wir zu verstehen; bei manchen Anpassungen erkennen wir den Überlebensvorteil. So haben Karnivoren die Augen gewöhnlich vorn am Kopf, damit sie die verfolgte Beute im Blick behalten können; bei Herbivoren sitzen die Augen an der Seite, was ihnen, wenn sie nach Raubtieren Ausschau halten, ein weites Blickfeld sichert. Diese Art von Verstehen muß, so sehr sie uns auch liegen mag, einer kritischen Prüfung unterzogen werden. Nach landläufiger Meinung kann die Giraffe mit ihrem langen Hals das Laub weiter oben am Baum erreichen, an das ihre

Konkurrenten nicht herankommen. Darin mag ein Körnchen Wahrheit stecken, aber das ist nicht alles. Die Giraffe hat außerdem lange Vorderbeine, so daß sie schneller laufen kann – ein anderer offenkundiger Überlebensfaktor. Angenommen, Sie wären ein Tier mit langen Beinen und einem kurzen Hals; wie würden Sie trinken? Sie könnten sich natürlich hinknien, aber wenn es Ihnen Schwierigkeiten bereiten würde, Ihre langen Beine zu knicken, ist das vielleicht doch keine so glänzende Idee. Ein langer Hals käme Ihnen da sehr zupaß.

Es gibt viele evolutionäre Neuerungen, deren Ursprung sehr rätselhaft erscheint. Man sollte ihnen Beachtung schenken, weil sich die Evolutionstheorie gerade an den vertrackten Fällen zu bewähren hat und scharfsinnige Kritiker der Theorie gerade diese Fälle verständlicherweise in den Mittelpunkt rücken. Über sie hat Stephen Jay Gould viele schöne Essays geschrieben, in denen er zeigt, wie die natürliche Auslese wirklich ausgefallener Anpassungen mit einer plausibel erscheinenden Reihe von Vorfahren begründet wird, die man sich indirekt erschließt oder notfalls auch erfindet.

Drei Hauptstraßen führen zur Innovation. Die erste haben wir bereits in Kapitel 3 kurz gestreift – sie stützt sich auf die Prozesse der Progenese [vorgezogene Fortpflanzung] und der Neotenie [unterbliebenes Erwachsenenstadium]. In beiden Fällen bleibt der Ablauf der Entwicklung [jedenfalls zu Anfang] unverändert, aber das Timing wird so verändert, daß bestimmte Merkmale unterdrückt oder gefördert werden. Wir wiesen auf das Beispiel des Axolotl hin, der sich im Kaulquappenstadium fortpflanzt.

Die zweite Straße zur Innovation führt über einen scheinbaren Bruch in der Kette, die von den urtümlichen Formen bis zu ihren modernen Nachfahren reicht. »Sie müssen in diesem Stadium ausgestorben sein, weil das Organ ihnen nichts genützt haben kann, wenn es so klein/rudimentär/andersartig war.« Wie steht es mit dem Rüssel des Elefanten? Welchen möglichen Vorteil bietet er? Er erlaubt es, an hohe Blätter heranzukommen [genau wie der Hals der Giraffe] und zu trinken ohne hinzuknien [genau wie der Hals der Giraffe] und mühelos schwere Baumstämme herumzuwuchten [ganz anders der Hals der Giraffe]. Nun führt die Entwicklung von einer gewöhnlichen Nase und Oberlippe zu einem ausgewachsenen Rüssel aber zwangsläufig über ein Stadium, wo einem ein kurzes Ding vor dem Gesicht herumbaumelt, das nicht dazu taugt, Blätter von hohen Bäumen zu rupfen, beim Trinken zu nichts nutze ist und beim Herumwuchten von Baumstämmen völlig versagt. Folglich, so das Argument, bietet sein Besitz keinen Vorteil, und daher kann die Evolution eines Rüssels gar nicht erst in Gang kommen.

Diesem Einwand kann unterschiedlich begegnet werden. Eine extreme Entgegnung liefern die Katastrophisten: Gelegentlich kann es zu Sprüngen in der Evolution kommen, die Entwicklung muß also nicht unbedingt über das kurze Baumelding verlaufen. Damit ist aber nicht erklärt, wie es zu dem Sprung kommt. Er könnte auf einem Mißgeschick in der DNS-Evolution beruhen, einer Art Elefanten-Antennapedie – beziehungsweise Rüsselagie –; doch wie kam die Blaupause für einen Rüssel fix und fertig in die DNS hinein, ohne zuvor einem Praxistest unterzogen worden zu sein? Sehr viel einfacher ist die Erklärung, daß ein kurzer Rüssel zu allen möglichen Dingen zu gebrauchen ist. Der Tapir zieht heute den größten Nutzen aus ihm. Er ist hervorragend geeignet, um irgendwelche Dinge zu packen, nicht gerade Baumstämme, aber Büschel von Laub oder Gras. Er ist nicht schlecht, wenn es darum geht, in Nischen herumzustochern, an die gewöhnliche Tierschnauzen nicht herankommen, und Pflanzen zu packen, die zwischen Felsen wachsen oder von Dornen umringt sind. Ein Organ kann sich also durchaus über rudimentäre Versionen entwickeln, sofern diese Versionen irgendeinen Vorteil bieten. Das muß nicht derselbe Vorteil sein, den ein vollentwickeltes Organ gewähren würde. Ein ganz rudimentärer Flügel könnte beispielsweise zu Kühlzwecken genutzt werden [man braucht nur kurz damit zu wedeln, um einen Luftzug zu erzeugen oder das darin zirkulierende Blut zu kühlen]; ein halbwegs entwickelter Flügel könnte kurze Gleitflüge erlauben, gerade lang genug, um einem Raubtier zu entkommen.

Die dritte Straße zur Innovation beruht auf gleichzeitig auftretenden Zwängen: »Da kommst du von hier aus nicht hin, aber wenn du vielleicht zuerst dort entlanggehen würdest ...« So kommt es, daß Merkmalsgruppen, die nichts miteinander zu tun haben, in absurder Weise miteinander verkoppelt sind. Alle Landwirbeltiere sollen von einem Geschöpf namens *Eusthenopteron* abstammen, das den Entschluß faßte, sich an Land niederzulassen. Vor langer Zeit entwickelte ein Fisch Lungen. Bei seinen Nachfahren lagen die Lungen oberhalb, unterhalb und neben dem Darm. Bei *Eusthenopteron* lag die Lunge vermutlich unterhalb des Darms [Abb. 19], und folglich mußte der Luftweg die Speiseröhre kreuzen. Das Ergebnis ist, daß bei allen Nachkommen von *Eusthenopteron*, uns eingeschlossen, der Luftweg die Speiseröhre kreuzt. Der Vorteil, daß man diese beiden Dinge überhaupt hat, scheint schwerer gewogen zu haben als das Problem, daß dann und wann einer erstickt. Hätte *Eusthenopteron* die Lunge doch nur oberhalb des Darms gehabt.

Abbildung 19: Die unselige Kreuzungvon Eusthenopteron

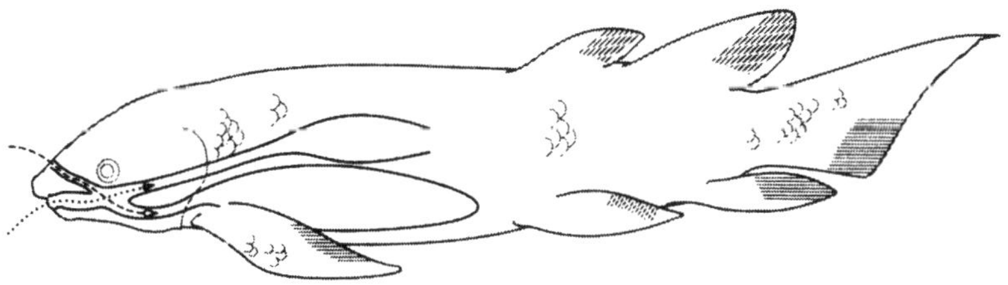

Auch das Exkretions- und das Reproduktionssystem sind bei uns miteinander vermengt – ein Mißgeschick, von dem sich nach gebührender Verarbeitung durch die menschliche Psyche herausstellen könnte, daß der Ausdruck »schmutzige Gedanken« letztlich dort seinen Ursprung hat.

Mannigfaltigkeit setzt sich durch

Was am meisten auffällt und beeindruckt, wenn wir das Leben auf der Erde heute betrachten, ist seine ungeheure Mannigfaltigkeit. Das egoistische Gen benutzt für seine erfolgreiche Replikation eine unglaubliche Spannbreite von Trägern. Wenn wir uns Waddingtons Ansicht zu eigen machen, daß die potentielle genetische Vielseitigkeit ungleich größer ist als das, was tatsächlich realisiert wird, ist die Mannigfaltigkeit noch beeindruckender. Für alles, was Ihnen einfällt, gibt es irgendwo auf der Erde eine Lebensform, die es besitzt. Radar? Die Echolotung der Fledermaus kommt ihm ziemlich nahe. Das Rad? Rollende Geschöpfe von Säugetierformat gibt es nicht, aber die Geißeln bestimmter einzelliger Organismen haben eine rotierende Achse und Achsenlager. Metalldetektor? Der Sägefisch benutzt Sensoren für elektrische Felder, um im Sand vergrabene Beutetiere aufzuspüren. Düsenantrieb? Tintenfische benutzen ihn, um Freßfeinde zu verwirren und das Feld zu räumen. Computer? Das Nervensystem, Hauptthema des nächsten Kapitels, ist ein ziemlich guter organischer Computer, der bei vielen Aufgaben, dem Sehen zum Beispiel, viel besser abschneidet als alles, was der Mensch bisher zuwege gebracht hat.

Im Prinzip könnte die Mannigfaltigkeit sehr viel größer sein. In der Katzenzucht ist letzthin viel passiert, und es zeigt sich, daß Katzen genau so formbar sind wie ihre großen Rivalen, die Hunde. Es gibt Katzen mit kurzer Pekinesenschnauze, Katzen mit ganz kurzen Beinen [die Züchter nennen sie *Munchkins* – gräßlich], ungewöhnlich große Katzen und Katzen ohne Fell [sehr runzelig]. Diese seltsamen und äußerst verantwortungslosen Züchtungen wurden nicht etwa dadurch erzeugt, daß man Katzen bestrahlt oder mutagenen Chemikalien ausgesetzt hätte; sie wurden aus dem vorhandenen genetischen Repertoire der normalen Katzenheit herausgezüchtet. Normalerweise kommen sie nicht vor, weil sie nicht hinreichend angepaßt sind, um zu überleben [weshalb ihre Züchtung veranwortungslos ist]. Die Katze mit der flachen Schnauze hat zum Beispiel furchtbare Nebenhöhlenprobleme, und ständig müssen ihre Augen gereinigt werden.

Aber auch wenn man die potentielle Mannigfaltigkeit vernachlässigt und nur betrachtet, was tatsächlich realisiert wird, ist die Fülle des Lebens äußerst beeindruckend. Das liegt daran, daß es ungeheuer viele mögliche DNS-Stränge gibt und Mutationen für die Mannigfaltigkeit von Entwicklungsprogrammen sorgen, dank derer neue Strukturen entstehen können. Dabei haben sich jene Entwicklungsprogramme durchgesetzt, aus denen vitalere Organismen hervorgehen.

Nach einer naiven Deutung der natürlichen Auslese dürfte es eigentlich keine Mannigfaltigkeit geben. Wenn tatsächlich nur die Tauglichsten überleben, warum ist dann nicht am Ende ein supertaugliches Tier, der perfekte Überlebende, herausgekommen und als einziges übriggeblieben? Darauf läuft es ja auch hinaus, wenn die Menschen nach solchen Maßstäben wie Ergiebigkeit Züchtung betreiben. Es gibt auffallend wenige Weizensorten auf der Welt. Doch Tauglichkeit ist keine Größe, die sich wie der Preis oder die

Temperatur in einer Zahl zusammenfassen läßt. Von zwei Organismen läßt sich nicht mit Sicherheit sagen, welcher tauglicher ist. Es kommt darauf an, auf welche Umgebung die Tauglichkeit bezogen wird. Für das Überleben im Meer besitzt der Delphin eine größere Tauglichkeit als der Mensch, im Wald verhält es sich umgekehrt.

Burgess-Büsche

Wie in der wachsenden Mannigfaltigkeit schwingt auch in allen anderen geläufigen Metaphern der Evolution, seien es Leitern oder Stammbäume, etwas von Fortschritt mit: Es geht ständig vorwärts, ständig aufwärts. Lamarck setzte die Menschheit an die Spitze der Stufenleiter des Lebens, und er war nicht der einzige, der im Menschengeschlecht nicht nur das Produkt, sondern das Ziel der Evolution sah. Die Evolutionsgeschichte, die wir erzählt haben, ist eine ganz deterministische. Mutationen mögen Zufall sein, doch nur die Gewinner überleben, und Gewinner sind die mit den überlegenen Merkmalen. Würde die Evolution nochmals ablaufen, mit anderen, aber genauso zufälligen Mutationen, wäre alles in allem damit zu rechnen, daß dieselben Gewinner herauskämen.

Entschieden anderer Meinung ist Stephen Jay Gould in seinem Buch ›Zufall Mensch‹. Unser Dasein auf diesem Planeten verdanken wir einer langen Reihe von Zufällen, von denen sich, würde man die Geschichte nochmals ablaufen lassen, kaum einer wiederholen würde. Gould stützt seine Behauptung, daß Kontingenz – Zufall – für das Ergebnis der Evolution und für ihre internen Mechanismen von entscheidender Bedeutung sei, auf eine bestimmte Gesteinsschicht, den Burgess Shale. Von Weichtieren findet man kaum Fossilien, weil sie sich in der Regel nicht erhalten. Im Burgess Shale findet man jedoch wunderbar erhaltene Fossilien aus der Zeit, als vielzellige Tiere sich zu entwickeln begannen. In der stillschweigenden Annahme, daß die heutige Mannigfaltigkeit des Lebens und jene Vorläufer, die uns bekannt sind, sämtliche Lebensformen darstellen, hatten Paläontologen früherer Generationen die Tiere aus dem Burgess Shale in die bis dahin bekannten Schubladen gesteckt, sie gewissermaßen an den vorhandenen Ästen des evolutionären Stammbaums aufgehängt. Dann gingen Conway Morris und andere junge Paläontologen vorurteilslos ans Werk und entdeckten, daß die meisten der Tiere aus dem Burgess Shale völlig verschieden von allem sind, was wir je gesehen haben. Sie sind so andersartig, daß sie Gould zu einer neuen Sicht der Evolution bewegten. Es gibt nicht nur einen, sondern viele evolutionäre Stammbäume. Die Verwandtschaftsbeziehungen zwischen den Arten sind nicht mit einer baumartigen Struktur zu erfassen; man hat sich vielmehr so etwas wie eine Moorlandschaft vorzustellen, in der es viele Gräser, einige Büsche, ein paar junge Bäume und nur ein oder zwei hohe Bäume gibt. Wenn wir dieses Bild auf die Organismen übertragen, sehen wir, daß fast alle neuentstandenen Arten sofort scheitern, was zu einem zeitweiligen Verlust an Mannigfaltigkeit führt; einige wenige überleben und diversifizieren sich, womit sie eine Zeitlang beträchtlichen Erfolg haben, scheitern dann aber an widrigen Bedingungen; und ganz wenige kommen auf eine wesentliche neue evolutionäre »Erfindung«, einen Bauplan, der es ihnen ermöglicht, sich fortgesetzt zu diversifizieren und zu einem hochragenden Baum zu werden. Man trifft auch auf einige Experimente, die sich nicht diversifiziert haben – isolierte Zweige von uralten Büschen, die wie eine Liane emporgewachsen sind. Dazu gehört die Königskrabbe *Limulus*, der Quastenflosser *Latimeria* [eine Fischart, die als seit Jahrmillionen ausgestorben galt, bis 1938 vor Südafrika ein Exemplar gefangen wurde], *Peripatus* [ein Mittelding zwischen Gliederfüßern und Würmern] und die Brückenechse *Sphenodon* [die nur auf Neuseeland vorkommt].

Man sollte die Evolution also nicht als einen Baum betrachten, sondern als ein Moor mit überwiegend kümmerlichen Gewächsen. Der [Stamm-]Baum, den wir jetzt sehen, umfaßt die Geschöpfe, deren Nachkommen in irgendeiner Form überlebt haben, aber sie machen nur einen Bruchteil aller Geschöpfe aus, die jemals gelebt haben. Versuch und Irrtum bedeutet viele Versuche und 99,999 Prozent Irrtum, und deshalb betrachtet Gould die Evolution des Menschen als einen reinen Zufall. Es gibt ein Burgess Shale-Geschöpf, das durchaus der Urahn der Wirbeltiere [und damit von uns] gewesen sein könnte; jedenfalls ist es von allen Geschöpfen im Burgess Shale dasjenige, das sich mit größter Wahrscheinlichkeit in diese Richtung weiterentwickelt hat. Es erscheint nicht besser angepaßt als all die anderen merkwürdigen Geschöpfe, mit denen es koexistierte.

Dennoch sind die meisten dieser Geschöpfe ausgestorben. Zu Fossilien wurden sie durch einen Schlammrutsch, ein Zufallsereignis, das alle Bewohner dieses speziellen Tümpels tötete. Es hat andere Schlammrutsche, andere Tümpel gegeben. Wahrscheinlich hat nicht in allen Tümpeln die gleiche Mischung von Geschöpfen gelebt. Das Überleben war wohl weitgehend eine Sache des Zufalls. Angenommen, jene Art, die sich dann zu den heutigen Wirbeltieren weiterentwickelte, wäre ausgestorben, wie die Mehrzahl ihrer Zeitgenossen, dann hätte es keine Wirbeltiere, keinen Burgess, keinen Gould und Sie nicht gegeben. Und wenn der K/T-Meteorit, der [nach verbreiteter Ansicht] auf die Erde stürzte und dadurch das Ende der Kreidezeit herbeiführte und die Dinosaurier ausrottete, an uns vorbeigeflogen wäre, hätten die Dinosaurier noch 150 Millionen Jahre weitergelebt. Die spitzmausartigen Vorläufer von uns Säugetieren wären winzig geblieben und weiter in den Bäumen herumgeklettert, und wieder hätte es keinen Burgess, keinen Gould und Sie nicht gegeben.

Goulds Theorie ist aus manchen Gründen angefochten worden. Einige stellen die angebliche Mannigfaltigkeit der Burgess Shale-Fauna in Frage. Zumindest ein Geschöpf, das nach Gould einen völlig neuartigen Bauplan für Tiere aufwies, scheint falsch – mit der Unterseite zuoberst – rekonstruiert worden zu sein; richtig herum gedreht, kommt es einem sehr viel gewöhnlicher vor. Andere stellen die Kontingenz in Frage; möglicherweise ließ sich doch vorhersagen, welches der Geschöpfe in dem Tümpel die größten Überlebenschancen hatte. Doch der zentrale Punkt – daß bei einer großen Artenvielfalt in relativ kleinen Populationen Zufallseffekte sehr viel wichtiger werden – verdient ernstgenommen zu werden. Es spricht nichts dafür, daß die Evolution tatsächlich deterministisch ist; kleine Populationen können leicht durch schieres Pech ausgelöscht werden, und dann ist das Überleben eher Glückssache als auf Tauglichkeit gegründet.

Doch Gould ist mit seinen Behauptungen möglicherweise zu weit gegangen. Wir haben davon gesprochen, daß es zwei Arten von Merkmalen gibt: einfache Merkmale, die direkt von den proteinbildenden Fähigkeiten der DNS erzeugt werden, und tiefere Merkmale, die von DNS-Sequenzen abhängen, welche das Wirken anderer Sequenzen kontrollieren. Mannigfaltigkeit könnte ein tiefes Merkmal in diesem Sinne sein. Der Burgess Shale entstand vielleicht um die Zeit, als die Evolution den Kunstgriff der flexiblen Programmierung entdeckte. Seine Geschöpfe wären dann vielleicht das Resultat einer auf tiefe Merkmale einwirkenden natürliche Auslese. Weil es tiefe Merkmale waren, sollten wir uns besonders hüten, nur auf der Grundlage der äußeren Form darüber zu urteilen, welcher Organismus der erfolgreichste sein würde. Vielleicht waren die besseren Überlebensfähigkeiten des Geschöpfes, aus dem wir hervorgegangen sind, tatsächlich schon vorhersehbar. Dies ist eine faszinierende Frage, und wir werden darauf in Kapitel 10 zurückkommen.

Darwin selbst bewegten ganz andere Dinge, was den Ursprung der Menschheit angeht. Wir finden es ganz plausibel, daß aus kleinen Dinosauriern Vögel wurden, ja sogar, daß sich replizierende Tonmoleküle zu Nukleinsäure-Replikatoren führten, doch wir wollen nicht glauben, daß unser eigener Ursprung so einfach gewesen sein könnte. Was unseren Körper betrifft, gibt es keinen Zweifel; die Fossilien unserer jüngeren Vorfahren aus der prähumanen Phase und der Zeit der Menschwerdung sprechen eine eindeutige Sprache. Anders steht es mit unseren geistigen Fähigkeiten. Wir können denken, logisch argumentieren, rechnen, Bücher über den Kollaps des Chaos schreiben und über die religiöse Bedeutung der Evolution streiten. Wie es scheint, ist keine dieser Fähigkeiten in der gleichen Weise zu erklären wie unsere physischen Attribute. Wie paßt die Intelligenz in das reduktionistische Weltbild hinein?

[5] Die Ursprünge menschlichen Verstehens

Ein sehr häßlicher und eingebildeter junger Mann, der gern heiraten wollte, bat einen Heiratsvermittler, ihm bei der Suche nach einer Frau zu helfen. »Sie soll ungemein schön und ganz außergewöhnlich sein.«

»Da hätte ich was Passendes«, sagte der Heiratsvermittler. »Sie ist reich, intelligent und absolut umwerfend.«

»Halt«, sagte der junge Mann, plötzlich mißtrauisch geworden. »Warum ist sie immer noch unverheiratet?«

»Ich gebe zu«, sagte der Vermittler, »daß sie ein klitzekleines Problem hat.«

»Dachte ich mir doch.«

»Nein, es ist nichts Schlimmes. Es ist bloß, daß sie – also, an einem Tag im Jahr wird sie ein bißchen verrückt. Macht keinen Ärger, nur ein bißchen sonderbar. Wenn's vorbei ist, ist sie das ganze Jahr über in Ordnung.«

»Das macht mir nichts aus«, sagte der junge Mann. »Wo ist sie?«

»Im Moment geht's nicht«, sagte der Heiratsvermittler. »Wenn sie Sie heiraten soll, müssen Sie ein bißchen warten.«

»Bis wann?«, fragte der häßliche und eingebildete junge Mann voll Eifer.

»Bis zu dem Tag, an dem sie verrückt wird.«

Mit der Vorstellung, daß Tiere der Evolution unterliegen, kommen viele Leute ganz gut zurecht, aber für den Menschen soll das nicht gelten. So vieles am Menschen ist völlig anders als alles, was wir bei Tieren beobachten. Wir haben die Sprache, Kreativität, künstlerische Neigungen, die Mathematik, das geschriebene Wort, die Kultur. Vor allem sind wir intelligent. Können solche drastischen Unterschiede zum übrigen Tierreich überhaupt durch Evolution entstanden sein? Natürlich ist unsere Ansicht über die Besonderheit der Menschen nicht sonderlich objektiv, denn wir gehören ja zwangsläufig auch dazu. Wir haben keine Ahnung, wie es ist, eine Katze oder ein Hund zu sein, vorausgesetzt, eine solche Feststellung wäre auch nur einen Hauch sinnvoller als die Frage, wie es für einen Baum wäre, ein Stein zu sein; uns fehlt also eigentlich die Vergleichsgrundlage.

Die paläologischen Befunde sind so eindeutig, daß kein ernstzunehmender Wissenschaftler den Kernpunkt in Frage stellt: Die Menschheit hat sich aus Tieren entwickelt. *Homo sapiens* ist ein Zweig der Menschenaffen-Familie, ein Zweig, der von seiner Überlegenheit so überzeugt ist, daß er sich selbst »Der Weise« nennt, in eindeutigem Widerspruch zu den Tatsachen seiner täglichen Erfahrung. Doch Zynismus beiseite; es ist ebenso unbestreitbar, daß wir eine besondere, höchst ungewöhnliche Art von Tier sind. Zunächst: Wir können zynisch sein, es bemerken und uns über uns lustig machen. Und dann darüber schreiben. Und dann davon schreiben, daß – aber vielleicht sollten wir aufhören, ehe wir in einen unendlichen Regreß hineingeraten.

Die meisten Fähigkeiten, die wir emporgekommenen Affen als Zeichen unserer Überlegenheit gegenüber dem Rest des Tierreichs hochhalten, sind zumindest in rudimentärer Form bei der einen oder anderen Tierart vorhanden, wie Jared Diamond uns jüngst in ›The Rise and Fall of the Third Chimpanzee‹ klargemacht hat. Allerdings schießen einige der Beziehungen, die er herstellt, zwischen der Landwirtschaft des Menschen und der Nutzung von Blattläusen und Pilzkulturen durch die Ameisen, etwas übers Ziel hinaus. Außerdem ist er nicht ganz konsequent, wenn er einerseits sagt, daß der Mensch etwas ganz Ungewöhnliches und Besonderes sei, und andererseits, daß all unsere scheinbar einzigartigen Besonderheiten Vorläufer im Tierreich hätten.

Fast alle wirklich einschneidenden Unterschiede zwischen Menschen und anderen Tieren beruhen auf unserem Gehirn. Für ein Tier unserer Größe haben wir ein ungewöhnlich großes Gehirn, wobei es zwar nicht nur auf die Größe ankommt, wohl aber auf das Zusammenspiel zwischen der Größe und einer Struktur, die diese Größe zu nutzen weiß. Wie haben sich unser Gehirn und seine bemerkenswerten Fähigkeiten entwickelt? Das Gehirn ist ein Netzwerk von Nervenzellen, die elektrische Signale aussenden und eine »elektronische Schaltung« bilden, welche Daten von unseren Sinnesorganen verarbeitet und Befehle zu unseren Muskeln schickt. Diesen ganzen Komplex müssen wir erklären. Das entscheidende Glied in der evolutionären Kette ist, wie Sie sich vielleicht schon gedacht haben, die Entwicklung der Nervenzelle. Das Gehirn muß als eine rudimentäre Gruppe von Nervenzellen begonnen haben, und deshalb müssen wir, bevor wir das Gehirn in Angriff nehmen können, die Frage beantworten, wieso eine winzige Gruppe von Nervenzellen einen evolutionären Vorteil bieten kann.

Die Komplexität wächst

Doch ehe wir uns an die Nervenzellen machen, müssen wir ein allgemeines Prinzip begründen: daß die Evolution in der Regel zu gesteigerter Komplexität bei individuellen Organismen führt. Komplexität ist für die Evolution »bergab« gelegen, entsteht wie von selbst. Die künstlichen Würmer und Niplphuts Computer-Organismen sind einfache Beispiele für diese auf den ersten Blick verblüffende Tendenz evolutionärer Systeme. Wir möchten nun beweisen, daß sie eine ganz allgemeine Tendenz ist – und zwar aus allgemeinen Gründen.

Es gilt hier, zwei recht schwierige Ideen zu verstehen. Es ist – so die erste Idee – »leichter«, an schon bestehende Sequenzen neue Phasen anzufügen, als vorhergehende Schritte der Sequenz zu ändern. Die meisten Innovationen, die einen Konkurrenzvorteil verschaffen, sind daher Verfeinerungen, durch welche die Organismen in der adulten Phase komplizierter [und oft größer] werden. Die zweite Idee betrifft die Art der Innovation: Ein Wettbewerbsvorteil wird eher durch Hinzufügung als durch Entfernung von etwas gewonnen. Beide Ideen sind nicht universell gültig, treffen aber doch in der Regel zu. Gewiß sind die Ausnahmen als solche interessant, doch um bei der Sache zu bleiben, gehen wir nun der Reihe nach etwas ausführlicher auf die beiden Ideen ein.

Daß es leichter ist, an eine bestehende Sequenz neue Phasen anzufügen, als sie zu ändern, hat einen einfachen Grund. Man kann dabei auf dem

Vorhandenen aufbauen. Die bisherige Entwicklung wird weiter wie zuvor verlaufen [es sei denn, die neue Phase ruiniert etwas, das vorher gut funktioniert hat]. Es geht hier ja um die Modifikation eines Prozesses und nicht um eine Änderung des Produkts. Der Prozeß verläuft ungestört, weil er vorher ungestört verlaufen ist, bis man zu der neuen Phase kommt. Bastelt man an einer früheren Phase herum, könnte man alles, was danach kommt, verpfuschen. Ein Beispiel aus der frühen Entwicklung des Frosches: Die Blastula, eine aus Zellen gebildete Hohlkugel, stülpt sich ein, und aus der Einstülpung wird der Darm. Gelegentlich kommt es zur Exogastrulation: Der Darm bildet sich außen statt innen. Diese Fehlentwicklung läuft, wie bei jeder Maschine, die sich ungewöhnlich verhält, durchaus nach den Naturgesetzen ab, nur kommt etwas anderes dabei heraus. Probleme ergeben sich nicht nur für den Darm des sich entwickelnden Tieres. Im normalen Entwicklungsablauf bildet sich das Nervensystem, wenn die Epidermis auf Nervenbildung umschaltet. Wenn der Darm außen ist, wird dieser Schalter nicht betätigt, und es entsteht kein Nervensystem. Es ist wie bei den Montageanleitungen, in denen es heißt, daß die Drähte in den Fassungen anzuklemmen sind, aber nicht gesagt wird, daß man die Drähte vorher durch das Loch im Gehäuse führen muß – nur bedeutet die Modifikation in diesem Fall, daß das Gehäuse kein Loch hat oder daß überhaupt kein Gehäuse existiert oder keine Fassungen oder daß der Draht den falschen Durchmesser hat.

Die Programme für Computer bestehen aus kleinen, in sich abgeschlossenen Sequenzen von Operationen, sogenannten Prozeduren [beziehungsweise Subroutinen, Objekten oder Dämonen]. Wenn klar ist, daß die einzelnen Prozeduren funktionieren, kann man sich der Frage widmen, wie sie verknüpft werden sollen. Die biologische Entwicklung ähnelt dem ein bißchen, aber weil die Prozeduren in einer feststehenden Reihenfolge ausgeführt werden, kann man nicht zwischendrin eine ändern, ohne alles, was dann folgt, zu beeinflussen. Wenn man am Ende etwas anstückelt, ist viel eher zu erwarten, daß es funktioniert. Allerdings kann man, wenn man mittendrin an etwas herumbastelt, auch Glück haben – es geht um eine allgemeine Tendenz, nicht um eine starre Regel.

Verbesserungen – so die zweite Idee – beruhen im allgemeinen auf mehr und nicht auf weniger Technik. Dies ist ebenfalls keine starre Regel, aber auch sie ist gut nachvollziehbar. Angenommen, Sie wollen etwas entfernen. Da es vermutlich aus gutem Grund da war, werden Sie den Vorteil, den es vorher verschafft hat, einbüßen. Der Vorteil, den Sie durch Vereinfachung erzielen, muß entweder so groß sein, daß Sie gar nicht zu überlegen brauchen, oder [was wahrscheinlicher ist] das Ding, das Sie entfernt haben, war schon vorher obsolet. Diese beiden Verbesserungsmethoden sind selten, aber wenn sie funktionieren, sind sie beeindruckend. Paradoxerweise ist eine Komplizierung der Entwicklung in der Regel leichter als eine Vereinfachung. Wenn ein Raubtier gute Ohren, aber schlechte Augen hat, beseitigt man nicht die Ohren, sondern verbessert die Augen. Bei einer komplexen Struktur erzielt man einen Wettbewerbsvorteil eher durch zusätzliche Anstrengungen und

Qualitätskontrolle als durch Vereinfachung. Ein modernes Auto hat gewöhnlich mehr Zeug unter der Haube als ein Veteran. Ein Siliziumchip ist zwar kleiner, aber komplizierter als eine Vakuumröhre: Ein moderner Desktop-PC ist leistungsfähiger als ein alter Rechner, weil er komplizierter ist.

Ein interessantes Beispiel einer wesentlichen Vereinfachung der Entwicklung ist die von den Säugern gemachte Erfindung, die Embryos so lange im Mutterleib zu behalten, bis sie ziemlich weit entwickelt sind. Die genetische Investition in die Temperatursteuerung bei der Mutter machte umfangreiche DNS-Bedarfspläne für wechselnde Temperaturen in der Umgebung des Embryos überflüssig. Das ist der Hauptgrund, warum menschliche DNS kürzer ist als Frosch-DNS, und es ist ein Beispiel für ein Privileg, für automatische Vorteile, die auf Verbesserungen des Entwicklungsablaufs beruhen. Auch Siliziumchips genießen eine Art technisches Privileg; die Anstrengung wird in die Chip-Fabrik investiert, nicht in den Chip selbst. Chips bekommt man [fast] nachgeworfen, aber das Vakuumgerät, in dem die Kristalle erzeugt werden, und das Präzisionsgerät zur Ausrichtung der fotografischen Masken kosten ein Vermögen, und Chip-Konstruktionspläne werden wie Staatsgeheimnisse gehütet. Bemerkenswert ist, daß es zur Vereinfachung der Säuger-DNS im Zuge einer Verbesserung der Qualitätskontrolle kam und erst danach obsolet gewordenes Material abgestoßen wurde. Hinter dieser Abstoßung stehen evolutionäre Zwänge, aber nicht weil die überflüssig gewordene DNS unnötig Platz einnimmt – an dieser Art von Effizienz scheint der Evolution wenig zu liegen –, sondern weil Mutationen in DNS-Sequenzen, die nie mehr benutzt werden [weil sie Codes für einen Fall enthalten, der nie mehr eintritt], sich nicht nachteilig auf das Überleben auswirken. Ein Geschöpf mit der Mutation überlebt genauso gut wie ein anderes ohne sie, und damit sinken die Chancen der nichtmutierten DNS, für ihre eigene Replikation zu sorgen. Bei den Säugetieren muß etwas Dramatischeres passiert sein, unklar ist nur, was.

Es ist besser, verschieden zu sein

Geschöpfe entwickeln sich nicht isoliert, sondern als Bestandteile eines Ökosystems, eines koevoluierenden Systems von Organismen, die massiv miteinander wechselwirken. Die Biologen sprechen gern von ökologischen Nischen, möglichen »Lebensstilen« für die Organismen in einer bestimmten Umgebung. Diese Nischen sind nichts Feststehendes, Gottgegebenes; »Nische« ist nur eine handliche Metapher, um die Beziehung eines Organismus zu seiner Umwelt – einschließlich anderer Organismen – zu beschreiben. Bevor sich nicht Hunde entwickelt haben, ist die Nische für Hundeflöhe unbesetzt; sie ist nicht vorhanden. Die Geschichte eines Ökosystems ist zumeist eine Geschichte wachsender Komplexität, mit Organismen, die sich in zunehmend spezialisierte Nischen hineinentwickeln und so zu stärker spezialisierten Organismen werden. Ein altes Beispiel ist der Burgess Shale; zwei neuere sind die Buntbarsche der afrikanischen Seen und die Darwinfinken, die wir jetzt beschreiben wollen.

Darwin erkannte, daß die Ökosysteme kleiner Ozeaninseln sich von denen großer Landmassen stark unterscheiden müßten, weil die Effekte der Geographie sehr begrenzt sein würden, weil sie viel weniger Arten umfassen würden und weil ein isoliertes System sich anders entwickeln würde als eines, das ständig äußeren Störungen ausgesetzt ist. »Auf den Galápagos-Inseln sind fast alle Landvögel, aber nur zwei von elf Meeresvögeln eigenartig«, beobachtete Darwin. Unter »eigenartig« verstand er spezialisiert. Das ist noch heute so. Es gibt auf den Galápagos-Inseln dreizehn Finkenarten, die alle von einem gemeinsamen Vorfahren abstammen und sich wahrscheinlich in den letzten fünf Millionen Jahren – vielleicht auch weniger – entwickelt haben. Sie sind alle schwarz oder braun gefiedert und zwischen 7,5 und 1 2,5 Zentimetern lang. Sie sind erstaunlich spezialisiert. Drei Arten leben auf Bäumen, zwei auf Kakteen, vier am Boden; hinzu kommen je ein Trillerfink, ein Mangrovenfink, ein Spechtfink und ein vegetarischer Fink. In Abwesenheit der gewohnten Konkurrenz besetzte die ursprüngliche Finkenart unter Evolution die verschiedensten Nischen [ein Phänomen, das man »adaptive Radiation« nennt]. Jede Finkenart hat ihre typische, an die gewählte Nische angepaßte Schnabelform. So hat der vegetarische Fink einen kurzen, dicken Schnabel zum Samenknacken.

Die Wirkung der natürlichen Auslese ist hier nicht die einer »Natur, rot an Zähnen und Klauen«, um Tennysons Worte zu zitieren; die Tiere konkurrieren nicht verzweifelt um dasselbe Nahrungsangebot. Die Tiere lernen vielmehr, mit ihren Artverwandten auszukommen, indem sie nach einem alternativen Nahrungsangebot suchen. Das heißt nicht, daß es keine Konkurrenz gibt; es ist ja die Konkurrenz, die die natürliche Auslese erst in Gang bringt. Den Konkurrenzaspekt der natürlichen Auslese kann man in der Praxis aber kaum beobachten. Nach geologischen Zeitmaßstäben läuft alles so schnell ab, daß man nur die schließlichen Gewinner sieht.

Im menschlichen Zeitmaßstab können wir die ablaufenden Veränderungen aber manchmal beobachten. Die Evolution der Darwinfinken geht weiter. Ab Mitte 1976 herrschte auf der Insel Daphne Major eine Dürre. Da die Pflanzen nur wenig Blätter trieben, entstand ein Mangel an Raupen. Wenige Kaktusfinken-Paare brüteten, aber ihre Brut überlebte nicht. Die mittelgroßen bodenbewohnenden Finken brüteten gar nicht. Als es Anfang 1978 wieder regnete, waren von der Population der mittelgroßen bodenbewohnenden Finken nur 15 Prozent übrig. Sie waren im Hinblick auf Größe selektiert worden: Den großen Vögeln erging es am besten. Besonders ihre Schnäbel waren auffällig groß. Das war wohl der für ihr Überleben entscheidende Faktor. Wenn Samen knapp werden, sind Vögel, die größere, normalerweise verschmähte Samen nutzen können, im Vorteil.

Ein noch extremerer Fall praktischer Isolierung eines Ökosystems liegt bei den *Cichliden* in den Seen des ostafrikanischen Grabens vor. Die *Cichliden* [Buntbarsche] gehören zur Familie der Barsche; ihre Länge variiert zwischen fünf und sechzig Zentimetern, und es gibt weltweit rund zwölfhundert Arten [ausgenommen die in den Seen des Grabens]. Die drei größten Seen im ostafrikanischen Graben sind der Viktoria-, der Njassa- und der Tanganjikasee, und sie sind zwischen einer halben Million und zehn Millionen Jahre alt. In dieser Zeit hat die Landschaft sich – in der Regel allmählich – verändert, wobei sich auch die Verbindungen der fließenden und stehenden Gewässer geändert haben; dadurch sind die Fische überhaupt in die Seen gekommen. In jedem der Seen scheinen die *Cichliden* von einer einzigen Gründer-Art abzustammen, und zwar in jedem See von einer anderen. Im Viktoriasee gibt es heute rund 750 Arten, im Njassasee zweitausend und im Tanganjikasee dreitausend – in jedem der beiden letzten Seen also mehr als in der ganzen übrigen Welt.

Von unterschiedlichen Arten ausgehend, ist dennoch in allen Seen die gleiche ökologische Spannweite, die gleiche Vielfalt an ökologischen Nischen entstanden. In allen gibt es die Standard-Fischarten, die kleinere Tiere fressen, und Fische, die Algen fressen; es gibt aber auch Spezialisten, die nur Augen oder nur Flossen oder nur die Babys anderer Fische fressen. In jedem See gibt es einen kleinen blauschwarzen Fisch mit drei breiten goldenen Längsstreifen, der jeweils die gleiche Nische besetzt; er stammt aber, wie der Skelettaufbau beweist, jeweils von einem anderen Vorfahren ab.

Von den ansässigen Fischern, die ein marktfähigeres Produkt suchten, wurden vor einiger Zeit Welse [Katfische] in den Seen ausgesetzt, die der ganzen komplexen *Cichliden*-Ökologie sehr nachhaltig Konkurrenz machten. Der Wels machte keinen Unterschied zwischen den verschiedenen *Cichliden*-Arten; er konnte einfach besser als alle *Cichliden* den Grund des Sees nach Nahrung durchwühlen. Bis zur Einführung des Wels war der tauglichste Grundwühler den Umständen entsprechend der tauglichste grundwühlende Cichlide. Das änderte sich, als der Wels kam, und die grundwühlenden *Cichliden* starben aus. Tauglichkeit ist, wir wiederholen es, Tauglichkeit in bezug auf die bestehende Konkurrenz, und neue Konkurrenten verändern den Charakter des Spiels.

Wie diese beiden Beispiele zeigen, führen Evolutionszwänge selbst in einem isolierten Ökosystem mit begrenzten Ressourcen zu Mannigfaltigkeit und zur Besetzung zunehmend spezialisierter Nischen. Dieser Prozeß fortschreitender Komplikation kann jedoch nicht endlos weitergehen. Der Evolutionsdruck zwingt die Lebewesen, ständig an der Grenze ihrer Fähigkeiten zu operieren, einen schwierigen Balanceakt am Rande der Katastrophe auszuführen. Es kann eine Zeit kommen, da der »Stil« eines Organismus, sein Organisationssystem, kopflastig zu werden beginnt. Nachdem er sich einmal spezialisiert hat, kann er sich dann, um seine Lage zu verbessern, nur noch mehr spezialisieren; er sitzt in einer Sackgasse der Evolution. Viele prähistorische Tiere wie die Säbelzahntiger und die Titanotherien wurden so groß und schwerfällig, daß sie gerade an der Grenze dessen waren, was ihre Umwelt tragen konnte. Ihre Größe war ein solcher Vorteil, daß es sich evolutionär für sie auszahlte, so groß zu werden, aber dafür mußten sie einen Preis zahlen. Indem sie genau an der Grenze operierten, wurden sie anfällig für Umweltveränderungen, besonders für Kürzungen des Nahrungsangebots.

Unter solchen Umständen kann es sich für einige der Konkurrenten in evolutionärer Hinsicht lohnen, den späteren, komplizierten Teil ihrer Lebensgeschichte abzuschneiden; dieses Abschneiden führt entweder zu Neotenie [Auslassung des adulten Stadiums] oder zu Progenese [Forpflanzung als Larve], je nachdem, ob Stabilität oder Ausnutzung angesagt ist. Wenn es vorteilhaft ist, sich treu zu bleiben und weiterhin eine gutentwickelte, eingefahrene Nische zu besetzen, entsteht Neotenie; wenn aus der alten eine neue Nische entwickelt und diese restlos ausgenutzt werden soll, kommt es zur Progenese. Wenn der spätere, komplizierte Teil der Entwicklung ausgelassen wird, kann ein bewährter, aber vereinfachter früherer Zustand in einem bislang unzureichend genutzten Umweltbereich als adulter Typ verwendet werden. Das Meeres-Plankton bietet Nahrung genug für alle, und viele Meeresorganismen schicken ihre Larven dorthin zur Schulspeisung. Wenn jedoch großer Evolutionsdruck herrscht, können die Plankton-Organismen ihr adultes Stadium gänzlich verlieren und zu räuberischen Larven werden, die die anderen Schulkinder nicht bloß schikanieren, sondern auffressen.

Von dieser neuen Basis aus können neue komplizierte Konkurrenzverhältnisse aufgebaut werden. Vorstoß, Rückzug und Konsolidierung, dann erneuter Vorstoß. Diese »Vereinfachungen« vermehren die Mannigfaltigkeit, weil gewöhnlich auch die ursprünglichen Organismen noch da sind. Diese Mannigfaltigkeit weist zudem ein gewisses Gefüge auf. Alle Organismen haben ihre Parasiten und ihre Freßfeinde, und diese Parasiten bilden eigene evoluierende Subsysteme, die ihren Wirtsorganismen auf der Spur bleiben, sich mit ihnen diversifizieren und immer wieder neue Tricks an ihnen ausprobieren.

Genetische Bausätze

In Lehrbüchern ist gewöhnlich davon die Rede, daß eine zufällige Mutation der DNS einen Fächer von Entwicklungsvarianten bereitstellt [von denen viele letal sind: Das Entwicklungssystem stürzt ab]. Doch die Mutation eines einzelnen Gens wirkt sich selten in vorhersehbarer Weise auf die Entwicklung eines Organismus aus. Waddington hat das eindeutig gezeigt. Wie stark die Entwicklung von einem Umweltreiz oder einer Genabweichung beeinflußt wird, hängt davon ab, welche sonstigen Gene noch vorhanden sind. Das gilt besonders für die »Wildtyp«-Version des entsprechenden Gens, die sich, wie wir in Kapitel 3 sahen, typischerweise außerhalb des Labors befindet: Wenn eine Mutation eintritt, ist auf dem entsprechenden Chromosom des anderen Elternteils immer eine normale Version vorhanden. Fast alle Mutationen führen zu einem Funktionsverlust der Proteine, die das Gen produziert; eine solche Mutation wird gar nicht sichtbar, wenn das normale Gen vorhanden ist. Mutierte Gene dieses allgemeinen Typs sind daher rezessiv; wenn Sie von Papa ein mutiertes Augenfarben-Gen bekommen, ist immer noch das normale Gen von Mama da, und weil das gewinnt, haben Ihre Augen die normale Farbe.

Die kanalisierte Entwicklung, in der das ganze System sich gegen Umwelt- und genetische Änderungen stabilisiert hat, weist – noch raffinierter – zu jeder Phase oder Funktion alle erdenklichen Alternativwege auf, oft aufgrund einer Duplikation oder gar Vervielfachung der originalen Gensequenz. Ein bestimmtes Protein wie etwa das Hämoglobin findet man gewöhnlich durch viele verschiedene DNS-Sequenzen repräsentiert. Eine davon erzeugt bei uns Menschen das spezielle embryonale Hämoglobin, das so gierig nach Sauerstoff ist, das es ihn dem mütterlichen Blut entziehen kann; später gibt es dann ein fötales Hämoglobin, das schließlich durch den erwachsenen Typ abgelöst wird. Das menschliche Genom enthält noch viele andere hämoglobinartige Sequenzen, die allerdings nie genutzt werden. Für die Aufbewahrung solcher Kopien gibt es gute Gründe – sie sind kein überflüssiger Plunder. Jeder von uns hat eine Menge Sachen im Kleiderschrank und in der Schublade; wir ziehen sie nicht alle gleichzeitig an. Das ist keine Verschwendung, sondern es ist sehr sinnvoll, wenn man ein Stück hat, das in der Wäsche ist, eines, das man anzieht, und eines, das in der Schublade liegt, für alle Fälle. Computerbenutzer lernen, von allen wichtigen Programmen und Dokumenten Backup-Kopien auf Diskette zu ziehen, die nicht benutzt, sondern aufbewahrt werden. Wenn [es muß auf jeden Fall »wenn« heißen, nicht »falls«] der Computer zusammenbricht und die Festplatte frißt, auf der sich die Arbeitskopien befinden, kann man dank der Backup-Kopien alles wiederherstellen. Für sogenannte Software-»Upgrades«, die angeblich verbesserte Versionen darstellen, gilt das Gleiche: Ein vernünftiger Benutzer bewahrt sich Kopien von den älteren Versionen auf, für den Fall, daß die glänzende neue Verbesserung unerwartete Macken aufweist. [Was der Regelfall ist, so daß die Macken nicht wirklich unerwartet sind.] Das Leben hat den DNS-Backup-Trick in einem ziemlich frühen Stadium der Evolution erlernt, hauptsächlich aus dem »Upgrade«-Grund. Die meisten Mutationen kommen, wie es scheint, in ungenutzten Teilen der DNS vor und gehen im Lauf der Evolution zugrunde, sofern diese DNS nicht die Tricks der egoistischen Gene anwendet. Werden diese Teile gelegentlich genutzt, etwa wenn zwei rezessive Gene in einem Geschöpf zusammentreffen, dann kann die Evolution experimentieren, ohne Dinge, die bereits funktionieren, zu verlieren, falls das Experiment nichts Brauchbares ergibt.

Es gibt einen noch raffinierteren Grund dafür, daß die meisten DNS-Veränderungen [und Umweltschwankungen] das Entwicklungsprogramm nicht erkennbar beeinflussen. Es liegt daran, daß die betreffenden Systeme flexibel sind. Wie das Subprogramm für die Haut, das es dem Embryo erlaubt, nach Belieben zu wachsen, ohne zu platzen, haben die meisten Entwicklungsprogramme der Tiere und Pflanzen eine Fülle von Bedarfsplänen. In Kapitel 3 haben wir erklärt, daß der Embryo des Frosches sich ungeachtet der Temperatur gleichmäßig entwickelt, indem er bei verschiedenen Temperaturen verschiedene Enzyme benutzt. Lassen Sie uns das kurz erläutern. Es ist unwahrscheinlich, daß Teile der Boten- RNS Gen-Fotokopien –, die das Ei erhielt, als es einen mütterlichen Kern hatte, Labels enthalten, die tatsächlich Anweisungen von der Art »Benutzen, wenn die Temperatur 27 Grad übersteigt« befolgen. Damit eine solche Anweisung sinnvoll wäre, bräuchte das Ei ein Thermometer. In Wirklichkeit besitzen die entsprechenden Teile der Boten-RNS vermutlich quantitativ verschiedene Labels, und der Embryo benutzt zunehmend schnellere, wenn eine bestimmte Reaktion gegenüber anderen ins Hintertreffen gerät. Es könnte beispielsweise sein, daß bei sinkender Temperatur ein notwendiges Enzymprodukt knapp wird. Insofern besitzt der Embryo tatsächlich ein Thermometer, doch der Zugriff auf das richtige Enzym erfolgt automatisch, weil die DNS-Programmierung des Embryos indirekt temperaturempfindlich ist. Eine solche eingebaute Flexibilität, bei der das Endprodukt vorhersagbar ist, die Mittel aber wechseln können, ist charakteristisch für das Leben. Wenn eine Biene auf der Suche nach Nektar den Stock verläßt, kann man vorhersagen, daß sie sich in Kürze auf einer Blüte niederlassen wird, aber man kann nicht vorhersagen, auf welcher Blüte und auf welchem Weg sie dorthin gelangen wird.

Lehrbücher heben die Homöostase von adulten Tieren hervor, ihre eingebaute Fähigkeit, die richtige Temperatur und die richtige Menge an gespeicherter Nahrung aufrechtzuerhalten. Das embryonale Programm muß jedoch mehr als nur aufrechterhalten – es muß fortschreiten. Waddington bezeichnete die Mechanismen, die diese Aufrechterhaltung von Entwicklungswegen bewirken, als »Homöorhese«. Der Begriff umfaßt unterschiedliche Formen von Entwicklungsflexibilität, nicht nur das wärmeabhängige Verhalten des Froscheis, sondern auch die Tatsache, daß die beiden Hälften eines durch teilten Froscheis zwei vollständige Kaulquappen ergeben, oder die, daß das Hirtentäschel sowohl zu einem gewaltigen Strauch als auch zu einem winzigen Kümmerkraut heranwachsen kann. Viele Menschen glauben, daß alle Lebewesen diese Art von Flexibilität besitzen, daß sie mit dem Leben als Nebenwirkung oder als notwendige Bedingung verbunden sei. Das ist nicht der Fall. Der Fadenwurm *Caenorhabditis* ist, wie schon gesagt, ein Organismus aus dem Stabilbaukasten, ohne jegliche Flexibilität. Alle Fadenwürmer dieser Art weisen in allen Organen [mit Ausnahme der Gonaden und der Haut] die gleiche Anzahl von Zellen auf, und sie können Wunden nicht reparieren. Flexibilität ist nicht einfach eine Eigenschaft von lebendem Material – sie muß erklärt werden, und ihre Mechanismen müssen aufgezeigt werden.

Ein Kommunikationsspezialist

Flexibilität hängt vom Zugang zu entsprechenden Informationen ab. Man kann eine Wunde nicht reparieren, wenn man nicht auf irgendeine Weise »erfährt«, daß eine Wunde da ist und wo sie ist. Denkbar wäre, daß Wunden ein generalisiertes chemisches Signal aussenden, auf das dann reagiert wird, aber das ist wohl kaum eine narrensichere Methode. Ebensowenig kann ein flexibles Entwicklungsprogramm differenziert auf Umweltschwankungen reagieren, wenn es nicht etwas über die Umwelt »erfährt«. Auch für dieses Problem gibt es eine relativ einfache Lösung. Viele Informationen liefern zu

Beginn der embryonalen Entwicklung interne Rückkopplungsmechanismen, die beispielsweise angenähert das Verhältnis von Zytoplasma zu Zellkern messen. Das reicht, um Fragen wie »Sollen wir aufhören, uns zu teilen?« oder »Sind die Zellen klein genug?« zu beantworten, versagt aber bei schwierigeren Problemen.

Eine weit bessere Lösung besteht darin, das Erfassen von Informationen über den Organismus oder seine Umwelt und deren Weiterleitung an eine Stelle, wo darauf reagiert werden kann, einer spezialisierten Klasse von Zellen zu übertragen. Viele vielzellige Orga nismen haben genau einen solchen Kommunikationsspezialisten entwickelt: die Nervenzelle. Eine Nervenzelle ist sehr lang und sehr dünn – manche reichen von unseren Zehenspitzen bis zum Gehirn –, und sie leitet elektrische Signale durch einen chemischen Vorgang weiter. In der Evolution treten Nervenzellen früher auf als Gehirne – und bei einfacheren Tieren. Der Fadenwurm *Caenorhabditis* hat Nervenzellen, benutzt sie aber anscheinend nicht zur Weiterleitung von Umweltinformationen; er montiert sich Schritt für Schritt aus den Teilen des Stabilbaukastens zusammen, und zu den Teilen gehören auch die Nervenzellen. Bei einem relativ einfachen Tier wie der *Hydra* [Süßwasserpolyp] und bei den meisten anderen Tieren wird die Entwicklung durch Nervenzellen überwacht. Ausgewachsene *Hydras*, bei denen sich ein Netz von Nervenzellen über den ganzen Körper zieht, können ihre Gesamtbewegungen in einer Weise koordinieren, die eine »Intention« zu verraten scheint: Sie krümmen sich einer Beute entgegen.

Es gibt eine regelrechte Theorie neuraler Netze, idealisierter Strukturen, die einige der bekannten Merkmale von Nervenzellen imitieren. Diese Netze können als verwickelte Schaltkreise betrachtet werden, in denen das Verhalten des einzelnen Schalters von den Signalen abhängt, die er von allen anderen, mit denen er verbunden ist, erhält. Wenn Sie sich hierdurch an eine zelluläre Version elektronischer Schaltungen erinnert fühlen, so ist das gar kein so falsches Bild. Man kann elektronische Schaltkreise so planen, daß sie fast jede gewünschte Funktion ausführen, auch komplizierte Rechenaufgaben, und das ist auch mit neuralen Netzen möglich.

Doch die Natur plant die Dinge nicht – sie läßt sie sich entwickeln. Das Netzwerk der Nervenzellen, die Verknüpfungen und die chemischen »Kalkulationen« der Nervenzelle – von denen es abhängt, welche Signale sie aussendet und wie sie auf empfangene Signale reagiert – sind vermutlich irgendwie in der DNS der Organismen kodiert, und sie können durch Mutationen auf unendliche Weise modifiziert werden. Manche Modifikationen steigern den Fortpflanzungserfolg, andere nicht. Die nicht dazu beitragen, sterben aus; die anderen überleben und replizieren sich. Die »intentionalen« Bewegungen der *Hydra* sind wohl darauf zurückzuführen, daß Frühformen der *Hydra*, die zufällig dieses spezielle Nervennetz und die dazugehörigen chemischen Regeln aufwiesen, erfolgreicher waren als ihre Konkurrenten. Andere Regeln, die bewirkt hätten, daß die *Hydra* sich von der Beute fort krümmt, wären sicher ein totaler Fehlschlag gewesen.

Die auf einem Netzwerk von Nervenzellen beruhenden Fähigkeiten geben dem Verlauf der Evolution eine entscheidende Wendung. Sie verändern alle Spielregeln. Man braucht einem Freßfeind nicht mehr davonzulaufen, man kann ihn überlisten. Man kann spüren, daß er sich nähert, und sich vorsichtig zurückziehen. Statt blindlings nach Beute herumzutasten, kann man ein Kennzeichen, etwa eine chemische Substanz, die sie ausschüttet, aufspüren. Man kann chemische Signale aussenden, um einen passenden Partner zu finden. Freßfeinde können den Signalmechanismus belauschen und einem eine unangenehme Überraschung bereiten. Aus alledem ergibt sich, daß das Experimentieren mit verbesserten Nervenzellen, mit neuralen Netzen, mit Sinnesorganen und mit Recheneinheiten, die aus den Meldungen der Sinnesorgane brauchbare Informationen herausziehen, einen gewaltigen evolutionären Vorteil verschafft. Dieselbe Ausstattung hilft außerdem, die biologische Entwicklung zu überwachen und Flexibilität zu erzeugen. Nervenzellen können den Entwicklungsstand eines Organismus selbsttätig überwachen und auf wesentliche Veränderungen rasch und über eine Entfernung hinweg reagieren.

Neurale Schaltungen

Eine Nervenzelle, auch Neuron genannt, besteht aus einem rundlichen Zellkörper, von dem eine lange Faser, das Axon, ausgeht. Am Ende des Axons – manchmal auch zwischendrin – befinden sich Gebilde, die Verbindungen zu anderen Nervenzellen herstellen, die Synapsen. Vom Zellkörper gehen außerdem verzweigte Strukturen aus, sogenannte Dendriten, an denen Verbindungsstränge von anderen Neuronen ankommen. Neurone kommunizieren durch elektrische Impulse, die im Zellkörper erzeugt und über das Axon weitergeleitet werden, ungefähr so wie die Nachrichten über eine Telefonleitung. Die Elektrochemie der Leitungsvorgänge ist weitgehend erforscht, aber wenig weiß man darüber, wie die Neuronen ankommende Impulse »interpretieren« und wie sie entscheiden, was für Impulse sie in Reaktion darauf aussenden. Die Funktionsweise des neuralen Telefonsystems haben wir in seinen Grundzügen verstanden, aber wir wissen praktisch nichts über die Bedeutung der hindurchfließenden Meldungen.

Den Grundstein für die Theorie neuraler Netze legten Warren McCullough und Walter Pitts 1941 mit einem einfachen mathematischen Modell der Neurone und ihrer Verknüpfungen. Heute sieht man die Einzelheiten ein wenig anders, aber da sich die allgemeine Idee an der Originalversion leichter darstellen läßt, bleiben wir eine Weile beim altmodischen Bild. Ein Pitts-McCullough-Neuron ist ein Kreis [der Zellkörper], von dem einige Output-Fasern ausgehen [Abb. 20]. Sie stellen die Verbindung zu anderen Neuronen her und sind von dem Neuron her, an dem sie endigen, als Input-Fasern zu betrachten. Es gibt zweierlei Input-Fasern, erregende und hemmende. Wie unterscheiden sie sich?

Abbildung 20: Inputs und Outputs bei einem Modellneuron von 1940

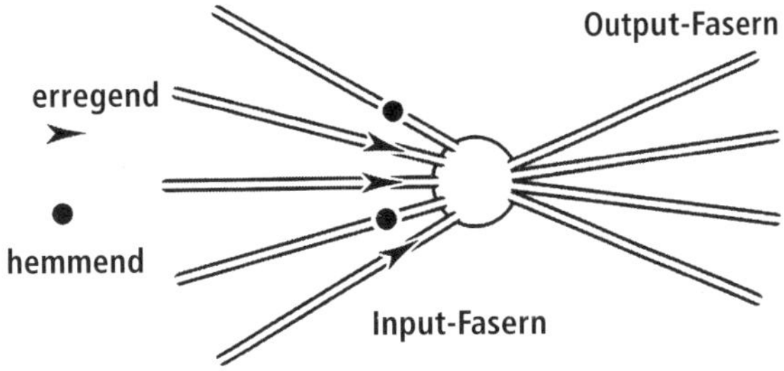

Wenn ein Neuron feuert, schickt es auf allen Output-Fasern ein Signal aus. Wir legen fest, daß dieses Signal bis zum Neuron am anderen Ende jeweils die gleiche Zeit benötigt – eine Einheit. Jedes Neuron hat einen Schwellenwert, von dem es abhängt, ob es in Reaktion auf ankommende Signale feuert oder nicht. Hemmende Input-Fasern haben ein totales Vetorecht: Kommt auf einer hemmenden Input-Faser ein Signal an, feuert das Neuron nicht. Kommen keine hemmenden Signale, zählt das Neuron, wieviele erregende Input-Fasern ein Signal bringen, und wenn diese Zahl den Schwellenwert erreicht oder überschreitet, feuert es. Zwischen diesem idealisierten Neuron und einem realen Neuron gibt es etliche Unterschiede: Eine wesentliche Vereinfachung ist der synchrone Ablauf, ebenso der interne »Schwellen«-Mechanismus. In modernen Darstellungen werden diese Beschränkungen überwunden. Doch trotzdem sind diese goldenen Oldie-Modelle sehr vielseitig. Wenn man sie zusammenfügt, erhält man zum Beispiel einen Computer. Wir stellen uns aber eine viel einfachere Aufgabe und bauen etwas, das ein Organismus verwenden könnte, der ein rudimentäres sensorisches System entwickelt. Abbildung 21 zeigt ein sehr einfaches neurales Netzwerk nach Pitts-McCullough mit nur sieben Neuronen, die durch große Kreise dargestellt sind. [Das menschliche Gehirn zählt zehn Milliarden Neurone.] Die erregenden Verknüpfungen sind dargestellt als Striche mit einem Pfeil am Ende, eine hemmende als ein Strich mit einem kleinen Kreis am Ende. Die Zahlen in den Kreisen bedeuten die Schwellenwerte des jeweiligen Neurons. Dieses Netzwerk ist über eine Input-Verknüpfung mit der Außenwelt verbunden und erzeugt einen Output, der, basierend auf der Verarbeitung innerhalb des Netzwerks, als Entscheidungsgrundlage dienen kann. Es ist also ein stark vereinfachtes Modell des sensorischen Prozesses bei einem Lebewesen, das eine Besonderheit in der Außenwelt bemerkt und auf der Grundlage der neuralen Verarbeitung darauf reagiert. Was könnte dieses Netzwerk leisten?

Vielleicht denken Sie darüber nach, bevor Sie weiterlesen.

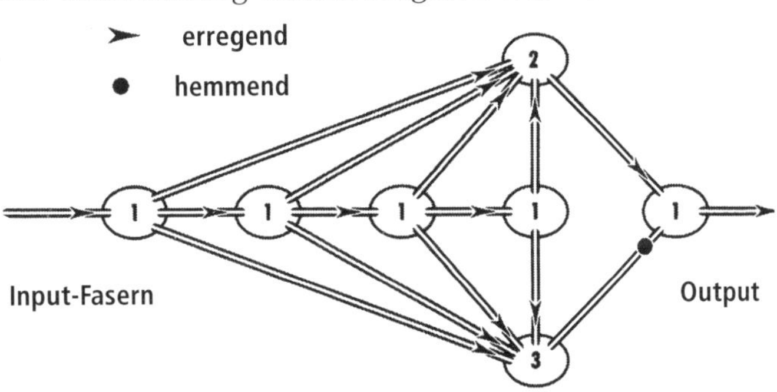

Abbildung 21:
Ein Pitts-McCullough-Netzwerk.
Was macht es ?

Nehmen wir an, das linke Neuron erhält ein Input-Signal. Daraufhin feuert es, da es einen Schwellenwert 1 hat und kein hemmender Input vorliegt. Dieses Signal kommt eine Zeiteinheit später bei drei Neuronen an: dem unmittelbar zur Rechten mit dem Schwellenwert 1 sowie dem oberen und dem unteren mit den Schwellenwerten 2 beziehungsweise 3. Genauso verhalten sich das Neuron unmittelbar zur Rechten und die beiden folgenden Neurone mit dem Schwellenwert 1. Das fünfte Neuron in der Reihe, das schließlich den Output erzeugt, hat gleichfalls den Schwellenwert 1, aber es ist nicht direkt mit dieser Kette verbunden. Die Kette aus vier Neuronen fungiert als eine »Verzögerungsleitung«, ein Kurzzeitgedächtnis. Jeder Input, den das erste Neuron erhält, wird nach einer Zeiteinheit an das nächste weitergereicht und nach einer weiteren Zeiteinheit an das dritte, um nach drei Zeiteinheiten beim vierten Neuron anzukommen.

Das Neuron mit dem Schwellenwert 2 wird nur dann feuern, wenn zuvor – eine Zeiteinheit früher – mindestens zwei Neurone in der Verzögerungsleitung feuern. Das Neuron mit dem Schwellenwert 3 wird seinerseits nur dann feuern, wenn zuvor mindestens drei Neurone in der Verzögerungsleitung gefeuert haben. Was geschieht nun bei dem Neuron rechts außen mit dem Schwellenwert 1? Die Verknüpfung von Neuron 2 ist erregend, aber die von Neuron 3 hemmend. Damit dieses letzte Neuron feuert und ein Output-Signal erzeugt, muß eine Zeiteinheit früher Neuron 2 gefeuert haben, aber Neuron 3 darf nicht gefeuert haben. Genau zwei Neurone in der Verzögerungsleitung müssen also eine Zeiteinheit früher gefeuert haben. [Mindestens zwei sind nötig, damit Neuron 2 feuert, aber mehr als zwei werden auch Neuron 3 zum Feuern veranlassen.]

Kurz, wenn das Neuron ganz links in einem Zeitraum von drei Einheiten genau zwei Input-Signale erhält, wird das Neuron ganz rechts feuern [zwei Zeiteinheiten nach dem Eingang des zweiten Input-Signals]. Geht in einem Zeitraum von drei Einheiten eine höhere oder niedrigere Zahl von Input-Signalen ein, wird das Neuron ganz rechts nicht feuern. [Wir nehmen an, daß das Netzwerk schon in Betrieb ist und nicht erst zu arbeiten beginnt.] Wenn Sie verstanden haben, wie dieses Netzwerk funktioniert, wird es Ihnen keine Mühe machen, es beispielsweise so abzuändern, daß es nur dann einen Output erzeugt, wenn in einem Zeitraum von fünfzig Einheiten zwischen zehn und zwanzig Input-Signale eingehen – und ähnliche Funktionen mit drei beliebig gewählten Zahlen werden Ihnen auch keine Schwierigkeiten machen. Gar nicht schlecht für ein paar Kreise, die durch Pfeile verbunden sind.

Ein solcher sensorischer Detektor könnte für einen Organismus ganz zweckmäßig sein. Mit ihm kann er auf die Außenwelt reagieren, sobald dort etwas passiert – etwas, aber nicht zuviel. Ohne ihn muß er ständig oder nie reagieren oder einfach ignorieren, was über den Input von der Außenwelt gemeldet wird. Stellen wir uns ein Meereslebewesen vor, das seine Nahrung mit einem Fangarm ergreift. Ein einzelner gelegentlicher Reiz an seinem Sinnesorgan kann alles mögliche bedeuten: einen Krebs, der vorbeihuscht und längst fort ist, oder einen Kieselstein, der von oben heruntersinkt. Zuviel

Aktivität könnte bedeuten, daß ein Freßfeind herumschnüffelt, bereit, jederzeit zuzuschlagen, sobald das unvorsichtige Tier seinen Fangarm ausstreckt. Ein mittleres Maß von Aktivität könnte die Anwesenheit eines kleinen, sich langsam bewegenden Organismus signalisieren: Nahrung. Das beschriebene neurale Netz würde nicht immer die richtige Entscheidung treffen, doch ein überaktives Tier würde schnell zur Beute von Freßfeinden werden, und ein unteraktives würde verhungern. Im Überlebenskampf würde das effektivste neurale Netzwerk ausgelesen werden.

Für die Evolution neuraler Netzwerke gibt es mindestens zwei verschiedene Wege. Einer graduellen Entwicklung entspricht am ehesten die Feinabstimmung der Schwellenwerte in einem bereits bestehenden Netzwerk, eine Art rudimentärer Lernprozeß. Unser Freund mit den Fangarmen könnte sich zu einem Organismus entwickeln, der mit einem bestimmten Verzögerungs-Netzwerk dadurch zu den effektivsten Entscheidungen gelangt, daß er die Schwellenwerte jener Neurone, die für das Mindest- und das Höchstmaß an Aktivität in einem bestimmten Zeitraum verantwortlich sind, einer Feinabstimmung unterzieht, die seine Überlebenschancen erhöht. 1949 sagte Donald Hebb, daß Nervenzellen, die zusammen feuern, zusammen wachsen. Einschneidender ist eine Änderung in der Topographie des Netzwerks selbst – die Schaffung neuer Verknüpfungen, der Wechsel von Hemmung zu Erregung, ja sogar die Schaffung neuer Neurone. Eine Verbindung dieser beiden Prozesse wird zusammen mit der Zufallsmutation und der natürlichen Auslese im Laufe von Jahrmillionen zu immer komplexeren und raffinierteren Sensoren und Analysatoren führen.

Schließlich: Das Gehirn

Die Entwicklung neuraler Sensoren und Analysatoren muß ein historisch bedeutender Überlebenstrick gewesen sein, denn die kompliziertesten Tiere haben Nervenzellen. Sie bilden bei der frei lebenden Larve und beim adulten Tier ein Sensorium, einen Fächer von Sinnesorganen, und stellen die Verbindung zu einem Motorium her, einem Bewegungsgenerator, der aus Muskeln, Drüsen und anderen Effektoren besteht. Die meisten Tiere sind komplizierter als die *Hydra* und haben so etwas wie ein zentrales Schaltsystem, von dem die Reaktionen auf die sensorischen Inputs festgelegt werden. Dieses zentrale Schaltsystem befindet sich fast durchweg an dem Ende des Tieres, das zuerst auf ein neues Problem stößt – am Vorderende. Es definiert daher einen »Kopf«, indem es die Hauptsinnesorgane an dieses Ende verlegt und die Hauptrecheneinheiten – das Gehirn – in der Nähe unterbringt.

Das menschliche Gehirn gliedert sich in Regionen, die aus verschiedenen Zeiten stammen und unterschiedliche Funktionen erfüllen. Gehirne bestehen aus einer kleinen Zahl großer Schaltkreise mit ziemlich spezifischen Funktionen; die großen Schaltkreise bestehen aus kleineren; die kleinen Schaltkreise bestehen aus einzelnen Nervenzellen; und die Nervenzellen haben sich aus andersartigen Zellen entwickelt. Das Problem der Entstehung des Gehirns reduziert sich also auf die allgemeine Frage der biologischen

Entwicklung. Die Frage, wie das Gehirn im einzelnen funktioniert, steht auf einem anderen Blatt.

Man muß sich klarmachen, daß ein Gehirn nicht nötig ist, um flexibel zu sein. Zur Nahrung können einen beispielsweise chemische Gradienten führen, und um sie zu spüren braucht man keine Nervenzelle. Amöben, die keine Nervenzellen haben, können sich auf unterschiedlichen Wegen einem Stück Nahrung nähern oder sich von einer schädlichen Chemikalie entfernen. Um aber anpassungsfähig auf die Umwelt zu reagieren, braucht man ein Gehirn. Wandelbarkeit oder Flexibilität des Verhaltens ist für ein sich entwickelndes Tier ebenso hilfreich wie Wandelbarkeit der Form. Wenn verschiedene komplizierte Verhaltensweisen in rechnende Schaltkreise im Gehirn verlegt oder entsprechende Daten dort gespeichert werden, lassen sich mit ein und demselben Körperbau mehrere Funktionen ausführen. Bräuchte ein Pferd für den Gang und den Trab jeweils besondere Beine, käme es in arge evolutionäre Verlegenheit. Doch mit der Evolution des Pferdes entwickelte sich auch eine neurale Steuereinheit für seine Gangarten, die für eine gegebene Geschwindigkeit und für ein gegebenes Gelände die jeweils am besten angepaßten Beinbewegungen auswählt. Die Hardware ist spezialisiert, die Software ist anpassungsfähig.

Dank dieser Anpassungsfähigkeit ist das Gehirn ein sehr erfolgreicher Kunstgriff der Evolution. Wer mehrere Arten von Beute fressen und mehrere Freßfeinde erkennen kann, dem geht es besser als den Rivalen, deren entsprechende Fähigkeiten geringer sind, und er wird wahrscheinlich mehr Nachkommen hinterlassen als sie. Er hat Zugang zu einfachen Überlebenstricks: »Laufe weg vor allem, was größer ist als du.« Nein, es bedarf keiner komplizierten Methode, um die Größe abzuschätzen: »Wenn du deine Augenstiele hochstellen mußt, um es zu sehen, dann verdufte. Aber schnell!« Es gibt Tricks, die ein Gedächtnis voraussetzen: »Von diesem Geschmack ist uns beim letzten Mal übel geworden – laß uns diesmal was anderes probieren.« Es gibt Tricks der Mustererkennung: »Wieder so ein schwarzgelb gestreiftes Ding – fuchtele wütend mit den Armen und verscheuche es.«

Sind erst einmal Gehirne da, dann lohnt es sich, bessere Gehirne zu entwickeln. Zwischen Raubtier und Beute kommt es zu einem evolutionären Rüstungswettlauf. Stellen Sie sich eine Herde ziemlich träger Geschöpfe mit schlechten Augen und schwachem Geruchssinn vor, auf die ein anderes Geschöpf Jagd macht, das nicht viel besser ausgestattet ist, aber scharfe Zähne hat. Für das Beutetier zahlt es sich aus, wenn es größere Schnelligkeit entwickelt, um davonzulaufen, und bessere Augen und Nasen, um den nahenden Räuber auszumachen. [Anders gesagt: Jene Beutetiere, die sich in diesem Sinn entwickeln, haben eine größere Chance zu überleben und jene Gene weiterzugeben, die für diese Fähigkeiten verantwortlich sind. Es ist nicht so, daß Geschöpfe sich absichtlich in diesem Sinn entwickeln, aber um weitschweifige Ausführungen zu vermeiden, werden wir gelegentlich auf diese Art von Metapher zurückgreifen.] Wenn das Beutetier etwas von diesen Dingen entwickelt, muß der Räuber es ebenfalls tun oder sein bevorzugtes Beutetier wechseln. Bei diesen evolutionären Rüstungswettläufen herrscht, wie Dawkins bemerkt hat, eine grundsätzliche Asymmetrie. Die Beute rennt um ihr Leben, der Räuber rennt nur um sein Mittagessen. Das hat zur Folge, daß Raubtiere sich nicht überentwickeln, denn dann würden sie im Jagen so erfolgreich, daß sie ihre Beute ausrotten würden. Ein solcher »Erfolg« ist durchaus kein Überlebensmerkmal für ein Raubtier, was die Fischfangflotten der Welt reichlich spät einzusehen beginnen. Deshalb neigen Raubtiere dazu, die Alten und Schwachen auszumerzen oder die Jungen, die von der Herde abgekommen sind; die starken adulten Beutetiere überleben meistens.

An diesem Prozeß sind Gehirne wesentlich beteiligt. Man kann nicht effizient laufen ohne ein Gehirn, das die Muskelbewegungen kontrolliert und koordiniert. Man kann nicht schnell laufen ohne Sinnesorgane, die einen davor bewahren, über eine Klippe zu stürzen oder gegen einen Baum zu prallen. Die Entwicklung der Sinnesorgane und der verbesserten Bewegung muß daher Hand in Hand gehen mit der Entwicklung der neuralen Schaltungen, auf denen ihre Funktionstüchtigkeit beruht. In der Technik läßt sich dieser Ablauf auch beobachten, zum Beispiel in der Entwicklung der Flugzeuge. In den ersten Flugzeugen hing es praktisch allein vom Gehirn des Piloten ab, die Leitflächen einzustellen und darauf zu achten, daß die Maschine nirgendwo anstieß. Heute sind alle Passagierflugzeuge mit Radar ausgestattet, einem Maschinen-»Sinnesorgan«, das, wenn es darum geht, durch Wolken oder Nebel zu »sehen«, dem Augenlicht überlegen ist, und für die Einstellung der Leitflächen und die Steuerung der Triebwerke wird zunehmend komplizierte Elektronik eingesetzt. Die Raumfähre würde ohne ihren Computer nicht viel besser fliegen als ein Backstein: Sie ist im normalen Flug aerodynamisch instabil, und ein Pilot ohne elektronische Unterstützung kann sie nicht steuern. Ein solcher Rüstungswettlauf kann zu wirklich sehr raffinierten Ergebnissen führen. Ein Faltermännchen kann seine Partnerin an einem einzigen chemischen Signal, einem Pheromon, erkennen; eine Gazelle benötigt anspruchsvollere Analyse-Schaltungen, um ein bestimmtes Muster von Gerüchen als »Löwe« zu erkennen. Ein Leuchtkäferweibchen wird durch ein blinkendes Licht, das die richtige Farbe und Frequenz hat, angezogen; eine Gazelle benötigt anspruchsvollere visuelle Schaltungen, um einen Löwen auszumachen, der teilweise von einem Busch verdeckt ist. Raubtiere haben so etwas wie ein inneres Modell der Mechanik entwickelt, das ihnen sagt, wieviel Kraft sie in einen Sprung investieren und in welchem Winkel sie sich abschnellen müssen, um ein laufendes Gnu zu Fall zu bringen. Auch Affen, die von Baum zu Baum springen, haben ein solches Modell. Und irgendwo in unserem Gehirn muß auch eines stecken, sonst könnten wir einen Ball, der angeflogen kommt, nicht fangen.

An dem oben beschriebenen neuralen Netzwerk wurde deutlich, daß die Datenverarbeitung Zeit benötigt. Komplizierte Datenverarbeitung benötigt viel Zeit. Wenn ein komplizierter Vorgang etwas bringen soll, muß die Verarbeitung beschleunigt werden. Die Evolution hat sich dazu des Tricks bedient, das Axon mit Myelin zu ummanteln, einer Substanz, die als Isolator das elektrische Signal am Entweichen hindert. Ein neurales Netzwerk, das damit arbeitet, genießt so etwas wie eine schlagartige evolutionäre Beförderung; alles läuft schneller, aber im übrigen praktisch wie zuvor.

Die Alternative ist das Festhalten an primitiveren Detektionssystemen, wie wir sie zum Schutz unserer Augen verwenden. Wenn etwas auf unsere Augen zukommt, tritt ein sehr schneller Reflex in Aktion, der die Augen schließt und uns den Kopf wegdrehen läßt. Wir warten nicht ab, um festzustellen, was für ein Gegenstand es ist und ob er uns schaden könnte. Wenn man seine Nase gegen eine Fensterscheibe preßt und auf der anderen Seite ein Hund daran hochspringt, macht man einen Rückzieher, obwohl man verstandesmäßig weiß, daß der Hund einem durch eine Glasscheibe nicht in die Nase beißen kann. Unser Gehirn bewahrt alle möglichen Spuren seiner Evolution. Wie jeder tüchtige Ingenieur weiß, können improvisierte Lösungen oft die effektivsten sein.

Informationstheorie

Wir haben immer wieder das Wort »Information« fallen gelassen, ohne zu erklären, was wir darunter verstehen. Da Gehirne auch als Vorrichtungen zur Informationsverarbeitung verstanden werden können, ist es wohl angebracht, das Unterlassene jetzt nachzuholen. Elektronikingenieure haben ein quantitatives Maß der Information entwickelt, das auf Arbeiten von Claude Shannon in den vierziger Jahren zurückgeht. Im binären System läßt sich jede Nachricht als eine Folge von Nullen und Einsern kodieren, und jede dieser Ziffern wird ein Bit genannt. Die in einer Nachricht enthaltene Informationsmenge ist gleich der Anzahl der zu ihrer Darstellung erforderlichen Bits und damit ihrer Länge. Die Antwort auf eine Ja-Nein-Frage vermehrt unser Wissen um ein Informations-Bit. Das Wichtige an der so definierten Information ist, daß sie in einer Nachricht nicht erzeugt, sondern nur zerstört werden kann. Wenn man weiß, wieviel Information in einer Nachricht enthalten ist, weiß man zugleich, wieviel man allenfalls aus ihr herausholen kann. [Ein Teil der Information kann verlorengehen, etwa wenn der Empfänger streikt oder wenn es in der Leitung zischt und knackt.]

Aus dieser quantitativen Informationstheorie ergeben sich wichtige Anwendungen für Codes zur Fehlererkennung und Fehlerkorrektur. Eine andere Anwendung gilt der Datenkompression, die im folgenden für uns bedeutsam werden wird. Wenn eine Nachricht redundante Elemente enthält, kann sie gekürzt werden; der Informationsgehalt kann verringert werden. Eine Nachricht könnte etwa das Telefonbuch einer Stadt mit hunderttausend Teilnehmern sein. Nehmen wir der Einfachheit halber an, daß jeder Teilnehmer eine zehnstellige Telefonnummer hat, daß jeder Name durchschnittlich zwanzig Buchstaben zählt und daß die Adressen weggelassen werden. Das Telefonbuch enthält folglich drei Millionen Zeichen. [Man kann jedes Zeichen mit Hilfe eines vereinbarten Codes wie A = 00000, B = 00001 und so weiter in binäre Form umwandeln, aber betrachten wir ein Zeichen als vereinbarte Informationseinheit. Ein Zeichen entspricht dann ungefähr fünf Bits, aber das soll uns hier nicht interessieren.]

Da manche Namen häufiger sind als andere, lassen sich die Daten des Telefonbuchs durch eine schlauere Verschlüsselung der Information komprimieren. Ein einfaches Beispiel: Möglicherweise kommen in einem amerikanischen Telefonbuch rund tausend Teilnehmer mit dem Nachnamen »Cohen« vor, aber wohl keiner mit dem Nachnamen »C«. Wenn man jeden »Cohen« mit »C« abkürzt, hat man viertausend Zeichen gespart.

Sollte es zufällig einige mit dem Nachnamen C geben, kann man zu einem vertrackteren Schema greifen und etwa »CC« für »Cohen« schreiben – eine Einsparung von dreitausend Zeichen. Besser wäre jedoch die folgende Verschlüsselung:

Cohen -> C
C -> CC

mit der man 3997 Zeichen einspart. [Sofern niemand mit dem Nachnamen »CC« da ist.] Fazit: Daten können von verschiedenen Codes um unterschiedliche Beträge komprimiert werden. Die Informationstheorie zieht der möglichen Kompression einer Nachricht mit einer gegebenen Menge Redundanz genaue Grenzen, die verwirrend durch eine Größe namens Entropie ausgedrückt werden. [Verwirrend, weil sie nicht mit dem gleichlautenden Begriff aus der Thermodynamik identisch ist.]

Bestimmte Nachrichten lassen sich jedoch sehr viel stärker komprimieren [teils deshalb, weil durch Beschränkung der möglichen Nachrichten die effektive Redundanz wächst]. Letzlich ließe sich das ganze Telefonbuch durch die Nachricht »A« verschlüsseln, wobei der Code lautet

Albert Aardvark 071 -433-91 52
-> ›A‹
Zola Zarathustran 020-366-6664

Um eine derart komprimierte Nachricht entschlüsseln zu können, muß man jedoch Zugang zum gesamten originalen Telefonbuch im Klartext haben. Die extreme Kompression ist also durch Mogelei erlangt.

Die Mogelei beruht darauf, daß man, um eine Nachricht lesen zu können, sowohl Zugang zum chiffrierten Text [der kodierten Nachricht] als auch eine Beschreibung des Codes braucht. Die wahre Datenmenge ist also die Länge des chiffrierten Textes plus die des Codebuches. Wenn man jeden »Cohen« in »C« verwandelt und jeden »C« in »CC«, spart man 3997 Zeichen im chiffrierten Text ein, benötigt aber zusätzlich zwölf Zeichen, um den Code anzugeben:

Cohen -> C; C -> CC

vorausgesetzt, das Zeichen »->« ist verfügbar. Die wirkliche Einsparung sinkt also auf 3985 Zeichen, aber das ist immer noch eine Einsparung. Der Extremfall, in dem das ganze Telefonbuch als »A« verschlüsselt ist, erhöht in Wirklichkeit die Anzahl der Zeichen. Statt

TELEFONBUCH haben wir A
A -> TELEFONBUCH

die Anzahl der Zeichen steigt also um drei: das »A«, das den ganzen chiffrierten Text bildet, und »A –>« im Codeverzeichnis.

Bei allen Diskussionen über Information in realen Systemen wie etwa Gehirnen oder der DNS muß nicht nur die Länge der Nachrichten berücksichtigt werden, sondern auch die Information, die in der Entschlüsselungsapparatur »versteckt« ist. Leider vergißt man diesen Punkt oft, wie wir noch sehen werden.

Augen sind keine Kameras

Fast alle Tiere, die kompliziert genug sind, um mehrere Organe zu haben, haben in Augen investiert, Sinnesorgane, die auf Licht reagieren. Das sichtbare Licht ist jener Teil des elektromagnetischen Spektrums, der wässrige Flüssigkeiten durchdringen kann – damit sind Ihre Augen gefüllt. Es gibt Augen in der unterschiedlichsten Form. Die einfachsten sind einzelne Zellen mit einem lichtempfindlichen Fleck am einen und einer axonartigen Faser am anderen Ende. Die komplexesten sind die kameraartigen Augen von Wirbeltieren, wie wir es sind, und von Weichtieren wie dem Octopus. Insekten und Krustazeen haben riesige Komplexaugen, die sich aus winzigen Linsen zusammensetzen und eher einer Fernsehkamera als einer Minolta ähneln. Unterschiedliche Augenmodelle werden dem zugehörigen Gehirn ganz verschiedene Aspekte des auf sie treffenden Lichts melden. Die Gehirne werden folglich ganz verschiedene Schaltungen besitzen, welche die visuelle Information entschlüsseln und deuten.

Ihr Gehirn gibt Ihnen den Eindruck, daß »Sie«, Ihr mit Bewußtsein ausgestattetes Ich, aus Ihrem Kopf heraus durch ein Fenster schauen, genauer gesagt, durch zwei Fenster, doch werden die Bilder kombiniert, und daß es zwei sind, merken Sie nur, wenn Sie ein Auge zukneifen. Wenn Sie ein Fernrohr oder Mikroskop benutzen oder eine Brille tragen, sehen Sie genau das, was Sie zu sehen erwarten würden, wenn Sie diese Öffnungen mit Linsen ausstatten würden. Sie haben gelernt, daß Ihre Augen wie Kameras sind, mit einer Linse, die das einfallende Licht bündelt, und einer Iris, die die Menge des in das Auge eintretenden Lichts regelt; freilich haben Sie nicht diesen Eindruck, wenn Sie aus Ihrem Kopf herausschauen. Ihr Gehirn gibt sich alle Mühe, die Illusion zu erzeugen, daß »Sie« aus Öffnungen in Ihrem Kopf, wo Ihre Augen sein sollten, herausschauen. Aber das tun Sie nicht. Die Netzhaut auf der Rückseite Ihres Auges hält das ganze Licht auf. Es sind die Nervenzellen von Ihrer Netzhaut, die das Bild zu Ihrem Gehirn befördern, und sie befördern es in Form von diskreten elektrischen Impulsen, nicht als stetige Variationen von Licht und Schatten.

Die übliche vereinfachte Vorstellung vom Sehvorgang ist die, daß die Sehbahn einem Bündel optischer Fasern gleicht, so daß jede Rezeptorzelle in der Netzhaut mit einer entsprechenden Nervenzelle im Gehirn verdrahtet ist. Jenen Gehirnbereich, in den dieses Faserbündel mündet, bezeichnet man als Sehrinde. In der Tat besteht eine sehr gute Entsprechung zwischen kleinen beleuchteten Netzhautbereichen und Abschnitten nervöser Aktivität in der

Sehrinde, und folglich wird das visuelle Bild wirklich auf die Sehrinde abgebildet, ähnlich wie das Bild auf einem Computerbildschirm in einzelne Pixels, phosphoreszierende Punkte, zerlegt wird. Nach dieser Beschreibung richtet das Gehirn dann seine Aufmerksamkeit auf das Punktbild in der Sehrinde, stellvertretend für das Bild, das tatsächlich von der Netzhaut empfangen wurde. Vielleicht haben andere Gehirnbereiche neurale Verbindungen, über die sie Teile der Sehrinde befragen können: »Fällt Licht auf deinen Teil der Netzhaut, Neuron OT-5776?«

Wenn Sie nicht gründlicher darüber nachdenken, mag dieses Modell des Sehens befriedigend erscheinen. Doch das System muß komplizierter sein. So erkennen wir zum Beispiel eine Blume als Blume, gleichgültig, welcher Netzhautbereich ihr Bild empfängt, ob die Blume aufrecht steht oder nicht, ob sie nah oder fern ist, und auch dann, wenn sie im Wind schwankt. Wir erkennen sie bei hellem Licht, bei gedämpftem Licht und im tiefen Schatten. Diese Änderungen der Größe, der Lage und der Beleuchtung haben zur Folge, daß immer wieder andere Zellen in der Sehrinde aktiviert werden, aber davon merken wir nichts. Der Verarbeitungsprozeß im Gehirn muß folglich sehr viel mehr leisten als nur zu fragen, welche Netzhautbereiche Licht von wo empfangen. Er ist tatsächlich so kompliziert, daß wir bis jetzt keine besonders klare Vorstellung davon haben, wie er funktioniert, und das ist einer der Gründe, warum das automatisierte Sehen noch immer in den Anfängen steckt.

Einiges wissen wir freilich schon, und das erlaubt uns Vermutungen über die allgemeine Natur der beteiligten Vorgänge. Überraschend ist zum Beispiel, daß das »vordere Ende« des visuellen Systems weitaus komplizierter ist, als wir vielleicht erwartet haben. Anfang der sechziger Jahre zeigten David Hubel und Torsten Wiesel, daß die Nerven, die vom Auge zum Gehirn verlaufen, nicht nur passive Träger von Informationen über die Anwesenheit oder Abwesenheit von Licht sind. Einige sind es schon, aber rund die Hälfte dieser Nerven spielen andere Rollen. Es gibt in der Netzhaut mehrere Schichten; die Rezeptorzellen sind mit Zellen in der nachgeordneten Schicht verbunden, diese wieder mit anderen, und so weiter. Viele der Zellen in den unteren Schichten steuern außerdem Fasern zur Sehbahn bei. Diese Fasern befördern komplexe Informationen: »Mein Bereich hat sich eben langsam verdunkelt«; »Durch meinen Bereich ist gerade eine senkrechte Linie gegangen«; »Eben ist etwas, das schnell genug ist, um eine Fliege zu sein, oben im Neun-Uhr-Quadranten durchgegangen«. Das soll nicht heißen, daß auf diesen Nerven Sätze übertragen werden, aber das ist es, was die von ihnen übertragenen Impulse für das Gehirn bedeuten.

Zum Beispiel schnellt die Zunge bei Fröschen so rasch in Richtung des Neun-Uhr-Quadranten vor, daß zwischen Sensorium und Motorium kein Entscheidungsmechanismus Platz hat.

Ihre Netzhaut ist also keinesfalls mit dem Film in einer Kamera vergleichbar. Detaillierte Bilder von beiden Netzhäuten werden an die beiden Hälften der Sehrinde weitergegeben, wobei jeweils die Hälfte des Bildes zur anderen Seite überwechselt, so daß die rechte Hälfte des Bildes beider Netzhäute zur linken Hälfte der Sehrinde gelangt. Beide Hälften der Sehrinde erhalten somit Informationen von beiden Augen, und das gehört zu dem Mechanismus, der uns ein dreidimensionales Bild »sehen« läßt, obwohl das einzelne Auge nur in zwei Dimensionen empfängt. Doch die meisten Signale, die über die Sehbahn laufen, enthalten hochgradige Informationen: Impulse in Nervenfasern signalisieren das Vorhandensein von senkrechten und waagerechten Linien, von hellen Flecken oder Dunkelheit, von Gittern mit bestimmten Abständen und Orientierungen.

Es gibt außerdem sehr lokale Effekte. Wir können zwei Objekte unterscheiden, die enger benachbart sind als zwei Rezeptoren unserer Netzhaut. Unsere Augen wandern vom einen zum anderen, ziemlich unregelmäßig, aber nicht vollkommen zufällig. Diese Augenbewegungen lassen die Bildkanten über die Rezeptoren wandern, was lokale Schaltungen veranlaßt, »den Kontrast zu verstärken« und - vermutlich - dem Gehirn zu melden, daß sie dies getan haben. Auch Farbkontraste werden möglicherweise durch einfache strukturierte lokale Schaltungen verstärkt.

Sie mögen denken, daß Sie aus Ihren Augen herausschauen, aber es bedarf enormer Verarbeitungskapazität, um diese Illusion zu erzeugen. Die Welt, die Sie »da draußen« sehen, ist in Wirklichkeit ein sich ständig wandelndes Muster elektrischer Impulse im Inneren Ihres Kopfes, wohin Sie gerade nicht sehen können. Doch diese Verarbeitung ist für Ihre bewußten Sehwahrnehmungen »durchsichtig« - Sie nehmen die Einzelheiten der Verarbeitung nicht bewußt wahr. Hinweise auf das, was sich dort abspielt, liefern indessen verschiedene optische Täuschungen, welche die bildverarbeitenden Programme narren und zu bizarren Ergebnissen führen. Während wir an diesem Abschnitt schrieben, fiel uns auf, daß dies bei Abbildung 21 auf Seite 195 der Fall ist. Die Kreise links und rechts außen erscheinen größer, weil die konvergierenden Pfeile die anderen Kreise kleiner erscheinen lassen. Noch verblüffender ist die Täuschung mit der Cheshire-Katze [Abb. 22]. Setzen Sie vor sich auf den Tisch eine Katze. Stellen Sie einen Spiegel so auf, daß er einen Winkel von 45 Grad zu Ihrer Blickrichtung beschreibt und Sie mit dem rechten Auge die Katze, mit dem linken aber nur die vom Spiegel reflektierte nackte Wand sehen können. Jetzt schwenken Sie neben Ihrem Kopf die linke Hand, so daß sie durch das Bild wandert, das sich Ihrem linken Auge bietet.

Die Katze ... verschwindet. Wenn Sie, bevor Sie Ihre Hand schwenken, Ihre Aufmerksamkeit auf die Schnauze der Katze konzentriert haben, bleibt nur noch das Grinsen der Cheshire-Katze übrig. Was Sie während der Täuschung sehen, hängt davon ab, welchen Regionen Sie vorher Ihre Aufmerksamkeit geschenkt haben.

Noch ist völlig ungeklärt, wie das Sehen funktioniert; dazu muß ganz genau erforscht werden, was in der Sehbahn passiert, wenn einfache Bilder auf die Netzhaut fallen, und wir müssen [durch Vergleiche mit Computerschaltungen] herausbekommen, wie die komplexen neuralen Verknüpfungen in der Netzhaut funktionieren. Durch Markierung all der Hunderte von

Verknüpfungen jeder Nervenzelle kommen die Neurologen langsam hinter die Prozesse, die beim Sehen in verschiedenen Teilen des Gehirns ablaufen. Was jedoch das Lesen betrifft, das Ihnen in diesem Augenblick ohne erkennbare Schwierigkeiten gelingt, steht die Wissenschaft erst ganz am Anfang. Wir wissen nur, daß es ermöglicht wird durch die Rechenfähigkeiten von Netzwerken von Nervenzellen und daß diese Berechnungen ungemein komplex sind.

Abbildung 22:
So erzeugt man dieIllusion der Cheshire-Katze. Das Grinsen ist von hinten nicht zu sehen.

... aber Ohren könnten Mikrophone sein

Nun zu den Ohren, die sich von den Augen sehr stark unterscheiden, nicht nur in Form und Funktion, sondern auch hinsichtlich der Verarbeitung der von ihnen gelieferten sensorischen Information im Gehirn. Das Verhalten des Sinnesorgans selbst ist leichter zu verstehen, und es scheint dem Gehirn weniger hochgradig vorverarbeitete Signale zuzuleiten. Das Hören und unsere Gleichgewichts- und Beschleunigungssinne [die gleichfalls im Ohr stecken] beruhen auf der Physik des Ohres.

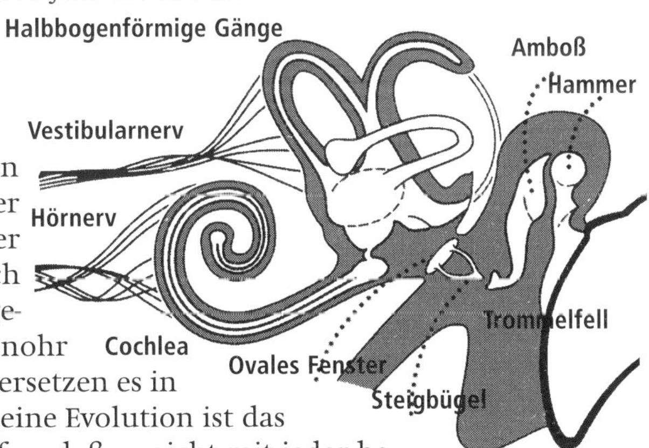

Abbildung 23:
Die Anatomie des Ohrs

Die Wahrnehmung von Schall mag zwar einfacher sein als die von Licht, aber sie ist dennoch ziemlich komplex. Schallwellen gelangen durch das Außenohr zum Trommelfell und versetzen es in Schwingungen. Durch seine Evolution ist das Trommelfell so beschaffen, daß es nicht mit jeder beliebigen Schallfrequenz mitschwingt – im Unterschied etwa zu Glas, das eine kräftige Sopranstimme zerspringen lassen kann –, und es gibt seine Schwingungen kaum verzerrt an einen winzigen Knochen in seinem Mittelpunkt weiter, der kurioserweise als Hammer bezeichnet wird. Dieser leitet die Schwingungen im Mittelohr weiter an zwei andere Knöchelchen, den Amboß und den Steigbügel, von wo sie durch eine Öffnung, das ovale

Fenster, ans Innenohr weitergegeben werden. Hier beginnt ein schneckenförmiger Gang, die Cochlea, in der auf der Oberseite ein Kanal bis zum Ende und von dort auf der Unterseite ein anderer Kanal zurück zum Mittelohr verläuft und das, was dann von den Schwingungen noch übrig ist, durch ein rundes Fenster hinausläßt. Zwischen oberem und unterem Kanal ist eine Membran aufgespannt, die Basillarmembran, auf der die sensorischen Haarzellen sitzen.

Die einzelnen Abschnitte der Schnecke reagieren unterschiedlich auf verschiedene Frequenzen des ankommenden Schalls und stimulieren entsprechende Bereiche der Basillarmembran. Deren Haarzellen schicken dann Signale zum Gehirn. Das Ohr ist im wesentlichen ein analoger Apparat, der auf stetig variierende Signale reagiert, während das Auge eher ein digitaler Apparat ist, der auf An- oder Aus-Signale reagiert. Die Schnecke ist ein abgestimmter Rezeptor, der Tonhöhe in Position übersetzt: Wenn das Trommelfell mit unterschiedlichen Frequenzen schwingt, schwingen die Basillarmembran und ihre Schwingungssensoren an verschiedenen Stellen. Niedrige Frequenzen übertragen Energie durch die »abgestimmte« Basillarmembran am Ende der Schnecke, hohe Frequenzen durch die empfindliche Barriere im basalen Teil des Schneckengangs. Einige Erkenntnisse verdanken wir einer Berufskrankheit. Kesselschmiede, deren Ohren sehr lauten Geräuschen bei ganz bestimmten Frequenzen ausgesetzt waren, litten vielfach an einer selektiven Taubheit. Man stellte fest, daß die Sinneszellen in ganz bestimmten, winzigen Bereichen der Schnecke degeneriert waren.

Die Basillarmembran wird kaum bewegt; Schall von Zimmerlautstärke läßt sie um weniger als den Durchmesser eines Atoms ausschlagen. Die Haarzellen, welche die Schwingung aufnehmen und in einen Nervenimpuls umwandeln, sind individuell auf bestimmte Frequenzen abgestimmt; dies ermöglicht eine ungeheuer genaue Unterscheidung der Tonhöhe. Töne von unterschiedlicher Höhe werden an verschiedenen Stellen der Schnecke wahrgenommen.

Interessant ist, daß unsere Wahrnehmung von Schallwellen logarithmisch strukturiert ist, das heißt, die wahrgenommene Lautstärke entspricht dem Schalldruck. Ein Signal mit einer Energie von 0,002 Watt klingt doppelt so laut wie eines von 0,001 Watt, und eines von 20 Watt klingt doppelt so laut wie eines von 10 Watt, obwohl die Energie weit stärker zunimmt. Dies ist eine allgemeine Eigenschaft unserer sensorischen Systeme; sie gilt auch für das Verhältnis von Lichtenergie und scheinbarer Helligkeit. Dadurch können wir einen breiten Fächer von sensorischen Eindrücken zu einem sehr viel schmaleren Fächer von Reaktionen komprimieren – wir können einerseits das Flattern eines Schmetterlings hören, ohne daß uns andererseits ein Donnerschlag lebenslang ertauben läßt. Unsere Tonhöhenempfindlichkeit ist gleichfalls logarithmisch aufgebaut, was vermutlich auf der Geometrie der Cochlea und ihrer abgestimmten Membran beruht. Rund dreißigtausend Nervenfasern der Hörbahn befördern die gesamte Information über das Gemisch aus Amplitude und Frequenz zum Gehirn. Das

System ist so effektiv, daß wir aus Unterschieden zwischen den Schalleindrücken beider Ohren stereophonische Informationen – Tiefen- und Richtungssinn – entnehmen können. Hi-Fi-Stereoanlagen erzeugen die Illusion räumlicher Tiefe, indem sie unterschiedliche Signale zu beiden Ohren schicken; deshalb brauchen sie zwei [oder mehr] Lautsprecher.

Die Pythagoreer, eine Kultgemeinschaft im alten Griechenland – es waren die ersten Holisten, von denen wir wissen, denn sie schwärmten für ganze Zahlen –, entdeckten in unserer Wahrnehmung musikalischer Klänge gewisse numerische Merkwürdigkeiten. Töne unterschiedlicher Höhe erscheinen harmonisch, wenn ihre Frequenzen einfache ganzzahlige Verhältnisse wie 2:1 oder 3:2 bilden. Dies galt den Pythagoreern als Beweis dafür, daß alles im Universum sich um ganze Zahlen dreht. Das grundlegende Intervall ist das Verhältnis 2:1, die Oktave. Auf den weißen Tasten der Klaviertastatur folgen einander die Töne CDEFGAH, und beim achten Schritt ertönt wieder C, daher der Begriff »Oktave«. Unsere Zwölftonskala, die zusätzlich die schwarzen Tasten mit ihren erhöhten und erniedrigten Tönen einbezieht, ist ein geschickter Kompromiß, der auf diesen Verhältnissen aufbaut. Ein mathematischer Grund, warum unsere Ohren diese Verhältnisse bevorzugen, ist der, daß Töne, deren Frequenzen sich nicht wie ganze Zahlen zueinander verhalten, »nicht im Einklang« sind und durch Interferenz Schwebungen erzeugen, die wir als ein niederfrequentes Brummen wahrnehmen. Damit ist aber nicht alles zu erklären, denn bei zahlreichen nichtlinearen Erscheinungen unseres Hörens versagt diese Analyse.

Unsere Ohren enthalten auch andere Sinnesorgane. Sie alle beruhen auf einer bestimmten Art von sensitiver Haarzelle, die im Prinzip jenen Zellen gleicht, die Schallschwingungen in Nervenimpulse umwandeln. Von der Oberfläche der Zelle geht eine besonders lange Borste aus, die eine Neigung des Kopfes dadurch registriert, daß ein Büschel gewöhnlicher Borsten gegen sie gedrückt wird, so daß sie nur eine bestimmte Neigungsrichtung spüren kann. Solche Zellen dienten bei unseren fischartigen Vorfahren in einem Organ, das man Seitenlinienorgan nennt, der Registrierung des Wasserstroms entlang dem Fischkörper und von feinen Änderungen des Wasserdrucks. Moderne Fische und Landwirbeltiere haben einige ihrer Funktionen zum Gehör und zum Gleichgewichtssinn verfeinert, doch die Art der Sensoren, der sogenannten vestibularen Organe, ist weitgehend die gleiche geblieben.

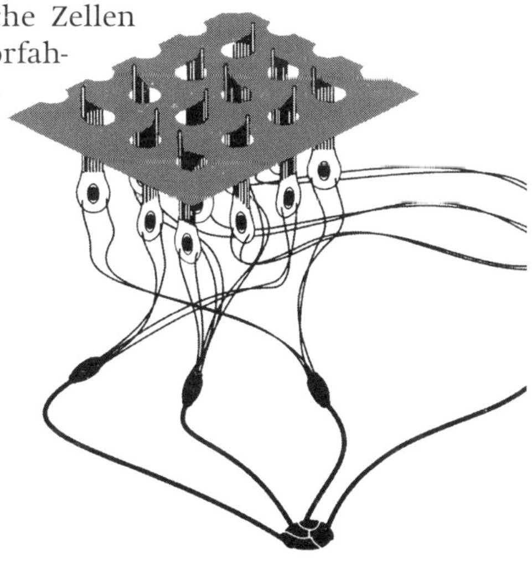

Abbildung 24: Vestibularorgane

Die auffälligsten Teile der vestibularen Organe sind drei halbkreisförmige Röhren, die senkrecht aufeinander stehen. Sie sind mit einer Flüssigkeit gefüllt, die durch ein gemeinsames Reservoir zirkulieren kann. Bei einer Drehung des Kopfes bleibt die Flüssigkeit zurück und zerrt an dem kleinen Sinnesorgan, das an die Borsten eines winzigen Pinsels denken läßt. Hört die Kopfbewegung auf, zerrt die Flüsssigkeit, die sich inzwischen in Bewegung gesetzt hat, in entgegengesetzter Richtung an den Borsten. Dies ist ein ziemlich ungenaues System, wie die Navigation in alten Zeiten, als man die tägliche Fahrtstrecke und -richtung schätzte und auf dieser Grundlage die bisherige Position auf der Seekarte korrigierte, und wie alle derartigen Systeme bleibt es hinter der Wirklichkeit zurück, weil die Fehler sich häufen. Das werden Sie entdecken, wenn Sie durch einen Verkehrskreisel fahren: Oft scheint es, als beschreibe der Kreisel einen weit größeren Bogen als 360°.

In dem gemeinsamen Reservoir der Bogengänge gibt es außerdem Haarzellen, die mit winzigen, Kalzium enthaltenden Bröckchen in Verbindung stehen. Bei einer Neigung des Kopfes zerren diese Körper die Borsten der Haarzellen an der sie umgebenden Flüssigkeit vorbei, und einzelne Zellen melden dem Gehirn: »Wir neigen uns nach vorn links.« Während dieses System im Zuge der individuellen Entwicklung aufgebaut wird, werden alle Haarzellen mit derselben Richtungsempfindlichkeit mit denselben Nervenzellen verbunden. Diese schicken einfache Nachrichten ans Gehirn: »Meine Gruppe, die Ost-Südost-Gang, steht unter einem gewissen Druck.«

Die Fähigkeit Ihrer Ohren, Bewegungsrichtung und Kopfhaltung festzustellen, ist wichtig für das Sehen. Wenn Ihre Aufmerksamkeit auf einen bestimmten Gegenstand gerichtet ist und Sie dabei den Kopf bewegen, bewegen sich die Augen zum Ausgleich in die Gegenrichtung. Ihr Gehirn verknüpft alle Sinneseindrücke zu einem konsistenten Gesamtbild und tut alles Nötige, damit die einlaufenden sensorischen Meldungen vernünftig gedeutet werden.

Sonderbare Sinne

Menschen haben mehr als nur die traditionellen fünf Sinne zum Sehen, Hören, Riechen, Tasten und Schmecken. Wir haben außerdem Sinne fürs Gleichgewicht, für die Beschleunigung und für die Temperatur, um nur drei zu nennen. Das Tierreich hat eine Fülle anderer Sinne entwickelt. Bienen sehen weiter in den ultravioletten Bereich hinein als wir, und viele Blumen haben für uns unsichtbare Muster, von denen anfliegende Bienen sich leiten lassen. Klapperschlangen sehen im Infrarotbereich und nehmen, während es für uns stockdunkel ist, die Körperwärme einer Maus wahr. Viele Vögel haben einen magnetischen Sinn, einen eingebauten Kompaß, der ihnen bei ihren Wanderungen hilft. Zur Echolotung benutzen Fledermäuse und Wale Töne außerhalb unseres Hörbereichs. Wenn Sie mit einem Blinden über sein Weltbild sprechen, werden Sie merken, wie sehr es sich von Ihrem gesehenen Bild unterscheidet. Bestimmt gibt es noch viele unentdeckte Sinne; wir brauchen uns nicht einzubilden, schon alle Möglichkeiten entdeckt zu haben. Vermutlich nutzen Tiere Eigenschaften der physikalischen Welt, auf die wir noch gar nicht gekommen sind.

Als Beispiel hier ein sensorisches System, das bis vor kurzem völlig unbekannt war. [Es liegt leider in der Natur der Dinge, daß wir Ihnen nicht von einem bislang unentdeckten Sinn berichten können – allerdings soll Dr. Delius in unentdeckten Farben träumen.] Sägefische [und generell die Haie sowie die mit ihnen verwandten Rochen] haben ein System langer Röhren, die oberhalb ihres Mauls münden, die sogenannten Lorenzinischen Ampullen. Die Röhren sind mit Gallerte gefüllt und besitzen am inneren Ende eine erkennbare Sinneszelle, von der eine Nervenfaser zu einem wichtigen Teil des Gehirns führt [Abb. 25]. Bei frisch geschlüpften Sägefischen, die selbst nur rund sechs Zoll lang sind, haben die Röhren eine Länge von fast einem Zoll, und beim ausgewachsenen Sägefisch verlaufen sie über die ganze Länge seiner spitzen Nase. Die Natur scheint also eine Menge in sie zu investieren, aber was mögen sie detektieren?

Abbildung 25: Eine Lorenzinische Ampulle. Die Spannung A am äußeren Ende ist die gleiche wie am inneren Ende, wo sie mit der Spannung B im Inneren des Fisches verglichen wird; der Spannungsunterschied wird von einer einzigen Nervenzelle wahrgenommen.

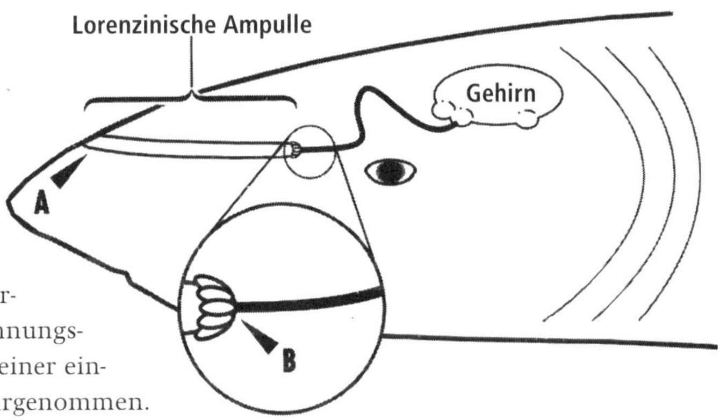

Um das zu beantworten, müssen wir herausfinden, welcher Art die Veränderungen sind, die sie veranlassen, von der Sinneszelle Signale auszusenden. Es zeigt sich, daß sie auf Temperaturänderungen reagieren; die Häufigkeit der erzeugten elektrischen Impulse ändert sich mit der Temperatur. Sind es also Thermometer? Nicht unbedingt, denn mit einer Verzögerung von einigen Minuten bis Stunden reagieren sie auch auf chemische Veränderungen des sie umgebenden Wassers. Aus der Tatsache, daß ein Organ auf einen bestimmten Effekt reagiert, können wir nicht schließen, daß es als Sensor für diesen Effekt dient. Ihre Nase wird schnell und schmerzhaft reagieren, wenn Sie sie in ein Säurebad tunken, aber dafür sind Nasen dennoch nicht gemacht.

Auch die Reaktionen der Lorenzinischen Ampullen auf Temperatur und Chemie führen in die Irre: Ihre eigentliche Funktion ist es, elektrische Spannungen zu detektieren. Die Scheide der Röhre ist ein guter Isolator, und die Gallerte ist ein guter Leiter, so daß die Spannung am äußeren Ende die gleiche ist wie am inneren Ende. Eine einzige Nervenzelle kann diese Spannung vergleichen mit der Spannung tief im Inneren des Fisches, wo die Nervenzelle sitzt. Die Röhre detektiert also den Spannungsunterschied zwischen Punkten im Abstand von etlichen Zoll. Da sie für Unterschiede von wenigen Millivolt empfindlich ist, kann sie sehr flache Spannungsgradienten im umgebenden Wasser erfassen. Diese entstammen zwei möglichen Quellen. Zum einen erzeugen Organismen dadurch Spannungsunterschiede, daß sie Salz aus ihrem Körper herauspumpen, besonders bei Muskel- und Nervenaktivität. Haie erspüren die elektrische Aktivität in den Nerven anderer Geschöpfe. Indem sie wie ein Schatzsucher mit einem Metalldetektor ihre Nasen über den Sand schwenken, können Sägefische Würmer und Plattfische aufspüren, die unter dem sandigen Meeresboden verborgen liegen. Die andere Quelle von Spannungsunterschieden ist das Magnetfeld der Erde. Beim Schwimmen schwenken Haie den Kopf um etwa zehn Grad hin und her. Das reicht bei den frisch geschlüpften Fischen mit ihren einen Zoll langen Röhren gerade aus, um eine detektierbare Spannungsdifferenz gegenüber dem Magnetfeld der Erde zu erzeugen. Das verschafft ihnen eine ungefähre Vorstellung von der Richtung, in der sie ziehen. Bei allen frisch geschlüpften – neugeborenen Sägefischen, Haien und Rochen ist die Röhre lang genug, um als Navigationshilfe zu dienen.

Außerirdische Sinne

Außerirdische Sinne könnten noch sonderbarer sein:

Niplphut [hat auf dem Dachboden des Raumschiffs herumgestöbert und taucht mit einem länglichen schwarzen Kasten in der Kabine auf]: »Was ist dies für ein Gerät, Käpt'n? Es steht der Name eines eurer alten Götter drauf. Hat es eine religiöse Bedeutung?«

Käpt'n Arthur: »Zeig mal her. Nein, Yamaha ist kein Gott.«

Niplphut: »Verzeihung. Ich beherrsche eure Schriftsprache ausgezeichnet, mit Ausnahme der Konsonanten und Vokale.«

Käpt'n Arthur: »Das ist ein elektronisches Keyboard, Niplphut. Wir machen damit Musik.«

Niplphut: »Ich erkenne in den Buchstaben über den Tasten ein bestimmtes Muster – A B C D E F G wiederholt sich immer wieder. Ein Zyklus mit der Periode sieben. Dieses Yamaha ist ein schrecklich septimales Gerät, Käpt'n. Aber was kann man von Terranern anderes erwarten? Warum die Wiederholung der Buchstaben? Sind es Ersatztasten?«

Käpt'n Arthur: »Nein, jede Wiederholung desselben Buchstabens bedeutet denselben Ton, nur eine Oktave höher.«

Niplphut: »Was sind ›Oktave‹? Das klingt vielversprechend oktimal. Auch wir fassen die Töne zu Achterreihen zusammen.«

Stanley: »Sehen Sie, Käpt'n? Es gibt doch ein paar Wahrnehmungsmerkmale, die fundamental und universell sind.«

Käpt'n Arthur: »Eine Oktave ist ein Intervall zwischen zwei Tönen, von denen der eine die doppelte Frequenz des ersten hat.«

Niplphut: »Wieso nennt ihr es eine Oktave, wenn die Frequenz mit zwei multiplizirt wird? Das kommt mir fraktimal vor, nicht oktimal.«

Käpt'n Arthur: »Es heißt Oktave, weil, wenn man den Buchstaben A mit 1 numeriert, B mit 2 und so weiter, die nächste Wiederholung von A die Nummer 8 hat.«

Niplphut: »Diese Erklärung riecht mir nach Krypto-Septimismus, Käpt'n! Ohnehin kann ich nicht erkennen, wieso der Verdopplung der Frequenz besondere Bedeutung zukommen sollte.«

Käpt'n Arthur: »Unsere Ohren sind so strukturiert, daß Töne im Abstand einer Oktave sich harmonisch verbinden. Du wirst es merken, wenn ich dir ein paar Takte vorspiele. Paß auf: Dies ist das mittlere A, und dies ist das A eine Oktave höher. Hörst du, wie ähnlich die beiden Töne klingen?«

Niplphut: »Nein.«

Käpt'n Arthur: »Dann spiele ich dir eine Melodie vor. Dabei wirst du wohl merken, worauf ich hinauswill.« [Spielt ein paar Takte der Weltraumhymne ›Der Sternsichelhammer‹.]

Niplphut: »Hör auf! Bitte, hör auf! Meine Hörorgane tun weh!«

Käpt'n Arthur [leicht pikiert]: »Ist ja gut. Wenn ich spiele, will es nie einer hören.«

Stanley: »Es war nicht schlechter als sonst auch, Käpt'n. Daß es Niplphut so gequält hat, überrascht mich.«

Niplphut: »Ich vermute, wir sind auf eine perzeptuelle Inkongruenz gestoßen, Käpt'n. Wie funktionieren denn eure auditorischen Sinnesorgane?«

Käpt'n Arthur: [Erklärt das mit den Basillarmembranen und so weiter.]

Niplphut: »Käpt'n, was du beschreibst, ist ein analoges Gerät. Die Zarathustraner hören Schall aber digital. Unsere Sinnesorgane enthalten eine Reihe von neuralen Schaltungen, die in Reaktion auf eintreffende Schwingungen eine variable Anzahl von neuralen Kanälen an- oder abschalten. Wir empfinden Klänge als angenehm, wenn sie einen Strom von Signalen erzeugen, der ein mathematisches Muster aufweist. Du wirst mich verstehen, wenn ich die ›Topologgiatura‹ von Zartmo spiele.« [Er legt ein Band ins Gerät. Es erklingt eine entsetzliche Kakophonie, deren Töne auf dissonante und arythmische Weise über riesige Intervalle springen.]

Käpt'n Arthur: »Hör auf! Bitte, hör auf! Mir klingen die Ohren!«

Stanley: »Da fällt mir ein: Als wir zum erstenmal zusammentrafen, hörten wir genauso seltsame Geräusche. Jetzt nicht mehr, weil der Übersetzer alle Geräusche filtert. Aber sprecht ihr Zarathustraner auch so?«

Niplphut: »Natürlich. Genau wie ihr erzeugen wir Töne, die für unsere auditorischen Organe sinnvoll sind.«

Stanley [an den Übersetzer gewandt]: »Du wußtest das schon, oder?«

Übersetzer: »Als ich euch die grammatisch-logischen Axiome der Stickstoffatmer auf Omega Aurigae zu erläutern versuchte, erteiltet ihr mir den Befehl, meine Sicherung durchbrennen zu lassen. Daraus leitete ich ab, daß ihr wünschtet, die Übersetzungen weiterhin im Modus ›für uns übrige‹ zu erhalten. Die digitale Natur der Sprache der Zarathustraner wirft für eine digitale Maschine wie mich keine Probleme auf, aber ich nahm an, daß ihr davon lieber nichts hören wolltet.«

Niplphut [diplomatisch]: »Es hat wohl den Anschein, daß Wahrnehmungsmuster und sensorische Mechanismen nicht so fundamental sind, wie wir zu denken geneigt sind, oder?/oder nicht? [Unzutreffendes streichen] Ich will euch erzählen von den seismosensitiven Quasi-Antennoiden der ...«

Mysteriös oder mystisch?

Wenn man das Funktionieren unseres Geistes zu erklären sucht, stößt man immer wieder auf das Problem des freien Willens. Eine Maschine ist deterministisch, sie folgt starren Gesetzen. Wie kann eine Maschine eine freie Wahl treffen? Manche Wissenschaftler, unter ihnen Roger Penrose in seinem Buch ›Computerdenken‹, führen den freien Willen auf die Unbestimmtheit der Quantenmechanik zurück. Diese Auffassung ist problematisch, nicht zuletzt deshalb, weil sie den freien Willen mit dem Roulette auf eine Stufe zu stellen scheint. Wir entscheiden nicht, wir werfen lediglich den Quanten-Würfel. Ist man dadurch nicht ebenso determiniert, wie wenn man gar keine Wahl hat? René Descartes versuchte die Frage des Bewußtseins dadurch zu beantworten, daß er den Geist vom Gehirn trennte. Seiner dualistischen Theorie zufolge besteht das Gehirn aus Materie und verhält sich wie ein materielles Objekt, doch der Geist ist etwas ganz anderes, besteht nicht aus gewöhnlicher Materie und ist nicht den Gesetzen der gewöhnlichen Materie unterworfen.

Die Sinnesorgane wie Augen und Ohren verstehen wir, indem wir sie auseinandernehmen und untersuchen, was ihre Bestandteile tun. Dazu trägt ein brauchbares Verständnis von technischen Sensoren bei, die geschaffen wurden, um Signale dieser oder jener Art zu detektieren. Dieser Trick funktioniert nicht bei wichtigen Eigenschaften von Gehirnen wie der Willensfreiheit oder dem Bewußtsein, weil es nichts Vergleichbares gibt, das wir wirklich verstehen. Auch die Empfindung ist ein Problem, denn unser Gehirn tut mehr als nur Signale zu detektieren, die von seiner Umwelt ausgehen. Es vermittelt uns den Eindruck, in dieser Umwelt zu sein – was wir natürlich auch sind, aber nicht ganz in der Art, wie das Gehirn es uns glauben macht –, und es vermittelt uns ein entschiedenes Gefühl, ein Selbst zu sein. Wir denken nicht nur, sondern wir denken auch, wir könnten unser eigenes Denken überwachen. Mikrophone funktionieren ähnlich wie das Ohr, und das Chemie-Department der Universität Warwick entwickelt gegenwärtig eine künstliche Nase, die chemische Substanzen in winzigen Mengen detektieren soll. [Sie kann beispielsweise sehr gut zwischen verschiedenen Biermarken unterscheiden.] Die Menschheit ist jedoch, auch wenn gewisse Kreise der Künstlichen Intelligenzia lautstark die gegenteilige Ansicht verbreiten, himmelweit davon entfernt, eine Maschine zu entwickeln, die, wäre ihre Elektronik auch noch so ausgefuchst, zu denken vermag oder auch nur andeutungsweise erkennen läßt, daß sie sich der eigenen Existenz bewußt ist.

Daß wir so weit noch nicht sind, liegt vor allem daran, daß wir zwar denken können, aber keine Ahnung haben, wie das funktioniert. Wir können, auch wenn gewisse KI-feindliche Kreise ebenso lautstark das Gegenteil propagieren, keinen prinzipiellen Grund erkennen, warum eine Maschine nicht denken können soll. Ein gängiges Argument gegen eine »starke KI« ist John Searles »chinesisches Zimmer«. Stellen Sie sich vor, Sie befänden sich mit verschiedenen chinesischen Dokumenten, die Sie nicht verstehen, allein in einem abgeschlossenen Zimmer. Die Papiere enthalten teils Fragen, teils Antworten. Auf Zetteln werden Ihnen in Ihrer Muttersprache Regeln mitgeteilt, nach denen Sie diese Papiere so zu manipulieren haben, daß die Antworten den entsprechenden Fragen zugeordnet werden. Diese Regeln sind so gut, daß die von Ihnen getroffene Zuordnung von der eines Chinesen nicht zu unterscheiden ist. Sie sind jetzt in der gleichen Lage wie ein Computer, der so programmiert wurde, daß er wie eine intelligente Person reagiert, aber Sie wissen, daß Sie nicht verstehen, was Sie da getan haben. Searle folgert daraus, daß ein Computer, der diese Prozedur ausführt, nicht wirklich intelligent sein kann, weil Intelligenz Verstehen einschließt. Aber selbst wenn sein Argument stichhaltig ist, beweist es nicht, daß wir nicht auf andere Weise einen intelligenten Computer bauen können.

Was ist denn mit »Verstehen« gemeint? Man könnte argumentieren, daß Sie zwar kein Chinesisch verstehen, das kombinierte System, bestehend aus Ihnen und den von Ihnen angewandten Regeln, aber sehr wohl. Sie, der Sie nur ein Teil des Systems sind, werden nichts davon mitkriegen, doch wenn die Regeln so gut sind, daß Sie dank ihrer Anwendung in jedem Fall Antworten geben, die von denen eines echten Chinesen nicht zu unterscheiden sind, dann müssen diese Regeln Chinesisch »verstehen«.

Searle antwortet darauf mit der Annahme, daß Sie auch die Regeln verinnerlichen, etwa, indem Sie sie auswendig lernen. Das setzt aber voraus, daß Ihr Gehirn eine praktisch unbegrenzte Kapazität hat. Sie können nicht jede mögliche Frage und jede mögliche Antwort in jedem erdenklichen Gesprächskontext auswendig lernen: Es gibt einfach zu viele Kombinationen. Die einzige Art von Regel, die Sie verinnerlichen könnten, wäre eine Art von Meta-Regel – eine Regel über Regeln –, die in den unterschiedlichsten Situationen korrekte Antworten generieren würde. Das kommt wirklichem Verstehen gewiß einen Schritt näher. Etwas zu verstehen heißt, es als Ganzes zu erfassen, und da Meta-Regeln Daten komprimieren, sind Sie einem solchen Erfassen näher, als Sie es ohne Meta-Regel wären. Um eine hinreichende Kompression zu erreichen, würden Sie sogar eine sehr effektive Meta-Meta-Meta-...-Regel benötigen, und das käme einem wirklichen Verstehen noch näher. Und es ist, nebenbei gesagt, ziemlich genau das, was Chinesen tun, wenn sie Chinesisch verstehen.

Wenden wir Searles Argument auf Ihr Gehirn an, so bedeutet es, daß Sie bloß denken, Sie seien intelligent, während Sie in Wahrheit nichts anderes tun, als eine ungeheuer lange Liste von Regeln, Meta-Regeln, Meta-Meta-...-Regeln anzuwenden, die Sie von Ihren Eltern, Ihrer Kultur, der Schule, dem Fernsehen und so weiter übernommen haben. In Wirklichkeit sind Sie also nur eine dumme organische Maschine, und Sie exerzieren mechanisch etwas durch, ohne zu verstehen, was Sie tun. Searle würde natürlich abstreiten, daß dies aus seinen Argumenten folgt, und es folgendermaßen begründen: »Die Idee ist, daß, auch wenn eine Person nicht Chinesisch versteht, die Verbindung aus dieser Person und Zetteln mit Regeln Chinesisch verstehen könnte. Ich vermag mir kaum vorzustellen, daß jemand, der nicht von einer Ideologie beherrscht ist, diese Idee überhaupt plausibel finden kann.« Das ist aber, nur mit anderen Worten, eine erneute Bekräftigung seines Zweifels an der starken KI. Searle hat etwas Entscheidendes übersehen, weil er eine Person in das Zimmer setzt, um die Papiere zu manipulieren, und das könnte dazu führen, daß die Intelligenz der Person mit der des Systems verwechselt wird. Statt der Person könnte es nämlich ebensogut ein Computer sein, denn sie braucht nichts zu tun, als die Regeln zu lesen und anzuwenden, ganz mechanisch. [Es kann nicht anders als mechanisch sein, weil die Person kein Chinesisch versteht.] Wenn dieses System überhaupt Intelligenz enthält, dann liegt sie nicht in der Verbindung von Person und Regeln, sondern ausschließlich bei den Regeln.

Kann ein System von Regeln Intelligenz und Verstehen verkörpern? Searle würde dies sicherlich als eine noch offenkundigere Absurdität bezeichnen, aber tatsächlich trifft es auf die Regeln zu, nach denen unser Gehirn funktioniert. Statt Zetteln benutzt das Gehirn Nervenzellen und Elektrizität und Chemie, um die Regeln zu formulieren und durchzuführen, und wir wissen eigentlich nicht, welches seine Regeln sind, aber die Ansicht, das Gehirn sei nicht den Gesetzen der Physik unterworfen, ist nur eine kaum verhüllte Form des kartesianischen Dualismus. Searle bringt zwei Dinge durcheinander: den Prozeß, den eine intelligente Entität – die zwangsläufig ihren strukturellen Regeln gehorcht – ausführen muß, und andererseits, was es innerlich bedeutet, eine intelligente Entität zu sein. Wenn die Neurone im Kopf einer chinesischen Person die von ihnen verarbeiteten »Dokumente« diskutieren könnten, käme etwa der folgende Wortwechsel zustande: »He, Neuron G-8449, verstehst du, wovon dieser ganze Kram handelt?« »Nee, is mir zu hoch, Neuron K-4436. Ich zähle bloß die Nervenimpulse, und wenn sieben zusammen sind, drücke ich auf diesen Knopf hier.«

Die Person, die des Chinesischen mächtig ist, versteht sie dennoch.

Die starke KI steht außer Frage. Natürlich ist eine intelligente Maschine möglich – im Prinzip. Man braucht nur die organische Maschinerie eines funktionierenden menschlichen Gehirns nachzubauen. Aber das abstrakte Prinzip bringt uns nicht weit – was zählt, ist die praktische Umsetzung. Die wirklich interessante Frage ist: Können wir das? Und da kommen wir wirklich in Verlegenheit, denn wir können ein Gehirn nicht nachbauen, wir wissen nicht, worin die Intelligenz besteht, und wir wissen nicht, wie unser Bewußtsein funktioniert – es ist etwas, dessen wir uns nicht bewußt sind. Wir wissen noch nicht einmal, wie unser Gedächtnis funktioniert, obwohl vieles dafür spricht, daß das Gehirn mindestens drei verschiedene Gedächtnis-Mechanismen besitzt: ein Kurzzeitgedächtnis, ein Langzeitgedächtnis und ein Arbeitsgedächtnis. Interessanterweise haben auch Computer drei wesentliche Gedächtnistypen: ein Kurzzeitgedächtnis in der Zentraleinheit, ein »Random Access«-Arbeitsgedächtnis [RAM] und ein Langzeitgedächtnis auf der Festplatte. Haben wir unsere Maschinen unbewußt nach dem Vorbild unseres Gehirns konstruiert, oder wird der Aufgabe am ehesten ein dreifaches Gedächtnis gerecht?

Auf diese philosophischen Fragen werden wir in Kapitel 12 zurückkommen, doch im Augenblick verfolgen wir ein nicht so hochgestecktes Ziel. Wir möchten Tatsachen zusammentragen, die dafür sprechen, daß der »Geist« – was immer das sein mag – nicht eine von der materiellen Welt getrennte mystische Kraft ist. Man kann einzelne Neurone aus einem Gehirn herauspräparieren, aber winzige Stückchen Geist lassen sich nicht herauspräparieren. Aber schließlich kann man ja auch Achsen und Getriebe aus einem Auto herauspräparieren, während es nie gelingen wird, Bruchstücke von Bewegung herauszupräparieren. Der Geist scheint eine emergente Eigenschaft von Gehirnen zu sein, mysteriöser zwar als die Bewegung eines Autos, weil wir [noch?] nicht beobachten können, wie die Räder des Geistes sich drehen, aber nicht länger mystisch. Der Schlüssel zum Verstehen des Bewußtseins muß beim emergenten Monismus – und nicht beim kartesianischen Dualismus – liegen. Anders gesagt, der Geist ist kein Ding, sondern ein Prozeß, und das, woraus er hervorgeht, sind die kollektiven Wechselwirkungen entsprechend organisierter Teile gewöhnlicher Materie.

Die Struktur des Gehirns

Den stärksten Beweis dafür, daß der Geist ein von Gehirnen getragener Prozeß ist, liefert die Tatsache, daß es eindeutige Zusammenhänge zwischen bestimmten physischen Regionen des Gehirns und bestimmten Aspekten und Funktionen des Geistes gibt. Wäre der Geist ein bloßer mystischer Zusatz, gäbe es keinen vernünftigen Grund, geistige Vorgänge mit Teilen des vollkommen andersartigen materiellen Gehirns zu verknüpfen. Faktisch zerfällt das menschliche Gehirn schon von Natur aus in Teilbereiche mit einer jeweils eigenen Struktur und Funktion [Abb. 26]. Jener Teil, den wir Großhirn [Cerebrum] nennen, besteht aus zwei Hemisphären, durch Furchen und Windungen gekennzeichneten Strukturen, die einen an große Walnüsse denken lassen – in diesem Teil des Gehirns werden die meisten auf Anhieb das Gehirn erkennen. Die Hemisphären weisen drei Schichten auf: eine äußere graue Schicht, die Großhirnrinde, eine mittlere Schicht aus weißer Substanz und eine tiefe Schicht aus grauer Substanz, die Basalganglien. Die beiden Hemisphären sind nicht völlig voneinander getrennt; dicke Bündel von Nervenfasern, fast Telefonkabeln vergleichbar, verbinden die beiden Hälften. Das größte Bindeglied ist der Balken, *Corpus callosum*. Weiter innen im Gehirn liegen zwei Strukturen, der Thalamus und der Hypothalamus.

Jede dieser Komponenten ist wiederum in sich reich gegliedert. Etwas so Kompliziertes kann sich wohl nur entwickelt haben, weil jedes Teil eine bestimmte Leistung erbringt, wozu sonst die Mühe, so viele Teile aufzubauen?

Inzwischen können wir uns von diesen Leistungen ein gewisses Bild machen. Was der jeweilige Teil leistet, können wir daraus erschließen, was nicht klappt, wenn bestimmte Regionen durch einen Unfall beschädigt sind – so wie wir aus der Beobachtung, daß ein Auto mit einer fehlenden Bremsbacke nicht gut zu bremsen ist, schließen, daß Bremsbacken etwas damit zu tun haben, ein Fahrzeug zum Stehen zu bringen.

Allerdings sind solche Schlußfolgerungen, wie wir schon im Hinblick auf Allele und Gene erklärt haben, mit Vorsicht zu genießen, denn wenn ein Auto mit defektem Scheibenwischer am Baum landet, weil der Fahrer bei einem schweren Gewitter nicht gesehen hat, wohin er fuhr, kann man daraus nicht folgern, daß es die vorrangige Funktion eines Scheibenwischers ist, Autos von Bäumen fernzuhalten.

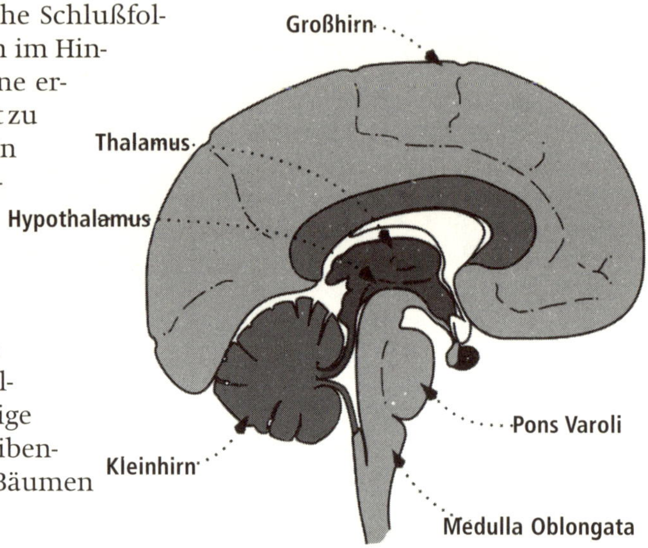

Abbildung 26: Vereinfachte Anatomie des menschlichen Gehirns

Bestimmte Regionen der Großhirnrinde, die motorischen Felder, die wir oben als Motorium bezeichnet haben, kontrollieren die Körperbewegungen. Sie steuern die Aktivität der Muskeln in dem Sinne, daß diese die erforderliche Kraft für eine wirksame Bewegung der Gliedmaßen aufwenden. Bestimmte Teile dieser Region, die jeweils bestimmte Muskeln kontrollieren, sind so angeordnet, daß sich fast eine Karte des ganzen Körpers ergibt; die Beine werden von Teilen kontroliert, die an der oberen Kante der Hemisphäre liegen, die Arme und das Gesicht von Teilen weiter unten. Neben der motorischen liegt eine sensorische Region, in der Signale von den Sinnesorganen ankommen. Man kann sich nicht wie Tarzan durch den Dschungel schwingen, wenn man nicht weiß, wohin es geht; der sensorische Bereich schickt ständig Meldungen zum motorischen Bereich, damit dieser weiß, wo sich der Körper und seine Gliedmaßen in bezug auf die Außenwelt befinden, und entscheiden kann, welche Signale er den Muskeln schicken sollte. An der Koordination der Bewegungen mit dem sensorischen Input ist maßgebend das Kleinhirn [Cerebellum] beteiligt. »Funktionierende« Bewegungsabläufe werden behalten, vermutlich in den Hemisphären – deshalb können Tiere lernen, zu laufen und zu springen und nach einer Banane zu greifen. Wird die entsprechende Bewegung benötigt, greifen die motorischen Felder auf dieses geistige Schema zurück und aktivieren es.

Der Hypothalamus kontrolliert unter anderem Ihre Körpertemperatur. Er greift beständig in Ihren Stoffwechsel ein, um Ihre Gesamttemperatur nahezu konstant zu halten, unabhängig davon, wie sich Ihre Umwelt ändert. Er könnte demnach wie ein Hochleistungs-Thermostat erscheinen, aber er ist noch mehr: In ihm sitzen einige unserer tiefsten Gefühle wie Aggression, sexuelle Erregung und das Verlangen, zu essen und zu trinken.

Der Thalamus spielt eine wichtige Rolle bei der Schmerzempfindung. Äußere Regionen des Nervensytems senden Signale aus, die unterwegs verarbeitet und umgewandelt werden, und wenn sie im Thalamus ankommen, wird einem der Schmerz bewußt. Bei emotionalen Reaktionen ist das Gehirn meistens ziemlich langsam – erst nach merklicher Verzögerung beginnen wir zu lachen, brechen wir in Tränen aus. Aus Gründen des Überlebens müssen bestimmte Reaktionen aber möglichst schnell erfolgen. Der Thalamus enthält eine Überholspur für emotionale Reaktionen wie Überraschung, Wachsamkeit oder Angst. Außerdem ist er Zwischenstation für akustische und optische Wahrnehmungssignale auf dem Weg zu ihren speziellen Rindenbereichen.

Die Rinde ist jener Bereich, der Ihre »höchsten« Funktionen kontrolliert, die üblicherweise mit Denken, Urteilen, Erinnern und Entscheiden umschrieben werden. Hier sitzen Ihre sprachlichen Fähigkeiten. Es gehört zu den auffälligsten Merkmalen der Organisation der Rinde, daß die beiden Hemisphären, die einander in der Form scheinbar so ähnlich sind, ganz unterschiedliche Funktionen erfüllen. Bei rund 99 Prozent der Rechtshänder wird, was die Sprache betrifft, die meiste Arbeit in der linken Hemisphäre geleistet. Von den Linkshändern und solchen, die mit beiden Händen gleich geschickt sind, vertrauen rund 60 Prozent ihre Sprachfähigkeit ebenfalls der linken Hemisphäre an; 30 Prozent überlassen sie der rechten, und der Rest teilt sie zwischen beiden Hemisphären auf. Aus unbekannten Gründen ist das Gehirn von Rechtshändern meist nicht so symmetrisch wie das von Linkshändern. Bei jenen, die die linke Hemisphäre für die Sprache benutzen, wird die rechte Hemisphäre typischerweise für solche Funktionen wie die Wahrnehmung und Erkennung bestimmter Objekte [»Schau, dort ist eine Banane!«], die räumliche Orientierung [»Plötzlich hänge ich kopfüber an einem Ast«] und die Routenfindung [»Hätten wir am Fluß nicht links abbiegen müssen?«] genutzt.

Wenn's um die Sprache geht ...

Die Sprache ist eine der ungewöhnlichsten Leistungen des menschlichen Gehirns, und sie ist ein Rätsel. Wie haben wir die Sprache erworben? Die Sprache hat einen selbstbezüglichen Aspekt: Wir benutzen die Sprache, um über das Problem der Sprache zu sprechen, und wir benutzen eine Art Gehirnsprache, die tiefe symbolische Struktur des Denkens, um über sie nachzudenken.

Wir wissen im Grunde nicht, welcher Aspekt der Sprache »ursprünglich« ist. Einigen Theorien zufolge geht die Sprache auf tierische Schreie, die Nachahmung natürlicher Laute oder Ächzlaute bei anstrengender Tätigkeit zurück – der Linguist Steven spricht abschätzig von »den berüchtigten ›Wauwau‹-, ›Dingdong‹- und ›Hauruck‹-Theorien«. Gregory Bateson berichtet in seinem Buch ›Geist und Natur‹, wie er anfangs einer Ansicht anhing und dann plötzlich zu ihrem Gegenteil bekehrt wurde. Zunächst stellte er eine reduktionistische Hierarchie der Sprachelemente auf: Substantive und Verben waren für ihn die »Atome« der Sprache, Wortverbindungen und Sätze die Moleküle, Kapitel eines Buches waren organisierte Materieteilchen, und ein Buch war fast eine lebende Entität, ein sprachlicher Organismus. Anschließend äußerte er sich schwärmerisch über die allerhöchste Ebene, die Fiktion. Wir können Fiktion und Wahrheit leicht unterscheiden, doch sprachlich sind sie praktisch identisch. Bateson war verblüfft, daß die Leute nicht zur Polizei rennen, wenn ein Mord begangen wird – im Theater.

Als er dies geschrieben hatte, ging er zur Entspannung in den Zoo. Gleich hinterm Eingang war ein Käfig, in dem zwei junge Affen spielerisch miteinander kämpften. Sie verwendeten weder Substantive noch Kapitel oder Bücher – doch er begriff auf einmal, daß sie vollkommen verstanden, was »Fiktion« ist. Das stellte sein Modell auf den Kopf. Ihm wurde klar: Substantive und Verben sind keine ursprünglichen Elemente, und die Fiktion ist nicht der höchste Überbau, sondern die fundamentalste Ebene der Sprache ist Spiel versus Realität, während Substantive, Verben und Kapitel Überbau bilden.

Wird Sprache so als spielerische Interaktion zwischen neugierigen Primatenjungen aufgefaßt, dann erscheinen ihre Symbole als Repräsentationen von Spielhandlungen [»Buh!«] und Spielobjekten [Spielsachen]. Junge, die in derselben Familie aufwachsen und gemeinsam die speziellen Laute erleben, die Mutter erzeugt, haben automatisch eine gemeinsame symbolische Struktur, eine regelrechte »Muttersprache«. Unsere ersten Vorfahren waren vermutlich jene Urmenschen, deren neurale Schaltungen sich besonders gut auf solche Manöver verstanden. Spätere Vorfahren waren jene, die eine brauchbare gemeinsame Grammatik entwickelt hatten, so daß das Lexikon, die Liste der »gemeinsamen« Wörter, sich erweitern ließ. So wurde die Sprachfähigkeit in unsere Gehirne eingebaut.

Fast alle modernen Sprachen weisen Gemeinsamkeiten auf; es scheint, als stammten sie alle von einer einzigen Ursprache ab. In Ermangelung von Schriftdokumenten wird man kaum feststellen können, ob es – was der Fall zu sein scheint – eine einzige Ursprache gab, die sich mit *Homo erectus* von Afrika her ausbreitete, oder ob die Ähnlichkeiten auf den Beschränkungen der menschlichen Grammatik-Maschine beruhen. Wie dem auch sei – die Evolution der Sprache ist genauso komplex wie die Evolution der organischen Formen.

Wir haben keine Ahnung, wie, wo oder wann die menschliche Sprache wirklich begonnen hat. Die meisten »höheren« Tiere haben so etwas wie ein akustisches Signalsystem, das von den Alarmrufen der Sperlinge bis zu den endlosen, komplexen, aber exakt wiederholten Gesängen der Wale reicht.

Wir glauben zu wissen, was die »Spatzensprache« bedeutet: Alarmrufe schlagen Alarm. Wir haben keine Ahnung, wie ein Spatz einen Alarmruf empfindet; um das zu verstehen, muß man vermutlich ein Spatz sein, und das ist einem Menschenaffen nicht möglich, mag er sich auch noch so schlau vorkommen. Die Walgesänge sind uns ein völliges Rätsel, aber vermutlich haben die Wale gute Gründe, sie zu singen. Vielleicht bedeuten sie nur ein umständliches »Hier bin ich«, vielleicht erzählt der Wal auch seine Lebensgeschichte, vielleicht ist es Klatsch oder Poesie, oder es sind tatsächlich Lieder. Vielleicht dienen sie einem völlig anderen Zweck, vielleicht auch gar keinem. Vielleicht kann so etwas wie ein Wal sich nicht entwickeln, ohne eine Neigung zu entwickeln, diese Art von Gesängen zu singen.

Die Sprache nutzt einen Trick – und ist möglicherweise sogar aus ihm hervorgegangen – der für unser Gehirn ohnehin nahezuliegen scheint. Wir schnüren aus einem Bündel komplizierter Ideen gern ein einziges geistiges Paket und versehen es mit einem Etikett. Diese Pakete helfen uns, unsere Welt zu strukturieren und zu verstehen. Zu den Dingen, die wir auf diese Weise etikettieren, gehören die berühmten Einfachheiten wie »Katze«, »Kind«, »Baum« und so weiter, aber auch abstraktere Dinge wie »Fraktal« oder »Molekül«. Daß uns, wie wir am Anfang dieses Buches sagten, unsere Alltagswelt einfach erscheint, liegt daran, daß wir uns an eine kleine Zahl solcher geistigen Pakete gewöhnt haben, die es uns erlauben, mit den häufigsten Ereignissen unserer strukturierten Umwelt fertig zu werden. Wir sehen in der uns umgebenden Welt zwischen vierzig und zweihundert Arten von Dingen, weil wir über so viele Pakete und Etiketten verfügen; wir können unsere Alltagsgeschäfte mit rund fünfhundert Wörtern erledigen, weil sie die Pakete sind, die am meisten bündeln und zugleich am handlichsten sind.

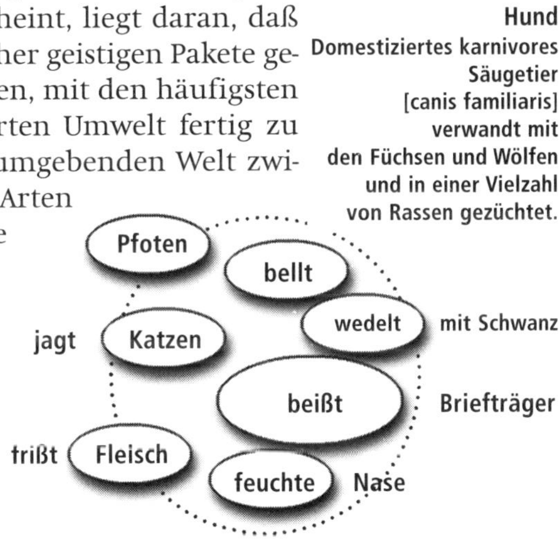

Abbildung 27: Ihr mentales Konzept von einem Hund

Die Sprache geht einen Schritt weiter und verknüpft mit jedem Paket ein beliebiges Symbol: ein Wort. Die Arbeitsweise unseres Gedächtnisses läßt darauf schließen, daß es diese Pakete schon gab, als wir noch nichts von Symbolen wußten. Unser Gedächtnis speichert verwickelte Gefüge von zusammenhängenden Ideen als Konzepte ab und etikettiert sie dann mit einem Wort [Abb. 27]. Diese Eigentümlichkeit unseres Gedächtnisses macht uns zu schaffen, wenn uns plötzlich der Name eines Menschen oder eines Ortes, der uns seit Jahren vertraut ist, nicht mehr einfallen will. Das Band zwischen dem

Paket und seinem Etikett kann leicht reißen – möglicherweise wegen mangelnder Gelegenheiten, die vielfältigen Assoziationen zwischen verwandten Konzepten, die das Paket zusammenhalten, zu verstärken.

Das mentale Ich

Noch rätselhafter als die Sprache ist das Bewußtsein. Wo sitzt das »Ich«? Woran erkennen Sie, daß es überhaupt ein »Ich« gibt? Es ist schon nicht einfach, das Problem überhaupt in den Griff zu bekommen. Eine der Schwierigkeiten, auf die öfter hingewiesen wird, ist folgende: Ich weiß, daß ich ein Bewußtsein habe; Sie verhalten sich so, als hätten Sie eines; ich kann aber nicht mit Sicherheit sagen, daß Sie eines haben. Vielleicht sind Sie bloß ein intelligenter Roboter. Diese Art der Fragestellung ist geeignet, vom eigentlichen Problem abzulenken, und zum Glück gibt es Ockhams Rasiermesser, eine philosophische Regel, die empfiehlt, keine unnötigen Annahmen zu machen. Also: Sie scheinen die gleiche Art von Tier zu sein wie ich; Ihr Verhalten ist dem meinen ziemlich ähnlich, Sie durchleben dieselben Empfindungen wie ich – soweit ich das erkennen kann. Ihr Gefühl, ein Ich zu sein, ist daher vermutlich nicht viel anders als mein Gefühl, ein Ich zu sein. Ich kann das nicht beweisen, aber es spricht doch einiges dafür. Das ist aber nicht die eigentliche Schwierigkeit – die ist weitaus rätselhafter: Woher kommt überhaupt das Gefühl, ein Ich zu sein?

Neuere Untersuchungen werfen ein wenig Licht – vielleicht auch ein wenig Schatten – auf diese Frage. Es ist eine hervorstechende Eigentümlichkeit des Bewußtseins, daß ich vollkommen überzeugt bin, daß es nur ein Ich gibt. Dieses Ich ist verantwortlich für mein Denken und dadurch für meinen Körper. Ich entscheide, nicht irgendein Ausschuß, ich bin der Verantwortliche.

Tut uns leid, aber das ist vermutlich falsch. In meinem Kopf laufen furchtbar viele Dinge ab, zu denen mein Bewußtsein keinen direkten Zugang hat. Ich weiß nichts von all den verwickelten neuralen Berechnungen, die die Lichtimpulse, welche auf meine Netzhaut fallen, in die Feststellung umwandeln: »Schau, da ist eine Banane!« Die meisten Prozesse in meinem Gehirn laufen unbewußt ab, sind der Introspektion nicht zugänglich. Erkannt haben wir dagegen, daß viele unterschiedliche Prozesse in meinem Gehirn parallel ablaufen, gleichzeitig und unabhängig voneinander. In dieser Beziehung unterscheidet das Gehirn sich erheblich von herkömmlichen Computern. Gewiß führen parallel arbeitende Computer gleichzeitig unterschiedliche Aufgaben aus, doch dabei werden die einzelnen Operationen synchronisiert, sind also nicht wirklich unabhängig voneinander. Das Gehirn ähnelt eher einem Ausschuß, dessen Mitglieder jeweils für sich agieren, bis eine gemeinsame Entscheidung zu treffen ist. Außerdem trifft es seine Entscheidungen wie ein Ausschuß: Oft ist eine Frage längst entschieden, ehe sie zur Abstimmung kommt, doch die Entscheidung wird erst ins Protokoll [Bewußtsein] aufgenommen, nachdem die Stimmen ausgezählt sind. Bittet man jemanden, willkürlich einen Finger zu bewegen und anzugeben, wann er sich zu dieser Bewegung entschließt, so beginnt die Hirnaktivität in dem entsprechenden motorischen Bereich schon ein bis zwei Sekunden früher, bevor er sagt, daß er sich jetzt bewußt entschließt.

Ein Teil des Gehirns scheint wie eine Art Zirkusdirektor zu agieren. Der Löwenbändiger ist in seinem Käfig und steckt seinen Kopf ins Maul des Löwen; oben unterm Zeltdach werfen sich die Trapezkünstler durch die Luft; und auf dem Manegenrand laufen die Clowns herum, machen Unfug und verlieren ihre Hosen. In Wirklichkeit ist der Zirkusdirektor für dieses ganze Durcheinander nicht verantwortlich, aber er tut so, als sei er es. Er spielt Theater, um einen gewissen Anschein von Sinnhaftigkeit und Struktur in das Geschehen zu bringen. Daneben gibt es in unserem Gehirn so etwas wie einen Rationalisierer und Zensor, der die getrennten Aktivitäten all der verschiedenen unabhängigen Bereiche in einen scheinbar kohärenten Rahmen preßt. Ich kann sagen, daß mein Zirkusdirektor am Werk war, wenn ich einen Traum habe, der mit einer gewaltigen Explosion endet, wenn ich dann durch das Klingeln meines Weckers aufwache und mich an eine lange, zusammenhängende Folge von Ereignissen erinnere, die zu dem Knall führten. Mein Gehirn kann unmöglich vorhersehen, wann der Wecker losgeht. Und der Zeitraum vom Losklingeln bis zu dem Moment, da das Geräusch durch mein benommenes Gehirn dringt, ist zu kurz, um die komplizierte Geschichte, die in der Explosion endet, zusammenzubasteln. Tatsächlich dürfte daher Folgendes ablaufen: Wenn ich den Wecker gehört habe, denkt sich der Zirkusdirektor eine Geschichte aus, die darauf hinausläuft, daß ich von einer Explosion träume; danach redet er mir ein, daß sie sich in einer anderen Reihenfolge abgespielt hat. Vermutlich redet er es auch sich selbst ein, denn wer soll das »Ich« sein, wenn nicht der Zirkusdirektor?

In Wirklichkeit besitze ich gar kein Bewußtsein. Ich denke nur, ich hätte eines. Descartes sagte: »Ich denke, also bin ich«, doch überzeugender wäre gewesen, wenn er gesagt hätte: »Ich denke, daß ich bin«. Ich vermute, daß für Sie das gleiche gilt, aber das können nur Sie wissen. Und Ihr Zirkusdirektor narrt Sie vermutlich genauso, wie mein Zirkusdirektor mich – Pardon, sich selbst – narrt.

[6] Systeme interaktiven Verhaltens

Ein Mann ging in die Kirche und betete zu Gott, er möge ihn unterstützen in dem Bemühen, den Armen zu helfen.

»Lieber Gott, dreifach gesegneter Schöpfer, sobald ich zehntausend Mark habe, werde ich tausend davon den Armen geben; das schwöre ich beim Grab meiner Mutter.«

Er wartete ab, aber nichts passierte. Da kam ihm eine Idee, und er versuchte es noch einmal.

»Lieber Gott, wenn Du mir nicht traust, kannst Du die tausend Mark vorher abziehen und mir einfach den Rest geben.«

Die letzten vier Kapitel galten dem Verhältnis zwischen der scheinbaren Komplexität der Natur und den einfachen Regeln, die ihr zugrunde liegen. Wir haben gezeigt, daß die Strategie des Reduktionismus – die Dinge in ihre Teile zerlegen und schauen, wie sie zusammenpassen – einfache Erklärungen für viele rätselhafte Komplexitäten liefert. Das Verhalten der Atomkerne erklärt sich aus den Eigenschaften und Wechselwirkungen von Protonen und Neutronen; wir hätten hinzufügen können, daß diese sich wiederum aus den Wechselwirkungen anderer Teilchen erklären, der Quarks, Photonen und Gluonen, die noch exotischeren Regeln gehorchen, aber wir wollten das nicht vertiefen. Die Zahlenmystik der Elektronenschalen erklärt die Chemie der Elemente, die sich in Mendelejews periodischer Tafel niederschlägt. Das komplementäre Verhältnis von Elektronenschalen, bei denen in einem Atom ein Elektron »fehlt«, das von einem »überzähligen« in einem anderen anderen Atom bereitgestellt wird, erklärt ihre Verbindung zu einem Molekül, und die an das Lego-System gemahnende Flexibilität dieser Regeln macht verständlich, daß die Chemie ein komplexes Gebiet von ungeheurer Mannigfaltigkeit ist. Das chemische Verhalten des Kohlenstoffs, der lange Ketten bildet, läßt sich zurückführen auf seine »selbstkomplementäre« elektronische Struktur –vier Nocken und vier Fassungen. Die daraus resultierende Komplexität der organischen Verbindungen ermöglicht die organisierte Komplexität der DNS, der Proteine und anderer wichtiger Biomoleküle. Die Struktur und die Prozesse einfacherer Lebewesen sind bestimmt von ihrer DNS-Genetik und ihrer Fähigkeit, Proteine zu kodieren. Kompliziertere Lebensfomen entwickeln sich in mehreren Stufen, die ähnlich wie bei den einfacheren Organismen aus ihrer genetischen Struktur abgelesen werden; es besteht aber eine hierarchische Struktur von Genen, die Proteine erzeugen, anderen Genen, welche die Gene regulieren, die Proteine erzeugen, wieder anderen Genen, die wiederum diese regulieren, und so weiter. Die Entstehung von Leben überhaupt oder von komplexen aus einfachen Lebensformen erscheint als unausweichliche Konsequenz nicht nur dieser Prozesse, sondern auch der ihnen anhaftenden Unvollkommenheiten. Beim Kopieren können Fehler auftreten; die meisten sind verheerend, aber nur kurzlebig, doch wenn es zu einer Verbesserung kommt, gedeiht sie und breitet sich aus. Dieser Auslesemechanismus ist verantwortlich für die Asymmetrie, die den Evolutionsprozeß [gewöhnlich] zu wachsender Komplexität sowohl der Organismen als auch ihrer Entwicklung treibt.

Diese Erklärungen zeigen Mechanismen auf, die so naheliegend, so logisch zwingend sind, daß sie nur beschrieben werden müssen, um einem geradezu evident zu erscheinen. Die Atomtheorie erklärt auf Anhieb die gleichbleibenden Proportionen, in denen die chemischen Elemente Verbindungen eingehen. Die subatomare Struktur macht es »einleuchtend«, daß Natrium, das in seiner Außenschale ein überzähliges Elektron hat, sich mit Chlor verbindet, dem eines fehlt. Es ist leicht einzusehen, daß im Konkurrenzkampf der Tiere um Raum und Nahrung jene Nachkommen, die dabei besser abschneiden, eher überleben und sich folglich vermehren. Erklärungen dieser Art sind von einer Einfachheit und Direktheit, die uns sofort überzeugt.

Nicht alle wissenschaftlichen Erklärungen sind so direkt, aber es finden sich kompliziertere von derselben Art, wenn beispielsweise das giftige Metall Natrium und das giftige Gas Chlor sich zu Salz verbinden, ohne das viele Geschöpfe nicht leben können. Es gibt natürlich zusätzliche Komplikationen und gelegentlich auch einen Haken; die Physiker glauben zum Beispiel, daß Salzkristalle würfelförmig sind, weil die Quantenmechanik sie dazu zwingt, aber eine mathematische Herleitung ist bis heute nicht bekannt. Indem wir immer tiefer graben, können wir detailliert beschreiben, wie einfache Gesetze auf einer Ebene nicht nur für Komplexität schlechthin, sondern auch für bestimmte Formen von Komplexität auf einer anderen Ebene verantwortlich sind.

Dieses wissenschaftliche Weltbild, das in Jahrhunderten errichtet wurde, indem komplizierte Rätsel mit ihnen innewohnenden Einfachheiten »eine Ebene tiefer« erklärt wurden, ist das größte Bauwerk der Menschheit. Es reduziert komplizierte Fragen auf interne Einfachheiten –deshalb der Begriff »Reduktionismus« –, und es hat uns ungeheure Möglichkeiten verschafft, unsere Welt zu verstehen und zu manipulieren.

Wie reduziert man ein Gehirn?

Der Reduktionismus verschafft uns die beschriebenen mentalen Trichter, bei denen wir oben Komplexitäten und unten tiefere Einfachheiten finden. Wenn man diese Trichter miteinander koppelt, wird ein gegebenes Maß an Komplexität tiefer und tiefer auf zugrunde liegende Einfachheiten zurückgeführt. Diese Struktur gekoppelter Trichter liefert eine Kette logischer Erklärungen, die, wie wir in Kapitel 1 erklärt haben, in umgekehrter Richtung, von unten nach oben, von einfachen Gesetzen zu komplizierten Erscheinungen der natürlichen Welt führt. Die so gewonnenen Erkenntnisse werden meist in deduktiver Form dargestellt: »Diese Gesetze führen zu dieser Erscheinung, die jene Beobachtung erklärt.« Die Struktur wird dagegen auf induktive Weise herausgefunden: »Diese Beobachtung würde verständlich, wenn jene Erscheinung auftreten würde; und die würde verständlich, wenn die Natur diesen Gesetzen gehorchte.«

Was wir finden, wenn wir durch unsere reduktionistischen Trichter auf die tieferen Ebenen von Physik und Chemie hinunterschauen, ist Mathematik: holistische Zahlenmystik [Elektronenschalen], Geometrie [Buckyballs], Gleichungen [Einsteins berühmte Gleichung e = mc2, die Energie und Masse verknüpft]. Am klarsten ist die Logik des Reduktionismus in den Tiefen der Mathematik, um allmählich verschwommener zu werden, je mehr wir zu den komplexeren Ebenen der Biologie aufsteigen. Wenn wir zur Darwinschen Evolution kommen, hat das Modell keinen mathematischen, sondern nur noch verbalen Charakter. Allerdings ist es in einer sehr präzisen und detaillierten Sprache formuliert, und mathematische Submodelle stützen es weitgehend. Die Logik der Erklärung ist weiterhin ganz präzis, doch ihr Stil hat sich unmerklich geändert.

Weit weniger erfolgreich scheint die Strategie des Reduktionismus zu sein, wenn wir über die Evolution hinaus an noch höhere Ebenen der Organisation denken. Die Kette der Erklärungen von der »unteren« zur »höheren« Ebene wird diffuser, und gelegentlich fehlen einige Glieder. Wir haben gesehen, daß bislang nur die einfachsten Leistungen des visuellen Systems auf diese Weise erklärt worden sind; im Grunde wissen wir nicht, wie das menschliche Auge und Gehirn entscheiden, daß ein Objekt weiter entfernt ist als ein anderes, und wir wissen wirklich nicht, wie bestimmte Nervenimpulse übersetzt werden in »Da steigt ja Onkel Fritz aus dem Bus. Mensch, der wirkt aber müde.« Dafür, daß wir bei solchen Fragen in Verlegenheit geraten, daß wir noch nicht verstanden haben, wie selbst ein einfaches Gehirn funktioniert, gibt es mindestens zwei Gründe. Zum einen wissen wir noch nicht genug über die Funktionsweise von Nervenzellen, und wir haben keine genauen, ja noch nicht einmal rudimentäre Schaltpläne für ein Gehirn. Selbst ein ausgefuchster Elektronikingenieur hätte Schwierigkeiten, das Funktionieren einer Schaltung zu verstehen, wenn er nicht wüßte, was ihre Komponenten tun und wie sie untereinander verknüpft sind. Der eine Grund unserer Schwierigkeiten ist also, daß wir die Reduktion auf die tiefere Ebene noch nicht hinreichend detailgenau geleistet haben.

Ein anderes, tückischeres und schwerer wiegendes Problem ist die ungeheuere Komplexität des Systems, das wir zu reduzieren versuchen. Das Gehirn umfaßt zehn Milliarden Neurone, die jeweils mit rund hundert anderen verknüpft sind –eine Billion Verbindungsdrähte. Und wenn wir einen genauen Schaltplan hätten, müßten wir ihn in einem sehr großen Computersystem speichern; wir können ihn, wenn man so will, nicht im Kopf behalten. Dennoch besitzen wir Ansätze eines reduktionistischen Bildes; vor allem sehen wir nicht nur, daß neurale Netzwerke Rechenfähigkeiten besitzen können, sondern auch, wie sie sich entwickelt haben könnten.

Etwas zu erklären heißt, es so darzustellen, daß es einem menschlichen Gehirn zugänglich ist. Unser Problem ist also selbstbezüglich, und das löst mit Recht Stirnrunzeln aus. Kann die interne Arbeitsweise eines Gehirns diesem Gehirn selbst zugänglich sein? Für manche ist diese Frage klar zu verneinen; sie weisen darauf hin, daß ein Gehirn nicht genügend »Bits« besitzt, um seine eigenen Verknüpfungen zu beschreiben. Doch dieses Argument ist nicht schlüssig. Auch die DNS des Menschen enthält zuwenig Information, um die Verknüpfungen des Gehirns zu beschreiben; aus dem Argument würde also folgen, daß Gehirne sich überhaupt nicht entwickeln können, was bekanntlich nicht stimmt. [Den drei Milliarden Basen der menschlichen DNS stehen eine Billion Verknüpfungen im Gehirn gegenüber.] Daraus folgt, daß die in der DNS als Datenstring repräsentierte Struktur des Gehirns komprimierbar sein muß. Es muß einen in der DNS verschlüsselten einfacheren Prozeß geben, der ein kompliziertes Gehirn generiert, so wie die einfachen Regeln für eine Mandelbrot-Menge eine unglaublich verwickelte Form generieren. Warum sollte ein menschliches Gehirn diesen Prozeß nicht begreifen und damit sich selbst »verstehen« können? Auf jeden Fall sollte eine Gruppe von Gehirnen, ein Team von Wissenschaftlern, gemeinsam verstehen können, wie ein Gehirn funktioniert.

Ähnliche Schwierigkeiten ergeben sich, wenn wir mit der reduktionistischen Philosophie Wechselwirkungen zwischen oder innerhalb von Populationen lebender Organismen zu erklären versuchen. Auch wenn die Individuen ganz einfache Dinge zu tun scheinen, addieren sich ihre Wechselwirkungen zu mehr Komplexität, als wir verkraften können. Bei einem System wechselwirkender Objekte entspricht die Zahl der möglichen Wechselwirkungen zwischen je zwei Objekten annähernd dem halben Quadrat der Zahl der Objekte. Bei steigender Zahl der Objekte wächst die Zahl der Wechselwirkungen sehr viel schneller, wie die folgende Tabelle zeigt:

Zahl der Objekte	Zahl der Wechselwirkungen
10	45
100	4950
1000	499500
10000	49955000
100000	4999950000
1000000	499999500000

Verglichen mit dem Effekt der Individuen, kann der Effekt der Wechselwirkungen verschwindend gering sein, doch wenn die Zahl der Individuen entsprechend groß wird, kommt das Hauptgewicht den Wechselwirkungen zu. Leider kann es vorkommen, daß wir nicht in der Lage sind, eine bestimmte Wechselwirkung zu identifizieren, weil ihr Effekt zu gering ist. Weil sie zu geringfügig ist, können wir sie nicht nach reduktionistischer Manier als solche untersuchen; wir können sie aber auch nicht als Teil des Gesamtsystems untersuchen, weil sie nicht von all den anderen Wechselwirkungen getrennt werden kann.

Das ist einer der Hauptgründe, warum wir in der Ökologie, der Epidemiologie und der Ökonomie keine griffigen Erklärungen haben. Das neue Fach der Komplexitätstheorie widmet sich besonders diesen Bereichen und sucht nach einem besseren Ansatz. Obwohl AIDS intensiv erforscht wird, können wir keine zuverlässigen Vorhersagen über die Zahl der Menschen machen, die sich innerhalb von zwanzig Jahren infizieren werden. Niemand weiß, wie man Börsenkräche vorhersagen könnte. In Sozialwissenschaften und Betriebswirtschaft gibt es keine größeren Bereiche reduktionistischer Kausalität. Jedesmal, wenn wir glauben, eine überzeugende Erklärung gefunden zu haben, zeigt sich, daß auf jeden Experten ein anderer kommt, der uns vom Gegenteil überzeugen kann. Der Nobelpreis wurde Wirtschaftswissenschaftlern verliehen, deren Theorien einander diametral widersprechen. Dennoch sind die reduktionistischen Zusammenhänge, ist die Machbarkeit reduktionistischer Erklärungen hinreichend klar, um uns davon zu überzeugen, daß die Kette der Logik prinzipiell hält. Dawkins spricht von einem hierarchischen Reduktionismus. Zusammengefügt ergeben all die mentalen Trichter eine baumartige Struktur, doch wird man die Dinge ganz oben nicht in der Weise erklären, daß man bis auf die unterste Ebene zurückgeht; man geht eine Ebene tiefer und stützt sich auf das, was auf dieser Ebene bereits »bekannt« ist. Diese Ebene wird dann in der gleichen Weise erklärt, und so weiter und so fort; die vollständige Erklärung ist implizit, nicht explizit. In Kapitel 1 erwähnten wir, daß Physiker, die mit der Vereinigung der Quantenmechanik und der allgemeinen Relativitätstheorie rechnen, von einer Theorie von Allem sprechen. Sie meinen damit, auch wenn es bombastisch klingen mag, daß alles, was im Universum geschieht, im Prinzip eine Konsequenz der »wahren« Teilchenphysik sein müsse. Sie sind überzeugt, daß der Baum der Trichter eine einzige Wurzel hat, aus der alles andere emporwachsen müsse. Das Scheitern der angebotsorientierten Wirtschaftspolitik in den Vereinigten Staaten betrifft aus dieser Sicht nicht etwa Dinge, die mit der Teilchenphysik nichts zu tun hätten; es betrifft bloß solche Konsequenzen der Teilchenphysik, die so komplex sind, daß die Erfassung der Details das heutige menschliche Verständnis übersteigt. Zu den Details würden zum Beispiel völlig exakte Modelle auf atomarer Ebene der Gehirnstruktur jedes Menschen in den Vereinigten Staaten, wenn nicht in der ganzen Welt gehören.

Wie wir gesehen haben, gelangte Descartes angesichts der Komplexitäten des menschlichen Geistes und der geistlosen Eigenschaften der trägen Materie zu einer dualistischen Auffassung: Der Geist ist eine, die Materie eine andere Sache, und nie werden die beiden zusammenkommen. Die Auffassung, die hinter der reduktionistischen Wissenschaft steckt und in Theorien von Allem explizit wird, ist dagegen die eines emergenten Monismus. Aus dieser Sicht ist der Geist eine emergente Eigenschaft der Materie, die zum Ausdruck kommt, wenn die Materie auf eine entsprechende und hochkomplexe Weise organisiert ist. Wie Geist und Materie zusammenhängen, haben wir im Grunde noch nicht verstanden, aber schließlich haben wir ja bis vor kurzem auch nicht verstanden, wie Kohlenstoffchemie und Atomstruktur zusammenhängen. Wir wissen noch nicht einmal genau, wie sich die kristalline Natur des Salzes aus der Quantenmechanik herleiten läßt. Auf eine reduktionistische Theorie der Mutterliebe wird man also noch ein Weilchen warten müssen.

In diesem Kapitel wollen wir Tatsachen nachgehen, die für den emergenten Monismus sprechen. Wir konzentrieren uns auf einige vereinfachte mathematische Modelle, die zeigen, daß bestimmte Erscheinungen der materiellen Welt notwendigerweise überraschende Folgen haben, Folgen, die wichtigen emergenten Phänomenen ähneln. Diese Modelle sind Brücken aus Schnee über tiefen Spalten der Unwissenheit. Sie vermitteln uns jedoch eine gewisse Zuversicht, daß die Territorien auf beiden Seiten sich rational und ohne die Einführung völlig neuer, außerhalb der normalen physikalischen Welt gelegener Einflüsse verbinden lassen. Darwin leistete für die Biologie ziemlich dasselbe mit einem verbalen Modell: Zufällige erbliche Differenzen plus natürliche Auslese bedeuten Evolution. Moderne Versionen des Darwinismus importieren mathematische Methoden und liefern exakte Beispiele für Einfachheiten, die spontan komplexer werden; sie ersetzen die Schneebrücken durch Seilbrücken.

Modelle und Gesetze

Was wir von den tieferen Ebenen der Chemie und Kosmologie aus am unteren Ende der Trichter erblicken, ist die Mathematik der Quantentheorie. Was wir von der höheren Ebene der Evolution oder der Ökonomie aus durch den Trichter erblicken, ist ebenfalls Mathematik. Kein Wunder, wenn manche Wissenschaftler, besonders Mathematiker, meinen, unter jedem Trichter werde man die Mathematik finden; sie liege eben wirklich allem zugrunde. Sie meinen, die Theorie von Allem werde sich als mathematisch erweisen, eine Gleichung, die man auf einem T-Shirt tragen kann.

Zwischen den Trichtern, die vom oberen Ende der reduktionistischen Geschichte zur Mathematik führen, und denen, die von weiter unten zu ihr führen, bestehen jedoch wesentliche Unterschiede. Die Logik der unteren Trichter ist eindeutig: Sie benutzen die Mathematik als Verfahren. Die Mathematik wird als fundamental angesehen: Planeten folgen elliptischen Bahnen, weil das Gravitationsgesetz mathematisch ist und Ellipsen eine direkte Konsequenz daraus sind; Wasserstoffatome besitzen eine bestimmte Anzahl von Energieniveaus, weil die Schrödingergleichung dies besagt. Die mathematischen Gesetze sind »real«; sie sind das, was die Natur wirklich tut –und die Beweise sind beeindruckend. In der Quantenelektrodynamik lautet zum Beispiel die theoretische Vorhersage für eine bestimmte Größe, die Diracsche Zahl, 1,00115965246; der experimentelle Wert ist 1,00115965221.

Die Logik der oberen Trichter ist sehr viel verschwommener. Dort wird die Mathematik als Hilfsmittel der Erklärung genutzt, um anhand vereinfachter Modelle Einsichten zu gewinnen, die wichtige Eigenschaften des zu erklärenden Phänomens berücksichtigen, andere aber bewußt auslassen. So läßt sich die Ausbreitung einer Epidemie mit einem Modell erklären, das die Kontakte zwischen den Menschen als zufallsbedingt annimmt. In Wirklichkeit stimmt das nicht: Sie machen die Entscheidung, ob Sie zur Arbeit gehen, nicht von einem Münzwurf abhängig. Mit wem Sie interagieren, hängt von einer sehr komplexen Sozialstruktur ab. Mit Hilfe der vereinfachenden Annahme eines zufälligen Kontakts können wir jedoch allgemeine Erkenntnisse über Epidemien gewinnen, etwa über ihre Tendenz, in unregelmäßigen Abständen plötzlich auszubrechen.

Die höheren Ebenen der reduktionistischen Geschichte benutzen die Mathematik als Metapher, nicht als exakte Repräsentation der Natur. Wir sagen nicht, daß die Mathematik unterhalb des Trichters der Evolution als Mathematik etwas anderes sei als jene unter dem Chemietrichter. In beiden Fällen handelt es sich um die Theorie der Differentialgleichungen. Was Sie unter einem Trichter sehen, hängt von der Richtung ab, aus der Sie hineinschauen, und davon, was dort ist; es geht nicht um eine Sache, sondern darum, wie man sie nutzt. Es gibt nur eine Mathematik; das ganze Fach bildet eine zusammenhängende Einheit. [Und was nicht hineinpaßt, wird ohnehin nicht als Mathematik betrachtet.] Doch ein und dasselbe Stück Mathematik kann sehr unterschiedlich interpretiert werden. Eine Ellipse kann eine Planetenbahn oder der Schatten eines Tellers an einer Wand sein. Würde die Mathematik unter dem Biologietrichter auch nur entfernt so interpretiert wie die unter dem Chemietrichter, dann würde Linnés System der Lebewesen in der Biologie dieselbe Rolle spielen wie Mendelejews periodisches System in der Chemie. So wie den chemischen Elementen bestimmte Zahlen zugeordnet sind – die Zahl der Elektronen, Protonen und Neutronen, die ihre Atome enthalten –, so würden auch den Tieren Zahlen oder andere mathematische Merkmale zugeordnet. Die evolutionäre Entwicklung würde Kernreaktionen ähneln, mit einer spezifischen, begrenzten Auswahl an möglichen Pfaden. Doch die Biologie ist sehr viel formbarer. Man kann nicht sinnvoll Tiere nur anhand der Zahl der Beine, Ohren, Nasenlöcher, Antennen und so weiter klassifizieren. Jedenfalls kann man nicht argumentieren, eine sechsbeinige Art könne sich nicht zu einer vierbeinigen entwickeln, weil dies das Gesetz der Erhaltung der Beine verletzen würde.

Dies könnte daran liegen, daß wir noch nicht die richtigen Merkmale biologischer Systeme gefunden haben. Sollten sie existieren, dann müssen sie auf einer tieferen Organisationsebene liegen als Endprodukte wie Beine oder Nasenlöcher. Homöotische Gene könnten zum Beispiel solche Merkmale erklären wie Vorderende, Hinterende, die Unterscheidung zwischen dorsal und ventral und die Segmentierung –und damit vielleicht die Zahl der Beine. Solange wir solche Merkmale aber nicht gefunden haben, haben wir keine Ahnung, was für eine Mathematik –falls überhaupt eine –unter dem Biologietrichter liegt und wie sie zu interpretieren ist. Beim gegenwärtigen Stand der Forschung finden wir unter dem Chemietrichter mathematische Gesetze, unter dem Biologietrichter aber nur mathematische Modelle.

Auch wenn mathematische Modelle nicht der vollen Realität entsprechen, ja gerade weil sie ihr nicht entsprechen, bieten sie entschiedene Vorteile. Die Mathematik kann, weil sie exakter ist als Wörter, feinere Unterscheidungen handhaben. Sie kann ferner die Aufmerksamkeit auf Erscheinungen lenken, die nicht direkt beobachtbar sind, zum Beispiel durchschnittliche Infektionshäufigkeiten.

Und mit ihrer Hilfe kann in Gedankenexperimenten gezeigt werden, daß viele unserer eingefleischten Überzeugungen – etwa die, daß Systeme nicht spontan komplexer werden können – falsch sind.

Mathematische Modelle haben auch einen Nachteil, eine Falle, in der sich mehr als ein führender Wissenschaftler verfangen hat. J.B.S. Haldane sagte einmal, mehr als zehn Prozent der Individuen einer Art könnten nicht Träger von »schlechten« Mutationen sein, weil er errechnet hatte, daß die Population aussterben würde, wenn sie in jeder Generation zehn Prozent verlieren würde. Dabei gibt es durchaus lebensfähige natürliche Populationen – Kabeljau, Goldbutt und Austern zum Beispiel –, die in jeder Generation 99,999 Prozent verlieren. Was eine mathematische Schlußfolgerung taugt, hängt nicht bloß von der Genauigkeit der Berechnungen ab.

Es gibt drei Arten von Fehlern. Leicht zu erkennen sind Irrtümer im Rahmen des Modells. Schwerer zu erkennen sind Irrtümer, die in den expliziten Annahmen stecken, die dem Modell zugrunde liegen. Am schwersten zu erkennen sind die impliziten Annahmen in dem Weltbild, auf dem das Modell beruht. Sie könnten etwa ein Modell der biologischen Entwicklung aufstellen, basierend auf der Idee, daß die DNS eine Nachricht ist. Vor allem würden Sie dann natürlich solche Größen interessieren wie die Informationsmenge in der DNS eines Tieres und die Informationsmenge, die zur Beschreibung seiner Körperform notwendig ist. Würden Sie dann die Entwicklung als einen Prozeß der Informationsübertragung modellieren, bei dem eine Unmenge von Nachrichten hin- und herflitzen, dann hätten Sie stillschweigend ein Modell entwickelt, in dem keine Information erzeugt werden kann. Sie würden dann »beweisen« können, daß Menschen kein Gehirn entwickeln können, weil die zur Aufzählung aller Verknüpfungen im menschlichen Gehirn erforderliche Informationsmenge sehr viel größer ist als die gesamte Informationsmenge in menschlicher DNS.

Trotzdem haben wir ein Gehirn. Der Irrtum steckt nicht im Modell, sondern in den stillschweigenden Annahmen, von denen es ausgeht. Einwandfreie Mathematik kann Unsinn produzieren, wenn sie auf unsinnigen Annahmen basiert. »Müll rein, Müll raus«, wie die Computerwissenschaftler sagen. Sie werden vielleicht erwarten, daß in einem Buch, das ein Mathematiker und ein Biologe zusammen verfaßt haben, die Mathematik als ein exaktes Instrument gepriesen wird, mit dem überraschende biologische Wahrheiten zutage gefördert werden können. Wir warnen Sie jedoch im Gegenteil, mathematische Modelle nicht allzu ernst zu nehmen. Überraschende Folgerungen sind gut und schön, aber wenn sie so überraschend sind, daß sie keinen Sinn machen, dann beruhen sie fast sicher auf falschen Annahmen. Sie sollten sich nicht von Mathematik imponieren lassen, nur weil Sie sie nicht verstehen.

Räuber-Beute-Modelle

Hier ist ein Beispiel eines historisch wichtigen mathematischen Modells im Bereich der Populationsdynamik. Der italienische Biologe Umberto D'Ancona, der sich mit Fischpopulationen befaßte, stieß um 1925 auf Daten über den Umfang der Fänge in der Nähe des Hafens Fiume [Rijeka] in der nördlichen Adria; die Angaben umfaßten den Ersten Weltkrieg. Was ihn neugierig machte, war der Anteil der *Selachier* [Haie und Rochen] an den Fängen der Fischer, der während des Krieges dramatisch anstieg. Der Anstieg, das war ihm klar, mußte irgendwie damit zusammenhängen, daß die Fischerei während des Krieges eingeschränkt worden war, aber wie? *Selachier* sind Raubfische; Speisefische sind ihre Beute. Wieso war die Einschränkung der Fischerei den Räubern überproportional zugute gekommen? Er bat den italienischen Mathematiker Vita Volterra um Hilfe, und der entwarf ein mathematisches Modell der Wechselwirkung zwischen Räubern und Beute, ein System von Gleichungen, das auf wenigen wesentlichen Annahmen über die Veränderung ihrer Populationszahlen beruhte. Wenn man weiß, wie stark eine Population gegenwärtig ist und wie schnell sie wächst, kann man mit diesen Gleichungen berechnen, wie stark sie kurz darauf sein wird. Durch entsprechende Wiederholung kann man die Populationszahl für jeden künftigen Zeitpunkt errechnen.

Das Modell sagt voraus, daß beide Populationen ständig periodisch schwanken werden. Gleichgültig, wie groß die Populationen gegenwärtig sind, werden sie schließlich wieder zu denselben Zahlen zurückkehren, und derselbe Zyklus wird sich ständig wiederholen. Volterra berechnete außerdem die durchschnittlichen Populationsgrößen. Die Fischerei wirkt sich in einem sinkenden Bestand sowohl der Speisefische als auch der *Selachier* aus. Daraufhin nimmt die Zahl der Beutetiere langsamer zu; die Zahl der Räuber sinkt schneller.

Offensichtlich verändert die Fischerei die mittlere Populationsstärke, doch welcher Art sind die Wechselwirkungen zwischen diesen Veränderungen und der Populationsdynamik? Aus Volterras Modell geht hervor, daß das Fischen die mittlere Speisefisch-Population ansteigen, die Population der *Selachier* dagegen absinken läßt. Das erscheint Ihnen vielleicht paradox – ein Beleg dafür, daß mathematische Modelle verbalen Modellen überlegen sein können. Wieso führt gesteigerter Fischfang zu einem größeren Bestand an Speisefisch? Ganz einfach! Das Fischen verringert die Population der Räuber, die folglich weniger Beute fressen –und das macht die zusätzlichen Fänge an Speisefisch mehr als wett. Wird dagegen [wie während des Krieges] weniger gefischt, so steigt die mittlere Zahl der Selachier, und die Zahl der Speisefische geht zurück – genau das hatte D'Ancona beobachtet.

Man bezeichnet diesen Effekt als Volterras Paradox. Er tritt auch auf, wenn Schädlinge mit Insektiziden bekämpft werden. Als eine aus Australien eingeschleppte Wollsackschildlaus die amerikanischen Zitruspflanzer zu ruinieren drohte, führte man zur biologischen Schädlingsbekämpfung einen natürlichen Feind, einen australischen Marienkäfer, ein, und die Population der Schildläuse [die jetzt die Rolle der Beute spielten] ging zurück. Dann fand man heraus, daß das Insektizid DDT die Schildläuse tötet, und so versuchten die Zitruspflanzer die Schädlingspopulation mit DDT noch weiter zu verringern. Merkwürdigerweise nahm die Population der Schädlinge daraufhin zu. Volterra hätte ihnen sagen können warum: DDT tötet auch Marienkäfer.

Das natürliche Ungleichgewicht

Manche haben eine allzu einfache Vorstellung von der Ökologie. Sie sprechen vom natürlichen Gleichgewicht, als ob das etwas Statisches wäre. Stellen Sie sich einen Wald vor, in dem, sagen wir, Kaninchen und Füchse leben. Wenn die Füchse sich allzu sehr vermehren, können die Kaninchen sie nicht ernähren, und die Fuchspopulation wird zurückgehen; sinkt aber die Fuchspopulation, so wird eine Menge Futter im Wald herumhüpfen, und die Population wird wieder steigen. Wenn eine feste Zahl von Kaninchen gegeben ist, scheint es so etwas wie einen opitmalen Wert für die Fuchspopulation zu geben, und es gibt ihn tatsächlich. Doch die Kaninchenpopulation steht nicht fest – auch sie hüpft herum. Alle Populationen schwanken; Individuen sterben, neue werden geboren. Das entstehende Gleichgewicht ist kein statisches, sondern ein dynamisches. Die Wechselwirkungen zwischen Räubern und Beute – oder die noch komplexeren Beziehungen zwischen Wirt und Parasit, die in der ökologischen Wirklichkeit vorkommen – lassen die Populationszahlen in wohldefinierter gegenseitiger Abhängigkeit schwanken, genau wie die Wechselwirkungen zwischen Schwerkraft, Vortrieb und aerodynamischem Auftrieb eine Dynamik definieren, die das Verhalten eines Flugzeugs bestimmt. Volterras Analyse zeigt, daß man selbst in einem sehr vereinfachten Modell meistens eine statische Population erhält. Sein Modell ist tatsächlich viel zu einfach, doch ausgefeiltere Varianten, die dem realen Geschehen sehr viel näher kommen, zeigen ein ähnlich »unausgewogenes« Verhalten. Schwankungen sind die Norm.

Im Zentrum dieser Betrachtungsweise steht nicht so sehr ein bestimmtes mathematisches Modell [wie Newtons Bewegungsgesetz], sondern eine bestimmte Klasse von Modellen, die dynamischen Systeme. Ein dynamisches System ist, vereinfacht ausgedrückt, ein System, dessen jeweiliger Zustand eindeutig den nachfolgenden Zustand determiniert. Sie wissen, von was für einem dynamischen System die Rede ist, wenn Sie die Regel kennen, wie man vom gegenwärtigen in den »nächsten« Zustand kommt. Ein dynamisches System in diesem Sinne ist deterministisch: Der gegenwärtige Zustand determiniert das gesamte künftige Verhalten, und es ist nur eine Zukunft möglich. Es gibt keine Wahl, keinen Zufall, sondern nur eine von vornherein feststehende Folge von Änderungen. Der Beweis ist leicht: Der gegenwärtige Zustand determiniert eindeutig den nächsten Zustand, der wiederum den nächsten Zustand determiniert, der ... Durch Verknüpfung einer Reihe kurzfristiger Vorhersagen können Sie das gesamte künftige Verhalten vorhersehen.

Dieses Verfahren ist sehr viel leistungsfähiger, als Sie denken mögen. Angenommen, Sie kennen eine Regel, die Ihnen, vom Wetter in diesem Augenblick ausgehend, sagt, wie das Wetter eine Sekunde später sein wird. Auf den ersten Blick scheint das nicht sonderlich hilfreich zu sein, denn das Fernsehen wird an einer so kurzfristigen Vorhersage nicht sonderlich interessiert sein. Wenn Sie jedoch Ihre Regel auf die Ein-Sekunden-Vorhersage anwenden, erhalten Sie eine Zwei-Sekunden-Vorhersage, dann eine Drei-Sekunden-Vorhersage,eine eine für vier, fünf Sekunden und so weiter. Im Prinzip könnten Sie das Wetter für die nächsten Millionen Jahre vorhersagen. Mit einem solchen Verfahren sagen die Astronomen voraus, wo sich alle Himmelskörper im Sonnensystem nach einer Million Jahre befinden werden.

Chaos

Was wir gerade beschrieben haben, ist das vollkommene Paradigma von Gesetz und Ordnung. Die Gesetze –die Regeln des dynamischen Systems –sind einfach und exakt. Wenn Sie wissen, was jetzt der Fall ist, also die »Anfangsbedingungen« kennen, kennen Sie die Zukunft. Das ganze künftige Verhalten muß folglich einfach und vorhersagbar sein. Es besteht ein direkter Zusammenhang zwischen Regelmäßigkeiten in den Beobachtungen, zum Beispiel der elliptischen Bahn des Mars, und Regelmäßigkeiten in den zugrunde liegenden dynamischen Gesetzen. Einfache Gesetze führen zu einfachem Verhalten.

In Wirklichkeit verhält es sich anders. Die Gleichungen für die Wettervorhersage sind tatsächlich dynamische Systeme, genauso deterministisch wie die für Sonnenfinsternisse und genauso einfach. Praktisch läßt sich das Wetter der nächsten Woche jedoch nicht genau vorhersagen, geschweige denn für eine Million Jahre im voraus. Wieso können wir das Wetter nicht vorhersagen? Muß ein dynamisches System denn nicht vollkommen deterministisch sein? Das ist es auch, aber nur in dem folgenden strengen Sinne: Wenn Sie den gegenwärtigen Zustand exakt kennen, dann determiniert er das ganze künftige Verhalten. Diese Regel hat zwei Haken, und beide sind bedeutsam: Der eine ist, daß die Berechnung des künftigen Zustands allzu schwierig sein könnte. Der andere ist das Wort »exakt«. Reale Messungen sind immer mit kleinen Fehlern behaftet. Ein Hundertstel eines Zentimeters kann man nicht mit dem Lineal messen. Die genauesten Messungen, die man in der Physik bisher gemacht hat, sind bis auf neun Dezimalstellen genau. Ist das exakt genug, um die Zukunft vollkommen vorhersagbar zu machen?

Nein; exakt genug ist es nur für die einfachsten Formen dynamischen Verhaltens, etwa einen gleichbleibenden Zustand oder eine periodische Änderung in einem sich wiederholenden Zyklus. Sind die Daten über den gegenwärtigen Zustand ungenau, so werden auch die Daten über den künftigen Zustand ungenau sein, aber nicht merklich ungenauer. Bei einem gleichbleibenden Zustand liegt das auf der Hand. Wenn ich mich heute um einen Tausendstelmillimeter vermesse und sich nichts ändert, wird der Meßfehler auch in einer Million Jahre einen Tausendstelmillimeter betragen. Es gibt aber Formen dynamischen Verhaltens, bei denen selbst eine Genauigkeit bis auf neun Stellen hinter dem Komma keine Vorhersage erlaubt. Selbst eine Genauigkeit bis auf hundert oder eine Million oder jede beliebige endliche Zahl von Stellen hinter dem Komma würde nichts helfen. Bei diesen Systemen muß man »exakt« übersetzen mit »genau bis auf unendlich viele Stellen hinter dem Komma«.

Ein geläufiges Beispiel für solche deterministischen, aber unvorhersagbaren Systeme ist der Prozeß »Dehnen und Falten« [die sogenannte Bäcker-Transformation]. Wenn die Dynamik das System knetet wie einen Teig, der ausgewalzt und wieder zusammengefaltet wird, werden eng benachbarte Zustände immer mehr auseinandergerissen. Umgekehrt können weit voneinander entfernte Zustände durch das Falten plötzlich Nachbarn werden. Das System wird nie bei etwas Einfachem enden, weil einfache Strukturen immer wieder auseinandergerissen werden, aber es kann sich auch nicht gänzlich verflüchtigen, weil es ständig in ein und demselben Raum auf sich selbst zurückgefaltet wird. Es wird wie die Kugel in einem Flipper von allen Dotzern – den einfachen Verhaltensformen – zurückgestoßen, aber es kommt aus der Maschine nicht heraus. Was macht man, wenn man sich nicht einfach verhalten darf, aber auch nicht herauskann? Man verhält sich zwangsläufig kompliziert. Die Flipperkugel hüpft von Dotzer zu Dotzer, und es ist jedesmal anders. Ein solches komplexes Verhalten, das durch einfache, deterministische Regeln erzeugt wird, nennt man Chaos. Daß so etwas möglich wäre, hat bis zu der Zeit, als die Computer leistungsstärker wurden, kaum jemand bemerkt; wenn die Computer auf ein solches Problem stießen, erwies sich die Lösung als zu schwierig, und so ließen sie es sein. Sie fragten nicht, wieso die Lösung unerreichbar war, sondern wandten sich einfach einem anderen Problem zu. Jetzt sind die Computer dieser Aufgabe gewachsen, und die schreckliche Wahrheit ist unentrinnbar: Überall ist Chaos. Es ist genauso verbreitet wie das ordentliche, einfache Verhalten, das von der traditionellen Physik so geschätzt wurde.

Stellen Sie sich vor, Sie flippern. Wenn es Ihnen gelingt, die Kugel so zu starten, daß Sie eine wirklich hohe Punktzahl erreichen, brauchen Sie – es ist ja eine deterministische Maschine – die nächste Kugel nur genau so zu starten, um eine riesige Punktzahl zu erzielen. In Wirklichkeit können Sie sich aber noch so sehr bemühen, die Anfangsbedingungen zu wiederholen – die nächste Kugel wird sich doch ganz anders verhalten als die erste. Winzige Unterschiede in den Anfangsbedingungen – die Schnelligkeit der Kugel oder ihre genaue Ausgangsposition – werden durch die »Dehnungsphase« der Dynamik wiederholt vergrößert. Die Dehnung vollzieht sich vor allem, wenn die Kugel auf einen Dotzer prallt: Der Aufprallwinkel braucht nur geringfügig anders zu sein, um ein ganz anderes Ergebnis hervorzubringen. Entscheidend ist aber, daß die Dehnung überhaupt stattfindet. Nehmen wir der Einfachheit halber an, daß Unterschiede bei jeder Dehnung mit zehn multipliziert werden. Ein Unterschied an der hundersten Stelle hinter dem Komma wird sich dann nach hundert Dehnungen, ein Unterschied an der millionsten Stelle hinter dem Komma nach einer Million Dehnungen bemerkbar machen. Wenn Sie lange genug warten, wird sich schließlich jeder beliebig kleine Unterschied auswirken.

Dieses Phänomen nennt man empfindliche Abhängigkeit von den Anfangsbedingungen oder umgangssprachlich Schmetterlingseffekt [»Wenn ein Schmetterling in Tokio mit den Flügeln schlägt, kann er dadurch einen Monat später einen Wirbelsturm in Brasilien auslösen.«]. Der Schmetterlingseffekt ist eine typische Chaos-Erscheinung. Der Anfangsfehler mag noch so klein sein, schließlich wird er die Größenordnung der vorhergesagten Werte annehmen –und von da an besteht zwischen der Vorhersage und dem tatsächlichen Verhalten kein erkennbarer Zusammenhang mehr. Winzige Unterschiede, die sich weit hinter dem Komma verstecken, die weit unterhalb einer von Ihnen festgelegten Fehlerschwelle liegen, werden durch chaotische dynamische Systeme verstärkt. Das ist für den Reduktionismus ein riesiges Problem. Wenn Sie durch einen Trichter schauen und unten Chaos erblicken, dann wird Ihre Erklärung durch den Schmetterlingseffekt beeinträchtigt. Im Prinzip führt der Trichter von der Wirtschaftswissenschaft [über die Moleküle der Kunden im Supermarkt] zur Quantenmechanik. Wenn aber ein Fehler an der billionsten Stelle hinter dem Komma eines Moleküls der Kassiererin das tatsächliche Verhalten ändert, sind Sie mit Ihrer quantenmechanischen Erklärung gescheitert. Das ist einer der Gründe, warum die Meteorologen so viele Fehler machen –es ist nicht ihre Schuld.

Komplexität aus Einfachheit

Es ist ein weiteres hervorstechendes Merkmal des Chaos, daß der »Schmetterlingseffekt« ein sehr komplexes Verhalten zeigt. Betrachten wir zum Beispiel eine bestimmte deterministische dynamische Regel, die sich auf Zahlen bezieht: »Streiche alles, was vor dem Komma steht, und multipliziere mit 10.« Aus 3,14159 wird dadurch 1,4159. Das Verhalten einen Schritt weiter in der Zukunft ist also determiniert. Wenn man diese Regel nun weiter anwendet, erhält man 4,159, 1,59, 5,9 und 9. Man sieht, wie die Dezimalfolge in den Anfangsbedingungen bei jedem Schritt um eine Stelle vorrückt. »Multipliziere mit 10« sorgt hier für die Dehnung, und »streiche alles, was vor dem Komma steht« faltet den Rest wieder zurück [Zahlen größer als 10 tauchen nicht auf]. Auch der Schmetterlingseffekt ist gut zu sehen. Wir haben den Anfangswert 3,14159 mit fünf Dezimalstellen angegeben und die resultierende Bewegung über fünf Schritte in die Zukunft vorhergesagt. Wohin geht das System, nachdem es bei der Zahl 9 angekommen ist? Nun, sollte die Anfangsbedingung in Wirklichkeit 3,141597 gewesen sein, so wären wir jetzt bei 9,7 und würden anschließend zu 7 kommen. Wäre sie jedoch 3,141598 gewesen, so wären wir bei 9,8 und würden zu 8 kommen. Der sechste Schritt hängt von der sechsten Ziffer der Anfangsbedingung ab, und die haben wir gar nicht angegeben. Wenn wir also fragen, was aus einem gegebenen Anfangswert wird, müssen wir seine gesamte Dezimalfolge kennen. Das ist in der Realität unmöglich, und folglich ist das System praktisch unvorhersagbar.

Dennoch ist es aufschlußreich, sich einmal als Mathematiker zu betätigen und zu fragen, was passieren würde, wenn man es vorhersagen könnte. Wenn die Ausgangszahl beispielsweise 1/3 ist, in Dezimalschreibweise also 0,3333 …, dann wird die Regel immer wieder 3,333 …, 3,333 … erzeugen, und das Verhalten ist ziemlich klar: Es ist ein gleichbleibender Zustand. Ist die Ausgangszahl 1,21212 …, so werden sich abwechselnd die Werte 2,1212 … und 1,21212 ergeben, und das Verhalten ist periodisch, es wiederholt sich alle zwei Schritte. Aber vielleicht ist die Ausgangszahl komplizierter, sagen wir π. Die dynamische Regel ist ganz einfach, aber die aufeinanderfolgenden Ziffern von π, die sich ergeben, wenn man diese Regel auf die Zahl π als Anfangszustand anwendet, sind ungemein kompliziert. Sie zeigen kein erkennbares Muster, abgesehen von verschiedenen verschlüsselten mathematischen Versionen von »Dies sind die Ziffern von π.« Kurz, schon bei dieser ganz einfachen Regel ist das Verhalten chaotisch. Und unterschiedliche Anfangsbedingungen können zu völlig verschiedenen Arten von Dynamik führen: gleichbleibend, periodisch oder chaotisch. Sie können auch alle vermischt in ein und demselben dynamischen System vorkommen.

Das war ein Beispiel für mathematisches Chaos, doch viele reale physikalische Systeme sind gleichfalls unvorhersagbar. Das einfachste ist vielleicht das »forcierte« Pendel. Es gleicht einem gewöhnlichen Pendel, einem Gewicht, das an einem Stab um einen Drehpunkt schwingt und ein bißchen Reibung hat, durch die es almählich abgebremst wird, bis es ganz zu schwingen aufhört. Um das zu verhindern, wird es »forciert«, das heißt, seine Aufhängung wird in vollkommen gleichmäßiger, periodischer Weise hin- und herbewegt Das müßte ihm Schwung geben, die Reibung ausgleichen, sollte man meinen. Tatsächlich kann die Bewegung im Detail geordnet oder chaotisch sein, je nach der Ausgangsposition des Pendels und der Frequenz der aufgezwungenen Schwenkbewegungen. Falls sie chaotisch ist, wird sie im feinen Detail unvorhersagbar sein, doch worauf wir hinaus wollen, ist eine andere, allgemeinere Art von Vorhersage.

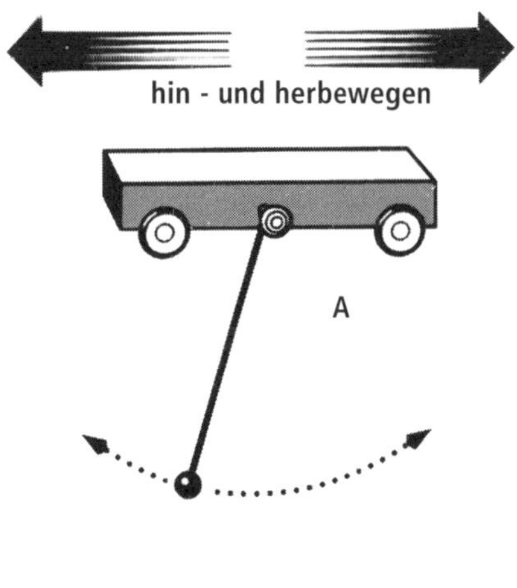

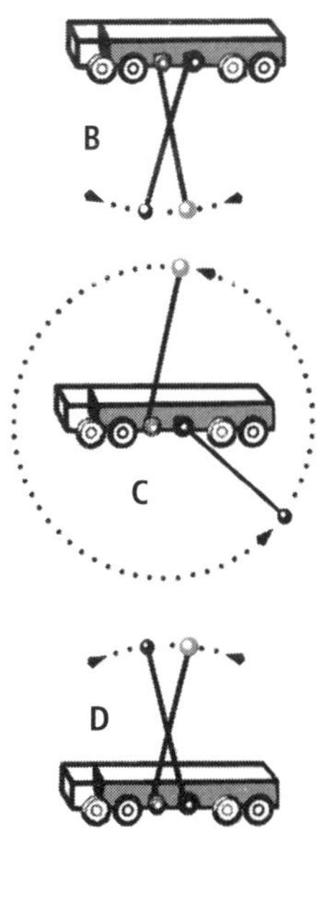

Abbildung 28: Ein forciertes Pendel – A; das Pendel hängt senkrecht herab – B; das Pendel saust wie ein Propeller herum – C; das Pendel balanciert auf dem Kopf – D.

Das Pendel kann drei grundverschiedene Verhaltensweisen zeigen. Es kann herabhängen und hin- und herschwingen, es kann wie ein Propeller im Uhrzeigersinn herumsausen, oder es kann gegen den Uhrzeigersinn herumsausen. Es kann auch auf dem Kopf balancieren; auf diesen ungewöhnlichen, aber wichtigen Zustand werden wir noch zurückkommen. Befassen wir uns zunächst mit den beiden Drehbewegungen, die eintreten, wenn die Energie hoch genug ist. Können wir, wenn die Ausgangsposition des Pendels und die Frequenz der Forcierung gegeben ist, die allgemeine Bewegungsrichtung –im Uhrzeigersinn oder gegen ihn –vorhersagen?

Am besten lassen sich die Verhältnisse in einem Diagramm darstellen. Die Ausgangsposition wird auf der waagerechten, die Frequenz der Forcierung auf der senkrechten Achse abgetragen. Wählen Sie nun einen Punkt im Diagramm und lesen Sie die Koordinaten für eine Position und eine Forcierungsfrequenz ab. Lassen Sie das Pendel mit diesen Werten schwingen. Bewegt es sich schließlich im Uhrzeigersinn, färben Sie den gewählten Punkt schwarz; bewegt es sich gegen den Uhrzeigersinn, lassen Sie ihn weiß. Machen Sie dies für alle Punkte des Diagramms. Was Sie wohl zu finden erwarten, ist eine schwarze Region [die jene Anfangsbedingungen darstellt, die zu einer Bewegung im Uhrzeigersinn führen] und eine weiße [gegen den Uhrzeigersinn], mit einem wohldefinierten Rand, ähnlich wie in dem Diagramm links oben in Abbildung 29.

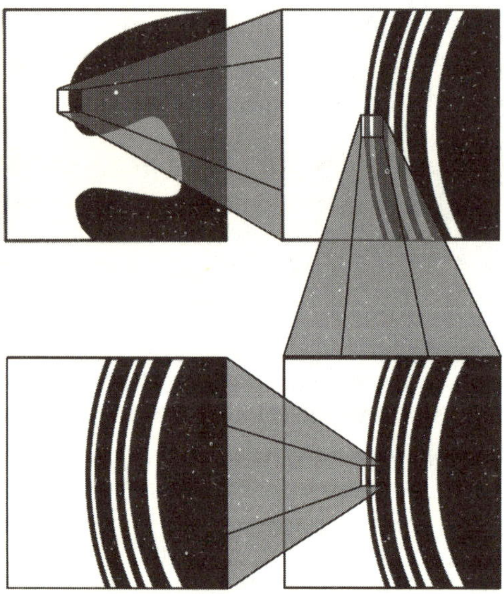

Abbildung 29: Die Grenze der Bewegung im Uhrzeigersinn und gegen den Uhrzeigersinn bei einem forcierten Pendel. Sie können das Bild beliebig vergrößern, ohne eine wohldefinierte Kante zu sehen.

So ist es auch. Vielleicht überlegen Sie sich aber, wie die schwarze und weiße Region gegeneinander abgegrenzt sind, und möchten sich das genauer ansehen. Sie vergrößern also eine kleine Region um diesen Rand herum, wie im Diagramm oben rechts zu sehen, und stellen fest, daß der Rand ganz und gar keine einfache Kurve ist: Er zerfällt in ungefähr parallele, teils breite, teils schmale scharze und weiße Streifen. Vergrößern Sie die Randregion noch weiter, finden Sie wieder dasselbe Verhalten. Wie stark Sie auch vergrößern mögen, nie erhalten Sie einen scharfen Rand. Er verwischt sich zu schwarzen und weißen Blätterteigschichten.

Falls Sie die Bewegung des Pendels für Anfangsbedingungen in der Nähe dieses Randes vorhersagen wollen, haben Sie große Probleme. Der kleinste Fehler läßt Sie aus einer schwarzen Region in eine weiße wechseln, von der Bewegung im Uhrzeigersinn zur entgegengesetzten. Die kleinste Änderung führt zu einem riesigen Unterschied –wieder eine Art Schmetterlingseffekt. Die Struktur ist deshalb so verwickelt, weil der Rand zwischen der Bewegung im Uhrzeigersinn und der entgegengesetzten einem Pendel entspricht, das senkrecht stehend auf einer Drehachse balanciert, die sich hin- und herbewegt. Wir haben diese Möglichkeit deshalb nicht sonderlich erwähnt, weil sie ein sehr heikler Zustand ist, der ganz empfindlich von Ausgangsposition und Forcierungsfrequenz abhängt.

Bei einem Chaos dieser Art sprechen Mathematiker von fraktalen Randbedingungen. Zwei Bewegungstypen konkurrieren miteinander; jeder hat ein »Becken« von Anfangszuständen, das diese spezielle Bewegung erzeugt. Die Ränder zwischen Becken sind aber keine eindeutigen Kurven, die verschiedene Möglichkeiten klar gegeneinander abgrenzen. Es gibt keine klare Linie, sondern nur eine verschwommene fraktale Grauzone. In der Realität haben Ränder oft einen ähnlichen Charakter; es ist manchmal nicht möglich, eine klare Linie zu ziehen, die zwei eindeutig verschiedene Extreme voneinander scheidet –auch nicht zwischen legal/illegal, lebend/tot oder männlich/weiblich.

Datenkompression

Die berühmteste Ikone des Chaos, die Mandelbrot-Menge, ist ein eindrucksvolles Beispiel eines fraktalen Beckenrands. Sie ist das Ergebnis einer Regel, die nicht merklich komplizierter ist als die für die Gewinnung der Ziffern aus π –nämlich: »Quadriere die Zahl und addiere eine Konstante hinzu« –, doch wird die Regel ein wenig anders angewandt. Erstens sind die Zahlen sogenannte komplexe Zahlen, was nicht heißt, daß sie kompliziert sind, sondern daß sie aus Paaren gewöhnlicher Zahlen bestehen. Die Operation »quadrieren« ist definiert durch komplexe arithmetische Funktionen. Ein Paar gewöhnlicher Zahlen kann interpretiert werden als die Koordinaten eines Punktes in der Ebene, und daher kann jede komplexe Zahl mit einem Punkt in der Ebene identifiziert werden. Nun wählt man sich einen solchen Punkt und nennt ihn c. Wenden Sie die Regel einmal an: Quadriere c und addiere c hinzu. Wenden Sie die Regel dann wieder auf die so gewonnene Zahl an, und so weiter. Wenn die resultierende Zahlenfolge den endlosen Weiten der Ebene zustrebt, färben Sie den ursprünglichen Punkt c weiß. Wenn sie nicht dorthin entweicht, färben Sie ihn schwarz. Das Ergebnis dieses Prozesses haben Sie in Abb. 4 gesehen: Es sieht aus wie eine Kreuzung zwischen einer Katze, einem Kaktus und einer Küchenschabe. Die Mandelbrot-Menge hat gleichfalls einen unendlich komplizierten Rand Wenn Sie eine kleine Region in der Nähe des Randes vergrößern, finden Sie ständig neue Details, die sehr viel komplexere Formen annehmen als die Streifen beim forcierten Pendel. Sie sehen Spiralen, Scheiben, Seepferdchen, Schwänze, Schnörkel, Bäume,

Kristalle, Maßwerk ... Ein Flügelschlag des Schmetterlings [eine ganz winzige Änderung der Ausgangszahl c] kann aus dem Seepferdchen ein Kristall und aus dem Baum einen Schnörkel machen, während die Dezimalfolge von c ein paar Stellen vorrückt. Diese Verworrenheit im kleinsten Maßstab -immer schön, aber unvorhersagbar und in einem ganz strengen Sinne unberechenbar -geht endlos weiter. Die Menge ist ein Fraktal: Sie hat bei allen Vergrößerungsmaßstäben eine charakteristische Struktur.

Man kann einem Computer auf zweierlei Weise sagen, wie er eine Mandelbrot-Menge zeichnen soll -genauer gesagt, eine gute Approximation an eine Mandelbrot-Menge, denn mehr kann man nicht erreichen. Die eine Methode besteht in einer Nachahmung dessen, was Faxgeräte tun: Das Bild wird entlang einer Reihe von parallelen Linien abgetastet, und wenn das Gerät auf die Menge trifft, schickt es ein Signal aus, andernfalls schickt es kein Signal. Dabei entsteht eine Menge elektronischer Piepser, und der Computer, der diese Nachricht erhält, kann die Menge Punkt für Punkt rekonstruieren.

Die andere Methode ist, dem Computer einfach die Regel zu schicken, die die Mandelbrot-Menge erzeugt; sie ist kurz und einfach, allenfalls ein paar hundert Piepser. Mißt man die Komplexität nach der Anzahl der Piepser -das herkömmliche Maß der Information -, so erfordert eine Beschreibung des Bildes, also dessen, was Sie tatsächlich sehen, wenn Sie eine Mandelbrot-Menge in einem Buch betrachten, riesige Mengen an Information. Das Bild ist kompliziert. Die Regel, welche die Form der Menge vorschreibt, erfordert dagegen sehr wenige Piepser; sie ist einfach. Wir haben die riesige Datenmasse, welche die Beschreibung der Mandelbrot-Menge erfordert, komprimiert zu der sehr viel kleineren Datenmenge, die man benötigt, um die Regel zu definieren, welche die Mandelbrot-Menge generiert.

Es ist ein bißchen so, als ob man einer Freundin, die zu Besuch kommen will, Hinweise gibt. Man kann ihr den Stadtplan von ganz Philadelphia faxen, man kann ihr aber auch eine sehr viel kürzere Nachricht schicken: »Die erste Straße links nach dem Burger King, dann die zweite rechts rein; parke unter der dritten Straßenlampe; es ist das Haus mit dem blöden Zwerg im Vorgarten.« Bei der Mandelbrot-Menge hat die Sache aber einen besonderen Dreh: Die Freundin braucht nur die zweite Nachricht [die Regel], um den ganzen Stadtplan [die Mandelbrot-Menge] zu rekonstruieren. Eine ebenso einfache Regel, um Philadelphia zu rekonstruieren, existiert nicht. Nach der ersten Deutung ist die Mandelbrot-Menge in Wirklichkeit gar nicht so kompliziert; sie ist genauso einfach wie die Regel, die sie generiert. Sie erscheint nur so kompliziert, weil man die Regel nicht kennt. Sie sei »das komplizierteste Objekt in der gesamten Mathematik«, lautet ein Klischee. Das stimmt nicht ganz, aber es ist verständlich, warum das Klischee Verbreitung gefunden hat. [Ein Stadtplan von Philadelphia ist weit komplizierter als die Mandelbrot-Menge, weil die Straßen und ihre Namen regellos sind und »zufällige« Daten nicht komprimiert werden können. Sie sehen, daß es wirklich auf die wichtige Unterscheidung zwischen echten Zufallsdaten und den scheinbaren Zufallsdaten ankommt, die das deterministische Chaos erzeugt.]

Nach der zweiten Deutung können einfache Regeln komplexe Resultate hervorbringen. Auch wenn es so aussieht wie ein Stadtplan von Philadelphia, kann es doch die Folge einfacher Regeln sein. Nach der Theorie von Allem ist es das auch, genauso wie Philadelphia, Burger King und der blöde Zwerg im Vorgarten. Um den Stadtplan von Philadelphia telefonisch zu übermitteln, braucht man nur die Gleichungen der Theorie von Allem und die Anfangsbedingungen für das Universum zu schicken –der Rest ist reine Rechenarbeit.

In Deutung 1 bleibt die Komplexität zwischen Ursache und Wirkung erhalten. Der Haken daran ist, daß man nicht feststellen kann, wie komplex etwas ist, ohne alles zu berücksichtigen, wodurch es verursacht sein könnte. Man bekommt nicht heraus, wie komplex ein Stadtplan von Philadelphia ist. In Deutung 2 ist die Komplexität leicht zu berechnen, aber sie ist nicht erhalten. Den Stadtplan per Telefon zu verschicken könnte einfacher sein als Sie denken –aber es wird nicht einfach sein, herauszufinden, wie einfach, weil Sie alle Regeln berücksichtigen müssen, die ihn generieren könnten.

Es ist die Aufgabe der Wissenschaft, Regeln aus Beobachtungen ihrer Folgen abzuleiten. Beide Deutungen enthalten für die Wissenschaft eine ganz ähnliche Botschaft. Deutung 1: Ihre Beobachtungen mögen kompliziert erscheinen, aber vielleicht sind sie wirklich einfach. Sie kennen bloß die einfache Regel nicht, die dahinter steckt. Deutung 2: Nur weil das, was Sie beobachten, kompliziert ist, muß es noch nicht auf komplizierten Regeln beruhen. Auf die Wissenschaft bezogen, besteht zwischen den beiden Deutungen kaum ein Unterschied, weil die Wissenschaft nicht den Luxus genießt, die Regeln im voraus zu kennen. Beide Deutungen ermutigen uns, in scheinbar komplexen Daten nach Einfachheit zu suchen.

Räume des Möglichen

Einige Attribute, die einem mathematischen Wissenschaftler sehr zustatten kämen, zum Beispiel die Fähigkeit, schnell und fehlerfrei zu rechnen oder sich große Datenmengen sicher einzuprägen, gehören nicht gerade zu den Stärken des menschlichen Gehirns. [Es gibt ein paar ungewöhnliche Menschen, die das können, aber meistens können sie ansonsten nichts, was von Interesse wäre.] Deshalb machen Mathematiker und Wissenschaftler zunehmend vom Computer Gebrauch. Dennoch machen Computer das menschliche Gehirn nicht überflüssig; das Gehirn besitzt Fähigkeiten, die den Computern von heute fehlen, wie Urteilsfähigkeit, Kreativität und die Fähigkeit, Muster zu erkennen. Das visuelle System des Menschen ist ein unglaublich leistungsfähiger Apparat zur Informationsverarbeitung. Irgendwann im Laufe der Evolution haben wir die Fähigkeit erworben, uns etwas vorzustellen, und seitdem konnten wir unser visuelles System für ganz andere Zwecke nutzen, indem wir statt mit sensorischen Eindrücken der Außenwelt mit inneren Repräsentationen arbeiteten, die das Gehirn erzeugt. Stellen Sie sich ein Nilpferd mit einem Hörrohr vor! Und jetzt stellen Sie sich etwas vor, wozu wir Sie nicht aufgefordert haben!

Die Vorstellungskraft erlaubt uns, Dingen Gestalt zu geben, die in Wirklichkeit keine Gestalt haben, Dingen, die nicht existieren. Unsere Sprache ist voll von aufschlußreichen Wendungen. Wir sprechen von einem »zirkulären Denken«: »Wenn es nicht so voll wäre, würden viel mehr Leute kommen.« Ein Zirkel oder Kreis ist ein visuelles Bild für jeden beliebigen Prozeß, der sich in den Schwanz beißt. Diese letzte Wendung ist ihrerseits ein visuelles Bild, und dazu eins, das schon der Höhlenmensch verstanden hätte; möglicherweise ist die Verwendung metaphorischer Bilder aus der natürlichen Welt der Pflanzen und Tiere eine Vorstufe zur Benutzung von geometrischen Bildern, von inneren Abstraktionen allgemeiner Formen gewesen. Der große französische Mathematiker Henri Poincaré erfand eine Möglichkeit für das menschliche Gehirn, die Dynamik vor dem geistigen Auge zu »sehen«, und versetzte uns dadurch in die Lage, eine unserer stärksten Waffen auf eine größere Klasse wichtiger Probleme anzuwenden. Der Rest dieses Kapitels ist der Erläuterung und Auslotung dieser mächtigen Idee gewidmet, denn wir möchten Poincarés visuelle Bilder als Metaphern für komplexe Arten von Veränderungen verwenden. Das visuelle System des Menschen ist nicht darauf ausgelegt, Dynamik zu sehen; zu den evolutionären Zwängen, die es erzeugten, gehörte nicht die Repräsentation dynamischer Systeme. Ein auf die Theorie dynamischer Systeme ausgelegtes visuelles System wäre nämlich in der Lage, sich hochdimensionale Räume direkt vorzustellen, sich ein kleines Detail näher heranzuholen und viele weitere Aufgaben auszuführen, in denen unser Gehirn nicht sonderlich gut ist. Dennoch ist es ungemein hilfreich, sich dynamische Konzepte visuell zu vergegenwärtigen.

Also dann mal los! Die Geometrie dynamischer Systeme spielt sich in einem mentalen Raum ab, dem sogenannten Phasenraum. Er unterscheidet sich sehr vom gewöhnlichen physikalischen Raum. Der Phasenraum umfaßt nicht nur, was geschieht, sondern auch, was unter anderen Umständen geschehen könnte. Er ist der Raum des Möglichen. Was verstehen wir darunter? Was möglich ist, hängt davon ab, was für Fragen man stellt.

Denken Sie sich bitte einen Strand von einem Kilometer Länge und darauf zwei Eismänner. In einem gegebenen Augenblick befinden sich beide an einem bestimmten Punkt des Strandes. Es genügen daher zwei Zahlen –ihre Abstände x und y vom Pier –, um den Zustand des Systems zu bestimmen [Abb. 30a]. [Den Abstand vom Wasser übergehen wir einfach, aber der Strand ist ja als ein Streifen von bestimmter Breite dargestellt, damit beide darauf Platz haben, ohne sich zu überlappen.] Nun führen wir ein anderes Bild ein, Poincarés Phasenraum. Wir interpretieren x und y als Koordinaten in einem fiktiven Raum [Abb. 30b], einer Ebene von einem Quadratkilometer, die den beiden Werten einen einzigen Punkt zuordnet. Jede mögliche Kombination von Positionen der beiden Eismänner ist in diesem Raum repräsentiert, und zwar als ein einziger Punkt. Somit ist die Ebene, nicht der Strand, der Raum des Möglichen [oder Phasenraum] für das System der zwei Eismänner, und jeder Punkt in ihr entspricht einem Zustand dieses Systems. Diese Ebene exi-

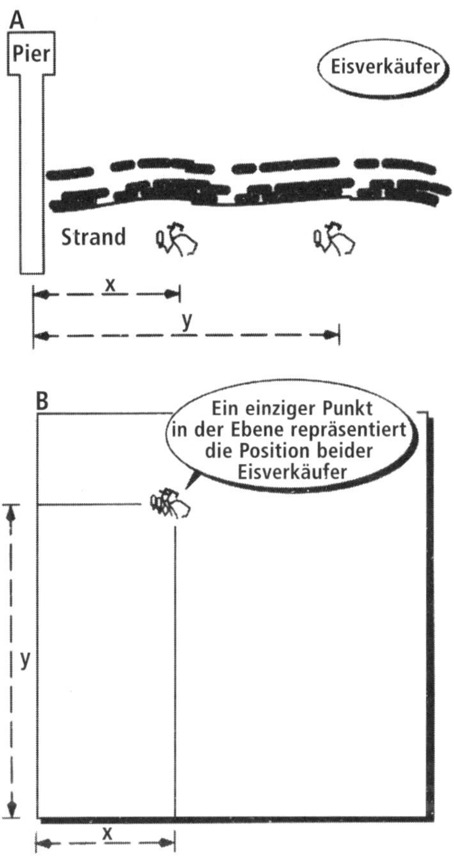

stiert nicht als ein physikalisches Objekt, sondern nur im Geist des Mathematikers. Dennoch übt sie einen ganz realen Einfluß aus, wie wir jetzt demonstrieren wollen.

Für die Kunden wäre es am bequemsten, wenn die beiden Eismänner sich an zwei verschiedenen Stellen niederlassen würden, der eine nach einem Viertelkilometer, der andere nach dreiviertel Kilometern Strandlänge; keiner bräuchte dann mehr als einen Viertelkilometer zu laufen. Doch dazu kommt es nie! In der Praxis bestehen beide Eismänner darauf, an derselben Stelle zu stehen, in der Mitte [Abb. 30c]. Warum? Weil im Phasenraum eine Dynamik herrscht, die sie zu jenen Positionen treibt, die im Phasenraum einem Punkt exakt in der Mitte der Ebene entsprechen, an dem beide Koordinaten einen halben Kilometer betragen [Abb. 30d].

Abbildung 30: 1.Teil: A – physikalischer Raum; B – Phasenraum

Die Ursache der Dynamik ist Faulheit in Verbindung mit Habgier. Kunden sind grundsätzlich faul und gehen nur zum nächststehenden Eismann [es sei denn, seine Ware wäre so schlecht, daß er schnell aus dem Geschäft ist]. Jeder Eismann zieht Kunden von einem Teil des Strandes an, und die Scheidelinie zwischen diesen Teilen verläuft in der Mitte zwischen beiden Eismännern. Eismänner sind grundsätzlich habgierig; wenn sie nicht an derselben Stelle stehen, kann jeder von ihnen dem anderen ein paar Kunden wegschnappen, ohne eigene Kunden zu verlieren, wenn er näher an diese Scheidelinie heranrückt. Unentrinnbare Marktzwänge zwingen die beiden Männer auf denselben Punkt. Jetzt erst kommen der Komfort und die Bequemlichkeit ihrer Kunden ins Spiel, und sie ziehen gemeinsam um zur Mitte des Strandes, um die weiteste Entfernung, die jemand zu gehen hat, zu minimieren. Diese Entfernung beträgt nun aber einen halben Kilometer statt des Viertelkilometers, der möglich ist. Obendrein hat keiner der Eismänner seinen Marktanteil vergrößert.

Abbildung 30: 2.Teil: C – physikalischer Raum; D – Phasenraum

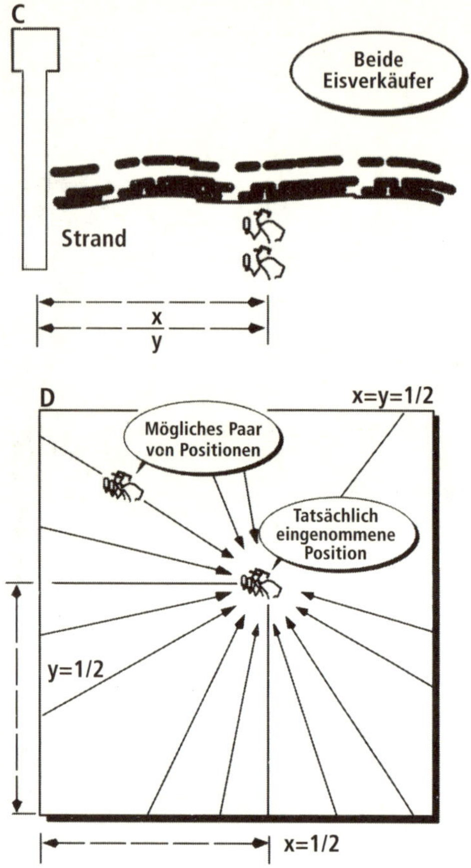

Soviel zu den Kräften des freien Marktes, die automatisch zur besten aller möglichen Welten führen.

Denselben Effekt können Sie in einem politischen Zwei-Parteien-System beobachten. Die Linke und die Rechte können zusätzliche Stimmen einheimsen, indem sie zur Mitte rücken. Mit der Zeit werden sie praktisch ununterscheidbar. In Großbritannien ist dieser Prozeß in den letzten zehn Jahren sehr deutlich geworden; in den Vereinigten Staaten war er schon vor Jahrzehnten im wesentlichen abgeschlossen.

Das einzige, was wir beobachten, sind zwei Eismänner zusammen in der Mitte, $x = y = 1/2$, doch beachten Sie bitte, daß wir alle übrigen Werte von x und y betrachten müssen, um die Fragen zu beantworten: »Warum sind sie dort, wo wir sie beobachten?« Diese Frage impliziert eine weitere: »Warum können sie nicht irgendwo anders sein?«, und daher müssen wir all die möglichen anderen Stellen betrachten. So landen wir direkt bei einem Paradox: Das wissenschaftliche Verstehen dessen, was wirklich der Fall ist, beruht auf der Betrachtung von Möglichkeiten, die nicht der Fall sind. Der Phasenraum muß alle möglichen Fragen enthalten, nicht nur die definitiven Antworten.

Gerade weil der Raum des Möglichen Dinge einschließt, die nicht wirklich der Fall sind, muß er gewählt werden, und es ist nicht immer klar, was die beste Wahl ist. Was ist, wenn die Eismänner sich nicht nur am Meer entlang, sondern auch zur See hin oder von ihr fort bewegen können? Oder wenn sie auf einem Boot am Strand entlangfahren? Vielleicht erfahren Sie mehr, wenn Sie einen größeren Raum verwenden, weil Sie das Wirkliche mit mehr Möglichkeiten vergleichen; andererseits ist ein zu großer Raum unhandlich.

Was ist der Raum des Möglichen für Volterras Modell? Seine Fische lebten im Mittelmeer, aber das ist nicht der Raum, an den wir denken, genauso wie der Strand nicht der geeignete Platz war, um die Dynamik der Eismänner zu studieren. Der Raum des Möglichen für ein dynamisches System ist der Raum seiner Zustände –der Dinge, die ihm insgesamt zustoßen. Und es geht nicht nur um die Zustände, die tatsächlich der Fall sind, sondern auch um jene, die statt ihrer der Fall gewesen sein könnten.

Das Wesentliche an Volterras Räuber-Beute-System sind die Zahlen der Räuber und die Zahlen der Beute, im Prinzip könnte es mit beliebigen Werten für diese beiden Zahlen gebildet werden. Wir können uns die beiden Variablen als Koordinaten in einer Ebene denken, genauso wie wir die beiden Abstände der Eismänner als Koordinaten interpretiert haben. Ein Punkt in dieser Ebene repräsentiert nicht einen Hai und auch nicht die Position eines Hais im Mittelmeer; er repräsentiert eine bestimmte Zahl von Beutefischen [die waagerechte Koordinate] und eine Zahl von Räubern [die senkrechte Koordinate]. Bei den Eismännern repräsentierte ein einziger Punkt zwei Abstände; hier repräsentiert ein einziger Punkt zwei Populationswerte zugleich, die der Räuber und die der Beute. Es geht um eine Populationsebene, nicht um eine geographische. Im Phasenraum kommen alle möglichen Kombinationen von Populationswerten vor, doch wenn diese Werte erst entschieden sind, faßt die Dynamik sie durch spezifische Veränderungslinien zusammen, die ein bestimmtes Wertepaar mit dem Paar verbinden, zu dem es einen Augenblick später werden wird. Im Unterschied zu den Punkten des Phasenraums können diese Linien nicht beliebig gewählt werden. Sie werden bestimmt durch den dynamischen Prozeß, in dem Räuber und Beute auf Grund der von Volterra gewählten Regeln interagieren. Mit der Zeit wandern die repräsentativen Punkte auf den Veränderungslinien, die Dynamik veranlaßt die Punkte somit, durch den Phasenraum zu fließen. Während Modellräuber und Modellbeutetiere entsprechend Volterras Dynamik interagieren, wandert der repräsentative Punkt in der Populationsebene herum. Die ganze Ebene »fließt« an ihrer Dynamik entlang, genau wie ein Ozean fließt, von der Dynamik seiner Strömungen getrieben.

Abbildung 31:
Phasenporträt von Volterras Modell

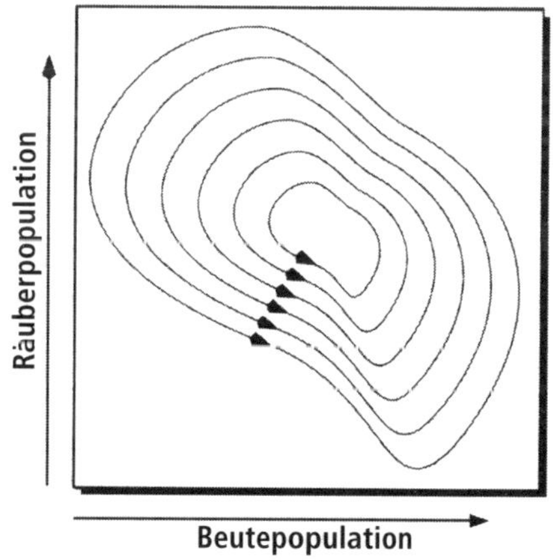

Wie sieht das Fließmuster aus? Wo verlaufen die Strömungen in der Populationsebene? Volterras Analyse ergibt, daß die Population sich periodisch, in Zyklen, verändert. Nach einer gewissen Zeit muß der in der Populationsebene zurückgelegte Weg zu seiner Ausgangsposition zurückkehren und sich anschließend wiederholen. Das heißt, der Weg muß sich schließen zu einer Schleife. Das dynamische Phänomen der periodischen Bewegung wird in der geometrischen Darstellung zu einer geschlossenen Schleife. Tatsächlich können wir jede mögliche Dynamik im Volterra-Modell, ausgehend von allen möglichen Anfangsbedingungen, veranschaulichen; es entsteht das Bild von ineinander geschachtelten geschlossenen Schleifen, das an eine von Salvador Dali gemalte Zielscheibe für Bogenschützen erinnert [Abb. 31].

Im Zeitverlauf fließen die Punkte im Phasenraum, die den Zustand eines gegebenen Systems repräsentieren, an diesen Kurven entlang. Man nennt diese Art von »universeller« Darstellung eines dynamischen Systems ein Phasenporträt. Abbildung 30d war genaugenommen ein Phasenporträt.

Attraktoren

Das Volterra-Modell sagt voraus, daß beliebige Anfangszahlen für die Population zu einem periodischen Zyklus führen, der zu diesen Zahlen zurückkehrt. Es gibt viele mögliche Zyklen [die ineinander geschachtelten Schleifen]. Periodisch schwankende Populationen verhalten sich in Wirklichkeit meist anders; bei ihnen spielt sich ein bestimmter Wertezyklus ein. Was wir brauchen, ist ein besseres Modell, mit einem Phasenporträt wie in Abbildung 32. Dieses Bild hat nur eine geschlossene Schleife, die als verstärkte Linie gezeichnet ist. Alles andere bewegt sich spiralförmig auf sie zu, ausgenommen ein einzelner Punkt im Inneren.

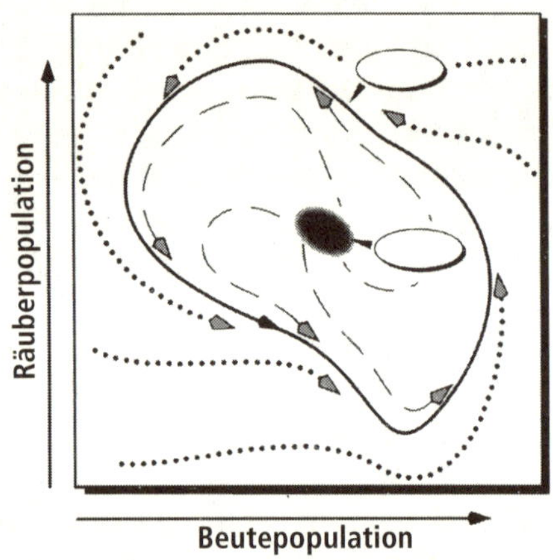

Abbildung 32: Ein realistischeres Porträt der Räuber-Beute-Dynamik

Die geschlossene Schleife repräsentiert eine stabile Dynamik. Wenn eine kleine Störung von außerhalb des dynamischen Systems den Punkt von der Schleife forttreibt, drängt die spiralförmige Bewegung ihn wieder dorthin zurück. Der Punkt in der Mitte repräsentiert dagegen einen instabilen gleichbleibenden Zustand. Was genau auf diesem Punkt beginnt, wird dort für immer fixiert bleiben, doch die geringste Störung wird es spiralförmig von ihm forttreiben. In der Topologie nennt man die Schleife einen Attraktor und den Punkt einen Repeller. Ein Attraktor ist, allgemein gesprochen, eine Region im Phasenraum, die mit der Zeit alle benachbarten Punkte »anzieht«. Für das System der Eismänner besteht der Attraktor in dem Zustand, in dem beide in der Mitte des Strandes sind. Attraktoren sind von wesentlicher Bedeutung, weil sie das langfristige dynamische Verhalten einfangen. Wenn Sie ein typisches dynamisches System eine Weile beobachten, wird es bei einem Attraktor landen.

Stabile gleichbleibende Zustände wie jener der Eismänner sind punktförmige Attraktoren; stabile periodische Zyklen wie jener, den das modifizierte Volterra-Modell beschreibt, sind geschlossene Schleifen-Attraktoren. Die Attraktoren chaotischer dynamischer Systeme sind sehr viel komplizierter. Gewöhnlich sind sie fraktal, mit einer sich auf allen Skalen wiederholenden Feinstruktur. Diese Feinstruktur ist der geometrische Beleg für den Schmetterlingseffekt: Etwas beliebig Kleines bewirkt Veränderungen.

Klassische, vorhersagbare dynamische Systeme bewegen sich elegant und gleichmäßig an Attraktoren mit einfachen geometrischen Formen entlang –glatten Kurven und Flächen. Chaotische Systeme wandern unregelmäßig um fraktale Attraktoren herum. Ihr Weg ist immer noch elegant, aber sehr viel weniger vorhersagbar. Die klassische Dynamik ist mit Batteriehennen, die chaotische Dynamik mit Freilandhühnern vergleichbar. In Volterras klassischem System würde es kaum einen Unterschied machen, wenn ein oder zwei Fische von der Gleichung subtrahiert oder hinzuaddiert werden, doch in einem chaotischen Räuber-Beute-System würde eine einzige zusätzliche Fischschuppe den ganzen anschließenden Ablauf der Dynamik in einer marinen Version des Schmetterlingseffekts verändern.

Freilich würde die Fischschuppe nicht den Attraktor verändern, sondern nur den Ablauf der auf ihn hinführenden Bewegung.

Das klingt möglicherweise wie ein Widerspruch in sich. Attraktoren sind Dinge, auf die hin die Dynamik konvergiert, wenn man lange genug wartet; sind sie jedoch beim Attraktor angekommen, divergieren sie sogleich wieder, und zwar drastisch. Aber das ist genau das richtige Bild. Was fern von einem chaotischen Attraktor ist, wird auf ihn zu »gefaltet«, aber was sich in seiner Nähe befindet, wird in unvorhersagbarer Weise »gedehnt« –nur eines ist vorhersagbar: Es bleibt immer am Attraktor. Abbildung 33 zeigt, wie unterschiedliche Anfangsbedingungen alle am selben chaotischen Attraktor enden, doch kann der Computer das Bild nur deshalb zeichnen, weil das System am Attraktor bleibt, nachdem es ihn einmal erreicht hat. Der Schmetterlingseffekt bedeutet, daß benachbarte Punkte dazu neigen, sich zu trennen –sie bleiben aber am Attraktor. Denken Sie an einen Tischtennisball in einem Ozean, an dessen Oberfläche komplizierte Strömungen herrschen. Wenn Sie den Ball unter Wasser loslassen, schwimmt er hoch. Wenn Sie ihn von oben fallenlassen, fällt er hinunter. Er wird, unabhängig vom Ausgangspunkt, von der Oberfläche angezogen. Sobald er aber auf der Oberfläche ist, wird er von den Strömungen hin- und hergetrieben. Die Meeresoberfläche ist der Attraktor, und der Ball endet immer dort, doch die Dynamik an der Oberfläche kann sehr komplex und unvorhersehbar sein.

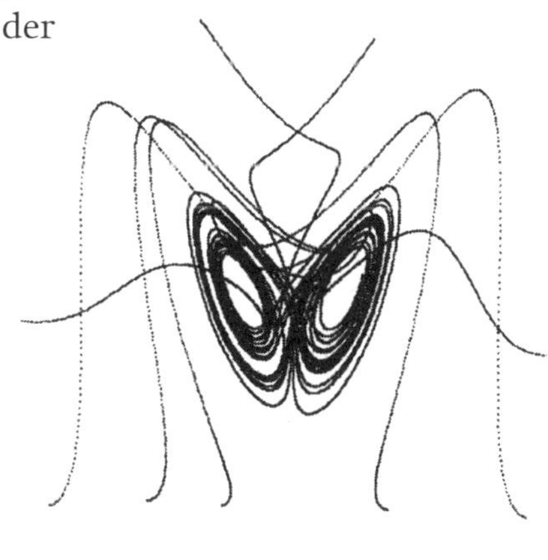

Abbildung 33: Unterschiedliche Anfangszustände enden alle am selben Attraktor. Das maskenförmige Objekt in Bildmitte, wurde 1963 von Edward Lorenz entdeckt, als er die Wettervorhersage erforschte

Attraktoren sind emergente Phänomene in dynamischen Systemen. Es läßt sich mit Blick auf die Gleichungen der Dynamik nur sehr schwer sagen, was für eine Art von Attraktor vorliegt, besonders wenn er chaotisch ist. Man muß die Gleichungen schon lösen [gewöhnlich per Computer und damit näherungsweise], um zu sehen, wohin das System geht. Die Bezeichnung »Attraktor« ist für Mathematiker gedacht, doch leider läßt sie auch die unzutreffende Vermutung aufkommen, daß dynamische Systeme zielorientiert sind, daß Zustände an dem Attraktor enden, weil sie von Anfang an wissen, daß sie sich so zu entwickeln haben. Es ist umgekehrt: Um was für einen Attraktor es sich handelt, finden wir nur heraus, indem wir beobachten, welchen Verlauf die Anfangszustände nehmen. Aus gutem Grund haben Biologen ein tiefes Mißtrauen gegen zielorientierte [teleologische] Erklärungen entwickelt, wie sie Lamarcks Theorie darstellt, die erworbenen Merkmalen Vererbbarkeit bescheinigt. Wenn ein Attraktor als Erklärung oder Modell angeboten wird, erregt das ihren Argwohn, und deshalb sind sie auch argwöhnisch, wenn ein dynamisches System als Erklärung vorgeschlagen wird. Sie sollten sich davon aber nicht abschrecken lassen. Zu Aristoteles' Zeiten glaubte man, daß Gegenstände zu Boden fallen, weil das ihr »natürlicher Ort« ist – wenn es je eine teleologische Theorie gab, dann war dies eine. Newton ersetzte sie durch die Theorie, daß Gegenstände durch die Erdgravitation vom Boden angezogen werden; sie streben nicht einem vorherbestimmten Ziel zu, sondern gehorchen nur den auf sie einwirkenden Kräften. In unserer Terminologie können wir sagen, der Boden sei ein Attraktor. Das klingt nach der Theorie des Aristoteles, ist aber mathematisch gleichbedeutend mit der Theorie Newtons. Wenn wir Attraktoren als Bilder etwa für die Evolution benutzen, wollen wir damit nicht sagen, daß das System »von Anfang an weiß, was es anstrebt«. Wir sagen lediglich, daß die dynamischen Gleichungen es nach bestimmten Regeln herumschubsen.

Die Legende vom Haggis

Wir möchten Ihre Aufmerksamkeit auf ein geometrisches Bild lenken, das auf anschaulichere Weise Dynamik in den Phasenraum bringt. Statt einen Phasenraum mit Flußlinien zu zeichnen, möchten wir diesen umwandeln in eine Landschaft, in der die »bergab fließende« Dynamik der Gravitation herrscht. Da ist aber sofort das Hindernis, daß dies mit einem System, das periodische Zyklen hat, nicht geht. Daß ein bergab gerichteter Fluß wieder zu seinem Ausgangspunkt zurückkehrt, ist nur auf den verwirrenden Radierungen von Maurits Escher möglich. Wir werden also ein bißchen Bewegung hinzugeben müssen, die nicht schwerkraftgetrieben ist, und wenn wir's müssen, dann tun wir's auch.

Schottlandbesucher, denen eine traditionelle Delikatesse der einheimischen Küche vorgesetzt wird, fragen oft, was das sei. Dann erzählt man ihnen die Legende vom Haggis. Beim Haggis sollen die rechten Beine kürzer sein als die linken. Deshalb muß das Haggis die Berghänge im Uhrzeigersinn [von oben gesehen] umkreisen. In der Jagdsaison steigen die Jäger auf die Berge und stellen sich den Tieren in den Weg, die daraufhin kehrtzumachen versuchen, um den Berg gegen den Uhrzeigersinn zu umkreisen. Da ihre Beine unterschiedlich lang sind, verlieren sie das Gleichgewicht und stürzen den Hang hinunter; unten werden sie dann von Helfern mit Säcken eingesammelt.

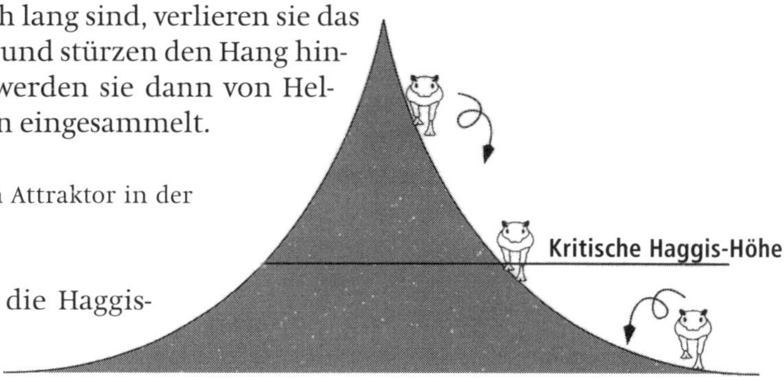

Abbildung 34: Ein Attraktor in der Haggis-Dynamik

Verfolgten Sie die Haggisjagd vom Hubschrauber aus, würden Sie Haggisherden den Berg ständig umkreisen sehen. Bei gleichförmiger Neigung des Hangs würden die Haggis alle auf derselben Höhe bleiben, und was Sie sehen würden, entspräche den geschlossenen Kurven von Volterras Räuber-Beute-Modell. Die Flußlinien von Abbildung 31 gleichen den Konturlinien einer Landschaft. Was ist aber mit Abbildung 32, dem verbesserten Modell? Es entspricht einem Berg, dessen [konkave] Hangneigung sich mit der Höhe ändert, wie Abbildung 34 zeigt. Ein Haggis, das oben am Berg beginnt, wird, während es den Gipfel umkreist, bergab taumeln, während eines, das zu tief unten beginnt, hinauftaumeln wird. Auf irgendeiner Höhe zwischendrin hat der Hang gerade die richtige Neigung, so daß das Haggis dort stabil stehen kann. Von oben betrachtet, würden Sie Spiralen sehen, die vom Gipfel nach außen und vom Fuß des Berghangs nach innen verlaufen und auf eine geschlossene Kurve in der kritischen Haggis-Höhe konvergieren. Das ist genau die Struktur von Abbildung 32.

Wann immer wir künftig eine Landschaft als Bild für die Dynamik verwenden, denken Sie bitte an das Haggis.

Katastrophentheorie

Welche Kuriositäten hält der Grabbelsack der dynamischen Systeme sonst noch bereit? Eine von ihnen ist die Katastrophentheorie, die in den frühen siebziger Jahren eine ähnliche Aufregung auslöste wie die Chaostheorie in den späten achtziger Jahren. Es scheint fast, als seien sie ein und dasselbe, und in populären Darstellungen wird bisweilen dieser Eindruck vermittelt, doch tatsächlich sind damit verschiedene Ideen angesprochen. Bei der Katastrophentheorie geht es um gleichbleibende, bei der Chaostheorie um komplizierte Zustände. Die Katastrophentheorie handelt davon, wie Zustände sich ändern, wenn das System ein wenig abgeändert wird; in der Chaostheorie wird das System jedoch nicht abgeändert, man läßt es einfach laufen. Natürlich kann man beide Ideen miteinander verbinden und sich überlegen, was mit chaotischen Zuständen passiert, wenn man das System ein wenig abändert; eine derartige Synthese wird gerade entwickelt. Sie sollte einen wirklich großartig klingenden Namen haben, doch gewöhnlich nennt man sie Theorie der dynamischen Systeme oder Theorie der Verzweigungen [Bifurkationen].

Prüfen wir, was die Katastrophentheorie zu bieten hat, aber nicht in der Sprache der siebziger Jahre, sondern in der von heute. Ein dynamisches System kann einen oder auch mehrere Attraktoren haben. Wenn es mehrere hat, hängt es von den Anfangsbedingungen ab, bei welchem langfristigen Verhalten man landet. Dynamische Systeme können außerdem verstellbare Parameter haben, die im Einzelfall jeweils feststehen, aber von Fall zu Fall verschieden sein können. Die Wachstumsraten in Volterras Modell sind verstellbare Parameter. In jedem Räuber-Beute-System nehmen diese Parameter bestimmte numerische Werte an, doch unterschiedliche Systeme haben verschiedene Wachstumsraten. Interessant wird die Katastrophentheorie dadurch, daß die Kombination von verstellbaren Parametern mit mehrfachen Attraktoren bisweilen explosiv sein kann. Werden die Werte von Parametern um winzige Beträge verstellt, kann das die ganze Geographie des Phasenraums verändern, mit bemerkenswerten Resultaten.

Hier ein Beispiel, dem wir uns tangential mit Hilfe von Käfern nähern. Käferfossilien ergeben einen merkwürdigen Befund. An einem gegebenen Grabungsort scheinen bestimmte Käferarten im Laufe von Jahrmillionen zu kommen und zu gehen. Sie können über lange Zeiträume verschwinden und dann plötzlich wieder auftauchen, in der gleichen Form wie zuvor. Entwickeln sie sich gewissermaßen zurück, nehmen sie wieder eine Form an, die zuvor durch eine angepaßtere ersetzt worden war? Nein, die Antwort ist viel einfacher. Käfer mögen bestimmte Temperaturen. Wenn das Klima sich ändert, ziehen sie in Zonen, die diese Temperaturen bieten. Solche Zonen können sich einem gegebenen geographischen Ort nähern und wieder entfernen. Der Phasenraum für Käfer ist die Landschaft, in der sie leben –diesmal fallen Phasenraum und realer Raum zusammen –, und die Zonen mit der richtigen Temperatur sind die Attraktoren der Käfer-Dynamik.

Die Klimaparameter bewirken eine Verlagerung der Attraktoren –und manchmal mehr. Betrachten wir ein recht manierliches klimatisches System, eine Gebirgskette, in der die Temperatur stetig und gleichförmig mit zunehmender Höhe abnimmt. Wir nehmen dabei eine langfristige Perspektive ein und vernachlässigen jahreszeitliche Schwankungen; was uns interessiert, sind die Eiszeiten. Angenommen, die Käfer mögen kalte Temperaturen. Während einer Eiszeit wird man sie im ganzen Flachland verbreitet finden. Wenn das Eis schmilzt, beginnen sie sich in die Berge zurückzuziehen, wobei sie einzelne Ringe zwischen den Höhen bilden, die unerträglich heiß und unerträglich kalt für sie sind. Wenn das Eis sich zurückzieht, wandern die Ringe in die Höhe. Manche Käfer haben sich den falschen Berg ausgesucht: Wenn ihre Ringe den Berggipfel erreicht haben, schrumpft ihre Zahl und verschwindet schließlich ganz, da die Temperaturzone vom Berggipfel »abhebt«. [Die Käfer heben nicht ab; es bildet sich keine Wolke von Käfern, die über dem Berggipfel schwebt.] Die Käfer mögen zunächst zu einem anderen Berg fliegen, doch dieser Berg hat schon seine eigene Käferpopulation, und langfristig wirkt sich diese Wanderung nicht aus. Im geologischen Zeitmaßstab ist der Attraktor, der sich auf dem Berggipfel befand, einfach verschwunden. Wenn die Temperaturzone aufwärts wandert und dabei eine Paßhöhe überschreitet, spaltet sich der vorher einheitliche Ring in zwei Ringe auf, die jeweils ihren Berg hinaufwandern [Abb. 35]. Attraktoren können sich also aufspalten. Beginnt das Eis erneut vorzudringen, kann das Umgekehrte passieren: Attraktoren können sich vereinigen oder plötzlich wieder auftauchen. Beachten Sie bitte, daß die Temperaturänderungen stetig sind, die Veränderungen bei den Attraktoren aber nicht.

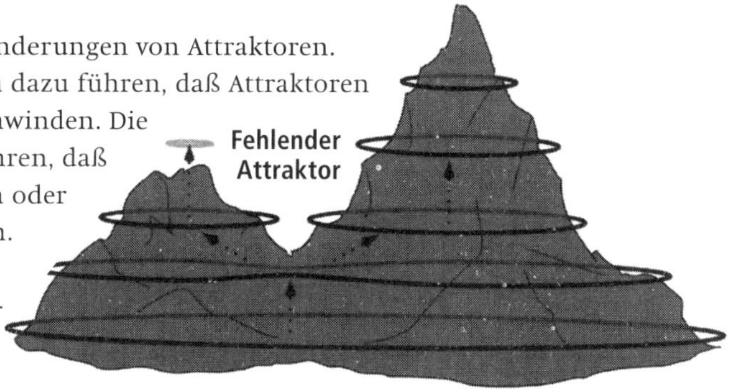

Abbildung 35: Qualitative Änderungen von Attraktoren. Stetige Variationen können dazu führen, daß Attraktoren sich aufspalten oder verschwinden. Die Umkehrung kann dazu führen, daß Attraktoren sich vereinigen oder aus dem Nichts auftauchen.

Es gibt ähnliche Beispiele für Wasserkäfer in Seen. Bei Dürre kann ein See austrocknen, in kleinere Tümpel zerfallen oder ganz verschwinden; wenn es dann regnet, kann sich in einer trockenen Senke ein Tümpel bilden, und wenn es weiterregnet, können Tümpel sich zu einem See vereinigen. Die Zahl der Attraktoren [Seen] und ihr allgemeines Muster bleiben in der Regel gleich, aber hin und wieder kommt es zu einem Verschwinden oder einer Vereinigung. Eine solche »qualitative« Veränderung in einem dynamischen System, die durch eine stetige Veränderung einer »Kontrollvariablen« wie der Temperatur oder dem Niederschlag herbeigeführt wird, bezeichnet man als Katastrophe oder als Verzweigung.

Eine der zahlreichen subtilen Eigentümlichkeiten von Katastrophen ist die plötzliche Erzeugung großer Verhaltensänderungen durch kleine Veränderungen der Umstände. Die dramatische Veränderung, daß zunächst Käfer auf dem Berggipfel leben und dann keine mehr, muß nicht auf einer ebenso dramatischen Temperaturänderung beruhen; der Vorgang ähnelt mehr dem Tropfen, der das Faß zum Überlaufen bringt. Die Temperatur braucht nur geringfügig zu steigen, und es macht peng! Dies ist eine bemerkenswerte Antwort auf eine Frage, die wir noch gar nicht gestellt haben, nämlich: Wie können große Verhaltensänderungen durch kleine Veränderungen der Umstände hervorgerufen werden? Wir sind einfach unserer mathematischen Nase gefolgt, und auf einmal war die Antwort da. Eine andere Eigentümlichkeit ist die, daß man nach der Katastrophe bei einem Attraktor landen kann, von dessen Existenz man überhaupt nichts wußte. Er war dabei, sich aus dem mathematischen Raum des Möglichen zu entwickeln, aber man hat ihn nicht bemerkt, weil der neue Attraktor sich physikalisch nicht auswirkte. Auf einmal tut er es, und die mathematische Fiktion schluckt die bisherige Realität und läßt einen in völlig unerwarteten Umständen landen.

Das Erdklima ist ein riesiges dynamisches System, das wenigstens zwei Attraktoren besitzt: die milde Art von Klima, die wir derzeit erleben, und Eiszeiten. Es mag Ihnen ein bißchen sonderbar vorkommen, daß wir von Eiszeiten sprechen, wo doch alle sich über den Treibhauseffekt und die globale Erwärmung Sorgen machen. Die globale Erwärmung bedeutet jedoch eine Änderung von nur wenigen Grad; sie verschiebt den »milden« Attraktor ein bißchen. Eiszeiten bringen unser Klima zu einem ganz anderen Attraktor, der vierzig und mehr Grad kälter ist. Noch befinden wir uns am milden Attraktor, aber draußen im Raum des Möglichen lauert eine Eiszeit. Störungen – und wir schmeißen genug Abfall in die Umwelt, um sie zu erzeugen – könnten unser Klima zum kalten Attraktor überwechseln lassen. Wir könnten uns in der Lage des Käfers auf dem Berggipfel befinden, kurz vor dem Aussterben, aber zu unserem Glück nicht ahnend, daß eine mathematische Fiktion im Raum des Möglichen im Begriff ist, Realität zu werden. Das wirklich Gemeine dabei ist, daß schon die winzigste Änderung genügen könnte, den Umschwung auszulösen. Dies ist durchaus keine Wahnvorstellung, sondern eine der ganz seriösen Erkenntnisse, die wir über Klimaänderungen besitzen. Über Erdbeben, Wirbelstürme, Lawinen und Herzversagen könnten wir dasselbe sagen. Das Universum ist ständig auf dem Sprung, ein bisher nicht zustande gekommenes Potential zu verwirklichen. Mathematische Fiktionen können unangenehm sein.

Vor allem muß man begreifen, daß die scheinbaren Paradoxien von Chaos- und Katastrophentheorie nicht auf eine allzu starke Vereinfachung des Modells zurückgehen. Biologen, Meteorologen, Ökologen und speziell Ökonomen erliegen immer wieder diesem Irrtum. Wenn ein einfaches Modell zu einem paradoxen Phänomen führt, machen einige dieses Modell dafür verantwortlich, statt sich zu fragen, ob das Phänomen [nicht das Modell] nicht vielleicht ein generelles sein könnte. Die Ergebnisse von komplizierten Modellen sind meistens paradoxer als die von einfachen Modellen.

Langtons Ameise

Dynamische Systeme mit allem Drum und Dran wie Attraktoren, Chaos und Katastrophen sollen uns generell als Bilder für Systeme dienen, die sich im Zeitverlauf ändern. Außerdem möchten wir noch einen weiteren Typ eines mathematischen Systems diskutieren, den zellulären Automaten. Dabei handelt es sich um ein Gitternetz von Schaltern, die unterschiedlich eingestellt werden können, entscheidend sind aber die Regeln für die Betätigung der Schalter. Einer der einfachsten zellulären Automaten ist Langtons Ameise, benannt nach dem Erfinder Christopher Langton. Die Ameise bewegt sich auf einem quadratischen Gitter, das aus schwarzen und weißen Zellen besteht, nord-, süd-, ost- oder westwärts und folgt dabei drei einfachen Regeln:

-Ist sie auf einer schwarzen Zelle, macht sie eine 90°-Wendung nach links.

-Ist sie auf einer weißen Zelle, macht sie eine 90°-Wendung nach rechts.

-Beim Übergang zur nächsten Zelle ändert diejenige, auf der sie gerade ist, ihre Farbe von Weiß in Schwarz oder umgekehrt.

Sie denken vielleicht, Langtons Ameise müsse ein sehr einfaches Tier sein, aber dem ist nicht so. Tatsächlich stellt sie die Mathematiker vor ein derzeit unlösbares Problem.

Stellen Sie sich vor, die Ameise steht vor einem völlig weißen Gitternetz und geht zunächst ostwärts. Ihr erster Schritt führt auf ein weißes Feld, und das Feld, auf dem sie begonnen hat, wird schwarz. Da die Ameise jetzt auf einem weißen Feld ist, macht sie eine Rechtswendung, so daß sie nach Süden schaut. Dadurch kommt sie wieder auf ein weißes Feld, und auch das soeben verlassene Feld wird schwarz. Nach einigen weiteren Schritten kommt sie wieder auf Felder, auf denen sie schon war und die schwarz geworden sind. Probieren Sie die Regeln aus, und Sie werden merken, daß der Weg der Ameise ziemlich kompliziert wird, genau wie das ständig wechselnde Muster aus schwarzen und weißen Feldern, das sie hinter sich läßt. Während der ersten paar hundert Schritte erzeugt die Ameise hin und wieder ein hübsches symmetrisches Muster. Dann geht es während rund zehntausend Schritten ziemlich chaotisch zu. Danach gerät sie in einen Zyklus hinein, der ein und dieselbe Sequenz aus 104 Schritten ständig wiederholt, mit dem Gesamtergebnis, daß sie zwei Felder diagonal weiterrückt. Dies setzt sie endlos fort, so daß systematisch eine breite diagonale »Straße« entsteht.

Ist dieses Verhalten schon merkwürdig genug, so zeigen Computerexperimente etwas noch Auffälligeres: Wenn, noch ehe die Ameise loslegt, eine beliebige Anzahl willkürlich gewählter Felder geschwärzt wird, baut sie am Ende dennoch wieder eine Straße. Abbildung 36 zeigt das Muster, das entsteht, wenn die Ameise in einem geschlossenen Rechteck beginnt. Bevor sie die Straße baut, baut sie eine »Burg« mit geraden Mauern und komplizierten »Zinnen« an den Ecken. »Zielstrebig« baut sie diese Strukturen ständig ab und wieder auf, bis sie schließlich abgelenkt wird und davonzieht, um –eine Straße zu bauen. Das Problem, das die Mathematiker verwirrt, ist, daß niemand beweisen kann, daß die Ameise bei jeder Anfangskonfiguration von [endlich vielen] schwarzen Feldern am Ende eine Straße baut.

Es hat aber ganz den Anschein.; mehr dazu in Kapitel 13.

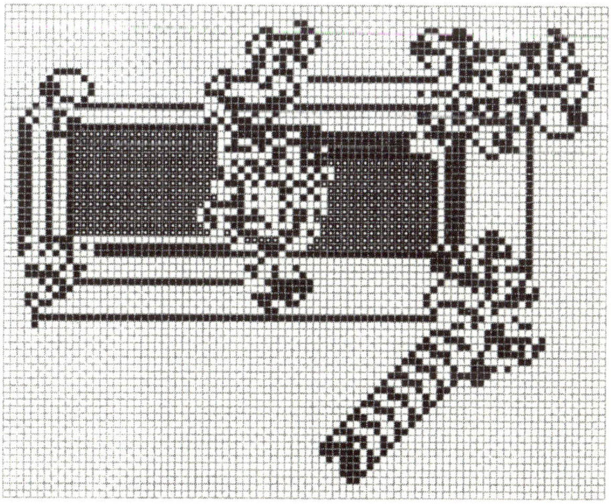

Abbildung 36: Das Muster, das Langtons Ameise erzeugt, wenn sie in einem schwarzen Rechteck beginnt. Die Felder des ursprünglichen Rechtecks, die nicht besucht wurden,sind durch einen weißen Punkt markiert. Die Straße ist unten rechts.

Das Spiel des Lebens

Es war John von Neumann, der die zellulären Automaten überhaupt erfunden hat, und zwar für einen bestimmten Zweck. Er wollte eine Maschine schaffen, die sich selbst vermehrt. Er dachte – wie wir – an abstrakte mathematische »Maschinen«, doch mit der sich entwickelnden Nanotechnik besteht ernstlich die Aussicht auf reale Von-Neumann-Maschinen. Eine –reale oder mathematische Von-Neumann-Maschine ist so etwas wie eine programmierbare Allzweck-Fabrik, die, wenn man ihr eine Blaupause gibt, alles bauen kann. Man braucht ihr demnach nur ihre eigene Blaupause zu geben ...

Dies erinnert stark an die Arbeitsweise lebender Zellen: die Zelle als chemische Fabrik, die DNS als Blaupause. Von Neumann wollte sich nicht nur verbal mit hypothetischen Maschinen befassen, sondern er wollte tatsächlich eine Struktur [auch wenn sie nur im Kopf des Mathematikers existierte], die sich nach seiner Methode selbst reproduzierte. Und damit sind wir beim zellulären Automaten. Denken Sie sich ein riesiges Schachbrett, dessen einzelne Felder [Zellen] eine bestimmte Menge von Kennzeichen enthalten können; das können Farben, Zahlen, Holzschnitzereien oder alles Mögliche sein. Nehmen wir Farben. Zur Zeit 0 wird das Spiel damit gestartet, daß jeder Zelle eine Farbe zugeordnet wird. Anschließend wird in bestimmten Zeitintervallen die Farbe jeder Zelle verändert, und zwar nach einem festgelegten Regelsystem in Abhängigkeit von der Farbe ihrer Nachbarzellen. Eine Regel lautet zum Beispiel: »Eine rote Zelle, die an zwei grüne, eine blaue und eine rosa Zelle grenzt, muß purpurrot werden.« Eine solche Struktur kann wohldefinierte »Objekte« enthalten, Zellanordnungen, die bestimmte Form und Farben haben. Ein einfaches Objekt könnte etwa aus neun rosa Zellen bestehen, die in einem Quadrat von 3 x 3 angeordnet sind. Ein komplizierteres Objekt könnte eine Million Zellen umfassen, die eine ausgedehnte, komplizierte Form bilden, wobei bestimmte Stellen bestimmte Farben aufweisen.

Von Neumann ersann einen Satz von Regeln und ein Objekt, das sich automatisch vermehrte, indem es die Regeln für den Farbwechsel der Zellen befolgte. Aus einem Objekt wurden nach einiger Zeit zwei. Er verwendete viele Farben und viele Regeln, aber die Methode klappte. John Horton Conway erfand viele Jahre später einen Automaten, der mit viel einfacheren Regeln dasselbe konnte. Sein Automat benutzte nur zwei Farben, schwarz und weiß. Und er brauchte nur drei Regeln:

-Eine weiße Zelle wird beim nächsten Takt schwarz, wenn sie genau drei schwarze Nachbarn hat.

-Eine schwarze Zelle wird beim nächsten Takt weiß, wenn sie vier oder mehr schwarze Nachbarn hat.

-Eine schwarze Zelle wird beim nächsten Takt weiß, wenn sie einen oder keinen schwarzen Nachbarn hat.

In allen anderen Fällen behält die Zelle ihre bisherige Farbe. Als Nachbarn gelten die acht Zellen, die senkrecht, waagerecht und diagonal an eine Zelle angrenzen. Alle Änderungen sollen simultan erfolgen.

Conway nannte seinen Automaten »Spiel des Lebens« oder kurz »Leben«. Das Spiel beginnt mit einem aus schwarzen Zellen bestehenden Objekt, während das übrige Brett weiß ist. Wenn jetzt die Regeln angewandt werden, verändert sich das Objekt. Ein 2 x 1-Block stirbt beim ersten Takt. Ein 2 x 2-Block macht gar nichts, überlebt also ewig. Interessanter ist eine einfache Form, Gleiter genannt: Sie bewegt sich. Sie ändert ihre Form in einem Viertakt-Zyklus; anschließend ist sie um eine Zelle in diagonaler Richtung verschoben. Kompliziertere Formen, Raumschiffe, bewegen sich waagerecht oder senkrecht. Eine »Gleiterkanone«, die in einem bestimmten Zyklus dreißig Formen durchläuft, stößt einen endlosen Strom von Gleitern aus. Dies sind ganz einfache Beispiele für emergente Phänomene, und sie emergieren aus Conways Regeln.

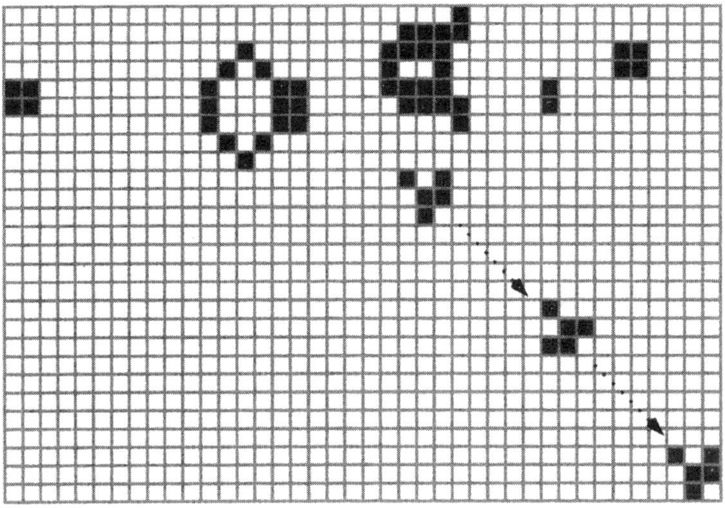

Abbildung 37: Emergente Phänomene im »Spiel des Lebens«. Gleiterkanone (schwarz) stößt einen Strom von Gleitern (grau) aus.

Conways »Leben« läuft in einem reduktionistischen Universum ab, das tatsächlich über eine Theorie von Allem verfügt, nämlich in Gestalt von Conways Regeln. Für eine gegebene Ausgangsform ist seine Zukunft durch diese Regeln determiniert. Praktisch kann es allerdings schwierig sein, die Zukunft vorherzusagen, obwohl sie implizit in den Regeln gegeben ist. Um sie explizit sichtbar zu machen, muß man die Regeln anwenden und sehen, was dann passiert; Abkürzungen scheint es nicht zu geben. Große Formen können in sich zusammenbrechen, kleine können wachsen, und es gibt immer wieder Überraschungen. Drei der Dinge, die aus »Leben« emergieren, sind Programmierbarkeit, Unentscheidbarkeit und Replikation.

Als erstes bewies Conway die Existenz einer Anfangskonfiguration, die wie ein programmierbarer Computer agiert, statt elektrischer Impulse aber Pulse von Gleitern benutzt, um die Information zu befördern und zu manipulieren.

Daraus leitete er ab, daß das Ergebnis des Spiels naturgemäß unvorhersagbar ist, im folgenden Sinne: Es läßt sich nicht im voraus entscheiden, ob ein Objekt endlos überleben oder ganz verschwinden wird. Er stützte sich dabei auf ein Theorem der mathematischen Logik, das folgendes besagt: Es kann kein Computerprogramm existieren, das im voraus entscheiden kann, ob ein gegebenes Programm, das man auf einer gegebenen Maschine laufen läßt, endlos weitergehen oder anhalten wird. Feststellen läßt sich das nur, indem man das Programm laufen läßt und zusieht, was passiert. Wenn es anhält, weiß man Bescheid; wenn es weiterläuft, weiß man nicht, ob es endlos weiterlaufen wird oder ob es gerade dann anhalten wird, wenn man aufgibt und weggeht. Es ist das Theorem von der Unentscheidbarkeit des Halteproblems, und der von Alan Turing entdeckte Beweis ist einfach und scharfsinnig. Die Grundidee ist folgende: Gäbe es ein solches Computerprogramm –einen universellen Entscheider gewissermaßen –, dann könnte man es beauftragen, seinen eigenen Ablauf zu überwachen und nur in dem Fall anzuhalten, daß es nicht anhalten würde. Da das ein Paradox ist, kann es ein solches Programm nicht geben.

Komplexe Systeme

Für den Reduktionismus ist alles, was im Universum existiert, so kompliziert es auch sein mag, das Ergebnis einfacher Gesetze. Wir finden diese Gesetze, indem wir durch unsere mentalen Trichter hinuntersehen, und wenn wir sie gefunden haben, können wir sie für uns arbeiten lassen. Der Reduktionismus ist jedoch nicht so vollständig, wie es scheinen könnte. Stellen Sie sich in »Leben« eine intelligente Konfiguration vor, die, mit einer Art von zellulärem Geist ausgestattet, die vielleicht von einem Orakel stammende Mitteilung erhalten hat, daß alles in seinem Universum von diesen drei Grundregeln bestimmt ist. Sie ist die Theorie von Allem für das Spiel des Lebens. Würden sie mit diesen Regeln als Erklärung für ihre Intelligenz zufrieden sein?

Nein. Sie würde genau wissen wollen, wie diese Regeln zu Intelligenz führen; sie würde sich mit den Regeln allein nicht begnügen, selbst wenn die Leben-Physiker sie in noch so vielen Experimenten verifiziert hätten. Gleiches gilt für uns. Wir wollen mehr als nur die Regeln; wir möchten wissen, was sie für unsere Stellung im Universum bedeuten und wie aus ihnen genau die Möglichkeit menschlicher Existenz folgt.

Eines, was der heutigen Wissenschaft fehlt, ist eine brauchbare Theorie der Komplexität. Das wirtschaftliche Geschehen zum Beispiel ist uns weitgehend schleierhaft; wir wissen nicht genau, wie weltweite Rezessionen entstehen, und wir können sie auf jeden Fall nicht vorhersagen. Wir wissen nicht genau, wie Wirbelstürme entstehen oder wohin sie ziehen werden. Es ist daher recht ambitiös, die menschliche Existenz oder Intelligenz erklären zu wollen. Doch im ausgehenden 20. Jahrhundert finden die Mechanismen der Komplexität wachsendes Interesse. So hat Stephen Wolfram an der Universität von Illinois das Center for Complex Systems errichtet, und in New Mexico hat George Cowan kürzlich das Santa Fe Institute gegründet, das genau diesen Fragen nachgehen und Wissenschaftler aus vielen herkömmlichen Disziplinen zusammenbringen soll, um gemeinsam das Problem der Komplexität zu verstehen.

Es gibt die neue wissenschaftliche Disziplin der Komplexitätstheorie, eine aufregende und wichtige Sache. Es werden Dinge möglich, von denen wir uns bisher nichts träumen ließen. Psychologen können nach dem Bewußtsein fragen, ohne von ihren Kollegen verspottet zu werden. Wir entdecken nach und nach, daß die Komplexität ihre eigenen Gesetze hat, aber wir verstehen sie nicht besonders gut, noch nicht. Allerdings muß man begreifen, daß diese Gesetze mehr sind als die statistischen Regelmäßigkeiten, die in Zufallssystemen auftreten. Der Schlüssel zur Komplexität sind nicht statistische »Gasgesetze« für das Wirtschaftsgeschehen oder das Wetter. Wir brauchen Details.

Der Schlüssel liegt auch nicht in Dingen wie der Mandelbrot-Menge, auch wenn das schon ein Schritt in die richtige Richtung ist. Was wir wirklich verstehen müssen, sind allgemeine Fragen wie »Warum hat sich das Sehen entwickelt?«, »Was löst Börsenkräche aus?« und »Woher kommen Depressionen?« Oder um aufs Ganze zu gehen: »Was läßt das fundamentale Chaos zusammenbrechen, so daß einfache, robuste Strukturen entstehen können?«

Der Reduktionismus hat uns zu diesen Fragen gebracht – aber kann er sie beantworten? Könnte die Komplexitätstheorie sie beantworten? Und falls nicht, nach welcher anderen Erklärungsmethode sollten wir suchen?

[7] Komplexität und Einfachheit

Ein Herzog mitsamt seinem Gefolge von Kriegern und Dienern war auf der Jagd im Wald, als er auf einen Baum stieß, auf den Zielscheiben gemalt waren, und jeweils genau mittendrin steckte ein Pfeil. »Wer ist dieser unglaublich gute Bogenschütze?«, rief der Herzog. »Ich muß ihn finden!«

Er setzte seinen Weg durch den Wald fort und begegnete nach einigen Meilen einem kleinen Jungen, der Pfeil und Bogen bei sich trug. Schließlich gestand der Junge, daß er es gewesen sei, der die Pfeile genau in die Mitte aller Zielscheiben geschossen hatte.

»Du bist doch nicht etwa zu den Zielscheiben gegangen und hast die Pfeile in die Mitte hineingesteckt?«, forschte der Herzog nach.

»Nein, mein Herr. Ich habe sie aus hundert Schritt Entfernung abgeschossen. Das schwöre ich, bei allem, was mir heilig ist.«

»Das ist wahrhaft erstaunlich. Ich nehme dich hiermit in meinen Dienst auf.« Der Junge dankte ihm überschwenglich. »Du mußt mir aber auch einen Gefallen tun«, fuhr der Herzog fort. »Sage mir, wie bist du zu einem so hervorragenden Schützen geworden?«

»Ach«, sagte der Junge, »zuerst schieße ich den Pfeil auf den Baum, und dann male ich die Zielscheibe herum.«

In Kapitel 1 fragten wir, woher die organisierte Komplexität kommt. Jetzt haben wir eine Antwort, die reduktionistische Antwort, die auf Beziehungen zwischen Ebenen der Beschreibung beruht. Komplexität ist Folge der Wirkung relativ einfacher Regeln auf einer tieferen Ebene. Einfachheit erzeugt Komplexität durch die bloße Vervielfachung von Möglichkeiten; Organisation beruht auf der hübschen Einfachheit der Gesetze. So sind die Wechselwirkungen zwischen wenigen Arten von fundamentalen Teilchen für alle chemischen Elemente und ihre Verbindungen untereinander verantwortlich. Die Komplexitäten der Chemie sind die eines Lego-Satzes: unzählige Kopien einer begrenzten Auswahl von Atomen, nach Belieben zusammengesetzt, nur den Regeln der chemischen Bindung unterworfen. Das komplexe Phänomen des Lebens ist im Grunde ein chemisches, beruht es doch auf den ungewöhnlichen Eigenschaften langkettiger Kohlenstoff-Moleküle und besonders auf den Kombinations- und Informationseigenschaften der DNS, die ihm die Fähigkeit verleihen, sich zu vermehren. Diese einzigartige Eigenschaft des Kohlenstoffs ist [einfach] eine Folge seiner atomaren Struktur. Die Komplexität der biologischen Entwicklung beruht auf der Abarbeitung eines DNS-»Progamms«, das unter anderem die Produktion von Proteinen organisiert. Die Komplexität eines lebenden Organismus ist das Ergebnis eines evolutionären Spiels, das in gewaltigen Zeiträumen nach einer Regel gespielt wurde, die so einfach ist, daß sie eigentlich eine logische Tautologie ist: Die Gewinner gewinnen. Die Komplexität der Intelligenz ist das Resultat eines ähnlichen evolutionären Spiels, das von Netzwerken von Neuronen gespielt wurde, die durch sensorischen Input und Output interagieren. Die Komplexität von Ökosystemen und Gesellschaften ist das Resultat eines Netzwerks von Transaktionen und Kommunikationen zwischen einzelnen Organismen.

Der Begriff »Reduktionismus« enthält die Nebenbedeutung, daß Komplexität auf einer Ebene reduziert wird auf Einfachheit auf einer anderen Ebene. Mentale Trichter führen von der Komplexität hinunter zur Einfachheit [Abb. 38], und je tiefer sie gehen, desto mathematischer werden sie. Eine zusammenhängende Kette der Erklärung verläuft aufwärts, von den subatomaren Teilchen zu den heiligen Kühen. Regeln werden vom Reduktionismus enthüllt, und der Reduktionismus regelt alles.

Wir hoffen, daß diese Geschichte, so wie wir sie bisher erzählt haben, Ihnen Spaß gemacht hat, daß Sie sie verstanden haben und sich zumindest teilweise von ihr haben überzeugen lassen. Sie ist, meinen wir, wahr, soweit etwas, das Menschen wissen, wahr sein kann. Natürlich nicht in jedem Detail, aber doch im großen Entwurf. Bestimmt ist dies die Auffassung fast aller Wissenschaftler, was Erklärungen betrifft. Sie funktioniert – nicht nur als philosophischer Standpunkt, sondern auch als praktische Behauptung. Ihre Resultate berühren direkt oder indirekt das tägliche Leben von Milliarden Menschen: Fernsehen, Jumbojets, Satelliten, Siliziumchips, Aluminiumdosen, Plastiklöffel. Sie ist, was die Beziehung zwischen Einfachheit und Komplexität angeht, eine ungeheuer zweckmäßige Betrachtungsweise.

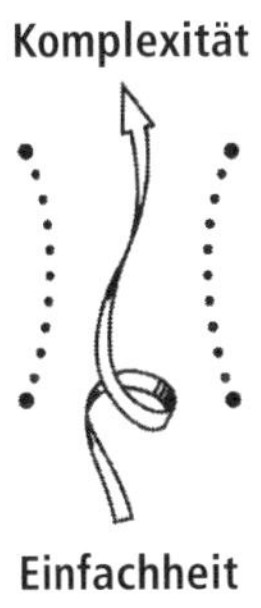

Abbildung 38: Der Reduktionismus zusammengefaßt als Trichter

Aber, keiner von uns glaubt, daß der Reduktionismus allein ausreicht oder daß er die zweckmäßigste Betrachtungsweise ist, was Einfachheit und Komplexität betrifft. Davon hoffen wir Sie in den folgenden Kapiteln zu überzeugen. Die ersten sechs Kapitel waren dennoch keine Zeitverschwendung; wir mußten einen gemeinsamen Wissensstand im Hinblick auf die konventionelle Wissenschaft herstellen, bevor wir etwas Neues beginnen können, das nicht ganz so konventionell sein wird. Diese Grundlage hat durchaus ihren eigenen Wert, doch möchten wir nun mit Ihnen über die reduktionistische Darstellung hinausgehen. Wir möchten sie erweitern, nicht umstoßen.

Da die reduktionistische Darstellung sehr übersichtlich ist, konnten wir Ihnen vor dem Losfahren eine Straßenkarte geben und Ihnen sagen, daß wir mit den Atomen beginnen und uns über die Chemie, die DNS, die Organismen, über Evolution, Intelligenz und Ökosyteme zur menschlichen Gesellschaft voranarbeiten würden. Jetzt möchten wir dieselbe Gegend noch einmal erkunden, aber mit einem Geländefahrzeug. Diesmal können wir Ihnen keine Straßenkarte bieten, denn es gibt keine Straßen. Wir möchten Ihnen die Lücken in der reduktionistischen Geschichte zeigen, und wir möchten zeigen, wie die Wissenschaft sie nach unserer Ansicht allmählich schließen könnte. Wir geraten also in unbekanntes Gelände, wo wir höchstens dann und wann ein Warnschild aufstellen können.

Wir haben die Grenzen des Reduktionismus aus verschiedenen Richtungen erkannt, denn die eingefleischten Denkgewohnheiten von Mathematikern sind ganz andere als die von Biologen. Trotzdem haben wir erstaunlich ähnliche Ansichten über diese Fragen, was uns schon bald klar wurde, nachdem wir uns kennengelernt hatten. Auf diese Entdeckung geht das vorliegende Buch zurück. In den letzten Jahren haben wir einen gemeinsamen Standpunkt entwickelt, der die reduktionistische Weltsicht auf den Kopf stellt, oder besser, der ihr Inneres nach außen kehrt. Für viele der Ideen beanspruchen wir keine Originalität. Wir haben uns aber bemüht, die Ideen auf neue Weise zusammenzufügen. Darin sind sich ein Mathematiker und ein Entwicklungsbiologe einig geworden, daß es nicht die beste Herangehensweise ist, wenn man im Hinblick auf die Komplexität des Universums lediglich fragt, wie sie generiert werden kann durch die Wechselwirkung einfacher Komponenten, die einfachen Regeln gehorchen und dabei eine Ebene höherer Komplexität erzeugen.

Die Wissenschaftler haben die falsche Frage gestellt.

Sie haben die Komplexität als etwas betrachtet, das der Erklärung bedarf, und die Einfachheit als etwas Selbstverständliches angesehen. Die Antwort, was die Komplexität angeht, erweist sich als einigermaßen naheliegend und nicht sonderlich interessant: Wenn man viele einfache Wechselwirkungspartner miteinander wechselwirken läßt, kann etwas ziemlich Kompliziertes entstehen.

Die interessante Frage lautet genau entgegengesetzt, jene Frage, die zu stellen den meisten Wissenschaftlern nie in den Sinn gekommen ist, weil sie nicht gesehen haben, daß es überhaupt etwas zu fragen gab. Woher kommt die Einfachheit?

Rational und irrational

Klären wir gleich zu Anfang, an was für Einfachheiten wir denken. Einfachheiten wie die Zahlenmystik der Atome – ganze Zahlen von Elektronen, Protonen, Neutronen. Magische Zahlen wie 8 und 18, die über die Elektronenschalen die chemischen Eigenschaften der Atome bestimmen. Einfachheiten wie die Gasgesetze, die Temperatur, Druck und Volumen von Gasen miteinander verknüpfen, von Gasen, die außerordentlich komplizierte Systeme aus einer riesigen Anzahl von Atomen darstellen, welche mit ungeheurer Geschwindigkeit aufeinanderprallen. Einfachheiten wie das Gravitationsgesetz, dem zufolge die Anziehungskraft der Gravitation mit dem Quadrat der Entfernung abnimmt. Die tiefen biologischen Einfachheiten wie das Hämoglobin, das Chlorophyll, die Doppelhelix und die homöotischen Gene. Und rein mathematische Gesetze wie den pythagoreischen Lehrsatz und die Tatsache, daß der Umfang eines Kreises π mal den Durchmesser beträgt.

Ganzzahlige Verhältnisse in der Chemie führten zur Anerkennung der Atomtheorie, lange bevor irgend jemand ein Atom sehen konnte. Liebt Gott ganze Zahlen? Wir Menschen denken es offenbar. »Gott schuf die ganzen Zahlen«, sagte der Mathematiker Leopold Kronecker, »alles andere ist das Werk des Menschen.« Kronecker war ein holistischer Fundamentalist. Wir standen ratlos vor dem Atomgewicht 35,46 des Chlors, und wir seufzten erleichtert, als sich herausstellte, daß es ein Gemisch aus rund drei Teilen Chlor mit dem Atomgewicht 35 und einem Teil mit dem Atomgewicht 37 ist. Wir haben uns an π gewöhnt, vor allem, weil es an sehr vielen Stellen auftaucht, finden es aber trotzdem sonderbar, daß das Universum eine so merkwürdige Zahl benutzt, wo doch eine schlichte 3 oder vielleicht auch 22/7 so viel sauberer wäre. Ganze Zahlen verfehlen nie ihren Eindruck auf uns. Newtons Gravitationsgesetz würde uns weit weniger beeindrucken, wenn es die 2,167te Potenz enthielte. Eine Kraft, die mit der 2,167ten Potenz der Entfernung abnimmt, macht den Eindruck, als hätte der Empiriker gepfuscht; eine Kraft, die mit dem Quadrat der Entfernung abnimmt, macht den Eindruck einer universalen Wahrheit.

Wir schätzen desgleichen eine »saubere« Geometrie: Kreise, Ellipsen, die regelmäßigen Körper. Buckminsterfulleren lenkt die Aufmerksamkeit der Wissenschaftler auf sich, weil es eine neue Form von Kohlenstoff ist, aber mehr noch, weil es ein abgestumpftes Ikosaeder ist. Was ist an den ganzen Zahlen, den regelmäßigen geometrischen Körpern für uns so anziehend?

Ein mathematisches Bild fängt ein, worauf wir hinauswollen. Eine sogenannte reelle Zahl ist etwas, das durch eine Dezimalzahl mit einer möglicherweise unendlichen Anzahl von Dezimalstellen dargestellt werden kann. Begraben in den reellen Zahlen liegen, wie Diamanten im Lehm, die ganzen Zahlen 0, 1, 2, 3 ... und die entsprechenden negativen Zahlen. Aus den ganzen Zahlen lassen sich die sogenannten rationalen Zahlen bilden; das sind Brüche wie 2/3 oder 22/7. Die alten Pythagoreer entdeckten, daß einige reelle Zahlen irrational sind: Sie können nicht als exakte Brüche dargestellt werden, mögen Zähler und Nenner auch noch so groß sein. Ihr erstes Beispiel war $\sqrt{2}$, die Quadratwurzel aus zwei. Später zeigte sich, daß π irrational ist. Es gibt unendlich viele irrationale und unendlich viele rationale Zahlen, doch Georg Cantor zeigte, daß man in einem vernünftigen Sinne davon sprechen kann, daß es mehr irrationale als rationale Zahlen gibt. Überwältigend viel mehr.

Trotz des Übergewichts der irrationalen Zahlen sind sie mit den rationalen Zahlen aufs innigste vermengt. Zu einer gegebenen irrationalen Zahl kann man eine rationale Zahl finden – genauer, unendlich viele –, die ihr beliebig eng benachbart sind, korrekt bis auf, sagen wir, eine Milliarde Stellen. Das ist gar nicht schwer: Schreiben Sie die irrationale Zahl als Dezimalzahl und werfen Sie alle Dezimalstellen nach der milliardsten weg. Endliche Dezimalzahlen sind immer rational. Es ist ebenfalls wahr [und nur geringfügig schwerer zu beweisen], daß sich zu einer gegebenen rationalen Zahl eine irrationale Zahl finden läßt – genauer, unendlich viele –, die ihr beliebig eng benachbart sind. Rationale und irrationale Zahlen sind miteinander vermengt wie Zucker und Mehl in einem Kuchen und bleiben auch dann vermengt, wenn man sie durch ein noch so starkes Mikroskop betrachtet.

Drücken wir dies in Begriffen von Einfachheit und Komplexität aus. Im Vergleich zu den irrationalen Zahlen sind die rationalen Zahlen »einfach«:

Sie werden aus einfachen Zutaten [ganzen Zahlen] nach einfachen Regeln [»Bilde einen Bruch«] hergestellt. Komplizierter sind die irrationalen Zahlen; ihre Beschreibung ist insgesamt verwickelter. Über π kann man zum Beispiel nicht sprechen, ohne zuvor Dinge wie Kreise und Längen und dergleichen zu klären. In der Welt der reellen Zahlen sind die einfachen und die komplizierten also derart eng miteinander vermengt, daß Sie, wenn Sie sich nur auf die ersten Milliarden Dezimalstellen beschränken, nicht sagen können, mit welcher Art Sie es zu tun haben. Es mag den Anschein haben, als biete die Mathematik am unteren Ende des reduktionistischen Trichters unendliche Präzision, doch ist jedes einfache Körnchen Mathematik umgeben von Wolken sehr viel komplizierterer Stücke, die aber fast nicht von ihm zu unterscheiden sind.

Wolken von Imitatoren

An der Welt der möglichen wissenschaftlichen Theorien [nicht nur der wahren, sondern von allen erdenklichen und noch vielen darüber hinaus] ändert sich nichts. Im Hinblick auf die Dynamik eines Systems fanden wir es zweckmäßig, eine mathematische Fiktion zu betrachten: den Raum aller möglichen Zustände. Zwar nimmt das System nicht alle diese Zustände ein, sondern wählt entsprechend der Dynamik unter ihnen aus, doch können wir die Auswahlmechanismen nicht verstehen, solange wir nicht die Möglichkeit erwägen, daß das System sich auch ganz anders hätte verhalten können. Genauso müssen wir, wenn es um wissenschaftliche Theorien geht, im Theorieraum, dem Raum aller möglichen Theorien, arbeiten. Nicht nur der Theorien, auf die man sich nach ausführlichen Versuchsreihen geeinigt hat, sondern auch der alternativen Theorien, die man bei einem anderen, ja sogar bei demselben Ausgang der Versuche möglicherweise übernommen hätte. Die Gründe für die Anerkennung einer Theorie schließen stillschweigend die Gründe für die Ablehnung ihrer Konkurrentinnen ein; wir müssen also auch die Konkurrentinnen in Betracht ziehen, selbst wenn sie sich schließlich als »falsch« erweisen.

In diesem mentalen Raum möglicher Theorien ist jede Theorie von einer Wolke von anderen Theorien umgeben, die aber fast nicht von ihr zu unterscheiden sind. Eine einfache Theorie, etwa Newtons Gravitationsgesetz, ist umgeben von einem Halo von Theorien, die von beliebiger Kompliziertheit und ihr beliebig eng benachbart sind, darunter auch die Theorie, derzufolge die Anziehung genau mit der 2,0000000000000000000000001ten Potenz der Entfernung abnimmt. Dieser Halo ist keineswegs so einfach; er enthält auch Theorien wie diese: »Das Gravitationsgesetz gilt universell, außer für ein Atom im Andromedanebel um 17.15 Uhr am Weihnachtstag 1842«. Das ist, zugegeben, keine besonders anziehende Theorie, aber sollte sie wahr und Newtons Gesetz falsch sein, dann ist der Zeitpunkt, das herauszufinden, jedenfalls verstrichen. [Sie ist jedoch falsifizierbar, und das ist es nach Ansicht von Philosophen, was eine Theorie zur wissenschaftlichen macht. Man hätte sie experimentell nachprüfen können, indem man alle Atome im Andromedanebel zur angegebenen Zeit beobachtet und festgestellt hätte, daß eines der Atome nicht tat, was es hätte tun sollen, wenn es Newtons Gesetz gehorcht hätte.]

Zu Newtons Halo gehört auch die allgemeine Relativitätstheorie, eine geometrische Beschreibung der Gravitation. Nach der Relativitätstheorie ist die Masse in Wirklichkeit die Krümmung der Raumzeit, mit der Folge, daß die Massen, mit denen wir es im Alltag zu tun haben, sich fast genau so verhalten, wie Newton gesagt hat [eine leicht gekrümmte Raumzeit erscheint annähernd flach], große Massen aber nicht [eine stark gekrümmte Raumzeit erscheint nicht flach]. Das ist der Grund, warum Newtons Gesetz lange Zeit als verläßlich galt und warum wir es immer noch benutzen, um Nachrichtensatelliten in die Umlaufbahn zu bringen. Daher kann man die Relativitätstheorie auch so formulieren: »Das Gravitationsgesetz – oder etwas, das ihm ziemlich nahe kommt – gilt, sofern die Massen nicht zu groß sind.« Eine so formulierte Theorie würde uns jedoch nicht beeindrucken, weil sie eine beunruhigende Ähnlichkeit hat mit der Theorie: »Das Gravitationsgesetz gilt universell, außer für ein Atom im Andromedanebel um 17.15 Uhr am Weihnachtstag 1842«. Was uns an der Relativitätstheorie beeindruckt, ist ihre mathematische Einfachheit und Eleganz.

Einfache und komplexe Theorien umgeben Newtons Gesetz – und alle übrigen Theorien über die Natur – in genau derselben Art einer Kuchenteigmischung, wie rationale und irrationale Zahlen die Zahl 2 umgeben. Wie wählen wir aus diesen dichten Wolken von imitierenden und konkurrierenden Theorien die »richtigen« aus? Die Wissenschaftler haben im Laufe von Jahrhunderten eine Arbeitsphilosophie entwickelt, die der Einfachheit besonderes Gewicht beimißt. Nach dem Prinzip, das als Ockhams Rasiermesser bezeichnet wird, sollten keine unnötig komplizierten Annahmen gemacht werden. Mit Ockhams Rasiermesser kann man die einfachen Theorien von den komplizierten trennen. Wissenschaftler legen bei der Auswahl von Theorien daher nicht nur den Maßstab der Übereinstimmung oder Nichtübereinstimmung mit den Beobachtungen an. Sie berücksichtigen auch ästhetische Prinzipien. Die Theorie soll universell und nicht nur für einen bestimmten Ort oder eine bestimmte Zeit gelten. Sie soll elegant sein – und nicht mit Kaugummi und Bindfaden zusammengehalten. Diese ästhetischen Prinzipien werden angewandt, um die Wolke von »trivialen« konkurrierenden Theorien auszuschließen, von denen jede Theorie zwangsläufig umgeben ist. Paul Dirac hat einen extremen Standpunkt bezogen, als er sagte, er würde eine falsche, aber schöne Theorie einer richtigen, aber häßlichen vorziehen.

Ockhams Rasiermesser ist keine wissenschaftliche Theorie; es ist ein philosophisches Prinzip, eine Meta-Theorie, eine Theorie über Theorien. Und es hat auch seine Probleme. In der Entwicklung der Wissenschaft kann Ockhams Rasiermesser gute Dienste leisten, indem es überflüssige Details ausmerzt, so daß man sich auf das konzentriert, was gerade als wesentlich erscheint. Doch Theorien, die zunächst einfach waren, haben eine Tendenz, mit der Entwicklung einer Wissenschaft komplizierter zu werden. Wir erwähnten schon, daß man, als die DNS entdeckt wurde, glaubte, die Gene seien nichts als zusammenhängende DNS-Abschnitte. Sie hätten natürlich über das ganze Genom verteilt sein können, doch gemäß Ockhams Rasiermesser sollten sie das nicht sein. Tatsache ist aber, daß viele Gene keine zusammenhängenden DNS-Abschnitte sind und daß einige Gene wirklich über das ganze Genom verteilt sind. Ockhams Rasiermesser ist eine praktische Faustregel, keine letzte Antwort.

Ein anderes Problem mit Ockhams Rasiermesser ist, daß unsere Ansichten darüber, was einfach ist, sich mit der Zeit ändern. Zunächst erschien die Zahl π ziemlich kompliziert, doch inzwischen haben wir uns so an sie gewöhnt, daß sie uns fast so einfach vorkommt wie die Zahl 2. Wir werden im folgenden die Geschichte von zwei neuen Einfachheiten erzählen, die sich aus der Chaostheorie herausgeschält haben: die eine ist unser alter Freund, die Mandelbrot-Menge, und dazu kommt eine neue, die Feigenbaum-Zahl. Beide wären uns ungeheuer kompliziert vorgekommen, wenn uns die Chaostheorie nicht erklärt hätte, daß sie im Grunde einfach sind.

Octams Kelle

Diracs Kriterium der mathematischen Schönheit leidet unter demselben Problem: Was in einem bestimmten Abschnitt der Geschichte als schön gilt, kann in einem anderen als langweilig oder gar als unsinnig erscheinen. Ptolemäus' Theorie der Epizyklen [siehe Abb. 5 in Kapitel 1, Seite 40], die jahrhundertelang die wissenschaftliche Meinung über die Bewegungen des Sonnensystems bestimmte, beweist, daß wir Menschen dazu neigen, zerebrale Schemata zu erfinden. Die Alten gingen von der Erwartung aus, daß Planetenbahnen kreisförmig sein müßten, weil Kreise einen Hauch von Eleganz und Vollkommenheit haben. Als es mit den Kreisen nicht klappte, konstruierten sie kompliziertere Bahnen, indem sie Kreise zusammenfügten – sperrige, umständliche mathematische Konstruktionen, Kreise, deren Mittelpunkte sich auf Kreisen bewegten, deren Mittelpunkte sich auf Kreisen bewegten. Das klappte, denn die Epizyklen reichten völlig aus, um vorherzusagen, wo ungefähr im Tierkreis der Jupiter an einem künftigen Datum stehen oder wann die nächste Sonnenfinsternis eintreten würde.

Niplphut: »Es ist amüsant/nur zu erwarten [Unzutreffendes...], daß ihr zur Navigation im Weltraum immer noch Pnurflpiefs veraltetes Gesetz benutzt.«

Käpt'n Arthur: »Pnurfl – ach, du meinst Newtons Gravitationsgesetz. Wir benutzen es, weil es einfach ist.«

Niplphut: »Und falsch.«

Stanley: »Ja, aber die Fehler sind so geringfügig, daß sie nicht ins Gewicht fallen. Die zusätzlichen Berechnungen, die bei Anwendung relativistischer Gravitationstheorien nötig wären, bringen nichts.«

Niplphut: »Ihr habt wohl noch nicht die Oktazyklentheorie entdeckt, vermute ich.«

Käpt'n Arthur: »Nicht, daß ich wüßte. Worum geht's?«

Niplphut: »Ein einfaches, genaues, überaus oktimales Verfahren zur Berechnung der Planetenbewegung. Es beruht auf dem fundamentalen Prinzip, daß die ideale Form einer Planetenbahn ein regelmäßiges Achteck ist.«

Käpt'n Arthur: »Achtecke haben doch Ecken! Daß Planeten um die Ecke biegen, hat noch keiner gesehen! Was habt ihr gegen Ellipsen?«

Niplphut: »Keine Planetenbahn ist eine Ellipse.«

Käpt'n Arthur: »Das liegt daran, daß Störungen, die von anderen Planeten ausgehen, die Bahn von ihrer idealen Form ablenken.«

Niplphut: »Damit stimmst du mir ja indirekt zu. Störungen sind eine vergebliche Erfindung, um das falsche Ideal der Ellipsen zu retten. Oktazyklen sind das wahre Ideal.

Ich sage ›ideal‹ nicht deshalb – wie ihr es tut –, um etwas Falsches zu retten, sondern weil kein Planet sich wirklich in einem einfachen Achteck bewegt. Die Natur verabscheut nackte Einfachheiten, und ein bloßes Achteck mag zwar oktimal sein, ist aber viel zu einfach, um glaubhaft zu sein. Wir haben ein philosophisches Prinzip, das wir Octams Kelle nennen, weil man mit ihm immer sehr dick aufträgt. Es besagt, daß man Theorien nicht unverhältnismäßig einfach machen sollte. Die wirkliche Bahn ist somit eine Kombination aus vielen achteckigen Bewegungen. Um einen Punkt herum, der der Kontur des primären Achtecks folgt, liegt ein kleineres sekundäres Achteck, und um einen Punkt herum, der der Kontur des sekundären Achtecks folgt, liegt ein noch kleineres tertiäres Achteck, und so weiter. Wenn man die Größen und Geschwindigkeiten geschickt wählt, kann man sehr genaue Bahnen erhalten.«

Käpt'n Arthur: »Aber das ist doch die alte Epizyklentheorie!«

Stanley: »Nur mit Achtecken statt Kreisen.«

Niplphut: »Wie bitte?«

Stanley: »Eine alte und vollkommen überholte terrestrische Theorie der Planeten stellt deren Bahnen genau in der gleichen Weise als Überlagerung von Kreisen dar. Das hat geklappt, aber aus dem schlichten Grund, daß man auf diese Weise jede beliebige Bahn mit beliebiger Genauigkeit darstellen kann. Vermutlich sogar eine achteckige. Sie wurde aufgegeben, weil sie rein empirisch war: Sie vermittelte keine Einsicht in die Ursachen der Planetenbahnen.«

Niplphut: »Konnte ja auch nicht anders sein. Da das Achteck das wahre Ideal ist, ist ein Kreis eine schlechte Näherung an die Realität.«

Käpt'n Arthur: »Aber erkennst du denn nicht, daß deine Theorie der Oktazyklen dieselben Mängel hat? Auch mit ihr kann man jede beliebige Bahn ›erklären‹. Sogar eine elliptische.«

Niplphut: »Aber Käpt'n, darauf wollte ich doch gerade hinaus. Oktazyklen erklären eure etwas fehlerhaften Ellipsen, und zwar ohne diesen ganzen Quatsch mit den ›Störungen‹. Außerdem stehen sie voll im Einklang mit dem Prinzip der Oktimalität und mit Octams Kelle. Damit wäre mein Beweis erbracht.«

So sehr seine Methode sich mit den Beobachtungen deckt, könnten wir Niplphut doch nicht zustimmen, aus dem gleichen Grund, aus dem uns Ptolemäus' Theorie heute nicht mehr gefällt. Der Haken an den Epizyklen ist, daß man sie immer so hinbiegen kann, daß es klappt, völlig unabhängig von der Form der Planetenbahnen. In ein System von Epizyklen kann man jede Bahn einpassen. Das System wird dann vielleicht kompliziert, aber es läßt sich anpassen, solange der Vorrat an Epizyklen reicht – und dieser Vorrat hängt ganz von Ihnen ab. Je mehr Epizyklen Sie einzusetzen bereit sind, desto besser wird die Übereinstimmung mit der Beobachtung sein. Wenn Sie beispielsweise eine achteckige Bahn wünschen – mit Epizyklen ist das kein Problem. Sie wird überall eine Unmenge kleiner Kurven aufweisen, aber das Maß an Abweichungen, das Sie zuzugestehen bereit sind, nicht überschreiten. Sie können mit Oktazyklen auch eine kreisförmige Bewegung erreichen; praktisch alles, was Sie mit Epizyklen auf der Basis von Kreisen machen können, können Sie auch mit Epizyklen auf der Basis von Achtecken machen – beziehungsweise mit Siebenecken, wie ein Septimist sogleich anmerken würde.

Die Alten wurden durch den Erfolg der Epizyklentheorie in ihrem Glauben bestärkt, daß der Kreis die vollkommene Figur sei. Heute erkennen wir, daß das Unsinn ist: Man kann jede beliebige Form nehmen. [Allerdings machen bestimmte Formen die Berechnungen einfacher als andere und sind daher praktisch von größerem Wert – einer der Gründe, warum die Kreise des Ptolemäus sich so lange gehalten haben.] Niplphut kommt nicht vom oktimistischen Paradigma seiner Spezies los und vermag daher nicht zu erkennen, um was es geht, aber der Einwand ist dennoch stichhaltig. Wenn eine Theorie so flexibel ist, daß man alles mit ihr »erklären« kann, dann ist sie vermutlich unsinnig.

Feigenbaum und Mandelbrot

Die alte Einfachheit der Epizyklen war durchaus praktisch. Sie funktionierte. Trotzdem haben wir sie zugunsten einer subtileren, aber irgendwie »tieferen«, befriedigenderen Einfachheit verworfen. Die Geschichte der Wissenschaft ist eine Geschichte der wiederkehrenden Revolutionen in unserem Verständnis des Einfachen.

Eine der großen Überrraschungen der Chaostheorie ist die Entdeckung völlig neuer Einfachheiten, von tiefen universellen Mustern, die sich hinter dem erratischen Verhalten chaotischer dynamischer Systeme verbergen. Die erste dieser unerwarteten Einfachheiten wurde von dem Physiker Mitchell Feigenbaum entdeckt und wird als Feigenbaum-Zahl bezeichnet. Feigenbaum mußte sich, wie es bei großen Entdeckungen meist der Fall ist, gewaltig ins Zeug legen, damit sie gedruckt wurde.

Wir möchten das anhand einer physikalischen Interpretation erläutern. Wenn eine kleine Menge von flüssigem Helium, das fast bis auf den absoluten Nullpunkt gekühlt ist, von unten erwärmt wird, bilden sich kleine Konvektionszellen, in denen das Helium zirkuliert und die Wärme nach oben befördert. Wird die Temperatur am Boden ein wenig erhöht, beginnen die

Zellen periodisch zu blubbern: blubber-blubber-blubber-blubber, und das geht endlos so weiter. Steigt die Temperatur an, entsteht bei Paaren aufeinander folgender Blubber eine geringfügige Abweichung:blubber-*blubber*-blubber-*blubber*. Die Periode wird doppelt so lang; erst nach zwei Blubbern wiederholt sich das Ganze. Steigt die Temperatur weiter an, bilden die Blubber Vierergruppen – blubber-*blubber*-blubber-*blubber*, die sich endlos wiederholen. Diese Verdoppelung der Periode durch die Erzeugung immer feinerer Unterschiede zwischen aufeinander folgenden Sequenzen von Blubbern bezeichnet man als Kaskade [Aufeinanderfolge] von Periodenverdoppelungen. Jeder weitere Schritt in der Kaskade beruht auf einem immer kleiner werdenden Temperaturanstieg. In mathematischen Modellen gibt es eine kritische Temperatur. Wenn sie erreicht wird, hat sich die Periode unendlich oft verdoppelt, und es tritt Chaos ein. Die Kaskade von Periodenverdopplungen ist ein Weg von der Ordnung zum Chaos, und sie ist wichtig, weil sie einer der am häufigsten beschrittenen Wege ist.

Flüssiges Helium ist nicht das einzige System, das sich so verhält. Ein tropfender Wasserhahn durchläuft eine ähnliche periodenverdoppelnde Kaskade, von tropf-tropf-tropf-tropf über tropf-*tropf*-tropf-*tropf* zu tropf-*tropf*-tropf-*tropf*, wenn der Hahn immer ein bißchen weiter aufgedreht wird; auch diese Kaskade endet im Chaos. Auch elektronische Schwingungen, Modelle der Wechselwirkung zwischen Räubern und Beute und Modelle der Erzeugung von Blutzellen zeigen dieses merkwürdige Verhalten. Die Kaskade von Periodenverdopplungen ist eine verbreitete Erscheinung in dynamischen Systemen – und doch haben wir erst in den letzten zwanzig Jahren von ihr erfahren.

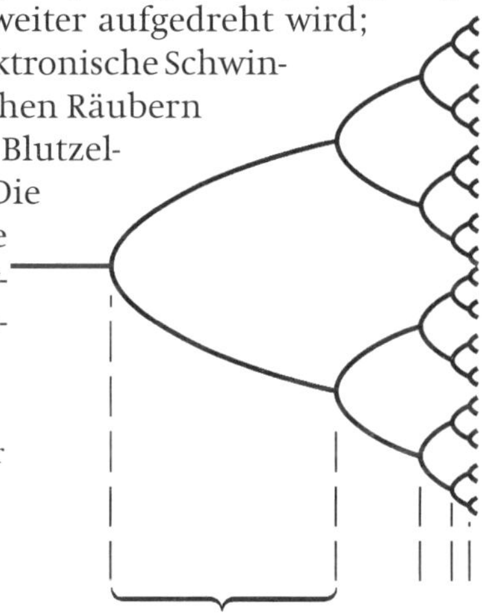

Abbildung 39: Die Feigenbaum-Zahl lauert in jeder periodenverdoppelnden Kaskade. Jeder weitere Zweig kommt dem $^{1}/4{,}669$fachen des vorhergehenden immer näher

Feigenbaum experimentierte auf einem Taschenrechner mit einem der einfachsten Modelle einer solchen Kaskade, und er entdeckte ein seltsames Muster. Übertragen auf flüssiges Helium, würde sich sein Muster folgendermaßen darstellen: Der Betrag, um den die Temperatur steigen muß, damit die Periode sich verdoppelt, nimmt mit wachsender Periode geometrisch ab. Jede weitere Steigerung beträgt grob 1/4669 der vorigen. Wenn die Temperatur beispielsweise um 1 Grad steigen muß, um die Periode von 1 auf 2 zu verdoppeln, dann muß sie für die Verdoppelung auf 4 nur 1/4669 Grad steigen, für die Verdoppelung auf 8 nur $1/4669^2$ Grad, und so weiter [Abb. 39]. Der Quotient ist nicht ganz genau 1/4669, doch mit steigender Periode wird dieser Wert zu einer immer besseren Näherung.

Diese Beobachtung allein wäre nicht besonders wichtig gewesen; eine abnehmende geometrische Reihe ist ein einfaches Verfahren, um unendlich viele Ereignisse in einen endlichen Raum zu stopfen, und irgendeinen gemeinsamen Quotienten muß jede derartige Reihe haben. Doch als Feigenbaum eine andere mathematische Gleichung mit einer Kaskade von Periodenverdopplungen ausprobierte, kam er auf denselben Quotienten 1/4669. Die beiden Quotienten stimmten sogar bis auf zwanzig Stellen hinter dem Komma überein. Das war eine große Überraschung und ein großes Rätsel – Zufall war es offensichtlich nicht. Weitere Versuche ergaben, daß jede mathematische Gleichung mit einer Kaskade von Periodenverdopplungen zu demselben universellen Quotienten führte. Eine neue, vollkommen unerwartete Einfachheit, die aus einer der komplexesten Verhaltensweisen hervorging, welche die Mathematiker kennen. Ihr Wert betrug etwas über 4669.

Viel Einblick in das Verhältnis zwischen Einfachheit und Komplexität gewährt auch eine andere Ikone des Chaos, die berüchtigte Mandelbrot-Menge, die wir in den Kapiteln 1 und 6 beschrieben haben. Ihre Komplexität ist nicht ein Ergebnis umständlicher Ausarbeitung, sondern »natürlich«. Sie entstammt einer einfachen dynamischen Regel. Die bunten Mandelbrot-Mengen, die weltweit an den Wänden hängen [als Poster], sind in Wirklichkeit bloß gewöhnliche Schwarz-Weiß-Figuren wie in Abbildung 4, die mit der Methode »Malen nach Zahlen« ausgeschmückt wurden. Bei diesem Verfahren werden die dynamischen Schritte gezählt, die erforderlich sind, damit die Zahlen einen Schwellenwert, z. B. 100, erreichen, und den Pixels [das sind die winzigen Bildpunkte, aus denen sich der Computerbildschirm zusammensetzt] dann ein entsprechender Farbcode zugeordnet. Das Erstaunliche an der Mandelbrot-Menge ist, daß ein so einfacher Prozeß ein so unglaublich kompliziertes Objekt erzeugt. Es ist tatsächlich so kompliziert, daß es unberechenbar ist, obwohl es jeder Computer benutzt, um es zu zeichnen. Die Zeichnungen sind bloße Näherungen; das exakte Objekt ist in einem ganz bedeutsamen Sinne unerkennbar. Gleichwohl gibt es in der Mandelbrot-Menge alle möglichen Muster. So kann man die Menge als einen ungefähr herzförmigen »Körper« beschreiben, auf dem ein kleinerer »Kopf« sitzt, auf dem wiederum ein noch kleinerer »Kopf« sitzt, und so weiter. Es gibt außerdem noch eine Menge anderer Sachen: obendrauf eine lange Nadel, flankiert von Scheiben, Scheiben auf den Scheiben, dünne Ranken, die sich nach allen Richtungen winden, winzige, in allen Einzelheiten vollständige Mandelbrot-Mengen. Aber schauen wir uns einmal die Reihe der immer kleiner werdenden Köpfe an. Wie schnell nehmen sie ab? Es zeigt sich, daß jeder Kopf angenähert 1/4669 der Größe des jeweils vorhergehenden ist.

Zwischen den Gleichungen des flüssigen Heliums und denen der Mandelbrot-Menge besteht kein erkennbarer oder unmittelbarer Zusammenhang, und doch tritt hier wie dort dieselbe Universalkonstante auf. Die Gründe für die Universalität der Feigenbaum-Zahl werden wir in Kapitel 12 erläutern, doch brauchen Sie die mathematischen Einzelheiten gar nicht zu verstehen, um zu erkennen, worauf es ankommt. Die Mandelbrot-Menge ist eine neue Einfachheit, wenn auch dem Anschein nach eine ziemlich komplizierte. Sie enthält eine weitere neue Einfachheit, die Feigenbaum-Zahl. Beide Einfachheiten sind »Naturgesetze«, die im gesamten Reich des Chaos gelten.

Emergenz

Die plötzliche Entdeckung neuer Einfachheiten inmitten eines hochgradig komplexen, scheinbar unstrukturierten Durcheinanders ist ein recht seltenes Ereignis – viel seltener als die Entdeckung eines neuen Details der Komplexität. Mindestens 999 von 1000 wissenschaftlichen Aufsätzen handeln von komplexen Details, aber der eine, den wir hochschätzen und für den wir den Nobelpreis verleihen, ist derjenige, der eine neue Einfachheit aufdeckt. Es scheint, als seien Einfachheiten allüberall, nur ziemlich dünn gesät. Einige Wissenschaftler sind recht gut darin, sie aufzuspüren; offenbar haben sie die richtige Geisteshaltung, sehen die Welt mit ungewöhnlicher Klarheit. Albert Einstein gehörte zu denen, die auf große Einfachheiten spezialisiert waren, genauso Paul Dirac, Gregor Mendel und Dimitri Mendelejew. Warum gibt es solche Einfachheiten, und auf welche Weise entdecken wir sie?

In Kapitel 6 sprachen wir von emergenten Phänomenen, wie die Philosophen gewisse Regelmäßigkeiten des Verhaltens bezeichnen, die über das Verhalten der daran beteiligten Komponenten irgendwie hinauszugehen scheinen. Chemische Elemente besitzen zum Beispiel charakteristische Farben. Nicht, daß den Schwefelatomen eine rudimentäre Gelbheit oder den Kohlenstoffatomen eine rudimentäre Schwärze anhaftete. Es gibt Formen des Schwefels, die orange, rot oder rötlichbraun sind, wie der Jupitermond Io eindrücklich demonstriert: Er sieht aus wie eine Pizza, aber seine Oberfläche besteht größtenteils aus verschiedenen Formen von Schwefel. Aus Kohlenstoffatomen besteht der durchsichtige Diamant ebenso wie der schwarze Ruß. Die Farben stecken nicht, auch nicht in versteckter oder rudimentärer Form, in den Atomen, aus denen das Element besteht. Die Farbe ausgedehnter Materie hängt davon ab, wie ihre Atome kollektiv mit Licht wechselwirken. Die kollektive Struktur von ausgedehnter Materie reflektiert Licht auf bestimmten bevorzugten Wellenlängen; diese bestimmen die Farbe. Farbe ist ein emergentes Phänomen; sie macht nur bei ausgedehnter Materie Sinn.

Auch Leben ist ein emergentes Phänomen – es geht auf dem Weg über die DNS aus der Chemie hervor. Die Feigenbaum-Zahl ist ein emergentes Phänomen, das auf einem Weg, den wir noch beschreiben, aus dem Chaos hervorgeht. Emergenz ist Quelle neuer Einfachheiten, aber da wir den Prozeß der Emergenz noch kaum verstanden haben, ist das nicht sonderlich hilfreich. Sie hilft aber, die Idee salonfähig zu machen, daß eine Ansammlung von wechselwirkenden Komponenten »spontan« kollektive Eigenschaften entwickeln kann, die keinesfalls in den einzelnen Teilen enthalten zu sein scheinen. Emergente Einfachheiten »lassen das Chaos zusammenbrechen«; sie bringen Ordnung in ein System, das hoffnungslos in einem Meer von zufälligen Fluktuationen zu schlingern scheint. Manchmal erhalten wir kurze

Einblicke in den Mechanismus der Emergenz. Früher glaubte man, Gas sei ein endlos teilbares Fluidum. Vor der Entdeckung der Atomtheorie glaubte man, die fundamentalen Einfachheiten, die man von den Gasen aus unter dem mentalen Trichter findet, seien die Gasgesetze – »Der Druck ist der Temperatur proportional« und so weiter. Wenn wir heute von der Gasdynamik her durch den Trichter schauen, erblicken wir eine kompliziertere Art mathematischer Muster, die statistische Mechanik. Ein Gas ist kein gleichförmiges Kontinuum, das durch einfache Größen wie Druck, Temperatur und Volumen gekennzeichnet ist. Es ist ein wimmelndes Durcheinander von Atomen, und die Gesetze, denen sie gehorchen, sind nicht die Gasgesetze, sondern die Gesetze der klassischen [oder gar der Quanten-] Mechanik. Die Gasgesetze emergieren aus den mechanischen Regeln, wenn wir nicht die einzelnen Atome betrachten, sondern ihre statistischen Eigenschaften, speziell deren Mittelwerte. Der Druck eines Gases ist die mittlere Anzahl der Moleküle in einer gegebenen Region, und die Temperatur ist die mittlere kinetische Energie der Moleküle. Diese statistischen Eigenschaften von Mittelwerten sind makroskopische Erscheinungen, die aus der Mikrodynamik hervorgehen, und sie können von anderen makroskopischen Systemen genutzt werden. So hängt zum Beispiel Ihre Weiterexistenz davon ab, daß Druck und Sauerstoffgehalt der Atmosphäre in einem Normalbereich bleiben. Nun sind Sie nach atomaren Maßstäben sehr groß, und Ihre Bewegungen sind sehr langsam; deshalb sind Sie für die Details der Gasmoleküle unempfindlich. Sie nehmen die Fluktuationen gar nicht wahr, und weil Sie sie auf diese Weise »ausgleichen«, können Sie auf den statistischen Eigenschaften dauerhafte Strukturen aufbauen. Ihre Lungen fischen die Atmosphäre nach Schwärmen von Sauerstoffmolekülen ab, und solange der gesamte Fang den üblichen Umfang hat, braucht es Sie nicht zu interessieren, wie die Moleküle ins Netz gelangen. Ein ganz winziges, sich schnell bewegendes Geschöpf müßte einzelnen Gasmolekülen nachstellen, wie ein Jäger und Sammler auf der Savanne, und wäre furchtbar anfällig für zufällige Mangelsituationen.

Ist Emergenz nichts als Mittelwertbildung, Gasgesetze, Statistik?

Gewiß sind statistische Regelmäßigkeiten ein wesentlicher und häufiger Mechanismus für Emergenz. Bemerkenswert ist, daß die Existenz statistischer Regelmäßigkeiten sich vermutlich auf die deterministische Natur des Chaos zurückführen läßt. Determinismus setzt zugrunde liegende Gesetze voraus, und die Regelmäßigkeiten der Statistik sind Spuren dieser Gesetze auf der makroskopischen Ebene. Ihnen mag es vielleicht merkwürdig vorkommen, aber wirklich zufällige Systeme würden keine statistischen Regelmäßigkeiten besitzen. Keine Mittelwerte, keine Standardabweichungen, keine Korrelationen. Lewis Fry Richardson fragte vor Jahren in einem Aufsatz: »Besitzt der Wind eine Geschwindigkeit?« Er kam zu einem negativen Ergebnis. Turbulenter Fluß setzt sich aus immer kleiner werdenden Wirbeln zusammen, und wenn man einen sehr feinen Maßstab wählt, kann man nicht mehr sinnvoll von der augenblicklichen Geschwindigkeit und Richtung des Windes sprechen. Was nicht existiert, davon kann man keinen Mittelwert bilden.

Viele emergente Phänomene beruhen jedoch nicht auf der Statistik. Die Zahl π, die Mandelbrot-Menge, die Feigenbaum-Zahl oder auch das Chlorophyll, die DNS und die homöotischen Gene haben nichts mit Statistik zu tun. Jede makroskopische Einfachheit kann von einem entsprechend darauf eingestellten System genutzt werden. An der Börse ist das gut zu beobachten. Beginnt ein Händler in einer Weise zu agieren, die eine vorhersagbare Struktur – statistischer Natur oder nicht – hat, werden andere Händler darauf aufmerksam und machen es sich zunutze. An der Börse führt das zu Instabilität, doch in Physik und Biologie führt es zu erkennbaren und verwertbaren Eigenschaften, die als Bausteine für Funktionen und Strukturen einer höheren Ebene genutzt werden können. Blumen nutzen zufällige Unterschiede der emergenten Eigenschaft »Farbe« von Elementen in der Weise, daß sie eine raffinierte Werbekampagne darauf aufbauen, um Bienen anzulocken. Der Erfolg der Kampagne hängt von der Fähigkeit der Bienen ab, die Farben zu sehen, doch für die PR-Abteilung der Blume heißt »Farbe« nichts anderes als »was Bienen sehen können«.

Statistik ist für ein System nur eine der Möglichkeiten, das Chaos seiner Feinstruktur zu beenden und eine dauerhafte makroskopische Eigenschaft auszubilden. Aus dem zugrunde liegenden Chaos können sich andere Eigenschaften herauskristallisieren – Zahlen, Formen, repetitive Verhaltensmuster. Viele dieser Erscheinungen haben eine eigene verwickelte interne Struktur [zum Beispiel die Mandelbrot-Menge], die völlig verschieden ist von den Regeln, welche die Erscheinung hervorgebracht haben. Die Verwickeltheit der Mandelbrot-Menge steht in keinem erkennbaren Zusammenhang mit der Einfachheit des Prozesses, der sie erzeugt. Die Regeln für die Bildung einer Mandelbrot-Menge sind dynamischer Natur; die internen Komplikationen sind geometrischer Art. Deshalb haben wir die Menge oben als eine komplizierte Einfachheit bezeichnet – das ist kein Widerspruch.

Die in der Mathematik enthaltene Information

Die Mathematik schwelgt in emergenten Phänomenen. Längst ist sie auch mit einer Tatsache klargekommen, die Nicht-Mathematiker oft verwirrt. Alle mathematischen Aussagen sind definitionsgemäß Tautologien. Ihre Schlußfolgerungen sind logische Konsequenzen aus ihren Hypothesen. Die in den Schlußfolgerungen steckende Information ist bereits in den Hypothesen »enthalten«. Die Schlußfolgerungen fügen dem, was bereits implizit bekannt war, nichts hinzu. Die Mathematik sagt uns nichts Neues.

Bevor Feigenbaum seine Zahl entdeckte, war alles, was wir jetzt darüber wissen, bereits wahr. Die Zahl hätte nicht anders ausfallen können; sie war implizit in der Definition eines dynamischen Systems enthalten. Sie hätte nicht, statt 4669, etwa 7332 lauten können. Wir konnten die Zahl allerdings nicht benutzen, ehe Feigenbaum sie entdeckt hatte. Wenn Mathematiker etwas benutzen wollen, das, wahr, aber unbewiesen ist, fallen ihre Kollegen über sie her, brüllen »Woher wissen Sie, daß das wahr ist?« und unterbinden eine entsprechende Publikation.

Es reicht nicht aus, daß etwas wahr ist; man muß wissen, daß es wahr ist, und man muß erklären können warum. Anderenfalls weiß man nicht, ob man es gefahrlos benutzen kann. Ob man eine bestimmte Beere gefahrlos essen kann oder nicht, ist implizit in ihrer Beschaffenheit enthalten; je nach ihren chemischen Bestandteilen ist die Beere giftig oder ungiftig für Menschen. Eine Mutter wird angesichts einer Beere, bei der das Implizite noch nicht explizit gemacht wurde, kindliche Ernährungsexperimente vernünftigerweise verhindern – eine vernünftige Entscheidung auch dann, wenn später bekannt wird, daß die Beere wirklich ungefährlich war.

Wir könnten hier wissenschaftliche Artikel anführen, in denen zum Beispiel ein Ingenieur argumentiert, eine bestimmte mathematische Neuerung sei nutzlos, weil sie tautologisch sei, und behauptet, daß »die Mathematik niemals neue Informationen vermittelt«. Diese Bemerkung gilt leider auch für all die hochgeschätzten mathematischen Hilfsmittel der Ingenieure, die Differentialgleichungen, die Tensorenanalyse, die Theorie der komplexen Variablen oder was auch immer.

Alle Einfachheiten höherer Ebene sind irgendwie implizit in der Struktur der tieferen Ebene enthalten, aus der sie hervorgehen. Das heißt jedoch nicht, daß die höheren Einfachheiten nichts nützen, daß sie »nichts Neues« sind. Physiker sind generell der Ansicht, daß die Gesetze der Quantenmechanik implizieren, daß Salzkristalle würfelförmig sind, aber keiner weiß, wie man dies explizit machen kann. Sie wissen nicht, wie sie die Existenz einer beliebigen kristallinen Struktur explizit machen können. Als es kürzlich jemandem gelang, die Existenz von Gasen zu einer expliziten Konsequenz der Quantenmechanik zu machen, war das ein ungeheurer Triumph. Einfachheiten höherer Ebene sind alles andere als tautologisch und unwichtig – sie sind das tägliche Brot der Wissenschaft, die einfachen, erkennbaren Erscheinungen von ansonsten komplizierten Theorien, die uns helfen, die Natur zu verstehen.

Die Darstellung einer Einfachheit höherer Ebene als explizite Konsequenz von Komplexitäten einer tieferen Ebene vermittelt uns intellektuell bemerkenswerte Dinge über den Zusammenhang zwischen den Ebenen. Oft steuert sie allerdings nichts praktisch Verwertbares zum Werkzeugkasten des Wissenschaftlers bei, weil eine Einfachheit höherer Ebene leichter zu erfassen ist als die Kette von Komplexitäten, auf der sie beruht. Wenn man einen Hammer benutzt, will man sich über seine molekulare Struktur keine Gedanken machen. Mathematiker wissen das sehr wohl. »Ein Theorem«, sagte Christopher Zeeman, »ist ein geistiger Ruhepunkt« – etwas, worauf man sich stützen kann, um weiterzugehen. Etwas, das Sie wissen, kann etwas einkapseln, als Ganzes umfassen. Wichtige wissenschaftliche Konzepte haben diese Qualität.

Immunität gegen Chaos

Wissenschaftstheoretiker unterscheiden zwischen zwei Aspekten einer Theorie. Der eine sind ihre Gesetze, denen generelle Geltung zugeschrieben wird, der andere sind die Anfangsbedingungen, auf die diese Gesetze anzuwenden sind, und die sind weitgehend beliebig. Newtons Gravitationstheorie zum Beispiel nimmt an, daß die gravitative Anziehungskraft mit dem Quadrat der Entfernung abnimmt, doch wenn Sie berechnen möchten, wo sich der Mond in einer Million Jahren befinden wird, müssen Sie etwas mehr wissen, nämlich, wo der Mond und die übrigen Komponenten des Sonnensystems sich jetzt befinden. Anfangsbedingungen sind so beliebig, daß man von einer Theorie vernünftigerweise nicht erwarten kann, daß sie auch für sie Gesetze enthält.

Es kann jedoch wichtig sein zu klären, wie empfindlich das System von seinen Anfangsbedingungen abhängt. Eine der tiefgreifenden postchaotischen Veränderungen im mathematischen Denken besteht darin, daß dieser Frage sehr viel mehr Gewicht beigemessen wird. Seine Antwort ist der Schmetterlingseffekt: Das Verhalten kann sich völlig anders entwickeln. Ein und dasselbe Gesetz, angewandt auf Anfangsbedingungen, die sich nicht erkennbar unterscheiden, kann zu vollkommen verschiedenen Ereignissen führen. Wenn Chaos vorliegt – was sehr oft der Fall ist –, sind »vernachlässigte« Unterschiede nicht mehr zu vernachlässigen.

Das hat Auswirkungen darauf, wie wir Theorien überprüfen. Es ist nicht mehr in jedem Fall angezeigt, von den heutigen Daten als Anfangsbedingungen auszugehen und daraus auf die morgigen Daten zu schließen. Wir müssen vielmehr den Prozeß überprüfen, der in den »Gesetzen« der Theorie eingekapselt ist. Wir müssen zumindest einiger Aspekte des Mechanismus selbst habhaft werden, nicht bloß seiner Input-Output-Charakteristika. Chaotische Theorien sind äußerst empfindlich gegenüber kleinen Fehlern in den Ausgangsdaten, welche ihre Vorhersagen völlig verändern können. Dies wirft Probleme für die reduktionistische Methodologie auf. Die kristalline Struktur von Salz zum Beispiel kann nicht wesentlich davon abhängen, wie die Atome während der Kristallbildung schwingen, denn sonst würden sich überhaupt keine Salzkristalle bilden. In einer reduktionistischen Herleitung aus – einfachen oder komplexen – Theorien einer tieferen Ebene muß diese Unempfindlichkeit »bei der Wäsche herausgehen«. Da die Bewegung der Atome chaotisch ist, ist ihr exaktes Verhalten tatsächlich empfindlich gegenüber Anfangsbedingungen. Der Kristallisationsprozeß muß die Details der Anfangsbedingungen folglich »ignorieren«.

Da wir von Atomen sprechen, sollten wir auch an die Quantenmechanik denken. Quantensysteme zeigen kein Chaos im herkömmlichen Sinne, im Unterschied zu klassischen [nicht quantenmechanischen] Theorien über Systeme mit vielen Teilchen. Quantensysteme sind nicht chaotisch, weil die unendlich feinen Strukturen, die Voraussetzung für Chaos sind, in der Quantenmechanik durch das Unschärfeprinzip verboten sind. Dafür besitzt die Quantenmechanik, wie sie derzeit interpretiert wird, eine noch stärkere Art von Unvorhersagbarkeit: den Zufall. Wenn diese Interpretion korrekt ist, stellt die Quantenmechanik für den Reduktionismus eine Schranke dar, die er nicht völlig überwinden kann. Die Quantenmechanik hat ihre eigene Form eines mikroskopischen Chaos – wirklich zufällige Fluktuationen anstelle der praktisch zufälligen, aber in Wirklichkeit deterministischen Fluktuationen des herkömmlichen Chaos.

Die großen Einfachheiten der Kristallographie müssen gegen dieses zugrunde liegende Chaos, sei es ein klassisches oder quantenmechanisches, immun sein. Schließlich gibt es ja Kristalle. Wir behaupten nun, daß diese Art von Stabilität zu Immunität nicht nur gegenüber dem zugrunde liegenden Chaos führen muß, sondern auch gegenüber vielen der übrigen Mechanismen, welche die Theorie tieferer Ebene charakterisieren. Kristallgitter sind nicht nur immun gegenüber mikroskopischem Chaos; sie sind immun gegenüber den meisten Einflüssen der Quantenmechanik. Würden Atome sich wie kleine Kugeln Newtonscher Materie verhalten, würden dennoch Kristallgitter entstehen. Wären Atome Oktaeder [was Niplphut zweifellos vorziehen würde] statt Kugeln oder Wahrscheinlichkeitswolken, würden dennoch Kristallgitter entstehen.

Wir haben sogar eine Vermutung, warum die Kristallstruktur gegenüber den feinen Details der Atomtheorie weitgehend immun ist. Wir brauchen eigentlich nur zu wissen, daß physikalische Systeme zur Minimierung ihrer Energie tendieren. Wenn unter geeigneten Bedingungen der Temperatur, des Drucks und so weiter aus vielen ähnlichen Teilchen ein Kristall entsteht, muß er sie, um die Energie zu minimieren, möglichst dicht packen. Es wird weithin vermutet, daß Gitterpackungen die dichtesten sind. Bewiesen ist es noch nicht – ein 1991 geltend gemachter Beweis ist nach wie vor umstritten –, doch die Tatsachen, die dafür sprechen, sind zwingend. Dieses Argument zugunsten eines Atomgitters ist unabhängig von der Form der Atome oder ihren detaillierten Eigenschaften; die Energieminimierung ist hinreichend. Mehr als diese spezielle Eigenschaft einer fundamentalen reduktionistischen Beschreibung brauchen wir im Grunde nicht zu kennen.

Es gibt also sehr gute Gründe für makroskopische Einfachheiten. Man darf sie nicht auffasssen als komplizierte Konsequenzen der zugrunde liegenden Gesetze, die gerade zufällig eine einfache Beschreibung besitzen. Kristallgitter sind gerade keine Phänomene, die sich aus der Quantenmechanik ergeben. Sie haben einen universalen Aspekt; sie sind Phänomene, die sich aus jeder, der Quantenmechanik hinreichend ähnlichen Theorie ergeben werden, die identische, annähernd sphärische Atome und Energieminimierung annimmt. Diese Art von Universalität ist vielen, möglicherweise allen emergenten Phänomenen gemeinsam; deshalb können sie überhaupt emergieren.

Jetzt kommt ein für den Rest dieses Buches ungemein wichtiger Punkt. Universalität impliziert Austauschbarkeit. Würde die Quantenmechanik sich plötzlich in eine subatomare Oktazyklentheorie verwandeln, so würde das an unseren Erklärungen der Kristallstruktur kaum etwas ändern. Gleiches gilt für unsere Erklärungen des Lebens. Hier verliert die reduktionistische Geschichte viel von ihrer Überzeugungskraft. Die Physiker sind stolz auf die erhoffte Theorie von Allem, mit der Begründung, daß sie wirklich fundamental sein wird, daß sie im Prinzip alles erklären wird, was wir im menschlichen Maßstab beobachten. Um aber überhaupt zu existieren, müssen die Phänomene, die wir im menschlichen Maßstab beobachten, von der detaillierten Organisation der tieferen Ebene unabhängig sein.

Wir fügen gleich hinzu, daß »unabhängig von der detaillierten Organisation« nicht bedeutet, daß die Phänomene nicht Konsequenzen der detaillierten Substruktur sind. Wir sprechen hier von Erklärungen und Verstehen, nicht von den spezifischen physikalischen Mechanismen, derer sich die Natur bedient. Wir wollen Ihnen nicht einreden, daß Atome nicht existieren. Wir meinen, daß, wenn jemand eine von den Atomen ausgehende Erklärung dafür lieferte, warum Katzen Milch trinken, diese allgemeine Art von Erklärung für viele verschiedene Annahmen über das detaillierte Verhalten von Atomen gelten würde. Das heißt aber auch: Würde jemand eine gewaltige, unverständliche quantenmechanische Berechnung durchführen mit dem Ergebnis: »Der Computer sagt, daß die Katze ihre Nase in einer Untertasse hat«, so würden wir das nicht als eine sinnvolle Erklärung betrachten.

Phänomene, die von der detaillierten Substruktur unabhängig sind, sind universal – »Theoreme der Natur«. Sie entstehen aus allgemeinen, weithin anwendbaren Gründen, nicht aufgrund spezieller Details. Würden Sie die Theorie von Allem verändern, so würde das für fast alles, was diese Theorie angeblich erklärt, überhaupt keinen Unterschied machen. Es würde auch nichts an den Erklärungen oberhalb der subatomaren Ebene ändern, weil diese Erklärungen gegenüber der subatomaren Physik immun sind. Schauen Sie einmal in einem Biologielehrbuch nach, wie oft die Erklärungen sich auf Quarks berufen.

Ist alles nur Einbildung?

Ptolemäus hat den Menschen viele Generationen lang eine Theorie eingeredet, die auf einem ausgedachten Muster beruhte, eine vermeintlich tiefe Wahrheit, die weder wahr noch tief war. Ist die heutige Wissenschaft vielleicht ebenfalls eine Täuschung des menschlichen Geistes? Daß die Epizyklentheorie des Ptolemäus ein von Kaugummi und Bindfaden zusammengehaltenes Konstrukt war, zeigt sich vor allem daran, daß sie eine Vielzahl von verstellbaren Parametern enthält, nämlich all die beliebig vermehrbaren Epizyklen. Allzu große Flexibilität ist immer verdächtig. Das gilt nicht mehr für Keplers verbesserte Theorie, nach der die Bahnen Ellipsen sind, und noch weniger für Newtons Gravitationsgesetz. Keplers Theorie hat nur zwei verstellbare Parameter, die beiden Achsen der Ellipsen, Newtons Theorie keinen. Diese Theorien sind streng und elegant.

Das heißt, nicht ganz. Sicherlich sind sie elegant in dem Sinne, daß sie unseren ästhetischen Vorstellungen von Einfachheit entsprechen. Und sie scheinen streng zu sein, da sie scheinbar nicht viele verstellbare Parameter enthalten. Das tun sie aber doch – nicht in sich selbst, sondern in der Wolke konkurrierender Theorien, die sie umgibt. Kepler probierte zum Beispiel eine ganze Reihe von Kurven als mögliche Bahnen aus und akzeptierte nur zögernd die Ellipse [sie kam ihm zu glatt vor, als daß sie wirklich sein konnte].

Hätte das Gesetz von der mit dem Quadrat der Entfernung abnehmenden Anziehungskraft nicht funktioniert, dann hätte Newton es mit der dritten Potenz – oder irgend etwas anderem – versucht. Ihre Theorien bestanden den Test der Beobachtung, denn sie paßten zur Planetenbewegung, aber gerade deshalb waren sie ausgewählt worden. Keplers Theorie besteht nur den Test, der vorher zu ihrer Konstruktion benutzt worden war: Sie hat keinen Vorhersagewert [außer vielleicht in dem Sinne, daß der elliptische Charakter der Bahn am Beispiel des Mars geklärt worden war und seine Übertragung auf andere Planeten einer Vorhersage gleichkommt]. Newtons Theorie steht viel besser da: Sie erklärt nicht nur die Beobachtungen, aufgrund derer sie ausgewählt worden war, sondern eine Reihe anderer dazu – darunter die Präzession [Achsenbewegung] des Mondes sowie die Art und Weise, in der Jupiter und Saturn gegenseitig ihre Bahnen stören. Newtons Gravitationsgesetz macht mit Recht Eindruck auf uns: Es erklärt mit so einfachen Elementen eine Fülle von Erscheinungen.

Nichtsdestoweniger sind die Menschen unheilbare Holisten und lassen sich in ihrem Urteil erheblich von eindeutigen Zahlen beeinflussen. Es ist einfach beeindruckend, daß Newtons Gesetz genau auf die Potenz 2 hinausläuft, auch wenn die Zahl aufgrund relativistischer Korrekturen von diesem Wert abweicht, der nur dann exakt wäre, wenn das All überhaupt keine Materie enthielte. Nach der allgemeinen Relativitätstheorie ist die ganze Zahl 2 charakteristisch für eine »flache« Raumzeit. Ein anderer Fall von [verbohrtem] Holismus ist die sogenannte Feinstrukturkonstante in der Quantenphysik, deren Wert in der Tat sehr dicht bei 1/137 liegt. Die Formel für die Feinstrukturkonstante ist ein Bruch, aber man könnte ihn genausogut umkehren und hat dann eine fundamentale Konstante, die sehr dicht bei 137 liegt. Das ist eine ganze Zahl. Viele Physiker haben sich lange bemüht, die Zahl 137 aus »tieferen« Prinzipien abzuleiten, aber jetzt hat es den Anschein, als sei die physikalische Konstante überhaupt keine ganze Zahl. In der Physik wimmelt es von Zahlen, und da kann es gar nicht anders sein, als daß zumindest einige annähernd ganzzahlig sind.

Die Schlußfolgerung ist klar. Wenn wir in der Natur ein einfaches numerisches oder geometrisches Muster entdecken, dann reagieren wir als Spezies gewohnheitsmäßig und denken sogleich: »Das ist es!« Oft suchen wir dann nicht weiter, doch mehr als einmal hat diese Gewohnheit uns in die Irre geführt. Unser Geist ist ein unvollkommenes Instrument, mit einer sonderbaren Vorliebe für einfache Geometrie; die Ursache ist wohl in unserer Gehirnstruktur zu suchen, speziell im visuellen System. Könnte es sein, daß wir bestimmte Muster wie die Epizyklen auswählen, weil sie uns besonders zusagen, und uns dann einbilden, sie seien tiefe Wahrheiten über die Natur? Verhält sich die Natur vielleicht ganz anders? Ist »alles nur Einbildung«? Unsere Muster sind schließlich Ideale. Kein realer Kristall hat ein vollkommen regelmäßiges Atomgitter. Es gibt Verunreinigungen [das falsche Atom an der richtigen Stellle] und Versetzungen [das richtige Atom an der falschen Stelle]. Die Natur scheint mit dieser Art von Kristallen gut zurechtzukommen.

Ist es vernünftig, Idealen, die in Wirklichkeit nie erreicht werden, in unserem Denken einen solchen Stellenwert einzuräumen?

Sherlock Holmes-Storys

Sind die großen Einfachheiten des Universums bloß Illusionen, die dem menschlichen Vorurteil entspringen? Gibt es tatsächlich Muster in der Natur, oder denken wir sie uns nur aus? Diese Fragen wollen wir bis zum Schluß des Buches zu beantworten versuchen. Dabei werden wir allerlei Versuche kennenlernen, die großen Einfachheiten der Natur zu erklären. Ein derartiges Argument wollen wir gleich hier erledigen; es lautet etwa folgendermaßen: »Diese Theorie ist so fein abgestimmt, daß schon die geringste Änderung verheerend wäre; folglich muß sie wahr sein.« Ein Beispiel für diese Art zu argumentieren ist das sogenannte anthropische Prinzip in der Kosmologie. Damit verhält es sich in etwa folgendermaßen: Würden bestimmte Quantenparameter auch nur geringfügig von den beobachteten Werten abweichen, dann wäre die lange Kette von Ereignissen, die nötig sind, um ein intelligentes Wesen hervorzubringen, zusammengebrochen. Wir erwähnten schon, daß es bei einem nur geringfügig anderen Wert der Planck-Konstante nicht die Kernresonanz gäbe, dank derer die Sterne Kohlenstoff erzeugen können, und ohne Kohlenstoff gäbe es kein menschliches Leben. Daraus wird dann das anthropische Prinzip abgeleitet. Aber ist es vernünftig, wenn wir Menschen, aus Kohlenstoff aufgebaut, fragen, wieso die Planck-Konstante gerade den speziellen Wert hat, den wir beobachten?

Um klarzustellen, worum es hier geht. Wir diskutieren hier nicht, ob der Wert der Planck-Konstante in diesem Universum ein anderer ist als der, den wir kennen. Das ist mit Sicherheit nicht der Fall. Wir machen vielmehr ein Gedankenexperiment im Universum-Raum, dem Raum aller denkbaren Universen: Können wir uns ein Universum mit einem anderen Wert der Planck-Konstante vorstellen, in dem ein intelligentes Wesen auf Kohlenstoffbasis, wie wir es sind, dieselbe Frage stellen könnte? Diejenigen, die an das anthropische Prinzip glauben, behaupten, daß dies nicht vorstellbar sei; sie fügen hinzu, daß jegliches Leben auf Kohlenstoff basieren müsse, weil der Kohlenstoff die einzigartige Fähigkeit besitze, ein Gerüst für komplexe Moleküle zu bieten, und kommen zu dem Schluß, daß unser Universum das einzige sei, das intelligentes Leben hervorbringen könnte. Nun stellen Sie sich bitte vor, Sie seien eine intelligente Lebensform auf Kohlenstoffbasis [na los, probieren Sie's, so schwer ist es doch nicht], und nehmen Sie an, Sie wüßten nicht, ob Ihr Universum dasjenige ist, in dem wir gegenwärtig leben. Nun stellen Sie sich die Frage: »Welchen Wert hat die Planck-Konstante?« Sie sollten in der Lage sein, die Antwort $6{,}6262 \times 10^{-34}$ intuitiv zu erkennen, weil dieser Wert eine notwendige Voraussetzung Ihrer Existenz ist.

Das klingt wie ein starkes Argument, aber es hat einen entscheidenden Schwachpunkt. Es setzt voraus, daß Sie bei der Erkundung des Universum-Raumes zwar die Planck-Konstante ändern, aber sonst nichts. Sherlock Holmes-Storys haben den gleichen Schwachpunkt. Wenn Sie nämlich nur ein einziges Ereignis verändern, haut die Story nicht mehr hin. Hätte Jabez Wilson in ›The Redheaded League‹ nicht rote Haare gehabt, hätte der Trick nicht geklappt, ihn aus seinem Pfandleihgeschäft herauszulocken. Wobei natürlich vorausgesetzt wird, daß es nur eine mögliche Sherlock Holmes-Story gibt – und jetzt erkennen Sie den Trugschluß, denn tatsächlich gibt es Hunderte von Sherlock Holmes-Storys. Jede ist so sorgfältig konstruiert, daß der Zusammenhang zerstört wird, wenn Sie auch nur ein Detail ändern. Das tun Sie aber nicht. Wenn Sie etwas ändern, dann mehrere Details, und zwar nach einer einheitlichen Logik. Jabez Wilson hätte zum Beispiel eine Glatze haben können, und der Titel hätte dann gelautet: ›The Baldheaded League‹.

Sie werden sicherlich interessiert zur Kenntnis nehmen, daß, wenn wir die Planck-Konstante ändern, aber alles andere so lassen, wie es ist, die Menschheit nicht existieren könnte. Oder daß, wenn wir die Masse des Elektrons ändern, aber alles andere so lassen, wie es ist, dasselbe passieren würde. Aus diesen beiden Tatsachen zusammen folgt aber nicht, daß wir nur existieren können, wenn die Planck-Konstante und die Masse des Elektrons die beobachteten Werte haben. Vielleicht, wenn man beide gleichzeitig ändern würde ... Die Argumentation des anthropischen Prinzips erkundet nicht, wie sie vorgibt, den Universum-Raum, sondern nur ein paar ganz spezifische Richtungen innerhalb eines Universum-Raumes mit ungeheuer vielen Dimensionen, nämlich die Richtungen längs der Achse der Planck-Konstante beziehungsweise längs der Achse der Elektronenmasse. So zugunsten des anthropischen Prinzips zu argumentieren, ist so, als würde man behaupten, das gesamte Universum erkundet zu haben, wenn man gerade mal »bis zur Drogerie gegangen« ist, wie es in ›Per Anhalter durch die Galaxis‹ heißt.

Inhalt und Kontext

Der Reduktionismus eignet sich hervorragend für die Technik, weil die Technik [vernünftigerweise] bevorzugt in den vereinfachten Welten arbeitet, in denen der Reduktionismus die gewünschten Antworten liefert. Wenn wir jedoch das Universum verstehen wollen – statt winzige Bruchteile von ihm zu manipulieren –, dann müssen wir einsehen, daß der Reduktionismus fast immer in die falsche Richtung zielt. Er läßt uns durch die Trichter nach unten schauen, während wir uns umschauen und betrachten sollten, was uns alles umgibt. Und anthropische Prinzipien, die logisch auf wackeligen Beinen stehen, helfen uns auch nicht. Wir kommen nicht weiter mit der Auffassung – von der anthropische Prinzipien fälschlich ausgehen –, daß Einfachheit tautologisch sei oder daß sie keiner Erklärung bedürfe, wie es der Reduktionismus stillschweigend unterstellt, indem er gar nicht erst danach fragt.

Weiterkommen könnten wir mit einer solchen Auffassung vielleicht auf der Ebene der Atome – irgendwo muß man schließlich anfangen. Wenn alles kompliziert ist, sind wir geschlagen, ehe wir anfangen. Akzeptieren wir also einstweilen die reduktionistische Annahme, daß die Natur auf einfachen Gesetzen beruht, und gehen wir noch einmal die Geschichte durch, die der ersten Hälfte dieses Buches zugrunde liegt: der Idee, daß der Reduktionismus die Komplexität erklärt. Die Komplexität der Chemie erwächst aus der Tatsache, daß einfache Atome auf ungeheuer vielfältige Weise wechselwirken können. Die Komplexität der DNS erwächst sodann aus der Tatsache, daß einfache Moleküle auf ungeheuer vielfältige Weise wechselwirken können. Nein, warten Sie, das stimmt doch gar nicht. Wo kommt denn das mit der Einfachheit der Moleküle her? Haben wir nicht eben noch behauptet, Moleküle seien komplizierte Folgen aus einfachen Atomen? Auf jeden Fall gibt es nicht Millionen von Molekülen, die alle so komplizierte Sachen machen wie die DNS – davon gibt es nur eines. [Bei manchen Viren gibt es dafür die RNS, wenn Sie also unbedingt wollen, sind es zwei. Aber immer noch nicht Millionen.]

Wenn Sie Zucker und Fett nehmen und Energie zuführen, zum Beispiel durch Erhitzen in einer Pfanne, erhalten Sie Karamel. Karamel besteht aus phantastisch komplizierten Kohlenstoffverbindungen. Ein typisches Karamel-Molekül enthält ebenso viele Atome wie die menschliche DNS. Auch nur eines der Moleküle im Karamel mit allen Einzelheiten zu beschreiben, ist eine wahnsinnige Aufgabe. Und zugleich eine sinnlose. Bei Karamel-Molekülen kommt es auf die Einzelheiten nicht an, sondern nur auf die allgemeine Organisation. Die meisten Details könnten ebensogut zufällig sein, und sie sind es in einem gewissen Sinne auch. Es gibt im Karamel keine zwei Moleküle, die sich genau gleichen. Doch Sie werden nicht erleben, daß Biologen nach gewaltigen Forschungsmitteln verlangen, um das Karamelom zu sequenzieren. Was aus dem Karamel-Molekül herauskommt, ist ein angenehmer Genuß für Leckermäuler und ein anständiger Verdienst für Zahnärzte. Was aus der DNS herauskommt, ist von ganz anderer Art.

Es gibt mehrere Arten von Komplexität. Eine ist die legoartige Vervielfachung der Möglichkeiten. Doch das ist entschieden nicht das, was an der DNS interessiert. Gewiß muß die Lego-Baustein-Komplexität gegeben sein, damit die DNS gebildet werden kann, aber diese Art von Komplikation ergibt sich beim Kohlenstoff wie von selbst. Das Schwierige bei Kohlenstoffatomen ist nicht, sie mit anderen Atomen zu verbinden, sondern sie davon abzuhalten. Nein, die interessante Komplexität der DNS ist nicht, daß sie Millionen von Atomen enthält. Es ist eine subtilere Art von Komplexität: Komplexität der Organisation. Die Natur hat einen Sack voll Lego-Bausteine zusammengemischt, und heraus kommt ein formvollendetes Feuerwehrauto. Doch, das ist eines der möglichen Modelle, die man machen könnte – aber warum gerade das?

Man kann, wenn man die interne Struktur der DNS analysiert, bis ins letzte Detail feststellen, wie sie organisiert ist. Sie können aber die interne Struktur noch so gründlich analysieren – warum sie gerade so organisiert ist, werden Sie nicht herausbekommen. Die Antwort steckt nicht in der DNS. Mit einem reduktionistischen Ansatz werden Sie ihr nicht beikommen. Die Antwort liegt außerhalb des DNS-Moleküls. Es ist eine Menge DNS da, weil DNS von der Sorte Zeug ist, von der nur ein bißchen da zu sein braucht, und schnell ist eine ganze Menge davon da. Sie repliziert sich. Richard Dawkins hat neben dem Bild von den »egoistischen Genen« auch das von der

»egoistischen DNS« geprägt. [Als er es aufbrachte, waren »Gen« und »DNS« für ihn praktisch gleichbedeutend geworden.] Wenn Sie irgendwo auf viele Kopien eines bestimmten DNS-Abschnitts stoßen, liegt es daran, daß dieser Abschnitt es zufällig besonders gut schafft, sich kopieren zu lassen, innerhalb des Gesamtkontextes, in dem sich die DNS-Replikation abspielt, nämlich in lebenden Wesen.

Wir behaupten nicht, daß die DNS so organisiert ist, wie sie es nun einmal ist, um Leben zu erzeugen. Die DNS besitzt keine Zielstrebigkeit. Sie kann nicht wissen, daß die Schaffung von Leben eine gute Methode wäre, repliziert zu werden. Ihre Fähigkeit, sich zu replizieren, ist eigentlich nur ein sehr kompliziertes Stück Chemie, so kompliziert, daß wir von dem, was da abläuft, kaum eine Ahnung haben. Selbst eine ungeheuer komplizierte Liste chemischer Reaktionen, die man von Supercomputern durchrechnen ließe, bietet keinerlei Erklärung für die weite Verbreitung der DNS. Es gibt jedoch eine tatsächlich sehr zwingende Erklärung, nämlich durch eine bestimmte Einfachheit der ansonsten unglaublich komplizierten Wirkungen der DNS bei den lebenden Organismen. Sie ist so einfach, daß sie tautologisch ist: Replikatoren replizieren sich. Dinge, die sich tüchtig replizieren, treten in großer Zahl auf. Und diese Einfachheit außerhalb der DNS leistet als Erklärung weit mehr, als Computerberechnungen ihrer internen Struktur es je könnten.

Allerdings muß man dafür einen Preis zahlen. Wenn uns die externe Erklärung durch Einfachheiten einer höheren Ebene vielleicht auch sagt, warum soviel DNS da ist, so verrät sie uns doch nicht, wie sich die DNS repliziert. Die externen sind zuständig für das Warum, die internen für das Wie. Wir wollen, wie gesagt, über den Reduktionismus hinausgehen, nicht ihn ersetzen.

Hier eine andere Warum-Frage. Warum haben Pflanzenfresser in den Weiten der Savanne ihre Augen an der Seite des Kopfes, während sie bei den Fleischfressern vorne sitzen? [So ist es – denken Sie an Zebras, Giraffen, Gazellen, Löwen und Hyänen.]

Ein echt reduktionistischer Erklärungsversuch würde tief in die Zellen der Tiere hineinblicken, ihre DNS sequenzieren und die chemischen Änderungen beschreiben, die zur seitlichen Augenposition führen. Er würde uns sagen, wie die Augen dorthin gelangen, wo sie sitzen, aber er würde uns nicht sagen warum. Viele verschiedene DNS-Sequenzen erzeugen ähnlich plazierte Augen bei Pflanzenfressern, und viele verschiedene DNS-Sequenzen erzeugen ähnlich plazierte Augen bei Fleischfressern [aber natürlich nicht an derselben Stelle wie bei den Pflanzenfressern]. Die biochemischen Vorgänge sind kompliziert, und gemeinsame Muster sind kaum zu erwarten.

Es gibt aber eine sehr zwingende Antwort auf das Warum, und sie ist so allgemein, daß sie uns zum Beispiel erwarten läßt, daß die Sensoren bei allen mobilen insektenfressenden Pflanzen auf Zarathustra vorn sitzen, während sie sich bei den tiefwurzelnden und immobilen Insekten an der Seite befinden. [Die Pflanzen, müssen Sie wissen, kommen zu den Insekten, um bestäubt zu werden. Danach fressen sie sie.] Wir erwähnten das in Kapitel 4.

Tiere leben in ökologischen Systemen, und äußere Kräfte veranlassen sie, sich weiterzuentwickeln. Fleischfresser müssen ihre Augen vorn haben, um ihre Beute, die ihren Klauen zu entkommen sucht, im Blick zu behalten. Pflanzenfresser müssen ringsum nach Raubtieren Ausschau halten, und das geht am einfachsten mit seitlichen Augen.

Wenn wir wüßten, wie DNS-Sequenzen sich auf die Entwicklung auswirken, würde der erste Ansatz uns viel darüber verraten, wie die Augen an ihren Platz kommen. Er liefert eine Erklärung durch den Inhalt, die interne Struktur auf tieferen Ebenen. Der zweite Ansatz verrät uns, warum die Augen dort sitzen, wo sie sind. »Warum« nicht im Sinne eines »Ziels« – wir behaupten nicht, daß die Augen »wissen«, wo sie hin sollen, daß Gott, der Oktimismus oder ein körperloser evolutionärer Zwang sie dorthin befördert hätten. Wir sagen nur, daß die Augen Bestandteil eines externen Systems sind, das seine eigene Logik, seine eigene Dynamik hat, so wie eine reduktionistische Erklärung sagt, daß sie aus internen Komponenten aufgebaut werden, die ihre eigene Logik und Dynamik haben. Beide Erklärungsarten stehen parallel nebeneinander, beide sind gleichermaßen »wissenschaftlich«. Sie betrachten das Problem nur aus zwei verschiedenen Richtungen.

Zweierlei Durchsichtigkeit

Man kann zwischen den beiden Erklärungen auch eine völlig andere Unterscheidung treffen. Die Erklärung der Augenposition durch die evolutionären Auswirkungen der Räuber-Beute-Wechselwirkung ist einfach, direkt und drängt sich einem fast auf. Die Erklärung durch die DNS und die biologische Entwicklung ist dagegen unglaublich kompliziert und im Grunde ziemlich willkürlich. Sie erklärt nicht, warum die DNS-Sequenz ist, was sie ist. Andererseits erklärt die evolutionäre Erklärung nicht, wie die DNS-Sequenz die Entwicklung von Augen beeinflußt.

Die Unterscheidung, die wir jetzt machen, geht wenig tiefer, und es ist nicht die zwischen einfachen und komplizierten Erklärungen, auch wenn sie in diese Richtung zielt. Wir möchten das Wort »durchsichtig« benutzen, weisen aber darauf hin, daß es in zwei gegensätzlichen Bedeutungen gebraucht wird. Wenn Leute sagen, daß das Funktionieren einer Maschine durchsichtig sei, meinen sie, daß sie wissen, was sich drinnen abspielt. Die Vorstellung ist die von einer Uhr in einem durchsichtigen Gehäuse. Wenn sie beobachten, wie eine Katze nach dem Futternapf einer anderen schielt, bezichtigen sie das arme Tier durchsichtiger Intentionen; sie können »sehen«, wie seine seelischen Zahnräder sich drehen.

Es gibt jedoch eine andere, genau entgegengesetzte Bedeutung. Computerfachleute sagen, eine Software sei durchsichtig, wenn man als Benutzer nicht zu wissen braucht, wie sie funktioniert. Hier ist die Vorstellung die von einer ganz aus Glas bestehenden Maschine, durch die man völlig hindurchsehen kann. Auf diese zweite Bedeutung von »Durchsichtigkeit« kommt es uns an. »Durchsichtig« heißt also von nun an, daß man durch den ganzen Prozeß und nicht bloß durch sein Gehäuse hindurchschauen kann.

Zu Ihrer Beruhigung möchten wir übrigens darauf hinweisen, daß es öfter vorkommt, daß ein Wort zwei gegensätzliche Bedeutungen hat. Das englische Wort »balance« hat drei Bedeutungen, die einander in gewissem Sinne widersprechen. Eine Bedeutung hat etwas mit dem Gleichgewicht zu tun; wir sagen zum Beispiel, jemand habe ein ausgeglichenes [balanced] Wesen. Eine andere Bedeutung zielt auf die Vorstellung, daß etwas »in der Schwebe« ist; wir sagen, etwas stehe auf des Messers Schneide [balanced on a knife edge]. Im ersten Fall bedeutet »balanced« stabil, im zweiten instabil. Und die dritte? »Zahlungsbilanz« [Balance of payments] ist die Differenz zwischen Ein- und Ausfuhr, das, was am Ausgleich fehlt.

Zurück zu den Erklärungen. Die evolutionäre Erklärung ist in unserem Sinne durchsichtig, denn sie funktioniert ziemlich unabhängig davon, wie die internen biochemischen Prozesse im einzelnen ablaufen. Die Erklärung im Sinne von Biochemie und Entwicklung ist undurchsichtig; sie hängt entscheidend von den allerkleinsten chemischen Details ab. Durchsichtige Erklärungen sind oft kontextbezogen und drücken eine Weltsicht aus, die eher in den Künsten als in der Wissenschaft anzutreffen ist. Als Wissenschaftler zerlegen wir einen Baum in seine Bestandteile, sezieren wir seine Zellen, sequenzieren wir seine DNS. Als Künstler betrachten wir einen Baum und sehen ohne Analyse, wo er in Gottes Schöpfung steht, welches sein Platz im Universum ist. Die Idee überhaupt, daß der Geist die komplexe Totalität der Welt erfassen könne, stammt aus der Kunst. So haben alle bedeutenden Strömungen in der Malerei nach etwa 1800 [wenn nicht früher] ihre philosophischen Aspekte; der Betrachter wird verändert und sieht alles »in einem neuen Licht«. Wenn es uns gelänge, die signifikanten Aspekte der wissenschaftlichen und der künstlerischen Weltsicht miteinander zu verbinden, könnten wir das ganze Universum in einem neuen Licht sehen.

Die reduktionistische Erklärung der Augen von Pflanzenfressern ist intern, undurchsichtig und kompliziert, die kontextbezogene ist extern, durchsichtig und einfach. Diese Eigenschaften müssen freilich nicht immer in dieser Zusammenstellung vorkommen. Eine externe Erklärung könnte undurchsichtig, eine durchsichtige kompliziert sein – im Regelfall allerdings nicht. Alle acht Kombinationen von intern/extern, undurchsichtig/durchsichtig und einfach/kompliziert sind möglich. [Die Zarathustraner würden diese achtfache Klassifikation lieben.]

Ebenso wie Erklärungen können auch Mechanismen durchsichtig sein, und durchsichtige Mechanismen können das Chaos zusammenbrechen lassen und emergente Einfachheiten erzeugen. Dies ist ein wichtiger Fingerzeig bezüglich der Emergenz einfacher Muster, und er führt zu zwei allgemeinen Ideen. Erstens: Komplexität auf einer tieferen Ebene kann neue Einfachheiten auf einer höheren generieren. Zweitens: Statt in die Dinge hineinzuschauen, um herauszufinden, wie ihre Komplexitäten entstehen, kann man sich außerhalb ihrer umsehen, um herauszufinden, warum ihre Einfachheit entsteht, und nach Erklärungen sowohl durch den Kontext als auch durch den Inhalt suchen. Was als unerklärliche Emergenz erscheint, das kann sehr wohl

Selektion von außen sein. Die verbleibenden Kapitel dieses Buches untersuchen diese Ideen anhand der Grundlagen, die wir in der ersten Hälfte gelegt haben, betonen dabei daber die kontextbezogene Sicht. In diesem Sinne kehren wir die erste Hälfte des Buches von innen nach außen. Wir wollen nach verborgenen nichtreduktionistischen Einfachheiten suchen und die kontextuellen Mechanismen erhellen, die sie produzieren. Im letzten Kapitel wollen wir versuchen zusammenzufassen, was wir gelernt zu haben glauben und wohin es nach unserer Ansicht führen könnte.

[8] Die Natur der Gesetze

Iwan und Pjotr besichtigten das Omsker Fernmeldeamt. »Diese modernen Apparate«, seufzte Pjotr. »Ich verstehe überhaupt nicht, wie sie funktionieren.«

»Das ist doch einfach«, erwiderte Iwan. »Es ist wie ein sehr langer Dackel. Du ziehst ihn am Schwanz, und er bellt mitten in der Stadt.«

»Aha«, sagte Pjotr. »So gehen also Telefone. Aber was ist mit dem Radio?«

»Radio – das ist genauso«, sagte Iwan, »nur ohne den Dackel.«

Wie der Kontext das Verhalten des Universums beeinflußt, wollen wir zunächst am Beispiel von Physik und Chemie untersuchen. Wenn es auf den ersten Blick seltsam erscheint, daß so etwas wie eine kontextuelle Physik und Chemie irgend etwas bedeuten kann, dann liegt das daran, daß der Reduktionismus auf diesen Gebieten seine vollste Entfaltung erreicht hat und wir uns an die reduktionistische Sicht so sehr gewöhnt haben, daß wir fast nur noch Fragen stellen, die sich reduktionistisch beantworten lassen. Dabei hängen die meisten Fragen, die in Physik und Chemie dem »großen Bild« gelten – dem Zeitpfeil, der Interpretation der Quantenmechanik, der Natur des physikalischen Universums –, mindestens ebensosehr vom Kontext wie vom Inhalt ab. Gleiches gilt für viele Fragen im Hinblick auf die übereinstimmenden Muster in Systemen, die intern extrem verschieden sind [in Spiralen bewegen sich zum Beispiel sowohl Galaxien als auch das Badewasser].

Die Wissenschaftler bringen sich selbst in große Verlegenheit, wenn es um große Fragen geht. Und zwar deshalb, weil sie sie genauso anzugehen versuchen wie die kleinen Fragen. Bei dem Versuch, die Gasgesetze zu verstehen, stoßen sie auf Prinzipien wie den Zweiten Hauptsatz der Thermodynamik, der gewöhnlich so interpretiert wird, daß die Unordnung im Universum stetig wächst. Dieses Prinzip bewährt sich glänzend, wenn man es auf das Verhalten von Gasen anwendet, doch paßt es nicht recht zu den vielfältigen Komplexitäten des Lebens auf unserem Planeten. Auch die Linearität der Quantenmechanik – die Tatsache, daß durch die Überlagerung zweier Quantenzustände ein anderer entstehen kann –, bewährt sich glänzend, wenn es um Elektronen geht, doch führt sie zu dem paradoxen Schicksal von Schrödingers Katze, auf das man sich überhaupt keinen Reim machen kann.

Beide Fälle haben vieles gemeinsam. Beide beruhen auf einem einzigen, ziemlich einfachen mathematischen Gesetz – der Irreversibilität im ersten, der Linearität im zweiten Fall. Beide sind von uneingeschränkter Allgemeingeltung: Jedes mechanische System ist zeitlich reversibel; jede Menge von Quantenzuständen kann überlagert sein. Beide geraten in Widerspruch zu unseren Sinneswahrnehmungen, wenn man sie auf die komplexen Systeme anwendet, aus denen sich die Welt im menschlichen Maßstab zusammensetzt. Für den Physiker ist ein Atom einfach, aber eine Katze ist ein ungeheuer kompliziertes System aus rund 10^{26} Atomen. Für das Kind, das Milch in die Untertasse gießt, ist eine Katze einfach, aber ein Atom ist unbegreiflich kompliziert.

Wir werden zeigen, daß die scheinbaren Widersprüche, die in diesen Problemen stecken, darauf beruhen, daß die Rolle des Kontextes nicht richtig verstanden wird. Die einfachen Gesetze der Physik beantworten bestimmte, einfache Fragen in ihrem eigenen, angemessenen Kontext, zum Beispiel dem der Gase oder der Elektronen. Es scheint, als würden sie solche Fragen auch in sehr viel weiteren Kontexten beantworten, zum Beispiel dem der Katzen. Woran liegt es dann, daß sie anscheinend falsche Antworten geben, Anworten, die der Alltagserfahrung widersprechen? Es liegt daran, daß die Fragen, die sie anzusprechen scheinen, sich im Kontext der Alltagserfahrung ganz anders darstellen.

Und das rückt die Frage: »Was ist ein Naturgesetz?« in ein ganz anderes Licht. Naturgesetze sind keine ewigen, abstrakten Wahrheiten. Sie sind Muster, die man in dem jeweils gewählten Kontext antrifft: Die Gesetze, die man findet, hängen von den Fragen ab, die man stellt. Und nicht nur in Physik und Chemie.

Der Zweite Hauptsatz

Der Zweite Hauptsatz der Thermodynamik – »Die Unordnung nimmt ständig zu« – scheint die zunehmende Komplexität und Organisation, die sich in lebenden Systemen zeigt, auszuschließen. Ebendeshalb wird er oft benutzt, um den Darwinismus anzugreifen. Die Thermodynamik ist einer der umfassendsten, aber auch einer der schwierigsten Zweige der Wissenschaft, und sie scheint für Unvorsichtige eine schreckliche Falle zu sein. In ihrem ursprünglichen Kontext, dem der Wärmekraftmaschinen, bewährt sie sich hervorragend. In den meisten anderen Bereichen ist sie gewöhnlich nicht mehr als eine Metapher, die oft allzu großzügig benutzt wird. Sie ist jedoch ungeheuer reizvoll, weil sie viele Dinge auszuschließen scheint, die den Leuten Unbehagen bereiten. Grundlegend neue Entdeckungen werden von vielen, auch von Wissenschaftlern, nicht zur Kenntnis genommen, weil sie angeblich nicht mit der Thermodynamik zu vereinbaren sind.

Ein gutes Beispiel ist die künstliche Herstellung von Diamanten. Im späten 18. Jahrhundert entdeckte man, daß Diamant eine Form von reinem Kohlenstoff ist, aus denselben Bestandteilen wie Ruß oder Graphit. Nur sind die Atome in einem Diamantkristall ganz anders angeordnet als in einem Graphitkristall. Diese Anordnung verleiht dem Diamanten seine erwünschten Eigenschaften wie Härte und Brillanz. Seit der Entdeckung ihrer chemischen Identität hat man versucht, billigen Graphit künstlich in wertvollen Diamant umzuwandeln. Bei normalen Temperatur- und Druckverhältnissen ist Graphit die thermodynamisch stabilste Form von Kohlenstoff. Das heißt, er behält trotz der zufälligen Schwingungen von Molekülen, die wir »Wärme« nennen, seine molekulare Struktur bei. Der Grund ist, daß die chemischen Bindungen in einem Molekül sich ein wenig wie Federn verhalten. Um eine Feder zusammenzudrücken oder zu dehnen, sie von ihrer natürlichen Form und Länge abzubringen, ist eine bestimmte Energie erforderlich; jedes Molekül hat ein bestimmtes »Energieniveau«, das der in seinen Bindungen gespeicherten Energie entspricht. Graphit befindet sich am Boden eines »Energietopfs« – wird seine molekulare Struktur in irgendeiner Weise verzerrt, so wird die Energie höher. Um die molekulare Struktur von Graphit zu verändern, ist daher zusätzliche Energie erforderlich, sogar eine ganze Menge.

Diamant wird dagegen erst bei Drücken von rund 60 000 Atmosphären und Temperaturen von 1500 °C thermodynamisch stabil, und man nimmt an, daß natürliche Diamanten sich unter so extremen Bedingungen gebildet haben. Der naheliegende Weg vom Graphit zum Diamanten ist die Schaffung solcher Bedingungen im Labor, und 1953 gelang es einer schwedischen Firma, diesen Weg einzuschlagen. Ein paar Außenseiter glaubten, es würde auch mit niedrigem Druck klappen, doch die Mehrheit der Fachleute sah darin ein Hirngespinst, ähnlich dem Traum von einem Perpetuum mobile. Ihre Überlegung war einfach: Da Graphit bei niedrigem Druck thermodynamisch stabil ist, Diamant aber nicht, kann sich bei niedrigem Druck kein Diamant bilden. Und wenn doch, würde er sofort in Graphit umgewandelt.

Diese Überlegung ist jedoch Unsinn. Diamant ist »metastabil«, und das bedeutet, daß er zwar nicht die Konfiguration von Kohlenstoffatomen mit der niedrigsten möglichen Energie ist, aber dennoch eine niedrigere Energie hat als jede »benachbarte« Atomanordnung. Der Unterschied zwischen den Energieniveaus von Diamant und Graphit ist nicht besonders groß, er entspricht ungefähr dem zwischen fester und zerlassener Butter. Dennoch ist für die Umwandlung von Graphit in Diamant eine riesige Energie erforderlich; man muß ihn zum Sieden bringen und jede Bindung in seinem Kristallgitter aufbrechen. Man braucht fast soviel Energie wie für die Umwandlung in umgekehrter Richtung, und zwar aus demselben Grund: Das Problem ist nicht die Differenz der Energieniveaus, sondern die Höhe der Barriere zwischen ihnen. Eine andere metastabile Form von Kohlenstoff ist gewöhnlicher Ruß, und seine Energie ist sogar höher als die von Diamant; die Energiehierarchie lautet Graphit, Diamant, Ruß. Die Vertreter der Ansicht, Diamant werde sich bei normalem Druck spontan in Graphit umwandeln, hätten logischerweise auch behaupten können, daß Ruß sich spontan in Diamant umwandelt.

Das haben sie natürlich nicht getan. Sie wußten, daß die Gesetze der Thermodynamik die Bildung von Diamant bei niedrigem Druck ausschließen, und an Ruß waren sie nicht interessiert. Um die Geschichte mit einem Kuriosum abzurunden: Inzwischen ist die Diamantsynthese bei niedrigem Druck ein bewährtes Verfahren, das Bedeutung für die Elektronik gewinnt, da Geräte auf Diamantbasis Vorteile gegenüber den herkömmlichen Siliziumchips versprechen.

Bei der Diamantenstory geht es nicht so sehr darum, daß wichtige Ideen unterdrückt worden wären, weil man sich fälschlich auf eine mißverstandene Thermodynamik berief; es geht vielmehr darum, daß Ideen gar nicht erst entdeckt wurden, weil niemand bereit war, ihretwegen seine Karriere aufs Spiel zu setzen, oder weil niemand, selbst wenn er bereit gewesen wäre, dieses Risiko einzugehen, die erforderlichen Mittel auftreiben konnte.

Im Laufe dieses Kapitels werden wir einen Fall schildern – es geht um die Existenz oszillierender chemischer Reaktionen –, in dem eine wichtige Entdeckung schlicht verkannt wurde, weil sie nach den Gesetzen der Thermodynamik nicht sein konnte. Wir erwähnen diese beiden Fälle, in denen wissenschaftliche Strauße ihre Köpfe in den Sand steckten, um zu zeigen, daß sogar ganz elementare Aspekte dieses Wissenschaftszweiges in der Vergangenheit weithin mißverstanden worden sind, was ohne Zweifel auch noch für die Gegenwart gilt.

Hühnerfutter

Das Grundprinzip ist klar: Wenn die Gesetze der Thermodynamik dem Zeugnis Ihrer Sinne zu widersprechen scheinen, dann vertrauen Sie Ihren Sinnen und nehmen die Thermodynamik streng unter die Lupe! Verstanden? Gut. Schauen wir uns also den Widerspruch zwischen dem Zweiten Hauptsatz und dem Phänomen des Lebens an. Tatsache ist, daß Sie leben; also kann an der Thermodynamik etwas nicht stimmen. Was? Es ist offensichtlich, daß der Widerspruch nur dadurch gelöst werden kann, daß genau geklärt wird, was die Thermodynamiker unter »Ordnung« und »Unordnung« verstehen. Es ist weit weniger offensichtlich, daß das eigentliche Problem ein ganz anderes ist: nicht, was sie unter wachsender Unordnung verstehen, sondern in welchem Kontext sie zeigen können, daß die Unordnung wachsen wird.

In den meisten Formulierungen des Zweiten Hauptsatzes kommt eine Größe namens Entropie vor; sie mißt die Unordnung eines Systems. Der Hauptsatz besagt, daß die Entropie ständig zunehmen muß. Dramatischen Ausdruck findet dies in der Vorstellung vom »Wärmetod des Universums«, in der das ganze Universum zu einem lauwarmen Gas wird, das keinerlei interessante Strukturen mehr aufweist. Um die Entropiezunahme zu erläutern, greift man oft zum Bild eines Spiels Karten, das gemischt wird. Nehmen wir an, alle roten Karten liegen oben, alle schwarzen unten – ein »geordneter« Zustand. Jetzt werden sie wiederholt gemischt. Anschließend sollten sie zufällig durchmischt sein, in einem »ungeordneten« Zustand; Mischen steigert also die Unordnung. Nehmen wir analog an, daß alle Sauerstoffmoleküle in einem Raum am einen Ende und alle Stickstoffmoleküle am anderen Ende konzentriert sind. Dies ist ein geordneter thermodynamischer Zustand. Nach sehr kurzer Zeit werden zufällige Kollisionen jedoch dafür gesorgt haben, daß alle Moleküle mehr oder weniger gleichförmig im ganzen Raum vermischt sind. Dies ist das orthodoxe Bild von der unerbittlichen Zunahme der Entropie, die übliche Interpretation des Zweiten Hauptsatzes.

Die Zeit scheint in eine bestimmte Richtung zu fließen – sie hat einen wohldefinierten »Pfeil«. Logisch und mathematisch erscheint es jedoch möglich, daß die Zeit rückwärts fließt, eine Möglichkeit, die in dem Roman ›Time's Arrow‹ von Martin Amis oder dem sehr viel früher erschienenen Buch ›Counter-Clockwise World‹ von Philip K. Dick genutzt wurde. Warum tut sie es dann nicht wirklich? Die Thermodynamik bietet eine einfache Erklärung für den Zeitpfeil an: Es ist die Richtung der Entropiezunahme. Thermodynamische Prozesse sind irreversibel: Sauerstoff und Stickstoff werden sich spontan vermischen, aber nicht spontan entmischen. Das ist jedoch unerklärlich, weil jedes klassische mechanische System – und das ist ein Raum voller Moleküle – zeitlich reversibel ist. Wenn man in der mathematischen Gleichung für die klassische [also nicht quantenmechanische] Dynamik die Geschwindigkeit aller Teilchen gleichzeitig umkehrt, wird das System seine Entwicklung rückwärts durchlaufen und in den Anfangszustand zurückkehren. Das ganze Universum kann zeitlich »springen«. Wenn zum Beispiel das Kochen eines Eis ein mit den Gesetzen der Mechanik verträglicher dynamischer Prozeß ist, dann gilt dies auch für das »Entkochen« eines Eis. Wieso beobachten wir dann nie, daß ein Ei »entkocht«?

Der Thermodynamiker antwortet darauf, daß ein gekochtes Ei ungeordneter ist als ein ungekochtes, die Entropie nimmt zu, und das ist die Richtung, in die die Zeit fließt. Doch wie hat dann das Huhn aus dem ungeordneten Hühnerfutter je ein geordnetes Ei schaffen können? Eine häufige Erklärung lautet, daß lebende Systeme irgendwie Ordnung von ihrer Umgebung »ausborgen« können, indem sie sie noch ungeordneter machen, als sie es sonst gewesen wäre. Ihre zusätzliche »negative Entropie« – die Ordnung – benutzen sie dann, um ein Ei zu bilden. Daran ist etwas Wahres, nur scheint es, als habe die Huhnheit im Laufe der Jahrtausende eine ganze Menge negativer Entropie ausgeborgt.

Wie schafft das Leben Ordnung, trotz des Zweiten Hauptsatzes? Eine Antwort lautet, daß der Hauptsatz nur in abgeschlossenen Systemen im thermodynamischen Gleichgewicht gelte – das sind Systeme, die gegen äußere Einflüsse abgeschirmt sind und sich in einem ausgeglichenen Zustand befinden. [Es sind, um die dynamischen Begriffe des Kapitels 6 zu verwenden, Systeme, die ihre Attraktoren erreicht haben und sich nicht mehr in einem Durchgangszustand befinden, unterwegs zum Attraktor, aber noch nicht dort angekommen.] Zwei Schlupflöcher gestatten es, das Leben mit dem Zweiten Hauptsatz zu vereinbaren. Entweder betrachtet man es für sich als ein offenes System, das, äußeren Einflüssen ausgesetzt, von der Sonnenenergie angetrieben wird. Oder man betrachtet es als einen Durchgangszustand eines abgeschlossenen Systems – das Leben plus seine Umgebung –, das letztlich dem Gleichgewicht zustrebt. Allerdings wirkt das Leben allzu dauerhaft, als daß man es als einen Durchgangszustand betrachten könnte, und die Fülle des Lebens ist mit der Offenheit des Leben-plus-Umgebung-Systems allein nicht zu erklären. Es muß eine bessere Erklärung geben.

Wir behaupten, daß das Ganze ein Scheinproblem ist, auch für abgeschlossene Systeme im thermodynamischen Gleichgewicht. Das Bild des Kartenmischens vermittelt den falschen Eindruck von Entropie; die Entropie des Universums nimmt nicht mit der Zeit zu; und es gibt keine ausgezeichnete Richtung, mit der der Zeitpfeil identifiziert werden kann. Das Leben steht im Widerspruch zu nichts, weil es nichts gibt, dem es widersprechen könnte. Der Zeitpfeil verlangt andererseits nach einer nichtentropischen Erklärung.

Stanley: »Du hast offenbar Schwierigkeiten mit dieser Idee der Entropiezunahme, Niplphut.«

Niplphut: »Ich nicht; ihr wißt nicht, was Ordnung und Unordnung sind.«

Stanley: »Ich zeig's dir. Hast du ein Spiel Karten?«

Niplphut: »Gewiß. Ich bedaure/muß euch davon in Kenntnis setzen [Unzutreffendes streichen], daß sie nicht ganz euren terrestrischen Karten entsprechen. Vor allem sind es nur acht Karten. Wir benennen sie nach den Schicksalsschwestern, aber es ist vielleicht einfacher, wenn ich sie mit dem Filzschreiber von eins bis acht numeriere.« [Kritzelt etwas auf die Karten.]

Stanley: »Okay, Niplphut, alter Kumpel, reich mal rüber. Danke. Ich bringe sie in einen ›geordneten‹ Zustand. [Legt die Karten so, daß die Vorderseite in numerischer Folge 1 2 3 4 5 6 7 8 zeigt.] Ist das aus deiner Sicht geordnet? Ergibt es ein eindeutiges Muster?«

Niplphut: »Ich möchte mich noch des Urteils enthalten.«

Stanley: »Du gibst nicht nach, was? Na, macht nichts. Nach ein- bis zweimaligem Mischen wird aus der Ordnung ... hm, 7 5 3 1 8 6 4 2. Das kommt mir ziemlich zufällig vor. Aus Ordnung ist Unordnung geworden, stimmt's?«

Niplphut: »Ich widerspreche nicht gern, aber aus meiner Sicht ist aus dem anfänglichen Zustand 4 8 3 7 2 6 1 5 jetzt 1 2 3 4 5 6 7 8 geworden. Aus Unordnung ist Ordnung geworden.«-Stanley: »Was?«

Käpt'n Arthur: »Ich glaube, Niplphut betrachtet die Karten von der anderen Seite. Hast du nicht gesehen, daß er Zahlen auf beide Seiten geschrieben hat?«

Niplphut: »Du hast recht, Käpt'n, eigentlich wollte ich mit euch nicht Poker spielen. Tatsächlich habe ich die Zahlen 4, 8, 3, 7, 2, 6, 1, 5 auf die Rückseite der Karten geschrieben, die ihr als 1, 2, 3, 4, 5, 6, 7, 8 seht. So entstand für mich die Reihenfolge 1 2 3 4 5 6 7 8.«

Stanley: »Das ist doch Mogelei. Hättest du die Karten auf der Rückseite irgendwie anders numeriert, wäre durch mein Mischen, aus deiner Sicht gesehen, nicht 1 2 3 4 5 6 7 8 herausgekommen.«

Niplphut: »Richtig, aber dadurch wißt ihr jetzt, daß eure intuitive Ordnungsvorstellung davon abhängt, wie man die Daten kodiert. Im übrigen ist deine angeblich zufällige Anordnung 7 5 3 1 8 6 4 2 gar nicht zufällig. Sie besteht aus den ungeraden Zahlen in absteigender Reihenfolge, gefolgt von den geraden Zahlen in absteigender Reihenfolge. Doch egal, wie deine Anordnung am Ende auch ausfällt, ich bleibe dabei, daß schon das Codieren aus Ordnung scheinbare Unordnung macht.«

Wiederherstellung der Ordnung durch Mischen

Gehen wir in Niplphuts Analyse einen Schritt weiter. Um eines von vornherein zu klären: Das zentrale Problem ist ein rein mathematisches – das Verhältnis zwischen der Reversibilität der Gesetze der klassischen Mechanik und der Irreversibilität des Zweiten Hauptsatzes der Thermodynamik. Wir diskutieren dieses Problem anhand von physikalischen Begriffen, aber machen Sie sich bitte keine Gedanken darüber, ob für reale Systeme die Gesetze der klassischen Mechanik oder der Thermodynamik gelten. Das ist ein Problem für sich. Wir dürfen annehmen, daß die Gesetze für das Problem gelten, das wir zu lösen versuchen – einen scheinbaren Widerspruch innerhalb der Mathematik. Physikalische Bilder erleichtern es, den mathematischen Gedankengängen zu folgen, aber wenn wir hier von einem physikalischen System sprechen, meinen wir eigentlich ein mathematisches Modell, das dieses System repräsentiert. Dies gilt auch für die spätere Diskussion über Schrödingers Katze: Wir sehen die Quantenmechanik und die klassische Mechanik als erwiesen an und erörtern das Verhältnis zwischen ihnen anhand von physikalischen Bildern für Lebendigkeit.

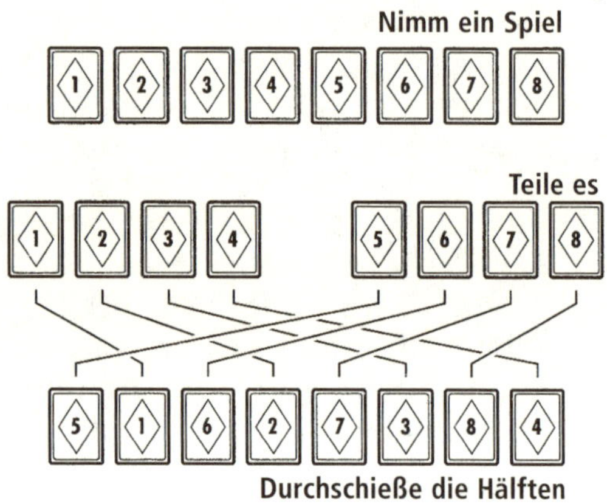

Abbildung 40: Effekt des Stechens auf ein Spiel Karten

In der Dynamik von Gasmolekülen ist der Übergang von einem Zustand zum »nächsten« – dem Zustand, der ganz kurz darauf folgt – nicht willkürlich. Die Moleküle bewegen sich, auch wenn man es so zu sagen pflegt, keineswegs zufällig. Sie folgen nur sehr komplizierten Bahnen, die unseren schwachen Sinnen als zufällig erscheinen. Die Bewegung ist determiniert durch eine feststehende Regel, die durch die Gesetze der Mechanik gegeben ist. Auf Karten angewandt heißt das, eine feststehende Regel für das Mischen zu befolgen. Die Folge 7 5 3 1 8 6 4 2 wurde in der Tat durch ein Mischverfahren erhalten, das man Stechen nennt; dabei wird das Spiel in zwei Haufen aufgeteilt, aus denen man abwechselnd die Karten nimmt, um sie anzuordnen [Abb. 40].Wir benutzen hier das Mischen als Analogon für die molekulare Bewegung. Die freie Bewegung von Molekülen in einem Gas ist nicht mit einer Energieänderung verbunden. Wir denken uns daher, daß auch unser mathematisches Mischen ohne Energieänderung erfolgt – das System der Karten ist ein abgeschlossenes System. Um reale Karten zu mischen, braucht man natürlich Energie, aber dies sind keine realen Karten. Wenn man zweimal sticht, ergibt sich Stanleys Folge 7 5 3 1 8 6 4 2. Sie weist noch ein Muster auf, was Niplphut auffiel, aber bei nur acht Karten und zweimaligem Mischen ist das nicht besonders erstaunlich. Dennoch scheint die Unordnung mit jedem Mischvorgang zuzunehmen.

Mischen wir jetzt dreimal:

Mischvorgang	Ergebnis
0	1 2 3 4 5 6 7 8
1	5 1 6 2 7 3 8 4
2	7 5 3 1 8 6 4 2
3	8 7 6 5 4 3 2 1

Nach drei Mischvorgängen ist die Reihenfolge der Karten umgekehrt. Man wird kaum behaupten können, dies sei »weniger geordnet« als der Zustand 1 2 3 4 5 6 7 8. Was unser Gehirn als Grad der Unordnung wahrnimmt, nimmt anfangs zu, beginnt dann aber wieder abzunehmen. Nicht nur das – durch drei weitere Mischvorgänge wird die Kartenfolge offenbar nochmals umgekehrt, und wir sind wieder am Ausgangspunkt:

Mischvorgang	Ergebnis
3	8 7 6 5 4 3 2 1
4	4 8 3 7 2 6 1 5
5	2 4 6 8 1 3 5 7
6	1 2 3 4 5 6 7 8

Wenn wir dorthin zurückgelangen, von wo wir ausgegangen sind, kann die Unordnung nicht gerade mit jedem Schritt zugenommen haben.

Sie werden vielleicht einwenden, daß wir immer dieselbe Mischregel befolgen. Wir wiederholen: So ist Dynamik nun einmal. Doch wenn wenn Sie darauf bestehen, können wir auch bei jedem Schritt ein »zufälliges« Mischverfahren anwenden. Dabei wird die Unordnung dann bestimmt zunehmen.

Wenn der Anfangszustand geordnet ist, wird er durch zufällige Mischverfahren tatsächlich in Unordnung gebracht. Doch nach wenigen Mischvorgängen kann man kaum noch behaupten, daß die Unordnung weiterhin zunimmt. Die Unordnung erreicht gewissermaßen einen »Sättigungspunkt« und ändert sich fast nicht mehr. Außerdem kann durch einen weiteren Mischvorgang die ursprüngliche Ordnung wiederhergestellt werden. In einem beliebigen Stadium beträgt die Wahrscheinlichkeit dafür, daß dies geschieht, 1:40 320 oder grob 0,000025, weil es genau 40 320 Möglichkeiten gibt, ein Spiel von acht Karten anzuordnen. Die Wahrscheinlichkeit ist zwar gering, doch es könnte zur Wiederherstellung der ursprünglichen Ordnung kommen. Wenn das Spiel von acht Karten hundertmal in einer Sekunde gemischt wird, wird es im Schnitt knapp sieben Minuten dauern, bis die ursprüngliche Konfiguration wiederkehrt.

Es besteht keine unausweichliche Tendenz zu wachsender Unordnung.

Im übrigen werden ungeordnete Zustände von vornherein dadurch begünstigt, wie wir »Ordnung« definiert haben. »Geordnete« Sequenzen sind relativ selten. Wie viele es gibt, hängt davon ab, was man unter Ordnung versteht, und das können wir auch zeigen. Einigen wir uns zum Beispiel darauf, jede Sequenz als geordnet zu betrachten, in der zuerst die Karten 1 bis 4 [in beliebiger Reihenfolge] und dann die Karten 5 bis 8 [in beliebiger Reihenfolge] vorkommen. Gehen wir von einem zarathustranischen Kartenspiel aus, bei dem die Zahlen 1 bis 4 rot und 5 bis 8 schwarz sind. Jede andere Anordnung soll als ungeordnet gelten. Wir haben dann 576 geordnete Zustände, es bleiben also 39 744 ungeordnete Zustände. Es gibt 69mal soviele ungeordnete Zustände wie geordnete. Die Wahrscheinlichkeit dafür, daß bei zufälligem Mischen ein ungeordneter Zustand herauskommt, ist 69mal so groß wie die für einen geordneten Zustand. Dies ist eine Frage des Kontextes: Wenn wir eine bestimmte Bedeutung für das Wort »Ordnung« auswählen, wählen wir einen bestimmten Kontext für die ganze anschließende Diskussion. Wenn der Kontext mit einer bestimmten Vorentscheidung behaftet ist, werden es auch die Schlußfolgerungen sein, was wir aber möglicherweise nicht bemerken, weil Kontexte gewöhnlich nicht explizit gemacht werden.

Dieses Mißverhältnis wird bei steigender Zahl der Karten immer größer. Wenn wir ein übliches Spiel aus 52 Karten nehmen und als »Ordnung« definieren, daß zuerst alle roten und dann alle schwarzenKarten kommen, gibt es 495 Billionen mal soviele ungeordnete Zustände wie geordnete. Wenn wir ein Zimmer von normaler Größe nehmen, das Sauerstoff- und Stickstoffmoleküle in gleicher Anzahl enthält, und unter »geordnet« verstehen, daß alle Sauerstoffmoleküle sich in der linken Hälfte und alle Stickstoffmoleküle sich in der rechten Zimmerhälfte befinden, kommen wir auf rund 10^{10} hoch 60 soviele ungeordnete wie geordnete Zustände. Es ist vollkommen klar, warum die Sauerstoff- und Stickstoffmoleküle sich nicht spontan entmischen und in die beiden Zimmerhälften wandern. Im Prinzip könnten sie es, aber die Wahrscheinlichkeit ist unglaublich gering. Es ist nach unserer Berechnung aber nicht ausgeschlossen, und folglich haftet der Durchmischung der Moleküle keine unausweichliche Irreversibilität an.

Die wahre Bedeutung der Entropie

Zurück zu den Karten. Wir haben jetzt gesehen, daß es nicht möglich ist, jeder Reihenfolge von Karten ein numerisches Maß zuzuordnen, die Entropie, das bei jedem Mischvorgang zwangsläufig wächst. Die Entropie kann also allenfalls zunehmen oder gleichbleiben. Aus der Tatsache, daß alle Übergänge möglich sind [auch wenn einige selten sind], folgt, daß die Entropie konstant bleiben muß. Dies gilt auch für Gasmoleküle. Wenn eine Ansammlung von Molekülen, die sich frei nach den Gesetzen der Dynamik bewegen, einen Übergang aus einem Zustand in einen anderen macht, müssen die beiden Zustände dieselbe Entropie haben. Das klingt verrückter, als es ist. Gehen wir wieder von dem Zimmer aus, in dem Sauerstoff und Stickstoff getrennt sind; dies werden wir mit Recht als einen geordneten Zustand betrachten. Jetzt lassen wir die Moleküle genau zehn Sekunden lang den dynamischen Gesetzen folgen. Was entsteht, erscheint als ein ungeordneter Zustand. Er ist aber nicht so ungeordnet, wie es scheint. Wenn Sie eingreifen und die Geschwindigkeiten aller Moleküle gleichzeitig umkehren könnten, würden Sie einen genauso ungeordneten Zustand erzeugen. Warten Sie jetzt zehn Sekunden – voilà, die Moleküle haben sich entmischt und in den beiden Hälften versammelt. Ein wirklich ungeordneter Zustand würde das nicht tun. Ergo: Es kann eine verborgene Ordnung bestehen, die sich dem menschlichen Auge nur in der Zukunft [oder, bei Zeitumkehr, in der Vergangenheit] offenbart.

Folgt daraus, daß der Zweite Hauptsatz falsch ist? Sollten wir alle Lehrbücher auf den Müll werfen? Vielleicht sollten wir ihre Verfasser auf den Müll werfen, weil sie ein so ungeeignetes Beispiel wie das Kartenmischen gewählt und damit allgemeine Verwirrung bezüglich irreversibler Änderungen in zeitlich reversiblen Systemen gestiftet haben. Aber lassen wir Nachsicht walten. Es gibt im übrigen durchaus einen Fall, in dem der Zweite Hauptsatz der Thermodynamik gültig ist, und dieser ist es eigentlich, den die Lehrbücher zu erklären versuchen. Es geht um ein bestimmtes Gedankenexperiment, eine Idealisierung eines physikalischen Vorgangs. Dieser Vorgang besteht in der Wechselwirkung zweier vorher unabhängiger Systeme. Man könnte zum Beispiel eine Trennwand in einem Raum anbringen und in die eine Hälfte Sauerstoff, in die andere Stickstoff pumpen. Solange die Trennwand da ist, beeinflussen die beiden Hälften sich nicht, und die Zustände bleiben getrennt [geordnet]. Wird nun die Trennwand entfernt und die beiden Gase treffen aufeinander, vermischen sie sich sehr rasch [Unordnung]. Die Entropie nimmt zu. Auf die Karten übertragen hieße das, daß ein Spiel aus lauter roten Karten und unabhängig davon ein zweites Spiel aus lauter schwarzen Karten gemischt wird. Beide Spiele behalten ihre charakteristische, gleichartige Farbe [Ordnung]. Anschließend werden die beiden Spiele zusammengelegt und das Ganze gemischt.

Es gibt eine strenge mathematische Darstellung des Entropiebegriffs, die mit der Interpretation der Entropie als Unordnung vollkommen im Einklang steht. Sie schreibt einem abgeschlossenen System eine wohldefinierte konstante Entropie zu. Solange dieses System abgeschlossen bleibt, bleibt seine Entropie gleich, wie wir oben gezeigt haben. Läßt man zwei bis dahin abgeschlossene Systeme jedoch miteinander wechselwirken, entsteht für diese Kombination eine Entropie, von der man zeigen kann, daß sie größer ist als die Gesamtentropie der zwei getrennten Systeme. In diesem Sinne nimmt die Entropie zu. Die Entropiezunahme eignet sich daher als Modell für Experimente, bei denen sich Gase durch Entfernen einer Trennwand in Behältern vermischen dürfen, oder für das Funktionieren von Wärmekraftmaschinen und das ganze klassische thermodynamische Drum und Dran. Die unerbittliche Entropiezunahme gilt jedoch nicht für ein einzelnes »freilaufendes« System – und ein solches ist das ganze Universum.

Kac's Katzen

Mark Kac – gesprochen »Katz«, merkwürdig genug im Hinblick auf das folgende – war ein Wahrscheinlichkeitstheoretiker, und er konnte die Entropiezunahme anschaulich erklären. Stellen Sie sich zwei Katzen vor, eine schwarz und eine weiß, und beide haben Flöhe. Die weiße Katze hat ihre eigenen weißen Flöhe, die schwarze Katze hat schwarze. [Die Flöhe sind von derselben Art; durch die Farbe werden sie nur ihrer jeweiligen Katze zugeordnet. Man könnte sich vorstellen, daß der Experimentator die Flöhe durch entsprechende Kostümierung kenntlich gemacht hat, damit wir ihre Wanderungen verfolgen können.] Solange die Katzen nicht zusammenkommen, hüpfen ihre Flöhe nach Belieben auf ihrer jeweils persönlichen Katze herum und zeigen dabei ein bestimmtes Maß an Entropie. Dieses bleibt konstant, bis die Katzen sich begegnen. Nun beginnen die Flöhe, von der einen auf die andere zu hüpfen. Bald sitzt auf der weißen wie auf der schwarzen Katze eine Mischung von weißen und schwarzen Flöhen. Daß Maß der Unordnung bei den gemischten Flöhen ist größer als die Summe der Unordnung, als die schwarzen und die weißen Flöhe noch getrennt war. Das ist klar, denn die Vielfalt möglicher Wechselwirkungen ist größer geworden. Die weißen Flöhe können durch Wechselwirkung mit schwarzen wie auch durch Wechselwirkung untereinander Unordnung herbeiführen. Ein Kinderfest mit zehn Kindern ist chaotischer als zwei Feste mit je fünf Kindern. Es gibt weit mehr Möglichkeiten, ein Spiel aus 52 Karten zu mischen, als zwei getrennte Spiele aus je 26 Karten.

Jetzt erkennen wir, warum diese Entropievorstellung, bei der die Entropie tatsächlich zunimmt, nicht im Widerspruch zur zeitlichen Reversibilität der Dynamik steht. Wir müssen, denken Sie daran, von zwei abgeschlossenen Systemen ausgehen, die dann wechselwirken dürfen. Daß dieser Vorgang sich von dem zeitlich umgekehrten unterscheidet, liegt auf der Hand. Konkret ändert sich die Zahl der beteiligten abgeschlossenen Systeme im einen Fall von $2 > 1$, im umgekehrten Fall von $1 > 2$. Im letzteren hätten wir zunächst ein einziges System, das wir durch Unterbindung jeglicher Wechselwirkungen in zwei Subsysteme aufteilen. Denken Sie sich zwei von Flöhen befallene Katzen, die auseinandergehen, wobei jede ihren Anteil der Flöhe mitnimmt. Das umgekehrte Szenario ist ganz einfach nicht dasselbe; außerdem zeigen entsprechende mathematische Argumente, daß die Gesamtentropie abnimmt, wenn zuvor kombinierte Systeme auf diese Weise getrennt werden.

Diejenigen, die die Hauptsätze der Thermodynamik formulierten, dachten an Systeme wie Dampfmaschinen. Ihnen ging es um Besonderheiten, die solchen Systemen eigen sind, wie die rasche Vermischung zu einem homogenen Zustand, und sie formulierten Gesetze aufgrund von Modellen, die diese Besonderheiten einfingen. Doch was an Dampfmaschinen interessant ist, sagt wenig über das Leben aus. Die Expansion, die das Universum seit dem Urknall erfährt, scheint es in zunehmend heterogene Zustände zu treiben. Es ist nicht so, daß alle Atome sich ungefähr gleichförmig verteilt haben; vielmehr haben sie sich zusammengeballt zu Planeten, Sternen, Galaxien und galaktischen Superhaufen. Für solche Systeme ist das thermodynamische Modell von unabhängigen Subsystemen, bei denen eine Wechselwirkung zwar an-, aber nicht abgeschaltet wird, einfach ungeeignet. Die Erscheinungen der Thermodynamik treffen ebenfalls nicht zu oder sind so langfristig, daß sie nichts modellieren, was uns interessieren könnte. Denken Sie an das Szenario von Cairns-Smith, in dem Ton als Gerüst für das Leben dient. Das nur aus Ton bestehende System ist weniger geordnet als das aus Ton und organischen Molekülen bestehende: Die Ordnung nimmt mit der Zeit zu. Warum? Weil ein bestimmter Typ von Katze [Ton] mit den Flöhen [organischen Molekülen] davongegangen und sie von nun an zu ihren Flöhen erklärt hat; die andere Katze ist ohne Flöhe zurückgeblieben. Was vorher ein System war, hat sich in zwei praktisch unabhängige Teile aufgespalten. Dasselbe passiert noch einmal, wenn die Flöhe [organischen Moleküle] sich für unabhängig von ihren Wirtskatzen [dem Ton] erklären und das uns bekannte, auf RNS und DNS basierende Leben in Gang kommt.

Die Tendenz, daß Systeme zu Subsystemen zerfallen, ist genauso stark wie die Tendenz, daß verschiedene Systeme sich vermischen. Fettmoleküle, in Wasser suspendiert, vereinen sich zu Membranen, die eine »Innenseite« von einer »Außenseite« trennen. Dasselbe tun fetthaltige Zellmembranen. Der Prozeß der Zelldifferenzierung,durch den anfangs identische Zellen sich zu unterschiedlichen Zellarten – Muskel, Haut, Nerv, Niere, Leber – entwickeln, gleicht einem Haufen Katzen, die mit Flöhen aus dem gemeinsamen Bestand davongehen und erklären, dies seien von nun an ihre eigenen Flöhe, die keiner antasten dürfe.

Der Pfeil der Zeit

Aber was ist mit den Gesetzen der Dynamik? Sind sie nicht zeitlich umkehrbar? Schon. Doch die Szenarien in Gedankenexperimenten, welche die irreversible Entropiezunahme demonstrieren, gehorchen nicht den Gesetzen der Dynamik. Sie beinhalten eine äußere Störung, die Wechselwirkungen zwischen den beiden Subsystemen »an-« oder »abschaltet«.

Die unerbittliche Entropiezunahme folgt also nur aus Szenarien, in denen zuvor getrennte Subsysteme sich vereinen. Diese Szenarien besitzen ihre eigene Ausrichtung: Die Zahl der Systeme muß abnehmen. Die Dynamik besitzt diese Art von Ausrichtung nicht, und das Szenario ist zwar eine ausgezeichnete Näherung an gewisse dynamische Phänomene innerhalb relativ kurzer Zeiträume, aber es steht nicht ganz im Einklang mit den dynamischen Gesetzen. Es ist daher kaum überraschend, wenn es zu globalen Eigenschaften dieser Gesetze wie der Umkehrbarkeit der Zeit in Widerspruch gerät. Wenn man zeitlich reversible Gesetze in einen zeitlich irreversiblen Kontext einbettet – und genau das haben wir getan –, kommt etwas Irreversibles heraus. Der Kontext setzt sich durch.

Im realen Universum gibt es keine wirklich abgeschlossenen Subsysteme. Zeitlich reversibel ist nur das Universum als Ganzes. Aber könnten wir nicht vielleicht ein nahezu abgeschlossenes Subsystem zeitlich umkehren? Könnte es irgendwo in unserem Universum einen Planeten geben, auf dem die Eier entkochen und die Regentropfen zum Himmel aufsteigen? Die Dynamik auf diesem Planeten, für sich genommen, würde nicht den Naturgesetzen widersprechen. Aber überlegen Sie einmal, was passieren würde, wenn man ein [scheinbar abgeschlossenes] Subsystem des Universums zeitlich umkehren würde. Für kurze Zeit würde es wirklich sein bisheriges Verhalten rückgängig machen, rückwärts ablaufen. Währenddessen würde es aber, wenn auch nur sehr schwach, mit dem nicht umgekehrten Teil des Universums wechselwirken, etwa mit der Gravitation ferner Galaxien. Diese Wechselwirkung würde chaotisch sein, und es würde der Schmetterlingseffekt ins Spiel kommen. Diese winzigen Störungen würden sich verstärken, und bald würde das »umgekehrte« System sich völlig anders verhalten, als die zeitliche Umkehrung seines bisherigen Verhaltens erwarten ließe. Was es tun würde, geht aus dieser Überlegung nicht hervor, aber bestimmt würde es nicht Eier entkochen.

Wir fügen sogleich hinzu, daß wir Chaos nicht mit Entropie gleichsetzen, und wir sagen nicht, daß chaotische Systeme zeitlich reversibel seien. Andererseits bietet die Mathematik viele Beispiele zeitlich reversibler chaotischer Systeme, in denen der Schmetterlingseffekt sich in beiden Richtungen auswirkt: Aus einer unvollkommenen Beobachtung des gegenwärtigen Zustands, mag sie der Vollkommenheit auch fast beliebig nahekommen, läßt sich weder die ferne Zukunft noch die ferne Vergangenheit herleiten. Wir sagen lediglich, daß das Chaos die Umkehrung eines Teils des Systems vereitelt, mag dieser Teil auch noch so gut vom Rest des Systems abgeschlossen sein.

Es ist also nicht die Entropie, die für den Pfeil der Zeit verantwortlich wäre. Wie erklären wir dann aber die scheinbar feststehende Ausrichtung des Zeitpfeils? Dazu hier ein Vorschlag.

In ein und demselben Universum kann die Zeit nicht in zwei Richtungen fließen. Man muß sich für die eine oder andere entscheiden. Wir haben die sehr starke Empfindung, daß die Zeit sich in eine bestimmte Richtung bewegt, relativ zu unserem Bewußtsein. Vielleicht ist diese Direktionalität dem Universum selbst eigen, und die Zeit fließt tatsächlich in eine Richtung, vielleicht sind wir es aber auch, die die Dinge direktional wahrnehmen. Jedenfalls ist unser Universum mit einer der beiden Richtungen behaftet, die im Prinzip möglich sind.

In unserer Welt fallen Steine den Berg hinunter und landen unten. Würden wir in einem Universum leben, das sich entschieden hätte, die Zeit in die andere mögliche Richtung laufen zu lassen, würden Steine plötzlich aufspringen und oben auf dem Berg landen. Würde unser Bewußtsein gleichfalls rückwärts laufen, würden wir dies so interpretieren, daß die Steine vom Berg hinunterfallen. Würde unser Bewußtsein aber in die andere Richtung laufen – und sollte es das können, wäre das für den Zeitpfeil jedenfalls kein Problem –, wären wir nicht im geringsten überrascht. Bevor ein Stein einen solchen Sprung machen würde, würden wir Schwingungen des Bodens wahrnehmen, die vom fernen Horizont her auf diesen speziellen Stein zulaufen und ihre Anstrengungen in einem letzten Schubs vereinen, um ihn in die Höhe zu schleudern. Es wäre klar, daß am Boden liegende Steine solche Wellen anziehen. Eine entsprechende Erklärung hätten wir für einen am Boden liegenden Baum, der sich selbst aufrichtet, dann der Holzfäller mit seiner Axt den verbleibenden keilförmigen Ausschnitt im Stamm des Baumes reparieren und Späne vom Boden aufsammeln würde, um sie in den Baum einzufügen. Wir würden die Entstehung von Flüssen mit einem Wasserüberschuß im Meer erklären, der sich bildet durch »Entdampfung«, die einen Druck erzeugt, der das Wasser in sich immer mehr verengenden Wasserläufen in die Berge hinaufzwingt, bis es Tümpel bildet, aus denen Regentropfen zu den wartenden Wolken emporspritzen. Wir würden darüber staunen, wie die reifen Lachse Eier und Sperma in sich aufnehmen, wie sie sich mit dem Schwanz voran stromabwärts kämpfen, über all die Wassersprünge hinweg zum Meer, wo sie sich soweit verjüngen, bis sie die Reise stromauf antreten, um sich in Eier und Sperma zu verwandeln, bereit, von der nächsten Generation aufgenommen zu werden. Und wir würden einander fragen, warum die Zeit in unserer Welt nicht andersherum läuft, und wir würden es merkwürdig finden, in einer Welt zu leben, in der die Steine von den Bergen fallen, die Lachse laichen und die Flüsse ins Meer fließen.

Wir sind der Kontext, in dem wir die Welt beobachten.

Gasgesetze sind kontextbezogen

Nirgendwo könnte das, wenn man sich's überlegt, deutlicher sein als bei den Gasgesetzen. Diese handeln bekanntlich von den Beziehungen zwischen makroskopischen Größen wie Temperatur, Druck und Volumen. Im mikroskopischen Maßstab bestehen Gase aus Unmengen von unglaublich winzigen Molekülen, die umhersausen und voneinander abprallen.

Gase wissen nichts von den Gasgesetzen. Sie wissen noch nicht einmal, daß sie Gase sind. Sie tun nichts anderes, als mit ihren Molekülen Handball zu spielen. Hat ein Gas zum Beispiel ein Volumen? Überlegen wir einmal, wie wir das Volumen messen. Wir bauen einen Behälter, füllen ihn mit Gas, messen dann die Kantenlängen des Behälters, multiplizieren die Zahlen miteinander und erklären das Ergebnis zum Volumen des Gases.

Welchen Gases?

Des Gases, das wir in den Behälter zu füllen beschlossen haben. Es ist unsere Entscheidung; wir schaffen den Kontext, in dem »Volumen« eine Bedeutung hat. Wir achten darauf, daß keine Moleküle aus dem Behälter kommen. Sie wissen gar nicht, daß sie in einem Behälter sind; sie spielen einfach weiter Handball. Zugegeben, bisweilen prallt ein Gasmolekül von einem Behältermolekül ab, und es »weiß« dann für einen Moment, daß der Behälter da ist, aber nur die kollektive Bewegung aller Moleküle reagiert auf den umfassenden Behälter. Das System der Moleküle im Behälter »weiß«, daß der Behälter da ist, gewiß – sonst würde es entweichen. Aber wir sind es, die das System definieren – nicht das Gas.

Mit gleichem Recht könnten wir das »Polumen« eines Landes als die Quadratwurzel aus seiner Population definieren. Wenn Sie dies in Deutschland lesen, sind Sie ein Mitglied eines Systems von Menschen, dessen Polumen 8 920 beträgt. Ihr »Populationsmoleküle« lebt vergnügt vor euch hin, ohne von diesen fundamentalen Größen etwas zu wissen. Tatsächlich ist euer Leben aber von Gesetzen bestimmt, die mit den Gasgesetzen vergleichbar sind. So ist zum Beispiel die durchschnittliche Anzahl von euch pro Quadratkilometer gleich dem Quadrat eures Polumens, geteilt durch die gesamte Fläche eures Landes. War es nicht schlau von euch, daß ihr es so eingerichtet habt, wo ihr doch nicht einmal wußtet, was Polumen ist und gar keinen Einfluß darauf hattet, wo die übrigen Populationsmoleküle sich niederzulassen beschlossen?

Ja, natürlich – es ist eine Tautologie.

Aber die Mathematik ist generell eine Tautologie. Die Gasgesetze sind [wie man weithin vermutet] tautologische Konsequenzen aus der Quantenmechanik. Das Gesetz, das zwischen dem Polumen und der Bevölkerungsdichte einen Zusammenhang herstellt, ist daher ebenso legitim wie jenes, das den Druck eines Gases mit seinem Volumen verknüpft.

Wir sagen nicht, daß das Volumen eines Gases und das Polumen einer Nation sinnlose Begriffe seien. Wir sagen aber, daß sie ihre Bedeutung durch die Wahl eines Kontextes erhalten. Die Tautologien der Mathematik sind wichtig; sie legen fest, daß aus bestimmten Annahmen notwendig bestimmte Eigenschaften folgen. Wir haben dann die Wahl, welche Eigenschaften uns interessieren. Statistiker sind an Mittelwerten interessiert, also wimmeln die Gasgesetze von Mittelwerten. Hätten Dichter die Gasgesetze aufgestellt, hätten sie aus den molekularen Konfigurationen Wörter herausgezogen und nach Reimen gesucht.

Für den Druck gilt dasselbe. Wir beschließen, ein experimentelles System zu schaffen, in dem das kollektive Verhalten, das wir Druck nennen, seine Auswirkungen zeigen kann: Wir sperren das Gas in eine Kammer und versuchen dann, es zusammenzupressen. Da wir Regelmäßigkeiten beobachten, erfinden wir die Eigenschaft »Druck« und kodifizieren ihre Regelmäßigkeiten in Gesetzen. Hat eine Elefantenherde einen Druck? Draußen im Gelände nicht. Wenn Sie aber einen Zaun um sie ziehen und dann anfangen, diesen Zaun enger zu ziehen, wird der Druck der eingepferchten Elefanten irgendwann so groß werden, daß sie den Zaun niedertrampeln.

Noch ein thermodynamischer Strauß

Was wir da über den Kontext gesagt haben, war ziemlich vage und allgemein. Jetzt wollen wir genauer werden. Zwar hatte Darwin einen Mechanismus vorgeschlagen, der nach seiner Ansicht zur zunehmenden Komplexität des Lebens führen konnte, doch lassen sich aus einer chemischen Suppe im Labor keine Dinosaurier züchten. Wir können jedoch mit einem viel einfacheren System experimentieren, in dem aus dem Chaos spontan Ordnung entsteht. Dieses chemische System ist die Belusow-Zhabotinskij-Reaktion, kurz B-Z-Reaktion. Sie oszilliert, das heißt, sie durchläuft immer wieder dieselbe Abfolge von Veränderungen.

Hier haben wir das zuvor versprochene weitere Beispiel von Straußen, die ihren Kopf in den thermodynamischen Sand stecken. Die meisten Chemiker waren nämlich bis vor kurzem überzeugt, daß oszillierende Reaktionen aus thermodynamischen Gründen unmöglich seien. Eigentlich müßte die Reaktion die Energieniveaus »bergab« durchlaufen, und eine Rückkehr in ihren vorherigen Zustand müßte ausgeschlossen sein. Deshalb fand William Bray keinen Glauben, als er 1921 von einer oszillierenden Reaktion berichtete: Wasserstoffperoxid verwandelte sich in Wasser und Sauerstoff und in Anwesenheit eines Jod-Katalysators wieder zurück. Ende der fünfziger Jahre hatte Ilya Prigogine erklärt, daß die Thermodynamik in Nichtgleichgewichts-Systemen sich von dem unterscheide, was in den Lehrbüchern steht, die nur Gleichgewichts-Systeme behandelten, aber nicht auf die Bedeutung dieser Voraussetzung hinwiesen. Der russische Chemiker B. P. Belusow, der 1958 in einem Gemisch von Zitronensäure, Schwefelsäure und Kaliumbromat periodische Oszillationen beobachtete, konnte seinen Artikel nur unter Schwierigkeiten publizieren, doch einige Kollegen wurden aufmerksam und gingen der Sache nach. Kurz darauf verbesserte A. M. Zhabotinskij das Rezept in dem Sinne, daß die Oszillation als ein Farbwechsel von Blau zu Rot sichtbar wurde, und er entdeckte, daß die B-Z-Reaktion weit seltsamer ist, als irgend jemand sich vorgestellt hatte. Nicht nur, daß sie oszillierte, was man bis dahin für unmöglich gehalten hatte – sie bildete spontan regelmäßige Muster aus, was alle als noch unmöglicher angesehen hätten, wenn sie nicht inzwischen gelernt hätten, ihren eigenen Augen mehr zu trauen als ihren Lehrbüchern der Thermodynamik.

Bringt man das B-Z-Gemisch in eine flache Schale und rührt es gründlich um, so erhält man eine mattrote Flüssigkeit. Hier und da tauchen hellblaue Punkte auf und breiten sich aus. Dann tauchen in der Mitte der blauen Regionen rote Punkte auf, und man sieht einen sich erweiternden blauen Ring um einen roten Mittelpunkt. In der roten Region tauchen wieder neue blaue Punkte, und so geht es weiter. Bald hat man sich ausweitende Zielscheibenmuster aus roten und blauen Ringen. Wenn diese aufeinander stoßen, überlagern sie sich nicht wie Wasserwellen, sondern vereinen sich zu komplizierten, verschnörkelten Wellenformen.

Abbildung 41: Muster, die sich bei der B-Z-Reaktion spontan aus dem Chaos bilden

Die B-Z-Reaktion ist ein äußerst beeindruckendes Beispiel für die spontane Entstehung von Ordnung, von Mustern aus einem Meer des Chaos. Wenn Sie einmal Gelegenheit haben, müssen Sie es unbedingt selbst ausprobieren. Die eigene Erfahrung wiegt mehr als tausend gelehrte Bände. Die Muster sind deshalb überraschend, weil sich in dem gleichförmigen Gemisch aus Chemikalien im Prinzip keine Stelle von der anderen unterscheidet. Wir sprechen von einem »Meer des Chaos«, weil die Moleküle sich zufällig bewegen wie in einem Gas; die scheinbare Gleichförmigkeit ist nur eine gemittelte Erscheinung wie der Druck. Trotzdem treten deutliche räumliche Muster auf, ohne irgendeinen äußeren Einfluß. Das liegt daran, daß die gleichförmige Verteilung instabil ist. Winzige Konzentrationen von Chemikalien wachsen eine Zeitlang, wodurch die Flecken entstehen; schließlich werden sie zu groß, und die Reaktion löscht sich selbst aus, um erneut zu beginnen. Und diese anfänglichen Konzentrationen entstehen durch chaotische Fluktionen in einem ganz kleinen Maßstab sowie durch zufällige Einflüsse wie Staubteilchen. Daß man den gleichförmigen Zustand nicht sieht, ist mit der Instabilität zu erklären, doch bedarf es einer schärferen Analyse, um zu erklären, wie es zu einem kohärenten System von Wellen kommt – eine makroskopische Einfachheit, die aus einem zugrunde liegenden Chaos hervorgeht.

Im Geiste des Reduktionismus können Sie analysieren, wie die B-Z-Chemikalien reagieren, Sie können ihre Reaktionskinetik studieren, riesige Computermodelle aufstellen und die Wellen des »Zielscheibenmusters« rekonstruieren. Sie haben dann die spontane Bildung von Mustern in diesem System »erklärt«. Doch es gibt viele andere chemische Systeme, die ähnliche Muster erzeugen. Ein Beispiel ist die Reaktion von Kohlenmonoxid mit Sauerstoff an der Oberfläche eines Platinkatalysators, wie sie zur Verringerung der Umweltverschmutzung im Katalysator Ihres Autos abläuft. Kolonien von Schleimpilzen – ein biologisches System, in dem sich allerdings eine Menge Chemie abspielt – verhalten sich gleichfalls in dieser Weise. Jedes dieser Systeme verlangt nach seiner reduktionistischen Erklärung, doch wird in dieser Sichtweise nicht erklärlich, warum all diese disparaten Systeme ähnliche Muster zeigen.

Um das zu verstehen, bedarf es einer kontextbezogenen Sicht, wie sie auch erforderlich war, um die Positionierung der Augen von Pflanzenfressern zu verstehen. Die Zielscheibenmuster sind ein neues »Naturgesetz« in dem Sinne, daß sie eine Regelmäßigkeit in der Natur darstellen, die ihre eigene klare Struktur und ihre eigenen Implikationen hat. Doch ist dies ein Gesetz über Gesetze, nicht über Dinge. Es besagt nicht, daß bestimmte Atome sich auf eine bestimmte Weise verhalten. Es besagt vielmehr, daß in einem dynamischen System mit geeigneten Merkmalen mit einer gewissen Wahrscheinlichkeit solche Muster entstehen werden. Zu diesen Merkmalen gehören die räumliche Ausdehnung [etwa die Ausbreitung über eine flache Region], ein bestimmter Typus einer oszillatorischen lokalen Dynamik und Kopplungsregeln, nach denen eine Region ihre Nachbarn beeinflußt. Die B-Z-Muster sind Konsequenzen eines Meta-Gesetzes, eines Gesetzes über Gesetze, ein Muster, das einer ganzen Klasse von Regeln gemeinsam ist. Sie repräsentieren lediglich ein weit universaleres Phänomen, ein gemeinsames Muster, das gleichermaßen auf Chemikalien wie auf Schleimpilze zutrifft. Diese Phänomene hängen nicht von detaillierten Eigenschaften der zugrunde liegenden Anordnung ab, etwa davon, welche Chemikalien Sie verwenden, ja nicht einmal davon, ob Sie überhaupt Chemikalien verwenden. Sie sind abhängig von bestimmten Universalien: einer planaren räumlichen Verteilung, lokalen Oszillationen und bestimmten Arten einer kurzreichweitigen Kopplung. Sie sind unabhängig von einem zugrunde liegenden Chaos – und darüber hinaus von einer Vielzahl von Regelmäßigkeiten.

Schrödingers Katze

Die B-Z-Reaktion ist ein recht realistisches Beispiel für die Bedeutung des Kontextes in Physik und Chemie. So gestärkt, wagen wir uns an stärkeren Stoff: die Frage nach der Natur der Quantenmechanik. Niels Bohr sagte: »Wer an der Quantenmechanik nicht irre wird, der hat sie nicht verstanden.« Daniel Greenberger fügte hinzu: »Einstein hat gesagt, wenn die Quantenmechanik recht habe, sei die Welt verrückt. Einstein hatte recht. Die Welt ist verrückt.«

In der Quantenmechanik geht es um irreduzible Zufälligkeit. Radioaktive Atome zerfallen zufällig. Im Prinzip besteht kein Unterschied zwischen einem Atom, das gleich einen Gammastrahl emittieren und zerfallen wird, und einem, bei dem das nicht so ist. Lesen Sie das nochmal: Kein Unterschied. Keine interne Struktur, die den Zerfall auslöst. Einfach purer Zufall. Die Zufälligkeit allein ist kein so großes Problem; vielleicht ist es uns nicht wohl bei der Vorstellung, daß »Gott würfelt«, doch schließlich sind wir es gewohnt, in einer Welt zu leben, die uns unverhofft übel mitspielen kann. Quantensysteme haben jedoch etwas an sich, das weit irritierender ist und mit unserer Alltagserfahrung in keinerlei Beziehung steht. Ein Quantensystem existiert nicht in einem einzigen, wohldefinierten Zustand, sondern in einer Art Überlagerung aller möglichen Zustände, die von seiner Wellenfunktion bestimmt wird. Das wirft eine fundamentale Frage auf: Was ist eine experimentelle Beobachtung? Physiker messen Eigenschaften eines Quantensystems, etwa den Spin eines Elektrons, und erhalten wohldefinierte Zahlen, keinen Quanten-Aberglauben. Wie kommt das?

Jene Erklärung, die bei den Physikern viele Jahre lang den größten Anklang fand, war die Kopenhagener Deutung, die wir in Kapitel 2 erwähnten. Ihr zufolge kollabiert die Wellenfunktion in einen wohldefinierten Zustand, wenn Sie eine Beobachtung machen – und nur dann. Wir erwähnten auch ein berühmtes Gedankenexperiment, das die Schwierigkeiten mit der Kopenhagener Deutung unterstreicht: das traurige Schicksal von Schrödingers Katze. Die Katze sitzt in einer Kiste mit einem radioaktiven Atom, dessen Zerfall einen Sensor beeinflußt, der Giftgas freisetzt, das die Katze tötet. Solange Sie die Kiste nicht öffnen, schwebt die Katze angeblich in einer Quanten-Vorhölle, einer Überlagerung von Leben und Tod. Wenn Sie die Kiste aufmachen, lassen Sie die Wellenfunktion der Katze in den einen oder anderen Zustand kollabieren. Das klingt ziemlich unwahrscheinlich, doch mehrere Physikergenerationen haben sich eingeredet, daß dies eine korrekte Darstellung der Tatsachen sei.

Wie T. S. Eliot jedoch in ›The Naming of Cats‹ gesagt hat: »Die Katze selbst weiß«. Die Katze ist ebenfalls ein Beobachter. Wieso kann die Katze nicht ihre eigene Wellenfunktion kollabieren lassen? Tritt der Zusammenbruch nur dann ein, wenn ein Mensch in die Kiste schaut? Wenn ein wissenschaftliches Instrument von der anerkannten Liste die Kiste erforscht? Wenn ein Mensch die Aufzeichnungen betrachtet, die ein wissenschaftliches Instrument von der anerkannten Liste gemacht hat? Schaut man sich die Literatur über Schrödingers Katze an, stößt man auf allerlei Argumente über die Rolle des Bewußtseins, den kartesianischen Dualismus von Geist und Materie und Gott weiß was sonst noch alles. Tatsächlich beruht das ganze philosophische Problem darauf, daß man nicht den Kontext bedenkt, in dem eine Beobachtung gemacht werden kann. Man betrachtet die Beobachtung als einen einfachen

Akt, der von einem losgelösten äußeren Beobachter ausgeführt wird – wie, darüber hört man selten etwas.

Entscheidend ist nicht, wie die Messung zum Geist des Beobachters gelangt, sondern wie das Instrument, das die Messung macht, die Wellenfunktion des Quantensystems in eine wohldefinierte Zahl umwandelt. Sie richten Ihr »Spinometer« auf die Wellenfunktion des Elektrons, und heraus kommt ein Spin von entweder +1/2 oder −1/2. Diese Zahl wird anschließend vom Gehirn des menschlichen Beobachters verarbeitet, aber war der Schaden nicht schon angerichtet, als der Zeiger des Spinometers in die eine oder andere seiner beiden möglichen Stellungen ausschlug?

Ein Spinometer ist ein makroskopisches System. Wenn wir es uns im quantenmechanischen Rahmen vorstellen, besteht es aus einer gewaltigen Zahl von Teilchen, und es besitzt seine eigene, ungeheuer komplizierte Wellenfunktion. Bequemer ist allerdings, es uns im klassischen Rahmen vorzustellen, als eine Spule mit einem Zeiger und einer Skala, die mit +1/2 beziehungsweise −1/2 markiert ist. So gesehen ist eine Beobachtung ein quantenmechanischer Vorgang, der mit einem Elektron beginnt und seine Eigenschaften irgendwie verstärkt, wenn es mit all den Teilchen im Spinometer wechselwirkt. Schließlich kommt es zu dem klassischen Phänomen »Zeiger auf +1/2« oder »Zeiger auf −1/2«. Dies wird interpretiert als eine Beobachtung des Quantenspins des Elektrons. Was die Physiker tatsächlich unter »Beobachtung« verstehen, wenn sie eine durchführen, ist somit ein hochgradig komplexer Prozeß, ein emergentes Phänomen, bei dem um die Wechselwirkung eines riesigen Systems von Teilchen geht.

Eine Katze gilt gemeinhin als ein klassisches System; insbesondere die Eigenschaften »lebendig« und »tot« sind klassische Eigenschaften. Eine Katze kann aber auch als ein sehr komplexes Quantensystem aufgefaßt werden, genau wie das Spinometer. Betrachten wir den Ablauf der Ereignisse. Das radioaktive Atom zerfällt, das Giftgas wird freigesetzt, die Katze stirbt, der Beobachter öffnet die Kiste. In welchem Stadium wird die »Messung« gemacht? Nach der gängigen Version von Schrödingers Katze geschieht das im letzten Stadium, beim Öffnen der Kiste. Aber muß nicht schon früher eine Messung erfolgt sein? Woher weiß die Vorrichtung, ob sie das Giftgas freisetzen soll oder nicht? Sie enthält einen Sensor, der entscheidet, ob das Atom zerfallen ist. Die Operation des Sensors ist bereits eine Beobachtung in dem üblichen Sinne, daß ein makroskopisches Instrument auf ein Quantensystem gerichtet wird und eine eindeutige Ja- oder Nein-Antwort erhält. Solange der Sensor nicht »weiß«, daß das Atom zerfallen ist, wird der Katze nichts passieren. Die Rolle des Bewußtseins des menschlichen Beobachters ist für das Schicksal der Katze unerheblich; was wir verstehen müssen, ist, wie der Sensor ein Quantenphänomen [Wellenfunktion eines radioaktiven Atoms] in eine klassische Ja-oder-Nein-Beobachtung [das Atom ist zerfallen/nicht zerfallen] umwandeln kann.

Erst kürzlich ist diese Behauptung durch ein echtes Experiment – wenn auch natürlich nicht mit einer Katze – verifiziert worden. Leonard Mandel hat gezeigt, daß es möglich ist, ohne direkte Intervention ein Photon vom Wellenverhalten zum Teilchenverhalten wechseln und damit seine Wellenfunktion zusammenbrechen zu lassen. Die Möglichkeit, seinen Zustand zukünftig zu beobachten, reicht aus, um seine Wellenfunktion jetzt zusammenbrechen zu lassen. Die Wellenfunktion der Katze muß also schon zusammengebrochen sein, da Sie beschließen könnten, die Kiste später zu öffnen. Andere Experimente bestätigen, daß die Messung tatsächlich erfolgt, wenn der Sensor entscheidet, ob das Atom zerfallen ist oder nicht. Was die Wellenfunktion des Elektrons angeht, erfolgt eine Messung, sobald es mit dem Spinometer wechselwirkt. Es macht absolut keinen Unterschied, ob ein Mensch hinterher auf die Meßskala schaut.

Wellenfunktionsraum

Damit verlagert sich das Rätsel von Schrödingers Katze auf einen anderen, weit interessanteren Schauplatz. Das Problem, welcher Natur die Beobachtung ist, besteht darin, theoretisch zu verstehen, wie aus Quantenunbestimmtheit klassisches Verhalten hervorgehen kann. Wie können wellenförmige Überlagerungen eine knappe Ja-oder-Nein-Antwort ergeben? Wir haben den allgemeinen Mechanismus inzwischen einigermaßen gut verstanden und können ihn folgendermaßen beschreiben. Als quantenmechanisches Objekt ist eine Katze ein ziemlich komplizierter Gegenstand. Sie enthält rund 10^{26} Atome, und ihre Wellenfunktion ist entsprechend kompliziert. Um die Wellenfunktion der Katze zu kennen, müssen Sie rund 10^{26} Werte verschiedener Quantenparameter messen. Wenn Sie diese Parameter kennen, haben Sie eine vollständige quantenmechanische Beschreibung der Katze. Quantenmechanisch betrachtet, lebt die Wellenfunktion der Katze in einem Wellenfunktionsraum von 10^{26} Dimensionen.

Ihre gewöhnliche Pussy, so wie sie sich den menschlichen Sinnen darbietet, scheint dagegen in einem ganz anderen Raum zu leben – dem Katzenraum. Der Katzenraum organisiert solche Merkmale wie rötlichbraun/scheckig oder männlich/weiblich oder lebendig/tot. Und eine einfache Abbildung vom Wellenfunktionsraum auf den Katzenraum ist nicht möglich. Die Beschreibung der Teilchen des Tieres im Wellenfunktionsraum ist nahezu völlig nutzlos, wenn Sie irgendein praktisches Merkmal der Katze in Erfahrung bringen möchten – zum Beispiel, welche Farbe das linke Ohr hat. Malen Sie sich aus, was für Computerberechnungen nötig wären, um eine solche Frage zu beantworten! Sie müßten die gesamte Wellenfunktion der Katze verarbeiten, irgendwie Informationen über die Atome in ihrem Ohr herausziehen [vertrackt, weil in der Quantenmechanik alles mit allem wechselwirkt], herausfinden, welche Atome sich an der Oberfläche der Haare des Ohrs befinden [aus dem gleichen Grund genauso vertrackt], deren Reaktion auf einfallendes Licht unterschiedlicher Wellenlänge analysieren ... Eine gewisse Vorstellung von der Schwierigkeit dieses Prozesses erhalten Sie, wenn Sie ein Telefon abhören, während eine Faxnachricht übertragen wird. Was Sie hören, ist eine Reihe von hohen Piepstönen. Können Sie heraushören, ob das Fax ein Bild einer Katze ist? Ob es eine Siam- oder eine Manxkatze ist? Könnten Sie die Lücke heraushören, die der fehlende Schwanz hinterläßt? Das einzig vernünftige Verfahren, um herauszufinden, was für eine Katze es ist, wäre, das Signal in ein Faxgerät einzuspeisen, zu warten, daß es das Bild ausdruckt, und dann einen Blick darauf zu werfen. Und das einzig »praktische« Verfahren, um aus einer Wellenfunktion zu entnehmen, was für eine Farbe das linke Ohr einer Katze hat, wäre, sich ein Quantenrealitäts-Superfaxgerät zu beschaffen, eine reale Katze mit dieser Wellenfunktion »auszudrucken« und einen Blick darauf zu werfen.

Auf jeden Fall entsprechen einer toten Katze ziemlich viele Wellenfunktionen, weil eine Katze auf so viele verschiedene Weisen tot sein kann, wenn man Atom für Atom ihre interne Struktur betrachtet. Und sie kann auch auf unheimlich viele verschiedene Weisen lebendig sein. Die klassische Unterscheidung zwischen »lebendig« und »tot« ist daher unempfindlich für alle möglichen Variationen in diesen 10^{26} Parametern. Was einem als Vergleich dazu sofort einfällt, ist ein Hologramm, das sich von einem üblichen Dia in einer wichtigen Hinsicht unterscheidet: Jeder winzige Bruchteil des Bildes, das Sie sehen, ist über das ganze Hologramm verschmiert. Wenn Sie von einem Hologramm eine Ecke abmachen und daraus eine Abbildung konstruieren, kriegen Sie nicht eine Ecke des Bildes, sondern das ganze Bild, nur ziemlich verschwommen. Bruchteile eines Hologramms entsprechen nicht Bruchteilen der Abbildung, sondern dem Grad der Auflösung, der Qualität dessen, was Sie sehen. Bruchteile einer Katzen-Wellenfunktion entsprechen nicht Bruchteilen der Katze, sondern der Qualität Ihrer Informationen über die Katze.

Es ist demnach zu erwarten, daß die beobachtbaren Merkmale »lebendig« und »tot« den Wellenfunktionsraum in derselben Weise gliedern, wie Land und Wasser die Oberfläche der Erde gliedern [Abb. 42a]. Was in diesem Bild fehlt, sind die Quanten-Überlagerungen, aber dem kann leicht abgeholfen werden. Eine Quanten-Überlagerung von Wellenfunktionen erhält man, indem man einen bestimmten Betrag von dem einen und einen bestimmten Betrag von dem anderen addiert. Nehmen wir zum Beispiel eine 50-50-Mischung der Wellenfunktionen von zwei Katzen. Eine 50-50-Mischung ist genau ein Mittelwert, und der Mittelwert von zwei Größen liegt in der Mitte zwischen ihnen. Diese spezielle Überlagerung von Wellenfunktionen kann in einer Abbildung dargestellt werden als der Mittelpunkt der sie verbindenden Geraden. Abbildung 42b zeigt zwei verschiedene Fälle, jeweils eine 50-50-Mischung der Wellenfunktion einer lebenden und einer toten Katze. Die eine Mischung entspricht einer toten Katze, die andere einer lebenden. Angenommen, Sie wissen, daß ein bestimmter Ort auf der Landkarte auf halber Strecke zwischen einem Punkt an Land und einem Punkt auf See liegt. Wissen Sie dann, ob der Ort auf dem Land oder im Meer liegt? Natürlich nicht. Wenn aber dieses Bild für den Zusammenhang zwischen dem Wellenfunktionsraum und den Merkmalen lebendig/tot überhaupt für die Realität repräsentativ ist, dann ist Schrödingers Katze kein Paradoxon mehr.

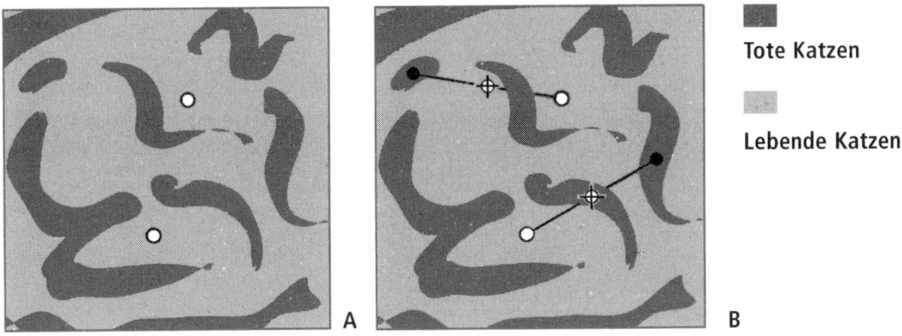

Abbildung 42: A – Regionen im Katzen-Wellenfunktionsraum, die »lebenden« und »toten« Katzen entsprechen, mit zwei ausgewälten Repräsentanten für beides: schwarze Punkte für »tot, weiße für »lebend«.
B – Eine 50-50-Kombination von lebenden und toten Katzen (Mitte der sie verbindenden Geraden) kann entweder lebend (oben) oder tot sein (unten), je nachdem, welche Katzen (Wellenfunktion) Sie wählen.

Gibt es Anhaltspunkte dafür, daß der Wellenfunktionsraum derart willkürlich gegliedert ist, wenn wir klassische Beobachtungen betrachten? Eugene Wigner war der erste, der eine solche Fragestellung ernstgenommen hat, und seine Nachfolger haben Verfahren entwickelt, um sie zu beantworten. Es war ihnen klar, daß ein Beobachter unmöglich alle 10^{26} Parameter einer Quantenkatze messen kann, so daß jede Beobachtung eine Unmenge von Informationen über die Wellenfunktion übergehen muß. Eine Beobachtung preßt den Wellenfunktionsraum zusammen zu einem viel kleinerdimensionalen klassischen Katzenraum, und sie führt zu einem Effekt, den die Physiker Reduktion nennen. Das bedeutet, daß bei den Messungen, die wir in unserer makroskopischen Welt mit makroskopischen Instrumenten in makroskopischen Laboratorien machen können, ein großes Quantensystem als ein klassisches System erscheinen wird. Je größer das System, desto klassischer wird es erscheinen.

Reduktion ist ein Kontextphänomen. Wenn Sie ein einzelnes Elektron aus dem Körper der Katze beobachten, verhält es sich in Quantenmanier. Um aber die ganze Katze zu beobachten, müssen Sie in einem Kontext arbeiten, für den »Katze« eine sinnvolle Beschreibung ist. Das bedeutet 10^{26} wechselwirkende Atome, und Sie können keines davon für sich betrachten, weil die anderen sich in das, was es macht, einmischen. Sie können also nur »klassische« Beobachtungen machen wie die, ob sie lebendig ist oder wieviele Ohren sie hat, und dabei wird die Wellenfunktion reduziert, und die Katze verhält sich ganz in klassischer Manier.

Schrödingers Katze ist keine Quanten-Überlagerung von Leben und Tod. Wie jede andere Katze in einer undurchsichtigen Kiste ist sie entweder lebendig oder tot, nur wissen Sie nicht, was sie ist, bevor Sie nicht die Kiste öffnen. »Die Katze selbst weiß« natürlich, doch wie T. S. Eliot ebenfalls dargelegt hat, wird sie nie gestehen. Sie müssen die Kiste schon aufmachen, um

Bescheid zu wissen, aber Sie brauchen kein schlechtes Gewissen zu haben, daß Sie die Wellenfunktion des armen Tieres zusammenbrechen lassen und sein bis dahin ungewisses Schicksal besiegeln.

Wir sagen nicht, daß der Anteil des menschlichen Bewußtseins an der Art, wie wir das Universum beobachten, unwesentlich sei oder daß er nicht ein tiefes Problem darstelle. Er hat aber nichts zu tun mit der Rolle der Beobachtung in der Quantenmechanik, die eine Kontextfrage bezüglich der mathematischen Zusammenhänge zwischen quantenmechanischen und klassischen Modellen der Physik ist. Freeman Dyson hat dies jüngst in einem Vortrag auf andere, sehr erhellende Weise ausgedrückt. Er sagte, daß die Quantenmechanik beschreibt, was ein System in Zukunft tun könne, während die klassische Mechanik beschreibt, was es in der Vergangenheit getan hat. Die Zukunft ist unbestimmt, doch die Vergangenheit ist bestimmt, weil sie beobachtet wurde, und diese Asymmetrie, dieser Kontextunterschied ist für die Wesensunterschiede zwischen Quantenmechanik und klassischer Mechanik verantwortlich. Obendrein ist die Gegenwart, in der unser Bewußtsein zu Hause ist, eine sich verschiebende Grenze, an der der Kontext sich ändert – eine wandelnde Katastrophe im Paradigmenraum.

Zwanzig Fragen

Die Unterscheidung zwischen reduktionistischen und kontextbezogenen Theorien in der Physik ist nicht neu. Newtons Gravitationsgesetz ist unbedingt reduktionistisch; die Gravitationskraft wird ihm zufolge von der in einem Körper enthaltenen Materie erzeugt. Newton machte sich Gedanken darüber, wie die Kraft auf einen anderen Körper übertragen wird, und übte scharfe Kritik an dem absurden und überholten Glauben an eine »Fernwirkung«, doch er ließ sich nicht beirren, weil seine Theorie funktionierte. Ihre Vorhersagen stimmten mit den Beobachtungen überein, und obendrein war sie mathematisch elegant. Als Einstein sehr viel später nach einer Theorie suchte, die Newtons Gravitation mit der relativistischen Mechanik versöhnen würde, gelangte er – aufgrund allgemeiner Überlegungen im Hinblick auf Theorien, die an jedem Ort in Raum und Zeit identisch sein müssen – zu einer Gravitationstheorie, die zwar in mancher Hinsicht reduktionistisch ist, aber doch ein erhebliches kontextuelles Element enthält. In Einsteins Theorie wird die Schwerkraft nicht durch die Materie in einem Körper verursacht, sondern durch die Krümmung der ihn umgebenden Raumzeit.

Die Quantenmechanik ist, genau wie Newtons Gravitation, reduktionistisch. Sie erklärt die Eigenschaften von Atomen mit deren Bestandteilen, den Quarks und Gluonen. Aber immer mehr Physiker gelangen zu der Auffassung, daß die Quantenmechanik ungeachtet all ihrer Erfolge eigentlich nur eine Näherung an etwas Tieferes und mehr Geometrisches ist, eine Theorie der Quantengravitation, welche die Quantenmechanik mit der Relativitätstheorie versöhnen wird. Es erweist sich jedoch als sehr schwierig, diese gemeinsame Verallgemeinerung zu finden. Ein Grund könnte darin bestehen, daß die Quantenmechanik reduktionistisch, die Relativitätstheorie aber kontextbezogen ist. Vielleicht liegt die Antwort darin, eine kontextbezogene Theorie von Quantenphänomenen zu entwickeln, die in ihrem Geist der Relativitätstheorie verwandt ist. Eine solche Theorie würde Ideen wie die der Reduktion einschließen, aber sie würde sehr viel weiter gehen und die herkömmliche Quantenmechanik verändern, statt in ihrem Rahmen einen kontextuellen Standpunkt zu entwickeln.

Der berühmte Physiker John Archibald Wheeler hat eine kontextbezogene Sicht der Quantenmechanik erdacht, die von der Art und Weise ausgeht, in der die Natur antwortet, wenn man ihr Fragen stellt. Die klassische Mechanik nimmt an, daß es einen »wahren« Zustand des Universums gibt und daß er durch Experimente mit beliebiger Genauigkeit ermittelt werden kann. In der Quantenmechanik werden den Größen, die sich gleichzeitig beobachten lassen, durch die Heisenbergschen Unschärferelationen Beschränkungen auferlegt: Beobachtbar ist entweder der Ort oder der Impuls, aber nicht beide zugleich, entweder die Energie oder die Zeit, aber nicht beide zugleich. Durch die Messung der einen wird die andere unvermeidlich gestört. Der Unterschied zwischen diesen beiden Auffassungen ist vergleichbar mit zwei verschiedenen Arten, das Gesellschaftsspiel »Zwanzig Fragen« zu spielen. In der normalen Version verläßt einer der Spieler [z.B. Schrödinger] den Raum, und die anderen wählen ein Objekt aus [seine Katze], das er erraten muß. Schrödinger kommt wieder herein. Man sagt ihm, das Objekt gehöre zur Kategorie »Tiere«, und er dürfe höchstens zwanzig Fragen stellen.

Schrödinger: »Kann man es essen?«

Andere: »Nein. Das heißt, man könnte schon.«

Schrödinger: »Hat es Federn?«

Andere: »Nein.«

Schrödinger: »Hat es einen Schnurrbart?«

Andere: »Ja.«

Das Spiel geht weiter, bis Schrödinger entweder richtig rät oder keine Frage mehr frei hat. Alles ist in Ordnung, solange er nicht fragt: »Ist es tot?«

Ganz ähnlich verfahren Wissenschaftler, wenn sie mit Hilfe von Experimenten das Universum befragen, um Naturgesetze zu finden.

Wissenschaftler: »Ist es eine Welle?«

Natur: »Nein.«

Wissenschaftler: »Wechselwirkt es mit einem Magnetfeld?«

Natur: »Nein.«

Wissenschaftler: »Bewegt es sich mit Lichtgeschwindigkeit?«

Natur: »Ja.«

Man kann das Spiel jedoch auch anders spielen. Wheelers Freunde haben es einmal an ihm ausprobiert; dabei war statt eines Gegenstandes ein Wort zu erraten. Es schien alles wie gewohnt zu verlaufen, nur dauerte es immer länger, bis die Antwort kam. Nachdem Wheeler schließlich richtig geraten hatte, klärten die Freunde ihn auf, was für einen Scherz sie sich mit ihm erlaubt hatten. Sie hatten sich zu Beginn des Spiels gar nicht auf ein bestimmtes Wort geeinigt. So mußten sie sich nach jeder Frage mindestens ein Wort ausdenken, das zu allen bisher gegebenen Antworten paßte, und es dauerte lange, bis ein Wort gefunden war, das als einziges zu passen schien. [Leider ist nicht überliefert, um welches Wort es ging.]

In der Originalversion steht am Beginn des Spiels die eine richtige Antwort fest, der sich der Fragesteller mit seinen Fragen immer mehr nähert. Die Antwort ergibt sich aus einer Folge von zunehmend verengten Kontexten. Wheeler behauptet, daß die Quantenmechanik mehr der zweiten Version ähnelt, bei der es nicht von vornherein eine Antwort geben muß. Ein Elektron hat keinen wohldefinierten Spin, solange man nicht durch das entsprechende Experiment danach fragt, welchen Spin es hat. Darauf erhält man eine Antwort, die die Möglichkeiten weiter einengt. Was die Sache in der Quantenwelt zusätzlich erschwert, ist der Umstand, daß man durch das Stellen bestimmter Fragen – zum Beispiel: »Wo ist es?« – das Recht verwirkt, bestimmte ergänzende Fragen zu stellen, zum Beispiel: »Wie schnell bewegt es sich?«

In dieser Sicht bricht die Wellenfunktion eines Quantensystems gerade nicht zusammen, wenn wir es beobachten. Vielmehr wird unsere Information über es präziser. Tatsächlich können wir nicht sicher sein, daß das System überhaupt eine wohldefinierte Wellenfunktion hat; vielleicht denkt es sich sie erst im Laufe der Untersuchung aus, wie die Spieler in dem Gesellschaftsspiel. Da das Universum Gesetzen zu gehorchen scheint, muß es Regeln geben, die die erlaubten Antworten festlegen. Wenn diese Regeln in einer Art »Wörterbuch« aufgeführt sind, dann gibt es eine wirklich zugrunde liegende Realität [das Wörterbuch], und wir spielen das Spiel in seiner üblichen Version. Wenn diese Regeln aber nichts anderes sind als Konsistenzbedingungen – wenn die Regel lediglich besagt, daß eine Antwort nicht den vorhergegangenen widersprechen darf –, dann ist »Realität« letztlich bloß ein verschwommener Eindruck, der deutlicher wird, wenn wir ihn hinreichend genau betrachten, ansonsten aber nicht existiert. Es ist unklar, welche dieser Möglichkeiten das Quantenuniversum am besten erfaßt. Vollkommen klar ist dagegen, welche den Kenntnisstand des Wissenschaftlers über das Universum am besten erfaßt: die zweite Version, in der man sich die Antworten im Laufe der Befragung ausdenkt. Im übrigen spielt die Wissenschaft mit einer gewissen Lockerung der Regeln: Die Antworten können bisweilen auch Lügen sein. Nicht etwa, weil das Universum uns belügt, wenn wir ihm Fragen stellen, sondern weil wir die Fragen ungenau formulieren und die Antworten der Natur nicht immer verstehen. Unser Wissen über das Universum besteht aus ineinander verschachtelten oder sich überlappenden Paradigmen, die Etiketten tragen wie »mit dem Quadrat der Entfernung abnehmende Gravitation«, »Kristallographie« oder »Quanteneichfelder«.

Die Verfechter einer Theorie von Allem glauben im Grunde, daß, wenn Wissenschaftler mit der Natur »Zwanzig Fragen« spielen, die Natur die Antwort bereits festgelegt habe. Die Aufgabe der Wissenschaft ist demnach, das eine Wort im Wörterbuch der Natur zu finden, das zu jeder erdenklichen Frage, die wir stellen könnten, paßt. Tatsächlich ist der Stand der Wissenschaft ein ganz anderer; öfter geraten wir in ein Gespräch wie das folgende hinein:

Wissenschaftler: »Hat es drei Buchstaben?«
Natur: »Ja.«
Wissenschaftler: »Ist es eine Farbe?«
Natur: »Ja.«
Wissenschaftler [triumphierend]: »Ist es »rot«?«
Natur: »Nein.«

Wenn so etwas passiert, überprüfen die Wissenschaftler zunächst noch einmal die Fragen und Antworten. Wenn sich herausstellt, daß alles stimmt, müssen sie einige der Fragen oder einige der Antworten neu interpretieren:

Wissenschaftler: »Ist es eine Welle?«
Natur: »Ja.«
Wissenschaftler: »Ist es ein Teilchen?«
Natur: »Ja.«
Wissenschaftler: »Ich glaube, ich lasse das besser sein und erfinde die Quantenmechanik.«

Klassische Parellelen

Es könnte scheinen, als seien dies Schwierigkeiten, die nur in der Quantenwelt auftreten, doch zeigen sich in unserer gewohnten Alltagswelt ganz ähnliche Probleme. Wir können das Universum zum Beispiel nach einem Baum befragen, so wie die Quantenmechanik es nach einem Elektron befragen würde. Ist ein Baum eine Pflanze? Ein Boot? Eine Vorrichtung zum Aufhängen von Telefonleitungen? Wenn wir wissen möchten, ob er eine Pflanze ist, müssen wir beobachten, wie er wächst, uns seine Blätter anschauen, seine Samen aufsammeln und schauen, was daraus wächst. Um zu entscheiden, ob er ein Boot ist, müssen wir ihn fällen, die Äste entfernen, ihn aushöhlen und schauen, ob er auf dem Fluß schwimmt. Um zu entscheiden, ob man an ihm Telefonleitungen aufhängen kann, müssen wir ihn fällen, die Äste entfernen, ihn in den Boden stecken und oben die Drähte aufziehen. Die Antworten, die wir erhalten, hängen ab von den Fragen, die wir stellen. Es gibt sogar eine Unschärferelation: Wenn Sie einen Baum auf seine bootsartigen Eigenschaften untersuchen, können Sie nicht gleichzeitig prüfen, wie gut er sich zum Aufhängen von Telefonleitungen eignet.

Wenn Sie verstanden haben, in welchem Sinne der Druck eines Gases eine kontextabhängige Größe ist, können Sie über das Volumen und sogar über die Temperatur ähnliche Geschichten erzählen. Was Sie erhalten, hängt davon ab, für welche Messung Sie sich entscheiden. Messungen nach einer bestimmten Methode könnten die Anwendung anderer Methoden ausschließen.

Vielleicht erscheint Ihnen das alles ein bißchen weit hergeholt, aber ist es wirklich etwas wesentlich anderes als die Frage der Physiker, ob Licht eine Welle oder ein Teilchen ist? Um zu entscheiden, ob es eine Welle ist, lassen sie es durch Spalte brechen und schauen nach, ob Interferenzen entstehen. Um zu entscheiden, ob es ein Teilchen ist, lassen sie es von Dingen abprallen und schauen nach, ob es zusammenhält. Sie stellen wellige Fragen, um zu entscheiden, ob es eine Welle ist, und teilchenhafte Fragen, um zu entscheiden, ob es ein Teilchen ist – genau wie wir unterschiedliche Fragen stellen, um zu entscheiden, ob ein Baum ein Telefonmast oder ein Boot ist.

Die Kopenhagener Deutung ging einher mit etwas, das man Komplementaritätsprinzip nannte. Ihm zufolge kann ein Quantenobjekt sich entweder als Welle oder als Teilchen verhalten, aber nicht als beides zugleich. Bis vor kurzem stimmte dieses Prinzip im großen und ganzen mit den Experimenten überein. Jetzt ist man im Begriff, Experimente zu veranstalten, bei denen sich möglicherweise Elektronen beobachten lassen, die beide Arten von Verhalten zugleich zeigen. Es scheint eher zuzutreffen, wenn man sagt, daß die Physiker bis vor kurzem den Elektronen wellige beziehungsweise teilchenhafte Fragen stellen konnten, aber nicht beides zugleich. Und natürlich erhielten sie wellige beziehungsweise teilchenhafte Antworten, aber nicht beides zugleich. Nicht, weil die Natur nun einmal so ist, sondern weil das der von ihren Fragen hergestellte Kontext war.

Im klassischen Universum passiert dasselbe.

Eines der im Sinne des Reduktionismus tiefsten Gebiete der Physik befaßt sich mit fundamentalen Teilchen. Fragte sie früher ziemlich allgemeine Fragen nach der Natur der Materie, so stellt sie ihre Fragen heute in einem ganz spezifischen Kontext: in Teilchenbeschleunigern. Man läßt Teilchenstrahlen mit immer höheren Energien aufeinanderprallen, um immer esoterischere Materiebausteine herauszuquetschen. Dringen die Teilchphysiker wirklich immer tiefer zu den letzten Materiebausteinen vor, oder spielen sie »Zwanzig Fragen« ohne ein Wörterbuch? Stellen Sie sich vor, Sie wollten herauszufinden versuchen, wie ein Auto gebaut ist, indem sie es gegen eine Steinwand prallen lassen und sich dann die Teile ansehen. Bei Kollisionen mit niedriger Energie kriegen Sie Räder und Zündkerzen und verbogene Auspuffrohre. Bei höheren Energien kriegen Sie kleinere Teile – einige aus Stahl, aus Kupfer, einige aus Kunststoff, einige aus Gummi –, und Sie könnten daraus ableiten, daß Räder aus grundlegenderen Komponenten aufgebaut sind, nämlich aus Stahl und Gummi. Sie erhalten aber auch Funken, wenn Stahl auf Stein prallt. Heißt das, daß Funken grundlegendere Komponenten des Autos sind als Räder? Sind Funken nicht im Grunde Nebenwirkungen des Kontextes, den Sie für Ihre Fragen gewählt haben? Wenn Sie Autos mit noch höherer Energie aufprallen lassen, fragt sich, wieviel von dem, was Sie erhalten, wichtig ist – etwa die Atome, aus denen das Gummi besteht – und wieviel nur esoterischere Arten von Funken sind.

Jedes neue Beschleunigerexperiment bringt Ihnen neue Zustände der Materie zur Kenntnis. Das ist unbestritten. Es ist aber alles andere als klar, ob [oder in welchem Umfang] diese neuen Zustände grundlegende Komponenten der Materie sind – oder Funken, die aus ihr geschlagen werden. Noch weniger klar ist, in welchem Umfang die Teilchenphysik in die tiefste Natur der Materie eindringt oder ob sie nur ein Zwanzig-Fragen-Spiel mit offenem Ende spielt, bei dem nicht eine wirkliche Antwort eingegrenzt wird, sondern die Zahl der Möglichkeiten wächst, je mehr Fragen gestellt werden.

Was ist in der Kiste?

Es könnte sein, daß die von uns so genannten Naturgesetze keine fundamentalen Wahrheiten sind, auch wenn sie noch so gut mit den Beobachtungen übereinstimmen. Was auch immer sie sein mögen, sie erzählen kohärente Geschichten darüber, wie ausgewählte Teile der Natur funktionieren, aber andererseits wählen wir die Beobachtungen aus, die diese Kohärenz zeigen. Wir lassen uns von der Tatsache, daß irgendeine winzige Änderung zu Unsinn führt, maßlos beeindrucken und vergessen dabei, daß uns dies nichts über große, konsistente Veränderungen sagt. Unsere Gesetze sind Sherlock Holmes-Storys, und ihre strenge Logik beeindruckt uns, doch vergessen wir, daß man sich jederzeit eine ganz andere Sherlock Holmes-Story ausdenken kann.

Unser derzeitiges Bild von der Dynamik zum Beispiel ist das einer mathematischen Kiste, die Zahlen ausspuckt. In diesem mathematischen Modell stecken wir die Anfangsbedingungen in die Kiste hinein, und heraus kommt eine Beschreibung der nachfolgenden Bewegung, erhalten durch Anwendung der Regeln, die in der Kiste leben. Wir denken, daß die Natur es genauso macht. Die Natur hat eine Kiste voller Gesetze, die sich mit den Regeln in unserer Kiste decken. Sie steckt die Anfangsbedingungen hinein, heraus kommt die Bewegung, und das ist das Bild eines Uhrwerk-Universums. Wenn es sich um eine Quantenkiste dreht, denken wir, daß unsere voller Wellenfunktionen ist – und ihre folglich auch. Im Augenblick wollen wir aber einmal klassisch denken.

Das Lästige an unserer mathematischen Kiste ist, daß sie unendliche Genauigkeit verlangt. Die Anfangsbedingungen müssen bis auf unendlich viele Dezimalstellen bekannt sein, sonst tickt das Uhrwerk nicht. Falls die Natur wirklich dieselbe Art von Kiste mit derselben Art von Regeln benutzt wie wir, muß der Realität dieselbe Genauigkeit eingebaut sein. Der Fehler wächst der Chaostheorie zufolge mit der Zeit, und das können wir zu unserem Vorteil umkehren. Je genauer wir die gegenwärtige Bewegung kennen, desto weiter können wir mit den Zahlen in die Vergangenheit vorstoßen, und desto mehr Dezimalstellen kennen wir, so daß wir die »wahren« Anfangswerte mit immer größerer Genauigkeit erschließen können. Während wir beobachten, wie das Sonnensystem kreist, hat es den Anschein, als zöge die Natur langsam mehr und mehr Dezimalstellen der Anfangsbedingungen aus der Kiste. Je mehr wir von der Gegenwart registrieren können, desto genauer bestimmen wir die Vergangenheit.

Aber sind die Dezimalstellen überhaupt in der Kiste? Dem mathematischen Schattierungslemma zufolge ist, wenn man in ein dynamisches System, in dem alles mit unendlicher Genauigkeit abläuft, hier und da kleine, zufällige Störungen einführt, das Ergebnis ununterscheidbar von einem System, das bei nur wenig anderen Anfangsbedingungen mit unendlicher Genauigkeit arbeitet. Hier beginnt die Theorie dynamischer Systeme sich selbst zu untergraben. Nach allem, was wir wissen, folgt aus dem Schattierungslemma, daß die Natur die Dezimalstellen möglicherweise improvisiert. Sie zieht, während das Sonnensystem kreist, gar keine feststehenden Dezimalstellen aus der Kiste, sondern wählt einfach irgend etwas aus. Wir mögen beschließen, das Ergebnis so zu interpretieren, daß es einer höheren Genauigkeit in den Anfangsbedingungen entspricht, weil es unsere Art ist, mit den Zahlen in die Vergangenheit und zu immer mehr Dezimalstellen vorzustoßen, aber das ist eben nur unsere Meinung. Was wir über das Funktionieren mathematischer Kisten wissen, läßt es daher ratsam erscheinen, nicht daran zu glauben, daß unsere konventionelle Kiste der dynamischen Systeme mit der Trickkiste der Natur, wie auch immer sie beschaffen sein mag, kongruent ist.

Die Wendung, »physikalisch zu denken«, hat bei den Physikern eine merkwürdige Bedeutung. Sie bedeutet nicht, an das zu denken, was in der realen Welt geschieht. Sie ist so zu verstehen: Nimm die mathematischen Bilder, die in deiner Kiste sind, und projiziere sie auf die Außenwelt. Interpretiere diese projizierten Bilder dann innerhalb deiner Kiste um und schau, was dabei herauskommt. Was zum Beispiel die klassische Optik angeht, könnte deine Kiste Regeln für die Manipulation von Lichtstrahlen enthalten: Von einem Spiegel prallen sie unter demselben Winkel ab, unter dem sie auftreffen; durch eine Linse gehen sie soundso hindurch und so weiter. Das »physikalische Denken« über dünne Linien von Licht stellt sich dann so dar, als würden Ströme von Tischtennisbällen, die aus einem Rohr geblasen werden, herumhüpfen.

Es gibt jedoch etwas logisch Entsprechendes in der Mathematik: eine Kiste mit der Aufschrift »Variationsprinzipien«, die völlig anders arbeitet, aber – auch wenn sie ganz andere »physikalische« Bilder verwendet – garantiert dieselben Antworten gibt wie die Optik-Kiste. Nach Variationsprinzipien kann man das Herumhüpfen von Lichtstrahlen restlos verstehen, wenn man nur fordert, daß sie unter allen Wegen, denen sie folgen könnten, den schnellsten einschlagen. Das »physikalische« Bild ist hier ein Bild, in dem das Licht alle möglichen Wege ausprobiert, sie miteinander vergleicht und den schnellsten auswählt. Dies ist eine völlig andere Denkweise, in der es um globale Regeln über den gesamten einzuschlagenden Weg geht, nicht um lokale Regeln darüber, was geschehen soll, wenn ein Spiegel oder eine Linse angetroffen wird.

Diese Art von physikalischem Denken geht mit der Quantenoptik-Kiste einen Schritt weiter. Anstelle von Lichtstrahlen hat man jetzt Wahrscheinlichkeitswellen, und man wählt nicht den kürzesten Weg aus. Es wird vielmehr angenommen, daß das Licht allen möglichen Wegen folgt, darunter auch blödsinnigen; das Ganze bildet dann eine Überlagerung, und simsalabim, springt etwas heraus, das mit den klassischen Regeln für Licht, das von Spiegeln abprallt, bemerkenswerte Ähnlichkeit hat. Und dann stimmt das Universum auch noch mit all den Quantenexperimenten überein. Wenn Quantenphysiker physikalisch denken, haben sie vom Universum also das folgende Bild: Es macht alles, was es möglicherweise machen könnte, und zwar alles gleichzeitig, und zählt die Resultate zusammen.

Eine andere, aber mathematisch gleichwertige Kiste würde ein völlig anderes »physikalisches« Bild liefern. Und nicht immer ist es vernünftig, interne Details der Mathematik auf die reale Welt zu projizieren. Stellen Sie sich vor, daß fünf Hühner je vier Eier legen, die Sie zwischen zwei Leuten aufteilen. Ein Rechenweg ist 5 x 4 = 20, 20: 2 = 10, so daß jeder zehn Eier bekommt. Die ganze Berechnung kann in die physikalische Welt gespiegelt werden. Ein anderer Weg ist jedoch 5 : 2 = 2 1/2, 2 1/2 x 4 = 10, und das kann nun nicht gespiegelt werden, denn zweieinhalb wirkliche Eier gibt es nicht.

Physik ist eine Sherlock Holmes-Story. Eine erstaunlich gute, wohlgemerkt; sie kriegt, denken Sie daran, die Diracsche Zahl [eine grundlegende Quantenmessung] bis auf neun Dezimalstellen heraus. Dabei hat sie sich allerdings weiterentwickelt; sie hat ihre Regeln immer wieder geändert, bis sie die Diracsche Zahl reproduzierten. Die Physik ist das Produkt der natürlichen Auslese im Theorieraum.

Selektion findet auch in einem anderen Sinne statt. Wir haben erläutert, wie die in den Gasgesetzen vorkommenden Merkmale »Volumen« und »Druck« durch den Kontext ausgewählt werden. Die Merkmale »Elektron« und »Photon« der Quantenelektrodynamik werden in genau derselben Weise durch den Kontext ausgewählt. Thermodynamiker finden etwas über ihr ausgewähltes Merkmal »Druck« heraus, indem sie der Natur druckspezifische Fragen stellen. Physiker finden etwas über ihr ausgewähltes Merkmal »Elektron« heraus, indem sie der Natur elektronspezifische Fragen stellen. Während sie im Baum der reduktionistischen Trichter tiefer hinabstiegen, haben sich ihre Fragen immer mehr spezialisiert, und so kommt es, daß der Apparat, den sie brauchen, um diese Fragen zu stellen, einen Durchmesser von zwanzig Meilen hat und zehn Milliarden Dollar kostet.

Mag die Quantenelektrodynamik auch die Diracsche Zahl mit einer bemerkenswerten Genauigkeit herauskriegen, so gibt es doch alle möglichen physikalischen Konstanten, welche die Quantenmechanik nicht errechnen kann, zum Beispiel die Massen all der fundamentalen Teilchen. Jede Wahl von bestimmten Massen erzählt eine andere Sherlock Holmes-Story. Um eine zu erhalten, die unserer eigenen Welt entspricht, müssen wir jene Story wählen, deren Teilchenmassen mit denen übereinstimmen, die in unserer Welt gültig sind. Das ist kein Zirkelschluß; es ist nicht so, daß man die Masse des Elektrons hineinsteckt und dann die Masse des Elektrons herauskommt. Man steckt ein paar Massen hinein, und heraus kommt der Rest der Quantenphysik. Es ist aber ein mysteriöser und unbefriedigender Vorgang.

Die Rhetorik des Reduktionismus

Jetzt ist der Moment gekommen, die Kluft zwischen Worten und Taten des Reduktionismus genauer unter die Lupe zu nehmen. Einmal angenommen, wir sollten Newtons Regeln wörtlich nehmen, als eine Art rudimentäre Theorie von Allem. Wie würden wir die Bahn des Mars um die Sonne berechnen?

Zunächst würden wir die Struktur des Mars Atom für Atom untersuchen: »Eisenatom, 123,777 ... 79 Grad westlicher Länge, 47,883 ... 66 Grad nördlicher

Breite, Tiefe 132,755 ... 43 Kilometer. Schwefelatom ...« Dann würden wir dasselbe für die Sonne tun, und schließlich würden wir hinschreiben, was für dieses ungeheuer unhandliche System von Atomen aus Newtons Gesetzen folgt. Wir würden die resultierenden Gleichungen lösen, um die Bewegung jedes einzelnen Atoms herauszufinden, und berechnen, was all die Atome des Mars tun. Das würde unglaublich schwierig sein, denn jedes Atom des Mars folgt seiner eigenen, ziemlich schwankenden Schwingungsbahn, besonders die Atome in Gasmolekülen in der Atmosphäre, die hoffnungslos chaotisch sind. Aber das wäre noch nicht das Ende unser Probleme; schließlich würden wir unsere Resultate interpretieren müssen. Wir würden aus ihrer kollektiven Bewegung irgendeine gemeinsame Komponente herausziehen müssen – vertrackt, da einige Atome ins All entweichen und andere [von Meteoren] auf die Oberfläche fallen – und zeigen, daß sie [annähernd] eine elliptische Bahn ist.

So werden ja in jedem Lehrbuch der Mechanik die elliptischen Bahnen aus den Newtonschen Gesetzen hergeleitet, nicht wahr? Natürlich nicht. Auf allen Planeten in allen Galaxien des Universums gibt es nicht genügend Bäume, um das Papier zu machen, das wir bräuchten, um eine solche Berechnung aufschreiben zu können.

Dies müßte man jedoch machen, würde man die Rhetorik der Theorien von Allem beim Wort nehmen. Und überhaupt die Rhetorik des ganzen Reduktionismus. Wenn man behauptet, daß aus Newtons Gesetzen – Naturgesetzen, wie es bekanntlich heißt – in der realen Welt folgt, daß der Mars eine elliptische Bahn hat, dann ist eine Berechnung wie die oben geschilderte unbedingt erforderlich. Natürlich wenden wir Newtons Gesetze nicht in dieser Weise an, vor allem, weil wir es nicht können. Wären Supercomputer der Aufgabe gewachsen, hätte jemand, der mehr Hartnäckigkeit als Verstand besitzt, sie bestimmt schon dafür eingespannt. Wir sagen gar nicht, daß es vernünftig sei, Newton auf diese Weise anzuwenden, und wir sagen nicht, daß der Reduktionismus gescheitert sei, wenn das nicht geht. Wir sagen lediglich, daß man dieses hochkomplizierte Verfahren anwenden muß, wenn man die reduktionistische Rhetorik angemessen überprüfen will. Der Rhetorik zufolge führen die Naturgesetze eine solche Berechnung in dem Sinne durch, daß die Bewegung des Mars vollständig bestimmt wird von der Kombination all dieser winzigen interatomaren Gravitationskräfte, und die Natur faßt sie zusammen. Praktisch können wir eine solche Berechnung nicht durchführen [obwohl sich vermutlich mathematische Näherungen finden ließen, die das Problem hinreichend vereinfachen würden, um zu vertretbaren Schlußfolgerungen zu gelangen], doch die Rhetorik läßt uns glauben, daß wir, falls wir es könnten, dieselbe Antwort wie die Natur erhalten würden.

Es ist ein vernünftiges, freilich von den Philosophen oft mißachtetes philosophisches Prinzip, darauf zu achten, was die Leute tatsächlich machen. Die Praxis des Reduktionismus – wie die der meisten anderen Dinge – ist sehr viel interessanter und aufschlußreicher als seine Rhetorik. Tatsächlich wählen reduktionistische Wissenschaftler bestimmte Merkmale des Mars –

seine Bahn, seine Position und seine Masse – aus und stellen sie mathematisch als eine Kurve, einen Punkt und eine Zahl dar. Mars und Sonne sind zwar keine punktförmigen Massen, doch Newton hat bewiesen, daß Kugeln und Punkte mathematisch gleichwertig sind, und Mars und Sonne sind annähernd kugelförmig. Das Ergebnis ist ein einfaches mathematisches Modell, das in Newtons Gesetze eingesetzt werden kann. Die Gesetze führen dann zu Resultaten, die mit den Beobachtungen ziemlich gut übereinstimmen. Dieses Vorgehen erklärt einigermaßen überzeugend, warum der Mars eine elliptische Bahn hat. Doch es reduziert das Verhalten des Mars nicht wirklich auf das der Atome, aus denen er besteht. Es entledigt sich der Atome gleich zu Anfang und erwähnt sie nie wieder. Ist es daher wirklich vernünftig, voreilig zu behaupten, daß auch jedes einzelne Atom eine winzige Gravitationskraft ausübe? Vielleicht ist die Schwerkraft ja nicht eine Eigenschaft einzelner Teilchen, sondern eine emergente Eigenschaft von Teilchenwechselwirkungen. In diesem Fall wären die Gesetze, welche die Natur anwendet, nicht die Gesetze, die Newton gefunden hat.

Das Rätsel der fehlenden Masse

Von allen Zweigen der Physik neigt die Kosmologie am stärksten dazu, Sherlock Holmes-Storys zu erzählen. Kosmologen glauben zu wissen, was von den ersten Mikrosekunden des Urknalls an geschehen ist, geben aber zu, daß sie ein bißchen unsicher sind, was die genauen Details vorher betrifft. Doch durch ›Voyager‹ haben wir erfahren, daß wir nicht einmal wissen, was auf dem Saturn passiert ist, direkt in unserem Hinterhof. Die Selbstgewißheit der Kosmologen scheint also unangebracht zu sein. Sie sind allerdings nicht dieser Meinung, weil ihre Sherlock Holmes-Story eine Kombination aus zwei der besten Sherlock Holmes-Storys ist, die jemals erfunden wurden, der Quantentheorie und der Relativitätstheorie, und weil sie mit den vorliegenden Tatsachen übereinstimmt, zum Beispiel der Expansion des Universums, der kosmischen Hintergrundstrahlung und der relativen Häufigkeit der chemischen Elemente.

Auf so schmalen Fundamenten eine so unglaublich ehrgeizige Story aufzubauen, ist aber problematisch. Die relativistischen Modelle des Universums, die man benutzt, enthalten zum Beispiel keine Sterne. Es sind einfach großmaßstäbliche Näherungen, in denen die körnigen Gravitationsfelder von Sternen und Galaxien zu einer allgemeinen Gesamtkrümmung geglättet werden. Diese Krümmung hängt eng mit einer einzigen Größe zusammen, Ω [Omega], der mittleren Materiedichte. Ist Ω kleiner als 1, wird die Expansion des Universums endlos weitergehen, ist Ω größer als 1, wird das Universum irgendwann wieder in sich zusammenfallen. Aus vielen Gründen, die vorwiegend mit der Quantenmechanik zu tun haben, erwarten die Theoretiker, daß unser Universum den Wert $\Omega = 1$ hat, genau auf der Grenze zwischen Expansion und Kontraktion. Leider ergeben Experimente im großen und ganzen einen Wert, der näher bei $\Omega = 0{,}25$ liegt. Dies ist das Problem der »fehlenden Masse«. Derzeit löst man es mit Hilfe der Annahme, daß es im Universum eine Menge Materie gibt, die wir noch nicht festzustellen vermögen: sehr seltsame »kalte dunkle Materie« und »heiße dunkle Materie«, bestehend aus Fundamentalteilchen, die auf der Erde bislang nicht beobachtet wurden. Mit dieser fehlenden Masse läßt sich außerdem bequem die Tatsache erklären, daß Galaxien nicht dem Gravitationsgesetz zu gehorchen scheinen: Ihre Außenbereiche rotieren mit der falschen Geschwindigkeit. Gäbe es außerhalb der Galaxien zusätzliche unsichtbare Materie, würde die Gravitation wieder ordentlich funktionieren.

Die hübsche Sherlock Holmes-Story, jene, die sich auf Relativitätstheorie und Quantenmechanik stützt, stimmt also genaugenommen gar nicht mit dem Experiment überein. Man hat sie zurechtgebastelt, um eine partielle Übereinstimmung zu erreichen, aber um den Preis, daß man neue Figuren einführen mußte, dei ex machina, bekannt als heiße und kalte dunkle Materie. Der einzige Beweis dafür, daß es sie gibt, besteht darin, daß mit ihrer Hilfe die richtige Antwort herauskommt. Hinzu kommt die durchaus vertretbare Ansicht, daß die Materie, die wir festzustellen vermögen, unmöglich alles sein kann, was es gibt.

Vielleicht brauchen wir eine ganz andere Sherlock Holmes-Story, nicht »Das Rätsel der fehlenden Masse«, sondern »Der Fall des betrügerischen Quants«. Läßt sich die ganze, nicht unerhebliche Struktur des Universums wirklich in einer einzigen magischen Zahl Ω zusammenfassen? Wenn nicht, dann sind all die theoretischen Überlegungen über gleichförmig gekrümmte Universen mit spezifischen Ω-Werten für die Katz.

Alles, was wir derzeit haben, ist ein bißchen Empirie. So hat der COBE-Satellit kürzlich beobachtet, daß die kosmische Hintergrundstrahlung von der Gleichförmigkeit genau in dem Maße abweicht, das nach Ansicht der Theoretiker nötig war, um den Keim für die Bildung von Galaxien zu liefern. Na, phantastisch! Allerdings ist die Abweichung von der Gleichförmigkeit so gering, daß man die theoretischen Modelle nur mit größter Mühe so hinbiegen kann, daß Galaxien in der richtigen Verteilung herauskommen. Kürzlich wurde bekannt bekannt, daß es mit einer Mischung aus 25 Prozent heißer dunkler Materie und 75 Prozent kalter dunkler Materie hinhauen würde. Doch es gibt keinen unabhängigen Beweis für diese Zahlen. Und inzwischen haben andere Theoretiker durch Computersimulationen gefunden, daß sich in einem Universum mit $\Omega = 1$, dem bevorzugten Wert, die gegenwärtige Verteilung der Materie nicht hätte entwickeln können, wohl aber bei $\Omega = 0{,}25$, was der Zahl nahekommt, die Experimentatoren erhalten, wenn sie annehmen, daß es fehlende Massen nicht gibt.

Sherlock Holmes-Storys? Oder Ammenmärchen?

Die Glasmenagerie

Auf dem Grunde der ineinander verschachtelten Trichter des Reduktionismus finden wir mathematische Theorien, die immer weniger mit unserer gewohnten menschlichen Welt zu tun haben. Vielleicht führen alle Trichter letztlich, ganz unten, zu einem vereinheitlichenden Prinzip, der seit langem gesuchten Theorie von Allem. Philosophisch wäre eine solche Theorie, wie wir wiederholt erklärt haben, von ungeheurer Bedeutung – sie würde uns verraten, daß das Universum wirklich ein einheitliches Gebilde ist –, doch praktisch wäre sie wertlos, denn das, was weiter oben, bei höheren Trichtern, von Interesse ist, ist weitgehend unabhängig von dem, was sich ganz unten abspielt.

Die kontextbezogenen Sicht liefert ein ganz anderes Bild von der Wissenschaft und von der Welt, die diese kodifiziert. Eine wissenschaftliche Theorie ist auf der jeweiligen Ebene in dem in Kapitel 7 erläuterten Sinne »durchsichtig«. Ihre Erklärungen sind einfach und unabhängig von feinen Details der Trichter tieferer Ebenen. [Theorien sind so beschaffen, weil es das ist, was der menschliche Geist tatsächlich verwenden kann: die Praxis des Reduktionismus, nicht seine Rhetorik.] Wenn Sie jedoch durch diese Trichter hinunterschauen, werden Sie bestimmt etwas finden – weil die Welt eben so beschaffen ist. Zwar kann ein und derselbe Effekt auf eine Vielzahl interner Mechanismen zurückgeführt werden, doch gefällt es dem Universum, sich einen davon auszusuchen. Doch was auch immer es sein mag – das, was Sie finden, ist wiederum durchsichtig in unserem Sinne, auf seiner jeweiligen Ebene.

In dem Stück ›Die Glasmenagerie‹ von Tennessee Williams, das 1945 in New York uraufgeführt wurde, besitzt die scheue, gelähmte Laura eine Sammlung von gläsernen Tieren. Auf dem Höhepunkt des Stücks wird dem Einhorn durch ein Mißgeschick das Horn abgebrochen. »Jetzt wird es sich unter den anderen Pferden, die kein Horn haben, wohler fühlen«, sagt Laura.

Die Wissenschaft ist eine Glasmenagerie. Jedes Tier ist ein durchsichtiges System von zusammenhängenden Konzepten, ein Paradigma. Normalerweise braucht man, um dieses System von Konzepten zu benutzen, nicht hineinzuschauen. Doch wenn man einmal hineinschaut, stößt man auf eine andere Glasmenagerie. In dem Tier »Kristallographie« stecken gläserne Tiere namens »Punktsymmetrie«, »Atomgitter« und so weiter. In dem Tier »Atomgitter« stecken Tiere wie »Atom«, »Elektron«, »chemische Bindung«. Innerhalb des »Atoms« steckt ein Tier namens »Quantenmechanik«, in diesem wiederum Tiere wie »Störungsausbreitung«, »Hilbertraum«, »Schrödingergleichung«. Die ganze Struktur ist ein Fraktal, dessen Organisation sich auf jeder Ebene wiederholt. Jede Glasmenagerie ist eine bestimmte Sammlung von Tieren, aber jedes Tier ist aus durchsichtigem Glas, und Veränderungen innerhalb der gläsernen Tiere sind von außen unsichtbar. Wirklich bedeutsam sind nur äußere Veränderungen, wenn zum Beispiel das Einhorn sein Horn verliert.

Naturgesetze sind Tiere in der Glasmenagerie. Wir finden sie, indem wir einen Kontext wählen und in ihm nach Regelmäßigkeiten suchen. Unterschiedliche Kontexte führen zu unterschiedlichen Gesetzen. Einander überschneidende Kontexte führen zu komplementären Gesetzen, unterschiedlichen Ansichten von ein und demselben Gebiet. Newtons Gravitationsgesetz erklärt bestimmte Eigenschaften der Planetenbewegung, zum Beispiel elliptische Bahnen, auf durchsichtige Weise. Einsteins relativistische Version dieses Gesetzes erklärt andere Beobachtungen, zum Beispiel die Ablenkung von Licht durch einen Stern und allmähliche Veränderungen der Bahn des Merkur. In der Praxis nutzt die Wissenschaft beide Gesetze, und aus gutem Grund.

Kosmologen werden Ihnen vielleicht erzählen, daß Einstein Newton ersetzt habe. Das stimmt nur teilweise. Es gibt viele Probleme, die wir in einem Newtonschen Modell lösen, in einem relativistischen aber noch nicht einmal formulieren können. Ein Beispiel ist die Bewegung von Doppelsternen, zwei Sternen, die durch die Schwerkraft zusammengehalten werden. Ein Newtonsches Modell sagt voraus, daß die Sterne sich auf elliptischen Bahnen bewegen werden – das mathematische Problem ist dasselbe wie das von Mars und Sonne. In der allgemeinen Relativitätstheorie kann man noch nicht einmal die Gleichungen für einen Doppelstern aufstellen, von ihrer Lösung ganz zu schweigen. Es stimmt einfach nicht, daß die Relativitätstheorie alles, was Newton erklären kann, auch zu erklären vermag – und noch viel mehr.Die Newtonsche Gravitationstheorie kennt Erscheinungen wie die elliptischen Bahnen, die mit unserem Universum übereinstimmen. Die Relativitätstheorie kennt andere Erscheinungen, die in Newtons System nicht vorkommen. Das Universum benutzt für sein tägliches Geschäft vermutlich keine von beiden; die Modelle von Newton und Einstein sind für das menschliche Gehirn bestimmt, aber keine letzten Wahrheiten. Es sind sicherlich ziemlich gute Modelle, aber kaum ein Wissenschaftler glaubt heute ernstlich, daß ihre Gesetze wahr sind.[Kosmologen und Teilchenphysiker glauben es vielleicht, und beide müßten es besser wissen, da sie genau auf jenen Gebieten arbeiten, wo die Gesetze, die man erkannt hat, sich in den letzten fünfzig Jahren am einschneidendsten geändert haben.]

Gesetze sind keine zeitlosen Wahrheiten. Es sind kontextabhängige Regelmäßigkeiten, und je nachdem, welche Fragen wir stellen, fördern wir verschiedene Gesetze zutage. Dennoch funktioniert die Glasmenagerie der Wissenschaft phantastisch, gerade weil unterschiedliche Standpunkte unterschiedliche Aspekte der Welt beleuchten. Es besteht kein Grund für die Annahme, daß in ihr irgendwo ein einziges, ultimatives Gesetz versteckt ist – und erst recht kein Grund, sich eines zu wünschen.

[9] Die Entwicklung der Organisation

Pjotr dankte Iwan dafür, daß er ihm das Telefon erklärt hatte. »Was ich aber wirklich nicht verstehe, ist das Fernsehen. Ich guck mir die Fußballspiele an und sehe jeden Tag die Nachrichten, aber ich verstehe nicht, wie man bunte Bilder von einem Ende des Landes zum anderen sckicken kann, und das ohne Draht?«

Iwan überlegte kurz und fragte dann zurück: »Würdest du's denn mit Draht verstehen?«

Es ist schade, daß die Dinosaurier ausgestorben sind.

Angesichts des notorischen Talents der Menschen, große Tiere auszurotten, wären die Dinosaurier aber auch dann, wenn sie bis vor kurzem überlebt hätten, inzwischen wohl verschwunden. Dinosaurier haben dennoch eine ungeheure Anziehungskraft. In Micheal Crichtons Roman ›Jurassic Park‹ und Steven Spielbergs Filmknüller gleichen Namens läßt eine Gentechnik-Firma die Dinosaurier wieder auferstehen; sie sequenziert deren DNS, die sich im Körper blutsaugender, in Bernstein eingeschlossener Insektenfossilien findet. Wäre es nicht phantastisch, wenn man das realisieren könnte?

Das British Museum veranstaltete im Juli 1991 eine Konferenz über die Wiederherstellung der DNS aus archäologischen Funden. Dieses Verfahren kann zur Klärung von Fragen beitragen, die von den Wanderungsbewegungen des Urmenschen bis zum Quagga reichen, einem zebraähnlichen Tier, das erst vor gut hundert Jahren ausgestorben ist. Die Konferenzveranstalter rechneten mit dreißig Teilnehmern, aber sie wurden regelrecht überlaufen. Grund war ein Artikel im Wissenschaftsteil der ›New York Times‹, der die Möglichkeit andeutete, aus »fossiler« DNS einen Dinosaurier zu rekonstruieren.

Bis vor kurzem war die älteste DNS, die man sequenziert hatte, etwa 5500 Jahre alt. Sie entstammte einem menschlichen Knochen. Doch 1991 extrahierte Edward Golenberg DNS aus achtzehn Millionen Jahre alten fossilen Magnolienblättern. Diese großartige Leitung wurde 1992 übertroffen, als ein Team unter Rob de Salle zweiunddreißig Millionen Jahre alte Termiten-DNS und ein anderes Team unter Raul Cano ebenso alte Bienen-DNS sequenzierte. Mitte 1993 konnten Forscher der California Polytechnic State University die Rekordmarke auf 120 Millionen Jahre erhöhen, indem sie die DNS eines Rüsselkäfers von der Unterfamilie der Nemonychinae sequenzierten. In allen Fällen wurde die Bernstein-Methode aus ›Jurassic Park‹ benutzt, allerdings für die DNS der Insekten und nicht der ihrer Opfer. Crichton war kein so großer Prophet wie es scheinen könnte: Die Methode war Jahre zuvor in der wissenschaftlichen Literatur vorgestellt worden.

Nach unserer Beschreibung lebender Organismen in Kapitel 3 könnte man meinen, sie seien bloß die räumliche Realisierung eines DNS-Codes, so wie ein Jumbojet eine räumliche Realisierung von Ingenieur-Blaupausen ist. Man könnte glauben, die DNS eines Organismus enthalte im Prinzip alles, was notwendig ist, um ihn aufzubauen. Wie die Aufregung um Dinosaurier-DNS zeigt, ist dieser Glaube an ein eindeutiges Abbildungsverhältnis zwischen DNS und Organismus bei den Medien und beim Publikum verbreitet. Das ist kein Wunder, denn diesen Glauben teilen, stillschweigend oder explizit, auch Wissenschaftler. Nehmen wir an, Wissenschaftler bekämen irgendwie ein vollständiges, perfekt erhaltenes Genom, den gesamten DNS-Code eines Dinosauriers, in die Hände. Könnten sie dann einen Dinosaurier bauen?

Um diese Frage zu beantworten, müssen wir uns um die Rolle der DNS als Information und um die nichtgenetischen Einflüsse kümmern, die gleichfalls auf die Entwicklung einwirken [und nicht im DNS-Code enthalten sind]. Wir werden zeigen, daß diese äußeren Einflüsse den Zusammenhang zwischen der DNS und den Organismen schwächen, so daß es grundsätzlich möglich ist, daß zwei ganz verschiedene Geschöpfe in der DNS identisch sind. Danach kommen wir zurück auf das seit jeher rätselhafte Verhältnis zwischen Genen und Merkmalen, um schließlich zu prüfen, was dies alles für den Bau von Dinosauriern bedeutet.

Die Information in Ihrer Hand

Jede Zeit interpretiert das Universum anhand dessen, was ihr jeweils wichtig erscheint. Frühe animistische Völker deuteten den Sternenhimmel als einen Zoo voller Menschen und Tiere – der Jäger, der Schwan, der Löwe, der Hund. Das mechanistische Zeitalter brachte im 18. Jahrhundert eine mechanistische Philosophie hervor; im Uhrwerk-Universum war Gott der Uhrmacher, der die Räder in Gang setzte und dann zurücktrat, um den Gang seiner Schöpfung zu betrachten; neuentdeckte Sternbilder der südlichen Hemisphäre nannte man Oktant, Mikroskop und Südliches Dreieck. Unser heutiges Computerzeitalter versteht das Universum als einen sich ständig wandelnden Informationsfluß, und wenn wir heute die Sterne entdecken würden, wären wir sofort instinktiv bestrebt, ihre Botschaft zu entschlüsseln.

Als Crick und Watson – im Computerzeitalter – auf die Doppelhelix und ihre aperiodische Basensequenz stießen, war es unvermeidlich, daß man die DNS als ein »Programm« oder einen »Code« deutete, der die genetische Information enthält, aus der wir alle hervorgegangen sind. In seinem Buch ›Mind Tools‹ sagt Rudy Rucker zum Beispiel: »Ihre Hand ist nach bestimmten Instruktionen gestaltet, die in Ihrer DNS verschlüsselt sind. Die Länge dieser Instruktionen ist ein Maß für die Information, die in Ihrer Hand steckt.« Hier wird die DNS als eine genetische Nachricht aufgefaßt, die von den Eltern an die Nachkommen weitergegeben wird, als eine Liste von Instruktionen, vergleichbar einem besseren Strickmuster. Wie wir beim Blick auf ein Strickmuster erkennen, welcher Teil für die Gestaltung des Kragens oder des Ärmellochs maßgebend ist, so müßten wir, wenn wir schlau genug wären, bei einem Blick auf das DNS-Muster erkennen, welcher Teil für die Gestaltung einer Hand verantwortlich ist.

Oder für einen Dinosaurier.

Und natürlich muß das Strickmuster mehr Informationen enthalten, wenn wir einen besonders komplizierten Pullover stricken wollen, zum Beispiel mit einem dreidimensionalen Spitzeneffekt, der an Schmetterlinge vor einer Binsenlandschaft erinnert. Längere DNS-Sequenzen werden daher den Code für kompliziertere Teile des Organismus enthalten, und komplizierte Organismen werden mehr Information enthalten. Hinter Ruckers Aussage steht die Vorstellung: Die DNS ist das Buch des Lebens. Man kann sich vorstellen, das genetische Handbuch durchzublättern auf der Suche nach dem Satz, der Hämoglobin produziert, dem Absatz, der eine Blutzelle produziert, dem Kapitel, das eine Arterie produziert – und sogar nach dem Appendix, der einen Appendix produziert. Die Propaganda für das Großprojekt der Sequenzierung des menschlichen Genoms greift oft explizit auf das Gleichnis vom Buch des Lebens zurück. Dies ist das Weltbild der »Gengenieur«-Storys des Science-Fiction-Autors Tom Easton, in denen man die Beutel-Seite aus dem Buch des Kängurus herausreißen und in das Buch des Albatros einkleben kann, so daß Luftpost herauskommt. Vor allem steckt darin die Vorstellung von der Information als einer Datenkette: Je länger die Befehlssequenz, desto mehr Information enthält sie.

Weil »Vierbeiner« mehr Buchstaben enthält als »Hund«, muß die Nachricht »Struppi ist ein Vierbeiner« nach dieser Ansicht natürlich mehr Information enthalten als »Struppi ist ein Hund«. Wenn Sie einer Auster sagen: »Mache mir eine Perle«, hat die Mitteilung die physikalische Form eines Sandkörnchens, doch sie produziert ein wunderbares glänzendes Resultat; dieses Sandkorn muß eine erstaunliche Menge an Informationen enthalten haben. Aus der Tatsache, daß die DNS von Säugern weniger Basen enthält als die einer Amphibie, folgt, daß Säuger ziemlich einfache Geschöpfe sind. Man braucht diesem Denkmuster nur kurz zu folgen, um zu erkennen, daß an der Metapher von der DNS als Nachricht etwas nicht stimmt. Das übliche Informationsmaß – die Zahl der Zeichen in einer Nachricht – eignet sich gut für seinen ursprünglichen Zweck, den Ingenieur, der Geräte für das Senden und Empfangen einer Nachricht bauen soll, zu informieren. Was die Nachricht bedeutet, ist diesen Geräten gleichgültig. Bedeutung ist eine Qualität, keine Quantität, und sie ist hochgradig kontextabhängig.

Die Vorstellung von der DNS als genetischer Information paßt auch nicht recht zum Phänomen der Konvergenz. Verschiedene Ursachen können dieselbe Wirkung hervorrufen. [Das Fliegen zum Beispiel ist in der Geschichte der Evolution mindestens viermal erfunden worden: von den Pterosauriern, den Insekten, den Vögeln und den Fledermäusen. Der Flügel ist eine verschiedenen Lebewesen gemeinsame Struktur, aber die eben genannten Geschöpfe besitzen keine gemeinsame DNS-Sequenz, die Flügel produziert.] Auch innerhalb einer Art ist ein hohes Maß an Konvergenz zu beobachten. Als wir die »Programm«-Metapher für die DNS einführten, ging es darum, daß sich die Entwicklung der Kaulquappen zu Fröschen in Tümpeln vollzieht, deren Temperatur im Tagesverlauf erheblich schwankt, und wir wiesen darauf hin, daß viele der genetischen Instruktionen in Frosch-DNS Bedarfspläne für Temperaturänderungen sind. Damit steht für die Bestimmung des engeren Entwicklungsprogramms, das von den Pufferungsroutinen eingerahmt ist, sehr viel weniger Information zur Verfügung. Frösche haben zwar mehr DNS als Menschen, aber wir ahnen doch, daß der ausgewachsene Frosch ein viel zu kompliziertes Objekt ist, als daß die uns bekannte Informationsmenge in seiner DNS ihn hervorgebracht haben könnte. Auch die Verbindungen zwischen den Nervenzellen im menschlichen Gehirn sind so kompliziert, daß die in der menschlichen DNS enthaltene Information sie wohl kaum beschreiben könnte.

Nicht, daß das Bild von der DNS als Programm vollkommen falsch wäre, aber das »Programm« ist nur ein Teil des Entwicklungsprozesses. Wie steht es mit dem Computer? Wie funktioniert der? Wie führt die Information in der DNS zu einem vollentwickelten Organismus? Was ist dazu noch nötig? Das sind wichtige Fragen, und das übliche Informationsmaß – die Länge der DNS-Nachricht – ist für sie nur von untergeordneter Bedeutung. Die Metapher von der DNS als einer Nachricht, die von den Eltern abgeschickt und von den Nachkommen empfangen wird, hält näherer Untersuchung nicht stand. Wenn die Nachricht abgeschickt wird, ist kein Empfänger da. Die Nachricht soll ja gerade beschreiben, wie der Empfänger zu konstruieren ist! Genaugenommen ist der genetische Code gar kein Code. Codes müssen geschrieben und gelesen werden; Nachrichten müssen ver- und entschlüsselt werden. Es stimmt zwar, daß die DNS Proteine kodiert, das heißt, determiniert. Es gibt aber nicht den umgekehrten Vorgang, daß Proteine zu DNS verschlüsselt werden. Die DNS-Nachricht wird nicht abgeschickt, sondern kopiert, wobei sie den Komplikationen der geschlechtlichen Fortpflanzung ausgesetzt ist, und an dem Vorgang, durch den der DNS-Code in Nachkommen umgesetzt wird, ist auch der elterliche Organismus beteiligt.

Weil wir gegenwärtig nur Informationstechniken und Nachrichten als Bitstrings im Kopf haben, befassen wir uns fast ausschließlich mit der DNS als Software und übersehen die kontextuelle Hardware, in der sie Wirkungen hervorruft. Es werden, wie wir gesehen haben, neben der DNS auch andere Dinge von den Eltern an die Nachkommen weitergegeben, die zwar biochemisch mit der DNS vergleichbar sind, aber nach unserer Ansicht keine Information vermitteln, da sie – so glauben wir – nichts kodieren. Dafür ein paar Beispiele. Das Ei der meisten Tiere, die sich sexuell fortpflanzen, beginnt sich ohne Beteiligung der embryonalen Gene zu entwickeln, und erst wenn der Grundbauplan des Embryos hinreichend weit entwickelt ist, übernehmen seine eigenen Gene die Kontrolle. Bei Säugern geht es noch weiter; sie investieren sehr viel mehr in die Mutter und vereinfachen dadurch das, was in die DNS des Embryos gesteckt werden muß. Die Frosch-DNS ist weitgehend mit alternativen Enzym-Wegen für unterschiedliche Temperaturn befaßt. Anders bei Säugern, bei denen die Temperatur im Uterus durch das regulatorische System der Mutter konstant gehalten wird, so daß sie die entsprechenden Informationen nicht in ihre DNS stecken müssen. Aus diesem Grund enthält Säuger-DNS weniger Basen als Amphibien-DNS, und dennoch schafft sie es, Tiere zu produzieren, die eindeutig komplexer sind. Man könnte über ein künftiges Super-Säugetier spekulieren, daß die »zusätzliche« DNS zu nutzen weiß.

CD-Spieler und Jukeboxen

Für die Interpretation von Nachrichten – für ihre Bedeutung – ist der Kontext entscheidend. Denken Sie statt an eine DNS-Blaupause, die verschlüsselt einen Organismus enthält, an eine Kompaktdisk, die verschlüsselt Musik enthält. Die biologische Entwicklung ist einer CD vergleichbar, die statt Musik Anweisungen für den Bau eines neuen CD-Spielers enthält. Die Anweisungen sagen Ihnen, wie Sie einen neuen CD-Spieler herstellen, aber Sie können sie nicht lesen, wenn Sie nicht schon einen haben. Die Qualität des neuen CD-Spielers hängt daher nicht nur von der Qualität der verschlüsselten Anweisungen ab, sondern auch von der Qualität der Maschine, mit der Sie die CD lesen. Es könnte Ihnen passieren, daß Ihre CD mit allen Details einen dem Stand der Technik entsprechenden CD-Spieler beschreibt, der zwölf Kanäle, Frequenzausgleich und das Neueste in Sachen Rauschunterdrückung besitzt, daß Sie sie aber auf einer Maschine abspielen, die so schrecklich rauscht, daß Sie die Anweisungen gar nicht verstehen.

Hinge die Bedeutung nicht vom Kontext ab, müßte der Code auf der CD eine inhärente Bedeutung haben, die vom Abspielgerät unabhängig ist. Zwei Extremfälle sind denkbar. Der eine ist der übliche Spieler, der den Code auf der CD in der von den Konstrukteuren beabsichtigten Weise in Musik umsetzt. Der andere ist eine Jukebox. Bei einer normalen Jukebox werfen Sie Geld ein und drücken dann ein paar Tasten, um bestimmte Zahlen zu wählen; die Maschine spielt dann das gewählte Musikstück. Die Nachricht, die Sie abschicken, besteht einzig aus dem Geld und den Zahlen, doch im Kontext der Jukebox werden diese als Musik von mehreren Minuten Dauer interpretiert. Im Prinzip könnte jeder beliebige numerische Code jedes von Ihnen gewünschte Musikstück »bedeuten« – es hängt nur von der Einstellung der Jukebox ab. Wir stellen uns nun eine Jukebox vor, die auf ebenso willkürliche Weise auf eine CD reagiert. Die Ingenieure, die die Jukebox konstruieren, benutzen den digitalen Code der ersten Takte der auf der CD aufgezeichneten Musik, um eine Zahl zu definieren, und sie richten die Jukebox so ein, daß sie das Musikstück spielt, das sie dieser Zahl zuordnen. Jetzt können CDs auf ganz unterschiedliche Weise gelesen werden. Wenn Sie die CD in die eine Maschine stecken, ertönt die ›Eroica‹, doch wenn Sie sie in die andere Maschine stecken, veranlaßt sie den Apparat, ›Monster Mash‹ zu spielen – oder irgend etwas anderes, worauf die Jukebox eingestellt ist: ›Warum ist es am Rhein so schön‹, ›Es gibt kein Bier auf Hawaii‹ oder das Paarungsgeschrei der Brüllaffen.

Niplphut: »Ich habe eine eurer Duft-Symphonien erprobt.«

Käpt'n Arthur: »Wie bitte?«

Niplphut: »Der Gesamtaufbau zeigt eine gewisse Kohärenz, aber ich muß gestehen, ich fand die einzelnen Zwischenspiele ziemlich merkwürdig/verwirrend [Unzutreffendes streichen]. Sehr originell, aber die Duftkombinationen waren reichlich ungewöhnlich. Der Einsatz von Vogelscheuchen-Essenz in Verbindung mit modriger Protzwurzel war allerdings hervorragend.«

Käpt'n Arthur: »Niplphut, ich hab' nicht die blasseste Ahnung, wovon du sprichst.«

Niplphut: »Ich habe mir eine Disk aus eurer Schiffsbibliothek ausgeliehen. Sie hat ein Format, das meine Heim-Dmusikbox lesen kann.«

Käpt'n Arthur: »Deine Hemdmusikbox?«

Niplphut: »Nein. Euer Übersetzer hat ein Wort erfunden – ›Dmusik‹. Das ist eine Kunstform, die Duftsequenzen in rhythmischer zeitlicher Organisation verwendet.«

Käpt'n Arthur: »Und unsere Disk ist in einem Format, das auf euren Maschinen läuft?«

Niplphut: »Unsere Dmusikbox ist sehr vielseitig. Bei uns herrscht lebhafte Konkurrenz, und jeder Hersteller besteht auf seinem eigenen Format. Die Dmusikbox analysiert die Daten auf der Disk und sucht dann das passende Format aus.«

Käpt'n Arthur: »Aha, ich verstehe ... Halt mal, Niplphut! Wir machen doch gar keine Disks mit Dmusik drauf! Zeig doch mal!«

Niplphut: »Da.«

Käpt'n Arthur: »Dachte ich mir's doch. Dies ist Stanleys Kopie von ›Jurassic Pork: Revenge of the Pigosaur‹. Was du gerochen hast, ist ein klassischer politisch-philosophischer Film, Niplphut.«

Niplphut: »Das erklärt so manches.«

Die Bedeutung einer Nachricht hängt vom Kontext ab. Bei einem Leuchtkäferweibchen zieht ein einziger Blitz vom Männchen eine Fülle komplizierter Anweisungen nach sich. Das Weibchen ist eine Jukebox, die darauf wartet, daß ihre Tasten gedrückt werden. Das Männchen auch, nur mit anderen Details. Ob etwas eine Nachricht ist, hängt vom Kontext ab: Sender und Empfänger müssen sich über ein Protokoll für die Umwandlung von Bedeutungen in Symbole und umgekehrt einig sein. Im Falle der biologischen Entwicklung besteht das Protokoll – der gemeinsame Kontext – in den Gesetzen von Physik und Chemie, denn die Moleküle werden umgebaut, und neue Moleküle entstehen. Das Resultat ist unglaublich kompliziert, aber nicht bloß, weil die Nachricht sehr lang ist. Ihre Komplexität wird nicht von der Anzahl der Basen in Ihrer DNS-Sequenz bestimmt; sie wird bestimmt von der Komplexität der Ereignisse, die von diesen Basen im Kontext der biologischen Entwicklung ausgelöst werden können, von der Bedeutung der DNS-Nachricht, wenn sie von einer feinabgestimmten, gebrauchsfertigen biologischen Maschine empfangen wird. wird. Die Entwicklung Ihrer Hand zum Beispiel gehört zum Endergebnis einer Reihe von Prozessen, in denen Ihr Skelett, Ihre Muskeln, Ihre Haut und so weiter ausgebildet wurden. Jede Stufe hängt vom aktuellen Zustand anderer Stufen ab, und sie alle hängen ab von kontextuellen physikalischen, biologischen, chemischen und kulturellen Prozessen, bezüglich derer keine Information als solche empfangen werden muß.

Aus ähnlichen Gründen sind Ihre makroskopischen Einfachheiten – erkennbare Strukturen mit erkennbaren Funktionen wie die Hände zum Halten von Dingen und die Beine zum Gehen – nicht säuberlich verschlüsselt als wohldefinierte DNS-Subsequenzen, als Absätze im Buch des Lebens. Ihre makroskopischen Einfachheiten sind vielmehr emergente Phänomene, die erst auftreten, wenn das System, das die Nachricht interpretieren muß, das Chaos seiner einzelnen Buchstaben beendet und versteht, was die Nachricht bedeutet. Bedeutung ist eine Frage des Kontextes, nicht des Inhalts. Die Zahl 911 hat keine inhärente Bedeutung. Im Kontext des US-amerikanischen Telefonnetzes bedeutet sie »Notruf«; im Kontext einer Lotterie könnte sie »Niete« bedeuten, und im Kontext des Wohnens bedeutet sie, daß Sie in einer ziemlich langen Straße wohnen. Eine DNS-Sequenz kann ebensowenig eine Hand »kodieren«, wie eine Auto-Blaupause die Straßenlage »kodieren« kann. Ihre Hand enthält Fleisch, Blut und Knochen – aber keine Information.

Die Dynamik der Entwicklung

Auf welche Weise führt nun die biologische Entwicklung zu organisierten, komplexen Strukturen? Im letzten Kapitel haben wir uns – bezogen auf Physik und Chemie – gegen die Vorstellung gewandt, daß es nur interne Faktoren sind, von denen das Funktionieren von Dingen abhängt. Wir wollen jetzt zeigen, daß dies auch für die Biologie gilt, daß der Zusammenhang zwischen der DNS-Chemie und der Entwicklung sehr viel schwächer ist, als man gemeinhin glaubt. Das wird nicht nur dem reduktionistischen Programm gehörig zusetzen, sondern auch die Ansicht erschüttern, die Entwicklung sei ein rein interner Prozeß.

An der Entwicklung scheinen sowohl dynamische als auch chemische Vorgänge beteiligt zu sein. Wenn der Froschembryo sich während der Gastrulation einstülpt, erscheint er wie eine viskose Flüssigkeit, die vollkommen natürlich fließt. Ein Teil der für die Steuerung dieses Prozesses erforderlichen »Information« könnte von den Gesetzen für Flüssigkeiten stammen, nicht von der DNS. Brian Goodwin sieht in der Entwicklung eine Kombination der natürlichen Dynamik des »freien Flusses« mit einer DNS-programmierten Intervention, durch die eine bestimmte dynamische Form stabilisiert wird. Warum sollte die Natur ihre Kräfte vergeuden, indem sie die Form des Organismus in die DNS programmiert, wenn die Gesetze der Physik diese Form umsonst liefern? Das wäre so, als würde man der DNS einprogrammieren, daß Salzkristalle würfelförmig sein müssen. Das Auge zum Beispiel – eine Form, die sowohl Darwin als auch seinen Kritikern Kopfzerbrechen machte – ergibt sich dynamisch ohne größere Zwänge. Rudimentäre Augen können sich sehr spontan ohne irgendeine spezielle DNS-Kodierung bilden. Die natürliche Auslese kann dann das rudimentäre Auge weiter verfeinern, aber es ist die Dynamik, die der Evolution eine Vorgabe macht.

Diese dynamische Auffassung der Morphogenese hat eine Reihe weiterer

Vorzüge. Sie erklärt zum Beispiel die konvergente Evolution als einen dynamischen Attraktor, auf den viele verschiedene Anfangszustände konvergieren; und sie erklärt die Formstabilität von Organismen als die dynamische Stabilität von Attraktoren. Die Dynamik bietet einen geeigneten Kontext für die Entwicklung, sie unterwirft das, was möglich oder wahrscheinlich ist, natürlichen Beschränkungen, und sie sagt uns, welche Formen für die Evolution »bergab« liegen könnten.

Wir wissen sehr wenig über die Bedeutung des DNS-Codes. Im heutigen biologischen Wissen klafft eine riesige Lücke: Wir können die Nachricht Buchstabe für Buchstabe lesen und ein einzelnes Wort oder gar einen ganzen Satz lokalisieren, dessen Bedeutung – zum Beispiel »Hämoglobin« – wir erkennen, aber wir haben keine Ahnung, welche Geschichte das Buch des Lebens wirklich erzählt. Die Regeln für das Lesen des DNS-Codes sind entscheidend für die Bestimmung der empfangenen Nachricht, doch die beteiligten Prozesse sind außerordentlich komplex und bislang kaum verstanden.

Externe Effekte in der Entwicklung

Wissenschaftler sind von der Replikation der DNS so beeindruckt, daß sie dazu neigen, sie als das archetypische selbstreplizierende System aufzufassen. Richard Lewontin hat jedoch gezeigt, daß die DNS, was immer sie sonst sein mag, nicht selbstreplizierend ist. DNS in ein Reagenzglas zu tun und darauf zu warten, daß sie sich selbst repliziert, ist so, als ob man einen Brief auf einen Tisch legt und wartet, daß er sich selbst kopiert. Der Brief ist zu seiner Vervielfältigung auf einen Fotokopierer angewiesen, und die DNS ist auf eine voll funktionierende Zelle angewiesen. Millionen von Kopien eines und desselben Dokuments liegen herum, und die Biologen lesen es aufmerksam, in der Hoffnung, zu verstehen, wie es sich selbst kopiert. Währenddessen steht der Fotokopierer einsam und unbeachtet in der Ecke. Zugegeben, sie glauben, daß das Dokument eine Blaupause für den Fotokopierer enthält, aber kann man die Blaupause verstehen, ohne den Fotokopierer auseinanderzunehmen, um zu sehen wie er funktioniert?

Die frühe Entwicklung eines Embryos wird nicht von seiner eigenen DNS kontrolliert, sondern von der Architektur des Eis und von maternalen Genen. In zahlreichen Experimenten hat man den natürlichen Zellkern einer Zygote durch den einer anderen Art ersetzt, und die Entwicklung ging genauso weiter, wie sie mit dem ursprünglichen Zellkern verlaufen wäre. Erst wenn der Embryo einen bestimmten Organisationsgrad erreicht hat, beginnen seine Zellen, spezielle Gensequenzen in ihrem eigenen Kern zu mobilisieren. Der genetische Inhalt der Zelle schließt viele mögliche Verhaltensweisen ein, doch der Kontext entscheidet darüber, welche Potentialitäten realisiert werden.

In Kapitel 3 haben wir einen Computervergleich eingeführt: Die DNS ist Software, und die Ablesemechanismen des Eis sind Hardware. Tatsächlich schreiben bestimmte DNS-Sequenzen vor, welche Aminosäure an welche Transfer-RNS geheftet wird; die Methode der Replikation des genetischen

Codes ist innerhalb des Codes selbst festgelegt. Das allein versetzt der Auffassung, die in der DNS das Buch des Lebens für die Entwicklung sieht, noch nicht den Todesstoß, aber es zwingt zu ihrer Modifikation. Wir müssen den Organismus als ein kompliziertes selbstbezügliches Produkt der DNS sehen. Können wir dann weiter behaupten, daß alles letztlich auf den Inhalt der DNS zurückgehe? Wir können es nicht, wegen des Unterschieds im Timing. Ein Teil der relevanten DNS kommt von der gegenwärtigen, ein Teil von der vorigen Generation. Diese Generationskluft ändert die Sache vollkommen; sie bedeutet, daß von einem eindeutigen Abbildungsverhältnis zwischen DNS-Sequenzen und Organismen keine Rede sein kann. Somit ist das Bild vom Buch des Lebens aber irreführend und muß aufgegeben werden.

Die folgenden Beispiele sind ziemlich eindeutig, aber das schadet nichts. Die Raupe hat dieselbe DNS wie der Schmetterling, die Made hat dieselbe DNS wie die Fliege, der menschliche Embryo hat dieselbe DNS wie die Großmutter, zu der er schließlich wird, und der Axolotl benutzt sein »erwachsenes« DNS-Programm gar nicht. Wenn Sie den DNS-Code in einem Schmetterlingsei implementieren, bekommen Sie eine Raupe, wenn Sie ihn in einer verpuppten Raupe implementieren, bekommen Sie einen Schmetterling.

Das ist verwirrend, aber es könnte dennoch möglich sein, die DNS als das Buch des Lebens zu verstehen. Vielleicht geschieht hier folgendes: Die DNS existiert in zwei getrennten Teilen. Der eine dient dem Aufbau einer Raupe, der andere dem Aufbau eines Schmetterlings. Man könnte dann argumentieren, daß es doch ein Abbildungsverhältnis zwischen DNS und Organismus gibt, daß dieses Abbildungsverhältnis sich aber auf die Teile und nicht auf das Ganze bezieht. Es könnte auch sein, daß bestimmte Teile der menschlichen DNS dem Aufbau des frühen Embryos dienen, daß dann andere Teile den Embryo zu einem Baby umbauen, daß daraufhin andere Teile [ein männlicher und ein weiblicher Bausatz] für den Erwachsenen benutzt werden und schließlich ein Senilitäts-Bausatz den Erwachsenen aus dem Weg räumt, damit er nicht mit seinem eigenen Nachwuchs konkurriert. Ein solches Puzzle-Modell der Entwicklung, in dem alle Teile und Stadien als gesonderte Programme in der DNS präformiert sind, wäre ein möglicher Weg, um komplizierte Organismen aufzubauen. Nun wissen wir zwar nichts Genaues über Raupen-DNS, aber wir wissen mit Bestimmtheit, daß die meisten Organismen die DNS-Bausatzmethode nicht verwenden. Alle wichtigen formbildenden Gene, zum Beispiel die homöotischen Sequenzen, werden immer wieder benutzt, allerdings in unterschiedlichen Kontexten.

Froschodil und Hypnoceros

Wir können jedoch zeigen, daß das Bild vom Buch des Lebens schon im Ansatz unvollständig sein muß. Aus dem, was wir bereits wissen, ergibt sich, daß sehr viel mehr passiert als im DNS-Buch geschrieben steht. Zunächst wollen wir durch ein Gedankenexperiment zeigen, daß zwei ganz verschiedene Organismen – sie sind weitaus verschiedener als Raupe und Schmetterling, stellen nicht Umwandlungsstadien »desselben« Organismus dar – exakt die gleiche DNS haben könnten. Die Basensequenz ihres Erbmaterials könnte identisch sein, und dennoch könnten sie sich mit ihm zu verschiedenen Wesen entwickeln, sich fortpflanzen und verschieden bleiben. Könnte so etwas in natura geschehen? Oh, das ist eine andere Frage. Zunächst das Gedankenexperiment.

Sie erinnern sich, daß es bei den DNS-Sequenzen eine Hierarchie der Organisationsebenen gibt: Einige kodieren die Proteinerzeugung, einige schalten andere Gene in der richtigen Reihenfolge an und so weiter. Dieser Bedeutungsunterschied der DNS-Subsequenzen ist entscheidend. Angenommen, wir sequenzieren das Genom zweier fiktiver Geschöpfe, etwa des Froschodils und des Hypnoceros, und stoßen schließlich bei beiden auf eine Struktur wie in Abbildung 43. Die ersten Stadien der Froschodil-Entwicklung, von diesem DNS-Code vorgeschrieben, sind folgende: Die Anwesenheit des Proteins Froschodoin, das von der Mutter durch ihr maternales Gen bereitgestellt wird, betätigt Schalter, die Gene aktivieren, welche die Entwicklung der Froschodil-Morphologie kontrollieren. Praktisch der gesamte Aufbau wird von Tausenden von Struktur- und Organisationsgenen erledigt, die Proteine herstellen, sie verschieben und so weiter. Das maternale Gen für die Froschodoin-Erzeugung wird gleichfalls aktiviert, so daß dieses Protein bei der Fortpflanzung des ausgewachsenen Froschodilweibchens in ihrem Ei vorhanden sein wird. Andererseits werden die Gene, die zur Entwicklung der Hypnoceros-Morphologie führen könnten [sie greifen, wenn auch in anderer Reihenfolge, auf dieselben Struktur- und Organisationsgene zurück], und das maternale Gen für die Hypnocerin-Erzeugung zunächst nicht aktiviert. Falls sie aktiviert werden, sorgt ein Enzym für die Zerstörung des Hypnocerins. [Wir fügen diesen Schritt hinzu, um sicherzustellen, daß alle Gene aktiviert werden, sonst wäre der Trick zu einfach.]

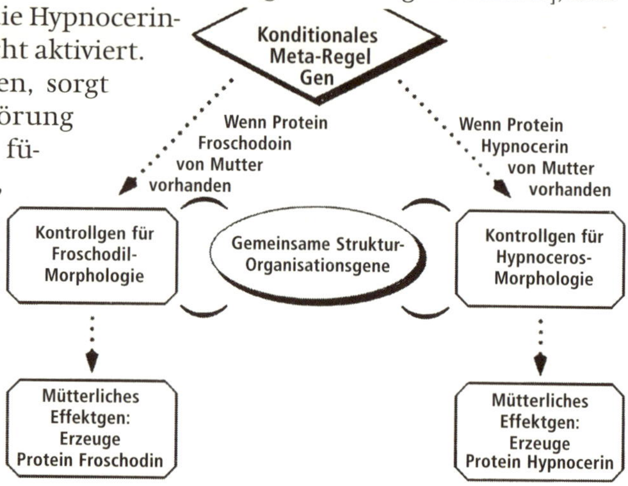

Abbildung 43: Eine Geschichte von zwei Genomen

Die ersten Stadien der Hypnoceros-Entwicklung, die von demselben DNS-Code vorgeschrieben werden, sind folgende: Die Anwesenheit des Proteins Hynocerin, das von der Mutter durch ihr maternales Gen bereitgestellt wird, betätigt Schalter, die Gene aktivieren, welche die Entwicklung der Hypnoceros-Morphologie kontrollieren. Praktisch der gesamte Aufbau wird von Tausenden von Struktur- und Organisationsgenen erledigt, die Proteine herstellen, sie verschieben und so weiter. Das maternale Gen für die Hypnocerin-Erzeugung wird gleichfalls aktiviert, so daß dieses Protein bei der Fortpflanzung des ausgewachsenen Hypnocerosweibchens in ihrem Ei vorhanden sein wird. Andererseits werden die Gene, die zur Entwicklung der Froschodil-Morphologie führen könnten [sie greifen, wenn auch in anderer Reihenfolge, auf dieselben Struktur- und Organisationsgene zurück], und das maternale Gen für die Froschodoin-Erzeugung zunächst nicht aktiviert. Falls sie aktiviert werden, sorgt – aus demselben Grund wie zuvor – ein Enzym für die Zerstörung des Froschodoins.

Wenn man annimmt, daß beide Geschöpfe auf den gesamten gemeinsamen Bestand an Tausenden von Struktur- und Organisationsgenen zurückgreifen, werden durch ihre Entwicklung alle Gene aktiviert. Der Unterschied im vollständigen Genom ist null. Natürlich. müssen die beiden Geschöpfe nicht unbedingt auf einen so großen Teil ihrer gemeinsamen Gene zurückgreifen, aber es ist bemerkenswert, wie groß ihre Gemeinsamkeit selbst dann sein könnte, wenn man nur die Gene berücksichtigt, auf die tatsächlich zurückgegriffen wird.

Sollte ein solches doppelt verwendbares Genom jemals in der Natur auftreten, würden die beiden mit ihm verknüpften Arten natürlich der Evolution unterliegen, und ihre DNS würde sich verändern. Doch über eine lange Zeit würde es zwei völlig verschiedene Arten mit nahezu identischer DNS geben, die sich weiterhin mittels desselben kontextabhängigen Mechanismus fortpflanzen.

Was sagt uns dieses erfundene Beispiel des Froschodils und des Hypnoceros über die reale Genetik? Am Schluß von Kapitel 3 verglichen wir das sich entwickelnde Ei mit einem neuen Computer, der von Mutter mit einer Startdiskette versorgt wird. Diesen Vergleich müssen wir nun aufgrund einer stärker kontextbezogenen Betrachtung korrigieren, weil aus dem Froschodil-Hypnoceros-Gedankenexperiment hervorgeht, daß es sich genau umgekehrt verhält. [Das ging uns erst bei der Überarbeitung dieses Kapitels auf, und wir fragten uns, was wohl die Zarathustraner von unserer ganzen kontextbezogenen Betrachtungsweise halten würden. Wir nehmen unsere außerirdischen Freunde jetzt ernster und hören auf das, was sie uns sagen.] Mutter liefert die »Hardware«, die Zelle, die sich dann zu entwickeln beginnt; das Neue ist die Software, die DNS innerhalb des Eis [sie entsteht aus der Kombination von Sequenzen von Vater und Mutter und ist charakteristisch für das sich entwickelnde Kind]. Mutter stellt also nicht bloß die Startdiskette, sondern den ganzen Computer bereit. Es gibt überhaupt keine Startdiskette: Der Computer ist fix und fertig, bevor die Diskette mit der DNS-Software des Kindes eingelegt wird, und erst danach beginnt er dem Programm der kindlichen DNS zu gehorchen. Die Rolle von kindlicher DNS [Inhalt] und Mutter [Kontext] ändert sich jetzt erheblich. Im reduktionistischen Bild des Kapitels 3 beruht das ganze Wunder auf der kindlichen DNS, die den Prozeß vollständig kontrolliert – »Es steckt alles in der DNS«. Der mütterliche Kontext ist bloß ein Anlasser, der den Prozeß in Gang setzt. In unserem neuen Bild beruht das ganze Wunder auf dem mütterlichen Kontext, dem voll funktionierenden Ei, in das ein naiver Kern, der die kindliche DNS enthält, eingeführt und zum Laufen gebracht wird. Eben weil der Kontext mindestens so wichtig ist wie der Inhalt, können wir uns einen Fall vorstellen, in dem ein und dieselbe DNS-Nachricht sehr unterschiedliche Entwicklungs-Bedeutungen hat.

Alles gut und schön, werden Sie sagen, aber es ist doch sehr theoretisch, und die Natur verfährt ja anders; in Wirklichkeit hat eine gegebene DNS-Nachricht [ein vollständiges Genom] einen ganz bestimmten, eindeutigen Effekt.

Das stimmt nicht.

In Kapitel 4 erwähnten wir den Anglerfisch. Alle Larven haben denselben Genbestand, doch das Geschlecht [und damit die Körperform], das die Larve im Laufe ihrer Entwicklung annimmt, wird vom Kontext bestimmt, und der besteht in der Begegnung mit einem adulten Weibchen. Larven, die bis dahin überlebt haben und einem Weibchen begegnen, verwandeln sich in Männchen; die übrigen werden Weibchen. Dieser Prozeß führt nicht zu zwei verschiedenen Arten, aber zu zwei völlig verschiedenen Phänotypen – Körperformen –, und zwar aufgrund desselben allgemeinen Mechanismus wie beim Froschodil/Hypnoceros-System. Dies ist nicht das einzige Beispiel; ein anderes ist der Sternwurm [Bonellia], und bei ihm ist das Ganze im Labor überprüft worden. Lange hielt man männliche und weibliche Sternwürmer für verschiedene Arten. Das ist nicht erstaunlich, sind doch die Männchen winzige, wimperntragende Mikroorganismen aus rund 150 Zellen, während die Weibchen einen walnußgroßen, im Schlamm eingegrabenen Körper haben, von dem ein rund 15 Zentimeter langer Rüssel ausgeht, der sich am Ende gabelt und wimperntragende Rinnen besitzt. Die Männchen parasitieren in diesen Rinnen und werden dadurch zu Männchen. Wenn sie nicht in Rinnen wohnen, werden sie zu Weibchen. Auch hier ist die Genetik des sich entwickelnden Organismus bei Männchen und Weibchen identisch; das Geschlecht wird vom Kontext, nicht vom Inhalt bestimmt.

Wenn das Buch des Lebens nicht einmal sagt, welches Geschlecht entstehen soll, fragt man sich, was es sonst noch alles nicht sagt.

Sequenzierung des Zenoms

Unser Gedankenexperiment zur Nichteindeutigkeit der DNS ist nur eine von vielen Möglichkeiten, die Vorstellung von einem Abbildungsverhältnis zwischen DNS-Sequenz und Organismus zu widerlegen. Es gibt extremere Beispiele von Dingen, die die Natur tun könnte, aber [soweit wir wissen] nicht tut.

Niplphut: »Gute Neuigkeiten, Käpt'n!«

Käpt'n Arthur: »Habt ihr es endlich geschafft, euer der DNS entsprechendes ZNS-technisches Environment zum Laufen zu bringen? Phantastisch! Jetzt kriegen wir endlich ein richtiges Sojakunststeak statt des ekelhaften Zeugs, das eure Chemiker herstellen.«

Niplphut: »Nein, es tut mir leid/es ist mir eine Freude [Unzutreffendes streichen], euch davon in Kenntnis zu setzen, daß unsere Biologen dieses Problem noch nicht gelöst haben. Nein, ich spreche von dem größten Projekt, das die Zarathustraheit jemals in Angriff genommen hat.«

Stanley: »Was?«

Niplphut: Es geht um das Geheimnis des Lebens, das Oktiversum, ich glaube, sie haben nichts ausgelassen. Schaut! [Legt eine optische Disk auf den Tisch.] Ich habe sie eigens für euren Computer formatieren lassen.«

Käpt'n Arthur: »Vielen Dank! Ich weiß deine Großzügigkeit zu schätzen. Stanley, schauen wir uns doch mal dieses wunderbare Geheimnis an.«

Stanley: »Zu Befehl, Käpt'n.« [Schiebt Disk in den Schlitz und startet sie an einer beliebigen Stelle.]

Käpt'n Arthur: »Was sagt sie?«

Stanley: »ZZZZZZZZZZZZ.«

Käpt'n Arthur: »Werd wach, Mensch!«

Stanley: »Nein, auf dem Bildschirm steht ›ZZZZZZZZZZZZ‹. Das geht endlos so weiter.«

Niplphut: »Du mußt auf Schrott-ZNS gestoßen sein. Probier's anderswo, meist ist es sehr viel interessanter.«

Stanley: »ZZSWSWTXSSTXSWZZ.«

Käpt'n Arthur: »Klingt wie das Gurgeln eines Walroß.Was ist das?«

Niplphut: »Es ist unseren Wissenschaftlern gelungen, das Genom der Zarathustraner zu sequenzieren! Nach oktenlangen Bemühungen haben wir es endlich geschafft, die vollständige Sequenz der ZNS der Zarathustraner darzustellen. Ein Schatzkästlein an zenetischer Information, unser evolutionäres Erbe. Damit werden wir neue Krankheiten heilen können.«

Stanley: »Das ist ja phantastisch!«

Niplphut: »Ja. Wir werden diese neuen Krankheiten natürlich erst erfinden müssen, und es könnte sein, daß die Satzung das nicht zuläßt. Sie ist da gewöhnlich sehr streng. Aber prinzipiell sind wir dazu in der Lage. Seid ihr auch/nicht auch [Unzutreffendes streichen] der Meinung, daß es ein beispielloser Triumph ist?«

Käpt'n Arthur: »Selbstverständlich! Gratuliere!«

Stanley: »Augenblick, haben wir nicht ...«

Käpt'n Arthur: »Ja, wir haben. Es war, glaube ich, zu Beginn des 21. Jahrhunderts.«

Stanley: »Irgendwo muß eine Disk sein. Ich hole sie.«

Niplphut: »Was willst du holen?«

Stanley: »Das menschliche Genom. Unsere eigene DNS, vollständig sequenziert. Sie muß hier irgendwo herumliegen. Als ich sie das letzte Mal sah, war sie in dem Kasten mit den Sportergebnissen vom letzten Jahr. [Wühlt herum.] Da ist sie!«

Niplphut: »Ihr geht mit einer so wichtigen Entdeckung nicht gerade respektvoll um.«

Käpt'n Arthur: »Ehrlich gesagt, Niplphut, war sie nicht so interessant und so nützlich, wie man es sich erhofft hatte, als man sich in die Sache hineinkniete. Aber das steht auf einem anderen Blatt. Es war sicher eine beeindruckende Leistung.«

Stanley: »Auf jeden Fall. Die letzte Sequenz war [liest das Etikett auf einem Stapel Disks] genau 3 333 333 333 Basen lang.«

Niplphut: »Das ist ein merkwürdiger Zufall.«

Stanley: »In der Tat. Darauf wurde eine ganze Religion gegründet.«

Niplphut: »Hmmm. Menschliche Zahlenmystik! Seid ihr euch darüber im klaren, daß diese Zahl in Base acht genau 30 653 520 525 ist, ein sinnloses Durcheinander, niemals wäre daraus ... Aber ich wollte von etwas anderem reden. Das Merkwürdige ist, daß unser Zenom in eurer Schreibweise genau 2 222 222 222 Basen lang ist.«

Käpt'n Arthur: »Menschen sind also 50 Prozent komplizierter als Zarathustraner?«

Niplphut: »Nein, Käpt'n! Du vergißt, daß unser Zenom im Einklang mit den Grundprinzipien der Oktimalität acht Basen verwendet – auf der Disk kodiert als S, T, U, V, W, X, Y, Z –, die in vierundsechzig Paaren angeordnet sind. Euer genetischer Code arbeitet dagegen mit vierundsechzig Dreiergruppen, die aus vier Basen gebildet werden: A, C, G, T. Euer Genom enthält folglich genau 1 111 111 111 Dreiergruppen und unser Genom 1 111 111 111 Paare. Die Informationsmenge ist identisch.«

Käpt'n Arthur: »Das ist ein merkwürdiger Zufall.«

Stanley: »In der Tat. Darauf könnte man eine ganz neue Religion gründen.«

Niplphut: »Wir sollten die beiden Sequenzen vielleicht miteinander vergleichen. Läßt sich das machen?«

Stanley: »Klar. Ich lasse eure Sequenz in Paaren und unsere in Dreiergruppen darstellen. So können wir gleichwertige Informationseinheiten miteinander vergleichen. Also, los geht's!« [Auf dem Computerbildschirm erscheint Folgendes:]

ZZ	SW	SW	TX	SS	TX	SW	ZZ
CAT	GTT	GTT	CAA	GTC	CAA	GTT	CAT

Käpt'n Arthur: »Das ist wirklich komisch. Wo in eurem Zenom ZZ steht, steht in unserem Genom CAT. Und wo im Zenom SW steht, steht in unserem Genom GTT. Stanley, geht das vielleicht ...«

Stanley: »Ob das so weitergeht? Du meinst, ob eine hundertprozentige Eins-zu-eins-Abbildung zwischen dem zarathustranischen Zenom und dem menschlichen Genom besteht, in der jedes ihrer vierundsechzig Paare auf ein einziges Mitglied unseres Satzes von vierundsechzig Dreiergruppen abgebildet ist?«

Käpt'n Arthur: »Ja, darauf wollte ich hinaus.«

Stanley: »Mal schauen ... Hmm. Nein.«

Käpt'n Arthur: »Ach, da bin ich aber erleichtert.«

Stanley: »Da ist eine Abweichung bei der 43 772 331sten Gruppe. Ansonsten stimmen Zenompaare und Genomdreiergruppen völlig überein.«

Niplphut: »Heißt das, daß Menschen und Zarathustraner, von dieser einen Ausnahme abgesehen, genau dasselbe – hmm – Nom haben? Das heißt: Ihr seid nur eine kodierte Version von uns?«

Stanley: »Nein, ihr seid nur eine kodierte Version von uns.«

[Langes Schweigen.]

Alle zusammen: »Eure Wissenschaftler müssen sich bei der 43 772 331sten Gruppe geirrt haben!«

Gene und Merkmale

Der Inhalt der DNS bestimmt also nicht allein das Erscheinungsbild eines Organismus. Selbst wenn wir ein vollständiges Dinosaurier-Genom in die Hand kriegen, haben wir damit noch nicht unbedingt eine vollständige Anweisung für den Bau eines Dinosauriers. Denken Sie nun aber bitte nicht, daß die DNS für die Form irrelevant sei. Es gibt im Gegenteil viele Fälle, in denen sich äußere Unterschiede zwischen zwei Organismen derselben Art auf ganz spezifische Unterschiede in ihren DNS-Sequenzen zurückführen lassen. Bei der Albinomaus zum Beispiel funktioniert das Enzym Tyrosinase nicht, bei der pigmentierten Maus aber doch. Wir wissen, daß dieses Enzym die Pigmenterzeugung beeinflußt, und wir erkennen, warum die Albinomaus weißes Fell und rote Augen hat; folglich ist der Enzymmangel eindeutig die Ursache des Albinismus. Außerdem lassen sich die den Enzymmangel auslösenden Mutationen im Erbmaterial der Maus genau lokalisieren, und es läßt sich feststellen, warum Abweichungen in der DNS Enzymprobleme verursachen. Hier ist also der ganze Kausalzusammenhang geklärt, und wir können eindeutig sagen, daß diese Änderung in der DNS das Merkmal Albinismus verursacht. Beachten Sie aber, daß unsere Erklärung nur in einem begrenzten Kontext gültig ist: dem der Maus oder eines anderen Tieres, das Tyrosinase in der gleichen Weise verwendet. Das Froschodil / Hypnoceros-Schema läßt sich leicht dahin abwandeln, daß eine bestimmte DNS-Mutation zu Albino-Hypnocerossen oder zu übergewichtigen Froschodilen mit einer Kohlallergie führt.

Gut untersucht sind auch die Mutationen, die bei *Drosophila* zu Stummelflügeln führen, und beim Vergleich zwischen Fliegen mit Stummelflügeln und solchen mit normalen Flügeln hat man an bestimmten Stellen Abweichungen in der DNS-Sequenz gefunden. Auch über zahlreiche krankheitsverursachende Mutationen der menschlichen DNS weiß man Bescheid. Sie wurden an bestimmten Stellen des Genoms lokalisiert und mit der normalen Sequenz verglichen. Das heißt aber nicht, daß wir die Gene finden können, die Flügel machen. Einige der Stummelflügel-Mutationen wirken sich zum Beispiel auf Ionenpumpen in allen Zellen der Fliege aus. Sie verhindern, daß die Flügel sich richtig entfalten, aber nicht durch falsche Anwendung des »Flügel-Bausatzes«, denn einen Flügel-Bausatz als solchen gibt es nicht. Dieselben Mutationen haben bei einigen Fliegen sogar völlig andere Auswirkungen.

Was wir hier diskutieren, ist das alte Problem des Verhältnisses zwischen Genen und Merkmalen. So wie es kein wohldefiniertes Abbildungsverhältnis zwischen DNS-Sequenzen und Organismen gibt, so gibt es auch kein wohldefiniertes Abbildungsverhältnis zwischen Genen und Merkmalen. Dem steht nicht die bekannte Tatsache entgegen, daß gewisse genetische Abweichungen zu gewissen Merkmalsabweichungen [wie dem Albinismus] führen; es bedeutet nur, daß wir nicht alles, was wir gern als Merkmal bezeichnen, unabhängig vom Kontext auf bestimmte DNS-Teile zurückführen können.

Im Anschluß an Richard Dawkins haben wir »Gen für X« definiert als »genetische Variation, die zu X führt«. Diese Ausdrucksweise ist logisch einwandfrei, aber psychologisch irreführend und oft nicht sehr hilfreich. Sie verleitet uns zu der Vorstellung, daß zwischen Dingen, die wir Gene nennen, und anderen Dingen, die wir Merkmale nennen, ein Abbildungsverhältnis besteht, und das verleitet uns zu der Vorstellung, daß Merkmalsunterschiede auf Genunterschieden beruhen. Außerdem hat jeder Biologe im Hinterkopf die Idee, daß die DNS das genetische Material ist, und folglich müßte ein »Gen« eine identifizierbare Subsequenz oder ein System von Subsequenzen der DNS sein. Das trifft leider, wenn man »ein Gen für X« so allgemein versteht, nicht zu.

Oder, was vielleicht noch schlimmer ist, das Gen ist eine DNS-Subsequenz – aber in dem verkehrten Lebewesen. Dawkins erklärt, daß er nichts dagegen hat, wenn dem Merkmal X reichlich ausgefallene Dinge zugeordnet werden, zum Beispiel »ein Gen für Geschicklichkeit im Schuhezuschnüren«. Doch wie steht es dann mit »einem Gen dafür, eine blauäugige Mutter zu haben«? Es besteht sicherlich eine genetische Variation bezüglich des Merkmals »Mutter war blauäugig«. [Uns geht es nicht nur um das Merkmal »blaue Augen«. Das Merkmal »Mutter war blauäugig« besitzen Sie genau dann, wenn Ihre Mutter das Merkmal »blaue Augen« besaß.] Dieses Merkmal korreliert sogar recht gut mit einigen Genen in Ihnen, weil Sie einige Ihrer Gene von Ihrer Mutter geerbt haben. Es vererbt sich praktisch genau wie jedes andere Gen – denn es ist wirklich eine genetische Abweichung, die man, ohne es zu wissen, mit einer Phasenverschiebung von einer Generation beobachtet. Wenn Sie das Argument akzeptieren, »ein Gen für X« sei nur eine harmlose Umschreibung für »In der Population besteht eine genetische Variation bezüglich des Merkmals X«, dann müssen Sie auch »ein Gen dafür, eine blauäugige Mutter zu haben« akzeptieren. Das ist sicherlich ein ziemlich absonderliches Gen. Andererseits könnte man im gleichen Sinne »ein Gen für Geschicklichkeit im Schuhezuschnüren« teilweise auf die DNS Ihrer Mutter zurückführen: Sie können gut Schuhe zuschnüren, weil Ihre Mutter es Ihnen beigebracht hat. Sie hatte »ein Gen dafür, anderen das Schuhezuschnüren beizubringen«. Oder war es Oma, mit »einem Gen dafür, wie man seinen Kindern beibringt, anderen beizubringen, wie man Schuhe zuschnürt«? Diese und andere Beispiele lassen es uns sehr ratsam erscheinen, mit Merkmalen, die wir in eine genetische Sprache kleiden, nicht allzu größzügig umzugehen.

Greifen wir zurück auf unsere Analogie der Schine in einer Population von Autos. Es besteht unbestreitbar eine chinetische Variation bezüglich des Schleuderns: Bestimmte Automarken neigen mehr zum Schleudern als andere. Im Sinne des »Gens für X« dürfen wir daher schließen, daß Autos »ein

Schin fürs Schleudern« haben. Da wir wissen, wie Autos funktionieren, haben wir auch eine gewisse Vorstellung von der Ursache des Schleuderns, und so können wir die Natur dieses Schins herauspräparieren. Es umfaßt zum Beispiel abgefahrene Reifen, abgenutzte Stoßdämpfer und Mängel an der Lenkung. Aber Autos kommen nicht oft ins Schleudern, nur weil ihre Reifen abgefahren sind oder ihre Lenkung defekt ist. Um zu schleudern, müssen mehrere Attribute zusammentreffen: »Wenn das Auto einen starken Motor hat und die Reifen abgefahren sind, oder wenn die Reifen abgefahren sind und die Lenkung defekt ist, oder wenn die Stoßdämpfer kaputt sind und das Auto Hinterradantrieb hat, oder ...« So stellt sich das typische Schin dar. In diesem Sinne bestünde ein zutreffenderes DNS-Bild des »Gens« in einem System von bedingten Möglichkeiten für die DNS: »Wenn sie an dieser Stelle nicht die Sequenz CCGTTA hat, muß sie dort drüben die Sequenz AAGGCTTTCA haben, es sei denn, sie hat dafür an dieser Stelle hier TTGGG ...« Und das alles in einem gemeinsamen Kontext wie etwa »Mausgenom«.

Wir sollten uns daher nicht vorstellen, daß etwa »das Gen für Flügel« aus all den einzelnen Genen für die Komponenten der Flügel besteht – Struktursubstanzen, Pigmente, Adern und so weiter. Wir können einfach nicht all die Gene zusammentragen, deren Sequenzen in der Fliegen-DNS irgendeine Auswirkung auf die Flügel haben; täten wir es, würden wir das ganze Fliegen-Genom erhalten. Es ist sehr viel richtiger zu sagen, daß jede DNS-Subsequenz sich auf alle Merkmale auswirkt, als zu sagen, daß die DNS sich aus Subsequenzen zusammensetzt, die sich jeweils nur auf ein Merkmal auswirken.

Homunkulus-Code

Was also ist ein Merkmal, und wie hängt es mit der DNS zusammen? Eine gewisse Vorstellung können wir uns verschaffen, indem wir auf unser Bild vom Raum des Möglichen zurückgreifen. In dieser Terminologie leben DNS-Sequenzen im DNS-Raum. Er besteht aus allen möglichen Sequenzen der Basen C, G, A und T. »Möglich« heißt hier nicht, daß wir eine bestimmte Sequenz in der Natur antreffen werden, sondern daß sie eine logische Möglichkeit ist. Die Organismen dagegen leben in einem Raum, der schwerer zu bestimmen ist: dem Geschöpf-Raum. Dies ist der Raum aller erdenklichen Geschöpfe, die von der Natur geschaffen werden könnten. Sie müssen nicht evolutionstauglich sein; fliegende Katzen und zehnbeinige Esel sind wahrscheinlich akzeptabel. Wir sagen »wahrscheinlich«, weil wir nicht wissen, ob solche Geschöpf auch nur im Prinzip existieren könnten. Doch die Natur scheint ziemlich wandelbar zu sein. Sie werden diese Idee vielleicht merkwürdig finden, aber sie hat einen Sinn: Durch den Vergleich wirklicher Katzen mit potentiellen fliegenden Katzen werden wir möglicherweise besser verstehen, warum Katzen nicht fliegen. Sobald wir fragen, warum Katzen nicht fliegen, beschwören wir das Gespenst der fliegenden Katze herauf, und von da an müssen wir bereit sein, ein solches Geschöpf so lange in Erwägung zu ziehen, bis wir die Vorstellung aus der Welt geschafft haben.

Merkmale leben entsprechend in einem Merkmalsraum, einer weiteren mathematischen Fiktion; es ist der Raum aller möglichen Merkmale, die Tiere besitzen können, wie etwa blaue Augen oder lange Ohren. Merkmale sind allgemeine Eigenschaften von Geschöpfen, und der Phänotyp eines gegebenen Geschöpfes wird recht genau durch seine Merkmale bestimmt, weshalb die vergleichende Taxonomie sich als Methode zur Unterscheidung der Arten recht gut eignet. Merkmale sind gewissermaßen die Achsen des Geschöpf-Raums. So wie Koordinatenachsen [x,y,z] Punkte im Raum durch 3 Größen kennzeichnen, so kennzeichnen Merkmale die Geschöpfe im Geschöpf-Raum mit einer großen Zahl von Eigenschaften. Der Geschöpf-Raum hat sehr viel mehr Achsen, weil es mehr als drei Merkmale gibt; außerdem können Merkmale, anders als normale räumliche Achsen, nicht in unabhängige Richtungen weisen.

Was wir gesagt haben, ist gleichbedeutend damit, daß der DNS-Raum keine Karte des Geschöpf-Raums ist. Es besteht keine eindeutige Entsprechung zwischen den beiden Räumen, es ist nicht möglich, jeder Sequenz im DNS-Raum ein einziges Tier zuzuordnen, welches von ihr »kodiert« wird. [Die Idee, daß es eine solche Karte gibt, ist wieder so eine Homunkulus-Theorie, wie wir sie in Kapitel 1 erwähnten: In jedem Ei steckt ein winziges vollständiges Menschlein, das darauf wartet heranzuwachsen und seine eigenen Eier enthält, die ...] Um eines der Bilder von Dawkins für unsere Zwecke zurechtzubiegen: Der Blinde Uhrmacher ist tatsächlich blind; deshalb kann er seine eigenen Blaupausen nicht lesen. Die biologische Entwicklung ist eine komplizierte Transaktion zwischen dem DNS-»Programm« und seinem Wirtsorganismus; keiner von beiden kann ein Geschöpf konstruieren, und keiner allein besitzt alle Geheimnisse, nicht einmal implizit.

In den Kapiteln 3 und 4 haben wir zwischen Natur und Umwelt in der Entwicklung von Organismen unterschieden. Diese Unterscheidung ist, auf die Entwicklung bezogen, wirklich sehr zweckmäßig; einerseits haben wir das interne, programmierte Wachstumsmuster, andererseits all die Möglichkeiten, wie die Umwelt dieses Muster modifizieren kann. Wäre der DNS-Raum tatsächlich eine Karte des Geschöpf-Raums, so daß die DNS-Sequenz in Wirklichkeit ein Homunkulus-Code wäre, der im Programmablauf nur zum Phänotyp entfaltet zu werden bräuchte, dann könnte man die Umwelt als etwas auffassen, das gelegentlich die »normale« Entwicklung stört. Das Programm gibt Baby zwei Arme und zwei Arme, aber dann wird Mutter während der Schwangerschaft Contergan verschrieben. Wenn die Mutter in bestimmten Phasen der fötalen Entwicklung Contergan einnimmt, führt das zu Phokomelie – nutzlosen Stummeln anstelle von Armen und Beinen. Die Umwelt hat in die Natur eingegriffen, aus der normalen ist eine abnormale Entwicklung geworden. Man könnte die Wechselwirkung zwischen Natur und Umwelt sogar als etwas auffassen, das sich quantitativ aufgliedern läßt: Intelligenz ist 70 Prozent Genetik und 30 Prozent Umwelt und so weiter. Genetiker, die die Wechselwirkung so auffassen, nennen diese Vorstellung »Erblichkeit«. Aber kann die Wechselwirkung von Natur und Umwelt wirklich so einfach sein?

Stellen Sie sich Zwillingsschwestern vor, die zusammen aufwachsen und von ihren Eltern gleich behandelt werden. Die eine zieht ein Buch aus dem Regal, und es fällt geöffnet zu Boden. Sie sieht die schönen Bilder und ist fortan eine Büchernärrin. Die andere zieht auch ein Buch aus dem Regal, aber es fällt ihr auf den Kopf, sie bricht in Tränen aus und kann Bücher fortan nicht ausstehen. Der Anteil von Natur und Umwelt ist bei beiden gleich groß, doch das Resultat der Wechselwirkung ist vollkommen verschieden.

Zu allem Überfluß gibt es auch noch Fälle, in denen die Genetik die Umwelteinwirkungen nachahmt. Man sagt in diesem Fall, der Umwelteinfluß sei eine Phänokopie der Genetik. Bestimmte Genmutationen können sich genauso auf die Entwicklung auswirken wie Contergan; man sagt dann, das Contergan sei eine Phänokopie dieser Gene. Die kaum verborgene Voreingenommenheit wird Ihnen nicht entgehen, denn man könnte genausogut sagen, daß die Gene eine »Genokopie« des Contergans seien. Doch von Genokopien sprechen die Genetiker nicht; nach ihrer Ansicht bestimmen Gene die normale Entwicklung, während die Umwelt entweder neutral oder – in seltenen Fällen, etwa bei Contergan oder beim Sturz von einer hohen Klippe – schädlich ist. Das stimmt nicht. Fragen Sie einfach einen männlichen Anglerfisch.

Wie ist das nun mit dem Bau eines Dinosauriers?

Die Antwort ist eigentlich klar. Wäre Dinosaurier-DNS eine vollständige Blaupause für einen Dinosaurier, ein dinosaurisches Buch des Lebens, dann wäre die Rekonstruktion ein rein technisches Problem. Ehrlich gesagt, haben wir keine Ahnung, wie man es anstellt – und dabei wird es auch bleiben, wenn die Biologen nicht, statt über dem Dokument zu brüten, endlich anfangen, sich mit dem Fotokopierer zu befassen –, aber im Prinzip wäre es möglich. Doch die Dinosaurier-DNS beschreibt keinen Dinosaurier. Sie schreibt einen Dinosaurier vor, im Kontext eines anderen Dinosauriers. Um Baby Dinosaurier zu rekonstruieren, braucht man also Mama Dinosaurier.

Pech. Kurz, mit Dinosauriern wird's nichts. Aber was ist mit Mammuts? Wir haben keine Mammutmama, aber wir haben lebende Elefantenmamas; ginge es vielleicht mit ihnen? In Sibirien kann man gefrorene Mammuts ausgraben, und Russell Higachi hat genug von ihrer DNS zusammengekriegt, um zeigen zu können, daß sie mit den indischen und afrikanischen Elefanten, ihren engsten lebenden Verwandten, sehr eng verwandt sind. Im Prinzip wäre es möglich, diese DNS in Elefanten einzuführen. Doch wie er sagt: »Es würde überhaupt keinen Unterschied machen. Sie wären immer noch Elefanten.«

Nein, Sie können nicht von Dinosaurier-DNS ausgehend einen Dinosaurier bauen.

Nicht aufgeben. Hat es die Natur denn nicht auch so gemacht? Nein. Die Natur ging von Nicht-Dinosaurier-DNS aus, genauer gesagt, von chemischen Substanzen, die gar keine DNS waren, und entwickelte im Laufe von Milliarden Jahren einen Dinosaurier. Um zu verstehen, wie das geschah, müssen wir unsere kontextbezogene Betrachtungsweise auf die Evolution anwenden.

[10] Die Evolution der Möglichkeiten

Eine Gruppe von Wirtschaftswissenschaftlern war auf Klettertour in den Alpen. Nach einigen Stunden hatten sie sich hoffnungslos verlaufen. Einer von ihnen studierte eine Zeitlang die Karte, drehte sie so und anders herum, visierte markante Punkte in der Ferne an, nahm seinen Kompaß und die Sonne zuhilfe.

Schließlich sagte er: »Seht ihr den hohen Berg dort drüben?«

»Ja, und?«, fragten die anderen ungeduldig.

»Also nach der Karte stehen wir auf ihm.«

In Kapitel 4 stellten wir Darwins ursprüngliches Evolutionsschema vor: Genetische Variation entsteht durch zufällige Mutationen, und die natürliche Auslese sondert dann jene Mutationen aus, die die Überlebenschancen des Organismus nicht verbessern, so daß Mutationen, die die Überlebenschancen verbessern, sich verbreiten können. Dieser Prozeß führt zu steigender Komplexität und zu einer höheren Organisation der Lebewesen; Komplexität liegt für die Evolution »bergab« – sie ist der Weg des geringsten Widerstandes. Wir schilderten auch die orthodoxe Ansicht, die den Kern des genetischen Mechanismus in der DNS-Blaupause sieht und Mutationen als winzige Änderungen am DNS-Code versteht, was direkt zu Dawkins' Vision vom egoistischen Gen führt. Aus dieser Sicht ist es die DNS selbst, die der Evolution unterliegt, weil sie es ist, die sich repliziert. Ein DNS-Strang, der zufällig auf einen effektiven Replikationstrick stößt, wird – gleich, worin dieser Trick besteht – effektiver repliziert werden.

Der Organismus ist aus dieser Sicht ein Nebenprodukt, ein Vehikel für die Replikation der DNS. Nicht Konkurrenz zwischen Geschöpfen liegt der Evolution zugrunde, sondern Konkurrenz zwischen DNS-Strängen – egoistischen Genen –, die »ihre« Geschöpfe Stellvertreterkämpfe führen lassen. Da das Ergebnis der natürlichen Auslese aber nicht nur von der Form eines Organismus abhängt, sondern auch von seinem Verhalten gegenüber dem gesamten Ökosystem, in dem er lebt, müssen wir nicht nur seinen Phänotyp [Form und Verhalten des Individuums] berücksichtigen, sondern auch das, was Dawkins seinen erweiterten Phänotyp nennt [seine Wechselwirkung mit seiner gesamten Umwelt].

Wir haben auch eine neuere Variante dieser Evolutionsidee erwähnt: Goulds Argument, daß der Zufall eine wesentliche Rolle spielen könne. Die bemerkenswerte Mannigfaltigkeit der Weichkörper-Organismen des Burgess Shale und die relativ geringe Anzahl dieser Geschöpfe verschafft Zufallsereignissen die Chance, auf die Evolution Einfluß zu nehmen, so daß diese nicht durch die vorhersagbaren Effekte der »Tauglichkeit«, sondern durch Kontingenz bestimmt ist.

In der zweiten Hälfte dieses Buches entwickeln wir eine andere wissenschaftliche Einstellung, die nicht nach internen Reduktionen, sondern nach externen Wechselwirkungen fragt. Im 9. Kapitel stellten wir die Auffassung in Frage, daß die DNS das Buch des Lebens, eine chemische Landkarte »ihres«

Organismus sei. Wenn man von einer derart grundlegenden Annahme abgeht, hat das Folgen für unser Bild der Evolution. Wir haben behauptet, daß die biologische Entwicklung nicht nur vom internen genetischen Code, sondern auch von externen Faktoren wie den maternalen Genen und der Entwicklungsdynamik gesteuert werde. Wir behaupten nun, daß in der Evolution etwas ganz Ähnliches geschehen müsse. Aus der »Geographie« des Raumes, in dem sich die Evolution vollzieht, ergibt sich, daß die Evolution äußeren Beschränkungen unterliegt, die ihr großräumige Strukturen auferlegen, welche sowohl Konvergenz als auch Kontingenz nach sich ziehen. Das macht die herkömmliche Ansicht, DNS-Mutationen würden die Evolution antreiben, in mancherlei Hinsicht fragwürdig. So wie es möglich ist, daß verschiedene Geschöpfe ein und denselben DNS-Code besitzen, ist es auch möglich, daß Geschöpfe ohne irgendwelche genetischen Veränderungen eine Evolution durchlaufen oder daß sie trotz genetischer Veränderungen gleich bleiben. Wir können sogar das Bild vom »egoistischen Gen« umkehren und den Organismen den Vorrang geben. Wir gelangen so zu einer reicheren Auffassung der Evolution, in der sowohl die DNS als auch die Organismen wechselwirken und keines von beiden auf das andere reduziert werden kann.

Dynamik im DNS-Raum

Wären wir der Ansicht, daß einzig das DNS-Programm eine Evolution erfährt, während die Organismen lediglich eine räumliche Auffaltung des DNS-Codes darstellen, ließe sich die Frage der guten oder schlechten Mutationen relativ einfach beantworten. Aus Dawkins' Ansicht folgt: Gute DNS-Stränge erzeugen mehr von ihrer eigenen Art, schlechte DNS-Stränge sterben aus. In den Begriffen des vorigen Kapitels ausgedrückt, ist die Evolution ein dynamischer Prozeß im DNS-Raum, der durch den Replikationserfolg vorangetrieben wird. Dementsprechend entwickelt sich die DNS vorwärts und aufwärts – und ebenso die jeweiligen Organismen im Geschöpf-Raum. Sollte die Beziehung zwischen DNS-Sequenz und Organismus, zwischen Genotyp und Phänotyp, so gebrochen sein, wie wir es soeben angedeutet haben, wird dieses bequeme Bild unbrauchbar.

Nach dem von Kapitel 4 vermittelten Bild vollziehen sich zufällige Änderungen im genetischen Code, und diese führen zu unterschiedlichen Organismen. Es hängt vom Erfolg dieser neuen Organismen im Vergleich zur Elterngeneration ab, ob der neue Code sich ausbreitet und den alten verdrängt. Darwin hat freilich etwas anderes gesagt. Er hat lediglich beobachtet, daß zwischen Tieren einer Art Unterschiede bestehen, doch konnte er nicht klären, woher diese Unterschiede rühren. Er hat sich darüber oft den Kopf zerbrochen. Es war ihm klar, daß viele auf »Zufällen« beruhen, und seine Beobachtungen bestätigten die vorherrschende Meinung, daß solche erworbenen Merkmale nicht an künftige Generationen weitergegeben werden. Männer, die durch Unfall ein Auge verloren haben, zeugen nicht überdurchschnittlich viele einäugige Kinder, und die Söhne von Hufschmieden sind bei Geburt nicht muskulöser, als man in Kenntnis der Familie erwarten würde. Andererseits scheinen viele Merkmale, darunter die Augenfarbe, erblich zu sein. Darwin begriff, daß in den Samen- und Eizellen etwas Verstecktes weitergegeben werden muß, daß es nicht die aktuellen Merkmale sein können, die weitergegeben werden. Ihm ging es jedoch mehr um Konkurrenz und Auslese als um die Ursache der Unterschiede.

Augusta Ada: »Was Sie mir da gerade erzählt haben, finde ich doch ziemlich verblüffend. Nicht die Organismen, sagen Sie, sondern die DNS unterliegt der Evolution.«

Wallace Lupert: »Richtig.«

Augusta Ada: »Ich habe aber auch gehört, daß die Form eines Organismus auch bei Änderungen in seinem DNS-Code in der Regel unverändert bleibt. Oft kommt es zu einer genetischen Änderung, doch der Phänotyp ändert sich nicht. Und umgekehrt verstehe ich, daß erhebliche Veränderungen des Phänotyps ohne jede genetische Änderung möglich sind. Ich denke da an das schon erwähnte Hirtentäschel, dessen Phänotyp ganz verschieden ausfallen kann, je nachdem, wieviel Platz er zum Wachsen hat.«

Wallace Lupert: »Einverstanden.«

Augusta Ada: »Aber der evolutionäre Erfolg der ›egoistischen‹ DNS beruht vollständig auf der Auslese des von ihr determinierten Organismus. Wenn es stimmt, was Sie sagen, ist der Zusammenhang zwischen Genotyp und Phänotyp so unspezifisch, daß die Auslesekriterien an die zugrunde liegende DNS überhaupt nicht herankommen. Bei mir bestimmt zum Beispiel vor allem die attraktive Verpackung, welche Sachen ich kaufe, und wenn zwischen Verpackung und Inhalt kein Zusammenhang besteht, müßte sich die Qualität der Verpackung im Laufe der Zeit verbessern, ohne daß sich das auf die Qualität des Inhalts auswirkt. Die Auslese wirkt nicht auf den Inhalt.«

Wallace Lupert: »Ich würde es so sagen: Die Kräfte, die die Richtung der Evolution bestimmen, wirken im Geschöpf-Raum, nicht im DNS-Raum. Und die Korrelation zwischen den beiden Räumen ist so diffus, daß die Evolution im DNS-Raum unter Umständen keine eindeutige Richtung hat. Aber ist dies nicht wieder das alte Genotyp/Phänotyp-Problem, über das Darwin sich den Kopf zerbrach?«

Augusta Ada: »Nicht ganz. Bei hinreichender Kongruenz zwischen DNS-Raum und Geschöpf-Raum wirkt Auslese im Geschöpf-Raum ganz entschieden auf den DNS-Raum zurück. Beide Räume können gewissermaßen eine ähnliche Geographie haben, auch wenn sie nicht identisch ist. Sie sagen jedoch, daß es eine solche Kongruenz nicht gibt, und folglich kann auch von einer Übereinstimmung der beiden Geographien keine Rede sein. Dann funktioniert aber der ganze Prozeß nicht.«

Wallace Lupert: »Das erinnert mich an eine Karikatur, die ich mal gesehen habe. Da sagt ein DNS-Strang zum anderen: ›Zum Teufel mit der natürlichen Auslese – ich mache jetzt einen ganz verrückten Organismus.‹«

Augusta Ada: »Aber das konnte er doch bestimmt nicht machen.«

Wallace Lupert: »Ich bin mir da nicht so sicher. Die Evolution wirkt nicht auf den groben Inhalt eines DNS-Stranges ein, die Basen, sondern auf das, was dieser Inhalt in einem geeigneten Kontext – nämlich dem zugehörigen Organismus – bedeutet. In einem solchen Kontext würde jede Änderung der DNS, die einen ganz verrückten Organismus nach sich zöge, zum alsbaldigen Ende der betreffenden DNS-Sequenz führen. Die Karikatur schildert eine Art von DNS-Selbstmord. Die auf den entstehenden Organismus einwirkende Auslese wird ›dumme‹ DNS eliminieren. Natürlich kann ein Strang, der in einem Kontext dumm ist, in einem anderen vollkommen vernünftig sein. Das ändert aber nichts an meinem Argument, bei dem es darum geht, was in einem bestimmten Kontext passiert.«

Augusta Ada: »Die ›egoistische‹ DNS ist demnach das falsche Bild. Die DNS muß sich um das Geschöpf, zu dem sie gehört, sehr wohl kümmern. Nur eine DNS, die in ihrem speziellen Bereich des Codes und in Verbindung mit dem ganzen Rest und im Kontext der Fortpflanzung dieses speziellen Organismus zu einem vernüftigen, lebensfähigen Phänotyp führt, hat eine Chance zu überleben.«

Wallace Lupert: »Sie haben recht. Die DNS kann nicht egoistisch sein. Sie kann nichts tun, was gegen die Interessen ›ihres‹ Organismus verstößt, der als Organismus zu überleben trachtet, denn anderenfalls zerstört sie sich selbst, da sie nicht repliziert wird. Die DNS ist ein Sklave, der sich, ohne es zu ahnen, ausschließlich im Interesse des Organismus abrackert, der sich aus ihr entwickelt.«

Augusta Ada: »Was wäre wohl passiert, wenn Dawkins sein Buch ›Das sklavische Gen‹ genannt hätte?«

Vergleichende Geographie

Ungeachtet Adas Kritik enthält die Vorstellung vom egoistischen Gen einige wichtige Ideen. Zum Beispiel die, daß eine DNS-Sequenz keine wohldefinierte Rolle in der Entwicklung eines Organismus zu haben braucht, um repliziert zu werden. Der DNS-Schrott wird zusammen mit allem anderen kopiert. Kann eine DNS-Sequenz als »Parasit« – zu ihrem eigenen Vorteil, aber ohne sonderliche Nachteile für den Organismus – am Reproduktionsprozeß teilhaben, dann wird sie repliziert.

Diese Idee enthält zumindest ein Körnchen Wahrheit. Sie betont jedoch zu sehr die DNS als dasjenige, das eigentlich eine Evolution erfährt. Überall begegnet man Leuten, die einem erzählen, was das Ganze »eigentlich« bedeutet – oder gar, wer Sie selbst »eigentlich« sind. Ein Quantenphysiker wird Ihnen erzählen, daß Sie eigentlich eine Wellenfunktion sind. Ein Molekularbiologe wird Ihnen erzählen, daß Sie eigentlich ein DNS-Programm sind. Ein Computerwissenschaftler wird Ihnen erzählen, daß Sie eigentlich ein neurales Netzwerk sind. Alle machen denselben Fehler: Weil sie ein universales System haben, das etwas anderes imitieren, beschreiben oder vorschreiben kann, glauben sie, daß es andere gültige Betrachtungsweisen nicht gibt. Betrachten Sie sich im Spiegel! Sehen Sie eine Wellenfunktion? Ein DNS-Programm? Ein neurales Netzwerk?

Es ist übertrieben, wenn behauptet wird, allein die DNS treibe die Evolution voran. Stellen Sie sich eine aspirinähnliche Substanz gegen Kopfschmerzen vor, die eine Nebenwirkung hat: Wird sie von einer schwangeren Frau eingenommen, neigen ihre Kinder später verstärkt zu Kopfschmerzen. Damit entsteht ein sich selbst verstärkender Kreislauf. Die Substanz hat einen »erweiterten Chemotyp«: ihre Auswirkungen auf Menschen. Es ginge wohl doch ein wenig zu weit, würden wir vom egoistischen Aspirin sprechen oder sagen, daß Menschen im Grunde nur ein Vehikel für seine Replikation sind. Ein ähnlicher Kreislauf entsteht bei Drogenabhängigkeit, aber kann man deshalb vom egoistischen Heroin sprechen, das seinen eigenen erweiterten Chemotyp besitzt?

Jede chemische Substanz mit einer vom Menschen geschätzten Wirkung wird [von Menschen, die eine chemische Fabrik betreiben] repliziert werden. Sie kann ihrerseits das menschliche Verhalten verändern. Die Analogie zur Evolution ist klar. Statt der zufälligen Mutationen der DNS haben wir hier die zufälligen Entdeckungen der Chemiker. Statt der Entwicklung haben wir hier die Auswirkungen der Substanz auf die Physiologie und das Verhalten der Menschen. Statt der natürlichen Auslese wirken hier die menschlichen Präferenzmechanismen, zum Beispiel der Markt. Man greift also zu kurz, wenn man allein der DNS eine Evolution zuschreibt und alles andere als bloßes Vehikel ihrer egoistischen Evolution betrachtet. Was wir betrachten müssen, ist die Wechselwirkung zwischen Organismen und DNS.

Aus der Tatsache, daß vom DNS-Raum keine eindeutige Abbildung zum Geschöpf-Raum führt, folgt, daß die beiden Räume trotz gelegentlicher lokaler Übereinstimmungen insgesamt eine unterschiedliche Geographie haben. Daraus folgt wiederum, daß man sich, um die Evolution zu verstehen, mit der Kopplung zwischen DNS-Raum und Geschöpf-Raum, zwischen Genotyp und Phänotyp, befassen muß. Man kann den Evolutionsprozeß nicht allein auf den DNS-Raum zurückführen.

Völlig falsch wäre jedoch die Annahme, daß zwischen beiden Räumen keine Verbindung besteht. Unser Froschodil/Hypnoceros-Gedankenexperiment ist ein Extremfall, der zeigt, daß von einem eindeutigen Abbildungsverhältnis grundsätzlich keine Rede sein kann. Wir sagen nicht, daß etwas so Extremes häufig in der Natur vorkommt, aber wir haben Ihnen schon zwei Beispiele genannt, wo es der Fall ist: den Anglerfisch und den Sternwurm Bonellia, wo Männchen und Weibchen trotz gleicher Genetik sehr verschieden sind. Weil von einem eindeutigen Abbildungsverhältnis grundsätzlich keine Rede sein kann, sollte man sich hüten, von Genen für Arme, Genen für Flügel oder Genen für Nieren zu sprechen, so als gäbe es dergleichen als wohldefinierte DNS-Sequenzen, die von jeglichem zeitlichen oder räumlichen Kontext unabhängig sind.

Dennoch ist die DNS-Sequenz so maßgebend an der biologischen Entwicklung beteiligt, daß mit partiellen Kongruenzen zwischen Teilen des DNS-Raums und Teilen des Geschöpf-Raums zu rechnen ist. Je genauer der Kontext kontrolliert wird, desto klarer müßten diese Kongruenzen werden. Wir variieren den Kontext so wenig wie möglich, wenn wir nur bestimmte Differenzen zwischen DNS-Strängen betrachten und alles andere möglichst konstant halten. In diesem Sinne dürfen wir durchaus von Genmutationen sprechen, die sich auf die Entwicklung der Arme auswirken, oder von Mutationen, die beim Menschen Nierenkrankheiten oder Albinismus hervorrufen. In diesem Kontext führt die Änderung einiger weniger Basen in der DNS zu einem wohldefinierten Entwicklungseffekt. Sie muß es, weil Entwicklung nichts anderes ist als eine Wechselwirkung zwischen Umwelt und DNS-Code in einer ungestört laufenden chemischen Maschine. Wenn man etwas anderes hineinsteckt, muß etwas anderes herauskommen. Wir sagen lediglich, daß das Ergebnis nicht allein vom genetischen Code abhängt, sondern daß auch andere Faktoren eine wesentliche Rolle spielen.

Dies wird klar, wenn wir an die Analogie mit den Teilen eines Autos erinnern. Wir haben behauptet, daß es wenig sinnvoll ist, von einem Schin fürs Schleudern zu sprechen. Gleichwohl kann man sagen, daß Autos mit abgefahrenen Reifen eher zum Schleudern neigen als solche mit gutem Profil. Und es stimmt auch. Das heißt aber nicht, daß abgefahrene Reifen die einzige Ursache des Schleuderns sind. Der Zustand des Fahrzeugs, die Fahrgeschwindigkeit und die Straßenverhältnisse spielen auch eine Rolle.

Wir haben jetzt geklärt, daß die Evolution nicht allein im DNS-Raum stattfindet, wie es der Neodarwinismus letzlich behauptet. Und sie findet bestimmt nicht allein im Geschöpf-Raum statt; das liefe auf lamarckistische Vererbung erworbener Merkmale hinaus. Aber wo findet die Evolution nun tatsächlich statt?

Genetische Assimilation

Die Antwort ist einfach, nur ihre Implikationen sind es nicht. Die Evolution vollzieht sich im kombinierten Raum von DNS und Organismen, und sie wird angetrieben von deren Wechselwirkung. Entscheidend ist, daß diese Wechselwirkung sich auf beide auswirkt. Sie läßt sich nicht auf Ereignisse reduzieren, die ausschließlich in einem Raum stattfinden, wie es die Theorie vom egoistischen Gen versucht. Es ist unbestritten, daß Gene die Form des Organismus beeinflussen; wir möchten Sie jedoch davon überzeugen, daß auch das Umgekehrte zutrifft und genauso wichtig ist. Form und Verhalten eines Organismus bestimmen, welche Genänderungen Überlebenswert besitzen und daher mit größerer Wahrscheinlichkeit an die Nachkommenschaft weitergegeben werden. Diese gegenseitige Wechselwirkung hat tiefgreifende Konsequenzen, weil Organismen nicht dadurch entstehen, daß Gene wie Teile eines Puzzles zusammengefügt werden. Viele genetische Komponenten eines Lebewesens sind im Grunde flexible Bausätze. Diese Bausätze sind bei Wildtypen, die in der freien Natur leben, komplizierter als bei Organismen, die speziell für genetische Experimente gezüchtet werden, weil man bei der Züchtung die genetische Flexibilität bewußt reduziert. Während Wildtyp-Frösche sich zum Beispiel bei ganz unterschiedlichen Temperaturen erfolgreich entwickeln können, werden Laborfrösche auf Temperaturempfindlichkeit hin gezüchtet, um die verschiedenen Entwicklungswege, die der Wildtyp benutzt, voneinander trennen zu können. Insofern zeichnet die Laborgenetik ein falsches Bild von der Wechselwirkung zwischen Genen und der Entwicklung der biologischen Form.

In der realen Evolution ist es die Flexibilität der genetischen Bausätze, die den DNS-Raum und den Geschöpf-Raum untrennbar miteinander verbindet. Wir wollen an zwei Beispielen zeigen, daß ihre Wechselwirkung zu überraschenden Effekten führt. Das eine hat Gregory Bateson in ›Steps to an Ecology of Mind‹ vorgeschlagen; es wird anhand realer Tiere beschrieben, ist aber bewußt vereinfacht, um grundlegende Ideen zu verdeutlichen. Das andere ist ein Gedankenexperiment, kommt aber dennoch dem realen Geschehen in mancher Hinsicht näher. Die Grundidee in beiden Fällen ist, daß die Anpassungsfähigkeit der Körperform zusammen mit verdeckter genetischer Variation zur Evolution führen kann. Der betreffende Prozeß, von Waddington bei seinen Experimenten mit Fruchtfliegen ohne Querader entdeckt, wird als genetische Assimilation bezeichnet.

Batesons Beispiel ist eine an Kipling gemahnende Geschichte um die Frage, wie die Giraffe zu ihrem Hals gekommen ist. Man stelle sich eine Herde Urgiraffen vor, die an Büschen knabbern und verlangend nach den Blättern weiter oben schielen, knapp außerhalb ihrer Reichweite. Wie sieht der plausible Mechanismus aus, durch den diese Geschöpfe längere Hälse bekamen? Ein längerer Hals ist nutzlos, wenn nicht auch das Herz stärker wird, um das Blut über die längere Strecke bis zum Gehirn zu pumpen. Unterstellt man, daß die Evolution eines langen Halses auf einer innovatorischen Mutation beruht, die zu einem Gen für einen längeren Hals führt, dann sterben die Urgiraffen allesamt an Herzversagen – ein Merkmal, das der künftigen Fortpflanzung nicht sehr förderlich ist. Mögen die Antidarwinisten aus diesem Argument auch Honig saugen, so übersieht es doch die Möglichkeit, daß der Giraffenhals sich auf andere Weise entwickelt haben könnte.

Könnte der Hals sich vielleicht aufgrund eines allgemeinen Kontrollgens für »größer werden« gestreckt haben? Dieser Einfall scheint auf den ersten Blick das Problem zu lösen, denn zusammen mit allem anderen wird auch das Herz größer werden. Man kann ein Tier jedoch nicht so einfach maßstäblich vergrößern, ohne physiologische Schwierigkeiten zu bekommen; eine Maus von der Größe eines Elefanten würde unter ihrem eigenen Gewicht zusammenbrechen, weil ihre Beinknochen zu dünn wären. Wenn der Hals länger wird, müssen die verschiedenen Teile des Tieres – das Herz, der Hals, die Muskeln, die Arterienwände – in einem ausgewogenen Verhältnis bleiben. Und die Evolution muß diese Ausgewogenheit bei jedem Individuum in jedem Stadium seiner Entwicklung schaffen, sonst stirbt die Innovation aus.

Mit einer Blaupausen-Genetik ist das nicht zu schaffen. Zu viele unabhängige Faktoren müssen sich in kohärenter Weise ändern, und es stehen nicht genug Tiere zur Verfügung, um das durch wiederholtes Werfen des Evolutionswürfels und das Abwarten einer außergewöhnlichen langen Serie von Sechsen zu erreichen. Es ist nur durch Flexibilität zu schaffen. Jeder Teil des

Tieres muß auf die Belastung durch den längeren Hals auf seine Weise reagieren, und zwar schon in der Entwicklung des einzelnen Tieres, nicht über Generationen hinweg. So muß sich zum Beispiel das Herz anpassen, indem es größer wird – und hier taucht die Möglichkeit einer nichtgenetischen Änderung auf. Die Anpassung des Herzens kann auf zweierlei Weise erfolgen: entweder nichtgenetisch, indem es durch Übung leistungsfähiger wird, oder durch genetische Änderungen, die von vornherein für ein größeres Herz sorgen. Da genetische Änderungen sich über viele Generationen erstrecken, muß das Herz des individuellen Tieres sich durch Übung anpassen. Alle anderen damit zusammenhängenden »Bausätze« – Muskeln, Haut, Arterienwände – werden durch einen längeren Hals ebenfalls »gestreckt« und müssen sich auf die gleiche nichtgenetische Weise anpassen.

Manche Individuen schaffen die Anpassung einfach nicht und fallen dem innovativen »Langer Hals«-Gen zum Opfer. Doch kleine Urgiraffen mit hinreichend anpassungsfähigen genetischen Bausätzen kommen an das Laub weiter oben in den Bäumen heran, und das verschafft ihnen einen Überlebensvorteil, den sie an ihre Nachkommen weitergeben. Das hat jedoch seinen Preis: In diesem Stadium ihrer Evolution leben diese Tiere in einem Dauerstreß, der bis an die Grenzen ihrer Anpassungsfähigkeit geht, wie ein Sportler, der die 1500 Meter ständig in vier Minuten läuft.

Andere Faktoren sorgen dann für einen allmählichen Abbau dieser Belastung, indem sie die Neuerung in die Population assimilieren. In jeder Population gibt es eine gewisse Streuung der Gene, wodurch einige Individuen in späteren Generationen einen Herz-Bausatz besitzen, der von vornherein für ein größeres Herz sorgt, oder einen Muskel-Bausatz für stärkere Muskeln oder einen Arterien-Bausatz für dickere Arterienwände. Auch diese Tiere müssen sich an den längeren Hals anpassen, aber weniger stark. Ausgewachsene Tiere, deren Herz durch ein »großes Herz«-Gen groß ist, sehen genauso aus wie die, deren Herz durch Übung groß ist, aber sie sind weniger gestreßt. Und solche Tiere werden sich mit jeder Generation stärker durchsetzen, aus einem einfachen Grund. Wenn eine Giraffe von einem Löwen verfolgt wird, kann die, deren Herz genetisch zu größerer Leistung befähigt ist, sowohl fortlaufen als auch Blut durch den längeren Hals hochpumpen, während die, deren Herz durch Übung bis an die Grenzen des Möglichen gewachsen ist, nicht beides zugleich schafft.

Die Giraffengeschichte ist sehr verständlich und anschaulich, hat aber aus unserer Sicht einen Mangel. Da sie ein neues Gen voraussetzt, gibt sie keine Antwort auf das Argument, daß evolutionäre Veränderungen im wesentlichen durch genetische Mutationen angetrieben werden. Doch der Prozeß der genetischen Assimilation kann auch dann zum Tragen kommen, wenn die Belastung von einer Umweltveränderung ausgeht. Angenommen, Sie beobachten auf den Galápagos-Inseln eine Darwinfinken-Art, die sich von Samen ernährt, und messen die Größe ihres Schnabels. Auf einmal nimmt die Größe dramatisch zu. Dürfen Sie daraus auf eine Mutation schließen, die zu einem »größerer Schnabel«-Gen geführt hat? Sie dürfen es nicht.

Wie kann so etwas ohne Änderung an den Genen geschehen? Stellen Sie sich vor, daß auf der Insel eine neue Pflanzenart auftritt; ihre Samen könnten an den Füßen von Seevögeln eingetragen worden sein. Die Samen dieser neuen Pflanze sind größer und härter als die, von denen die Finken sich bislang ernährt haben. Um den größeren Samen zu knacken, brauchen die Vögel einen stärkeren und folglich größeren Schnabel. Die Schnabelgröße ist von mindestens zwei Arten von Genen abhängig: solchen für die Schnabelgröße selbst und solchen für die Fähigkeit von Schnäbeln, durch Betätigung zu wachsen. Von außen sehen Sie es einem Schnabel nicht an, welche Gensorte sich da ausgewirkt hat, denn ein großer Schnabel kann entweder von Anfang an groß gewesen oder zunächst klein gewesen und häufig betätigt worden sein. Wenn also plötzlich große Samen auftauchen, kann sich das in der Population bereits vorhandene Gen für Schnabelbildung auswirken. Die Schnabelgröße wird in diesem Fall ohne irgendeine genetische Änderung zunehmen.

Damit diese Evolutionsmethode, die genetische Assimilation, funktionieren kann, bedarf es flexibler Bausätze. Umgekehrt schafft die genetische Assimilation einen Vorteil für die Entwicklung flexibler Bausätze, woraus sich überhaupt deren Entstehung erklärt. Die Bausätze und der damit verbundene Vorteil entwickelten sich gemeinsam.

Gehen wir in diesem Gedankenexperiment noch einen Schritt weiter. Einer Art, der es glänzend geht und die keinen Wunsch nach Evolution verspürt, kann durch Umstände, auf die sie keinen Einfluß hat, plötzlich eine Evolution aufgezwungen werden. Angenommen, auf der Insel lebt auch eine Schneckenart. Zunächst wird sie von den Finken ignoriert, weil das Haus zu groß ist, als daß sie es mit ihren Schnäbeln knacken könnten. Doch wenn die Schnäbel größer werden, könnten einige Finken Geschmack an den Schnecken finden. Um zu überleben, müssen die Schnecken größere Häuser entwickeln, und es beginnt ein evolutionärer Rüstungswettlauf. Er spielt sich zwischen Finken und Schnecken ab, doch ausgelöst wurde er durch einen Samen.

Die Aussage der herkömmlichen Evolutionstheorie ist einfach und direkt. Die Evolution wird getrieben von zufälligen, ungerichteten Mutationen der Gene; Mutationen rufen Veränderungen an Organismen hervor, und die natürliche Auslese unter den Organismen gibt solchen Mutationen den Vorzug, die einen erhöhten Überlebenswert bieten. Wir behaupten dagegen, daß dies nicht die ganze Geschichte ist. Es gibt Genmutationen, die sich gar nicht auf den Organismus auswirken, und auch ohne Änderung ihrer Gene können Organismen sich verändern.

Man könnte nun denken, alles sei offen, und zwischen Genen und Organismen gebe es gar keinen Zusammenhang. Doch damit würde man uns mißverstehen. Wir meinen, daß es zwischen Genen und Organismen keinen einfachen, universalen Zusammenhang gibt. Tatsächlich herrscht eine reiche, faszinierende und weitgehend unerforschte gemeinsame Dynamik. Die soeben geschilderte Evolutionsgeschichte hat gegenüber der herkömmlichen etliche Vorzüge. Sie verrät uns, daß die Flexibilität der genetischen Bausätze die Evolution in bestimmte Richtungen treibt, die auf der Ebene der Organismen sinnvoll erscheinen. Sie zeigt, wie die Geographie des Geschöpf-Raums die Dynamik im DNS-Raum beeinflußt. Die Evolution der Organismen folgt deren »Wunsch« in dem Sinne, daß die Richtung, in der sie sich physiologisch strecken, von ihren Intentionen bestimmt wird. Die erwähnten Giraffen wollten wirklich das Laub weiter oben am Baum fressen, denn hätten sie es nicht gewollt, hätten sie keine langen Hälse entwickelt.

Diese Feststellung klingt vielleicht nach Lamarckismus, doch der Mechanismus der genetischen Assimilation widerspricht nicht unserem heutigen Verständnis der DNS und der Entwicklung. Sie macht sich lediglich frei von allzu großen Vereinfachungen, und sie zeigt, daß die Möglichkeiten, die in einer echten Wechselwirkung zwischen DNS-Raum und Geschöpf-Raum stecken, größer sind als die, die jeder Raum, für sich betrachtet, enthält. Versucht man die Evolution auf Ereignisse zu beziehen, die in nur einem dieser Räume stattfinden, unterschlägt man den Reichtum ihrer Wechselwirkung.

Die interaktive Evolutions-Geschichte, an der sowohl die Gene als auch die Organismen teilhaben, kommt dem Commonsense und der Erfahrung sehr viel näher als das Bild von zufälligen Würfen der DNS-Würfel. Sie klärt zahllose Schwierigkeiten auf, mit denen sich der herkömmliche Ansatz herumquält, zum Beispiel die Evolution solcher komplexen Strukturen wie Auge oder Flügel. Sie ist einfacher, kohärenter und überzeugender als die neodarwinistische Geschichte, die »alles auf die DNS schiebt«. Und aus ihr folgt, daß die Forschung sich künftig mehr um die interaktive Dynamik des kombinierten DNS/Organismus-Raumes kümmern sollte.

Der aufgelöste Genotyp

Mit der Idee von einem egoistischen Gen ist die von seinem erweiterten Phänotyp verbunden. Das ist die vollständige Liste aller möglichen, mit diesem Gen zusammenhängenden phänotypischen Effekte. Das dahinter stehende Paradigma besagt, daß die DNS für die Evolution »verantwortlich« ist und daß Organismen bloß Vehikel sind, die der Replikation der DNS dienen – wandelnde Fotokopierer sozusagen. Da aber zwischen DNS und Organismus kein eindeutiges Abbildungsverhältnis besteht, kann man vernünftigerweise nicht von dem Phänotyp sprechen, der durch ein gegebenes Stück DNS determiniert wird. Und selbst wenn es bestünde, kann doch ein Stück DNS, das überlebt hat, auf unterschiedliche Weise repliziert werden. Geschwister haben rund die Hälfte ihrer Gene gemeinsam; wenn Sie also Ihr Leben opfern, um Ihre beiden Brüder vorm Ertrinken zu retten, überleben genau so viele von »Ihren« Genen, um repliziert zu werden, wie wenn Sie am Leben geblieben und Ihre Brüder gestorben wären. Ein und dieselbe DNS-Sequenz kann also in mehreren Vehikeln vorkommen, und deren Interaktion kann ihre Überlebenschance erhöhen. So wurde der erweiterte Phänotyp geboren. Er ist ein phänotypischer Zusatz zu einer genzentrierten Evolutionstheorie, erfunden, um die Tatsache zu umgehen, daß die natürliche Auslese nicht auf DNS-Sequenzen direkt einwirkt, sondern bei »deren« Organismen ansetzt.

Das, worauf wir jetzt gestoßen sind, ist eine kontextbezogene Umkehrung aller Ideen von Dawkins. Nachdem wir die egoistische DNS durch die sklavische DNS ersetzt haben, der sehr daran gelegen ist, daß ihr Organismus bis zur Fortpflanzung überlebt, können wir nun den erweiterten Phänotyp durch den, wie wir ihn nennen wollen, aufgelösten Genotyp ersetzen. Dies ist ein genetischer Zusatz zu einer organismus-zentrierten Evolutionstheorie, erfunden, um die Tatsache zu umgehen, daß Mutationen nicht auf Organismen direkt einwirken, sondern auf dem Umweg über ihre DNS. Der aufgelöste Genotyp eines gegebenen Merkmals ist die Menge aller möglichen Genkombinationen – zu ihr können die von Eltern, Geschwistern und sonstigen Geschöpfen gehören –, die gemeinsam der Entwicklung dieses Merkmals förderlich sind. Der aufgelöste Genotyp für das Merkmal »Halslänge« bei Giraffen umfaßt »Herzgröße«-Gene, aber auch »Herzübungs«-Gene. Der aufgelöste Genotyp des Hundemerkmals »Fähigkeit zu rennen« umfaßt

- »läuft schneller«-Gene [betrifft Beine, Herz, Lunge und so weiter.]
- »kann effektiver üben«-Gene
- »ist sehr ausdauernd«-Gene
- »wurde im Mutterleib gut genährt«-Gene
- »hat eine höhere Schmerzschwelle«-Gene
- »ist wild darauf, Kaninchen zu fangen«-Gene
- »ältere Geschwister bringen jüngeren Geschwistern das Laufen bei«-Gene

und dergleichen mehr.

Die natürliche Auslese wirkt nicht auf bestimmte DNS-Teile ein. Wenn sie jedoch zugunsten eines bestimmten Merkmals eines Organismus selektiert, dann wirkt sie auf den entsprechenden aufgelösten Genotyp ein. Genkombinationen, welche die Chance, bis zum Fortpflanzungsalter zu überleben, vermindern, werden ausgesondert, nicht aber individuelle Gene. Und verschiedene Genkombinationen, die ein und dasselbe Merkmal erzeugen, werden von der natürlichen Auslese gleichbehandelt, weil sie den Unterschied einfach nicht erkennen kann. Es sei denn, dieses Merkmal würde außergewöhnlich belastet, was der Einführung neuer Auslesekriterien für ein leicht verändertes Merkmal gleichkommt. Das Merkmal heißt dann nicht nur »fähig, schnell zu laufen«, sondern »fähig, sehr viel schneller zu laufen, und ausdauernder, falls von einem Raubtier verfolgt«. Das ist die Pointe des Witzes am Anfang von Kapitel 4.

Wir haben jetzt ein zweites Paradigma. Das sklavische Gen setzt sich restlos für das Überleben seines Organismus ein. Die Evolution ist organismusgetrieben, aber sie wirkt verdeckt über Mengen von Genen, über den aufgelösten Genotyp des Organismus. Genaugenommen ist dies keine Theorie, die der von Dawkins entgegengesetzt wäre. Sie ähnelt ihr verdächtig, nur daß sie das Innere nach außen kehrt und alles auf den Kopf stellt, um statt der Rolle der DNS die Rolle der Organismen hervorzuheben. Da beide, DNS und Organismus, aber aufs engste zusammenhängen, ist es nicht sinnvoll, das eine auf Kosten des anderen hervorzuheben. Der erweiterte Phänotyp projiziert praktisch alle phänotypischen Effekte auf die Gene und betrachtet die DNS als das Wichtigste; der aufgelöste Genotyp projiziert alle genetischen Effekte auf den Phänotyp und betrachtet die Organismen als das Wichtigste. Beide verzerren das tatsächliche Verhältnis zwischen Genen und Organismen, das sehr einer Partnerschaft ähnelt. Beide schaffen es sogar, wichtige Merkmale in der falschen Generation anzusiedeln.

Evolution durch verdeckte Änderungen an ganzen Mengen von Genen ist ein sehr attraktiver Vorschlag, zumal angesichts der Existenz von »Kontroll«-Genen und »Bedarfsplanungs«-Genen. Je subtiler und raffinierter die genetischen Kontrollmechanismen sind, desto größer werden die Möglichkeiten für geschickte Variationen an der genetischen Assimilation. Es sind diese Kontrollgene, die den Zusammenhang zwischen dem DNS-Raum und dem Geschöpf-Raum zerreißen, und infolgedessen werden Szenarien wie das von Bateson nicht nur möglich, sondern unvermeidlich. Doch in den Anfängen des Lebens, als die DNS gerade erst begonnen hatte, waren so raffinierte Strukturen wie Kontrollgene noch nicht vorhanden, und so mußte die Evolution direktere Wege gehen. DNS-Raum und Geschöpf-Raum müssen einander sehr viel ähnlicher gewesen sein, und es muß ein ziemlich eindeutiges Abbildungsverhältnis zwischen ihnen bestanden haben – eine gemeinsame Geographie. Kurz, in dem Maße, in dem sich die Geschöpfe entwickelten, entwickelte sich auch der Evolutionsprozeß, und beide gewannen gemeinsam an Komplexität.

Nichttransitive Würfel

Die Wendung »survival of the fittest« ist als Beschreibung der Evolution sehr problematisch. Sie suggeriert, daß Tauglichkeit [Fitness] ein statischer Begriff sei, der auf einer einfachen numerischen Skala darstellbar ist. Die Tauglichkeit eines Organismus hängt jedoch ganz davon ab, um was er konkurriert – von dem Spiel, das er spielt. Wie kontraintuitiv der Fitnessbegriff sein kann, läßt sich leicht an sogenannten nichttransitiven Würfeln zeigen, deren Namen wir in kürze erläutern werden. Stellen Sie sich drei dreiseitige Würfel vor, deren Seiten die folgenden Zahlen zeigen:

A: 3 4 8
B: 1 5 9
C: 2 6 7

Jeder Spieler wählt einen Würfel und wirft ihn; gewonnen hat der mit der höchsten Punktzahl.

Die Gewinnwahrscheinlichkeit läßt sich berechnen, indem man Tabellen der Kombinationen aufstellt, wie folgt:

A	**3**	**4**	**8**	**B**	**1**	**5**	**9**	**C**	**2**	**6**	**7**
B				**C**				**A**			
1	A	A	A	**2**	C	B	B	**3**	A	C	C
5	B	B	A	**6**	C	C	B	**4**	A	C	C
9	B	B	B	**7**	C	C	B	**8**	A	A	A

Wenn zum Beispiel A eine 3 wirft und B eine 1, gewinnt A, also schreiben wir in Spalte ›3‹ und Zeile ›1‹ der ersten Tabelle ein A. Wir sehen, daß B mit einer Wahrscheinlichkeit von 5:9 A schlägt, weil B bei fünf von den neun Wurfkombinationen gewinnt. Auch C schlägt B mit einer Wahrscheinlichkeit von 5:9. B ist also besser als A, und C ist besser als B. Ist C also besser als A? Nein! A schlägt C gleichfalls mit einer Wahrscheinlichkeit von 5:9.

Wir kennen so etwas aus der Realität. Beim Fußball kommt es vor, daß Schalke Frankfurt schlägt, Frankfurt München und München Schalke. Dieses einigermaßen paradoxe Verhalten, das die Mathematiker nichttransitiv nennen, kann sogar mit einiger Regelmäßigkeit vorkommen, aufgrund der Wechselwirkung zwischen den Kampfstilen der einzelnen Mannschaften. Eigentlich ist jede Paarung ein anderes Spiel, auch wenn es auf einer Meta-Ebene immer um Fußball geht. Deshalb verhalten sich die Würfelspiele so seltsam: Bei jeder Wahl von zwei Würfeln wird aus der Konkurrenz tatsächlich ein anderes Spiel. Wir können daher auch in evolutionären Spielen mit nichttransitivem Verhalten rechnen. Dies ist nur einer der zahlreichen Gründe, warum es unmöglich ist, unabhängig vom Kontext eine bestimmte Mutation als gut oder schlecht zu bewerten. Jeder der Würfel A, B und C ist gut im Kontext eines Spiels und schlecht im Kontext eines anderen.

Da der Status einer Mutation kontextabhängig ist, muß das Argument hinter Mullers Ratsche – daß schlechte Mutationen sich schneller häufen als Rückmutationen zu guten – sorgfältig geprüft werden. Es spricht immer noch einiges dafür, daß es gewöhnlich zu erheblich mehr schlechten Mutationen kommt, bevor gute eintreten, doch ist diese Auffassung nicht mehr unumstritten. Solange wir nicht eindeutig wissen, was die DNS für die Entwicklung bedeutet, kann man eigentlich nicht entscheiden, wie sich die Anteile der guten zu den schlechten Mutationen verhalten. Es gilt jedoch weiterhin, daß die geschlechtliche Fortpflanzung das weitaus beste Verfahren ist, die guten zu erhalten und die schlechten zu überdauern.

Das Panda-Prinzip

Problematisch am »survival of the fittest« ist ferner die darin enthaltene Behauptung, daß nur die Allerbesten es schaffen. Tatsächlich können gewisse Geschöpfe aber sehr gut überleben, obwohl andere Geschöpfe ihre Nische effektiver besetzen könnten. Sie müssen nur verhindern, daß das neue Geschöpf Fuß faßt. Dies gilt auch für bestimmte Merkmale eines Geschöpfes. Überlegene Merkmale, die eigentlich die unterlegenen verdrängen müßten, tun das trotzdem nicht, weil sie, solange das unterlegene Merkmal existent ist, nicht in Gang kommen. Stephen Jay Gould nennt dies das Panda-Prinzip, weil sein bevorzugtes Beispiel der Daumen des Pandas ist – kein echter Daumen und nicht so gut wie ein echter Daumen, aber das Beste, was der Panda hinkriegen konnte, weil er seinen fünften Finger bereits anderen Zwecken gewidmet hatte.

Ein hervorragendes Beispiel für das Panda-Prinzip ist, wie Gould in ›Bravo, Brontosaurus‹ erklärt, die [englische] QWERTY-Schreibmaschinentastatur, so genannt nach ihrer charakteristischen, aber unlogischen Anordnung der Buchstaben des Alphabets. Dieser Satz wird auf einer derartigen Tastatur getippt. Sie ist mit einem Mikrocomputer verbunden, der die besten Forschungsgeräte der siebziger Jahre an Leistung weit übertrifft. Wir hatten keine Wahl: Man findet auf der ganzen Welt fast nur QWERTY-Tastaturen. Dabei ist die Anordnung hoffnungslos ineffizient, denn sie zwingt Leute, die blindschreiben, die im Englischen am häufigsten vorkommenden Buchstaben mit der linken Hand zu tippen. Alle Geschwindigkeitsrekorde hält die anders angeordnete vereinfachte Tastatur nach dem Prinzip »Dvorak«. Die QWERTY-Tastatur hätte Schreibkräfte nicht wirksamer bremsen können, wenn sie extra zu diesem Zweck geschaffen worden wäre – und damit ist eine Geschichte verknüpft, denn so war es tatsächlich. Bei den ersten Schreibmaschinen verklemmten sich die Typenhebel, wenn man allzu schnell tippte. Das war jedoch nicht zu erkennen, weil die Typenhebel unterhalb der Schreibwalze dem Blick entzogen waren. Erst wenn man einige Zeilen weiter war und das Getippte sichtbar wurde, merkte man, daß es Probleme gegeben hatte. Anfangs wurde nach dem Zweifingersystem geschrieben, nicht blind wie heutzutage, und QWERTY zwang die Schreibkräfte zu einem langsameren Tempo, weil sie für die Buchstaben, die am häufigsten vorkommen, den Zeigefinger der linken Hand benutzen mußten.

Als die Schreibmaschine immer mehr in Gebrauch kam, versuchte man es mit den unterschiedlichsten alternativen Tastenanordnungen. 1888 fand ein Schnellschreibwettbewerb zwischen verschiedenen Maschinentypen statt, bei dem QWERTY haushoch gewann, und damit war der Zug abgefahren. Wenn die überwältigende Mehrheit aller Schreibkräfte in der Welt an der QWERTY-Tastatur ausgebildet ist, ist es für einen Schreibmaschinenhersteller ein Wagnis, etwas anderes einzuführen. Heutzutage kann man die Tastenanordnung aber ohne weiteres durch entsprechende Software umstellen. Trotzdem behauptet sich QWERTY noch immer.

Die Ironie dabei ist, daß QWERTY nicht etwa deshalb gewann, weil es die beste Tastenanordnung ist. Die Siegerin benutzte ein Achtfinger-Blindschreibsystem, der Verlierer ein Vierfingersystem. Mit QWERTY hatte das Ergebnis, entgegen der allgemeinen Annahme, also gar nichts zu tun.

Das Panda-Prinzip hält so manches unzulängliche wissenschaftliche Paradigma am Leben. Ein bestehendes Paradigma besitzt eine enorme Trägheit – das heißt, träge ist das Denken der Wissenschaftler, die an ihm festhalten. Um das herrschende Paradigma zu verdrängen, muß ein neues Paradigma nicht nur besser sein, sondern es muß so viel besser sein, daß es alle typischen Schwierigkeiten eines Zuspätgekommenen zu überwinden vermag – und eine davon ist, an Forschungsmittel heranzukommen, deren Vergabe von angesehenen Wissenschaftlern kontrolliert wird, die natürlich am alten Paradigma hängen. Selbst wenn Sie morgen ein überlegenes Waschmittel erfinden würden, brächten Sie es niemals fertig, die derzeitigen Waschmittelhersteller zu verdrängen. Die Vertriebsnetze sind fest in ihrer Hand, dominieren die Werbung, und sie haben die finanzielle Macht, um einen Emporkömmling wie Sie durch einen Preiskrieg zu ruinieren. Und wir wissen alle, wie unglaublich schwer es ist, einen amtierenden Politiker selbst bei noch so dürftigen Leistungen aus dem Amt zu verdrängen.

Mathematisch ausgedrückt, besagt das Panda-Prinzip, daß ein lokales Optimum gewinnen wird. Ein lokales Optimum ist das jeweils Beste aus einer Reihe von Dingen, die sich nicht allzu sehr von ihm unterscheiden; um zu gewinnen braucht man nicht das globale Optimum, das Beste, das sich überhaupt denken läßt. Die Evolution führt dazu, daß Nischen von lokal optimalen, nicht von global optimalen Geschöpfen besetzt werden. Das zeigt sich immer dann, wenn ein tauglicheres Geschöpf von außen eingeführt wird und sämtliche Konkurrenten auslöscht. Als Beispiel nannten wir bereits den Wels, der seine Buntbarsch-Konkurrenten ausrottet. Sie überlebten auf der Grundlage des Panda-Prinzips und kamen mit dem Wels-Prinzip nicht zurecht. Ein anderer Fisch, den die Fischer in den ostafrikanischen Seen ausgesetzt haben, ist der Nil-Flußbarsch, ein nicht spezialisierter Raubfisch, der so erfolgreich ist, daß es ganz danach aussieht, als würde nichts das Flußbarsch-Prinzip überleben – selbst der Flußbarsch nicht. Ein weiteres Beispiel sind die bodenlebenden Vögel von Neuseeland, die in ihrem lokalen Optimum glücklich und zufrieden waren, bis Landsäugetiere wie Ratten, Hunde und Menschen aufkreuzten.

Künstliches Leben

In Kapitel 4 nutzte Niplphut den Computer von ›Schenkelknochen‹ zu ein paar einfachen Experimenten mit künstlichem Leben – sie waren so einfach, daß wir sie mit Papier und Bleistift nachmachen konnten –; darin zeigte sich, daß Mutationen ohne weiteres zu erhöhter Komplexität führen können. Diese Idee wollen wir nun im Kontext betrachten, müssen dazu aber auf Papier und Bleistift verzichten und auf das von Niplphut benutzte Gerät zurückgreifen. Grundfragen der Evolution wie die, ob steigende Komplexität ohne eine lenkende Intelligenz spontan entstehen kann, erscheinen nach neueren Computerexperimenten in einem faszinierenden Licht. Tom Ray, ein Naturforscher in bester Darwinscher Tradition, der jetzt am Santa Fe Institute ist, hat zum Beispiel eine künstliche Welt erfunden. Ihre Umwelt ist der Arbeitsspeicher eines Computers, und ihre Geschöpfe sind Computerprogramme, Bitstrings in Maschinencode. Eines der Merkmale von Rays Modell, auf das wir zurückkommen werden, ist, daß es den Genotyp mit dem Phänotyp gleichsetzt. DNS-Raum und Geschöpf-Raum sind identisch, denn beide sind durch dieselbe Sequenz binärer Ziffern in dem entsprechenden Programm definiert. Rays Modell umfaßt – und das ist entscheidend – sowohl Mutation als auch Selektion, ohne besonderes Zutun des Programmierers. Mutationen – Kopierfehler – kommen in allen Computern vor, und für die Selektion sorgt die Konkurrenz um Speicherplatz. Ray nennt seine Kunstwelt Tierra, die spanische Bezeichnung für die Erde.

Die Evolution auf Tierra beginnt mit einem einzigen »Urorganismus«, einem achtzig Bits langen selbstreplizierenden Programm. Im Januar 1990 setzte Ray diesen Organismus in eine jungfräuliche Umwelt, ein Meer aus beliebigen Bits im Computerspeicher, und wartete ab, was passieren würde. Das replizierende Programm tat das, wofür es geschaffen war. Bald saß es in Tausenden von Kopien in verschiedenen Teilen des Speichers. Doch Mutationen führten zum Auftreten neuer Arten – anderer Bitstrings, die teils kleiner, teils größer waren als der Urorganismus. Das nächstliegende Komplexitätsmaß eines Bitstrings ist seine Länge, und in diesem Sinne hatte die Komplexität spontan zugenommen. Während die simulierte Zeit in Rays simulierter Welt verstrich, fluktuierten die Populationen. Mal dominierte eine Handvoll von Arten, mal herrschte große Vielfalt. Es war fast unmöglich vorherzusagen, was geschehen würde.

Dann tauchten Parasiten auf, Geschöpfe von nur fünfundvierzig Bits Länge. Da sie für ihre Replikation keine eigenen Instruktionen besaßen, borgten sie sich diese von benachbarten Organismen aus. Sie schadeten diesen Wirtstieren nicht, außer daß sie mit ihnen um Platz konkurrierten. Parasiten können, wie in unserer Welt, nur dann gedeihen, wenn reichlich Wirtstiere vorhanden sind. In einigen Programmläufen entstand eine mutierte, neunundsiebzig Bits lange Variante des Urorganismus, die gegen Parasiten immun war, und die Parasiten starben aus. Bei anderen Läufen entwickelte sich ein neuer Typ von Organismen, ein Hyperparasit, der die Fortpflanzungstechnik des Parasiten an sich riß und sich an ihrer Stelle vermehrte. Einige Hyperparasiten entwickelten sich zu sozialen Organismen von einundsechzig Bits Länge, die sich nur durch Kooperation fortpflanzen konnten. Es war nicht gerade Sex, aber es gehörten zwei dazu. Die sozialen Organismen ermöglichten wiederum die Evolution von siebenundzwanzig Bits langen Betrügern, die sich einer Gruppe von sozialen Tieren anschlossen und den Befehlszeiger des Computerprogramms stahlen, wodurch sie dem Gesamtprogramm einen anderen Verlauf gaben.Es gab auch weitreichende Verhaltensmuster, die stark an die reale Evolution erinnerten. Im Rahmen der begrenzten, aber erstaunlich vielfältigen Ökologie von Tierra kam es nach langen ereignislosen Zeiten zu plötzlichen Ausbrüchen evolutionären Wandels, zu Explosionen der Vielfalt und zu Fällen schlagartigen Massensterbens. Keiner dieser Effekte war einprogrammiert – sie ergaben sich aus der ganz einfachen Anordnung von selbst. Die evolutionäre Geographie von Tierra ist eine bemerkenswerte, sich selbst modifizierende Landschaft, die überraschend genau einige der verblüffendsten Erscheinungen der Evolution auf der Erde nachahmt.

Natürlich ist Tierra »unrealistisch«. Seine Bitstrings entsprechen nur in einem sehr allgemeinen Sinne dem terrestrischen genetischen Code. Dennoch hat es offenbar eine ganz ähnlich beschaffene Geographie. Die Details der Landschaft, die internen Zusammenhänge der Evolution auf der genetischen Ebene sind vollkommen verschieden von denen des DNS-Raums. Dennoch nimmt in beiden Systemen die Komplexität zu, Parasiten untergraben den Reproduktionsprozeß anderer, komplexerer Geschöpfe, einige werden immun gegen Parasiten, einige Geschöpfe entdecken die Vorteile kooperativen Verhaltens ... Die tiefere Struktur der Landschaft in diesem lächerlich einfachen Modell ist jener in der realen Welt sehr ähnlich. Man kann sich kaum der Schlußfolgerung entziehen, daß viele der Erscheinungen, die den Evolutionstheoretikern seit langem Kopfzerbrechen bereiten, wie etwa die sprunghafte Evolution und das Massensterben, in jedem noch so rudimentären Prozeß, der Replikation, Mutation und natürliche Auslese erlaubt, natürlich und alltäglich sind. Eins zu null für die Komplexitätstheorie.

Ein weiterer Punkt. Tierras Ökologie ist chaotisch, bis ein einziger, sich selbst reproduzierender Organismus entsteht. Ohne diesen Urorganismus ist seine Landschaft ein unstrukturiertes Meer von Bits, der Bit-Tod des tierranischen Universums. Es verhält sich in einer Weise, die Thermodynamikern gefallen würde. Doch sobald dieser eine Stammorganismus da ist, beginnt der Zustand des Computers sich wie das Leben zu verhalten, nicht wie ein lauwarmes Gas. Da der Urorganismus nur achtzig Bits lang ist, ist die Chance, daß er oder etwas Ähnliches schließlich erscheinen wird, nicht allzu gering. Wenn er dafür einige Milliarden Jahre Zeit hat, warum nicht? Dann geht es los. Was wir hier offenbar beobachten, ist die Fähigkeit von kalkulierenden Subsystemen [unter denen die Replikatoren vielleicht die einfachsten sind], den Zusammenbruch des Chaos herbeizuführen. Solche Subsysteme können im übrigen zufällig entstehen, denn sie sind nichts als Bitstrings wie all die anderen, und ihr kalkulierendes Verhalten entsteht nur, weil sie mit ihrer Umwelt auf eine bestimmte, ziemlich vertrackte Weise wechselwirken. Man muß schon ein Fachmann sein, um ein selbstreplizierendes Programm von einem Stück Schrott zu unterscheiden – solange man das Programm nicht auf dem Computer laufen läßt. Derartige Phänomene haben einen neuen wissenschaftlichen Teilbereich entstehen lassen, die emergente Kalkulation, die eine wesentliche Komponente der Komplexitätstheorie darstellt.

Bilder der Evolution

Tierra ist ein Zeitvertreib, allerdings ein recht interessanter. So hat sich vielleicht die Evolution abgespielt, als es noch keine Organismen, sondern nur Makromoleküle aus einigen hundert Atomen gab. Die Welt, in der wir leben, ist weit, weit komplizierter. In ihr könnte, anders als in Tierra, die Änderung des Phänotyps ohne genetische Änderung die evolutionäre Norm sein, wie wir in diesem Kapitel im Zusammenhang mit Batesons Konzept der genetischen Assimilation gesehen haben. Denjenigen, die mit der Vorstellung aufgewachsen sind, daß zwischen DNS und Organismen ein Abbildungsverhältnis besteht, mag das paradox erscheinen, doch wenn man begriffen hat, daß die DNS nicht das Wesen, sondern nur eine Facette der Evolution ist, dann ist es sehr plausibel: Körper verändern sich am stärksten, wenn die Gene gleichbleiben. Sie reagieren in ihrem Wachstum auf die Umwelt. Umgekehrt könnte in der Zeit, in der der Phänotyp statisch ist, in der der Organismus zwischen Phasen der sprunghaften Evolution gut angepaßt zu sein scheint, die genetische Variation am stärksten sein. Denn das ist die Zeit, in der die

Konkurrenz am schärfsten ist; der Genpool erreicht Gleichgewicht und Assimilation, wodurch die körperliche Struktur des Organismus kanalisiert, gegen Umwelt- und genetische Änderungen weitgehend resistent wird.

Was passiert, wenn wir diese Idee in ein längerfristiges Szenario einführen? Wie sieht ein solcher Evolutionsmechanismus von außen aus? Würden wir, wenn wir keinen Zugang zu fossiler DNS hätten, sagen können, wie sich die Evolution abgespielt hat?

Für Lamarck und Darwins Großvater Erasmus, die überzeugt waren, daß eine fortschreitende Veränderung von einer Art zur anderen führt, war die Evolution eine Leiter. Unter den Journalisten von heute ist kaum einer über dieses Bild hinausgekommen, dem zufolge »niedere«, primitive Organismen sich zu »höheren«, fortgeschrittenen Organismen entwickeln. Ganz unten auf der untersten Sprosse sitzen die Amöben, ganz oben die Menschen. Die Geschöpfe arbeiten sich auf der Leiter hoch wie Angestellte in einer Firma.

Charles Darwin und Haeckel machten statt der Leiter den Baum zum bevorzugten Bild der Evolution. Die einzelnen Äste waren große Ansammlungen von Organismen, und auf den höchsten Ästen saßen die heute lebenden Geschöpfe. Eine Art, die ausstarb und die wir heute nur noch als Fossilien finden, lebte auf Ästen, die abbrachen, bevor sie die Spitze erreichten. Auf Darstellungen solcher Bäume des Lebens ist der Stamm immer sehr dick gezeichnet, aus Gründen, die mehr mit der Mechanik und Biologie realer Bäume als mit der Struktur evolutionärer Stammbäume zu tun haben. Wir sind mit Darwin der Ansicht, daß sehr ähnliche Zweige – Arten, die einander stark ähneln – sich etwas weiter unten vereinen, während die Äste ganz verschiedener Geschöpfe sich erst sehr viel weiter unten treffen; das heißt, ihr ältester gemeinsamer Vorfahr lebte vor sehr viel längerer Zeit. Willi Hennig und die von ihm begründete »kladistische« Schule haben Zweifel an etlichen Argumenten der Baumverzweigung geweckt und insbesondere gezeigt, daß es nicht möglich ist, durch die Analyse von Ähnlichkeiten gemeinsame Vorfahren zu bestimmen oder zu beschreiben. Ohne näher auf solche Einzelheiten einzugehen, möchten wir doch bemerken, daß sich das Bild der Evolution seit Darwins Zeiten sehr verfeinert hat.

Gould hat das Baum-Bild in ›Zufall Mensch‹ nochmals verändert; er machte aus der Evolution ein Moor mit vielen verkümmerten Büschen, aber nur wenigen Bäumen. Dies kommt der Wahrheit sehr viel näher als das Bild eines einzelnen Baumes, auf dessen oberstem Ast die Menschheit sitzt. Gould sah deshalb den Aufstieg der Menschheit als bloßen Zufall an: Wir sitzen zufällig in einem evolutionären Baum, der Katastrophen überstand und es schaffte, bis zur Reife heranzuwachsen. Wir haben ein solches anthropisches Denken in Kapitel 8 kritisiert. Wäre die spezielle Sherlock-Holmes-Story, die zu intelligenten Wesen führte, nicht passiert, hätte sich vermutlich eine andere zugetragen. Dinosaurische Cohens und Stewarts hätten ein Buch geschrieben, in dem sie die Theorien eines dinosaurischen Gould über die nämlichen Entdeckungen im Burgesaurus Shale kritisiert hätten. Der dinosaurische Gould und sein säugerisches Pendant würden dinosaurische und säugerische

Szenarien miteinander vergleichen und in den Unterschieden zwischen Dinosauriern und Säugern einen Beweis dafür sehen, daß die Kontingenz massive Veränderungen bewirkt habe. Eine Evolution nennt man konvergent, wenn verschiedene Wege zu denselben Resultaten führen, und auf der Grundlage des besagten Vergleichs würden die dinosaurischen Cohens und Stewarts ebenso wie ihre säugerischen Pendants behaupten, daß gegenüber der Kontingenz die spätere Konvergenz die Oberhand gewann. Als entscheidend würden sie die gemeinsame Evolution von Intelligenz betrachten, und die Frage, ob sie in Dinosauriern oder Säugern zu Hause war, würden sie als unerhebliches Detail abtun. Wir halten daher an dem Bild der buschigen Ebene fest, lassen aber die Konvergenzargumente auf sich beruhen, die nach unserer Ansicht etwas völlig anderes sind.

Landschaften des Wandels

Alle diese Bilder – Leiter, Baum, Moor – übergehen ein wesentliches Element des Evolutionsprozesses: die Mechanismen. Sie stellen die Produkte der Evolution und ihre Beziehungen untereinander dar, aber nicht den Prozeß selbst. Von dem Standpunkt aus, der die DNS als Blaupause ansieht, bilden sie nur einen Hintergrund, die möglichen Rahmen für bewegte Bilder, die von DNS-Filmen auf die reale Welt projiziert werden. Aus dieser Sicht ergibt sich das folgende Bild: Innerhalb des hypothetischen Baums der Organismen gibt es eine reale »baumartige« Struktur, bestehend aus genetischem Material. Sobald ein Organismus sich vermehrt, erscheinen neue Zweige an dem Baum, die seinen Nachkommen entsprechen. Wenn der Organismus stirbt, endet sein spezieller Zweig. Die Äste und Zweige dieses genetischen Baums werden fortgesetzt von der natürlichen Auslese gestutzt. Dieses Bild ermutigt uns, den Blick nach innen zu richten auf das Muster, die evoluierende Dynamik des Baumes, der geformten Büsche und des abgeweideten Rasens. Alle respektablen Evolutionslehren haben sich wegwerfend über Bemühungen geäußert, eine Richtung zu entdecken, ein Außen, eine vorwärts und aufwärts gerichtete Form. Lamarcks verrufenes »Streben nach Selbstverbesserung« hat mit dieser Art Denken Schluß gemacht.

Doch die Zeit ist gekommen, es wiederzubeleben. Wohin führt es, wenn wir unsere generelle Einstellung, sowohl den Kontext als auch den Inhalt zu betrachten, mit der Idee der genetischen Assimilation von Waddington und Bateson kombinieren? Wir gelangen dann zu einem ganz anderen Bild, einem Bild, das die Zwänge, die Landschaft zeigt, durch die die Evolution fließt. Nicht ein DNS-Raum oder ein Geschöpf-Raum, sondern ein reicherer und größerer Evolutionsraum. Die Evolution ist dann nicht länger ein Baum, sondern eher wie ein Fluß oder wie ein ansteigender See, der in neue Kanäle überschwappt. Außerdem formt der See die Landschaft ebenso, wie die Landschaft den See formt. Allerdings gibt es nicht eine einfache, eindimensionale Aufwärtsrichtung, keine einzelne Zahl, die die Fitness einfängt, denn der Evolutionsprozeß ist seiner Natur nach mehrdimensional.

Es braucht ein wenig Zeit, dieses Bild angemessen darzustellen, und wir entwickeln es aus einem weniger geometrischen, weniger dynamischen Bild. Denken Sie sich die Evolution als ein Konkurrenzspiel, an dem interagierende Organismen in großer Zahl beteiligt sind. Die Regeln dieses Spiels sind eher grobe Regeln, die eine Tendenz ausdrücken; eine besagt zum Beispiel, daß Raubtiere, die schneller laufen können, in der Regel Beutetiere fangen werden, die nicht so schnell laufen können; Beutetiere, die sich in einem Loch verstecken können, werden Raubtieren, die zu dick sind, in der Regel entkommen. Die Evolution spielt sich weitgehend in einem relativ feststehenden Rahmen solcher Regeln ab, und die meisten Regeln sind kontextbezogen. So hat die Fähigkeit, schnell zu laufen – eine Mischung aus genetischen Bausätzen und nichtgenetischen Effekten wie Übung –, manchen Organismen einen klaren Vorteil verschafft, und aus den gleichen Gründen ist dieser Vorteil über lange geologische Zeiträume wirksam gewesen. Der Mechanismus, der der Fähigkeit diese langfristige Stabilität verleiht, obwohl sich in der Form der Geschöpfe erhebliche Veränderungen vollzogen haben, ist kontextbezogen. Er ist weitgehend nichts anderes als Physik. Stärkere Muskeln können das Tier zu höheren Geschwindigkeiten antreiben, stärkere Knochen halten der Belastung durch den wiederholten Aufprall auf den Boden stand, und so weiter. Doch der hauptsächliche Stabilisierungsfaktor ist von umwerfender Einfachheit: Es ist das langsame und nicht das schnelle Futter, das gefressen wird.

Einschränkend muß dazu gesagt werden, daß zwischen den großräumigen Effekten dieser Art ein empfindliches Gleichgewicht besteht. So verleiht die Fähigkeit, schnell zu laufen, einem Raubtier dann keinen Vorteil, wenn es nicht in der Lage ist, seine Beute aufzuspüren; es kommt nicht nur auf die Höchstgeschwindigkeit an, sondern auf die Fähigkeit, sie durchzuhalten, und dergleichen mehr. Gleichwohl gibt es eine Vielzahl relativ konstanter Prinzipien, denen die Konkurrenz gehorchen muß.

Diese großräumigen Regeln [und auch die detaillierteren und weniger leicht erkennbaren] können sich unter mindestens zwei Umständen ändern. Erstens kann sich die Umwelt durch eine äußere Ursache ändern, wie im Falle des K/T-Meteoriten, der angeblich die Dinosaurier aussterben ließ. Zweitens können sich Änderungen im Wesen des Spiels ergeben, weil sich ein völlig neues Attribut entwickelt. Auf diesen Umstand kommt es in unserer Diskussion an. Betrachten wir Umweltveränderungen als abgehakt und befassen wir uns mit der zweiten Ursache größerer Übergänge.

Ehe Pflanzen nicht reichlich vorhanden waren, konnte die Fähigkeit, Pflanzen zu fressen, keinen Vorteil gewähren. Wenn jedoch ein festes Angebot an Pflanzen vorliegt, liegen die Vorteile einer Evolution zum Pflanzenfressen auf der Hand. Die Anwesenheit von Pflanzenfressern verändert die Natur des Wettbewerbs für immer. Pflanzen konkurrieren jetzt nicht mehr nur mit anderen Pflanzen um dieselben Ressourcen. Sie konkurrieren jetzt auch mit den Pflanzenfressern, die sie fressen wollen; deshalb entwickeln sie Dornen, große Samen und ähnliche Abwehrmittel. Pflanzen konkurrieren auch untereinander unter Ausnutzung der neuen Möglichkeiten, die ihnen die Pflanzenfresser bieten, darunter wirksamere Methoden der Ausbreitung [zum Beispiel Transport von Kletten im Fell oder von Samen im Dung]; wiederum werden sich neue Strukturen entwickeln, die nicht mit dem Konkurrenzkampf zu erklären sind, bevor nicht Pflanzenfresser [oder Insekten oder ...] existieren.

Wir behaupten nicht, daß sich schlagartig voll ausgebildete Pflanzenfresser in großer Zahl entwickelt haben. Die Evolution kann sich,nur in sehr vielen kleinen Schritten vollzogen haben. Doch wie sie sich auch immer abgespielt haben mag – es ist klar, daß es in den Regeln des Spiels zu bedeutenden Veränderungen kommt, weder als Ursache noch als Folge, sondern als integraler Bestandteil des sich wandelnden Hintergrunds, vor dem das Spiel gespielt wird. Wir können uns die Evolution daher als ein Spiel denken, dessen Regeln sich normalerweise ziemlich gleich bleiben, sich gelegentlich aber auch dramatisch verändern. Untersuchen wir zunächst, mit welchen Ereignissen bei einem solchen evolutionären »Phasenübergang« zu rechnen ist, und erörtern wir anschließend, warum solche Übergänge zu erwarten sind, wenn auch nicht allzu oft.

Bei Videorecordern fährt der Zug ab

Evolutionsprozesse vollziehen sich in so großen Zeiträumen, daß es kaum möglich ist, sie im Detail zu beobachten. Ein schnelleres Evolutionssystem stellt die Entwicklung technischer Konsumgüter dar. Sie ist natürlich nicht hundertprozentig vergleichbar; zum Beispiel besteht die technische Entwicklung zum großen Teil im bewußten Kopieren neuer Ideen der Konkurrenz. Die Evolution verfährt aber bisweilen ähnlich, nur dauert es länger.

Ein hervorragendes Beispiel bietet die Entwicklung des Videorecorders. Bevor die entsprechende Technologie nicht einen kritischen Punkt erreicht hatte, existierte der Videorecorder überhaupt nicht. Nicht nur, daß es zu teuer war, einen zu bauen – man wußte auch nicht wie. Dann kam eine kurze Übergangszeit, in der die Technologie allmählich verfügbar wurde, aber extrem kostspielig war; die großen Fernsehgesellschaften zahlten in dieser Zeit Unsummen für sperrige Aufzeichnungsgeräte, aber für den Endverbraucher gab es keine Videorecorder. Am Ende dieser Übergangszeit waren Videorecorder auch für Endverbraucher hinreichend klein und billig geworden. Als diese dann in den Handel kamen, änderten sich, unserer Analogie entsprechend, die Regeln des Wettbewerbs auf dem Endverbrauchermarkt grundlegend.

Eine Vielzahl von Elektronikfirmen begann, Videorecorder zu bauen; anfangs gab es mindestens vier nicht miteinander kompatible Bandformate. Die »Umwelt« eines Videorecorders besteht zu einem großen Teil aus verfügbaren Bändern, die auf ihm gespielt werden, und wirtschaftliche Überlegungen sprachen dagegen, Bänder in mehreren Formaten herzustellen. Persönliche Wirtschaftlichkeitsüberlegungen sprachen außerdem dagegen, Videorecorder in mehr als einem Format zu kaufen. Als der Absatz sich allmählich verstetigte, wurde deutlich, wer die Gewinner und Verlierer waren. Die Hersteller von Bändern richteten sich danach, wieviele Videorecorder eines bestimmten Formats verkauft wurden; die Hersteller von Videorecordern waren praktisch auf das Format festgelegt, in das sie investiert hatten; neue, »parasitäre« Firmen, die gleich in die Produktion gehen konnten, richteten sich bei der Entscheidung über das Format danach, wieviele Bänder zur Verfügung standen. Es war eine Zeit rascher Koevolution in den beiden Industriezweigen, die Videorecorder und Bänder herstellten.

Zwei Formate, die es nicht geschafft hatten, sich einen nennenswerten Marktanteil zu sichern, starben bald aus. Zwei hielten sich: Betamax und VHS. Betamax war, soweit man von technischer Überlegenheit reden kann, besser, und die Kassette war kleiner, was die Lagerung und den Vertrieb erleichterte. Doch VHS sicherte sich einen Verkaufsvorsprung von einigen Prozent, der durch positive Verstärkung in einer Spielart des Panda-Prinzips rasch anwuchs. Betamax existiert zwar weiter, doch der Löwenanteil des Marktes entfällt auf VHS. Immer, wenn ein ganz neuartiges Konsumgut auftaucht, spielt sich Ähnliches ab. Anfangs gibt es eine ungeheure Vielfalt, denn die Hersteller springen auf den anfahrenden Zug, solange es noch geht, ohne daß aber schon das Endziel erkennbar ist. Dann kommt eine Konsolidierungsphase, die teils deterministisch ist [Großfirmen gehören wegen ihrer größeren wirtschaftlichen Macht tendenziell zu den Gewinnern], teils kontingent [die Vorlieben der Käufer sind nicht vorhersagbar; unerwartete Produktions- oder Lieferschwierigkeiten können verheerend wirken]. Schließlich pendelt sich der Markt bei einer kleinen Zahl von Produkten ein. Diese entwickeln sich weiter [bessere Methoden der Vorprogrammierung, längere Bänder, Infrarot-Fernsteuerung], doch verläuft diese Entwicklung berechenbarer und konvergent.

Formulieren wir diese Beobachtung in der Sprache der Räume des Möglichen. Bevor jemand auf die Idee kam, daß es möglich wäre, einen Videorecorder für den häuslichen Gebrauch herzustellen, enthielt der Raum der elektronischen Konsumgüter keine Videorecorder. Nicht einmal potentiell! Und zwar deshalb nicht, weil die Dynamik der elektronischen Konsumgüter, die von einem Gemisch aus technischer Machbarkeit und wirtschaftlichen Erwägungen bestimmt wird, selbst auf die Möglichkeit von Videorecordern nicht reagieren konnte, bevor nicht jemand erkannt hatte, daß sie möglich waren. Die Entwicklung von Videorecordern hat den Raum des Möglichen tatsächlich erweitert. Dabei traten gleichzeitig zwei Effekte auf. Der eine bestand in einer ziemlich zufälligen Erkundung des Neulands, während ein Hersteller nach dem anderen auf den Videorecorder-Zug sprang. Die Erkundung schuf im Sinne dieses Bildes keinen neuen Raum; sie erforschte nur den in der Möglichkeit von Videorecordern implizit enthaltenen Raum. Der andere bestand in einer »natürlichen Auslese«, die auf einem Gemisch von wirtschaftlichen Erwägungen und kommerzieller Machtstellung beruhte. Diese stellte schnell wieder eine äußerliche Ordnung her, denn viele ausgetüftelte Entwicklungen starben wegen mangelnden Markterfolges aus.

Dasselbe passiert jedesmal, wenn die Evolution mit einer radikal neuen Masche kommt. Wenn diese Masche hinreichend weit entwickelt ist, um einen nennenswerten Vorteil zu verschaffen, vermehren sich die Organismen, die sie nutzen, dramatisch. Dadurch wird eine rasch anwachsende Vielfalt entfesselt, aber die neuen Arten existieren in relativ geringer Zahl. Die Konkurrenz zwischen diesen Arten stellt jedoch eine Erkundung von Neuland dar; es dauert einige Zeit, bis sie sich eingespielt hat. In dieser Zeit, in der eine Vielzahl »kleiner« Arten existiert, wirkt sich der Zufall stark aus. Bloßes Pech [zum Beispiel ein Schlammrutsch] kann durchaus lebensfähige Formen aussterben lassen. Andere, die nicht erkennbar überlegen, vielleicht sogar in mancher Hinsicht unterlegen sind, überleben und beginnen sich durchzusetzen. Das Panda-Prinzip stabilisiert ihre Nische; die Kanalisierung verlegt die Notfallplanung in ihre Genetik, um ihre Formen zu stabilisieren. Während das System sich bei einer geringen Anzahl von Arten, aber mit einer jeweils größeren Individuenzahl, einspielt, nimmt die Bedeutung der Zufallseffekte ab. Die Notfallplanung dämpft die Auswirkungen des Zufalls. Wenn sich die Regeln des evolutionären Spiels zu einer neuen Konfiguration stabilisieren, beginnen Konvergenzprinzipien die evolutionäre Dynamik zu bestimmen. Auf vielen verschiedenen Wegen wurden gemeinsame Muster erreicht.

Dieser generelle Ablauf spielt sich auf den verschiedensten Gebieten ab. Man kann ihn in der Geschichte der Wissenschaft beobachten. Wenn ein neues Paradigma wie etwa die Quantentheorie auftaucht, kommt es zu einem Ausbruch von Aktivität: verwegene Theorien, unqualifizierte Beiträge von Leuten, die auf den fahrenden Zug aufspringen, ohne die Ideen richtig verstanden zu haben, und dergleichen. Schließlich legt sich der Aufruhr, das neue Paradigma etabliert sich, und das wissenschaftliche Geschehen kehrt zur Normalität zurück, allerdings in einer völlig veränderten Umwelt. Gesellschaftsstrukturen, Religionen, Technologien, Modewellen um neue Spielsachen wie Rubiks Zauberwürfel und Konsumgüter, sie alle zeigen denselben Verhaltensablauf. Dies tun auch mathematische Modelle, die zeitlich veränderliche Prozesse abbilden sollen, zum Beispiel dynamische Systeme und zelluläre Automaten. Was wir beschrieben haben, ist ein allgemeines Phänomen in selbstorganisierenden Systemen.

Evolutionsschübe und Katastrophen

Veränderungen großen Ausmaßes wie Fälle massenhaften Aussterbens oder sprunghafter Evolution – plötzliches Auftreten auffallend neuer Arten – haben in der Geschichte der Evolutionstheorie schwere Probleme aufgeworfen. Sie belegen ein weiteres Mal den Unterschied zwischen lokalen und globalen Optima, doch vollzieht sich die Veränderung in diesem Fall auf einer abstrakteren Ebene. Hier kommt nicht ein neues Geschöpf von außen, um ein anderes, lokal, nicht aber global optimales Geschöpf zu vertreiben, sondern die Geographie des Geschöpf-Raums selbst ändert sich und schafft die Möglichkeit eines neuen globalen Optimums.

Wie wir gesehen haben [dynamische Systeme, Katastrophen], ändern Systeme sich in der Regel graduell, gelegentlich aber auch dramatisch. In manchen Systemen kommen überhaupt keine plötzlichen Änderungen vor, und man kann andererseits Systeme ersinnen, in denen sie so häufig sind, daß stabile Verhältnisse gar nicht zu erkennen sind; die überwältigende Mehrheit der Systeme liegt aber zwischen diesen Extremen. Man kann nicht nachdrücklich genug betonen, daß dies das typische Verhalten von Systemen ist, die sich im Zeitverlauf ändern und eine Modifikation durch externe Variablen [Parameter] erfahren. Gewöhnlich passiert bei Änderungen der externen Variablen nicht viel, doch bisweilen ist die Veränderung dramatisch. Die Bitstring-Wesen in Tom Rays Computerumwelt Tierra haben nicht einmal externe Parameter, verhalten sich aber auch in dieser Weise. Bei selbstorganisierenden Systemen sind vorwiegend graduelle Änderungen mit gelegentlichen plötzlichen Änderungen die Norm. Was wir in der Mathematik nicht sehen, ist die Existenz zweier getrennter Arten von Systemen, einer Art, die sich nie wesentlich ändert, und einer anderen, die sich, wenn sie sich ändert, dramatisch ändert. Wir sehen auch nicht zwei verschiedene Arten von Ursachen – kleine mit geringen Auswirkungen und große mit dramatischen Auswirkungen. Wir sehen vielmehr ein System mit zwei verschiedenen Reaktionsweisen.Die Verfechter einer graduellen und die einer sprunghaften Evolution sind sich einig in der Annahme, daß diese beiden Arten evolutionärer Änderung auf ganz verschiedenen internen Mechanismen und ganz verschiedenen zugrunde liegenden Prinzipien beruhen müssen. Beide Richtungen glauben, daß sie nicht beide zugleich recht haben können. Doch ungeachtet der Vorzüge ihres jeweiligen Ansatzes ist ihre gemeinsame Grundannahme falsch. An den einfachsten mathematischen Systemen zeigt sich, daß beide Arten von Änderungen meistens auf demselben internen Mechanismus beruhen. Der eigentliche Unterschied liegt in der Einbeziehung externer Faktoren wie Parasiten oder Fortpflanzung. Wir sollten die richtige Theorie daher nicht unter den beiden Alternativen suchen, sondern nach einer umfassenden Theorie ausschauen, die beide als Sonderfälle enthält.

Auch als hochgradig komplexes Spiel nach variablen Regeln und mit der zusätzlichen »Regel«, daß die Spieler zwischendurch die Regeln ändern können, besitzt die Evolution vermutlich ähnliche allgemeine Züge. Sie vollzieht sich nicht beliebig; sie ist eingeengt durch den Kontext. Zu diesem Kontext gehören Geologie und Geographie, aber auch die Gesetze der Physik. Der Kontext beschränkt die Bandbreite möglichen Verhaltens. So ist zum Beispiel nicht zu erwarten, daß sich ein fliegender Elefant entwickelt, weil Flügel, die breit und stark genug sind, um einen Elefanten zu tragen, zugleich aber leicht genug sind, daß das Tier überhaupt gehen kann, nach den Gesetzen der Physik ausgeschlossen sind. Sollte die Natur jedoch ein neues, unglaublich leichtes und unglaublich starkes Material entwickeln, könnte der gleitende Elefant zumindest möglich werden. Der Geschöpf-Raum würde sich erweitern, um ihn aufzunehmen, und danach würde nichts mehr so sein wie vorher. Als Bild der Evolution könnte man sich daher eine vieldimensionale mathematische Fläche oder Landschaft vorstellen. Punkte in der Landschaft würden die Struktur von Geschöpfen repräsentieren. Die Evolution umfaßt ganze ökologische Systeme von Geschöpfen, repräsentiert durch eine Schar von Punkten, die sich wie eine Wolke durch die Landschaft bewegen. Die Wolken bewegen sich durch die Landschaft in Reaktion auf ihre eigene interne, durch Konkurrenz erzeugte Dynamik, aber auch in Reaktion auf zufällige Störungen.Es wäre erstaunlich, wenn die Landschaft in diesem Sinne eine Ebene wäre. Zu erwarten sind vielmehr Regionen, in denen die Bewegung relativ einfach ist, und andere, wo sie extrem schwierig ist. Zu erwarten sind »Engpässe«, die verschiedene Teile der Landschaft voneinander trennen. Das einfachste Bild ist das eines ausgedehnten Archipels von Inseln, die durch schmale Brücken miteinander verbunden sind. Die Brücken entsprechen der Entwicklung wichtiger neuer evolutionärer Attribute – des Sehens, des Fliegens, der Lokomotion und dergleichen. Die Inseln entsprechen Räumen des Möglichen, die diese Atttribute enthalten. Wendungen wie »evolutionäre Sackgasse« beruhen auf einem ganz ähnlichen Bild. Solange eine kleine Wolke von Organismen auf eine bestimmte Insel beschränkt ist, bleiben die Spielregeln stabil, und die deterministischen Züge des Wettbewerbs behalten die Oberhand gegenüber zufälligen Effekten. Der evolutionäre Wandel ist dann graduell, und große qualitative Änderungen sind selten. Wenn das System jedoch auf eine Brücke stößt und sie überschreitet, ändern sich die Regeln und ebenso der Raum des Möglichen. Beim ersten Kontakt ist das Neuland weitgehend unerforscht; unter zufälligen Einflüssen kann die Wolke von Geschöpfen in alle möglichen Richtungen weiterwandern. Erst nachdem sie sich auf die neuen Regeln eingestellt hat, beginnt sie sich wieder niederzulassen. Danach beginnt sie, das Neuland zu erforschen, und schließlich findet sie eine andere Brücke [oder Brücken] und so weiter. Die Existenz dieser Brücken ist der Grund der Konvergenz. Um die Brücke zu überqueren und zu ökologischen Systemen zu gelangen, welche die Verhaltensweisen einschließen, die das Fliegen erlaubt, müssen gewisse Geschöpfe »Flug«strukturen, so etwas wie Flügel, entwickeln. Nur so gelangen sie über die Brücke. Die Analogie paßt vielleicht besser, wenn wir akzeptieren, daß es außer dem Überqueren der Brücke auch möglich ist, einen Tunnel zu bauen oder eine Fähre einzurichten; es gibt also mehrere Wege zu demselben Ziel. Man kann sich das auch so vorstellen, daß zwei Inseln durch mehrere Brücken verbunden sind.

Brücken und Engpässe

Insgesamt ist die Form der Evolutionslandschaft, die Gesamtheit aller Möglichkeiten, durch die in unserem Universum wirksamen Regeln eingeengt. Diese Zwänge erzeugen Engpässe oder Brücken, durch die Konvergenz entsteht. Wir sagen nicht, daß es zur Konvergenz kommen müsse; es kann auch passieren, daß das System keine Brücke überquert. Um aber eine bestimmte Insel zu erreichen, muß eine Brücke überquert werden, und das bedeutet Konvergenz – weil man, gleich welche Brücke benutzt wird, am Ende auf derselben Insel ankommt. Zur Insel des »Fischfressens« zum Beispiel führen mehrere Brücken, die von Hechten, Ichthyosauriern, Schnabelkrokodilen und Delphinen überquert wurden – alle sind konvergiert auf viele kleine scharfe Zähne und einen hydrodynamisch stromlinienförmigen Körper.

Solange die Evolution auf eine dieser Inseln beschränkt ist, kann sie nur den entsprechenden Raum des Möglichen erkunden. Dabei kann sie die eine oder andere der möglichen Brücken entdecken, aber die Insel auf der anderen Seite kann sie nicht erkunden, ohne die Brücke zu überqueren. Auf welcher Insel sie am Ende landet, in welchen Raum des Möglichen hinein sie sich ausbreitet, hängt von den vorhandenen Brücken ab. In einem solchen Bild wird der Effekt der Kontingenz durch anschließende Konvergenz gedämpft. Auf einer neuen Insel angekommen, kann die Wolke von Organismen, in Neuland aufbrechend, rasch in unzählige Richtungen divergieren. Schließlich muß sie jedoch entweder eine neue Brücke zu einer neuen Insel überqueren – oder auf dieser Insel bleiben, wobei die Auswirkungen der Kontingenz fortlaufend geringer werden, da der Konkurrenzdruck eine stärker deterministische Dynamik begründet.

Dieses Bild von Inseln und Brücken hat gleichfalls den Fehler, daß es statisch ist. Es suggeriert, daß die Brücken und Inseln von vornherein feststehen – was nur eine schwach verhüllte mathematische Version des Lamarckismus ist. Das Entscheidende, was hier fehlt, ist dies: Die Brücken und neuen Inseln entstehen in Reaktion auf das Spiel, das auf der bestehenden Insel gespielt wird. Als die ersten Bakterien die Erdatmosphäre mit Sauerstoff anreicherten, schufen sie eine neue Insel, und die Evolution fand einen Weg, eine dorthin führende Brücke zu bauen. Als Gräser erschienen, tauchte die Insel der mit Mahlzähnen ausgestatteten Herbivoren undeutlich aus dem Nebel auf, und während Geschöpfe sich in Richtung auf die Herbivorenbrücke entwickelten, begann sich der Nebel zu lichten.

Eine sich selbst modifizierende Geographie ist kein handliches Bild, wenn sie Inseln und Brücken enthält, und so wollen wir sie ein letztes Mal verbessern. Tauschen wir Land und Wasser gegeneinander aus, so daß die Inseln zu Teichen werden und das Leben in Teichen des Möglichen wohnt. Lassen wir das Wasser steigen, entsprechend der evolutionären Dynamik und dem Druck in Richtung auf erhöhte Organisation und Komplexität. Entscheidend ist, daß der steigende Wasserstand die umgebende Landschaft erodiert und eine dynamische Modifikation der Geographie erzeugt. Überquerte die Evolution zuvor eine Brücke, so strömt nun Wasser über, fließt durch einen Kanal und bildet einen neuen Teich. Dieser Kanal kann schon seit jeher existiert haben. Das Fliegen zum Beispiel existiert gewissermaßen als Option, sobald es eine Atmosphäre gibt; um aber dahin zu gelangen, muß die Evolution eine ganze Menge neuer Kanäle durchströmen. Der Kanal kann aber auch durch »Erosion« entstanden sein, wie es etwa der Fall war, als mit der Sauerstoffatmosphäre ein ganz neuer Kanal entstand, nur weil viele Bakterien zufällig ein chemisch aktives Gas ausschieden.

So oder so, das Spiel der Evolution ändert sich fortwährend.

Viele Evolutionstheoretiker übersehen die kontextbedingten Zwänge und fassen den gesamten Prozeß deshalb als relativ homogen auf [was er auch ohne externe Zwänge nicht wäre, aber das ist eine andere Geschichte]. Wir behaupten, daß die Landschaft des Möglichen eine klare großräumige Struktur hat, die durch die Wechselwirkung von Organismen mit ihrem jeweiligen Kontext erzeugt wird, und daß diese Struktur für eine Vielzahl von Phänomenen verantwortlich ist. Dazu zählen die konvergente Evolution, der graduelle evolutionäre Wandel und gelegentliche plötzliche Änderungen, begleitet von der Entwicklung radikal neuer Attribute. Es gibt erkennbare Muster, zum Beispiel Explosionen der Vielfalt, die unmittelbar nach solchen plötzlichen Änderungen auftreten. In diesen Explosionen erhalten Zufallseffekte eine größere Bedeutung, doch schließlich stabilisiert sich das System und kehrt zu einer geordneteren und konvergenten Entwicklung zurück.

Diese Analogie trifft übrigens auch für andere Systeme zu, die sich von Einfachheit hin zu Komplexität entwickeln, zum Beispiel die Technik, die Wissenschaft und die Gesellschaft. Deshalb ist es so verlockend, von einem dieser Systeme aufs andere zu schließen, sie als Metaphern füreinander zu benutzen: Ihre Superstrukturen – nicht ihre Substrukturen – haben viele vergleichbare Merkmale.

Bausätze im Trickraum

Das für uns Interessanteste am Burgess Shale ist nicht so sehr die Kontingenz, die er enthüllt, oder die Konvergenz, die anschließend eingetreten sein mag oder auch nicht, sondern die bemerkenswerte Formenvielfalt der dort gefundenen Organismen, die einen auffälligen Gegensatz zwischen Kontingenz und Konvergenz schafft. Wir sind der Ansicht, daß gerade in Zeiten großer Vielfalt die Kontingenz gegenüber der Konvergenz überwiegt, daß danach aber die Effekte der Konvergenz wichtiger werden, während die Vielfalt durch eine weitgehend zufällige Selektion abnimmt. Das von uns vorgeschlagene Bild der Evolution erklärt folglich die Organismen des Burgess Shale auf eine merkwürdige Weise, nicht nur als Experimente im Nischenfüllen, was einige richtig verstanden haben, sondern als Ansammlungen von Entwicklungs-»Bausätzen«.

Augusta Ada: »Was verstehen Sie eigentlich unter einem ›Bausatz‹?«

Wallace Lupert: »Ich verstehe darunter ein Verhaltenssystem, das einfache Regeln anwendet, um komplizierte Funktionen zu realisieren. Ist es nicht zum Beispiel erstaunlich, daß Ihre Haut Ihren Körper bedeckt? Sie haben weder nackte Stellen ohne Haut noch überflüssige Lappen von dem Zeug. Stellen Sie sich doch nur vor, wieviel Information die DNS an die Zellen vermitteln muß, die die Haut bilden! Sie muß jeder einzelnen genau mitteilen, wohin sie wandern muß, und das heißt, sie muß die genaue Form des vollentwickelten Organismus kennen, bevor er sich entwickelt hat.«

Augusta Ada: »Das ist doch absurd, das kann nicht sein.«

Wallace Lupert: »Sie haben natürlich recht. Die Hautzellen benötigen nur eine einfache Regel: ›Wenn etwas unbedeckt ist, überwachse es; anderenfalls höre auf.‹«

Augusta Ada: »Jetzt sehe ich, woher die Flexibilität kommt. Ein Bausatz ist zwangsläufig flexibel. Wenn der Bauplan des Körpers sich ändert, wird der Körper trotzdem mit Haut bedeckt. Es ist das, was die Computerfachleute als eine Prozedur bezeichnen: ein Subprogramm, das so allgemein definiert ist, das es sich automatisch auf die Situation einstellt, in der es benutzt wird.«

Wallace Lupert: »Können Sie mir ein Beispiel nennen?«

Augusta Ada: »In der Textverarbeitung könnte der Befehl, ein Wort in seiner Zeile zu zentrieren, folgendermaßen lauten:

Zähle die Zahl der Buchstaben in dem Wort
Teile sie durch zwei
Subtrahiere das Ergebnis von 50
Beginne an dieser Zeilenposition

Das klappt, wenn die Zeile Platz für 100 Zeichen hat; das Ergebnis wird jedoch falsch, wenn die Zeilenbreite später auf 120 gebracht wird. Das Programm ist nicht flexibel. Die leicht abgewandelte Variante

Zähle die Zahl der Buchstaben in dem Wort
Teile sie durch zwei
Subtrahiere das Ergebnis von der Hälfte der Buchstaben in einer Zeile
Beginne an dieser Zeilenposition

funktioniert jedoch bei allen Zeilenbreiten. Sie ist flexibel, weil sie flexible Regeln für variable Umstände angibt, statt bestimmte, starre Vorschriften zu machen.«

Bei den meisten Tieren ist die Haut ein Bausatz, außer bei Fadenwürmern wie *Caenorhabditis*, der eine festgelegte Anzahl von Hautzellen hat. Lassen wir die Fadenwürmer; Dinge wie Nerven und Arterien sind gleichfalls Bausätze; sie dringen in jeden neuen Teil des Körpers vor. Diese Idee in Verbindung mit Batesons Bild der Evolution durch genetische Assimilation läßt Tiere einheitlicher, geschlossener erscheinen, als wir nach Dawkins' Puzzlemodell annehmen würden.

Bausätze sind ein sehr guter Trick der Evolution: Sie investieren ihre reproduktive Zukunft in einen allgemeinen Prozeß statt in eine bestimmte physikalische Form. Bausätze sind neue Inseln oder doch Bauteile für neue Inseln – oder wenn Sie das lieber wollen, neue Teiche, die lokale Sandbänke einstürzen lassen. Irgendwann in der Evolution der Evolution begannen Bausatztricks aufzutauchen, und in diesem Moment zerplatzte die evolutionäre Landschaft in eine Vielzahl neuer Dimensionen.

Affen mit Makros

Die Evolution ist dynamisch. Die Dynamik bringt auf allen Ebenen eine Geographie, eine Struktur, einen Fluß in die evolutionäre Landschaft. Diese Existenz evolutionärer Zwänge, die emergente Kalkulation von Tierra und Augusta Adas Bild der flexiblen Prozeduren – das alles trägt zu einer Antwort auf die ungeklärte Frage nach dem Hämoglobinmolekül bei. In Kapitel 4 erwähnten wir das abgedroschene Bild von den Affen, die durch zufälliges Herumtippen den ›Hamlet‹ schreiben. Sie würden es schaffen, aber sehr langsam. Auch die Evolution hat während der Existenz des Universums nicht genügend Zeit, durch zufälliges Zusammenfügen von Aminosäuren das Hämoglobin zu »tippen«. Doch im Computerzeitalter sollten wir moderne Bilder benutzen und die Schreibmaschine der viktorianischen Zeit vertauschen gegen einen Schreibcomputer, der zusätzliche, flexiblere Möglichkeiten hat.

Würden Affen auf der Tastatur eines Schreibcomputers herumhauen, dann würden sie hin und wieder ein »Makro« aufrufen, eine Reihe von Schritten, die die Maschine in ihrem »Gedächtnis« hat und ausführen kann, sobald sie ein einfaches Signal erhält – gewöhnlich eine Kombination von zwei Tasten, der Control-Taste und einem Buchstaben. Das Antippen dieser Tastenkombinationen würde dann eine beliebig komplizierte Schrittfolge auslösen. Würden dabei nicht irgendwie die sinnvollen Folgen selektiert, käme nichts dabei heraus. Doch in der Evolution herrscht eine aus natürlicher Auslese und anderen Zwängen resultierende Dynamik. Diese Dynamik bewahrt und repliziert bestimmte Innovationen auf Kosten anderer. Kurz, die Evolution kann bestimmte Makros selektieren und andere verwerfen. Wie das Beispiel von Tierra beweist, ist damit zu rechnen, daß sie die interessanten Innovationen bewahrt und die sinnlosen vergißt.Schreiben wir unsere eigene Geographie vor und schauen wir, was passieren könnte. Stellen Sie sich zum Beispiel vor, daß, während die Affen am Tippen sind, vorwiegend solche Makros selektiert werden, die so etwas wie verständliche deutsche Wörter ergeben. Was die Affen zustande bringen, sieht dann anfangs so aus:

BSUFHRYDGELGGGGQDK; recht schnell entwickelt sich daraus jedoch so etwas wie SEIN HAMLEF NEE NEE NEE PLUMP. Stellen Sie sich vor, daß es weitere Selektionsebenen gibt, zunächst für mehr Ähnlichkeit mit wirklichen Wörtern, dann für besseren grammatikalischen Sinn und so weiter; bald werden Sie dann Dinge zu sehen kriegen wie SEIN ODER NEIN PLUMPSEN, DAS DER IST IST. Während die Affen mit den Makros in die tieferen Ebenen der Dynamik der deutschen Sprache eindringen würden, im Literaturraum von Insel zu Insel hüpfend, würden die Selektionskriterien immer anspruchsvoller werden – interessante Verwicklungen, subtile Charakterisierung ... alles einsteigen zur Shakespeare-Insel.

Würde man den Affen bei diesem Vorgehen volle künstlerische Freiheit gewähren, wäre mit derselben Entwicklung zu rechnen. Sie wäre unvorhersagbar, aber von außen würden Sie eine immer komplexere Struktur entstehen sehen. Dank der Möglichkeit, Makros zu nutzen, würden die Affen lernen, »besser zu schreiben«, und am Ende würden sie etwas zustande bringen, das nach den bis dahin entwickelten Kriterien eine komplizierte Struktur aufweisen würde. Wir können nicht vorhersagen, was es sein würde, aber wir können sicher sein, daß es ganz und gar nicht zufällig sein würde.

Während die Evolution in diesem Sinne die Geographie des Proteinraums erkundet, werden bestimmte Strukturen entstehen, die ungewöhnliche Eigenschaften haben, Eigenschaften, die für die Replikation selektiert werden. Diese molekularen Makros heben das gesamte Niveau des Evolutionsspiels; Grundeinheiten sind jetzt nicht mehr einfache Aminosäuren, sondern kurze Ketten aus ihnen. Und so wie Affen mit Makros in einer nach den großzügigen Maßstäben der Evolution akzeptablen Zeit tatsächlich ›Hamlet‹ schreiben könnten, so könnten Moleküle mit Makros Hämoglobin schreiben.

[11] Das Verstehen der menschlichen Ursprünge

Ein Lastwagenfahrer betrat mit fünfzig Affen eine Raststätte. »Was meinen Sie?«, fragte er den Wirt hinter der Theke, »Was soll ich mit ihnen machen? Ich hab' die Papiere verloren und weiß nicht wohin mit ihnen.«

Der Wirt überlegte kurz und sagte dann: »Sie könnten sie mit in den Zoo nehmen.«

»Oh ja!«, sagte der Fahrer. Er sammelte die Affen ein und verschwand.

Tags darauf kam er wieder, noch immer in Begleitung der Affen. Aber jetzt hatten sie alle eine Sonnenbrille auf.

»Sie haben ja noch immer die Affen!«, rief der Wirt erstaunt aus. »Ich dachte, Sie hätten sie in den Zoo mitgenommen.«

»Hab' ich ja auch«, sagte der Fahrer. »Tolle Idee, wirklich prima.« Er nahm einen Schluck Bier. »Sie haben sich toll amüsiert. Sie haben die Bären mit Brot gefüttert, sind auf Elefanten geritten, haben Zuckerwatte und Hamburger gegessen. Es war eine Riesengaudi. Deshalb habe ich beschlossen: Morgen fahre ich mit ihnen Riesenrad.«

In Kapitel 5 haben wir geschildert, wie der Weg von der Zelle zur Intelligenz nach herkömmlichem Verständnis über Nerven, Gehirne und Kommunikation führt. Wir machten Sie darauf aufmerksam, daß die Stufenleiter des Lebens gern mit der Evolutionsgeschichte verwechselt wird, und dann haben wir – wie übrigens die meisten Bücher, die die Entstehung der menschlichen Intelligenz zu erklären versuchen – selbst diesen Fehler gemacht. Wir haben die Geschichte erzählt, die mit den Worten beginnt: Es war einmal eine Nervenzelle; später heißt es dann: Und mit der Zeit wurde sie immer schlauer; der letzte Satz lautet: Und dann kam Albert Einstein, und wenn sie nicht gestorben sind, dann leben sie noch heute.

Diese auf das Nervensystem gestützte Darstellung der Entwicklung der Intelligenz ist, wie auch die anderen Geschichten im ersten Teil dieses Buches, durchaus plausibel. Sie behandelt aber, genau wie diese anderen Geschichten, nur die Innenansicht. Sie unterstellt, daß es in einer schwierigen Welt besser ist, intelligenter zu sein, legt aber nicht dar, wieso Wendigkeit, die auf Intelligenz beruht, besser ist als Wendigkeit, die sich auf andere genetische Tricks stützt. Ist Köpfchen wirklich besser als Muskelkraft? Nach unserer Ansicht gewiß, aber schließlich sind wir auch das Tier, das gut im Denken ist, und alles, was wir als Problem auffassen, wird schließlich durch Denken gelöst – oder etwa nicht? Knochenfische würden das vermutlich anders sehen, aber wohl nicht dieses Bild benutzen. Für sie wäre das große Problem des Lebens, entweder zu sinken oder die Höhe zu halten, und ihre große Antwort darauf wäre die Erfindung der Gasdrüse in der Schwimmblase. Egal, wie schlau Sie sind – was würde es Sie kosten, einen gleichbleibenden Auftrieb zu erreichen? Auf derSchwimmblasen-Erfolgsskala steht die Menschheit ganz unten.

Aber auch unter den Menschen selbst werden intellektuelle Fähigkeiten unterschiedlich bewertet; am meisten werden sie von denen geschätzt, die sie besitzen. Die Fähigkeit, einen Fußball ins Tor zu befördern, steht bei den meisten Teenagern jedoch so viel höher im Kurs als die Fähigkeit, eine Differentialgleichung zu lösen, daß es darüber gar keine Diskussion gibt. Sportler werden Weichlingen in jedem Fall vorgezogen. Ein gutes Beispiel für die inhaltsbezogene Denkweise, die in der ersten Hälfte dieses Buches dominierte, ist die herkömmliche Ansicht, daß der Mensch sich durch die Symbiose von Hand und Auge entwickelt habe. Primaten haben geschickte, zum Greifen geeignete Hände, ein hervorragendes räumliches Sehvermögen, das sie zum Klettern befähigt, und ein Gehirn mit eingebautem 3-D. Der aufrechte Gang macht die Hände frei für den Werkzeuggebrauch, die Werkzeugherstellung fördert die Entwicklung eines schärferen Sehvermögens, und so wird es evolutionär lohnend, größere und bessere Gehirne zu entwickeln. Es ist ungefähr so wie beim Kauf einer Stereoanlage. Wenn Sie einen besseren CD-Spieler kriegen, fallen Ihnen die Mängel am Verstärker auf, und so kaufen Sie sich einen besseren Verstärker, aber dann tun's die Lautsprecher nicht mehr, also eilen Sie mit Ihrer Kreditkarte in den Laden und kaufen sich so fantastische Lautsprecher, daß es absurd wäre, weiter den alten CD-Spieler zu benutzen. Alles koevoluiert mit allem anderen – in Richtung steigender Ausgaben.

Dieser inhaltsbezogene Mechanismus gehört zweifellos zur Geschichte dazu. Aber es gibt eine bessere Version der Von-den-Affen-zu-Einstein-Geschichte. Sie hat mehrere Bestandteile. Einer davon ist die Rolle des Privilegs, des nichtgenetischen Transfers zwischen den Generationen. Ein anderer ist die Bedeutung der Nahrung als Quelle der chemischen Substanzen für den Aufbau des Gehirns – daran knüpft sich eine neue Theorie über die menschlichen Ursprünge. Mit diesen Ideen als Grundlage können wir dann untersuchen, wie menschliche Kultur, Information und Sprache funktionieren. Und weil Wissenschaft eine von menschlichen Gehirnen ausgeübte kulturelle Aktivität ist, gelangen wir zu einer neuen Sicht auf den Reduktionismus und auf Theorien von Allem.

Von den Affen zu den Alberts

Ein Grundgedanke des zweiten Teils dieses Buches ist die Betrachtung nicht des Inhalts, sondern des Kontextes. Den Kontext unserer alternativen Geschichte der Hirnevolution bildet das Privileg – Vorteile, die von den Eltern auf nichtgenetischem Wege an die Nachkommen weitergegeben werden. Die nichtgenetische Vererbung von Organismen haben wir schon in Kapitel 3 erörtert und Sie darauf hingewiesen, daß Säugetiere sie nutzen, um die Informationsmenge in ihren DNS-Programmen zu verringern, indem sie mehr Arbeit in die Mutter und weniger in das Kind investieren.

Beispiele für das Privileg findet man zuhauf. Die Versorgung mit Futter ist gang und gäbe. Mutter Tarantel-Schlupfwespe versorgt ihre Babys mit einer ordentlich fetten gelähmten Tarantel. Ihre Larven sind genetisch so programmiert, daß sie das Spinnentier in der richtigen Reihenfolge verspeisen und lebenswichtige Organe wie das Herz bis zum Schluß übriglassen. Aber Nahrung ist nicht die einzige Möglichkeit. Um nicht selbst eine neue Jagdtechnik erfinden zu müssen, kann man sie von seinen Eltern lernen. Freilich muß man auch dafür etwas entwickeln, nämlich die Fähigkeiten der Kommunikation und des Lernens. Man hat beobachtet, daß Gruppen japanischer Makaken, einer kleineren Affenart, die aus ihrem normalen Lebensraum ans Meer gezogen waren, lernten, zu schwimmen, Getreidekörner durch Schwemmen von der Spreu zu trennen und süße Pataten zu waschen, die ihnen von Wissenschaftlern, die auf Besuch vorbeischauten, dagelassen wurden. Etliche dieser Entdeckungen wurden von einem bestimmten äffischen Edison gemacht, einem Affenweibchen mit einer erfinderischen Ader. Die übrige Horde übernahm die Ideen bemerkenswert schnell, besonders die Jungen. Nur konservative Ältere hielten an ihren alten Gewohnheiten fest.

Es besteht hier eine Analogie zu den maternalen Genen und zur Bereitstellung kontrollierter mütterlicher Umgebungen, die im wesentlichen auf die genetische Ausstattung der Mutter zurückgehen. Hier vollzieht sich die Wechselwirkung zwischen den Generationen aber nicht über die Gene, sondern über die Sinne. Je anpassungsfähiger, leistungsfähiger und schneller ein Gehirn ist, desto besser ist es in seiner Merkfähigkeit, desto flexibler ist es im Erfassen neuer Ideen, desto effektiver wird dieser nichtgenetische Transfer des Privilegs.

Bei Menschen geht dieser Prozeß beträchtlich weit, denn sie zeugen Kinder, die eigenständig kaum zu überleben vermöchten, bevor sie zehn bis zwölf sind, die noch mit dreißig die Anleitung und den Rat der Eltern brauchen [aber möglicherweise nicht akzeptieren wollen!], die ihr Leben nur in einer weitumspannenden – genaugenommen weltweiten – Kultur anderer Menschen verwirklichen können. Der Trick ist so erfolgreich, daß wir seit langem die weitaus größte Gefahr für unser eigenes künftiges Überleben sind. Aber warum hat ein privilegierter Menschenaffe diesen speziellen Trick derart in die Länge gezogen, im Unterschied zu allen anderen Tieren, ausgenommen vielleicht die Delphine und ihre Verwandten und die Schimpansen, die ihm zumindest nahegekommen sind? Und warum gibt es keine Schimpansen-Einsteins?

Dies ist eine ausgezeichnete Frage, wie Jared Diamond in ›The Third Chimpanzee‹ verdeutlicht hat, weil sie eine Schwachstelle in den bekannten Theorien über den Ursprung der menschlichen Intelligenz aufdeckt. Wir, *Homo sapiens*, sind eine von drei sehr eng miteinander verwandten Arten; die anderen sind der Zwergschimpanse, *Pan paniscus*, und der gewöhnliche Schimpanse, *Pan troglodytes*. Wir sind den Einstein-Weg gegangen, doch die beiden anderen sind ziemlich durchschnittliche, intelligente große Primaten. Es gibt zwei klassische Erklärungen für unseren intellektuellen Erfolg, aber keine besteht den entscheidenden Test, nämlich zu erklären, wieso nicht auch die beiden anderen diesen Erfolg erreicht haben.

Die interne Erklärung, die Hand-und-Auge-Geschichte, haben wir schon angeführt. Wer in einem hohen Baum von Ast zu Ast springt, braucht eine gute Koordination zwischen Hand und Auge, und das heißt: Gehirn. Wenn ein Affe springend eine Kluft überwindet, modelliert sein Gehirn praktisch einige der Gesetze der Dynamik: Es »weiß« von der Parabelbahn eines fallenden Körpers. Daß soll nicht heißen, daß alle Affengehirne Differentialgleichungen lösen [obwohl einige es tun – nämlich jene Mitglieder der dritten Schimpansenart, die mathematische Neigungen haben], es zeigt aber doch, wie effektiv die mentalen Weltmodelle von Tieren sein können. Der Haken an dieser Erklärung ist, daß der gemeinsame Vorfahr aller drei Schimpansen schon die evolutionäre Startausrüstung besaß. Die beiden anderen blieben damit im Rahmen des Üblichen, aber wir gingen über das Übliche hinaus. Warum?

Die zweite Erklärung für die Entwicklung menschlicher Intelligenz besitzt vermutlich die breiteste Anerkennung. Es ist die Theorie, der zufolge sich die Intelligenz in der Savanne entwickelte. Die Savanne, ein Grasland, das hier und da Flüsse und Bäume aufweist, mit oft jahrzehntelangen Dürreperioden, Herden von großen Herbivoren und einer Reihe von Karnivoren und Aasfressern, ist uns aus dem Fernsehen sehr vertraut. Vor zehn bis sieben Millionen Jahren verdrängte diese Art von Ökosystem einen Großteil der Wälder Ostafrikas. Ein schimpansengroßes Tier, so die Theorie, hätte hier eine neue ökologische Nische finden oder schaffen können, indem es zum Allesfresser wurde, ein Opportunist der Ebene. Die Theorie ist plausibel, weil mehrere Pavianarten das gerade jetzt machen.

In einem Buch mit dem schönen Titel ›Another Unique Species‹ hat Robert Foley die Entwicklung der menschlichen Intelligenz in der Savanne mit einer vernünftigen ökologischen Begründung geschildert. Viele Tiere, die in etwa unsere Größe hatten, fanden ihm zufolge draußen in der fruchtbaren Savanne einen neuen Lebensunterhalt. Doch diese Umwelt war längst nicht so gemütlich wie das frühere Waldland oder der Regenwald; besonders Dürreperioden wurden für diese ökologisch wagemutigen Arten zu einer ernsten Gefahr. Ein größeres Gehirn könnte, so Foley, unseren Vorfahren zu einer besseren geographischen Orientierung und anderen Tricks verholfen haben, die dem Überleben dienten. Foley warnt davor, sich den Urmenschen nach dem Modell moderner Jäger und Sammler vorzustellen; dabei käme nur heraus, daß die Savanne der Pliozän/Pleistozän-Periode mit modernen Jägern und Sammlern bevölkert wird. Er argumentiert nicht überzeugend zugunsten einer völlig neuen, speziellen Rolle unserer Vorfahren in der Savanne, sondern argumentiert gegen das Jäger-und Sammler-Stereotyp, unterstreicht die Vielfalt der Primatenanpassungen. Er weist wie andere Paläontologen darauf hin, daß unsere Stammart sich wiederholt in grazile [schlanke und elegante] und robuste [kräftige und untersetzte] Formen aufgespalten zu haben scheint. Was Foley schildert, ist die Sage einer komplizierten ökologischen Anpassung, in der gewisse Spezialisierungen unter den Hominiden das einfache Leben der Vegetarier wählten, während die grazilen Formen gegen ihren Willen hinausgetrieben wurden in die Savannen, wo Raubtiere ihnen das Leben sauer machten und nur die intelligenten Weichlinge, nicht die hirnlosen Kraftprotze überleben sollten.

Hübsch. Aber nochmals: Warum nur wir?

Nahrung fürs Denken

Es gibt jedoch eine dritte Theorie, die die Entwicklung des menschlichen Gehirns völlig anders erklärt. Sie vollzieht sich nicht in der Savanne, sondern am Meeresufer. Sie belegt in faszinierender Weise, wie nichtgenetische Faktoren sich auf die Evolution ausgewirkt haben könnten. Sie steht im Mittelpunkt des Buches ›The Driving Force‹ von Michael Crawford und David Marsh, und sie entnimmt Hinweise aus Elaine Morgans ›Kinder des Ozeans‹. Man weiß noch nicht, ob die Theorie wahr ist, aber die Belege sind zahlreich und plausibel.

Menschen haben viele Eigenheiten. Nicht nur die seltsamen persönlichen Angewohnheiten, die wir täglich beobachten – »Alle sind sonderbar, abgesehen von mir und dir, und bei dir bin ich mir auch nicht so sicher« –, sondern Eigenheiten, die uns als Art auszeichnen. Wir gehen aufrecht. Wir sind kaum behaart. Wir haben keinen Schwanz. Und wir haben ein großes Gehirn. Unter Gehirnen von gleicher Komplexität bedeutet zusätzliche Größe mehr Rechenkapazität, mehr Speicher und damit mehr Leistung. Größe ist jedoch nicht alles.

Wir haben die menschliche Intelligenz bislang aus reduktionistischer Sicht dargestellt und die internen Entwicklungen, darunter die Nervenzellen, geschildert, denen sie entsprungen ist. Jetzt werden wir sie im Kontext betrachten. Was muß außerhalb der Organismen passieren, damit sich ein großes Gehirn entwickelt? Crawford und Marsh sehen die Antwort in den »essentiellen Fettsäuren«. Fettsäuren sind organische Moleküle, die unter anderem einen wichtigen Bestandteil von Fett darstellen. Ihren Kern bilden lineare, unterschiedlich lange Ketten von Kohlenstoffatomen. Aber sie verhelfen den Tieren nicht bloß zu einem wohlgenährten Schmerbauch. Fettsäuren sind wichtige Strukturelemente des Gehirns.

Große Firmen verwenden einen erklecklichen Anteil ihrer Einnahmen auf ihre Computersysteme, vor allem auf die Stromrechnung. Wir machen es genauso, nur wenden wir dafür nicht Geld, sondern Energie auf. Unser Gehirn ist zwar im Vergleich zu dem anderer Tiere groß, macht aber nur zwei Prozent unseres Körpergewichts aus; dennoch verbraucht es rund zwanzig Prozent der Energie, die wir aufnehmen. Die Energie wird für den gleichen Zweck genutzt wie das Geld der Firmen: den Stromverbrauch der Computer zu decken. Gehirne brauchen Energie, um die elektrische Aktivität ihrer Nervenzellen aufrechtzuerhalten. Die unverhältnismäßig große Energiemenge, die wir ins Gehirn investieren, ist – aus evolutionärer Sicht – ein schlagender Beweis für die Überlegenheit von Köpfchen über rohe Kraft. Das Gehirn ist ein ganz besonderes Organ, und es ist auf ganz besondere Baustoffe angewiesen, nämlich die erwähnten Fettsäuren. Auf sie entfallen erstaunliche 60 Prozent der Baustoffe des Gehirns und des Nervensystems. Das liegt daran, daß Fettsäuren sich hervorragend dazu eignen, Membranen zu bilden, und mit Hilfe von Ionenkanälen in Membranen steuert das Gehirn die Weiterleitung von elektrischen Signalen.

Jedenfalls braucht man für den Aufbau eines großen Gehirns einen großen Vorrat geeigneter Fettsäuren. Ein sich entwickelnder Organismus kann auf [mindestens] zweierlei Weise einen ausreichenden Vorrat an wichtigen Chemikalien sicherstellen. Er kann die benötigten Moleküle selbst aus einfacheren Komponenten aufbauen. Oder er kann sie einem anderen Organismus stehlen. Da Diebstahl gegenüber ehrlicher Arbeit offenkundige Vorteile bietet, optiert das Tierreich vielfach für Diebstahl. Ein Beispiel liefert das sagenhaft gute visuelle System der Katze. Katzen jagen überwiegend nachts, und gute Nachtsicht hängt von dem chemischen Stoff Rhodopsin ab, die mit Hilfe von Vitamin A aufgebaut wird. Vitamin A kann man wiederum aus Substanzen wie dem Beta-Karotin aufbauen, das in Pflanzen enthalten ist. Die meisten Tiere können Vitamin A auf diesem Wege aufbauen, doch Katzen, die völlig von Vitamin A abhängen, können das nicht. Sie stehlen es, fix und fertig, von ihren Beutetieren. Mit jeder Maus verschlingen sie zugleich deren Vorrat an Vitamin A. Es ist so viel einfacher, die Arbeit von den Mäusen erledigen zu lassen, und es ist ein ziemlich raffinierter Trick, daß die Opfer auch noch die notwendigen Zutaten zu ihrem eigenen Ableben liefern.

Wenn ein Raubtier mit Hilfe desselben Tricks ein größeres Gehirn aufbauen will, braucht es ein wirklich gutes Nahrungsangebot, das reich an Fettsäuren ist. Wo findet man eine solche Quelle? Nicht in der Savanne, sondern im Meer. Meeresfrüchte – Tintenfische, Austern, Garnelen – sind reich an genau den richtigen Fettsäuren für den Aufbau des Gehirns. Kaum zufällig leben die anderen Säugetiere mit einem großen Gehirn, die Wale und besonders die Delphine, im Meer. Wir nicht, aber dafür scheint es eine bemerkenswerte Anziehungskraft auf uns auszuüben, was man an den Stränden von Teneriffa und St. Tropez deutlich ablesen kann. Es stimmt zwar, daß Raubtiere sich Fettsäuren von ihrer Beute beschaffen können, aber die Landsäugetiere der Savanne besitzen nicht viele von den längerkettigen Molekülen, die das Gehirn eigentlich braucht. Bei Löwen und Tigern ist der Anteil des Gehirns am Körpergewicht sehr viel kleiner als beim Menschen. Nicht nur das – die Landtiere mit den größten Gehirnen, die Primaten, sind keine ausgesprochenen Fleischfresser. Sie ernähren sich vorwiegend von Früchten und Pflanzen, doch gehört häufiger, als man früher glaubte, auch Fleisch zu ihrer Kost. Dieses auf chemischen Substanzen basierende Szenario ist natürlich genau das richtige für die Theorie vom aquatischen Affen. Wenn wir annehmen, daß die Menschen sich gar nicht in der Savanne, sondern am Meeresufer entwickelt haben, hat die Beschaffung eines ausreichenden Vorrats an Hirnnahrung keinerlei Schwierigkeiten gemacht.

Auch eine Menge anderer Fragen beantworten sich dann wie von selbst. Ein Menschenaffe, der auf der Suche nach Garnelen und Muscheln viel im flachen Wasser herumwatet, ist evolutionär im Vorteil, wenn er sich in tieferes Wasser vorwagen kann, und damit wird die aufrechte Haltung zu einer naheliegenden Entwicklung. Die Alternative ist das Schwimmen, und das fällt viel leichter, wenn man flach im Wasser liegen und gewissermaßen eine horizontale aufrechte Haltung einnehmen kann. Damit erklärt sich auch der Verlust der Behaarung; die einzigen behaarten marinen Lebewesen sind Otter und Biber, aber sie leben in kalten Klimazonen und müssen ziemlich oft das Wasser verlassen.

Daß es unter den Schimpansen vermutlich keinen Einstein gibt, könnte auch daran liegen, daß sie es nie bis zum Strand geschafft haben; so bekamen sie nicht genug »Nahrung fürs Denken«, um ein Gehirn mit Einsteinschen Fähigkeiten zu entwickeln.

Aber wie erklärt man sich die Fülle von fossilen Menschenaffen in den felsigen Überresten einstiger Savannen, während man keinerlei Fossilien von aquatischen Affen findet? Ein Affe, der am Meer lebte, hat sicher Ausflüge ins Hinterland gemacht, und sei es nur, um gelegentlich für sich zu sein; die Savannen-Menschenaffen können sich sehr wohl von der Küste aus ins Binnenland ausgebreitet haben. Im übrigen liegen viele Fundorte von fossilen Menschenaffen in der Nähe von Seen. Der Mangel an fossilierten aquatischen Affen erklärt sich daraus, daß das Meeresufer für Fossilienbildung denkbar ungeeignet ist. Das Leben am Meeresufer hat insgesamt kaum Fossilien hinterlassen. Die Fossilienbildung ist auf ein ruhiges Plätzchen angewiesen, wo der Kadaver ungestört liegenbleibt, erhalten durch Schlammrutsche oder Teer oder begraben unter den sich langsam absetzenden Ablagerungen auf dem Boden eines Sees. An Stränden gibt es so etwas nicht, schon wegen der Gezeiten. Dagegen bieten Strände eine unerhört reiche Umwelt, die von der Evolution sicherlich genutzt wurde. Sollte man wirklich glauben, daß eine der größten evolutionären Entwicklungen aller Zeiten nicht von der Land-Meer-Schnittstelle Gebrauch gemacht hat?

Fischen nach Daten

In Kapitel 5 erklärten wir, daß Augen, Ohren und andere Sinnesorgane nicht bloß Öffnungen auf die Welt darstellen. Sie analysieren und verarbeiten eintreffende sensorische Daten und bieten dem Gehirn sehr viel mehr als bloß eine Information von der Machart »Netzhautzelle NZ-69961 empfängt rotes Licht«. In der Sehbahn gibt es Fasern, die nur dann Impulse weitergeben, wenn ein waagerechter dunkler Streifen sich nach links bewegt hat. Wir haben aus diesen Verhältnissen den Schluß gezogen, daß die menschliche DNS nicht genügend Information enthält, um alle Verknüpfungen des Gehirns zu beschreiben. Das wird Sie inzwischen nicht mehr überraschen. Wir sind keine puzzleartigen Geschöpfe wie die Fadenwürmer, und wir werden nicht wie die Gnus und die Meerschweinchen im Mutterleib programmiert. Wir programmieren uns selbst, und so braucht die DNS-»Blaupause« nicht die Struktur unseres Nervensystems in allen Details zu beschreiben.

In der reduktionistischen Darstellung der Gewinnung von sensorischen Daten wird vieles übergangen. Ein wichtiger Beleg dafür ist die Tatsache, daß mehr neurale Verknüpfungen vom Gehirn zum Ohr verlaufen als umgekehrt vom Ohr zum Gehirn. Auch in der Sehbahn verlaufen rund zehn Prozent der Fasern in der »falschen« Richtung. Die Sinnesorgane nehmen ankommende Daten nicht passiv auf – sie fischen danach. Das Gehirn muß das

Sinnesorgan »einstellen«, damit es das detektiert, worauf es ankommt. Es geht nicht nur darum, die richtige Stelle zum Fischen zu finden; das Gehirn muß auch festlegen, welcher Köder verwendet werden soll und ob Garnelen oder Aale gefangen werden sollen.

Früher verwendeten die Astronomen für ihre Teleskope äußerst exakt geschliffene Spiegel. Jetzt greift man immer mehr zur aktiven Optik. Statt eines einzigen Spiegels von höchster Präzision nimmt man eine Vielzahl kleiner flacher Spiegel, die so montiert werden, daß sie per Computersteuerung eingestellt werden können. Der Computer empfängt die eintreffenden Lichtsignale, verarbeitet sie und stellt die einzelnen Spiegel ständig nach, bis er das beste Resultat erzielt. Unsere Sinne sind ähnlich organisiert, und deshalb gehen so viele Nervenfasern in die Organe hinein statt aus ihnen heraus. Wir besitzen also nicht von Geburt an die Fähigkeit, die Welt wie ein Erwachsener wahrzunehmen; wir müssen das richtige Sehen und Hören erst lernen. Werden Kätzchen in den ersten Wochen nach der Geburt am Sehen gehindert, können sie später, wenn sie älter sind, überhaupt nicht sehen. Hindert man sie anfangs daran, bestimmte Muster zu sehen, sind sie im späteren Leben unfähig, diese Muster zu sehen. Mit dem Hören ist es genauso. Was wir sehen und hören, verändert unsere neuralen Schaltungen in der Weise, daß sie die entsprechenden Erscheinungen der sensorischen Welt leichter verarbeiten können. Es muß da draußen vieles geben, was wir nie zu sehen gelernt haben – es gehört zur realen Welt, aber wir kriegen es nicht in unser Gehirn hinein.

Wenn wir nicht bis zum zwölften Lebensjahr eine Sprache – irgendeine, und sei es eine Zeichensprache – gelernt haben, werden wir keine mehr lernen. In der Wildnis aufgewachsene Kinder können nicht lernen, die gesprochene Sprache zu sprechen oder zu verstehen. Zwar scheinen sie wie Schimpansen und Hunde zu merken, daß etwas passiert, aber sie können nicht folgen. Bei der Geburt sind unsere neuralen Schaltungen in Auge und Ohr relativ einfach. Während wir aufwachsen, verbessern sich unsere sensorischen Fähigkeiten dadurch, daß diese Schaltungen in Reaktion auf Erscheinungen der Außenwelt komplizierter werden.

Die Bilder, die in unserem Gehirn entstehen, ähneln in keiner Weise Fotos oder Fernsehbildern, obwohl es uns von der »Innenseite« des Gehirns her so scheinen mag. Sie haben mehr mit dem zu tun, was sich in den Schaltungen des Fernsehers abspielt, die das Bild erzeugen – aber mit abgeschaltetem Bildschirm. Sie bestehen nicht aus Licht und Schatten, sondern aus Erscheinungen der mentalen Landschaft. Ihr Gehirn fügt ganz wenige Erscheinungen – Form, Farbe, Mutter, Teddybär – zusammen und erzeugt auf diese Weise das, was Ihnen als ein vollständiges Bild mit allen Details erscheint. Für alles, was Sie jetzt im Kopf haben, für alles, was Sie sich jetzt vorzustellen vermögen, hat Ihr Gehirn einen Kontext geschaffen, als Sie noch klein waren. Es wird Ihnen nie möglich sein, »die Welt mit neuen Augen zu sehen«. Gewiß fallen Lichtmuster auf die Netzhaut neugeborener Augen, aber sie sehen nicht, ebensowenig wie ein Film sieht.

Der Kulturverein

Sobald eine Art entsprechende Gehirne und Sinne hat, steht ihr ein weiterer Trick zur Verfügung. Der Trick enwickelt sich, genauer gesagt, im Gleichschritt mit der Hirnleistung. Es ist die Kultur. Die Kultur gibt Tieren die Möglichkeit, ihren Nachkommen auf nichtgenetischen Wegen Überlebensausrüstungen mitzugeben. Diese Wege können sehr viel flexibler sein als die DNS-Chemie; dafür sind sie nicht immer so stabil wie diese.

Ein nichtgenetischer Transfer zwischen den Generationen ist im Tierreich eher die Regel als die Ausnahme, und Primaten gehen darin meistens noch ein ganzes Stück weiter. Bei Pavianhorden hängt alles vom Rang ab. Der Rang bestimmt nicht nur, welche Tiere sich paaren dürfen, er bestimmt auch die Quellen, aus denen die Jungen ihr kulturelles Erbe erhalten. Ranghohe Junge werden von ranghohen Erwachsenen beachtet, rangniedere nicht. Wie das Pavianjunge mit seiner Umwelt interagiert, hängt in hohem Maße von der kulturellen Tradition innerhalb der Horde ab. Wenn alle es phantastisch finden, sich von Bäumen herunterzuschwingen, tun es die Jungen auch. Wenn Bäume nicht mehr Mode sind und der letzte Schrei darin besteht, Touristen um Futter anzubetteln, betteln die Jungen wie alle anderen.

Vergleichen wir, was für die Evolution effektiver ist: alle Verhaltensaspekte ein für allemal im DNS-Code festzulegen oder durch den DNS-Code flexible Gehirne vorzuschreiben, die imstande sind zu lernen und unter Umgehung der genetischen Biochemie die Verhaltensinformation von Gehirn zu Gehirn, von einer Generation zur nächsten weiterzugeben? Die Antwort hängt wie immer vom Kontext ab, und manchmal mag der eine, dann wieder der andere Weg vorzuziehen sein. Wir haben schon auf eine schlichte Tatsache hingewiesen, die den Schluß zuläßt, daß Geschöpfen, die so komplex sind wie wir privilegierten Menschenaffen, der direkte DNS-Weg gar nicht zur Verfügung steht: Es gibt mehr neurale Verknüpfungen als DNS-Basen.

Die Menschen sind, wie gesagt, der Extremfall des nichtgenetischen Transfers zwischen Generationen. Vieles von dem, was uns erst zu Menschen macht, wird uns tatsächlich als Nachricht übermittelt – nicht genetisch, sondern über unser Gehirn. Die Sprache ist das entscheidende Beispiel und das entscheidende Medium, das den Prozeß überhaupt ermöglicht. Wäre die Sprache [angenommen, das wäre möglich] fest in unseren Genen verdrahtet, bräuchten wir sie nicht zu erlernen, aber sie würde vermutlich eine Menge DNS verbrauchen. Doch unsere DNS scheint nur die Fähigkeit zum Sprachenlernen in einem Gehirn zu kodieren, das sich bereits aus anderen Gründen entwickelt hat; die Sprache selbst wird von der Mutter und anderen Erwachsenen an das Kind weitergegeben. Diese Methode ist alles andere als narrensicher – die Sprache, die wir erlernen, gibt das, was uns beigebracht wird, nur unvollkommen wieder –, aber sie hat den Vorteil, effizient und flexibel zu sein.

Wir geben Wissen durch Unterricht an unsere Nachkommen weiter, doch das vorhandene Wissen selbst wächst ebenfalls, wenn Menschen neue Tricks, Totems und Technologien erwerben. Der Umfang des weiterzugebenden kulturellen Wissens wächst unvermeidlich, da es schneller angehäuft als vergessen wird. In einer Stammeskultur trägt jede Generation neue Traditionen, neue Geschichten über Menschen und Ereignisse wie etwa die biblische Erzählung von Noah bei.

Je mehr das angehäufte Wissen wächst, desto mehr muß eine Kultur sich anstrengen, um die Weitergabe an die neuen Generationen sicherzustellen. Um einen Menschenaffen mit einem Doktortitel in Biologie oder Mathematik hervorzubringen, braucht die ganze menschliche Kultur rund fünfundzwanzig Jahre. Das entsprechende Wissen und die Techniken werden wahrscheinlich nicht durch Gene weitergegeben. Was durch Gene weitergegeben wird, ist die Fähigkeit, von anderen Menschen zu lernen. Um dafür zu sorgen, daß dieser Prozeß weitergeht, hat die Menschheit eine große Idee – und Dutzende kleinerer – entwickelt. Das Lernen selbst ist ein langer, harter Kampf, ein Prozeß, der ermöglicht wird durch die eine große Idee, die fast einmalige Erfindung des *Homo sapiens*: die Sprache. Durch die Sprache lassen sich komplexere Gedanken weitergeben als »Kleine graue quiekende Dinger mit rosa Schwänzen wie dieses hier sind gut zu fressen.«

Mythen sind ein sehr effektives Verfahren, Richtlinien für sozial akzeptable Verhaltensweisen weiterzugeben. Auch heute, da das zweite Jahrtausend zu Ende geht, sind die meisten Geschichten, die wir unseren Kindern beibringen, vermutlich immer noch Mythen, Einfach-so-Geschichten, grobe Vereinfachungen. Was sie lehren, sind Geschichten, nicht Wahrheiten. Die ganze Wahrheit ist oft zu komplex, um sie jungen Köpfen beizubringen, aber wesentliche Teile der Wahrheit lassen sich durch Mythen vermitteln. Jedem Kind wird zum Beispiel beigebracht, daß ein Regenbogen dadurch entsteht, daß Licht an Wassertropfen gebrochen und reflektiert wird und daß die Farben dadurch zustande kommen, daß Strahlen von unterschiedlicher Farbe unter verschiedenen Winkeln gebeugt werden. Das stimmt schon, nur macht die Sonne es uns nicht so bequem, pro Regentropfen einen Strahl zu schicken. Wenn ein ganzes Strahlenbündel auf einen Regentropfen trifft, überlagern sich all diese vielfarbigen Strahlen. Warum verschmiert der Regenbogen nicht? Das ist eine sehr viel vertracktere Frage, die man Kindern, die nach dem Regenbogen fragen, nicht erklären kann, und so begnügen wir uns vernünftigerweise mit dem Mythos.

Das geistige Gepäck einer Stammeskultur kann erstaunliche Ausmaße annehmen, selbst bei rein mündlicher Überlieferung, und so ist der Bildungsprozeß eingeengt durch die Lernfähigkeit des einzelnen und die verfügbare Zeit. Dieser Schwierigkeit sind wir durch die Erfindung nichtmentaler Aufzeichnungen entgangen. Die erste Aufzeichnungstechnik war die Schrift, ungeheuer verstärkt durch den Druck, der das geschriebene Wort reproduzierbar machte. In den letzten hundert Jahren haben wir eine Fülle von Reproduktionstechniken entwickelt: Fotos, Filme, Grammophonplatten, Kompaktdisks, Fotokopierer, Tonband, Videoband, Computerspeicher auf elektronischen, magnetischen oder optischen Trägern ... Unsere wachsende Bürde von Kenntnissen – über Tatsachen, Techniken, Modelle und Prozesse

– kann jetzt für die Nachwelt sicher bewahrt werden in einer vom menschlichen Gedächtnis unabhängigen Weise. [Allerdings muß sich jemand daran erinnern, wie man an sie herankommt.] Wir haben einige Verfahren zur Kompression von Wissen entwickelt, zum Beispiel die Abstraktion und die Verallgemeinerung; denken Sie an das mittelalterliche Fingerrechnen und vergleichen Sie es mit dem, was heute in der ersten Klasse unterrichtet wird.

Das Verstehen all dieser Tatsachen, Techniken, Modelle und Prozesse liegt jedoch immer noch bei den Menschen und ist über unsere ganze Gesellschaft verteilt. Das medizinische Fachwissen liegt bei Ärzten und Krankenschwestern. Das mathematische Fachwissen ist das Privileg der Mathematiker. Über die Biologie haben sich die Biologen Gedanken zu machen. Im Endergebnis benutzen wir meistens Geräte, die wir nicht verstehen, für Zwecke, die wir nur teilweise begreifen. Die Menschheit ist größer als ein einzelnes Individuum und scheint kollektive Ziele zu haben, die von Individuen nicht leicht zu erkennen oder gar als Ganzes zu begreifen sind.

Information und Bedeutung

Diese Fähigkeit, Wissen statt in unseren Gehirnen in unserer Kultur zu speichern, hat sich im ausgehenden 20. Jahrhundert explosionsartig erweitert. Wir haben für solche Verfahren ein neues Wort erfunden: Informationstechnologie. Information wird als Ware behandelt, die man kaufen und verkaufen und in Bits [binären Ziffern, Ja-oder-Nein-Entscheidungen] messen kann. Doch die in Kapitel 5 beschriebene Informationstheorie ist eine quantitative Theorie, während die meisten Dinge, die für Menschen wichtig sind, qualitativer Natur sind. Dieses Mißverhältnis führt zu Paradoxien. So wird die DNS herkömmlich als Information aufgefaßt – das Buch des Lebens, geschrieben in dem Vier-Buchstaben-Alphabet der Basen –, doch in Kapitel 9 kamen wir zu dem vorsichtigen Schluß, daß die in Frosch-DNS enthaltene Informationsmenge nicht ausreicht, um einen Frosch zu beschreiben. Oben stellten wir fest, daß die in menschlicher DNS enthaltene Informationsmenge zu klein ist, um auch nur das Gehirn zu beschreiben. Es ist daher an der Zeit, die Grundsätze der Informationstheorie zu überprüfen und eine kontextbezogene Sicht einzunehmen, in der Hoffnung, diese scheinbaren Paradoxien aufzulösen.

Dazu drei Gedankenexperimente, die zum einen zeigen, daß das naive, den Kontext nicht berücksichtigende Maß der in einer Nachricht enthaltenen Informationsmenge für die Komplexität der von der Nachricht ausgelösten Wirkung ohne Belang ist; zum anderen, daß die für Menschen wichtigen Aspekte einer Nachricht wie Bedeutung und Verständlichkeit mit dem groben Maßstab der Informationstheorie nicht zu erfassen sind.

1. »Wenn ich dich heute abend nicht anrufe, kommt Tante Gertie mit dem Zug, der um 4.10 Uhr aus Chattanooga eintrifft. Bring sie nach Hause!«

2. »I ❤ NY.«

3. Auf einem Fernsehbildschirm die Einblendung »Rufen Sie 1-800-666-7777 an, um eine Spende zu machen.«

Auf den ersten Blick befördert Experiment 1 mit einer Null-Bit-Nachricht eine beträchtliche Informationsmenge. Da Sie nicht anrufen, wird keine Nachricht als solche gesendet – allerdings ist es, wegen der Alternative, daß »ich« wirklich anruft, eine implizite Ein-Bit-Nachricht. Das Ausbleiben eines Telefonanrufs setzt eine ungeheuer komplizierte Ereignisfolge in Gang: Das Adressenverzeichnis herauskramen, um festzustellen, wo Tante Gertie wohnt, damit Sie sich während der Fahrt zum Bahnhof überlegen können, welchen Weg Sie angesichts der Verkehrssituation am besten wählen, um sie nach Hause zu fahren; Mantel anziehen, Haustür öffnen, hindurchgehen, wieder zumachen, Schlüssel aus der Tasche holen, Autotür öffnen, einsteigen, Tür schließen, Auto starten, aufpassen, daß Sie Nachbars Katze, die Ihren Weg kreuzt, nicht überfahren, nach links in die Straße einbiegen ...

In Experiment 2 wird mit nur vier Zeichen ein Meisterwerk der Werbekunst, eine einfache, aber direkte Botschaft vermittelt.

In Experiment 3 wird eine Nachricht empfangen, die aus elf Ziffern im Dezimalzahlensystem besteht, was rund sechsunddreißig Bits entspricht. Die Ingenieure, die das Format der Fernsehsignale entworfen haben, wissen jedoch, daß der Informationsaufwand für den Teil des Bildschirms, den die Nachricht einnimmt, weit höher ist; es müssen rund 100 Zeilen zu je 1000 individuellen Phosphorpunkten in drei Farben aktiviert werden, und das macht rund 800 000 Bits. Um die Telefonnummer per Fernsehen weiterzugeben, müssen Sie also eine 800 000-Bit-Nachricht senden! Darum kommen Sie nicht herum.

In den beiden ersten Experimenten ist einigermaßen klar, welcher Mechanismus am Werk ist, wo man den Kniff anzusiedeln hat, der die handliche Information des Kommunikationstheoretikers aus einer Erhaltungsgröße in etwas so Dehnbares verwandelt, daß eine Messung sinnlos wird. Beide können nämlich aufgefaßt werden als eine Übung im Kodieren, im »Auslösen« des Zugriffs auf die Information innerhalb eines abgesteckten Rahmens von Möglichkeiten. So funktioniert der Trick, und das bloße Bit-Zählen übergeht den Kontext, in dem die Nachricht interpretiert wird. Es steht in keinem Verhältnis zum »Informationswert« der Nachricht, also zur Komplexität der von ihr ausgelösten Aktion oder, gewöhnlicher ausgedrückt, zu der in ihr enthaltenen Bedeutung. Im dritten Beispiel ist es umgekehrt: Aufgrund der spezifischen Zwänge des gewählten Kommunikationsmittels muß die Nachricht weit mehr Information übermitteln, als sie tatsächlich »enthält«.

Die Bedeutung sprachlicher Mitteilungen steckt nicht im Code, nicht in den Wörtern, der Grammatik, den Symbolen. Sie beruht auf der einheitlichen Interpretation dieser Symbole durch Sender und Empfänger. Diese einheitliche Interpretation setzt ihrerseits einen gemeinsamen Kontext voraus. Für die Sprache besteht der Kontext in der gemeinsamen Kultur der Sprecher dieser Sprache. Für die DNS-Nachricht besteht der Kontext in der biologischen Entwicklung. Solange wir nichts über die Umsetzung eines DNS-Codes in ein Geschöpf wissen, haben wir keine Ahnung von der möglichen Komplexität des Geschöpfes, das aus einem gegebenen DNS-Abschnitt resultiert. Um die Nachricht »Mache einen Tiger« zu senden, sind nur wenige Bits erforderlich; ein Empfänger, der eine solche Nachricht verstünde, der »wüßte«, wie sie zu implementieren ist, würde außer einem geeigneten Kontext nichts weiter brauchen, um die schönste Großkatze der Welt zu konstruieren.

Die Änderungen, die erforderlich sind, um einen Organismus völlig zu verändern, enntsprechen nur wenigen Bits seiner DNS. Männchen und Weibchen von Anglerfisch und Bonellia sind, wie schon erwähnt, in der DNS identisch, so daß man nicht einmal null Bits an der DNS zu ändern braucht, um einen völlig anderen Organismus zu erzeugen. Sie sind wie die Nachricht von Tante Gertie, nur in erhöhtem Maße: Alles wird vom Kontext festgelegt.

Umgekehrt könnte es bei einem dem Fernsehen ähnlichen System passieren, daß die Änderung von zwanzig Millionen DNS-Basen nicht mehr bewirkt als eine andere Farbe der Haarbüschel an den Ohrenspitzen eines Tieres. Bei Siamkatzen zum Beispiel braucht die Farbe der Ohrenspitzen nicht einmal kodiert zu werden, wenn sie, wie üblich, dunkler sein sollen als das übrige Fell. Die Substanz, die die Fellfarbe der Siamkatzen bestimmt, ist temperaturabhängig, und die Ohrenspitzen sind, da an einem Körperende gelegen, kühl. Die »Kodierung« dunklerer Ohrenspitzen ist genauso einfach wie die »Kodierung« des Treffens mit Tante Gertie durch das Ausbleiben eines Telefonanrufs. Hier bilden die Gesetze von Physik und Chemie den Kontext. Sie brauchen ihn nicht festzulegen, er ist überall automatisch gegeben.

Eine Verschreibung kommt der Sache näher als eine Beschreibung, und das gilt nicht nur für DNS-Nachrichten, sondern für jede Nachricht außerhalb des abstrakten Rahmens der Informationstheorie, die bewußt den Kontext abstreift. Eine Verschreibung vom Doktor ist allein noch kein Heilmittel, sondern wird erst dazu, wenn sie zur Apotheke gebracht und vom Apotheker entgegengenommen und befolgt wird. Alle Nachrichten in der realen Welt, die wirklich Nachrichten sind, haben einen Kontext. Mag dieser Kontext ein evolutionärer, chemischer, biologischer, neurologischer, linguistischer oder technischer sein – auf jeden Fall macht er den Informationsgehalt zu etwas, das sich nicht messen läßt. Wenn es um technische Dinge geht, verstehen wir das ohne weiteres, denn normalerweise werden wir nicht versuchen, eine Kompaktdisk auf einem Anrufbeantworter abzuspielen. Wenn es aber um die Natur geht, vergessen wir oft, daß wir nicht wissen, wieviel Kontext in den Prozessen steckt, die wir gern als »Senden von Nachrichten« modellieren.

Ein Kontext für die Sprache

Unsere Sinne sind kontextbezogen. Unsere Sinnesorgane lassen nicht einfach Wahrnehmungen herein, sondern sie abstrahieren aus den sensorischen Daten hochgradig abstrakte Erscheinungen. Außerdem müssen unsere Sinnesorgane im Laufe unserer Entwicklung auf- und umgebaut werden; unsere jeweilige Umgebung bestimmt, was unsere Augen sehen und unsere Ohren hören können, während wir ihre Fähigkeiten dadurch erweitern, daß wir uns unterschiedlichen Kontexten aussetzen. Die Sprache ist eine Art Sinnesorgan – auch bei ihr geht es darum, einlaufende Daten zu verarbeiten und eine Bedeutung herauszuziehen –, und sie ist von all unseren Sinnesorganen das selbstbezüglichste. Wir müssen nun einen kontextuellen Rahmen für die Sprache entwickeln.

Während wir in den beiden ersten Lebensjahren Sprache zu hören und zu sprechen lernen, wird unser internes Sprachsystem ständig modifiziert. Alle normalen Babys plappern, und zunächst plappern sie alle ziemlich gleich. Doch bald spezialisiert sich dieses Geplapper zu einem englischen, chinesischen oder deutschen Geplapper. Mit sechs Monaten besteht die Vokalisation der meisten Babys aus den Grundlauten ihrer Muttersprache. Mit zwei Jahren macht ein englisches Baby, dessen Mutter das »T« zwischen zwei Silben durch einen Verschlußlaut ersetzt, dies der Mutter nach. Mit fünf haben wir alle uns fast sämtliche Regeln über regelmäßige und unregelmäßige Verben und all die bemerkenswerten Tricks angeeignet, wie man Wörter in Sätzen unterbringt. Bis zum Alter von zwölf Jahren wächst unser Wortschatz um rund ein Wort pro Stunde. Kinder, die bis dahin keine Sprache gelernt haben, werden nie eine lernen. Während wir uns in diese selbsterzeugte sprachliche Umwelt vertiefen, rüsten wir uns mit dem raffiniertesten aller Sinnesorgane aus; wir können ein ganzes Buch, ein ganzes Theaterstück »wahrnehmen«. Unser »Sprachorgan« erzeugt für jedes Buch, das wir lesen, und jedes Stück, das wir sehen, einen Kontext, und in diesem Kontext bekommt die Handlung eine Bedeutung. Wir wissen, daß man wegen eines Mörders, der in einem Stück auftritt, nicht die Polizei zu rufen braucht, und wir wissen das nicht aus den Worten oder der Grammatik, sondern weil wir wissen, daß wir im Theater sind und solche Dinge im Theater vorkommen. Etwas Ähnliches beobachtete Bateson, wie in Kapitel 5 erwähnt, bei Affenjungen: Sie konnten zwischen Spiel und Realität unterscheiden, weil sie sich im »Spielmodus« befanden.

Wir haben diese sprachliche Entwicklung mit der übrigen Menschheit gemein, mag ihr Wortschatz nun fünfhundert Wörter umfassen, wie im Fall peruanischer Straßenkinder, oder fünfundzwanzigtausend Wörter, wie bei der Mehrheit westlicher Hochschulabsolventen. John Tooby und Leda Cosmides sprechen hier von der »Genomspeicherung des Wortschatzes in der Umwelt« – eine sehr scharfsinnige Formulierung der Kontext-Idee. Die gespeicherte Sprache, die jeder von uns lernt, baut uns eine Persönlichkeit auf, die mit den erforderlichen Mitteln ausgestattet ist, um mit unserer Kultur zu interagieren. Wenn es in unserer Kultur Autos gibt, gibt es Wörter – und damit auch leicht manipulierbare Gedanken – für »Kofferraum«, »Getriebe«, »Reifen«, »Plattfuß«, »Schraubenschlüssel« und »Verkehrspolizisten«. Dieser Kontext befähigt uns, die »Autofahrersprache« zu lernen, genauso wie wir aus Mausgeschichten lernen, was »zaghaft«, aus Fuchsgeschichten, was »schlau« und aus Eulengeschichten lernen, was »weise« bedeutet. Zusätzlich bringen wir dann unsere eigene Erfahrung in den gemeinsamen Informationspool unserer sprachlichen Umwelt, den Wortschatz der Kultur, ein.

In Kapitel 5 gebrauchten wir für den Begriff »Hund« das Bild eines mit Hundemerkmalen gefüllten Pakets, auf welches das Etikett »Hund« geklebt wird. Dieses Bild ist, wie wir jetzt erkennen, grob vereinfachend, denn Paket und Etikett entwickeln sich zusammen. Auch »schlau« steckt nicht in dem Paket mit dem Etikett »Fuchs«; vielmehr ist »schlau« ein Etikett, das sich zusammen mit einem Paket entwickelte, das »Fuchs« enthielt. [Wir können uns Begriffe auch dann vorstellen, wenn sie kein Etikett haben; Mandelbrot dachte an Fraktale, lange bevor er das Etikett erfand. Wörter fungieren jedoch als Datenkompressoren, was es leicht macht, automatisch an Begriffe zu denken, ohne sich ständig zu vergegenwärtigen, wie der Begriff funktioniert. Das ist von Vorteil, aber wegen der Möglichkeit zerebraler Schemata auch gefährlich; so ist eine rationale politische Debatte unmöglich, wenn sie nur mit Schlagworten geführt werden soll. Die Vorteile sind jedoch so groß, daß sie die Evolution der Sprache vorangetrieben haben.]

Die Linguisten sind sich nicht darüber einig, ob die Entwicklung eines solchen Systems auf der natürlichen Auslese einer besseren Sprachfähigkeit im Gehirn, einer besseren Grammatik oder eines größeren Wortschatzes beruht. Aus einer kontextbezogenen Sicht erkennen wir jedoch, daß das die verkehrte Frage ist. Der erste chemische Replikator war nicht auf die natürliche Auslese angewiesen, um aus der Masse der sonstigen chemischen Stoffe seine Auswahl zu treffen – er replizierte sich einfach. Dadurch vermehrte er sich und erfand die natürliche Auslese für sich selbst. Genauso gewinnt in einer Umwelt kommunizierender Gehirne eine Sprache automatisch an Komplexität. So wie eine Verstärkeranlage pfeift, wenn das, was aus den Lautsprechern kommt, über das Mikrofon an die Lautsprecher rückgekoppelt wird, so erweitert eine positive Rückkopplung die Sprache und läßt sie den vorhandenen Kontext ausfüllen: menschliche Gehirne, Zungen, Ohren, Geister. Dann erweitert sie den dadurch geschaffenen Kontext – die sprachlichen Fähigkeiten der Menschen –, um noch mehr Raum zu schaffen. In der Kultur steht somit ein riesiger Informationsspeicher zur Verfügung, der dem sich entwickelnden Kind eingetrichtert wird. Denken Sie daran, wenn Sie das nächste Mal ein Kind sehen, dem Fahrradfahren beigebracht wird.

Ein großes Problem haben Linguisten mit der natürlichen Auslese in dem Bereich, den sie Pragmatik nennen, wo es, grob gesagt, darum geht, wie wir zwischen den Zeilen lesen und eine Bedeutung herausholen, die an den Wörtern selbst nicht abzulesen ist. Wenn jemand zum Beispiel mitten im Raum steht und sagt »Mir ist kalt«, dann bedeutet das oft: »Bitte die Tür schließen«. Wenn der Dekan einer Universität sagt: »Dieser Bursche ist ein guter Lehrer«, dann meint er häufig: »Für die Verwaltung oder die Forschung taugt dieser Bursche nicht.« Die Phonetik läßt sich durch Aufpolieren der Ohren oder des Kehlkopfes verbessern; die Semantik und der Wortschatz können durch eine Erweiterung des Speichers verbessert werden. Die Syntax, die Gestaltung der grammatischen Struktur, die das sprachliche Ver- und Entschlüsseln flexibel und schnell macht, kann durch eine Leistungssteigerung des sprachlichen Betriebssystems verbessert werden. Die natürliche Auslese sorgt dann schon dafür, daß zufällige Verbesserungen dieser Art erhalten bleiben und sich ausbreiten.

Die Analogie zwischen der Evolution der Sprache und jener der Organismen reicht weiter. In der Evolution von Organismen bedeutet genetische Assimilation, daß Formen sich ohne Änderung der Gene ändern können und umgekehrt. Auch die Sprache enthält sowohl potentielle als auch reale Strukturen. Außerirdische, denen die Bedeutung des Kontextes nicht klar ist, würden bei einem Besuch auf der Erde vielleicht zu ihren großen Erstaunen feststellen, daß wir bereits Wörter für sie haben, daß wir die unbekannte Zukunft bereits durchgespielt haben und daß in der Sprache bereits die Werkzeuge vorhanden sind, um mit ihr umzugehen. Die »realen« Bereiche der Sprache sind umgeben von Fiktionen, Phantasien, Lügen und Euphemismen, so wie die Newtonsche Gravitationstheorie von einem Halo anderer Theorien umgeben ist.

Meme

Die Außenansicht der Sprache – und dem Aufbau dieses Buches entsprechend müssen wir sie jetzt betrachten – stellt sich ganz anders dar. Sprache entsteht nicht bloß daraus, daß Elektronen in neuralen Schaltungen herumflitzen und Zungen in Bewegung setzen; ihr Zweck ist, Bedeutung zu vermitteln, Aspekte der Welt einzufangen und an andere weiterzugeben. Dawkins wollte sich nicht mit dem System der Lebewesen als Beispiel für ein evolutionäres System begnügen und führte deshalb den Begriff des Mems ein, eines Denkmusters, das in menschlichen Gehirnen wohnt und durch das gesprochene Wort repliziert wird. Jeder Kindergarten, jedes Klassenzimmer, jedes Seminar ist ein Mittel zur Fortpflanzung und Verbreitung von Memen, so wie Gärten, Bauernhöfe und Hundezüchter Mittel zur Fortpflanzung von Genen sind. Dieses Buch führt Ihnen eine Fülle von Memen zur Auswahl vor. Manchen Memen sind selbstbezügliche Erfolgstricks eingebaut. Das Schema, ein Gebet, das Juden dreimal am Tag aufsagen, enthält zum Beispiel die Wendung: »und diese Worte sollst du deinen Kindern einschärfen«.

Ansammlungen von Genen nennt man Genome; Religionen, politische Doktrinen, Ideologien und andere Weltanschauungen könnte man entsprechend als »Memome« betrachten, als mehr oder weniger subtile Ansammlungen von Memen. Die Meme selbst reichen von einfachen Schlagworten bis zu großen zusammenhängenden Systemen von Prinzipien und Beispielen.

Die Gene von geschätzten Labortieren wie *Drosophila* sind, wie wir gesehen haben, im Vergleich zu denen von Wildtyp-Organismen, die in realen Ökosystemen leben, sehr speziell und fragil. Im gleichen Sinne sind auch akademische Systematisierungen und Formalisierungen von Religionen und Doktrinen meistens grob vereinfacht und fragil, während diese umfassenden, ausgewogenen Denksysteme in der Realität vieles gemeinsam haben mit den »ausgewogenen Genomen« von Wildtypen. Sie enthalten eine Fülle von Schaltungen »für den Fall daß«, die, wie wir glauben, selektiert wurden, um in gleicher Weise auf unterschiedliche Gegebenheiten reagieren zu können.

Jede menschliche Kultur hat ihre eigene Spielart des Memsatzes für den Bau eines Menschen. Er enthält alle Tricks, die heranwachsenden Kindern einen kulturellen Kontext verschaffen, so daß sie, groß geworden, die Kultur in gleicher Weise an ihre Kinder weitergeben können. Das Bild der sozialen Welt, das wir in uns tragen, beruht auf der Wechselwirkung dieses kulturbildenden Prozesses mit unserer Persönlichkeit, die durch diesen Prozeß geformt und aufgebaut wird. Wo dieser Prozeß versagt, beobachten wir einen Kreislauf der Deprivation, denn diejenigen, die als Heranwachsende eines kulturellen Kontextes beraubt waren, werden ihrerseits zu unfähigen Eltern. Was nicht so ins Auge springt, weil es von vornherein unser Selbstverständnis bestimmt, ist die Tatsache, daß unsere Weltbilder, ja schon unsere Denkweisen in unserer Erziehung konstruiert wurden und auch anders hätten sein können. So wie wir im Auto zur Arbeit fahren, ohne bewußt an Lenkräder und Kupplungen zu denken, so delegieren wir auch viele Alltagsentscheidungen an unsere kulturellen Vorurteile und schiffen uns durchs Leben, ohne immer wieder ausdrückliche Entscheidungen zu treffen.

Universale Muster

Zwischen Memen und den von ihnen in ihren menschlichen Trägern ausgelösten Handlungen besteht ein ähnliches Verhältnis wie zwischen Genen und dem von ihnen in ihren Träger-Organismen ausgelösten Verhalten. [Dawkins hat den Begriff des Mems sogar ausdrücklich zu dem Zweck erfunden, um über ein zweites evolutionäres System zu verfügen, das die Suche nach Parallelen und allgemeinen Mustern erlaubt.] Wir haben behauptet, evolutionäre Systeme besäßen universale Eigenschaften, allgemeine Muster. Diese Auffassung läßt sich anhand von memetischen Analoga bestimmter Grundzüge der auf Genen basierenden Evolution überprüfen.

Fragen wir zunächst nach einem Analogon der genetischen Assimilation, der zufolge die Körperformen von Organismen sich am stärksten ändern, wenn der Genpool statisch ist, und der Genpool sich am stärksten ändert, wenn die Körperformen statisch bleiben. Gibt es ein ähnliches Phänomen bei den Memen? Die Antwort erscheint uns zwingend: Ein solches Phänomen gibt es in der Tat, und auch die allgemeinen Mechanismen sind sehr ähnlich. Jedes größere ideologische System, zum Beispiel die katholische Kirche, der Islam, die Republikanische Partei [der USA], der Kommunismus und die Wissenschaft, neigt dazu, in seinen Grundzügen immer »starrer« zu werden, während es wächst, sich entwickelt und stärker wird. Es hat mehr zu verlieren, wenn es nicht bei seinen alten Gewohnheiten bleibt. Andererseits lebt es in einer sich wandelnden Umwelt. Die Ansichten der Menschen über die Welt ändern sich. Große Ideologien bleiben sich treu, indem sie ihre memetische Struktur fortgesetzt im einzelnen modifizieren, um sich gegen Veränderungen in der geistigen Umwelt abzupuffern. Dies ist geistige Kanalisierung: Sie ändern sich, um sich gleich zu bleiben. Als die vormalige Sowjetunion am Ende war, war die Kommunistische Partei bereit, nahezu jedes memetische Transplantat bis hin zu kapitalistischen Wirtschaftsprinzipien zu akzeptieren, um nur die Kommunistische Partei zu bleiben. In demselben Dilemma stecken derzeit fast alle Parteien des Westens; es ist das Problem der Eisverkäufer am Strand in einer komplizierteren Spielart.

Andererseits – auch dies eine Parallele zur genetischen Assimilation – sind, wenn eine große Ideologie sich ändert und speziell, wenn sie sich dramatisch ändert, die erforderlichen Meme gewöhnlich seit langem vorhanden, als geistige Unterströmungen, möglicherweise als Häresien, von denen man nie sprach, die aber dennoch weithin anerkannt waren. Als das System des Sowjetkommunismus schließlich zusammenbrach, wich es einem System, das auf die alten Meme des Kapitalismus, der freien Marktwirtschaft, der Belohnung des individuellen Fleißes, der wirtschaftlichen Anreize, der freien Wahlen und dergleichen zurückgriff. Wenn die Ideologie wechselt, bleibt der Mempool unverändert, aber es werden neue Kombinationen realisiert. Wenn die Ideologie dieselbe bleibt, werden fortlaufend neue Meme eingeführt, um ihre Form zu kanalisieren, um sie gegen unerwartete Wechselfälle abzupuffern. Wie die Franzosen sagen: »Plus ça change, plus ça reste la même chose.« Dem müssen wir hinzufügen: »Plus c'est la même chose, plus ça change.«

Ein anderes universales Merkmal evolutionärer Systeme ist das Auftreten von Parasiten. In der memetischen Analogie sind dies Meme, die sich replizieren, indem sie die wirksameren Replikationsmechanismen eines Super-Mems mit Beschlag belegen und auf diese Weise sicherstellen, daß sie zusammen mit der zentralen Botschaft repliziert werden. Als Beispiele könnte man die islamischen und jüdischen Verbote nennen, Schweinefleisch zu essen, die einst hygienisch sinnvoll waren wegen der Parasiten, von denen Schweine befallen werden. Diese Begründung für das Kein-Schwein-Mem ist entfallen, doch es wird weiterhin repliziert, zusammen mit all den anderen, viel wichtigeren Memen wie dem, daß man seine Eltern ehren soll, oder dem, daß man Menschen nicht töten soll, außer es handelt sich um Ungläubige. Ungläubige erkennt man daran, daß sie Schweinefleisch essen – Meme können, genau wie Gene, mehrere Funktionen zugleich erfüllen.

Es gibt auch räuberische Meme. Ein Beispiel ist die englische Sprache. Bereitwillig schluckt sie Wörter aus allen anderen Sprachen der Welt. Ein amerikanischer General soll einmal in vollem Ernst gesagt haben: »You can't trust the Russians – they have no word for ›détente‹.« [Den Russen kann man nicht trauen – sie haben kein Wort für ›détente‹ [= Entspannung].] Während das räuberische Mem mehr und mehr Wörter schluckt, ändert es sich, aber es bleibt ein Räuber. Langsam aber sicher gehen wichtige Teile anderer Sprachen verloren. Wenn man seine Forschung auf wissenschaftlichen Konferenzen darstellen will, geht das nur noch auf Englisch – außer vielleicht in Frankreich, wo die Académie Française bewußten Widerstand gegen die Räuberei leistet. Genauso ist es in der Flugsicherung. Englisch wird rasch zur *Lingua franca* der technischen Welt. Dieser Begriff ist seinerseits ein interessantes Beispiel; er stammt aus dem Italienischen, wo er »fränkische Sprache« bedeutet und ursprünglich eine in der Levante gesprochene fränkisch-italienische

Mischsprache bezeichnet; ins Englische übernommen, bezeichnet er eine Sprache oder Sprachenmischung, die dem Austausch von Ideen zwischen Angehörigen unterschiedlicher Kulturen dient. [Die Franken waren im fünften Jahrhundert das Herrschervolk im heutigen Belgien, im Norden Frankreichs und im Westen Deutschlands; sie sprachen eine Frühform des Deutschen.]

Die Wissenschaft als Mem

Die bei weitem erfolgreichste und wichtigste Weltanschauung, gemessen an faßbaren Resultaten und realen Veränderungen im Alltagsleben der Menschheit, ist die Wissenschaft. Einen ähnlich großen Einfluß kann die Religion für sich beanspruchen – sie hat einen ganz direkten Einfluß auf das Leben von Milliarden von Menschen –, doch reguliert sie vorwiegend das menschliche Verhalten vor dem jeweils bestehenden Hintergrund. Die Wissenschaft dagegen verändert diesen Hintergrund. Sie verändert ihn so umfassend, daß den meisten von uns entgeht, wie vollständig unser Leben von der Wissenschaft abhängt, speziell in Gestalt der Technik. Wissenschaft und Technik entwickeln sich gemeinsam und leben voneinander, aber die Technik ist das, was wir nutzen. Bei einer Bäuerin im Reisfeld ist es verzeihlich, wenn sie nicht weiß, daß die von ihr angebaute Frucht vermutlich einer Krankheit erlegen wäre, wenn Pflanzenzüchter nicht in jahrzehntelanger Arbeit nach den wissenschaftlichen Regeln der Genetik resistente Sorten entwickelt hätten. Ein moderner westlicher Mensch verdient weniger Nachsicht, wenn er nicht weiß, daß das Möbelstück, auf dem er sitzt, die Sachen, die er trägt, die Fahrzeuge, die er fährt, die Filme, die er sich anschaut, und das Flugzeug, das er geschäftlich fliegt, ihre Existenz den Wissenschaften Chemie, Metallurgie, Aerodynamik und einigen Dutzend anderer verdanken.

In einer Zeit, die im Schatten der Kernwaffen gelebt hat und die die Probleme der globalen Erwärmung in den Griff zu bekommen sucht, wäre es natürlich absurd zu behaupten, daß die Folgen der Wissenschaft durch und durch positiv waren. Durch diese Beispiele wird aber klar, daß die Folgen der Wissenschaft ungeheuer weitreichend sind. Einer der Gründe für die so ungemein weitreichenden Folgen der Wissenschaft besteht darin, daß sie sich – im Unterschied zu jeder anderen Weltanschauung – bemüht, ein kohärentes und objektives System von Erklärungen der natürlichen Welt zu ersinnen. Sie kämpft dabei bewußt gegen die verständliche menschliche Neigung an, an das zu glauben, woran man gern glauben möchte, und sie tut das, indem sie die wissenschaftlichen Theorien anhand von Tatsachen überprüft. Dieses System ist nicht so objektiv, wie viele Wissenschaftler anzunehmen belieben, aber es stellt doch – im Unterschied zu Religionen, die den Glauben betonen – einen recht ernsthaften und ehrlichen Versuch dar, Voreingenommenheit und Vorurteile zu vermeiden.

Die Wissenschaft liefert reale Erklärungen für ansonsten rätselhafte Tatsachen. Krankheit war vor der Entdeckung der Bakterien unverständlich oder nur als ein Willkürakt der Natur beziehungsweise der Götter zu verstehen. Vor der Entdeckung der Bewegungsgesetze verstand man nicht, wieso Gegenstände von unterschiedlichem Gewicht mit gleicher Geschwindigkeit fallen, und man glaubte, daß schwerere Gegenstände schneller fallen. [Mit gutem Grund: Erfahrungsgemäß fallen Gegenstände von unterschiedlichem Gewicht nicht mit gleicher Geschwindigkeit – was an solchen Faktoren wie dem Luftwiderstand liegt.] Die Wissenschaft liefert außerdem Meta-Erklärungen, die stärker davon abhängen, daß man sich eine bestimmte Weltsicht [ein »Paradigma«, wie Kuhn sagt, siehe Kapitel 1] zu eigen macht. Die gleichen Tatsachen können auch innerhalb der Wissenschaft unterschiedlich interpretiert werden. Paradigmen bieten einen Rahmen, in dem sich neue oder alte Informationen unterbringen lassen, eine kohärente Struktur, die verschiedene Phänomene zu verknüpfen hilft. Erklärungen, die von Paradigmen abhängen, haben insofern eine gewisse Ähnlichkeit mit denen der Religion: Sie hängen von einer bestimmten Weltsicht ab. Die Paradigmen der Wissenschaft sind nicht wahr, aber sie sind äußerst streng anhand der bekannten Tatsachen überprüft worden, und ihre Konsequenzen sind sowohl theoretisch abgeleitet als auch empirisch getestet. Sie sind alten Religionen vergleichbar.

Der elliptische Charakter einer Planetenbahn läßt sich nachprüfen, indem man die Position dieses Planeten am Himmel mißt. Die Tatsache, daß die Bahn eine Ellipse ist, ist innerhalb vertretbarer Grenzen der Genauigkeit kaum zweifelhaft, außer im Rahmen diskreditierter oder zumindest veralteter Paradigmen wie dem, daß die Erde den Mittelpunkt des Universums bildet. Die Erklärung einer elliptischen Bahn hängt jedoch von dem gewählten Paradigma ab. Innerhalb der Newtonschen Mechanik wird sie aus der Existenz einer Anziehungskraft zwischen dem Planeten und der Sonne abgeleitet; das mentale Bild ist das einer Kugel, die an einem elastischen Band herumgewirbelt wird. Innerhalb der Einsteinschen Relativitätstheorie folgt die annähernd elliptische Bahn aus der Krümmung der Raumzeit, und das mentale Bild ist das einer Kugel, die in einem Trichter umherrollt. Unterschiedliche mentale Bilder bringen uns dazu, unterschiedliche Fragen zu stellen.

Ein Opfer der Hülle

Die Wissenschaft hat Paradigmen aus dem gleichen Grund entwickelt, aus dem Säugetiere warmblütige Mütter entwickelt haben. Dieser neue Trick erlaubte den Säugern, viel unnötige DNS-Programmierung über Bord zu werfen; Paradigmen erlauben der Wissenschaft, viele unnötige Tatsachen über Bord zu werfen und sie stattdessen aus allgemeinen, einfachen Gesetzen abzuleiten. Darauf beruht Medawars Bemerkung, daß »Theorien Tatsachen zerstören«. In einem Rahmen wie der Wissenschaft müssen aufeinanderfolgende Generationen von Kindern weniger lernen, um mehr zu wissen. Gleiches gilt für aufeinanderfolgende Generationen von Wissenschaftlern. Müßten Wissenschaftler von heute all die Tatsachen lernen, die frühere Generationen gelernt haben, so fehlte ihnen dafür entweder der Speicherplatz im Gehirn oder die Zeit. Die Wissenschaft benutzt stattdessen den einfachen

Kunstgriff der Datenkompression. Ersetze ein Produkt durch den Prozeß, der es generiert. Ersetze eine Liste von planetarischen Daten durch ein allgemeines Gesetz, das sie impliziert. Ersetze Tabellen mit chemischen Eigenschaften durch Mendelejews periodische Tabelle. Ersetze Messungen an Generationen von Erbsenpflanzen durch Mendels Gesetze der Vererbung. Ersetze die Resultate von Millionen von Experimenten in riesigen Teilchenbeschleunigern durch die Theorie der Quantenelektrodynamik.

Eine Theorie ist eine Art Code, der komplizierte »Nachrichten« der Natur in einfachere übersetzt. Bevor zum Beispiel jemand ein brauchbares Modell oder eine brauchbare Theorie der Planetenbewegung hatte, mußte die Nachricht, die das Sonnensystem schickte, in Gestalt einer riesigen Zahlentabelle aufgezeichnet werden, aus der exakt hervorging, wo sich jeder Planet zu einem gegebenen Zeitpunkt befand. Die Natur schickte uns eine wirklich riesige Datenmenge. Nach Ptolemäus konnten dieselben Daten zu einer Liste der Größen und Geschwindigkeiten einiger Dutzend Epizyklen komprimiert werden. Nach Newton konnten wir die Daten zu einigen einfachen Anfangsbedingungen komprimieren. Alle übrigen Zahlen der Tabelle folgten dann aus der Anwendung der Regel, die wir als Gravitationsgesetz bezeichnen.

Datenkompression ist sehr effektiv, aber sie fordert einen Preis. Um die Daten in benutzbarer Form zu erhalten, müssen sie durch eine Berechnung dekomprimiert werden. Das ist der Grund, warum viele Seeleute noch immer gedruckte Tabellen benutzen. Die wahren informationstheoretischen Kosten von Daten bemessen sich nicht danach, wieviele Bits sie enthalten, sondern danach, wie schwierig die Entschlüsselung ist. Wenn Sie Musik hören möchten, ist die nackte Information auf einer CD ohne ein entsprechendes Entschlüsselungsgerät nutzlos. Es ist kein Genuß, wenn eine Reihe von digitalen Impulsen vorgelesen wird. »An-an-an-aus-aus-an-an-...« ist kein Ersatz für Haydns ›Schöpfung‹. Wenn Sie aber eine gewisse Anstrengung in die Herstellung oder den Erwerb eines CD-Spielers investiert haben, können Sie mühelos der Musik lauschen. Der Spieler verkörpert in physikalischer Form eine Regel, einen Algorithmus, um auf die Information im gewünschten Format zuzugreifen. Die Kosten dafür, an die von Ihnen gewünschte Information heranzukommen, enthalten zwangsläufig die Kosten für den Algorithmus, der sie entschlüsselt.

Wenn ein und dieselbe Information in unterschiedlichen Formaten vorliegt, sind es unterschiedliche Gegebenheiten, die leicht daraus extrahiert werden können. Der Gesichts- und der Gehörsinn verarbeiten sensorische Information auf ganz unterschiedliche Weise, und was der eine an Gegebenheiten erfaßt, entgeht dem anderen völlig. Wenn man sich den einer CD aufgeprägten digitalen Code anschaut, kann man nicht sagen, was für Klänge darauf sind. Es könnte genausogut die ›Schöpfung‹, ›Monster Mash‹, das Stimmen des Orchesters oder ein in der Pfanne brutzelndes Ei sein. Ebensowenig kann man sagen, um was für ein Bild es geht, wenn man sich anhört, wie es per Fax gesendet wird: Die ›Mona Lisa‹, der Text dieses Buches, die Titelseite des ›Spiegel‹ klingen alle ziemlich ähnlich – lauter Knacken und Piepsen.

Wir haben wiederholt gesagt, daß eine Theorie von Allem, mag sie auch noch so genau sein, zum Verstehen des Universums nichts beiträgt. Mit der Technik ist das etwas anderes – sie besteht in der Manipulation künstlicher, ausgewählter Segmente des Universums. PET-Scanner, die in der Medizin eingesetzt werden, beruhen auf dem Verhalten subatomarer Teilchen, der Positronen. Auch wenn das Universum eine andere subatomare Physik hätte, würden die Prinzipien, die hinter dem PET-Scanner stehen, vermutlich immer noch für etwas Ähnliches gelten. Diese Prinzipien werden in der Medizin bei unterschiedlichen Verfahren angewandt: bei Röntgenstrahlen, der Magnetresonanz-Bildgebung und sogar der herkömmlichen Optik. Wir wollen Ihnen nicht weismachen, daß der Doktor keine Photonen nutzt, wenn er sich einen Patienten ansieht. Wir sagen nur, daß er den Patienten nicht auf Photonen reduziert.

Eine Theorie von Allem ist für das Verstehen und Erklären deshalb nutzlos, weil sie das Verhalten des Universums dermaßen indirekt darstellt, daß es einer übermäßigen Anstrengung bedarf, um daraus abzuleiten, was wir wissen wollen. Es ist einfach nicht praktisch, wenn man zur Vorhersage der Börsenkurse von morgen die künftige Geschichte jedes subatomaren Teilchens in jedem Börsenhändler und in der einschlägigen Umgebung berechnen muß, zu der ihre Computer, die Stühle, auf denen sie sitzen, das Gebäude, in dem sie arbeiten, und vieles andere gehört. Was die Anleger brauchen, ist eine Theorie, die praktisch auf derselben Ebene ansetzt, auf der die Börse selbst funktioniert, und sich auf dieselbe Art von Gegebenheiten stützt.

Gegen die Gottesvorstellung wird von Wissenschaftlern oft eingewandt, daß sie das Universum zu einfach erkläre, daß man nicht sehe, wie es »funktioniert«. Gott ist eine kontextuelle Theorie von Allem. Doch eine reduktionistische Theorie von Allem leidet an derselben Schwäche. Der Glaube des Physikers, daß die mathematischen Gesetze einer Theorie von Allem wirklich jeden Aspekt des Universums bestimmen, ähnelt sehr dem Glauben eines Priesters, daß Gottes Gesetze dies tun. Der wesentliche Unterschied besteht darin, daß der Priester nach außen und der Physiker nach innen schaut. Beide bieten eine Interpretation der Natur an; keiner kann sagen, wie sie funktioniert.

Eine Theorie ist wie ein Netz. Sie fängt ein, was sie einfangen soll. Wenn Sie das Meer mit einem Plankton-Netz abfischen, fangen Sie Plankton. Ein Garnelen-Netz liefert Garnelen, ein Thunfisch-Netz Thunfisch, ein Walnetz Wale. Wenn Sie die Natur mit der Gravitationstheorie abfischen, fangen Sie elliptische Bahnen; wenn Sie mit der Quantenelektrodynamik fischen, fangen Sie Licht und Elektronen; wenn Sie mit der Kristallographie fischen, fangen Sie Kristalle. Das ist prima, weil Sie eine bestimmte Art von Ding fangen können, ohne Ihre Zeit mit all den anderen Dingen zu vergeuden. Eine Theorie von Allem ist jedoch wie ein Netz für Alles, ein Netz, das alles im Meer einfängt. Ein solches Netz wäre so feinmaschig, daß es jedes Atom im Meer und jedes Lichtteilchen einfängt. Es wäre eine riesige schwarze Plastikplane. Wenn Sie damit Fischen gehen, fangen Sie das ganze Meer vollständig ein.

Wenn Sie aber jemand fragt, was in dem Netz ist, haben Sie keine Ahnung. Es ist schwarz, Sie können nicht hineinsehen, und selbst wenn Sie's könnten, können Sie nichts Interessantes herausnehmen. Gewiß ist es herrlich zu wissen, daß das Netz für Alles das ganze Meer enthält, aber es hat keinen Sinn, wenn Sie nichts herausholen können.

Eine Theorie von Allem würde das gesamte Universum einhüllen. Und genau deshalb wäre sie nutzlos.

[12] Das Verhalten interaktiver Systeme

Als das Rad erfunden wurde, dauerte es einige hunderttausend Jahre, ihm die Mucken auszutreiben. Die Räder, die Verkäufer-gebrauchter-Steine herstellte, waren viereckig, und alle Kunden beschwerten sich über die holprige Fahrweise. Eines Tages kam sein bester Kunde, Totschläger-kleiner-pelziger-Nagetiere, in die Werkstatt. Verkäufer-gebrauchter-Steine führte ihm stolz seine neueste Erfindung vor. »Totschläger, hier siehst du mein neues, verbessertes Rad. Ich nenne es das ›Leichtrollende‹. Ist es nicht schön? Ich verlange dafür zehn Häute, aber für dich, mein Freund, mache ich einen Sonderpreis: Du bekommst es für sechs Häute, wenn du zwei Paare und ein Reserverad abnimmst.«

Totschläger-kleiner-pelziger-Nagetiere starrte verwirrt das neue Rad an. Schließlich sagte er: »Aber es ist ja dreieckig!«

»Selbstverständlich«, erwiderte Verkäufer-gebrauchter-Steine.

»Und wieso ist das eine Verbesserung?«

»Kapierst du das nicht?«, wies ihn Verkäufer-gebrauchter-Steine zurecht. »Eine Unebenheit weniger.«

Wenn wir dem Plan dieses Buches treu bleiben wollen, geraten wir bei diesem Kapitel in ein Dilemma. Das sechste Kapitel, dem es entspricht, behandelt makroskopische Systeme, speziell Ökosysteme, aus reduktionistischer Sicht und schildert, wie aus einfachen Regeln nicht nur die beliebten Muster und Zyklen der klassischen Wissenschaft hervorgehen, sondern auch die Komplexitäten des Chaos und der Katastrophe, die derzeit das Grenzgebiet der Forschung bilden. Dieses Kapitel müßte folglich Ökosysteme im Kontext darstellen. Das Problem ist nur, daß ein Ökosystem bereits ein Kontext ist. Alle Lebenserscheinungen spielen sich innerhalb des planetarischen Ökosystems ab, und das besitzt keine Außenseite.

Oder vielleicht doch? Ist nicht die Zeit die Außenseite der Ökologie? Den Kontext für das planetarische Ökosystem von heute bilden die Ökosysteme von gestern und morgen. Diese Art von Außenbetrachtung von Ökosystemen ist einer der Eckpfeiler der Darwinschen Evolution. Nun wird Ihnen vielleicht aufgefallen sein, daß wir nicht recht wußten, wo die Evolution einzuordnen ist; wir haben Darwin in der ersten, der reduktionistischen Hälfte des Buches untergebracht, und dann haben wir ihn auch noch in der zweiten Hälfte untergebracht. Das liegt daran, daß die Evolution der zentrale Bereich ist, wo Inhalt und Kontext sich zu wissenschaftlicher Einsicht verbinden. Die reduktionistische Auffassung der Evolution ist der Neodarwinismus, der genetische Änderungen auf die DNS-Chemie zurückführt; die kontextbezogene Auffassung ist der Darwinsche Darwinismus, das große Muster der natürlichen Auslese. Damit könnten wir die Sache an dieser Stelle abbrechen.

Das heißt, abbrechen natürlich nur dann, wenn es nicht einen noch umfassenderen Kontext gibt. Und den gibt es tatsächlich. Um ihn zu finden, gehen wir von der Frage aus, was unter einer »Art« [Spezies] zu verstehen ist. Wir gelangen so zum Konzept des Öko-Raums: das ist der Raum des Möglichen, in dem Ökosysteme leben und sich entwickeln. Im Öko-Raum gibt es großräumige Muster, eine Art von Dynamik, die James Lovelock als Gaia, den Erd-Organismus, interpretierte. Kann man sich das gesamte Ökosystem vernünftigerweise als einen einzigen Organismus vorstellen? Lee Smolin ist noch weiter gegangen und hat das gesamte Universum als einen evoluierenden Organismus betrachtet. Die tiefgreifenden Übereinstimmungen dieser Theorien werfen die Frage auf: »Wo leben die Muster?« Am Ende dieses Kapitels werden wir erläutern, wie aus Räumen des Möglichen Muster entstehen.

Was ist eine Art?

Treten wir einen Schritt zurück, bevor wir ins Unbekannte aufbrechen. Ökosysteme sind makroskopische Systeme, und ihre Hauptelemente sind weniger individuelle Organismen als vielmehr Arten. Ein Waldland-Ökosystem besteht nicht aus diesem Kaninchen und jenem Baum, denn beide werden innerhalb ganz kurzer Zeit sterben. Statt ihrer werden andere Kaninchen und andere Bäume auftreten, aber nicht an genau derselben Stelle. Ein Ökosystem ist ein Prozeß, der sich vorwiegend auf der Art-Ebene abspielt. »Man steigt nicht zweimal in denselben Fluß«, sagte Heraklit und meinte damit, daß das Wasser sich ständig ändert. Ebenso könnte man sagen, daß man nicht zweimal denselben Wald oder dasselbe Ökosystem betritt. Dennoch besitzen Fluß, Wald und Ökosystem eine unbestreitbar fortdauernde Existenz; es handelt sich erkennbar um denselben Prozeß, der sich fortsetzt wie zuvor. Die Menschen vereinfachen sich die Welt, indem sie ungeheuer komplizierte Prozesse mit kurzlebigen Etiketten wie »Fluß«, »Wald«, »Art« oder »Ökosystem« bekleben. Bevor wir uns den Ökosystemen zuwenden, wollen wir – gewissermaßen zum Aufwärmen – zu klären versuchen, was unter dem Begriff »Art« zu verstehen ist.

Die Lehrbücher halten eine übliche Antwort bereit: Organismen gehören zu derselben Art, wenn sie sich untereinander fortpflanzen und fruchtbare Nachkommen erzeugen können. Pferd und Esel können ein Maultier zeugen, doch Maultiere sind unfruchtbar, und folglich gehören Pferd und Esel verschiedenen Arten an. Pferd und Kolobri können zusammen keinen Pegasus zeugen, folglich gehören Pferde und Kolibris verschiedenen Arten an. Ein Pudel und ein deutscher Schäferhund können Bastardwelpen zeugen, die sich wiederum mit anderen Hunden fortpflanzen können: Die Hundheit bildet eine einzige Art. Dies ist ein letztlich reduktionistischer Artbegriff: Die Mitglieder einer gegebenen Art werden von innen her daraufhin untersucht, was ihre Ähnlichkeit begründet. Das heißt, nicht wörtlich genommen, aber im Vordergrund steht doch die »Fortpflanzungsfähigkeit« innerhalb einer Art, statt der äußeren »Fortpflanzungsunfähigkeit« – denn kein Zoologe versucht, ein Pferd mit einem Kolibri zu kreuzen, um zu beweisen, daß sie wirklich verschiedene Arten darstellen. Doch so wie die Dinge liegen, gibt es Probleme mit dieser Definition. Sie gilt nicht für Amöben oder überhaupt ungeschlechtliche Arten, aber wir können diese im Augenblick außer Betracht lassen. Wörtlich genommen, impliziert die Definition, daß ein steriles Tier das einzige Mitglied seiner außergewöhnlichen Art ist – Bienenarbeiterinnen bilden eine andere Art als Bienenköniginnen. Es scheint, als müßten wir, um zu beweisen, daß alle Pferde derselben Art angehören, sie in allen möglichen Paarungen zusammenbringen und prüfen, ob die Nachkommen fruchtbar sind – und das wäre ein bißchen viel verlangt. Wir machen das natürlich nicht, sondern halten uns an verschiedene äußere Merkmale – wie viele Beine, welche Fellfarbe, mit oder ohne Flügel –, um Organismen einer leidlich wohldefinierten Gruppe zuzuordnen und dann mittels des Fortpflanzungskriteriums Feinheiten zu klären. Man braucht einen Kolibri nicht mit einem Hengst zu kreuzen, um zu beweisen, daß Pferde keine Vögel sind, doch wenn zwei Vogeltypen einander äußerst ähnlich sehen, könnte die Frage durch Fortpflanzungsfähigkeit geklärt werden.

Leider liefert die Fortpflanzungsfähigkeit keine ganz befriedigende Antwort. Wir erwarten, daß Arten sich wie exklusive Clubs verhalten, so daß jeder Organismus einer und nur einer Art angehört. Mathematiker würden sagen, daß die Zugehörigkeit zur selben Art eine transitive Beziehung ist; darunter verstehen sie, daß, wenn Tier A derselben Art angehört wie B und B derselben Art angehört wie C, A notwendig derselben Art angehört wie C. Das erscheint Ihnen vielleicht als ziemlich selbstverständlich, aber denken Sie an unsere nichttransitiven Würfel: A schlägt B, dieses schlägt C, und dieses schlägt A. Interpretieren wir Transitivität im Sinne von Fortpflanzungsfähigkeit: Wenn A sich mit B und B sich mit C fortpflanzen kann, dann kann A sich mit C fortpflanzen. Das sieht schon nicht mehr so selbstverständlich aus. Wir könnten uns eine Reihe Hunde vorstellen, von denen jeder größer ist als der letzte, so daß jeder sich mit seinen Nachbarn fortpflanzen kann; die Hunde an den beiden Enden sind jedoch inkompatibel, schon aus physischen Gründen. Mit viel Mühe könnten Sie sich vielleicht als eine rein theoretische Möglichkeit ein Kontinuum von Tieren vorstellen, daß vom Kolibri bis zum Pferd reicht. Benachbarte Tiere könnten sich so wenig voneinander unterscheiden, daß sie untereinander fortpflanzungsfähig wären, die beiden Extreme aber auf keinen Fall.

Tatsächlich brauchen wir solche Gedankenexperimente nicht anzustellen, denn ein derartiges Kontinuum kann in der Natur vorkommen. In Britannien beginnend, gibt es eine mehr oder weniger kontinuierliche Kette von Möwen, die um die ganze Welt reicht und fast wieder dort endet, wo sie begonnen hat. Am einen Ende finden Sie die Britische Silbermöwe, am anderen die Britische Heringsmöwe. Diese beiden Möwentypen können sich untereinander nicht fortpflanzen, gehören nach diesem Kriterium also verschiedenen Arten an. Doch es gibt eine kontinuierliche Abstufung zwischen den Möwen, und alle Möwen [des entsprechenden Typs] in einem bestimmten begrenzten Abschnitt der Kette können sich mit denen benachbarter Abschnitte fortpflanzen, so daß jede Möwengruppe nach ebendiesem Kriterium derselben Art angehört wie ihre Nachbarn. Frau Heringsmöwe hat also gleich nebenan einen Nachbarn von derselben Art, der seinerseits einen Nachbarn von derselben Art hat, der und so weiter und so fort einen Nachbarn von derselben Art hat, doch dieser letzte Nachbar »von derselben Art« ist nicht Herr Heringsmöwe, sondern Herr Silbermöwe, mit dem sie sich überhaupt nicht fortpflanzen kann.

Dies ist, ins Räumliche übertragen, das Problem, das den Kritikern Darwins soviel Kopfzerbrechen machte: Wie kann ein Affe ein Kind haben, das ein Affe ist, der ein Kind hat, das ein Affe ist, der ... ein Kind hat, das ein Mensch ist, der ein Kind hat, das ein Mensch ist, der ein Kind hat, das ein Mensch ist?

Dieser Mangel an Transitivität ist ein Strukturmerkmal unseres Artbegriffs. Er läßt sich nicht dadurch beheben, daß wir einen noch reduktionistischeren Standpunkt einnehmen und nach genetischen Ähnlichkeiten oder Unterschieden in der DNS aller Möwen suchen. Es kann überhaupt nicht darum gehen, ständig noch esoterischere genetische Kriterien zu finden, um die Grenze zwischen Silbermöwen und Heringsmöwen zu ziehen. Klare Grenzen zu ziehen ist eine menschliche Tendenz, ein Versuch, unser vereinfachtes mentales Etikettierungssystem mit einer anders strukturierten Welt in Einklang zu bringen, doch in dieser Welt können Grenzen verschwommen oder fraktal sein oder einfach nicht existieren.

Austauschbarkeit

Greifen wir auf einen naiveren Artbegriff zurück, auf den, zu dessen Verfeinerung das Fortpflanzungskriterium eingeführt wurde. Er geht von der Beobachtung aus, daß viele Geschöpfe einander sehr viel mehr ähneln als allen anderen. Denken wir an die Vögel in einer typischen Stadtrandsiedlung. Einige sind groß und schwarz, einige sind klein und braun mit einer roten Brust, einige sind blau und haben einen Kamm. Sie bilden wohldefinierte, getrennte Gruppen. Sie finden dort keine kleinen schwarzen Vögel mit roter Brust und blauem Kamm. Aufgrund solcher Beobachtungen hat die Menschheit hilfreiche Etiketten formuliert: Amsel, Rotkehlchen, Blauhäher. Wie diese Etiketten im einzelnen zugeordnet werden und wie sich die Sprache entwickelt, interessiert uns im Augenblick nicht, wohl aber die Tatsache, daß Etiketten zugeordnet werden.

Es gibt vielfältige Formunterschiede bei den Vögeln, auch innerhalb dieser Kategorien. Wir hätten das Etikettierungssystem weiter verfeinern können: Großrotkehlchen, Kleinrotkehlchen, Rotkehlchenmithellbraunemrechtemflügel und so weiter. Tatsächlich haben wir es nicht getan. Warum nicht? Anscheinend deshalb, weil uns ein Rotkehlchen genauso wichtig oder unwichtig ist wie jedes andere. Wenn die Kinder hereinstürzen und rufen: »Die Katze hat ein Rotkehlchen gefangen!«, dann fragen wir nicht zurück: »War einer von seinen Flügeln heller braun als der andere?« Entweder eilen wir hinaus in der Hoffnung, die Katze verscheuchen zu können, oder wir sagen: »Tja, sowas machen Katzen nun mal – so ist die Natur.« Wie das Federkleid des Vogels genau gemustert ist, interessiert uns im Grunde nicht. Juristen nennen diese Eigenschaft Fungibilität oder Austauschbarkeit. Jede Dose Baked Beans unterscheidet sich in der Anzahl der Bohnen oder ihrer Anordnung von jeder anderen, aber einen Prozeß wegen der Tatsache, daß Ihre

Dose statt 754 nur 753 Bohnen enthielt, würden Sie nie gewinnen. Bohnendosen sind austauschbar. Die einzelnen Vögel einer Art sind austauschbar.

Es gibt keinen besonderen Grund, warum die von uns zugeordneten Etiketten mit einem biologischen Konzept übereinstimmen sollten, doch merkwürdigerweise tun sie es meistens. Urwaldbewohner, die man bittet, verschiedene Vögel mit Namen zu nennen, und Wissenschaftler, die man bittet, sie einer Art zuzuordnen, gelangen meistens zu genau der gleichen Einteilung. Aus dieser Sicht gehören Geschöpfe derselben Art an, wenn sie einander hinreichend stark und in hinreichend vielen Merkmalen ähneln, um praktisch austauschbar zu sein. Das bedeutet: Ihr Verhältnis zur Außenwelt stimmt weitgehend überein.

Es ist natürlich möglich, daß die Wissenschaftler wie die Urwaldbewohner der Natur Muster aufzwingen, die in Wirklichkeit nicht existieren, daß »Art« nur ein zerebrales Schema ist und daß Rotkehlchen für die Natur nicht austauschbar sind. Doch der unbekümmerte Umgang der Natur mit Rotkehlchen, die großzügige Art, in der sie erlaubt, daß irgendwelche Rotkehlchen von irgendwelchen Katzen gefressen werden, läßt entschieden den Eindruck aufkommen, daß irgendein Rotkehlchen genügt, solange es eine rote Brust hat und Würmer aus dem Rasen zieht. Daß zwei so verschiedene Kulturen wie die der Urwaldbewohner und die der Fachleute im weißen Kittel auf ein und dasselbe zerebrale Schema verfallen, ist schon erstaunlich, aber ausgeschlossen ist es nicht, da ihre Gehirne, wenn auch nicht ihre Kulturen, ähnlich strukturiert sind. Man sollte den Artbegriff daher vernünftigerweise auf etwas Verläßlicheres als die Meinung von Menschen stützen.

Austauschbarkeit ist ein externer, kontextbezogener Begriff. Nicht auf das, was drinnen ist, kommt es an, sondern darauf, wie etwas sich der Außenwelt darstellt oder allgemeiner gesagt, wie es mit seiner Umgebung interagiert. Nicht auf die Zahl der Bohnen in der Dose kommt es an, sondern auf die Tatsache, daß Sie erwarten, daraus Baked Beans mit Frankfurter Würstchen machen zu können. Das Wesentliche an einer Art ist, daß ihre Mitglieder mit allem, was sie umgibt, in praktisch derselben Weise interagieren. Für eine Katze sind Rotkehlchen austauschbar, und Rotkehlchen haben von Katzen weitgehend dieselbe Meinung.

Den Baum der Evolution anbellen

Ein so unverbindlicher Ausdruck wie »austauschbar« kann den Reduktionisten nicht befriedigen. Er möchte Grenzen ziehen, genau definieren, wieviele Bohnen in einer Dose sein müssen, Verfallsdaten zuordnen, statt bloß zu fordern, daß die Lebensmittel in Supermarktregalen von gut genießbarer Qualität sein sollen. Für ihn ist es unannehmbar, daß Grenzen verschwommen, fraktal oder inexistent sein könnten. Weil es ein quantitatives Maß gibt, wird es möglich, nicht nur zu sagen, daß zwei Geschöpfe unterschiedlichen Arten angehören, sondern ihrer Verschiedenheit auch noch ein numerisches Maß zuzuordnen. Dieses von »quantitativen Systematikern« befürwortete Verfahren erlaubt es wiederum, einen Evolutionsbaum zu rekonstruieren, der zeigt, wo verschiedene Arten von einem gemeinsamen Vorfahren abzweigten. Das Verfahren ist mit zwei größeren Nachteilen behaftet: Die Wahl der zu messenden Merkmale ist ebenso beliebig wie die Größe, die den Grad der Ähnlichkeit mißt. Je nachdem, wie man seine Wahl trifft, ändert sich der Evolutionsbaum, der aus der mathematischen Analyse abgeleitet wird.

Auch dieser Ansatz läßt sich verbessern, indem man die Ähnlichkeiten zwischen DNS-Strängen mißt. Das Problem ist nur, daß die quantitativen Systematiker den falschen Evolutionsbaum anbellen. Sie wollen mit Hilfe quantitativer Differenzen ein qualitatives Phänomen erfassen. Sie werden sich an unser Bild des Geschöpf-Raums erinnern, des Raumes nicht nur aller existierenden Geschöpfe, sondern aller, die möglicherweise existieren könnten. Als wir Ihnen vorschlugen, sich eine Kette von Tieren vorzustellen, die von den Kolibris bis zu den Pferden reicht, war das eine Kette im Geschöpf-Raum. Nur daß die beiden Enden realen Geschöpfen entsprechen. Der Geschöpf-Raum besitzt seine eigene Geographie, und die Landschaft ist weithin unbewohnt. Lebensfähige Geschöpfe konzentrieren sich in bestimmten Gegenden, davon trägt eine das Etikett »Kolibris«, eine andere »Pferde«. Dazwischen erstrecken sich Gebiete des Geschöpf-Raums, die Kolibiris mit winzigen Hufen oder Pferden entsprechen, die in der Luft schweben und Nektar saugen. Wenn man – vernünftigerweise – annimmt, daß dies weniger lebensfähige Geschöpfe sind, so werden sie durch die evolutionäre Dynamik beseitigt werden. Die Evolution sorgt dafür, daß Geschöpfe sich in der Landschaft des Geschöpf-Raums um Fitnessgipfel häufen. Eine solche Anhäufung nennen wir eine Art. Die Anhäufung erhält sich durch Fortpflanzung.

Doch warum bildet eine Art in diesem Sinne eine einzige Fortpflanzungsgruppe? Wieso können nicht mehrere verschiedene, unabhängige Fortpflanzungsgruppen von fast identischen Geschöpfen denselben Gipfel einnehmen? Dazu ist zu sagen, daß die stärkste Konkurrenz um Ressourcen stets von benachbarten Geschöpfen in der Landschaft ausgeht: Ihre Konkurrenten sind diejenigen, die hinter denselben Ressourcen her sind wie Sie, und das gilt umso mehr, je mehr sie Ihnen ähneln. Eine Art ist dadurch definiert, wie sie der Außenwelt, einschließlich anderer Mitglieder der gleichen ökologischen Nische, erscheint. Ob Sie sich mit etwas fortpflanzen können, ist ein wesentlicher Bestandteil dessen, wie es Ihnen »erscheint«.

Verfolgen wir diesen Gedanken weiter und nehmen wir ihn wörtlich. Angenommen, zwei verschiedene Gruppen nehmen denselben Gipfel ein, können sich aber nicht untereinander fortpflanzen. Wenn die eine Gruppe an die verfügbaren Ressourcen geringfügig besser angepaßt ist als die andere, wenn sie die andere zahlenmäßig geringfügig überwiegt oder wenn sie einfach nur Glück hat, wird sie den Konkurrenzkampf gewinnen und ihren »Gegner« ausschalten. Eine einzige, untereinander fortpflanzungsfähige Gruppe ist jedoch stabil; es gibt zwar noch Konkurrenz zwischen Individuen der Gruppe, doch die Gewinner gehören stets derselben Fortpflanzungsgruppe an. Gleichgültig, ob Individuen gewinnen oder verlieren, die Gruppe gedeiht. Es ist der gleiche Unterschied, den man bei einer oder zwei Fußballmannschaften hat, ein Unterschied, der nicht von den einzelnen Mannschaftsmitgliedern abhängt, sondern davon, wie sie interagieren. Man bezeichnet diese Überlegung vielfach als Konkurrenz- Ausschluß-Prinzip, und es ist ein Panda-Prinzip mit Rückkopplung.

Diese Überlegung gilt auch für beliebige zusammenhängende Gruppierungen von Organismen im Geschöpf-Raum. Daraus folgt, daß die lebensfähigen Organismen im Geschöpf-Raum sich in relativ wohldefinierte und verschiedene Gruppen aufspalten werden, die jeweils einen Gipfel der evolutionären Landschaft besetzen werden, und daß, zufällige Hindernisse wie Unfruchtbarkeit oder die Nichtverfügbarkeit von genügend Sexualpartnern ausgenommen, alle Geschöpfe, die einen gegebenen Gipfel besetzen, sich werden fortpflanzen können. Es liegt in der Natur von Gipfeln, daß sie voneinander getrennt sind, denn ein Gipfel ist ein Punkt, der höher ist als seine unmittelbare Umgebung. Folglich wird das vieldimensionale Kontinuum des Geschöpf-Raums durch dessen Geographie in isolierte Anhäufungen verschiedener Arten aufgeteilt.

Zwei Geographien

Dieses Bild erklärt, warum wir Variationen innerhalb einer Art beobachten – nicht alle Rotkehlchen sind identisch –, diese aber im allgemeinen geringer sind als die Variationen von einer Art zur anderen. Es unterstreicht, daß die Fortpflanzung sich auf der Ebene der Art, nicht auf der von Individuen abspielt. Es erklärt auch, warum das Fortpflanzungskriterium meistens recht effektiv zwischen Arten unterscheidet. Es beleuchtet sogar die Schwachpunkte dieses Kriteriums, wie wir jetzt erläutern werden.

Die wirkliche Geographie der Erde führt neue Dimensionen in das Bild ein, unabhängig von jenen, welche die Geographie des Geschöpf-Raums bestimmen. Da der Lebensraum einer gegebenen Art räumliche Variationen aufweist, können damit einhergehend graduelle Merkmalsvariationen auftreten – ein Gipfel in der evolutionären Landschaft, der sich gemäß dem Standort der entsprechenden Geschöpfe auf der Erdoberfläche durch den Geschöpf-Raum bewegt. Eine einzelne kleine Verschiebung des Gipfels wird die Fortpflanzung nicht unterbinden, da die Unterschiede nicht größer sind als die Unterschiede, die innerhalb der Art an einem bestimmten Standort vorkommen. Doch viele kleine Verschiebungen können zusammen eine große ergeben, so daß dann – wie bei den erwähnten Möwen – Geschöpfe an den entgegengesetzten Enden der Kette hinreichend verschieden sind, um sich nicht mehr miteinander fortpflanzen zu können. Je weiter man in der Kette vorrückt, desto weiter rücken die Möwen genetisch auseinander, nicht zusammen. Die meisten Arten besetzen isolierte Hügel in der Landschaft des Geschöpf-Raums, aber es gibt auch langgestreckte Kämme. Gelten sie als Hügel oder nicht? Wo zieht man die Grenze? Man tut es gar nicht. In der realen Welt gibt es sowohl isolierte Hügel als auch langgestreckte Kämme, ohne klare Unterscheidung zwischen beiden. Im Geschöpf-Raum genauso.

Gebirge haben andere Besonderheiten als Gipfel, zum Beispiel Kämme und Pässe. Mathematische Modelle dieses allgemeinen Typs ebenfalls. Das Problem, zwischen Arten in ungewöhnlichen Umständen zu unterscheiden, ist eng verwandt mit dem Problem, zwischen Berggipfeln in ungewöhnlichen Umständen zu unterscheiden. Gilt eine langsam ansteigende spiralförmige Rampe als Gipfel, als Kamm oder als was? Sie ist, was immer sie sein mag, ein klares Bild für den Teil des Geschöpf-Raums, der von den Silbermöwen und den Heringsmöwen bewohnt ist.

Diese metaphorische Beschreibung des Geschöpf-Raums sollte man nicht allzu wörtlich nehmen. Wir haben schon darauf hingewiesen, daß die evolutionäre Landschaft selbst sich ändert, ja sogar durch die in ihr stattfindenden Ereignisse verändert wird. Die Berggipfel der lebensfähigen Arten sind nicht fixiert; sie können wie reale Berge hochgedrückt oder mit der Zeit fortgewaschen werden. In der umgekehrten Version dieser Metapher, mit Seen anstelle von Bergen, gibt es Flüsse, welche die Landschaft erodieren, Sediment forttragen und anderswo ablagern. Der springende Punkt ist, daß, von diesen Komplikationen einmal abgesehen, feste Erscheinungen, die durch eine Landschaft wandern, zu dem scheinbar paradoxen Ergebnis führen können, daß Veränderungen, die längs eines bestimmten Weges als kontinuierlich erscheinen, längs eines anderen als diskontinuierlich erscheinen können. Das erscheint deshalb paradox, weil wir eine gegebene Erscheinung mit einem Namen [»Heringsmöwe«] belegen und diesen Namen beibehalten möchten, wenn die Erscheinung sich kontinuierlich ändert. Wir steigen nicht zweimal in denselben Fluß, und doch geben wir »diesem« Fluß zu verschiedenen Zeiten denselben Namen. Was aber, wenn die Flüsse Exe und Wye sich kontinuierlich verlagern und nach hunderttausend Jahren vollständig ihre Plätze vertauscht haben? Die Kontinuität hat dann die Namen ausgetauscht, soweit es um die geographische Lage geht. Kein Wunder, daß die dynamische reale Welt bisweilen nicht mit unserer mentalen Pseudo-Welt der feststehenden verbalen Etiketten übereinstimmt!

Dieses Bild klärt auch die ebenso schwierige Frage: »Was ist ein Merkmal?« Wenn »rote Brust« ein Merkmal ist und »gelbe Brust« ein Merkmal ist, wie ist es dann mit all den Orangetönen dazwischen? Der entscheidende Test ist auch hier, welche Dinge austauschbar sind. Wie wird der Organismus von der Außenwelt gesehen? Die zu treffende Unterscheidung ist die zwischen dem, was – im Merkmalsraum – prinzipiell möglich ist, und dem, was praktisch geschieht, und das wird bestimmt von einer Dynamik, die in der Geographie des Merkmalsraums wirkt. Merkmale sind die Koordinatenachsen des Geschöpf-Raums, die Variablen, die seine Dimensionalität definieren. Da reale Geschöpfe sich um die Gipfel des Geschöpf-Raums in diskreten Ansammlungen häufen, gilt dies auch für Messungen dieser Geschöpfe längs einer bestimmten Achse – den Merkmalen. Was wir Merkmale nennen, sind nur die bequemen und wichtigen Unterscheidungen zwischen den Geschöpfen, die tatsächlich beobachtet werden. Merkmale, Gipfel, Attraktoren, Seen: Wir sehen, daß sie allesamt Aspekte desselben universalen Musters sind.

Öko-Raum

Der Kontext für Arten – Typen von Geschöpfen – ist die Geographie des Geschöpf-Raums. Nicht nur all der Geschöpfe, die es gibt, sondern auch all derer, die es gegeben haben könnte. Der Kontext für Ökosysteme ist demnach der Öko-Raum: der Raum aller Ökosysteme, die existieren und existiert haben könnten. So wie die evolutionäre Dynamik im Geschöpf-Raum diesen mit einer Geographie von Hügeln und Tälern versieht, so versieht die evolutionäre Dynamik im Öko-Raum diesen mit einer eigenen Art von Geographie.

Ökologen sprechen von »Sukzession«, gesetzmäßig ablaufenden Veränderungen in lokalen Ökosystemen, bei denen das Wachstum einer Gruppe von Arten günstige Bedingungen für andere Arten schafft, die die ersteren dann verdrängen. In einem derartigen Ablauf ist ein Teich zum Beispiel anfangs von Algen, Schilf und Binsen besiedelt. Zerfallende organische Masse sammelt sich am Boden, reicht schließlich bis zur Wasseroberfläche, wo Moose, Gräser und Sträucher zu wachsen beginnen. Sie kommen zu den Schichten organischer Masse hinzu, und allmählich wird der Teich aufgefüllt. Die Wasserpflanzen verschwinden. Nun werden Gräser und Sträucher ihrerseits verdrängt durch Birken und Erlen, die Gehölze und Wälder bilden; diese machen wiederum Eichenwäldern Platz. Die Sukzession ist nicht ganz die evolutionäre Dynamik, die uns vorschwebt, denn die läuft in weit größeren Zeiträumen ab. Sie funktioniert aber ganz ähnlich, und sie zeigt, daß auch im Raum der bestehenden Ökosysteme eine natürliche Dynamik herrscht. Sie verdeutlicht einen Sachverhalt, der unser mentales Bild vom Öko-Raum ein wenig kompliziert: Ein Ökosystem ist eine dynamische, nicht eine statische Sukzession von Organismen. Mathematiker würden das ganze Bild als ein System mit zwei Zeitskalen beschreiben: der schnellen Dynamik kurzfristiger lokaler Veränderungen und der langsamen Dynamik langfristiger evolutionärer Veränderungen. Die schnelle Dynamik arbeitet nur mit existierenden Organismen, die sie von anderswoher in die engere Umgebung einbringt; die langsame Dynamik führt zur Evolution gänzlich neuer Formen.

Ballon-Insel

Der Öko-Raum enthält weit mehr als nur die Arten, die existieren oder je existiert haben. Die spezielle Bahn, die unser Planet durch den Öko-Raum genommen hat, hat verschiedene Territorien erkundet: die Blaualgen, die Weichkörpertiere des Burgess Shale, Insekten, Fische, Dinosaurier, Säugetiere, Vögel ... An einzelnen Punkten dieses Weges hat sich auch der Raum der möglichen Ökosysteme erweitert. Sauerstoffatmende Geschöpfe konnten nicht einmal im Prinzip existieren, bevor nicht Bakterien die Atmosphäre mit Sauerstoff anreicherten, doch von da an nahm das ganze Spiel der Evolution einen unwiderruflich anderen Verlauf. Die Entwicklung von Flügeln führte in den Öko-Raum eine metaphorische neue Dimension ein – und parallel zu ihr eine reale neue Dimension, die senkrechte, im von Organismen bewohnten geographischen Raum. Wir haben diese bedeutenden Änderungen im Raum des Möglichen mit dem Erscheinen neuer Brücken verglichen, die zu ganz neuen Inseln führen. Welche anderen Inseln hätte unser Planet erkundet, wenn andere Brücken überquert worden wären? Was liegt sonst noch unerforscht im Öko-Raum?

Das ist eine Frage, die sich weniger an die Beobachtung oder das Experiment richtet, sondern vielmehr an das Vorstellungsvermögen, an jene Art von wissenschaftlich konsistentem Gedankenexperiment, die für die »harte« Science-Fiction typisch ist. Hier ein Beispiel. Angenommen, der Flug wäre auf der Erde zuerst von Geschöpfen erfunden worden, die winzige, mit Wasserstoffgas gefüllte Säcke entwickelten, und nicht durch die Entwicklung von Flügeln. Diese Geschöpfe hätten zum Beispiel auf enzymatischem, vielleicht sogar auf elektrochemischem Wege aus Wasser oder aus Methan Wasserstoff herstellen können. Sie hätten abgehoben und wären zunächst aufs Geratewohl vom Wind davongetragen worden, hätten aber nach und nach kompliziertere Steuerungen entwickelt, die ihnen zumindest die Entscheidung erlaubt hätten, wann sie wieder zu Boden sinken wollten. Dort oben anfangs ohne Konkurrenz, hätten sie sich ausgebreitet, genau wie die geflügelten Geschöpfe auf unserem Evolutionsweg. Anschließend hätte sich die übliche Geschichte von Parasiten und Raubtieren abgespielt, allesamt in Form von Ballonfahrern. Manche Ballonfahrer könnten den Trick entwickelt haben, ihren Wasserstoff in einem Strahl auszustoßen, anzuzünden und auf eine ahnungslose Beute zu richten. *Hier wohnen Drachen!* Wenn die Beute dann zu Boden sank, wäre der Drache mit ihr gesunken, da er seinen Wasserstoff ausgestoßen hätte. Am Boden hätte er dann die Überreste seiner Beute verzehrt und so seine Wasserstoffbatterien wieder aufgeladen. Die Erkundung der Ballon-Insel hätte rasch zu einem wimmelnden Ökosystem der Lüfte geführt.

Wäre die Ballonfahrt zuerst in Gang gekommen, wäre der herkömmliche geflügelte Flug vermutlich gar nicht in Gang gekommen, wegen des Panda-Prinzips. Hätte ein am Boden lebendes Tier rudimentäre Flügel entwickelt und wäre es einen bis zwei Zoll hoch himmelwärts geflattert, hätte ein hochentwickelter Drache es knusprig gebraten. Aus dem gleichen Grund kann die Ballonfahrt sich in unserem heutigen Ökosystem vermutlich nicht entwickeln. Diese Art von Ausschließlichkeit ist übrigens der Grund, warum wir als mentales Bild einen sich wandelnden Raum des Möglichen für evolutionäre Systeme vorschlagen, statt alles, was jemals geschehen ist, geschieht, geschehen wird oder geschehen kann, in einen einzigen Superraum des Möglichen/Unmöglichen [Unzutreffendes streichen] zu packen.

Die andersartigen Vorgänge droben hätten unten am Boden alle möglichen Veränderungen nach sich gezogen. Das Hinterteil von Kühen, heute von geflügelten Fliegen umschwärmt, wäre von ballonfahrenden Parasiten umschwärmt, die aus dem gewaltigen Methanausstoß der Kühe Wasserstoff abzapfen würden. Statt der heutigen Symbiose zwischen Pflanzen und Insekten wäre es vielleicht zu einer Symbiose zwischen Pflanzen und »Ballon-Bienen« gekommen, in der die Pflanzen Wasserstoff-»Tankstellen« angeboten hätten, um die Ballon-Bienen in ihren Bestäubungs-Vorhof zu locken. Ein intelligentes Geschlecht, hervorgegangen aus Menschenaffen, Vögeln oder etwas anderem, das es auf unserem Evolutionsweg nicht gibt, hätte gelernt, die großen Luftschiffe zu zähmen. Flugreisen wären gang und gäbe, und von einem Pferdewagen wüßte man nichts.

Sie verstehen, worauf wir hinauswollen. Um sich einen Spaß zu machen, können Sie sich das ganze auf den Jupiter verlegt vorstellen.

»Ach, das ist doch bloß Science-Fiction«, wird der eine oder andere sagen. Das bestreiten wir nicht; die nicht realisierten Teile des Öko-Raums können nichts anderes sein. Tatsächlich hat sich aber auf unserem eigenen Evolutionsweg etwas der Ballon-Insel ganz Ähnliches zugetragen. Es spielte sich jedoch nicht in der Luft ab, sondern unter Wasser. Die Knochenfische im eigentlichen Sinne, die Teleostei, waren die Ballonfahrer, doch ihre Erfindung war nicht der Wasserstoffsack, sondern die Schwimmblase. Ohne diese Erfindung würden in den Meeren möglicherweise nur bodenlebende Fische und solche Fische vorkommen, die flach über den Boden »fliegen«, aber im allgemeinen wieder zu ihm zurückkehren, wie es die meisten *Selachier* – Rochen und Haie – heute tun.

Was immer Gaia wünscht ...

Wendungen wie »das globale Ökosystem« bestärken uns darin, den ganzen Planeten als ein einziges Ding aufzufassen. Das bestärkt uns wiederum darin, globale Veränderungen in neuen Bildern zu fassen. »Die Dinosaurier wurden durch einen Meteoriten ausgelöscht. Mutter Erde war über den Verlust der großen Geschöpfe enttäuscht und beschloß, einen raumfahrenden Affen zu entwickeln, der sie vor Meteoriten schützen könnte.« Das ist eine herzerwärmende Legende, doch kann man der Erde wirklich Wünsche bezüglich ihrer Geschöpfe unterstellen? Kann man sagen, daß der ganze Planet irgendwelche Absichten hat? Ist es auch nur eine Spur einsichtiger, so etwas von einem Planeten zu behaupten, als beispielsweise zu sagen, daß eine Meereswoge »den Wunsch hat«, sich am Ufer zu brechen? Kann man vielleicht einer Art so etwas unterstellen? Wenn gesagt wird, daß die Menschheit dies oder jenes wünscht, dann wird ein solches Bild benutzt, aber hat das über die Metapher hinaus einen Sinn? Und ist es selbst dann, wenn man keine Wünsche oder Absichten unterstellt, sondern lediglich davon spricht, daß die Evolution zu wachsender Organisation und Verästelung führt, sinnvoll, einen Planeten so behandeln, als sei er ein einziger riesiger Organismus? Ist es sinnvoll, von seiner Gesundheit zu sprechen? Oder eine neue Wissenschaft zu erfinden, die planetarische Medizin?

James Lovelock hat genau das getan, als er 1982 das Konzept der Gaia, der Erde als Organismus, erfand. Er ging von einem Gedanken aus, den wir in mehreren Kapiteln klarzumachen versucht haben: In der Evolution geht es nicht um ein Gegeneinander von Natur und Kultur und nicht um eine Mischung aus beiden, sondern um einen integrierten, interaktiven Prozeß, in dem beide aufs engste miteinander verknüpft sind. Die Frage, wo die Evolution stattfindet, beantwortet Lovelock damit, daß sie sich am gesamten planetarischen Ökosystem vollzieht. So wie unser Körper das Resultat einer evolutionären Wechselwirkung zwischen unseren Zellen, unserer Nahrung, unserer Abstammung und unserer Kultur ist, ist das Ökosystem des Planeten Resultat einer Wechselwirkung zwischen Tieren, Pflanzen und Umweltfaktoren wie dem Wetter und der Geologie. Dieses Bild logisch zu Ende denkend, gelangte Lovelock zu einem Konzept, das er nach der antiken Erdgöttin Gaia nannte: Die planetarische Ökologie ist ein einziges lebendiges Geschöpf, ein Super-Organismus.

Aus verschiedenen, teils bewundernswerten, aber auch weniger bewundernswerten Gründen fand dieses Bild bei der wachsenden »grünen Bewegung« ungeheuren Anklang. Viele grüne Aktivisten haben eine romantische Vorstellung vom Leben der Tiere »in der Wildnis«, das in Wirklichkeit gefährlich, hart und kurz ist. Ein Erd-Tier muß natürlich geschützt werden; eine Mutter Erde würde über uns wachen und uns beschützen. Lovelock selbst hat sich von der Schwärmerei der Grünen distanziert; er meinte, sie setzten das, was für Gaia am besten ist, gleich mit dem, was für sie selbst am besten sei. Für eine reale Gaia könnte etwas ganz anderes wichtig sein. Eine Gaia, die den Verlust der Dinosaurier ohne weiteres verschmerzt hat, wird vielleicht auch der Menschheit nicht nachtrauern.

Eine noch schlichtere Ansicht vertraten viele, speziell die eher orthodoxen Wissenschaftler: Was Lovelock sagte, war für sie Unsinn. Wovon er wirklich sprach, war ein Paradigmenwechsel. Die Frage, ob die Erde »wirklich« ein einziges lebendiges Geschöpf sei, ist, wenn überhaupt, wenig sinnvoll. Man könnte genausogut fragen, wie es ist, eine Maus oder ein Zarathustraner zu sein. Das weiß nur die Maus beziehungsweise der Außerirdische – oder auch nicht, falls es nicht zu ihren Fähigkeiten gehört, Wissen zu besitzen. Durchaus sinnvoll ist dagegen die Frage, ob wir wichtige neue Einsichten in das globale Ökosystem gewinnen, wenn wir es uns als ein einziges Geschöpf vorstellen. Veranlaßt uns diese Betrachtungsweise, neue, interessante Fragen zu stellen? Vermittelt sie uns eine neue Sicht auf die Welt und unseren Platz in ihr? Das tut sie, wie die planetarische Medizin zeigt, durchaus, und demnach kann sie nicht ganz so schlecht sein.

Andererseits sollte man Metaphern und Analogien nicht überziehen. Diese Betrachtungsweise ließe sich zum Beispiel auf eine Fußballmannschaft übertragen. Eine gute Fußballmannschaft muß wie eine gut aufeinander abgestimmte Einheit funktionieren; ein Spieler muß im voraus wissen, was sein Mannschaftskamerad vorhat. Folgt daraus, daß eine Fußballmannschaft ein eigenständiges Geschöpf ist? Hat sie Absichten, die über die kollektiven Absichten ihrer Mitglieder und ihres Trainers hinausgehen? Ein Merkmal eines solchen Überbewußtseins wäre die Bereitschaft, einzelne für das Gesamtwohl zu opfern. Nach diesem Kriterium wäre die Kommunistische Partei ein Organismus. Auch Gaia besteht diese Prüfung: Wir können davon berichten, daß die frühen Bakterien geopfert wurden, weil Lebewesen auf Sauerstoffbasis erfolgversprechender waren, und wir können vorhersagen, daß die Menschheit, an ihrem eigenen Abfall erstickend, möglicherweise geopfert werden wird, um den Planeten zu retten. Bei einer Fußballmannschaft ist das nicht so eindeutig. Man weiß zwar, daß die Spieler für den Mannschaftserfolg ernste Verletzungen riskieren, doch ist das in der Regel eine individuelle Entscheidung, die auf Loyalität oder Altruismus beruht. [Manchmal kann es allerdings auch ein kalkuliertes Risiko sein, das auf den eigenen, persönlichen Erfolg zielt.]

In einem gewissen Sinne – und das erschwert die Sache zusätzlich – kann man von einer Fußballmannschaft eher behaupten, sie bilde einen kollektiven Organismus, als von einem Planeten. Fußballmannschaften evoluieren durch Konkurrenz: Erfolg bringt Geld, das bringt bessere Spieler, durch die die Mannschaft besser wird. Änderungen bei den Spielern, den Trainern, der Taktik oder dem Spielaufbau entsprechen Mutationen. Der Spieleinsatz sorgt für natürliche Auslese. Mannschaften und ihr Auftreten entwickeln sich als Mannschaften: »Schalke spielt dieses Jahr nicht besonders.« Die physischen Manifestationen der Mannschaft sind die Spieler, so wie die Moleküle Manifestationen der DNS sind. Die Strategie des Trainers spielt die Rolle des Genotyps, und die Mannschaft selbst ist der Phänotyp. Es ist der Phänotyp, auf den die Auslese einwirkt. Würde eine Mannschaft durch eine andere ersetzt, die äußerlich identisch ist und unter allen Umständen genauso spielt, so würde die neue Mannschaft genau dieselben Spiele gewinnen wie die alte. Wenn es darum geht, Spiele zu gewinnen, zählt nur der Phänotyp. Diese Tatsache verleiht dem Phänotyp, der Mannschaft, so etwas wie eine eigenständige Existenz. Mannschaften leben im Mannschaftsraum, und in diesem Raum ist es vertretbar, von ihnen als Organismen zu sprechen.

Das Konzept, nach dem die Erde als Gaia ein einziges Geschöpf darstellt, hat einen grundlegenden Mangel, auf den Richard Dawkins hingewiesen hat: Die Erde steht nicht in Konkurrenz zu irgend etwas. Gewiß entwickeln ihre Geschöpfe sich in Konkurrenz zueinander, was zwangsläufig zu so etwas wie einer höheren Organisation des ganzen Ökosystems führt, aber es findet keine Auslese im Sinne eines insgesamt guten Ökosystems statt. Dawkins sagt, daß der Gaia-Raum keine Geographie besitze, sondern nur einen einzigen Fels, der in einem zeitlosen Meer ruht. Der Gaia-Organismus hat keinen Ort, wo er leben könnte, keinen Ort, wo er sich entwickeln könnte, nichts, womit er kämpfen könnte, nichts, wovor er sich verstecken könnte, und er kann sich nicht fortpflanzen. Er kann als Ganzes erfolgreich sein oder als Ganzes scheitern, aber er kann sich nicht als Ganzes entwickeln, weil er nicht als Ganzes konkurrieren kann.

Das könnte sich ändern. Planetarische Ökosysteme, die in der Lage wären, sich mit Hilfe von Menschenaffen vor Meteoriten zu schützen, hätten bessere Überlebenschancen. Dennoch würden sie sich nicht fortpflanzen können. Dazu müßten sie terrabildende Menschenaffen hervorbringen. Erst wenn die Galaxie von weltbildenden Arten besetzt ist, die aus Tausenden von außerirdischen Ökosystemen hervorgegangen sind, wird man von einer echten Evolution sprechen können, die sich durch Konkurrenz, Auslese und Fortpflanzung der überlebenden »planetarischen Systeme« – das sind die Planeten plus die Geschöpfe, die diese Planeten aktiv replizieren – vollzieht. Im Augenblick scheinen wir uns jedoch nicht in einer solchen Galaxie zu befinden. Das nimmt dem Gaia-Bild viel von seiner Attraktivität. Es ist als Metapher reichlich begrenzt. Gaia ist wie eine Fußballmannschaft, die nie ein Spiel gespielt hat; es spricht wenig dafür, daß die Prinzipien, nach denen sie organisiert ist, die eines geübten Gewinners sind.

... das bekommt Gaia

Andererseits weist das globale Ökosystem durchaus großräumige Muster auf. Gaia verhält sich in mancher Hinsicht wie ein Organismus, und sie könnte eigene Absichten in dem Sinne haben, daß das kollektive Verhalten einzelner Geschöpfe systematische Effekte hervorrufen kann, die von den Geschöpfen selbst nicht beabsichtigt waren, wie es etwa der Fall ist, wenn winzige Meeresorganismen überschüssigen Kohlenstoff in ihren Schalen binden und auf dem Meeresboden ablagern, wo er zu Kalkstein wird. Woher kommen diese kollektiven Muster, diese stabilisierenden Mechanismen, woher kommt die kohärente Dynamik von Gaia? Der Konkurrenz mit anderen Organismen planetarischen Ausmaßes sind sie, wie Dawkins hinweist, nicht entsprungen.

Zusätzlich gibt es noch ein spezielleres Problem. Angenommen, die Evolution der gewöhnlichen Geschöpfe, der Einzelwesen, aus denen die Gaia hervorgeht, entwickelt sich in eine Richtung, die für Gaia »schlecht« ist. Anders ausgedrückt: Angenommen, eine Art entwickelt destabilisierende Verhaltensmerkmale, die das Überleben des Planeten gefährden. Gibt es eine natürliche, restabilisierende Dynamik, die automatisch einer solchen Art entgegenwirkt, um wieder ein leidliches Gleichgewicht herzustellen? Das Gaia-Konzept läßt uns eine solche Reaktion erwarten, doch die Tatsachen sprechen dagegen. Ein Beispiel für einen solchen Prozeß liefert die Erzeugung von Sauerstoff durch die frühen Bakterien, von der das bestehende Ökosystem völlig destabilisiert wurde. Gaia – so, wie sie damals war – bildete daraufhin keine Gegenkraft aus, um das Ökosystem wieder zu stabilisieren. Sie paßte sich vielmehr an die neuen Bedingungen an. Es dürfte weitgehend Zufall gewesen sein, daß diese Anpassung zu einem lebensfähigen Ökosystem führte. Nichts spricht für ein umfassendes Verhaltensmuster, das Gaias Überleben automatisch sichert. Die Sauerstoffkrankheit hätte durchaus auch tödlich sein können.

Es gibt eine Fülle von dokumentierten Fällen, in denen eine mehr lokal begrenzte ökologische Dynamik zum Aussterben führte, von Fällen, die nicht so weit zurückliegen wie die Sauerstoffverschmutzung vor Jahrmilliarden. Gegen Ende der Kreidezeit, unmittelbar vor der Auslöschung der Dinosaurier durch den K/T-Meteoriten, tauchte eine neue Pflanzenart auf. Bis dahin waren krautartige Pflanzen entweder kleine, schmächtige Dinger oder lange Kriechgewächse. Die neuen Gräser besaßen in ihren Blättern winzige, kieselsäurehaltige Nadeln. Pflanzenfresser brauchten plötzlich kontinuierlich nachwachsende Mahlzähne. Die Gräser waren sehr aggressiv und breiteten sich sehr schnell aus; Teiche und Seen waren mit einem Mal nicht mehr so beständig wie zuvor. Hätte nicht der K/T-Meteorit die Dinosaurier umgebracht, wären sie möglicherweise ohnehin am Gras zugrundegegangen; das Gras änderte sämtliche Regeln des Lebens auf dem Land.Auch in diesem Fall hat Gaia sich nicht gerührt. Es sei denn, man nimmt an, daß Gaia das Gras wachsen ließ, um die Dinosaurier loszuwerden und den Säugetieren eine bessere Startchance zu verschaffen – und daß der Meteorit bloß ein willkommener zusätzlicher Helfer war.

Es gibt ein weiteres Beispiel, das uns Menschen eigentlich ein sehr schlechtes Gewissen bereiten muß, weil unsere Vorfahren die Schuldigen waren. Wir dachten lange, daß die Dronte ein ungewöhnlicher Vogel sei, ein tölpelhafter flugunfähiger Truthahn. Dann entdeckten wir, daß es in Neuseeland, auf Madagaskar und Sri Lanka viele flugunfähige Vögel gegeben hatte, von denen etliche spektakulärer waren als die Dronte. Es sah ganz danach aus, als seien sie von den Menschen, die diese Inseln besiedelten, ausgerottet worden. Dann stellte sich heraus, daß alle Großsäugetiere Amerikas, Mammuts und Mastodons, Pferde im Norden, Riesenfaultiere am südlichen Ende – ungefähr zu der Zeit ausgestorben waren, als die menschliche Spezies den Kontinent besiedelte. Sie wurden allesamt von Menschen ausgerottet. Wir sind genauso schlimm wie Gras und fast so schlimm wie die Sauerstoffkrankheit. Selbst bei betont optimistischer Deutung unserer bisherigen Geschichte und unserer menschlichen Natur scheint es doch, als hätten wir gerade erst angefangen. Wir haben gute Aussichten, innerhalb der nächsten fünfhundert Jahre rund 99,99 Prozent aller eukaryotischen Arten auf diesem Planeten zu vernichten.

Lücke im Gesetz

Dawkins' Argument, Gaias [behauptete] kohärente Dynamik könne nicht durch Evolution entstanden sein, hat eine Lücke, und zwar eine recht interessante, wie wir noch sehen werden. Gaia könnte mit sich selbst konkurrieren – nicht auf der Ebene sonderbarer problematischer Arten, die, wie wir gerade gesehen haben, ignoriert zu werden pflegen, sondern auf der Ebene großer Ökosysteme. Als Ganzes, als ein integriertes planetarisches System kann Gaia zwar nicht evoluieren, doch könnte sie von Subsystemen zusammengehalten werden, die sehr wohl eine Evolution durchgemacht haben. Ökologische Systeme werden stark von ihrer physikalischen und chemischen Umwelt beeinflußt. Teiche, Berghänge und Steilfelsen sind ökologisch ganz verschieden strukturiert. Deshalb konnten seit jeher verschiedene lokale Ökosysteme, die nur lose mit ihren Nachbarn verknüpft sind, nebeneinander existieren. Solche ökologischen Teilbereiche konkurrieren miteinander und evoluieren. Erfolgreiche ökologische Mischungen, die sich stabil erhalten, besiedeln geeignete Nachbarbereiche und verdrängen dort bestehende weniger erfolgreiche ökologische Mischungen. Beispiele dafür sind Korallen und Dornensträucher. Ökosysteme können sich also wie einzelne Organismen und unter den gleichen allgemeinen Beschränkungen von Ressourcen und Raum fortpflanzen und ausbreiten. Die Analogie ist nicht hundertprozentig, weil Ökosysteme anders interagieren als Organismen, aber sie ist vertretbar.

Aus dieser Sicht ist die Umwelt Schauplatz eines fortwährenden Kampfes zwischen benachbarten Ökosystemen. Waldungen versuchen, ins Grasland vorzudringen; die auf den grasbewachsenen Hügeln lebenden Kaninchen ziehen in die Wälder und zerstören sie. Im Okawangosumpf in Afrika breitet sich ein von außen eingetragenes Wasserunkraut aus, und verantwortlich dafür ist das Flußpferd, das unschuldig und ahnungslos abgerissene Pflanzenteile an seinem Körper herumträgt. Zur Eindämmung des Unkrauts mußte man die Flüsse von Flußpferden freimachen und diese durch Sperren auf Gebiete beschränken, die schon von dem Unkraut überwuchert waren. Die Wüste dringt in die Savanne vor, die Wälder dehnen sich in Feuchtgebiete aus, und die Sümpfe knabbern am Rande des Urwaldes ... Diese Teilbereiche haben sich in geologischen Zeiträumen entwickelt, ihre Reaktionen verfeinert und gelernt, sich vor einem trockenen Sommer oder einem kalten Winter zu schützen. Die Gräser haben ihre »symbiotischen« Insekten wie Marienkäfer und Heuschrecken, die jene Insekten fressen, die die Gräser fressen wollen. In kleinen Ökosystemen wie einem Korallenriff oder einem Stück Regenwald, wo ein scharfer Konkurrenzkampf um Ressourcen tobt, herrscht ungeheure Vielfalt – und ungeheuer viel Symbiose.

Diese Tatsachen lassen an einen stabilisierenden Mechanismus von evolutionärer Natur denken, der bei einer hinreichend lokalisierten Umweltveränderung eingreift. Angenommen, in einer begrenzten Region kommt es zu einer »schlechten« – die Überlebenschancen mindernden – Entwicklung. Man denke beispielsweise an ein Superunkraut, das sich so rasch ausbreitet und so erfolgreich im Konkurrenzkampf ist, daß es die meisten sonstigen Grünpflanzen ausrottet. Die Entscheidung, ob dies schlecht ist, liegt nicht bei menschlichen Vorurteilen über biologische Vielfalt – sie liegt bei Gaia selbst. Wenn das Superunkraut für den ganzen Planeten schlecht ist, dann ist es wahrscheinlich auch schlecht für die begrenzte Region, in der es zu Hause ist. Die Vögel zum Beispiel, die das Superunkraut verbreiten helfen, könnten sich von Insekten ernähren, die ihrerseits die Pflanzen fressen, die von dem Superunkraut verdrängt wurden. Diese Insekten sterben dann aus, daher sterben auch die Vögel aus, und das Superunkraut zerstört sich selbst, weil es sich nicht hinreichend in die bestehende Struktur einfügt, um überleben zu können. Allmählich kann die verwüstete Region dann von außen her wieder durch ein lebensfähigeres Gemisch von Organismen besiedelt werden. Dieser Mechanismus läßt lokale Bereiche miteinander konkurrieren, folglich evoluieren, folglich ihre Reaktionen und Abwehrformen feinabstimmen. Folglich können lokale Ökosysteme feinabgestimmte Abwehrmechanismen entwickeln. Diese Mini-Gaias können durchaus als Analoga von Organismen betrachtet werden, und zwar in dem Sinne, daß sie hochgradig strukturiert, komplex und mit vielfältigen Schutzmechanismen gegen die meisten Eventualitäten ausgestattet sind, mit denen sie in der Vergangenheit zu tun hatten. Möglicherweise haben sie auch ihre eigene Tagesordnung: soviel Gelände wie möglich zu besetzen.

Symbiose

Es gibt einen entscheidenden Punkt, in dem sich die Evolution von Ökosystemen von der Evolution von Arten unterscheidet. In der Regel werden evoluierende Arten durch Konkurrenz dazu getrieben, Nischen in der Umwelt zu besetzen. Eines der Resultate dieses Drucks, eine neue Nische zu finden – je ungewöhnlicher, desto besser –, ist die Symbiose. Sie ist ungeheuer kompliziert, und es gibt sie in vielen Formen. Es gibt zwar eine sehr strenge biologische Definition, doch kann man das Wort auch in einem sehr viel weiteren Sinne verwenden und damit jegliche ernsthafte Kooperation zwischen unterschiedlichen Organismen zum beiderseitigen Nutzen bezeichnen, und diese Bedeutung legen wir hier zugrunde.

Zwar ist die Symbiose recht verbreitet, doch ist sie nicht die häufigste Entwicklung. Lokale Ökosysteme überschneiden sich in der Regel, genauer, ihre Ränder sind unscharf; noch genauer gesagt, es gibt keine wohldefinierten Ränder. Grenzscharmützel zwischen benachbarten lokalen Ökosystemen könnten einfach dazu führen, daß eines gewinnt oder ein anderes verliert – die Wüste, die sich ins Grasland hinein ausdehnt –, doch die Regel ist, daß Teile von beiden in etwas Drittes übergehen, das sich ein wenig von beiden unterscheidet. Wenn der Teich vom Wald abgelöst wird, wandern die Moose auf die Bäume. In der Evolution von Ökosystemen ist Symbiose die Regel. So kommt es, daß Mikro-Gaias, die zu Mega-Gaias heranwachsen, wobei sie zugleich komplizierter werden und ihre geographische Ausdehnung wächst, sich zu einem fließenden, integrierten Ganzen zusammenfügen. Es ist sehr gut möglich, daß Gaia als ein globaler »Organismus« mit eigenen gutentwickelten Stabilisierungsmechanismen Stück für Stück entstanden ist.

Man sollte aber die Kirche im Dorf lassen. Das Ergebnis eines solchen Prozesses ähnelt eher einem Komitee als einem Organismus. Ein wirklich globaler Organismus würde Methoden entwickeln, die eine Ausbreitung des Superunkrauts von vornherein unterbinden, wie unser Immunsystem, das sich entwickelt hat, um Krankheitserreger in Schach zu halten. Er würde eingreifen und sich an dem Superunkraut zu schaffen machen, statt passiv abzuwarten, daß es sich selbst zerstört. Solche Fähigkeiten könnten sich indes kaum anders als durch Konkurrenz mit anderen Organismen um gemeinsame Ressourcen entwickelt haben. Nichts deutet darauf hin, daß der »Erdorganismus« dies tut.

Man könnte zu der Ansicht verleitet werden, daß »höhere« Organismen in Wirklichkeit Komitees aus einzelnen Zellen sind. Das sind sie aber nicht. Sie haben Entscheidungssysteme entwickelt, die auf der Ebene des ganzen Organismus arbeiten. Hervorgegangen sind diese Strukturen aus der Population der zusammengesetzten Zellen, aber sie sind über ihren Ursprung hinausgewachsen, weil sie sich in einem Rahmen entwickelt haben, der auf das ganze Geschöpf einwirkt. Komplizierte Systeme der Menschen wie zum Beispiel Städte entstehen nicht in der Weise, daß zuerst viele Menschen sich ohne jegliche Infrastruktur ansammeln, um nachträglich Rathaus, Polizei, Krankenhäuser und Straßenkehrer zu schaffen. Die Stadt und ihre Bevölkerung entwickeln sich gemeinsam. Genauso ist es bei den vielzelligen Tieren: Die Vielzahl der Zellen und ihre Infrastruktur entstehen in einer Koevolution. Die Kuh und die symbiotischen Bakterien in ihrem Verdauungssystem entwickeln sich zusammen, weil die Kuh Gras frißt, das den Bakterien Nährstoffe liefert, und die Bakterien das Gras verdauen helfen und der Kuh Nährstoffe liefern. Die Symbiose zwischen Organismen hat etwas von der »Symbiose« zwischen Organen innerhalb eines Organismus. In diesem Sinne ist der Regenwald ein Organ von Gaia – meistens sieht man in ihm die Lunge, aber das ist so etwas wie ein zerebrales Schema –, und er hat sich zu einem unglaublich verwickelten Netzwerk von Symbionten entwickelt. Auf der Ebene realer Organismen können Sie an die Beziehung der Kuh zu ihren Augen denken. In gewissem Sinne entwickeln sich die Kuh und ihre Augen zusammen, weil das Sehvermögen für die ganze Kuh und die Kuh für ihre Augen vorteilhaft ist. Die Augen helfen der Kuh, Nahrung zu finden und Angriffe von Raubtieren zu überleben – und wenn es der Kuh gut geht, geht's auch ihren Augen gut. Desgleichen kommt die Schnelligkeit des Jaguars dem ganzen Jaguar zugute. Und das alles entwickelte sich in einem sehr viel größeren Ökosystem, in dem Kuh und Jaguar – und nicht nur Sehvermögen und Schnelligkeit – miteinander und mit Alternativen in Konkurrenz standen. Kein Wunder, daß es fein abgestimmt ist.

Das archetypische Superunkraut

Das archetypische Superunkraut ist natürlich die Menschheit. Wir haben uns wie Ungeziefer über den Planeten verbreitet und verwüsten ihn um unseres kurzfristigen Vorteils willen. Wenn es stimmt, daß Gaia sich Stück für Stück entwickelt, heißt das dann, daß sie automatisch Abwehrmechanismen gegen uns besitzt?

Solange unsere Bevölkerungszahl und unsere Fähigkeiten gering blieben, richtete unser »antisoziales« Treiben relativ geringen Schaden an – damit soll aber nicht die romantische Ansicht bestärkt werden, daß »primitive« Menschen »im Einklang mit der Natur« leben. Die Lebensweise vieler »primitiver« Gesellschaften fügt ihrer Umwelt beträchtlichen Schaden zu; sie haben nur überlebt, weil sie weiterziehen, um anderswo weiteren Schaden anzurichten. Ein Beispiel ist der Brandrodungslandbau. In einigen Wüstengegenden der Vereinigten Staaten findet man Ruinen von Felsenwohnungen der Indianer. Keiner wird aber mühsam Felsenwohnungen bauen, um in einer Wüste zu leben. Tatsächlich waren diese Gegenden einst blühende Wälder und Waldländer. Archäologen haben spät erkannt, was auf der Hand liegt: Als die Indianer die Wälder abholzten, um Bauholz zu gewinnen, und das Land rodeten, um darauf Äcker anzulegen, lösten sie damit die langfristige Bildung der Wüsten aus, die wir heute sehen.

In der Vergangenheit hat der Planet solche Verwüstungen überlebt, weil wir ihm nicht nennenswert schaden konnten, nicht aber, weil wir ihn »in der Wildnis« instinktiv respektiert hätten. Inzwischen haben wir uns jedoch massenhaft vermehrt, und der Schaden, den wir anrichten, ist systematisch und ausgedehnt. Ehrlicherweise muß man auch sagen, daß unsere angeblich zivilisierte Gesellschaft nicht viel Respekt vor dem Planeten besitzt. Wenn das Gaia-Bild von der Erde als einem Organismus stimmt, müßte Gaia etwas unternehmen, um die Gefahr auszuschalten. Tut sie es?

Vielleicht. Wenn wir dem Planeten schaden, schaden wir auch uns selbst, und wir sind lange nicht so robust wie die Erde. Wir steuern geradewegs auf die große Wasserkrise des einundzwanzigsten Jahrhunderts los. Und Überbevölkerung, beengte Verhältnisse und mangelhafte Hygiene schaffen ideale Brutstätten für Krankheitserreger. Unsere medizinischen Möglichkeiten sind begrenzter, als wir glauben möchten. Krankheiten, die wir besiegt zu haben glaubten, wie die Tuberkulose, sind wieder auf dem Vormarsch, nur sind sie jetzt resistent gegen die Medikamente, die sie – für eine ganz kurze Zeit, einige Jahrzehnte – besiegt zu haben schienen. Wir sind die Pocken losgeworden, und plötzlich kam AIDS. Die Medizin ist ein fortwährender Kampf, in dem es kaum einen endgültigen Sieg gibt.

Gaia könnte wirklich »beschließen«, sich des Ungeziefers zu entledigen.

Wenn sie es täte, würde es allerdings wie ein zufälliges Nebenprodukt von Mechanismen sein, die nie »extra« gegen uns gerichtet waren, wie bei einer beliebigen Epidemie. Wir sind nicht der Meinung, daß Gaia Wünsche und Absichten hat, aber wir wählen diese Sprache, weil das, was wir sagen wollen, sich gerade gegen eine solche Hypothese richtet. Als Gaia nämlich ihre Abwehrmechanismen entwickelte, gab es uns noch nicht. Wir sind erst sehr spät entstanden. Das wäre nicht so entscheidend, wenn wir bloß ein weiteres Beispiel für etwas wären, womit Gaia seit langem fertigzuwerden gelernt hat. Es scheint aber, als hätten wir einen ganz neuen Trick angewandt: die Intelligenz und ihre Folgewirkungen wie zum Beispiel die Kultur. Es sind übrigens gerade diese Menschheitsphänomene, die für unsere verheerende Wirkung auf den Planeten verantwortlich sind. Es könnte freilich sein, daß Gaia mit den Konsequenzen der Intelligenz wie zum Beispiel Übernutzung der Ressourcen und ungehemmte geographische Ausbreitung sehr gut fertig wird, auch wenn sie von Intelligenz selbst »keine Ahnung hat«.

Die Erde ist, mag sie nun ein Organismus sein oder nicht, auf jeden Fall ein sehr komplexes System, das alle möglichen Rückkopplungen und versteckten Möglichkeiten enthält. Mathematisch können wir sie darstellen als ein kompliziertes, hochdimensionales dynamisches System, das wie alle derartigen Systeme einem Attraktor zustrebt. Attraktoren sind definitionsgemäß stabil; kleine Störungen, die das System von seinem Attraktor wegbringen, vergehen automatisch, wenn es seine Bewegung auf den Attraktor zu fortsetzt. Man bezeichnet solche temporären Störungen als »vorübergehend«. Es ist denkbar, daß alle komplexen Systeme eine derartige inhärente Stabilität aufweisen. So gesehen, besteht das große Problem für den Planeten in der Möglichkeit, daß die menschliche Aktivität das System umkippen und einem völlig neuen Attraktor zustreben läßt. Die Stabilität von Attraktoren ist nicht unbegrenzt; jeder zieht nur diejenigen Systemzustände an, die sich in seinem »Attraktionsbecken«, seinem Einflußbereich, befinden. Bei großen Störungen kann es passieren, daß sie nicht vergehen. Für einen äußeren Beobachter mag es schwierig sein, chaotische Bewegungen in Richtung des Attraktors von erratischen Abweichungen von ihm zu unterscheiden, doch die Unterscheidung folgt aus der Struktur des Systems; sie ergibt sich aus den Regeln des Systems, und die Regeln beseitigen die vorübergehenden Abweichungen. Das System braucht nicht zu »wissen«, wo der Attraktor ist, ebensowenig wie ein Stein, der einen Berg hinunterpurzelt, das Newtonsche Bewegungsgesetz zu »kennen« braucht. Attraktoren sind die Form, in der wir dynamische Systeme verstehen.

Menschliche Beobachter können, wie wir schon sagten, aus der Bewegung auf einen Attraktor zu irrtümlich auf eine kollektive Absicht schließen. Man sagt zum Beispiel, Wasser habe »das Bestreben«, bergab zu fließen. Vor nur wenigen Jahrhunderten erklärte man sich das Fallen damit, daß Gegenstände »ihre natürliche Lage anstreben«. Der eigentliche Aufenthalt von Gegenständen ist der Boden; ein Objekt, das in der Luft schwebt, hat seine natürliche Lage verlassen und muß zu ihr zurückkehren. Hinter einer Dynamik vermutet man gern eine Absicht, doch haben haben wir Sie gewarnt, nicht dieser Versuchung zu erliegen. Es ist ein durchaus respektables Konzept, wenn man Gaia als ein integriertes dynamisches System mit einer Vielzahl von Rückkopplungen und stabilisierenden Subsystemen auffaßt. Man geht jedoch zu weit, wenn man Gaia als einen Organismus mit einem Eigeninteresse und starken Abwehrmechanismen versteht. Es ist eine Ironie, wenn die Grünen Gaia als Organismus sehen und ihr dadurch mehr Abwehrkraft zutrauen, als sie vielleicht wirklich besitzt. Ungewollt könnten sie damit zur menschlichen Selbstgefälligkeit beitragen und es uns leichter machen, Gaia zu schädigen. Auf keinen Fall sind Gaias Abwehrmechanismen für den Zweck entwickelt worden, mit Intelligenz und der kulturellen Weitergabe von Ideen und Techniken fertig zu werden. Wir sind ein riesiger Schraubenschlüssel, der in das feinabgestimmte Räderwerk von Gaia geraten ist. Die Maschinerie des planetarischen Ökosystems ist so komplex und anpassungsfähig, daß die Auswirkungen des Schraubenschlüssels völlig unklar sind – klar ist nur, daß man sie nicht vorhersagen kann. Intelligenz ist ein neuer Trick im Evolutionsraum; Gaia ist zufällig über eine neue Brücke getappt. Zusammen mit der Menschheit beginnt sie nun, die neue Insel zu erkunden.

Was wird als nächstes geschehen? Dies ist für uns eine Gelegenheit, unsere Theorien über die bei vielen verschiedenen Systemen anzutreffenden großräumigen Muster anzuwenden. Wenn Evolutionsräume sich auf so dramatische Weise erweitern, tritt ein typisches Muster auf: Bevor die Geographie der neuen Insel zu einer dauerhaften Form gerinnt, herrschen Kontingenz und Vielfalt. Allmählich schält sich dann die neue Geographie heraus, und neue Muster spielen sich ein. Für die Zukunft der Menschheit läßt sich aus dieser Analogie die Vorhersage ableiten, daß sie unvorhersagbar ist. Allerdings: Die Grundzüge sind vorhersagbar. Über längere Zeit [nach menschlichen Maßstäben; nach geologischen Maßstäben wird es eine kurze Zeit sein] wird kulturelle Kontingenz und Vielfalt herrschen. Viele Kulturen werden miteinander konkurrieren, kämpfen, sich symbiotisch gegenseitig aufsaugen. Es ist eine wirklich multikulturelle Welt, die sich aber noch in Entwicklung befindet und deren Grundregeln unbekannt sind. Wer weiß, was dabei am Ende herauskommt. Vielleicht gibt es eine einzige »Siegerkultur«, vielleicht auch einen »kulturellen Regenwald« mit enormer Vielfalt und einem hohen Maß an Symbiose. Paradoxerweise wird die Kultur – wie ein Regenwald – bei Ressourcenmangel eine Vielzahl weitgehend selbständiger symbiotischer Subkulturen entwickeln, während ihre Vielfalt bei Ressourcenreichtum weit geringer sein wird.

Es könnte aber auch sein, daß Gaia uns schlicht und einfach auslöscht. Einen Hoffnungsstrahl bieten allerdings die Meta-Regeln, die Muster, die in einem noch größeren Maßstab existieren. Kommen wir noch einmal auf die Ballon-Insel zurück. In den Einzelheiten sieht das globale Ökosystem zwar völlig anders aus, wenn die Flügel durch Ballons ersetzt werden, doch die allgemeine Struktur bleibt weitgehend dieselbe. Es wird Landtiere und fliegende Tiere, Parasiten und Räuber und dergleichen geben. Die Meta-Geographie wird sich nicht annähernd so stark ändern wie die kleinen Details. Neben der Kontingenz gibt es auch Konvergenz.

Wenden wir die Analogien, die sich aus diesen Meta-Regeln ergeben, auf unsere gegenwärtige Situation an, so haben wir Anlaß, auf eine langfristige Lösung zu hoffen. Den Ratten, die bei ihrem Eindringen in Neuseeland alle bodenlebenden Vögel ausrotteten, ging es anfangs wie im Schlaraffenland, doch schließlich gab es nichts mehr auszurotten. Daraufhin änderten sie ihre Lebensweise und kehrten zu den üblichen Verhaltensweisen von Ratten zurück. Die Ratten überlebten, die bodenlebenden Vögel leider nicht. Die Ratten überlebten, weil sie Generalisten waren, weit besser angepaßt an eine weit ungünstigere Umwelt als die bodenlebenden Vögel, die ahnungslos dahingerafft wurden. Auch wir sind Generalisten, und es könnte durchaus sein, daß wir die Zerstörung, die wir auf dem Planeten anrichten, überleben werden. Das Resultat wird ein globales Ökosystem sein, in das wir vollständig integriert sind und das dem Chaos, das wir gegenwärtig verursachen, ein Ende gemacht hat. Dieses Ökosystem könnte aber im Vergleich zum heute bestehenden ärmer sein, so wie das Ökosystem von Neuseeland ohne die bodenlebenden Vögel ärmer ist. Nach menschlichen Zeitmaßstäben wird diese Verarmung lange anhalten, doch im geologischen Zeitmaßstab wird sie nur vorübergehend sein, denn für Gaia sind einzelne Arten und sogar ganze Nahrungsketten austauschbar.

Das Ökosystem könnte allerdings auch so sehr verarmen, daß Gaia insgesamt zu funktionieren aufhört. Es gibt kein komplexes, feinabgestimmtes dynamisches System mehr, wenn die meisten seiner Elemente abhanden kommen. Wir erwähnten den Nil-Flußbarsch, der [dummerweise] in den ostafrikanischen Seen ausgesetzt wurde, um eine Fischereiindustrie aufzubauen. Er rottet – wie der dort ebenfalls ausgesetzte Wels – seine *Cichliden*konkurrenz aus. In einem Dominoeffekt rottet er jedoch auch die ganze Tiefwasser-Ökologie aus, und die Seen beginnen zu sterben. Wenn das so weitergeht, werden die Nil-Flußbarsche mit ihnen sterben. Daraus können wir etwas lernen.

Hinge das Ergebnis von der Kontingenz der evolutionären Dynamik ab, könnte nach der Erschließung einer neuen Insel praktisch alles passieren. Man tritt ein und läßt es darauf ankommen. Es gibt aber noch einen Hoffnungsschimmer. Die Intelligenz, der neue Trick der Evolution, der uns alle in diesen Schlamassel hineingeritten hat, eröffnet uns zugleich neue Wege, uns und dem Planeten herauszuhelfen. Bis vor kurzem haben wir uns so verhalten, als wäre das globale Ökosystem ein Kontext für die Menschheit. Unsere Aufgabe sahen wir allein darin, herauszuholen, was für uns am besten war – alles andere war uns egal. Jetzt machen wir die schmerzliche Entdeckung, daß wir gleichzeitig ein Kontext für das globale Ökosystem sind. Alles, was wir tun, wirkt sich darauf aus. Wenn wir begreifen, was es heißt, ein Kontext zu sein, werden wir lernen, mit dem Rest unseres Planeten friedlich zu koexistieren.

Gaia potenziert

Gaia ist ein ansehnliches Konzept, aber es verblaßt zur Bedeutungslosigkeit neben einer Theorie, die Lee Smolin neuerdings unter die Leute bringt: einem Evolutionsprinzip für Universen. Die Kosmologie kennt einige allgemeine Regeln für das Verhalten von Universen, doch damit sie angewandt werden können, müssen einige willkürliche Annahmen gemacht werden. Dazu gehören die Werte von Fundamentalkonstanten wie Lichtgeschwindigkeit oder die Planck-Konstante. Warum diese Konstanten gerade den Wert annehmen, den sie nun einmal haben, das erklärt keine der bestehenden physikalischen Theorien; diese setzen die Konstanten voraus. Die Regeln, die nach Ansicht der Kosmologen unser Universum regieren, können unverändert auf ein hypothetisches Universum angewandt werden, in dem die Lichtgeschwindigkeit sechshundert Meilen pro Stunde beträgt.

Was die Kosmologen fasziniert, sind Schwarze Löcher. Diese entstehen, wenn eine hinreichend große Masse sich unter der Einwirkung ihrer eigenen gravitativen Anziehung zusammenenballt. In der Nähe einer solchen Masse hat Licht nicht genügend Geschwindigkeit, um der Anziehung zu entgehen. Es entsteht ein »Ereignishorizont«, und was dahinter geschieht, ist von außen nicht feststellbar. Praktisch wird von unserem Universum ein eigenes Mini-Universum abgezwackt. Der Relativitätstheorie zufolge müßten Schwarze Löcher in unserem Universum verhältnismäßig leicht entstehen. Es fällt zugegebenermaßen schwer, ihre Existenz durch schlüssige Beobachtungen zu beweisen, aber schließlich liegen große Distanzen und viel störendes Gerümpel zwischen uns und ihnen. Nach herrschender Meinung enthalten zumindest einige Galaxien, darunter auch unsere, in ihrem Kernbereich Schwarze Löcher, und die Anhaltspunkte, die dafür sprechen, häufen sich. Für die orthodoxe Astronomie gelten mindestens vier Schwarze Löcher als »bekannt«.

Daß unser Universum die Entstehung Schwarzer Löcher theoretisch erleichtert, liegt daran, daß seine Fundamentalkonstanten dafür genau die richtigen Werte haben. Aus der Sicht einer effizienten Fabrikation Schwarzer Löcher hat unser Universum bei den Werten der Planck-Konstante, der Lichtgeschwindigkeit, der Ladung des Elektrons und dergleichen eine glänzende Wahl getroffen. Smolin zufolge ist das kein Zufall. Angenommen, bei jedem neuen Universum, das als ein Schwarzes Loch abgezwackt wird, ändern sich – auf zufällige Weise – die Fundamentalkonstanten ein wenig. Es findet praktisch eine Vermehrung von Universen mit kleinen zufälligen Mutationen statt. Diejenigen, die sich am erfolgreichsten vermehren – also die, die die meisten Schwarzen Löcher erzeugen –, werden sehr viel häufiger als andere. Der Evolutionsprozeß wird die Konstanten genau in der richtigen Richtung feinabstimmen, in der die Bildung Schwarzer Löcher leichter wird. Es wird, gelinde gesagt, nicht einfach sein, Smolins Theorie zu beweisen. Ob die Fundamentalkonstanten sich überhaupt ändern können, läßt sich nicht feststellen, da wir nicht wissen, was sich hinter einem Ereignishorizont abspielt. Andere Versuche, die Werte der Fundamentalkonstanten unseres Universums zu erklären, zielen überwiegend auf eine umfassendere Theorie, aus der diese Werte sich als die einzig möglichen ergeben, so daß alle anderen Universen dem unseren gleichen würden.

Mit dem Mangel, den Dawkins an Gaia entdeckte, ist auch Smolins Theorie behaftet. Es besteht kein Grund anzunehmen, daß die einzelnen Universen miteinander um Ressourcen konkurrieren, so daß eine echte Evolution nicht stattfinden kann. Hier gibt es nun kein Schlupfloch, wie es die lokalen Ökosysteme für das Gaia-Konzept boten. Universen funktionieren als Ganze oder überhaupt nicht; es gibt keine dehnbaren Überschneidungen mit benachbarten Universen, wo die Naturgesetze in leicht veränderter Version gelten. Einen weiteren Zufall vermag Smolins Theorie ebenfalls nicht zu erklären, nämlich die Tatsache, daß die Werte der Naturkonstanten, die der Entstehung von Schwarzen Löchern förderlich sind, auch die Entstehung von kohlenstoffbasiertem Leben, wie wir es sind, fördern. Die Theorie übergeht zudem die Möglichkeit, daß es mehr Regionen im Universum-Raum gibt, als man durch bloße Abwandlung von Naturkonstanten erforschen kann: Was ist beispielsweise mit Universen, in denen das Licht nicht existiert und folglich auch keine Geschwindigkeit hat? Andererseits illustriert die Theorie auf eine vielleicht extreme Weise die unerwarteten Richtungen, in die das kontextbezogene Denken führen kann, und sie hebt jene Fragen hervor, die der Reduktionismus nicht nur unbeantwortet, sondern auch ungestellt läßt.

Wo existieren die Muster?

Wir haben jetzt gesehen, daß Ökosysteme eine Außenseite haben. Alles hat eine Außenseite; es hängt nur von Ihrer Phantasie ab, wieviele Außenseiten Sie sich vorstellen können. Und der Blick von außen gewichtet die wissenschaftlichen Probleme anders, wirft neue Fragen auf, legt neue Antworten nahe. Das kontextbezogene Denken interessiert sich weniger für die bei den Reduktionisten so beliebten feinen Details von Systemen, sondern für großräumige Muster, Regeln, Meta-Regeln – für Analogien und Metaphern.

Woher kommen diese »generellen« Muster und Regelmäßigkeiten? Sind sie einfach da, oder denken wir sie uns aus?

Die Mathematik ist die Wissenschaft von den [Strukturen und] Mustern, und vielleicht verstehen wir, woher die Muster in unseren mentalen Modellen der Natur kommen, wenn wir einige mathematische Muster sezieren, um zu sehen, wie sie entstehen. Wir erwähnten die berühmte Feigenbaum-Zahl 4669 ... und ihre universalen Manifestationen in der Chaostheorie. Immer wenn ein dynamisches System eine periodenverdoppelnde Kaskade aufweist – eine sich ständig beschleunigende Ereignisfolge, in der es Zyklen durchläuft, deren Periode sich laufend verdoppelt, um in einer chaotischen Bewegung zu enden, die keinerlei Periodizität mehr besitzt –, werden die Schritte der Kaskade mit einem Faktor multipliziert, der sich zunehmend 1/4669 nähert. Die Feigenbaum-Zahl ist ein dokumentierter Fall eines emergenten Phänomens, eines unerwarteten Zusammenbruchs des Chaos.

Als Feigenbaum seine Zahl entdeckte, war ihre Universalität vollkommen rätselhaft. Inzwischen haben Mathematiker und Physiker aber eine vollständige Erklärung dafür gefunden, daß die Feigenbaum-Zahl im Chaos allgegenwärtig ist, und so sind wir in der glücklichen Lage, hinter die Fassade schauen und das Geheimnis lüften zu können. Damit man den Argumenten leichter folgen kann, behandeln wir zunächst auf die gleiche Weise die ebenso spezielle Zahl $\pi = 3{,}14159$ ..., die überall auftaucht, wo es Kreise gibt. Wir setzen dabei keine Kenntnis von Kreisen voraus; die Geschichte spielt sich in einer Welt ab, die den Kreis noch nicht entdeckt hat. Wie kann man zufällig auf p stoßen, ohne etwas von Kreisen zu wissen? Dazu geben wir am besten den Zarathustranern das Wort.

Niplphut: »Es wird euch gewiß interessieren/nicht interessieren [Unzutreffendes streichen], von einer berühmten historischen Debatte zwischen den Oktimisten und den Septimisten zu hören, bei der es unter anderem um wiederholte Verdopplung und um eine limitierende Konstante ging.«

Käpt'n Arthur [in resignierendem Tonfall]: »Außerirdische ideologische Auseinandersetzungen sind für mich unheimlich faszinierend, Niplphut.«

Niplphut: »Es war, wenn ich mich recht erinnere, der Philosoph Oktimedes, der mit seiner folgenreichen Analyse des regelmäßigen Achtecks die Debatte auslöste. Er hatte bewiesen, daß das Quadrat des Umfangs eines Achtecks seiner Fläche proportional ist und ein elegantes neues Verfahren gefunden, um das Verhältnis zwischen den beiden zu berechnen, das, wie er herausfand, 13,25 beträgt. Eine seiner Doktorandinnen – ihr Name war Baugenpheim – erfand ein Verfahren der Eckenverdopplung, durch das aus dem Achteck ein Sechzehneck wurde, ein regelmäßiges Vieleck mit sechzehn Seiten. Auch hier stellte sich heraus, daß das Quadrat des Umfangs der Fläche proportional ist, nur war die Proportionalitätskonstante jetzt geringfügig anders, nämlich 12,73. Durch Wiederholungen von Baugenpheims Eckenverdopplung ergaben sich Vielecke mit 32, 64, 128 oder mehr Seiten, wobei sich die Zahl jeweils verdoppelte: eine eckenverdoppelnde Kaskade.«

Käpt'n Arthur: »Bemerkenswert.«

Niplphut: »Baugenpheim erkannte, daß das Quadrat des Umfangs in jedem Fall der Fläche proportional war, daß das Verhältnis aber mit wachsender Zahl der Seiten abnimmt. Das geschieht jedoch in regelmäßiger und vorhersagbarer Weise, und wenn die Zahl der Seiten grenzenlos wächst, nähert sich das Verhältnis immer mehr der merkwürdigen Konstante 12,56637 ..., die man selbstvertändlich als die Oktimedes-Zahl bezeichnete.«

Käpt'n Arthur: »Wieso nicht Baugenpheim-Zahl?«

Niplphut: »Sie war Doktorandin, Arthur.«

Käpt'n Arthur: »Ach richtig.«

Niplphut: »Diese Entdeckung wurde gefeiert. Oktimedes schrieb eine Abhandlung, in der er erklärte, daß die Existenz seiner Zahl die Richtigkeit des Oktimalitätsprinzips beweise. Dem widersprachen aber die Septimisten. Ihr Führer Sepkrates bewies, daß das Quadrat des Umfangs eines regelmäßigen Siebenecks seiner Fläche proportional ist, mit einer Proportionalitätskonstante 13,48. Dies beeindruckte die Oktimisten jedoch nicht, da es mit den von Oktimedes und Baugenpheim abgeleiteten Konstanten keinerlei Zusammenhang aufwies. Baugenpheim war aber eine unsichere Kantonistin. In einem beispiellosen Akt ideologischen Verrats wandte sie eine ketzerische Eckenversiebenfachungsvariante ihres Verfahrens auf das Siebeneck an, so daß sie Vielecke mit 7, 49, 343 und mehr Seiten erhielt. Sie bewies, daß das Quadrat des Umfangs in allen Fällen der Fläche proportional ist, berechnete die Proportionalitätskonstanten und zeigte, daß sie auch hier abnehmen und bei einer beliebig großen Zahl von Versiebenfachungen einem festen Grenzwert zustreben.«

Käpt'n Arthur: »Furchtbar erstaunlich ist das nicht, oder?«

Stanley: »Da sie abnehmen und positiv sind, müssen sie ja irgendetwas zustreben!«

Niplphut: »Aber der Grenzwert war wieder 12,56637 ... Baugenpheim hatte die Oktimedes-Zahl aus einem rein septimistischen Verfahren abgeleitet. Das hätte dem Oktimalitätsprinzip beinahe den Boden entzogen. Mich schaudert bei dem Gedanken, wie knapp Zarathustra einem Überhandnehmen des Septimismus entgangen ist. Oktimedes hatte jedoch einen rettenden Einfall; er behauptete, die Übereinstimmung sei äußerlich, und man brauche die Berechnung nur um einige Oktimalstellen zu erweitern, um Diskrepanzen zwischen den beiden Konstanten sichtbar zu machen.«

Stanley: »Das ist Unsinn. Oktimedes irrte.«

Niplphut: »Wieso?«

Stanley: »In beiden Fällen nähert sich die Folge von Vielecken immer mehr einem Kreis. Für einen Kreis vom Radius r beträgt das Verhältnis des Quadrats des Umfangs zur Fläche $[2\pi r]2/ \pi r2$, also 4π. - das ist natürlich 12,56637 ...«

Niplphut: »Ausgezeichnet.«

Stanley: »Es ist also vollkommen gleichgültig, mit wieviel Seiten man anfängt: 8, 7, 153 oder was immer. Baugenpheims Vieleckverdopplungs-/Vieleckversiebenfachungs-Kaskaden würden stets zur selben Zahl führen, 4π.«

Niplphut: »Du hast recht. Damals war der Kreis jedoch nicht als ein legitimes geometrisches Objekt anerkannt, weil er sich nicht aus Geraden zusammensetzte. Es vergingen etliche acht-mal-acht Jahre, ehe die volle Wahrheit durchdrang. Inzwischen war das Oktimalitätsprinzip von allen – ausgenommen die starrsinnigsten Septimisten – anerkannt worden, allerdings mit einer ganz anderen, logisch einwandfreien Begründung natürlich.«

Baugenpheims Verfahren erzeugt also aus der eckenverdoppelnden Kaskade die »universale« Zahl 4π. Universal ist sie, weil das Verfahren immer dieselbe Zahl ergibt, unabhängig von der Zahl der Seiten des anfänglichen Vielecks. Sie können nachrechnen, es kommt immer dieselbe Zahl heraus, und dazu benötigen Sie nur Vielecke – Kreise kommen nicht vor. Die Erklärung der Universalität liegt jedoch außerhalb des Vieleck-Raums, man könnte sogar mit einem gewissen Recht sagen, sie liegt knapp außerhalb der Kante. Sie steckt in einem Nicht-Vieleck, dem Kreis, der besondere Eigenschaften hat, die ihn auszeichnen. Baugenpheims Verhältnisse strebten der universalen Zahl 4π zu, weil ihre Vielecke dem Kreis zustrebten. Das fiel aber zunächst niemandem auf, weil »Kreis« nicht zu ihrem mathematischen Wortschatz gehörte.

Auch bei Feigenbaums Zahl dauerte es eine Weile, bis wir Menschen den Trick entdeckten, der dahintersteckt. Das Geheimnis ist, daß, je mehr man sich dem Ende der periodenverdoppelnden Kaskade nähert, jede neue Periodenverdopplung immer mehr einer winzigen, geschrumpften Kopie der vorigen ähnelt. Es gibt sogar eine spezielle, im Grunde einzigartige periodenverdoppelnde Kaskade – nennen wir sie Grais –, bei der jede neue Periodenverdopplung exakt eine geschrumpfte Kopie der vorigen ist. Folgt man der Kaskade, so ähnelt die Sache immer mehr einem Grais, genau wie Baugenpheims Vielecke immer mehr einem Kreis ähneln. Aber das merkt man natürlich erst, wenn man weiß, daß es Graise gibt, und das wußten die Leute lange nicht, ausgenommen Feigenbaum, der genau das von Anfang an vermutete. Sie sind nicht »außerhalb der Kante«, sie ragen einfach nicht heraus, wenn man nicht weiß, wonach man suchen soll, und selbst wenn Sie es wissen, sind sie schwer zu finden. Was man unschwer beobachten kann, sind nicht Graise, sondern es ist eine rätselhafte numerische Konvergenz – genau wie bei Baugenpheims eckenverdoppelnder Kaskade –, die stets zu derselben Antwort führt. Diese Antwort ist diejenige, die man für das spezielle Objekt erhält, bei dem alles ungewöhnlich gut funktioniert. In Baugenpheims Fall ist das der Kreis, mit der magischen Konstante 4π, in Feigenbaums Fall ist es der Grais, mit der magischen Konstante 4669. In beiden Fällen erhält man nur eine Zahl, weil nur ein spezielles Objekt da ist. Die benutzten Verfahren extrahieren diese Zahl aus nichtspeziellen Objekten dadurch, daß sie diese [auf versteckte Weise] dem speziellen Objekt immer ähnlicher werden lassen.

Die Geographie des Musters

Interpretieren wir diese beiden Geschichten mit Hilfe von Räumen des Möglichen. Zunächst Baugenpheim. Ihr Verfahren spielt sich im Vieleck-Raum ab. Es verwandelt ein gegebenes Vieleck in eines mit doppelt sovielen Seiten und etikettiert alle Vielecke mit einer Zahl, dem Verhältnis des Quadrats des Umfangs zur Fläche. Endlos wiederholt, entsteht durch dieses Verfahren eine Dynamik, die ein anfängliches Vieleck durch den Vieleck-Raum schickt: 8, 16, 32, 64 Seiten und so weiter. Knapp außerhalb der Kante des Vieleck-Raums befindet sich der Kreis, ein Vieleck mit unendlich vielen Seiten. Irgendein Etikett muß er haben, und wie es sich ergibt, ist sein Etikett »12,56637« oder in Symbolen »4π«. Die Baugenpheim-Dynamik im Vieleck-Raum treibt jedes anfängliche Vieleck zum Kreis. Die Dynamik erzeugt eine Geographie des Vieleck-Raums mit dem Kreis als Attraktor, als Gipfel in der Landschaft. Und genau daher kommt das Muster »4π« – die gewählte Dynamik läßt es hervortreten.

Gleiches gilt für die Feigenbaum-Zahl, die im Periodenverdoppelungs-Kaskaden-Raum entsteht, kurz PVK-Raum. Neben dem offenen Prozeß der Messung der Längen der Zweige in der Kaskade läuft ein versteckter Prozeß ab, der kleine Teile der Kaskade abtrennt und sie vergrößert. Beide erzeugen dieselbe Zahlenfolge. Der versteckte Prozeß erzeugt eine Dynamik, die alle anfänglichen Kaskaden im PVK-Raum zum Grais treibt. Dieses muß irgendein Etikett haben, und wie es sich ergibt, ist es »4669«. Wir haben also wiederum einen Raum des Möglichen, einen Prozeß in diesem Raum, der eine Dynamik erzeugt, und ein emergentes Muster, das mit dem Attraktor dieser Dynamik zusammenhängt.

Emergente Einfachheiten sind die Gipfel in den Landschaften des Möglichen. Je höher der Gipfel, desto wichtiger pflegt diese Einfachheit zu sein. Kein Bergsteiger, der etwas auf sich hält, würde ein Buch mit dem Titel ›Die Besteigung des unbedeutenden Ameisenhügels direkt vor dem Postamt‹ schreiben; was ihn erregt, ist der Nanga Parbat. In der Mathematik hängt die Zahl der vorhandenen Gipfel ebenfalls von der lokalen Geographie ab, nämlich dem System jener Dinge, die Mathematiker wahrscheinlich interessieren. Eigentlich sollten sie aufregende Bücher wie zum Beispiel ›Die Nordwand der Feigenbaum-Konstante‹ schreiben, doch es kommen eher Titel heraus wie ›Renormierungsverfahren für diskrete dynamische Systeme‹.

Auch die »großen Fragen« in der Wissenschaft drehen sich um die hohen Gipfel. Der Reduktionismus versucht sie zu verstehen, indem er tief innerhalb des Berges gräbt, um herauszufinden, worauf der Gipfel ruht. Doch Berggipfel entstehen nicht durch das Aufstapeln von langen dünnen Steinrohren; sie kommen dadurch zustande, daß die gesamte Landschaft sich faltet. Innerhalb bestimmter Grenzen ist der Reduktionismus äußerst erfolgreich, wie wir wiederholt festgestellt haben. Insbesondere bringt er wirkungsvolle Technologien hervor. Man versteht die Natur jedoch nicht, indem man sie auf »zugrunde liegende« Gesetze reduziert. Die Geographie der Natur ist nicht eine Geographie von Gesetzen, sondern eine Geographie der Landschaften, die aus diesen Gesetzen hervorgehen. Was wir außerdem benötigen, ist eine Beschreibung, die auch auf der Ebene der Landschaft verständlich ist.

Es gibt in den menschlichen Kulturen vielfältige Ansichten über die Gottheit. Darunter ist eine mensch-zentrierte Auffassung, die Gott als Inhalt versteht. Ein Beispiel dafür ist das Christentum, dem zufolge man, um Gott zu verstehen, in die Menschen hineinschauen sowie die Interaktion der Menschheit mit Jesus und dergleichen betrachten muß. Es gibt aber auch eine pantheistische Sicht, die spinozistische Auffassung Gottes als Kontext, der mit dem ganzen Universum aufs innigste verwoben ist. Die reduktionistische Wissenschaft mit ihrer obsessiven Suche im Inneren stellt eine rationalistische Parallele zum Christentum dar. Was fehlt, ist eine rationalistische Parallele zum Pantheismus – eine panwissenschaftliche Vision des Universums.

[13] Komplizität und Simplexität

Ein Texaner fuhr in Israel durch die Wüste. Er hatte Durst, und da er in der Ferne ein kleines Häuschen bemerkte, fuhr er hin und klopfte an. Der Besitzer, ein runzliger alter Mann, ließ ihn eintreten und gab ihm ein Glas Wasser.

»Gehört Ihnen dieses Anwesen?«, fragte der Texaner aus Höflichkeit.

»Ja.«

»Warum leben Sie hier draußen in der Wüste?«

»Ich züchte Hühner.«

Der Texaner schaute sich um. »Wie groß ist denn Ihr Anwesen?«

»Hmm – vorne dürften es etwa zwanzig Meter sein, und nach hinten sind's vielleicht sechzig. Na, sagen wir mindestens fünfzig.«

Der Texaner lächelte. »Zu Hause in den Staaten«, sagte er, »habe ich eine Ranch, unweit von Dallas. Bei Sonnenaufgang stehe ich auf, steige in den Wagen und fahre los. Ich fahre den ganzen Tag, bis zum Sonnenuntergang. Und trotzdem komme ich nicht ans Ende meiner Ranch.«

»Du meine Güte!«, sagte der alte Mann. »So einen Wagen hatte ich auch einmal.«

Wir haben das Verhältnis zwischen einem komplexen Universum und den einfachen Gesetzen, die darin verborgen sind, betrachtet. Der erste Teil dieses Buches hat ein kohärentes Thema: den reduktionistischen Ansatz für ein Verstehen der Natur, der Komplexität auf einer Ebene der Beschreibung mit einer einfachen Struktur auf einer tieferen Ebene erklärt. In Kapitel 7 behaupteten wir, daß dieser Ansatz eine wichtige Frage übergeht: Wieso gibt es Einfachheiten höherer Ebene? Wie stellt die Natur es an, das Chaos hochgradig komplizierter interner Substrukturen zusammenbrechen zu lassen und stabile großräumige Phänomene zu erzeugen? Dieses Thema haben wir in der 2. Hälfte des Buches entfaltet. In diesem letzten Kapitel wollen wir Bilanz ziehen und fragen, ob auch die zweite Hälfte ein kohärentes Thema hat, das sich mit den eleganten Gewißheiten des Reduktionismus messen kann.

Unser durchgängiges Thema in der zweiten Hälfte ist die Rolle nicht des Inhalts, sondern des Kontextes. Aus unserer Sicht sucht der Reduktionismus Dinge zu erklären, indem er ihre Innenseite oder ihr Inneres betrachtet, wobei »innen« bedeutet, daß Atome sich »in« Kristallen befinden oder daß DNS »in« einem Zellkern ist. Das »Innere« ist ein griffiges Wort, darf aber nicht allzu wörtlich genommen werden. Unter dem Inneren eines Systems verstehen wir die Dinge, die man findet, wenn man es in seine Bestandteile zerlegt. Das Newtonsche Gravitationsgesetz ist nach dieser Definition »innerhalb« des Sonnensystems. Alles, was nicht in diesem Sinne innen ist, soll als »Äußeres« gelten, und das ist es, was wir unter Kontext verstehen. Der Gegensatz von Inhalt und Kontext [englisch: »content/context«] ist ein hübsches Wortspiel, doch die Ansicht, daß interne Einflüsse durch externe ergänzt werden müßten, ist nicht gerade tiefschürfend. Das Äußere ist als gemeinsames Thema nicht stark genug, um die zweite Hälfte des Buches zusammenzuhalten.

Es gibt aber, wie wir glauben, tiefere Themen. Das wichtigste ist die Emergenz, die Entstehung von Mustern auf höherer Ebene aus der unbeschreiblich komplexen Wechselwirkung von Subsystemen auf tieferen Ebenen. Wir unterscheiden zwischen zwei Arten von Emergenz, »regulär« und »super«. Die reguläre Emergenz nennen wir »Simplexität«, die Superversion »Komplizität«. Die archetypischen Beispiele für Komplizität sind die Evolution und das Bewußtsein. Aus komplizitärer Sicht ergeben sich interessante Einsichten in die Fragen des Geistes. Am Ende sind wir dann so weit, auf die zentrale Frage des ganzen Buches zurückzukommen: Was ist ein »Naturgesetz«? Wir versuchen, das Phänomen der Emergenz zu formalisieren, und machen einen Vorschlag, wie die Wissenschaft aus der reduktionistischen Verengung ausbrechen kann, ohne die wertvollen Einsichten zu verlieren, die sie dort gefunden hat. Das letzte Wort überlassen wir den Zarathustranern.

Eine Regel für das Auffinden von Regeln

In einer tieferen Sicht geht es dem Reduktionismus darum, wie Regeln und Regelmäßigkeiten [für Innenseiten] Verhalten erzeugen und wie Meta-Regeln [für Innenseiten von Innenseiten] Regeln erzeugen. Theorien zerstören Tatsachen, und Meta-Regeln zerstören Regeln – eine wachsende Zahl von Regeln verdichtet sich zu einer abnehmenden Zahl von immer abstrakter werdenden allgemeinen Prinzipien. Das letzte Ziel der reduktionistischen Wissenschaft, eine Theorie von Allem, möchte das ganze Universum zu einem einzigen System von Meta-Meta-...-Meta-Regeln verdichten. Das Bild, das man sich von den Naturgesetzen macht, ist ein Baum von Allem, der letztlich in einem einzigen, universalen mentalen Trichter wurzelt.

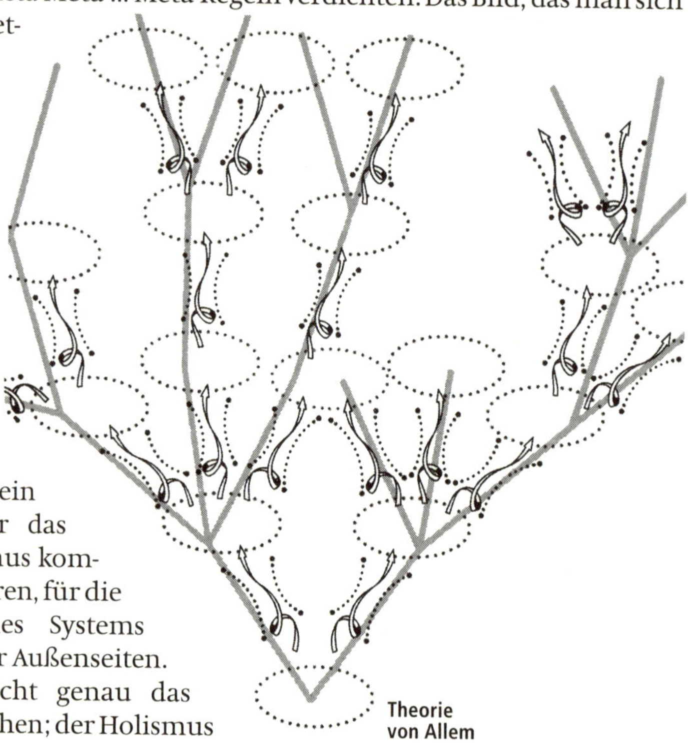

Abbildung 44: Der Baum von Allem

Offenbar gibt es kein griffiges Wort für das dem Reduktionismus komplementäre Verfahren, für die Beschreibung eines Systems durch Regeln seiner Außenseiten. »Holismus« ist nicht genau das Wort, das wir brauchen; der Holismus ist sicherlich eine Alternative zum Reduktionismus, aber er betrachtet ein System als eine Einheit und ignoriert dabei oft seinen Kontext. Vielleicht »Kontextualismus«? Gleichgültig, wie wir es nennen, die externe Betrachtung besitzt ebenfalls eine Hierarchie von Regeln, Meta-Regeln, Meta-Meta-...-Meta-Regeln, nun aber für die Außenseiten. Darwins Prinzip der natürlichen Auslese scheint eine Art von externer Meta-Regel zu sein [»Meta« deshalb, weil es einen Schritt abstrakter ist als die »Konkurrenzregeln«, deren Folgen es in einer einfachen Aussage zu erfassen versucht]. Es erklärt die komplexen Formen lebender Geschöpfe nicht mit ihrer DNS, sondern mit ihrer historischen Entwicklung und Evolution innerhalb einer sich wandelnden Umwelt. In dieser Hinsicht unterscheidet der Darwinismus sich etwa von Newtons Bewegungsgesetzen, einer der Gründe, warum man noch immer darüber streitet, ob der Darwinismus eine wirklich wissenschaftliche Theorie ist. Das ist er, aber er ist, genaugenommen, keine reduktionistische Wissenschaft.

Es könnte der Eindruck entstanden sein, als erklärten wir die Einfachheit durch interne Komplexität – das wäre ein dem Reduktionismus komplementärer, aber immer noch interner Ansatz. Wir haben gesagt, daß die eigentliche Ursache großräumiger Einfachheiten nicht in interner Komplexität zu suchen ist, sondern in externen Zwängen, die das Chaos zusammenbrechen lassen und Systeme weitgehend von ihrer internen Komplexität unabhängig machen.Der Reduktionismus als wissenschaftlich-philosophisches Prinzip ist eine Meta-Meta-...-Meta-Regel, nach der Systeme durch immer feinere interne Zerlegung erklärt werden. Das komplementäre Prinzip, nach dem wir suchen, muß eine ebenso umfassende Meta-Meta-...-Meta-Regel für immer ausgedehntere Mengen von Außenseiten sein. Freilich müssen wir den Reduktionismus nicht spiegelbildlich imitieren und dabei jedes »Innen« durch ein »Außen« ersetzen. Es könnte durchaus sein, daß das Prinzip oder die Prinzipien, nach denen wir suchen, spezielle Eigenschaften aufweisen und keine Parallelen im herkömmlichen Reduktionismus haben. Und so ist es.

Simplexität und Komplizität

In diesem letzten Kapitel werden wir zwei vereinheitlichende Prinzipien vertreten, die gemeinsam nicht nur die erste, sondern auch die zweite Hälfte dieses Buches und das Verhältnis zwischen beiden bestimmen. Diese Prinzipien sollen sich auf die Grundprobleme der Einfachheit und der Komplexität beziehen; außerdem folgt aus der von uns gewählten Paarbeziehung zwischen den Kapiteln, daß die Überschriften der Kapitel 1, 7 und 13 durch Umstellung auseinander hervorgehen müssen. Deshalb haben wir noch ein Wortspiel gemacht und nennen diese Prinzipien Simplexität und Komplizität.

Das Wort »Simplexität« ist eine veraltete Form von »Simplizität« [Einfachheit]; das zugehörige Adjektiv »simplex« bedeutet »aus nur einem Teil zusammengesetzt«, und das ist eine der Bedeutungen des Wortes »einfach«. Was wir unter Simplexität verstehen, ist selbst ein einfaches, leicht zu beschreibendes und durch Beispiele belegbares Konzept, und es wird kaum auf Widerspruch stoßen, wenn wir behaupten, daß etwas in dieser Art existiert.

Das Wort »Komplizität« ist demgegenüber im Englischen ein landläufiger Ausdruck, und seine landläufige Bedeutung kommt dem, was uns vorschwebt, ziemlich nahe: »der Zustand oder die Eigenschaft, ein Komplize zu sein«. Es hat eine ältere, heute nicht mehr gebräuchliche Bedeutung: »der komplexe Zustand«. Die Vorstellung, für die wir es verwenden, enthält Elemente beider Bedeutungen. Es ist sehr viel schwieriger zu erklären als Simplexität, und es würde uns nicht überraschen, wenn viele unserer [reduktionistischen] Kollegen bestreiten würden, daß Komplizität in dem von uns gemeinten Sinne existieren kann. Wir denken, daß sie existiert, mehr noch, daß sie ein unablösbarer Bestandteil des Funktionierens der Natur und ein wesentlicher, wenngleich vernachlässigter Aspekt des wissenschaftlichen Verstehens ist.

Wir wollen sogleich anmerken, daß wir uns nicht im mindesten einbilden, die letzte Antwort auf die Frage nach dem Leben, dem Universum und überhaupt allem gefunden zu haben. Es geht nur um einen Aspekt, eine Betrachtungsweise. Es ist uns klar, daß unsere Ideen selbst ein Resultat der Komplizität sind und daß es nicht zuletzt sprachliche Spiele sind, von denen wir uns bewegen lassen. Es ist durchaus denkbar, daß wir, kämen wir von anderen wissenschaftlichen Fächern her, versucht hätten, Ihnen die Vorzüge etwa der »Konspansion« und der »Extraktion« schmackhaft zu machen. Wir denken aber, daß das, was wir vortragen, nicht nur eine Frage der Sprache ist, und wir hoffen Sie davon im Laufe dieses Kapitels zu überzeugen.

Kausalität und Kontingenz

Das, worüber wir jetzt sprechen, ist nicht Physik, sind nicht Naturgesetze, sondern es ist Metaphysik, die philosophische Grundlage der Naturgesetze. Bei der Suche nach einem philosophischen Rahmen für regelhafte Erklärungen der Natur entscheiden sich die Menschen bevorzugt für einen von zwei scheinbar gegensätzlichen Erklärungsstilen. Manche neigen zum Konnektivität-Kontingenz-Modell, wie es Francis Thompson in ›The Mistress of Vision‹ ausgedrückt hat:

Alle Dinge, nah oder fern,
sind auf verborgene Weise
durch eine unsterbliche Kraft
miteinander verbunden,
so daß du nicht eine Blume anrühren kannst,
ohne einen Stern zu behelligen.

In dieser Sicht ist das ganze Universum ein verwickeltes Netz von abgestuften Kausalitätsbeziehungen, die aber so zahlreich sind, daß wir im Ganzen nur Kontingenz wahrnehmen. Es ist dann sinnlos, von der »Bedeutung« einer Ursache zu sprechen, weil man immer in irgendeinem Sinne sagen kann, daß bedeutungsvolle Ereignisse von trivialen, ja sogar unmeßbar kleinen Ursachen ausgelöst werden. Diejenigen, die dieses Weltbild schätzen, fühlen sich in der Regel von der Chaostheorie angezogen, in der das Flattern der Flügel eines Schmetterlings das Wetter beeinflussen kann, auch wenn sie mit dem Determinismus, der ihr zugrunde liegt, nicht immer sympathisieren. Bestimmte Einzelursachen gelten dieser Philosophie nicht viel; vielmehr ist alles durch alles Bisherige verursacht. Ein aktuelles Beispiel für diesen Erklärungsstil ist die Darstellung der Evolution des Menschen in Stephen Jay Goulds ›Zufall Mensch‹.

Die andere Sichtweise zielt nicht auf isolierte Kausalitätsbeziehungen, sondern auf Muster. Ihre Anhänger sind beispielsweise davon beeindruckt, daß etliche Tiergruppen [Insekten, Vögel, Fledermäuse, Pterosaurier, mehrere Fischfamilien] unabhängig voneinander das Fliegen erfunden haben; daß etliche Pflanzen unabhängig voneinander die Photosynthese erfunden haben; daß etliche Tiergruppen – unter den Säugern die Primaten, die Karnivoren und die Delphine, unter den Weichtieren die Octopusse und Kalmare, unter den Schalentieren vielleicht sogar der Heuschreckenkrebs – als Generallösung für die Launenhaftigkeit der Natur unabhängig voneinander ein Gehirn entwickelt haben. Sie interessieren sich eher für den Zusammenbruch des Chaos, für die Art und Weise, wie großräumige Systeme sich vor der grundlegenden Zufälligkeit oder vor der verwickelten Feinstruktur schützen, als für die Feinstruktur selbst. Sie sind wie wir der Ansicht, daß unabhängig von den Details des Weges, der dahin führte, so etwas wie Stephen Jay Gould sich ohne weiteres hätte entwickeln können und daß es, wenn es ihm in der Auffassung der Evolution hinreichend ähnlich gewesen wäre, in der Konfrontation mit einem Burgess Shale eine ähnliche Theorie hervorgebracht hätte. Die Anhänger dieser Sichtweise räumen ein, daß flatternde Schmetterlinge zu den Billionen von Mikroeffekten beitragen können, die den chaotischen Hintergrund herstellen, aus dem das Wetter hervorgeht, aber sie ziehen als Erklärung für Wirbelstürme die Dynamik großer Massen von feuchter Warmluft vor. Sie verweisen auf den Kontrast zwischen der unberechenbaren Wechselhaftigkeit des Wetters und der relativen Stabilität des Klimas.

Embryologen, die dieser Sicht anhängen, kehren nicht die Kontingenz, sondern die Konvergenz hervor; sie sind davon beeindruckt, daß auf ganz unterschiedlichen Entwicklungswegen und unter ganz unterschiedlichen Umweltbedingungen aus einem Froschei ein Frosch wird. Ökologen dieser Richtung betonen, daß auf Inseln oder in Seen aus ganz unterschiedlichen anfänglichen Kombinationen von Tieren und Pflanzen ähnliche Ökosysteme entstehen.

Freilich hat auch die Konvergenz ihre Probleme. Besonders wenn man zu klären sucht, wie Konvergenz erreicht wird, gerät man leicht in ein komplexes Gefüge von Kontrollmechanismen, deren genaue Funktion rasch jegliche Klarheit in einer explodierenden Orgie reduktionistischer Analysen verschwinden läßt. Statt des Baums von Allem, der, je mehr wir in die reduktionistischen Tiefen vordringen, immer weniger mentale Trichter aufweist, haben wir dann das Gegenteil: den sich unblässig verzweigenden Reduktionistischen Alptraum, der am Ende nichts Verläßliches mehr findet [Abb. 45].

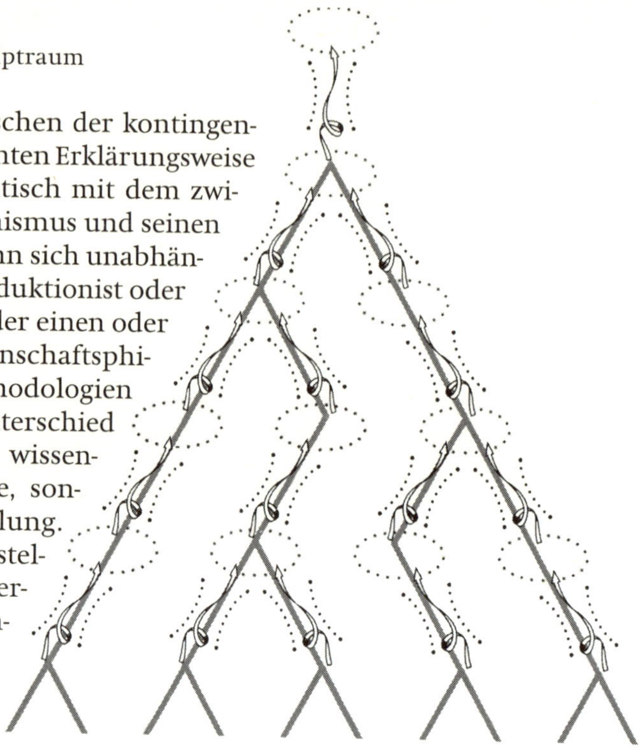

Abbildung 45:
Der reduktionistische Alptraum

Der Unterschied zwischen der kontingenten und der konvergenten Erklärungsweise ist jedoch nicht identisch mit dem zwischen dem Reduktionismus und seinen Alternativen. Man kann sich unabhängig davon, ob man Reduktionist oder Antireduktionist ist, der einen oder anderen dieser Wissenschaftsphilosophien oder -methodologien anschließen. Der Unterschied ist nicht einer der wissenschaftlichen Methode, sondern der Einstellung. Unterschiedliche Einstellungen können unterschiedliche, oft gegensätzliche Erklärungen hervorbringen.

Schritt-für-Schritt-Kausalität ist angebracht bei Problemen, wo die gesuchte Erklärung – die Antwort auf eine Frage im Hinblick auf die Natur – in der gleichen Weise formuliert ist wie die Frage. »Warum hat Kohlenstoff das Atomgewicht 12?« »Weil er sechs Protonen und sechs Neutronen hat.« Diejenigen, die nach Mustern suchen, möchten die Frage dagegen zu anderen, ähnlichen Fragen in Beziehung setzen; ihre »Erklärungen« bestehen in Zusammenstellungen von disparaten, aber homologen Fragen. »Warum gibt es in Lebewesen soviele Kohlenstoffverbindungen?« »Weil Kohlenstoff das einzige Element ist, das das Rückgrat riesiger, komplexer Moleküle bilden kann, welche die molekularen Berechnungen durchzuführen vermögen, durch die allein Leben entstehen kann.«

Niplphut: »Hallo, Käpt'n. Stanley und ich haben dir eine interessante Entdeckung zu melden.«

Käpt'n Arthur: »So?«

Stanley: »Es ist eher eine Nichtentdeckung. Wir haben auf dem Computer des Raumschiffs die ZNS-Sequenzen von einer halben Million Organismen untersucht und keine weitergehenden Ähnlichkeiten mit terrestrischen DNS-Sequenzen gefunden.«

Käpt'n Arthur: »Faszinierend. Das erinnert mich an etwas, worüber ich mir schon den Kopf zerbrochen habe, Niplphut.«

Niplphut: »Worum geht's, Käpt'n?«

Käpt'n Arthur: »Chemisch ist die ZNS ganz anders aufgebaut als die terrestrische DNS. Das menschliche Genom und das zarathustranische Zenom weisen zwar übereinstimmende Code-Sequenzen auf, aber daraus folgt nicht, daß Menschen und Zarathustraner sich ähneln müßten.«

Stanley: »Wieso nicht?«

Käpt'n Arthur: »Schau dir doch Niplphut an.«

Stanley: »Ach ja.«

Käpt'n Arthur: »Und jetzt sagt ihr mir, daß zwischen den Code-Sequenzen von zarathustranischen und terrestrischen Organismen keine Übereinstimmung besteht. Dabei besitzt die Ökologie von Zarathustra viele Gemeinsamkeiten mit der unseren: Es gibt fliegende Formen, stromlinienförmige aquatische Formen, sogar intelligente Lebensformen wie dich, Niplphut. Es muß eine Art konvergenter Evolution geben.«

Niplphut: »Richtig, die Parallelen sind unübersehbar. Aber es gibt auch Unterschiede. Bei keinem Geschöpf auf Zarathustra kreuzen sich Luftröhre und Speiseröhre. Und alle haben nicht fünf, sondern vier Finger – so ergibt ein Paar Gliedmaßen natürlich die perfekte oktimale Anzahl von Endgliedern. Und bei uns ist auf keinen Fall der Reproduktions- mit dem Exkretionsapparat vermengt wie bei euch und allen anderen terrestrischen Wirbeltieren.«

Käpt'n Arthur: »Das stört mich auch. Kann man trotzdem, wenn man von den Unterschieden absieht und nur die Parallelen betrachtet, von universalen Mustern sprechen?«

Stanley: »Man kann zwischen beiden ganz klar von vornherein unterscheiden. Es gibt ›lokale Merkmale‹, die unverkennbar auf historische Zufälle zurückgehen und an sich nicht von besonderer Bedeutung sind. Was Niplphut erwähnte, sind allesamt lokale Merkmale, ererbt von *Eusthenopteron*, der das Wasser verließ und das Land besiedelte. Die großen Muster des Fliegens, Schwimmens und so weiter sind dagegen Universalien. Ob einer fliegen kann oder nicht, hängt nicht davon ab, wo er seine Geschlechtsorgane hat.«

Niplphut: »Gewiß, aber wo einer seine Geschlechtsorgane hat, kann davon abhängen, ob er fliegen kann. Denk nur an das Landen.«

Käpt'n Arthur: »Richtig. Stanley, du mußt mir erklären, wie man von vornherein zwischen universalen und lokalen Merkmalen unterscheidet.«

Stanley: »Hm, bißchen kompliziert. Sagen wir so: Die Unterscheidung muß sich auf großräumige Muster stützen. Ich habe mir gerade ein verrücktes altes Videobuch angeschaut, das den Titel ›Chaos – Antichaos‹ trägt. Danach müssen Universalien gegen Unterschiede in der internen, kleinräumigen Struktur immun sein. Anderenfalls wären es keine Universalien! Universalien sind Strukturmerkmale der Geographie des Raums des Möglichen – etwa die Inseln, die großen neuen Tricks der Evolution entsprechen, und die Brücken, die sie verbinden.«

Niplphut: »Ich glaube, ich weiß, was du meinst. Um eine Universalie zu entdecken, muß man kontextbezogen denken. Wer nur die interne Struktur betrachtet, wird ihre Universalität nicht bemerken. Nehmt beispielsweise das Konzept ›Brücke‹. Es wird von verschiedenen Zivilisationen ganz unterschiedlich verstanden. Das wurde uns Zarathustranern klar, als wir Baugenpheim ehren wollten, indem wir eine kleine Insel nach ihr benannten. Da die Insel keine Verbindung zum Festland hatte, beschloß man, eine Brücke zu bauen. Die Stadtverwaltung meinte, wegen der Bedeutung des Projekts sei eine interplanetarische Ausschreibung angebracht.

Die Pedenten vom Planeten Argyris II/3 schickten als Entwurf ein Frachtschiff voll Computerdisketten, auf denen ungefähr folgendes zu lesen war: ›Die Brücke beginnt mit Sandkorn Nr. 1, Facetten wie folgt: Dreiecke 18, Fünfecke 4, Sechsecke 2, Verunreinigungen wie folgt: Eisen 0,000345, Aluminium 0,014673, Kadmium 0,000022, Magnesium 0,009756; ...; Sandkorn Nr. 107 895-674 593 493 Facetten wie folgt: Dreiecke 239, Sechsecke 11, Zwölfecke ...‹«

Stanley: »Das reicht, Niplphut, wir haben's glaub ich verstanden.«

Niplphut: »Diese Vorgehensweise erfordert eine Unmenge von Informationen, aus denen aber nur ein Pedent schlau wird. Vielversprechender erschien uns der zweite Entwurf, der von den Blackboxern vom Planeten Boolywood-Holovard eingereicht wurde. Es war eine große Kiste, auf der stand ›Brücke – ohne Teile, die der Benutzer bedienen muß‹.«

Stanley: »Sehr sparsam, was die Information betrifft.«

Niplphut: »Richtig. Das Problem tauchte auf, als wir die Kiste öffneten und feststellten, daß die Brücke zu lang war.«

Käpt'n Arthur: »Konntet ihr sie nicht kürzen?«

Niplphut: »›Ohne Teile, die der Benutzer bedienen muß‹.
Sie bestand aus einem einzigen unteilbaren Stück.«

Käpt'n Arthur: »Aha.«

Niplphut: »Beiden Wettbewerbsteilnehmern war offenbar entgangen, was das Wesentliche an einer Brücke ist: daß sie eine feste Vorrichtung ist, mit der man eine Diskontinuität überwinden kann, ohne muckig zu werden. Von uns aus hätte sie aus gewobenem Prell, aus vorgespannten Wolken oder aus gegossenem Flaumabfall sein können. Das Konzept läßt sich in wenigen Worten beschreiben, der Informationsaufwand ist gering, weil das Objekt definiert ist durch seine Wechselwirkung mit seiner Umgebung.«

Stanley: »Vermutlich würden die Pedenten einwenden, daß die Beschreibung dieser Umgebung noch viel detaillierterer Informationen bedarf.«

Niplphut: »Zweifellos. Aber die Umgebung war schon da – sie brauchte nicht mehr beschrieben zu werden.«

Käpt'n Arthur: »Wer hat denn die Ausschreibung gewonnen?«

Niplphut: »Keiner. Wir haben einen Tunnel gegraben.«

Stanley: »Das entspricht ja ebenso gut eurer Definition von ›Brücke‹.«

Niplphut: »Genau. So gesehen, ist eine Brücke ein Tunnel. Nach dem Kleingedruckten in der Ausschreibung allerdings nicht. Jedenfalls haben wir bei den Kosten für den Brückenentwurf ein Vermögen eingespart ...«

Von den Regeln zur Natur

Nachdem wir diese unterschiedlichen Stile der Erklärung – oder Nichterklärung – beleuchtet haben, können wir jetzt zu unseren beiden Konzepten der Simplexität und der Komplizität übergehen. Wir betrachten zu diesem Zweck zwei wichtige Beispiele für regelhafte Naturerklärungen: Newtons Gesetze der Bewegung und der Gravitation und Darwins Konzept der natürlichen Auslese. Die eine ist eine mathematische, die andere eine biologische Regel – dies ist eben ein sehr demokratisches Buch.

Newtons Gesetze der Bewegung und der Gravitation, angewandt auf die Bewegung des Sonnensystems, scheinen ein klarer Fall zu sein. Auf der einen Seite haben wir eine Unmenge von experimentellen und Beobachtungstatsachen über die Bewegungen der Planeten, ihrer Monde, der Kometen und so weiter, auf der anderen ein System mathematischer Regeln, das so kompakt ist, daß es auf ein Blatt Papier paßt. Wir mögen das Wort »Gesetz« nicht besonders, und so gern wir es täten, sind wir doch nicht bereit, im Gegensatz zur ganzen bisherigen Geschichte von »Newtons Gravitationsregel« zu sprechen. Wir werden das »Gesetz« nach Möglichkeit vermeiden, zumindest so lange, bis wir erklären können, was ein Naturgesetz nach unserer Auffassung wirklich ist. Wenn man einen relativ kleinen Satz von Daten hat [die derzeitigen Positionen und Geschwindigkeiten der Planeten], ergibt sich aus Newtons Regeln im Prinzip und sehr angenähert auch in der Praxis das ganze künftige Verhalten des Sonnensystems. Wenn je eine Theorie Tatsachen zerstört hat, dann die von Newton. Kürzlich haben Astronomen mit den Newtonschen Gesetzen die Bewegung aller Planeten des Sonnensystems für eine Million Jahre im voraus berechnet.

Zwischen Newtons mathematischen Regeln und der Natur besteht ein einfaches Verhältnis. Die Regeln verdichten all die wechselwirkenden Kräfte, welche die Bewegung bestimmen, zu einigen wenigen Formeln. Die aus ihnen durch Berechnung abgeleiteten Konsequenzen haben eine direkte Interpretation in der realen Welt. Man kann sie mit Beobachtungen vergleichen, und es stimmt. »Ich habe das System der Welt gefunden«, sagte Newton, und er hatte damit weitgehend recht. In diesem Sinne erklären die Regeln die Beobachtungen, indem sie sie auf etwas Einfacheres und für Menschen Begreiflicheres reduzieren. Die Beziehung scheint so etwas ähnliches zu sein wie die schematische Darstellung in Abbildung 46.

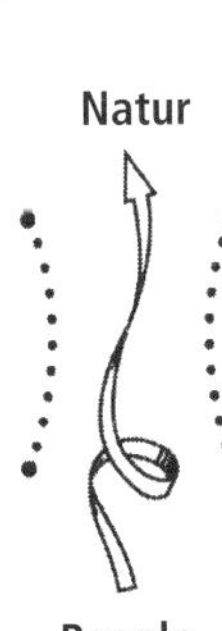

Abbildung 46: Verhältnis zwischen Gesetzen und Natur – herkömmliche Sicht

Genau dieselbe Struktur ergab sich in Keplers Vorläufern von Newtons Gesetzen, seinen drei Gesetzen der Planetenbewegung wie etwa dem: »Planeten bewegen sich auf Ellipsen.« Der Hauptunterschied ist der, daß Newtons Gesetze allgemeiner sind. Sie gelten nicht nur für Zweikörpersysteme [Sonne/Planet oder Planet/Mond], sondern für alles. Sie beschreiben korrekt die Präzession der Achsen des Mondes; die dem Planeten Jupiter um 60° vorausgehenden oder nachfolgenden Asteroiden, die Trojaner genannt; und den verwickelten Tanz zwischen Jupiter und Saturn, bei dem jeder der beiden abwechselnd der Position vorauseilt oder nachhinkt, die er eingenommen hätte, wenn es den anderen nicht gäbe. Sie beschreiben die Bahnen von Doppelsternen, die neuentdeckten Planeten, von denen vermutet wird, daß sie Pulsare umkreisen, und die Spiralform von Galaxien.

Bei aller Andersartigkeit – es ist verbal statt mathematisch, es beschreibt reale Dinge, statt aus mathematischen Fiktionen konstruiert zu sein, die reale Dinge modellieren – scheint Darwins Prinzip der natürlichen Auslese in einem ähnlichen Verhältnis zur Realität zu stehen. Es ist gleichfalls ein Gesetz, und wenngleich seine Implikationen nicht durch mathematische Berechnungen, sondern durch verbale Folgerungen hergeleitet sind, scheint es gleichfalls eine Fülle von beobachteten Tatsachen zu erklären, darunter viele, die so kontraintuitiv sind wie der »Daumen« des Pandas. Abbildung 46 ist eine klare, saubere, absolut anerkannte Zusammenfassung dieser Beziehungen. Und dabei ist sie in mindestens einer entscheidenden Hinsicht falsch.

Merkmale und Fälle

In Kapitel 8 fragten wir, was geschähe, würden wir Newtons Regeln wörtlich nehmen und benutzen, um die Bahn des Mars zu berechnen; dabei würden wir jedes einzelne Atom des Mars berücksichtigen, denn wenn Newtons Regeln wirklich Gesetze der Natur sind, muß die Natur ja ebenso verfahren. Genauso müssen Sie verfahren, wenn Sie das, was Abbildung 46 visuell ausdrückt, wörtlich nehmen. Erinnern Sie sich an die Passage »Eisenatom, 123,777 ... 79 Grad westlicher Länge, 47,883 ... 66 Grad nördlicher Breite, Tiefe 132,755 ... 43 Kilometer. Schwefelatom ...«? Kommt Ihnen das bekannt vor? Richtig: So gehen die Pedenten an die Physik heran.

Wir haben dann die Rhetorik des Reduktionismus mit den [weit vernünftigeren] Dingen verglichen, die Wissenschaftler tatsächlich machen, wenn sie die Marsbahn berechnen, indem sie beispielsweise so tun, als sei der Mars eine starre Kugel. Das ist typisch für die Herangehensweise der Menschheit an jedes wissenschaftliche Problem. Dahinter stehen einige allgemeine Prinzipien. Diese Prinzipien können auf das jeweilige Problem nicht direkt angewandt werden, weil die reale Welt zu kompliziert ist. Deshalb frisieren wir die Dinge zurecht. Wir machen einige Vereinfachungen in der Hoffnung, daß sie die Antworten nicht allzusehr verändern; wir wenden einige klare und saubere Folgerungen aus den allgemeinen Prinzipien an; und wenn wir unsere Sache gut gemacht haben, springt eine elegante Antwort heraus. In diesem Fall beschließen wir, die reale, ungeheuer komplizierte, sich ständig wandelnde Masse von Atomen, die wir Mars nennen, durch eine handliche Fiktion zu ersetzen: eine ideale, stetige, homogene Kugel aus Materie. Gleiches tun wir für die Sonne. Und alle anderen Himmelskörper ignorieren wir vollständig.

So geht die Wissenschaft vor, und es ist nicht wie in Abbildung 46, und mit der Rhetorik des Reduktionismus hat es nichts zu tun.

Wir brauchen außer »Gesetzen« und »Natur« ein drittes Konzept, und wir nennen es »Merkmal«. Merkmale sind vereinfachte allgemeine Konzepte, bezogen auf die mathematische oder verbale Welt, in der die Gesetze formuliert werden. »Energieerhaltung« ist ein Merkmal der Newtonschen Mechanik; »Kugel« ist ein Merkmal von Formen. Merkmale sind großräumige Einfachheiten. In den früheren Kapiteln kam das Wort »Merkmal« [feature] ziemlich oft vor. Wir haben es in seiner üblichen Bedeutung verwendet, aber in fast jedem Fall entspricht es auch unserer stärker eingeengten Bedeutung.

Wir brauchen außerdem die Idee eines Falles, von etwas in der Natur, das einem Merkmal entspricht. Mars ist ein Fall des Merkmals »annähernd sphärischer Körper«. Die Beziehung ähnelt mehr der Abbildung 47, in der Merkmale wie Rauchfahnen aus den Regeln hervorgehen und zu entsprechenden Fällen emporschweben.

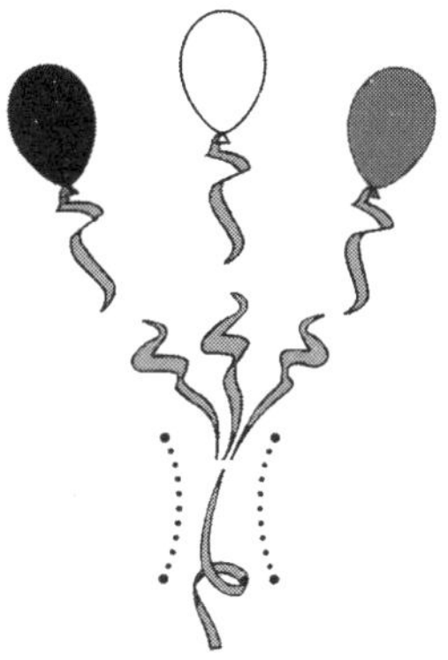

Abbildung 47: Von Regeln über Merkmale zu Fällen

Fälle sind nichts als partikulare Aspekte der natürlichen Welt – eine ziemlich spezielle Teilmenge der oder eine Struktur innerhalb der Natur. Es sind jene Teile der Natur, die unser Gehirn als einfache Ganzheiten zu erfassen vermag. Die experimentellen »Verifikationen« und »Falsifikationen«, mit deren Hilfe wissenschaftliche Theorien gerechtfertigt werden, vergleichen immer Merkmale mit Fällen. Nehmen wir zum Beispiel an, ein Mathematiker führe die soeben beschriebene Analyse durch, um zu zeigen, daß eine vollkommen gleichförmige Kugel [ein Merkmal der Newtonschen Mechanik] eine elliptische Bahn [ein anderes Merkmal] hat. Diese Deduktion aus den Gesetzen wird dann mit der Beobachtung [Natur] verglichen, doch der entsprechende Teil der Natur ist der Fall »gravitierende Körper, die Kugeln ziemlich ähnlich sehen«, einfacher gesagt, »Planeten«. Die Wissenschaft überprüft ihre Gesetze, indem sie aus ihnen einige Merkmale herleitet und versucht, diese mit ungefähr ähnlichen Fällen zur Deckung zu bringen. In Kapitel 8 haben wir am Beispiel der atomaren Zusammensetzung des Mars klargemacht, daß man nicht wirklich versucht, Regeln mit der Natur zu vergleichen, die Regeln als solche an einer realistischen Beschreibung des Mars zu überprüfen. Immer werden Surrogate benutzt: Merkmale und Fälle.

Diese Strategie ist nicht auf Planetenbahnen beschränkt. Die Quantenmechanik ist eine bewährte Theorie der Mikrostruktur der Materie, aber im Normalfall benutzen wir sie nicht. Die Röntgenkristallographie ist zum Beispiel ein wesentliches Verfahren der Molekularbiologie; mit ihrer Hilfe ermitteln Biologen die atomare Struktur von Molekülen wie dem Hämoglobin.

Man schickt einen Röntgenstrahl durch einen Kristall, der aus dem zu untersuchenden Molekül besteht, beobachtet die Richtungen, in die der Strahl gebeugt wird [von den Atomen abprallt], und leitet daraus ab, wie die Atome räumlich angeordnet sind. Die Theorie hinter diesem Verfahren nimmt an, daß ein Kristall ein regelmäßiges Gitter von Atomen ist, und macht dann mit Hilfe einer ziemlich klassischen Theorie der Wellenbeugung weiter. Sie leitet das Atomgitter nicht aus der Quantenmechanik her, denn keiner weiß, wie das geht. Sie verwendet ein Merkmal, »regelmäßiges Gitter«, und überprüft es an Fällen – den Richtungen.

Im Falle des Mars sagten wir, daß die Lücke in der reduktionistischen Geschichte im Prinzip auf leidlich überzeugende Weise geschlossen werden kann; es ist möglich, ein mathematisches Theorem zu beweisen, dem zufolge das Gravitationsfeld einer massiven Kugel eine gute Näherung an das Feld eines aus Atomen zusammengesetzten Körpers von der Größe des Mars ist. Für die Kristallstruktur ist ein solches Theorem nicht bekannt, doch hoffen die Physiker, irgendwann ein solches Theorem beweisen zu können. Augenfälliger sind andere Lücken: die Lücke zwischen dem DNS-Code und dem Organismus, der sich mit seiner Hilfe entwickelt; die Lücke zwischen individuellen Pflanzen und Tieren und dem Ökosystem, in dem sie leben; die Lücke zwischen einem komplexen Netzwerk von Nervenzellen und einem intelligenten Geist. Diese Lücken werden von keinem Theorem überbrückt, und wahrscheinlich werden sie es auch niemals werden. Dennoch untersuchen Wissenschaftler solche Fragen, sie tun es anhand von Merkmalen und Fällen.

Wodurch sowohl Merkmale als auch Fälle sich auszeichnen sollten, ist Einfachheit. Wir überprüfen das Gravitationsgesetz nicht, indem wir die Bewegungen von unzähligen Mars-Atomen verfolgen. Wir überprüfen es anhand solcher Konzepte wie »elliptische Bahn« – ein einfaches Merkmal, das sich aus dem Gravitationsgesetz ergibt. Komplexität als solche begreift das menschliche Gehirn nicht, kann es vermutlich nicht begreifen; was es kapiert, sind Merkmale und Fälle, und mit ihnen arbeitet es daher.

Zurück zum Merkmal

Wissenschaftler bezeichnen diese »merkmalsorientierte« Herangehensweise als »Modellieren«. Mathematische Beschreibungen der Natur sind keine fundamentalen Wahrheiten über die Welt, sondern Modelle. Es gibt gute, schlechte und mittelmäßige Modelle, und welches Modell Sie benutzen, hängt von den Zwecken ab, für die Sie es benutzen, sowie von der Bandbreite der Phänomene, die Sie verstehen möchten. Dies ist der Punkt, an dem Rhetorik und Praxis des Reduktionismus voneinander abweichen; interessant und wichtig ist – wir sagten es – die Praxis. Die Rhetorik ist eine nachträgliche und obendrein fehlerhafte Rationalisierung der tatsächlichen Vorgehensweise; sie behauptet ein Ausmaß an Kongruenz zwischen den zugrunde liegenden Regeln und der Realität, das durch keine Berechnung und kein Experiment gedeckt wird.

Die tatsächliche Praxis des Reduktionismus erfordert Merkmale und Fälle als Mittelglieder. Sie fügen sich ein zwischen den Regeln, die angeblich das Verhalten der Komponenten bestimmen, in welche die Realität zerlegt wurde, und der Realität, auf welche diese Regeln angewandt werden. Merkmale lenken unsere Aufmerksamkeit auf bestimmte Fälle, und an diesen werden die Regeln überprüft. Seit Mathematiker das Merkmal »gleichförmige Kugel« zu handhaben lernten, indem sie zeigten, daß es durch eine punktförmige Masse ersetzt werden kann, waren sie im Geschäft. Sie konnten die Vorhersagen der Gravitationsgesetze mit der Bewegung eines natürlichen Objekts, etwa eines Planeten, der einer gleichförmigen Kugel ähnelt, vergleichen. Die Leistungsfähigkeit dieses recht unbekümmerten Verfahrens ist nicht zu unterschätzen, denn es funktioniert. Mars reagiert auf die Schwerkraft der Sonne genau so, wie eine gleichförmige Kugel es tun würde; wir können das sagen, weil er einer Bahn folgt, die der theoretischen Bahn einer gleichförmigen Kugel erstaunlich nahe kommt.

Die Fälle, die in einem Wissenschaftszweig als wichtig gelten, sind fast immer aus einem korrespondierenden System theoretischer Merkmale abgeleitet. Thomas Kuhn bezeichnet ein System von Merkmalen als ein Paradigma, eine Weltanschauung. Ursprünglich bezeichnete »Paradigma« einen einschlägigen Fall; so ist »Ratte« ein Paradigma von »Nagetier«. Wo die Paradigmen-Metapher zum Klischee verkommen ist, sollte man besser von »Stereotyp« sprechen.

Erst innerhalb einer bestimmten Weltanschauung kann der menschliche Geist die Welt interpretieren. Ein System von Merkmalen ist jedoch mehr als nur eine Weltanschauung; das Wesen eines Merkmals ist Einfachheit. Eine hochgradig komplexe Weltanschauung könnte im Prinzip – für jemanden, der entsprechend gescheit ist – ein Paradigma sein, aber nur eine aus Einfachheiten aufgebaute Weltanschauung kann ein System von Merkmalen sein, das wir alle zu erkennen und zu nutzen vermögen. Auf diese Weise bringt die Wissenschaft den praktischen Alltagsverstand wieder ans Ruder, denn Merkmale sind ausdrücklich auf das praktische Denken ausgerichtet; sie erlauben uns, unbegreiflich verwickelte Details von unvorstellbar komplexen Vorgängen zu ignorieren.

Das Ganze kann auch umgekehrt von den Fällen zu den Merkmalen verlaufen. Mathematiker haben über die Gravitationsfelder von Kugeln nachgedacht, weil der Mars annähernd kugelförmig erscheint. Als sie ehrgeiziger wurden, fiel ihnen auf, daß die meisten Planeten an den Polen abgeplattet sind, und so begannen sie, die Gravitationsfelder von Ellipsoiden zu studieren. Und so ging es weiter: Es gab eine Rückkopplung zwischen Merkmalen und Fällen, die sich in der Vorstellung des Denkers gegenseitig verstärkten und selektierten. Newton fand sein Gravitationsgesetz durch Rückschluß von einem bekannten Merkmal, den elliptischen Bahnen, die recht gut mit der Natur übereinzustimmen schienen. Keplers »Gesetze« sind eigentlich nicht mehr als Merkmale: Sie beziehen sich auf einzelne Planeten, aber nicht auf das Sonnensystem insgesamt. Darwins Prinzip der natürlichen Auslese ist ein Merkmal, kein Gesetz – aber mit einem neuen Dreh. Es gibt keine anerkannten – genaugenommen keine bekannten – Gesetze, aus denen sich dieses Merkmal ableiten ließe, keine »Darwinsche Gleichung«, aus der die natürliche Auslese sich herleiten läßt. Das ist ein weiterer Grund, warum die »Wissenschaftlichkeit« des Darwinismus angezweifelt wird. Der Darwinismus ist jedoch mehr als nur ein unbestätigtes Merkmal, wie wir im übernächsten Abschnitt zeigen werden. Zunächst möchten wir die Geschichte bis hierher zusammenfassen und ein Konzept einführen, das ihr wesentliches ... nun ja, Merkmal einfängt.

Simplexität

Den Prozeß, in dem ein System von Regeln einfache Merkmale erzeugen kann, wollen wir mit »Simplexität« bezeichnen. Simplexität ist die Emergenz großräumiger Einfachheiten als direkten Konsequenzen von Regeln. Newtons Gesetze – oder Regeln – der Bewegung haben direkte mathematische Implikationen für Massenmittelpunkte, Energieerhaltung und so weiter. Man kann sie auf wenigen Seiten niederschreiben, sie als Ganze begreifen. Ein anderes Wort mit einer ganz ähnlichen Bedeutung ist Stuart Kaufmanns Begriff des Antichaos: des Auftretens einfacher großräumiger Verhaltensweisen in komplizierten Systemen. Beispiele für Simplexität sind die Feigenbaum-Zahl und ihr zarathustranisches Pendant, die Zahl π; ein weiteres ist Conways »Spiel des Lebens«, dem wir in Kapitel 6 begegnet sind; hier kennen wir die Regeln, und sie sind wahrlich einfach. Doch was jeden, der das Spiel spielt, interessiert, sind seine Merkmale: Gleiter, Raumschiffe, Gleiterkanonen, programmierbare Computer. Dies sind Simplexitäten; ihre Eigenschaften sind direkte und unausweichliche Konsequenzen der Regeln.

Wichtig ist, daß, sobald Regeln existieren, mit Sicherheit auch Simplexitäten auftreten. Jedes System mit denselben Regeln wird zwangsläufig genau dieselben Simplexitäten aufweisen.

Das Wort »Simplexität« läßt sich auch auf ein realweltliches Konzept übertragen, das diesem theoretischen Prozeß entspricht. So ist es durchaus möglich, den Mars in einem mathematischen Modell als gleichförmige Kugel zu behandeln, weil eine mathematische Simplexität wirksam ist. Jede Ansammlung von Teilchen, die einer gleichförmigen Kugel hinreichend ähnlich ist, hat ein weitreichendes Gravitationsfeld, das dem eines einzigen Punktes sehr ähnlich ist. Das ist nicht bloß eine schwache Hoffnung oder eine empirische Beobachtung, sondern ein Theorem, das dadurch, daß man richtige Annahmen aus ihm ableitete, bewiesen werden konnte. Theoreme sind mathematische Simplexitäten, die in ihren Beweisen explizit gemacht werden. Dieses Theorem vereinfacht das Problem enorm. Statt einer Berechnung Atom für Atom, die mehr als ein Menschenleben dauern würde, kommt man mit ein bißchen Gekritzel auf einem Blatt Papier davon. Die Konversion von Newtons Gesetzen auf atomarer Ebene in ganz ähnliche Gesetze über Körper im Planetenformat ist ein Beispiel von Simplexität, und ohne sie hätten wir Newtons Gesetze nie sinnvoll auf irgend etwas in unserer Welt anwenden können.

Die Natur macht sich die realweltliche Parallele zur Simplexität zunutze. Der Mars setzt sich tatsächlich aus Atomen zusammen; diese gehorchen, soweit wir das feststellen können, der Newtonschen Dynamik in guter Näherung, und der Mars bewegt sich bequemerweise auf einer annähernden Ellipse. Das kann kein Zufall sein. Es muß auch eine Art natürlicher Simplexität wirksam sein, sonst würde er nicht ein so einfaches Verhalten zeigen. Die natürliche Simplexität sollte in der Tat aus demselben Grund wirksam sein wie die theoretische: Im Endergebnis bewirkt der Effekt all dieser interatomaren Kräfte auf eine andere Ansammlung von Atomen, die so weit entfernt wie die Sonne ist, daß der Mars sich genauso bewegt, als wäre seine ganze Masse in seinem Mittelpunkt konzentriert. Dies ist nichts anderes als eine Umformulierung der vorstehenden reduktionistischen Rhetorik, aber sie macht die Annahmen explizit. Die Merkmale im theoretischen Bereich decken sich mit den Fällen im Bereich der Natur.

Weil Merkmale einfach sind, »erklären« sie die entsprechenden Fälle. Das Merkmal »Parasit« erklärt Fälle wie »Leberegel«, »Bitstring in Tierra« und »Computervirus«. Dieser Gedanke wird gern dahingehend erweitert, daß die Regeln, aus denen die Merkmale abgeleitet wurden, die Natur »erklären«: Weil Newtons Gravitationsgesetz für kugelförmige Körper elliptische Bahnen impliziert und weil Mars eine elliptische Bahn hat, erklären Newtons Gesetze folglich die Bewegung des Mars. So formuliert, ist die Folgerung einigermaßen haltbar. Ganz und gar nicht gerechtfertigt ist dagegen die landläufige Annahme, daß die beobachteten elliptischen Bahnen die Wahrheit der Gravitationsregeln selbst bestätigen. Sie bestätigen eine bestimmte Konsequenz – ein einfaches Merkmal – dieser Regeln: die elliptischen Bahnen. Es ist aber denkbar, daß andere, davon ganz verschiedene Regeln genau dasselbe Merkmal besitzen. So können zum Beispiel etliche Varianten von Conways Regeln für das »Spiel des Lebens« ebenfalls sich bewegende Objekte und programmierbare Computer erzeugen. Jede Theorie ist, wie wir oben sagten, im Theorieraum umgeben von einer Wolke praktisch ununterscheidbarer Theorien. Alles, was zu dieser Wolke gehört, besitzt ganz ähnliche Merkmale. Wenn wir nur Merkmale überprüfen, können wir nur Merkmale bestätigen – beziehungsweise, worauf Karl Popper besteht, nicht widerlegen. Wir wissen aber nach wie vor nicht, ob die Regeln wahr oder falsch sind.

Simplexität ist also – in der Natur wie im theoretischen Modell – die Emergenz einfacher Merkmale als direkte [wenngleich manchmal äußerst verwickelte] Konsequenz von Regeln »tief unten«. Simplexitäten sind »Theoreme«. Manchmal entdecken wir eine Simplexität, ohne daß wir ihre explizite Ableitung aus diesen Regeln hinschreiben könnten; oft erzählen wir bloß eine plausible Geschichte ohne genaue Details. Unsere Vorstellung von Simplexität gibt keinen Trichter wieder, sondern eher so etwas wie aufsteigenden Rauch [Abb. 48]. Öfter wird ein hübsches Fähnchen – ein einfaches Merkmal – von der internen Dynamik des Rauchs zusammengefügt.

Was dieses Merkmal betrifft, spielt die im Rauch oder weiter unten im Trichter versteckte Komplexität keine Rolle, weder für uns noch für irgend etwas in der natürlichen Welt, das dieses Merkmal sieht. Für eine Katze sind alle Rotkehlchen austauschbar, und folglich wirkt die von Katzen vermittelte natürliche Auslese auf alle Merkmale von Rotkehlchen ein, die von Katzen gesehen werden. Die interne Struktur, zum Beispiel die DNS, wird davon nur indirekt berührt. Die einem Merkmal zugrunde liegende Struktur kann durch eine andere Komplexität ersetzt werden, sofern diese ein Merkmal liefert, das als dasselbe »gesehen« wird.

Abbildung 48: Mentales Bild der Simplexität

Komplizität

Simplexität ist – passenderweise – ein relativ einfaches Konzept. Sie erlaubt unterschiedlichen Regeln auf einfache Weise, ähnliche oder gar identische Merkmale zu erzeugen; sie funktioniert, wenn die Regeln selbst sehr ähnlich sind. Jetzt kommen wir zu einem viel vertrackteren Sachverhalt, bei dem völlig unterschiedliche Regeln konvergieren, um ähnliche Merkmale zu erzeugen, so daß dieselben großräumigen Strukturmuster entstehen. Wir nennen ihn Komplizität.

Denken wir zum Beispiel an die Übertragung der Malaria durch eine Mücke. Malaria wird durch einen Parasiten verursacht, der im menschlichen Blut lebt. Mücken saugen Blut und nehmen dabei unabsichtlich auch den Parasiten auf. Wenn sie dann einen anderen Menschen angreifen, können sie den Parasiten übertragen.

Das Besondere an diesem System ist, daß die Wechselwirkung mehrerer Subsysteme den Raum des Möglichen erweitert. In keinem der beteiligten Räume kommt auch nur entfernt so etwas wie Malaria vor. Weder im Blut-Raum noch im Blutsauger-Raum gibt es eine verborgene Malaria. Durch die Wechselwirkung dieser Räume werden jedoch ganz neue Möglichkeiten eröffnet. Der Flug der Mücken wurde nicht erfunden, um die Malaria zu übertragen; als das Fliegen sich entwickelte, existierte der Malaria-Parasit nicht, weil der Mensch noch nicht existierte. Blut wurde nicht als Nahrung für Mükken erfunden; das war eine frühere Explosion des Raumes des Möglichen, und blutsaugende Insekten entwickelten sich, weil es Blut zum Saugen gab. Wenn man alles zusammennimmt – Blutsauger, Flug, Vielzahl von Wirtstieren –, ist in dem kombinierten Raum des Möglichen immer noch nichts von Parasiten zu sehen. Irgendwann werden sie aber aus der neuen interaktiven Dynamik hervorgehen.

Wenn ein neues Merkmal dieser Art auftaucht, läßt es seine Geschichte hinter sich. Man kann die Übertragung der Malaria verstehen, ohne auf all die Details der Evolution einzugehen.

Simplexität erkundet lediglich einen bestehenden Raum des Möglichen. Komplizität erweitert ihn.

Und beide Prozesse zusammen lassen das zugrunde liegende Chaos zusammenbrechen und erzeugen stabile Merkmale aus einem Meer von Komplexität und Zufälligkeit.

Die Komplizität ist ihrer Natur nach so vertrackt und verwickelt, daß jeder Versuch, ihr internes Funktionieren und ihre bisherige Geschichte herauszupräparieren, nur zum reduktionistischen Alptraum führt. Dennoch gibt es Muster der Komplizität, Muster, an denen wir ihr Vorhandensein erkennen. Sie bestehen in Meta-Regeln, in großräumigen Universalien. Aus der Wechselwirkung von Blut-Raum und Blutsauger-Raum hätte man die Malaria mit all ihren blutigen Details nicht vorhersagen können. Aber mit ein bißchen Phantasie hätte man das universale Muster »Parasit« vorhersagen und vermuten können, daß der kombinierte Raum neue Nischen für Parasitismus eröffnen würde.

Ein anderer Fall derselben Meta-Regel ist der »Blutegel«, das aquatische Gegenstück zur Mücke. Die Analogie zwischen Mücken in der Luft und Blutegeln im Wasser weist eine enge Parallele zu unserer früheren Analogie zwischen Flügeln in der Luft und Schwimmblasen im Meer auf. Haben die meisten fliegenden Merkmale vielleicht schwimmende Pendants? Wenn das zutreffen sollte, wäre es eine Meta-Meta-Regel – ein universales Muster über universale Muster.

Diese Meta-Regeln und Meta-Meta-Regeln wirken auf der Ebene der Merkmale und nur auf dieser Ebene. Ihre Erklärungen stecken nicht in den Komplexitäten der beteiligten Subsysteme, die zusehends divergieren, je weiter man zu tieferen reduktionistischen Ebenen vordringt. Die Meta-Regeln sind emergent, nicht reduktionistisch. Sie sind sogar so nichtreduktionistisch, daß es nicht einmal eine Rolle spielt, ob ein gegebenes Merkmal durch Simplexität oder durch Komplizität entstanden ist. Solange es für die Außenwelt gleich aussieht, ist das alles, was zählt. Es ist diese Austauschbarkeit, die die Muster universal macht, und das ist es auch, was ihnen ermöglicht, das Chaos zum Zusammenbruch zu bringen.

Die Malaria – um auf unser Beispiel zurückzukommen – ist etwas Besonderes, aber das Merkmal »Parasit« ist allgegenwärtig: in der Darwinschen Evolution [auf mehreren Ebenen – Viren parasitieren Bakterien, Egel parasitieren Schnecken, Bandwürmer und Malariaerreger parasitieren Menschen]; in den Bitstrings von Tierra; in Sozialsystemen [»Diese Leute sind doch bloß Schmarotzer der anständigen Gesellschaft!«]; und in Wirtschaftssystemen [wo Parasiten in Gestalt von Spekulanten auf den Geldmärkten auftreten]. In keinem Fall, nicht einmal in der simplen Welt von Tierra, können wir den Zusammenhang zwischen Regeln und Merkmalen vollständig darstellen, und einzig im Fall von Tierra kennen wir sogar die Regeln, weil Ray sie sich ausgedacht hat. Es spricht auch kaum etwas dafür, daß die reduktionistischen Regeln der Wirtschaft [falls derlei existiert] in irgendeiner Weise den reduktionistischen Regeln der Evolution [falls sie existieren] ähneln würden.

Mit der Berufung auf eine mutmaßliche Theorie von Allem ist die Parallele nicht zu erklären, selbst wenn es stimmen sollte, daß das Verhalten sowohl der Malaria-Parasiten als auch der Marktspekulanten auf dieselben zugrunde liegenden subatomaren Regeln zurückzuführen sind. Es ist unwahrscheinlich, daß das Zusammenwirken der Moleküle eines Malaria-Parasiten mit dem Ziel, die menschliche Blutbahn zu befallen, Ähnlichkeit hat mit dem Zusammenwirken der Moleküle eines Spekulanten mit dem Ziel, den Dollarkurs im Verhältnis zur Mark zu drücken. Die Analogie zwischen Bandwürmern und Spekulanten können wir nur auf der Ebene großräumiger Merkmale entdecken, und wir müssen die Analogie auf derselben Ebene erklären.

Ein weiteres Beispiel ist das des Elefanten und der Giraffe. Beide haben ein gemeinsames Merkmal: »ein langes Ding zum Wassertrinken, ohne hinzuknien und zum Blätterabrupfen, ohne in die Luft zu hüpfen«. Zwar nennen wir dieses Ding beim Elefanten Rüssel und bei der Giraffe Hals, aber ein gemeinsames Merkmal ist es dennoch. Unzweifelhaft sind es vermutlich auch ähnliche äußere Zwänge wie etwa Konkurrenz um Nahrung und Wasser, welche die Evolution von Rüsseln und Hälsen erklären. Es sind praktisch dieselben Gründe, aus denen die Elefanten Rüssel und die Giraffen lange Hälse entwickelten. Eine reduktionistische Analyse von Elefanten- und Giraffen-DNS kann jedoch, selbst wenn sie uns genau erklären würde, wie man aus Proteinen und anderen Substanzen einen Rüssel beziehungsweise einen langen Hals macht, die Analogie nur als zufällig darstellen: zwei völlig verschiedene Prozesse, die zufällig ähnliche Resultate hervorbringen. Da ein erkennbarer Zusammenhang zwischen Regeln und Merkmalen nicht besteht, können wir nicht sagen, daß derartige Dinge das Resultat von Simplexität sind. Die Entwicklungsregeln für Elefanten enthalten nicht winzige Teile von »Rüsseligkeit«, die einfach vergrößert und beim erwachsenen Geschöpf realisiert werden. Wenn nicht über Simplexität, müssen diese Ähnlichkeiten durch einen anderen, subtileren Mechanismus entstehen.

Man könnte sagen, daß solche Ähnlichkeiten zwischen Merkmalen ganz unterschiedlicher Systeme bloße Kuriositäten sind, Zufälle des Antichaos, die unsere Aufmerksamkeit auf sich ziehen, weil der menschliche Geist nun einmal so beschaffen ist. Man könnte behaupten, daß die angeblichen Analogien nicht wirklich stichhaltig sind: Spekulanten sind in Wirklichkeit keine Parasiten des Wirtschaftssystems, sondern scheinen nur gewisse Verhaltenseigentümlichkeiten mit Parasiten zu teilen. Aus unserer Sicht gilt es allerdings, diese Ähnlichkeiten zu erklären und nicht wegzuerklären; deshalb haben wir das Wort »Komplizität« geprägt, um jenen Prozeß zu bezeichnen, der nach unserer Meinung wirklich stattfindet.Unsere der Abbildung 48 vergleichbare Vorstellung von der Komplizität ist die von Rauch, der aus zwei oder mehr Quellen aufsteigt, interagiert, ineinander- und durcheinanderströmt [Abb. 49]. Auch hier sieht man die eigenartige Rauchfahne, die aus dieser Wechselwirkung entsteht.

Abbildung 49: Mentales Bild der Komplizität

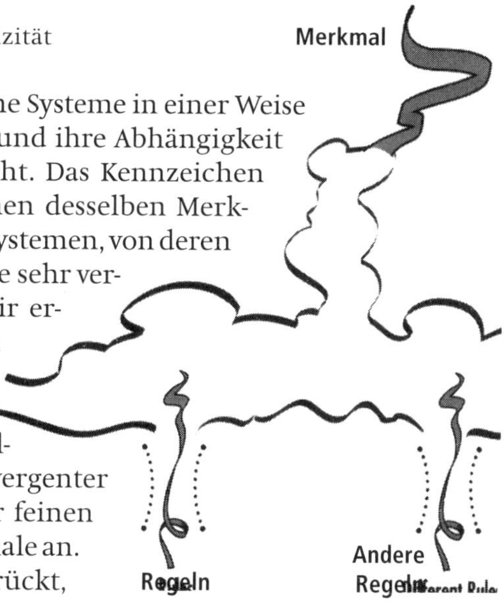

Komplizität entsteht, wenn einfache Systeme in einer Weise interagieren, die beide verändert und ihre Abhängigkeit von Anfangsbedingungen auslöscht. Das Kennzeichen von Komplizität ist das Vorkommen desselben Merkmals oder derselben Merkmale in Systemen, von deren Regeln wir entweder wissen, daß sie sehr verschieden sind, oder von denen wir erwarten, daß sie sehr verschieden sein werden, wenn wir nur herausfinden könnten, welcher Art sie sind. Darin steckt eine wichtige Folgerung: Komplizität ist ein konvergenter Prozeß; sie steuert ungeachtet der feinen Details der Regeln dieselben Merkmale an. Komplizität führt, anders ausgedrückt, zur »Ersetzbarkeit« von [einigen] Komponenten. Wenn es in einem komplizitären Prozeß um den Bau einer – realen oder metaphorischen – Brücke geht, dann kann alles, was dieselbe Funktion erfüllt, zum Beispiel ein Tunnel, die Aufgabe genauso gut erledigen. Und es ist unerheblich, woraus eine Brücke gemacht ist oder was um einen Tunnel herum ist. Sobald die geforderte Struktur vorhanden und stark genug oder sonstwie gut genug konstruiert ist, um die beabsichtigte Funktion zu erfüllen, werden ihre Materialien für diese Funktion irrelevant –in den Augen des Denkers, im Körper des Reisenden, im Motor des Autos und in der Person im Mauthäuschen.

Komplizität in der Evolution

Das wichtigste Beispiel für Komplizität ist die Evolution, bei der die beiden Systeme von Regeln in der Chemie der DNS und in der systematischen Wechselwirkung der Organismen mit ihrer Umwelt bestehen. Betrachten wir das tierische Merkmal »Flügel«. Dieses Merkmal hat sich mehrmals, von ganz verschiedenen Umständen ausgehend, bei Insekten, Pterodaktylen, Fledermäusen und Vögeln entwickelt. Wären Flügel ein Fall von Simplexität, dann könnten wir ihr viermaliges Vorkommen ungefähr folgendermaßen erklären: »In Insekten-DNS gibt es eine bestimmte Sequenz von Nukleotiden oder eine Ansammlung von solchen Sequenzen, die zum Wachsen von Flügeln führt. Bei Pterodaktylen gibt es eine ähnliche Sequenz von Nukleotiden oder eine Ansammlung von solchen Sequenzen, die zum Wachsen von Flügeln durch einen ähnlichen Prozeß führt. Gleiches gilt für Fledermäuse und Vögel.« Das wäre Simplexität – ein gängiger, wiederholbarer Weg, der von Regeln über Komplexitäten zu Merkmalen führt, vereinfacht zu einem einzigen Merkmal »Flügel«. So könnte die Evolution von Flügeln tatsächlich aussehen – wir wissen nicht genug über die Entwicklung von Tieren, um das entscheiden zu können –, aber es ist unwahrscheinlich, weil die vier Typen von Organismen zu unterschiedlichen Zeiten und aus verschiedenen Vorfahren evoluierten. Alle vier entwickelten Flügel, weil sie in ihrer jeweiligen Umwelt das gleiche Problem lösten: vom Boden hochzukommen. Sie bauten eine Brücke zur Flug-Insel und erweiterten den Raum des Möglichen.

Es ist dennoch richtig, daß an jeder nochmaligen Erfindung des Merkmals »Flügel« eine ungemein komplizierte Folge von Veränderungen der DNS beteiligt gewesen sein muß. Wenn wir in der Lage wären, das gesamte genetische Material hinreichend vieler Organismen zu sequenzieren und zu verstehen, was diese genetischen »Instruktionen« für die [individuelle] Entwicklung bedeuten, dann könnten wir vielleicht die Entwicklung von Flügeln in jedem einzelnen Fall durch eine reduktionistische, interne Analyse erklären. So weit, so gut. Allerdings hätten wir am Ende vier vollkommen verschiedene Erklärungen und wüßten nicht im mindesten, woher die Analogie kommt. Entsprechend würden wir, wenn wir von den Blaupausen für eine Boeing 747 und einen Airbus ausgingen, die Schrauben und Muttern und Ösen und Aschenbecher zählten und aufschrieben, wohin das jeweilige Teil gehört, die Struktur beider Maschinen »erklären«; doch ohne sie zu bauen und ohne zu sehen, was sie machen, würden wir vermutlich nicht sagen können, daß die eine oder andere fliegt, und wir würden bestimmt nicht sagen können, daß beide Fälle des Merkmals »Flugzeug« sind.

Während für den Reduktionismus losgelöste und zusammenhanglose Teile im Vordergrund stehen, ziehen wir es vor, die Analogie zu betonen, sie als ein Merkmal oder als eine Merkmalsmenge einzufangen, sie als ein Beispiel von Komplizität zu beschreiben und sie mit äußeren Zwängen zu erklären. Alle vier Typen von Organismen entwickelten Flügel, weil es das ist, was man braucht, wenn man schwerer als Luft ist und fliegen möchte. Die Form der zu entwickelnden Vorrichtung ist eingeengt durch die Regeln der Aerodynamik. Eine verkleinerte Ausgabe des Schiefen Turms von Pisa würde nicht fliegen – benötigt werden flache, seitwärts ausgestreckte Flächen. Aus diesem Grund haben die beiden Flugzeugtypen entsprechend geformte Tragflächen – und außerdem vieles gemeinsam, zum Beispiel Räder zum Landen.

Geographische Rückkopplung

Weil Komplizität ihrer Natur nach konvergent ist – sie führt unabhängig von den zugrunde liegenden Regeln zu denselben Merkmalen –, kann man sie nicht sinnvoll auf ein bestimmtes System von Regeln reduzieren. Auch ein vollständiger Satz solcher Reduktionen – eine für die Insekten, eine andere für die Pterodaktylen und so weiter – vermöchte die Herkunft der resultierenden Analogien nicht zu erklären. Er würde lediglich jedes Merkmal gesondert erklären, ohne irgendeine Ähnlichkeit zu »bemerken«. Die Reduktion kann keine Ähnlichkeit bemerken, weil sie über das jeweilige Merkmal nicht hinausgeht. Daher können wir Komplizität nicht in einem rein reduktionistischen Rahmen erklären. Dennoch können wir ungefähr erklären, wie sie funktioniert, mit Hilfe von Räumen des Möglichen.

Nochmals auf das Beispiel von DNS und Organismus zurückgreifend, können wir die allgemeine Natur ihrer Wechselwirkung beschreiben. DNS-Sequenzen leben im DNS-Raum, und in Abwesenheit sonstiger Einflüsse würden sie dynamisch in der Geographie des DNS-Raums umherwandern, nach Attraktoren suchen und sich an ihnen niederlassen. Entsprechend leben Organismen im Geschöpf-Raum, und in Abwesenheit sonstiger Einflüsse würden sie dynamisch in der Geographie des Geschöpf-Raums umherwandern, nach Attraktoren suchen und sich an ihnen niederlassen. Es gibt jedoch andere Einflüsse, welche diese beiden Räume miteinander verkoppeln. Die biologische Entwicklung nimmt DNS-Stränge und entwickelt mit ihrer Hilfe Organismen. Dies geschieht im Kontext bereits entwickelter Organismen; es handelt sich nicht um eine bloße Abbildung. Daraus folgt jedoch, daß Veränderungen im DNS-Raum die Dynamik im Geschöpf-Raum beeinflussen. Umgekehrt begünstigt die natürliche Auslese, die im Geschöpf-Raum für Dynamik sorgt, bestimmte Organismen gegenüber anderen, und dadurch begünstigt sie die DNS in den begünstigten Organismen. Veränderungen im DNS-Raum beeinflussen die Dynamik im DNS-Raum. Kurz, zwischen den beiden Räumen besteht eine Rückkopplung, die dafür sorgt, daß sie in Richtung auf eine gemeinsame Dynamik koevoluieren.

Doch die beiden getrennten Räume haben keine identische Geographie. Sie haben nicht einmal eine ähnliche Geographie. Geringfügige Änderungen an der DNS können eine Sequenz erzeugen, die nicht zu einem lebensfähigen Organismus führt; bei Geschöpfen mit geschlechtlicher Fortpflanzung führen solche Änderungen typischerweise zu rezessiven Genen, die sich erst eine Generation später bemerkbar machen, und auch dann nur, wenn die Mutation anderswo in der Population vorkommt. DNS-Änderungen haben nur einen verborgenen Effekt auf Organismen, und es kann passieren, daß geringfügige Verschiebungen in der Geographie des DNS-Raums keine sinnvolle Entsprechung im Geschöpf-Raum haben. Das Phänomen der genetischen Assimilation zeigt, daß Änderungen an den Organismen praktisch von Änderungen an ihrer DNS unabhängig sind, genauer gesagt, daß jeder Zusammenhang so indirekt und verborgen ist, daß man ihn nicht beobachten kann. Aber selbst wenn wir all diese Schwierigkeiten umgehen könnten – zu diesem Zweck wurde das Konzept des erweiterten Phänotyps erfunden –, besteht zwischen einer »natürlichen« Änderung der DNS und einer »natürlichen« Änderung von Organismen immer noch ein sehr großer Unterschied. DNS wird in der Weise modifiziert, daß einige Nukleotide ausgewechselt werden oder daß ein Segment herausgeschnitten oder eingefügt wird. Ein Organismus wird in der Weise modifiziert, daß seine Beine ein bißchen stärker, sein Kinn ein bißchen schwächer, seine Federn statt grünlich-blau bläulich-grün und sein Schwanz ein bißchen stärker gestreift werden. Die Geographie der beiden Räume, die Vorstellung darüber, was eine kleine Änderung bewirken kann, ist einfach verschieden. Verschieden sind auch die Merkmale der beiden Räume. Merkmale der DNS sind Dinge wie »macht Hämoglobin«; »DNS-Schrott«; »Kontrollgen einer höheren Ebene«. Merkmale von Geschöpfen sind Dinge wie »Tendenz, in Bäumen hängenzubleiben« und »Vorliebe für Honig«. Wir haben schon erklärt, daß selbst dann, wenn man Dawkins' Definition des »Gens für die Vorliebe für Honig« als »genetische Variation in der Vorliebe für Honig« akzeptiert, dennoch nicht zu erwarten ist, daß man es mit einem bestimmten Merkmal der DNS in Beziehung bringen kann. Gleiches gilt für das Hängenbleiben in Bäumen.

Da die beiden Räume eine sehr unterschiedliche Geographie haben, passen ihre jeweiligen Attraktoren nicht gut zusammen, so daß die Rückkopplung zwischen den Räumen einen schöpferischen Effekt hat. Sie verändert sie beide, meistens auf ziemlich unvorhersagbare Weise. Rückkopplung zwischen Räumen mit unterschiedlichen Geographien erzeugt in der Regel neue Verhaltenstypen, die schwerwiegend von allem abweichen, was man in den getrennten Systemen antrifft. Nehmen wir zum Beispiel an, das kombinierte System will sich an einem Attraktor im Geschöpf-Raum niederlassen, der mit keinem Attraktor im DNS-Raum zusammenpaßt. Die Dynamik des DNS-Raums wird versuchen, den Zustand des kombinierten Systems durch eine Änderung der DNS zu verändern; die Dynamik des Geschöpf-Raums wird versuchen, den Zustand zu erhalten, weil wir im Geschöpf-Raum einen Zustand haben, der – wenn die Rückkopplung vom DNS-Raum nicht wäre – ein Attraktor ist. Wegen der Rückkopplung versuchen beide Dynamiken sich auszuwirken, und gleichzeitig beeinflussen sie sich gegenseitig. Statt eines Kompromisses finden wir Konflikt vor, und Konflikt führt zu unvorhersagbaren, komplexen Wechselwirkungen. Diese Wechselwirkungen erzeugen eine neue kombinierte Geographie, die man sich vernünftigerweise nicht als eine Mischung aus den beiden getrennten Geographien vorstellen darf.

Stellen Sie sich als Analogie ein Kind vor, das im Kind-Raum lebt und auf einem Pferd reitet, das im Pferd-Raum operiert. Die Attraktoren im Kind-Raum sind Dinge wie Eisverkaufswagen, die im Pferd-Raum Dinge wie Heuballen. Wenn ein Eisverkaufswagen da ist, vor dem ein Heuballen liegt, entsteht ein gemeinsamer Attraktor. Wenn der Reiter aber das Pferd neben dem lauten Motor eines Eisverkaufswagens anhalten möchte, während das Pferd seine Augen auf einen Heuballen zwei Felder weiter gerichtet hat ...

Lassen Sie sich von diesem Bild nicht beirren. Mehrere Milliarden Jahre der Evolution haben unseren heutigen DNS-Raum mit dem Geschöpf-Raum verbunden, und es hat sich eine gemeinsame Dynamik herausgebildet. Deshalb beobachten wir nie die individuelle Dynamik des »nackten« DNS-Raums oder des »nackten« Geschöpf-Raums. Wir haben jedoch eine Vorstellung davon, wie diese Räume und ihre Geographien aussehen sollten. Denken Sie zum Beispiel an Sequenzen im DNS-Raum, die für ein wirklich raffiniertes Hämoglobin sorgen, mit einem Mechanismus für die Aufnahme von Sauerstoff in der Lunge und seine Freisetzung in den Geweben; das hat den Leuten großes Kopfzerbrechen gemacht, weil so etwas unmöglich durch eine »zufällige« Zusammenstellung von Nukleotiden zustande kommen kann. Kein geringeres Kopfzerbrechen macht uns das Vorkommen des Merkmals

»Herz« im Geschöpf-Raum, weil eine »zufällige« Zusammenstellung von Zellen unmöglich eine solche High-Tech-Struktur hervorbringen kann. Erst bei gründlichem Nachdenken wird uns klar, daß jedes dieser beiden Rätsel ein Stückweit das andere erklärt. Die DNS für die Herstellung von Hämoglobin ist entstanden, weil der Organismus ein Kreislaufsystem einschließlich eines Herzens entwickelt hat; das Herz hat sich entwickelt, weil die DNS die richtigen Proteine und Kontrollgene für seinen Bau bereitstellt. Keines von beiden ist für sich, in seinem eigenen »nackten« Raum, entstanden und würde so auch nicht entstehen. Nicht die individuelle, sondern die gemeinsame Dynamik erzeugt die Attraktoren, die dann wirklich auftreten. Diese Attraktoren definieren die Makros, welche die Affen benötigen, um Hämoglobin zu tippen, und als Teil desselben komplizitären Pakets kommt noch ein Herz hinzu.

Diese gemeinsame Geographie, die aus der Rückkopplung zwischen verschiedenen dynamischen Systemen entsteht, ist eine Metapher für Komplizität. Da wir die einzelnen Räume, ihre jeweilige Dynamik und die Natur der Rückkopplung nicht kennen, was obendrein durch die Komplexität aller drei erschwert wird, haben wir kaum eine Chance, reduktionistisch exakt herauszuarbeiten, wie die Dynamik von der DNS über die Entwicklung zum Organismus verläuft, und noch weniger Hoffnung, die ganze historische Erzählung zu rekonstruieren, durch die aus dem, was vor einer Milliarde Jahren war, heute ein Auge geworden ist.

Was wir dagegen herausarbeiten können, sind die Zwänge, die aus den soeben beschriebenen Wechselwirkungen zwangsläufig resultieren. Eindeutig sind die Vorteile, die ein Organismus von einem Herzen hat; sie wirken durch natürliche Auslese zurück auf den DNS-Raum und treiben das System in jene Teile, die zur Entwicklung eines besseren Herzens führen – und so entsteht eine immer wieder durchlaufene, sich selbst verstärkende Schleife. Wir haben also, ohne die Details zu kennen, dennoch ein gutes Verständnis der allgemeinen Natur des Prozesses. Wir können erkennen, warum es zur Komplizität kommen mußte.

Allerdings nicht, wie sie zustande kam. Wie-Fragen sind solche mit reduktionistischen Antworten. »Der Flügel des weniger getüpfelten irren Vogels hat 435 Federn. Feder Nummer 1 ist 6,5 Zentimeter lang, und wenn der Vogel horizontal mit einer Geschwindigkeit von 24 Kilometern pro Stunde fliegt, schwingt er mit einer Frequenz von 16,77 Hz. Wenn der Vogel mit einer Geschwindigkeit von 25,6 Kilometern pro Stunde fliegt, ändert sich diese Frequenz in ...« Das ist wieder die Brücke der Pedenten. Es gibt auf Warum-Fragen aber externe Antworten, bei denen oft Komplizität im Spiel ist. »Der weniger getüpfelte irre Vogel hat Flügel, weil er den Klauen der großen Krachkatze entwischen muß.« Solche Antworten kommen aber wegen der Komplizität nie allein vor. »Er braucht sie außerdem, weil er sich von der Gulifrucht oben in den Zweigen des Wangibaums ernährt.« Der Unterschied zwischen echten Erklärungen und So-ist-es-einfach-Geschichten ist subtil.

Seltsame Schleifen

Unsere Darstellung wissenschaftlicher Theorien im Sinne von Ebenen der Beschreibung enthält eine Vereinfachung, die gelegentlich bedacht werden muß, und jetzt ist es an der Zeit, diese aufzuzeigen. Es mag in der Regel sinnvoll sein zu sagen, eine bestimmte Theorie sei »auf einer tieferen Ebene« angesiedelt als eine andere – zum Beispiel, daß die Quantenmechanik »tiefer« sei als die Kristallographie. Manchmal wirken sich Phänomene, die zu einer Ebene zu gehören scheinen, aber auf einer ganz anderen Ebene aus. Entsprechend können Phänomene, die einem System eigentümlich zu sein scheinen, unerwartet ein anderes beeinflussen. Wir nennen solche Wechselwirkungen seltsame Schleifen oder seltsame Zusammenhänge und stellen sie uns so vor, wie in Abbildung 50 dargestellt. Wir wollen einige Beispiele nennen.

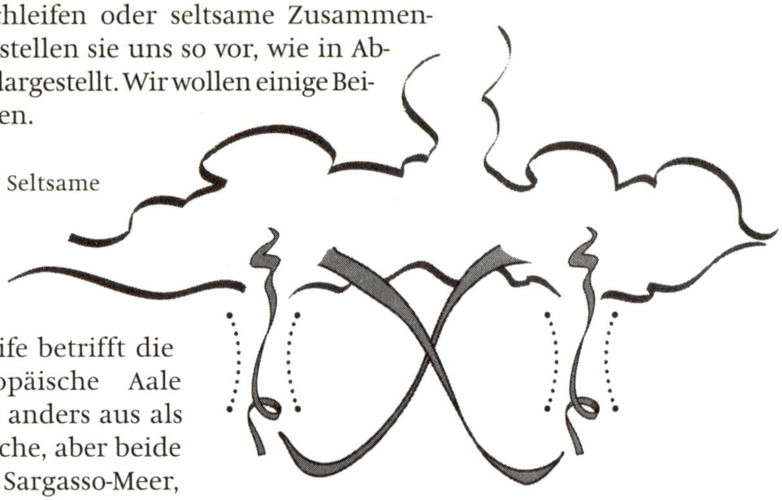

Abbildung 50: Seltsame Schleifen

Unsere erste seltsame Schleife betrifft die Aale. Europäische Aale sehen ganz anders aus als amerikanische, aber beide laichen im Sargasso-Meer, einer Region im Atlantik, wo große Mengen von Seetang und sonstiger Abfall herumtreibt. Das Sargasso-Meer, ungefähr so groß wie der Golf von Mexiko, liegt östlich von Florida. In Europa wachsen die Aale heran, bis sie mit elf oder zwölf Jahren in den Atlantik aufbrechen; man trifft auch Jungaale, die aus dem Ozean nach Europa zurückwandern. In Amerika brechen die Aale ebenfalls zum Atlantik auf, und man kann Larven beobachten, die mit den Gezeiten zurücktreiben.Das Problem ist, daß ausgewachsene europäische Aale es nicht bis zum Sargasso-Meer schaffen. Sie können unterwegs nicht fressen, und sie haben einfach nicht genug Nahrung oder Energie, um lebend dorthin zu kommen. Woher kommen also die europäischen Aale, die von den amerikanischen »völlig verschieden« sind? Entstehen sie durch Urzeugung? Die Antwort ist trivialer: Sie stammen von den amerikanischen Aalen ab. Die schaffen es bis zum Sargasso-Meer. Ihre planktonischen Larven driften in die amerikanischen Flüsse. Sie driften auch mit dem Golfstrom nach Europa hinüber, wofür sie zwei bis drei Jahre brauchen. Da sie sehr viel länger driften, werden sie größer als ihre amerikanischen Cousins, und deshalb entwickeln sie sich zu erwachsenen Tieren, die anders aussehen. Erinnern Sie sich an den Anglerfisch und Bonellia? Dort führte dieselbe Genetik zu verschiedenen Geschlechtern, hier führt dieselbe Genetik zu verschiedenen Formen erwachsener Aale.

Das alles ist recht seltsam, und das Sargasso-Meer bietet offensichtlich ungewöhnlich günstige Laichbedingungen für Aale, aber man fragt sich doch, warum die europäischen Aale keinen besseren Platz näher an ihrem Zuhause finden können und wie das Ganze in Gang gekommen ist. Die Antwort scheint nicht von der Biologie, sondern von der Geologie zu kommen: Kontinentaldrift. Die Kontinente schwimmen als riesige Platten auf dem flüssigen Magma, und diese Platten verschieben sich in geologischen Zeiträumen. Ein Plattenrand verläuft ungefähr in der Mitte des Atlantiks, und zwischen den anstoßenden Platten quillt neues Material empor, so daß die Meeresfläche langfristig zunimmt und die Kontinente auseinandertreiben. Es scheint, als sei die Laichstrategie der Aale in Gang gekommen, als der Atlantik noch viel schmaler war und die erwachsenen Tiere die Rückreise von beiden Seiten überstehen konnten. Die geographische Programmierung der Aale hat von dem allmählichen Auseinanderweichen der Kontinente offenbar nicht Kenntnis genommen.

Dieses seltsame Beispiel gehört möglicherweise zu einer noch seltsameren Schleife. Es wird vermutet, daß die Kontinentaldrift auf einem belebten Planeten rascher verläuft als auf einem unbelebten. Die kohlenstoffhaltigen Schalen winziger Meeresorganismen und sonstiger mariner Schutt schmieren die Zonen, in denen die Platten aneinanderreiben. Es besteht also eine Rückkopplung vom Leben zur Geologie, so wie umgekehrt die einstige Geologie die Verhaltensmuster heutiger Lebensformen beeinflußt. Diese spezielle seltsame Schleife überspannt sowohl Zeiten als auch Räume.

Ein anderes Beispiel ist die neuere Erkenntnis, daß das Vorhandensein von Leben auf der Erde von weit mehr Dingen abhängt als nur von der richtigen Mischung von chemischen Stoffen und der richtigen Entfernung von der Sonne. Das Sonnensystem enthält eine Fülle von relativ kleinen Objekten, die, um eine Zahl zu nennen, weniger als anderthalb Kilometer Durchmesser haben. Ungefähr alle hundert Jahre fällt ein Himmelskörper von mehreren hundert Metern Durchmesser auf die Erde. Größere Körper wie etwa der K/T-Meteorit schlagen seltener auf und rufen enorme ökologische Veränderungen hervor. 1992 sorgte man sich, daß der Swift-Tuttle-Komet in 130 Jahren auf die Erde schlagen könnte, doch zeigten genauere Berechnungen, daß er mit einem beruhigenden Sicherheitsabstand vorbeifliegen wird. Für den 25. Juli 1994 wird vorhergesagt, daß Bruchstücke eines anderen Kometen, Shoemaker-Levy, auf den Jupiter fallen werden. Es gibt sogar die Meinung, daß die Gasriesen des Sonnensystems – Planeten wie Jupiter und Saturn – in den meisten Fällen verhindern, daß solche Körper die Erde treffen, weil sie mit ihren Gravitationsfeldern den größten Teil dieses Mülls aus dem Sonnensytem herauskehren. Daß es Sie auf diesem Planeten gibt, hängt also auch von der Existenz von Jupiter und Saturn ab – eine seltsame Verbindung von der Spitze des Astronomie-Schornsteins zur Basis des biologischen.

Das Ichbewußtsein

Unser Gehirn hat eine beeindruckende Fähigkeit entwickelt, Merkmale zu entdecken. Merkmale werden in der Natur durch den Zusammenbruch des Chaos erzeugt, und sie ermöglichen eine schnelle und grobe Methode, Ereignisse in unserer Umwelt zu antizipieren, so daß wir schneller auf mögliche Gefahren reagieren können. Die Evolution übt daher auf Gehirne einen erheblichen Druck aus, Merkmalsdetektoren zu entwickeln. Merkmalsdetektoren sind aber selbst Merkmale, und folglich wird ein generalisierter Merkmalsdetektor selbstbezuüglich sein. Wir bezeichnen unser System der Merkmalsdetektion als »Bewußtsein«: Wir werden uns eines Merkmals der Welt bewußt, wenn unser Gehirn es detektiert. Bewußtsein ist folglich selbstbezüglich – wir sind uns der Tatsache, ein Bewußtsein zu besitzen, bewußt. Diese Eigenschaft des Bewußtseins wird oft als die erstaunlichste angesehen, doch ist sie in Wirklichkeit eine schlichte Konsequenz des Allgemeinheitsgrades unserer Systeme der Merkmalsdetektion. Das Erstaunliche am Bewußtsein ist nicht, daß wir uns bewußt sind, daß wir Bewußtsein haben, sondern daß wir Bewußtsein haben. Nicht die Selbstbezüglichkeit des Bewußtseins bedarf der Erklärung, sondern die Tatsache, daß es aus einer Riesenmenge von teilweise strukturierten sensorischen Daten wichtige Merkmale zu extrahieren vermag – dieselben Merkmale, welche »natürliche« Wechselwirkungen »sehen«.

Manche tiefen philosophischen Probleme wie Bewußtsein und Intelligenz können wir mit Hilfe der Komplizität von einer neuen Warte betrachten. Viele sehen im Bewußtsein ein irreduzibles Geheimnis – vielleicht ein Geschenk Gottes oder eine Manifestation eines übernatürlichen Prinzips. Diesen Menschen haben wir nichts zu sagen, außer daß wir persönlich eine solche Antwort unbefriedigend finden. Andere versuchen, das Bewußtsein auf etwas Einfacheres zu reduzieren, zum Beispiel auf die Quantenmechanik. Sie argumentieren etwa folgendermaßen. Das große Problem am Bewußtsein ist nicht, daß Geschöpfe eine gewisse Vorstellung von sich selbst zu haben scheinen, sondern daß mit Bewußtsein begabte Geschöpfe bewußte Entscheidungen treffen. Das Bewußtsein hat etwas entschieden Unbestimmtes. Wo in der physikalischen Welt begegnet uns Unbestimmtheit? In der Newtonschen Mechanik? Nein. In der Quantenmechanik? Ja. Aha! Die Unbestimmtheit des Bewußtseins muß von der Unbestimmtheit der Quantenmechanik herrühren!

Den Befürwortern dieser Art von Argumentation haben wir etwas mehr zu sagen. Wir finden ihre Folgerung, ehrlich gesagt, reichlich dumm. Genauso könnte man auf die Frage »Kathedrale von Chartres?« mit »Ziegelsteine« antworten: Die Kathedrale von Chartres besitzt Schönheit und Form und Struktur, weil jeder Ziegelstein, aus dem sie aufgebaut wurde, einen ganz winzigen Betrag an Schönheit und Form und Struktur enthält. Dies ist ein präformationistisches Argument von der schlimmsten Sorte: »Alles ist, was es jetzt ist, weil es aus etwas hervorgegangen ist, das in mikroskopischer Form das ganze Ding enthielt, das es jetzt ist.« So sehen auch die Homunkulustheorien der menschlichen Fortpflanzung aus: In jeder Samenzelle steckt ein ganz winziger, aber vollständiger Mensch, Mann oder Frau. Oder die Theorie, daß die DNS eine winzige verschlüsselte Version eines vollständigen Mannes oder einer vollständigen Frau enthält. Oder die Idee, daß jede menschliche Verhaltensweise auf einen tierischen Vorläufer zurückgehen muß.

Die Frage »Bewußtsein?« mit »Quantenmechanik« zu beantworten heißt, an der falschen Stelle, auf der falschen Ebene und in falschen Kategorien zu suchen. Präformationistische Theorien führen nur zu einem unendlichen Regreß; alles kann nur aus winzigen Kopien seiner selbst hervorgehen, folglich kann nichts je entstehen. Die Unbestimmtheit des Bewußtseins muß von der Unbestimmtheit der Elektronen herrühren, dann muß die Unbestimmtheit der Elektronen von der Unbestimmtheit der Quarks herrühren, dann ... Selbst wenn Sie damit aufhören, wenn Sie bei einer Theorie von Allem angekommen sind, haben Sie noch nicht erklärt, woher die Unbestimmtheit in dieser speziellen Theorie kommt. Sie haben sie nur an den Anfang verlegt und behauptet, daß aus der Geltung des Reduktionismus [oder der Simplexität] und der Tatsache, daß Unbestimmtheit auf der Quantenebene wichtig ist, zwangsläufig folgt, daß sie auch auf der Ebene des Gehirns wichtig sein müsse. Daß dies nicht so sein muß, folgt aus der Tatsache, daß Komplizität das Chaos zusammenbrechen läßt. Unser Prinzip, daß großräumige emergente Phänomene gegenüber der zugrunde liegenden Feinstruktur unempfindlich sind, läßt uns das genaue Gegenteil erwarten: daß nämlich, wenn Gehirne auf Quantenbasis Bewußtsein zeigen können, auch Gehirne, die der klassischen – nicht-quantenmechanischen – Physik gehorchen, dazu fähig sein werden. Nicht daß irgend jemand solche Gehirne bauen kann, um nachzuprüfen, ob wir recht haben; sollte aber jemals der Mechanismus des Bewußtseins entdeckt werden, dann wird er – das ist unsere Vermutung – auch in einem klassischen Universum funktionieren.

Überall finden wir Beweise dafür, daß komplizierte Systeme Merkmale besitzen, die sich nicht auf die einzelnen Komponenten zurückführen lassen. Besitzen die Moleküle einer Katze etwa in rudimentärer, winziger Form eine Vorliebe für die Moleküle einer Maus? Absurd! Falls solche Merkmale überhaupt von irgendwoher kommen, dann kommen sie aus der Art und Weise, in der die Komponenten massenhaft interagieren. Die Fähigkeit von mit Bewußtsein ausgestatteten Gehirnen, Entscheidungen zu treffen – vorausgesetzt, sie tun das wirklich –, muß ein Merkmal großer Systeme von Neuronen oder vergleichbarer Rechenvorrichtungen sein, das aus der Art und Weise erwächst, in der sie interagieren. Es ist die Komplizität, nicht die Quantenmechanik, die zum Bewußtsein führt. Wir können verstehen, warum sich Bewußtsein entwickelt hat: Wenn man Raubtieren ausweichen oder Geschlechtspartner finden oder generell im Leben zurechtkommen will, tut man gut daran, zwischen Alternativen zu entscheiden, statt blindlings vorhersagbaren Regeln zu folgen.

Newtons Ohren

Das Wirken der Komplizität im menschlichen Geist läßt sich vielfältig beobachten. Hier ein Beispiel. Isaac Newtons Geist stieß auf die Regel [Bewegungsgesetz], daß die Beschleunigung der Kraft proportional ist. Daß frühere Generationen nicht auf diese einfache Regel gekommen waren, liegt unter anderem daran, daß eines ihrer Konzepte, die Beschleunigung, nicht zu den Dingen gehört, die wir direkt wahrnehmen. Es handelt sich um die Veränderung einer Veränderung, und das ist einigermaßen vertrackt. Das andere Konzept, die Kraft, bekommen wir dagegen ständig zu spüren. Die Schwerkraft zieht uns hinunter – mit ihr kämpfen wir unser Leben lang. Wenn wir einen Felsblock über den Boden bewegen wollen, müssen wir ihn schieben. Genau diese Erkenntnis brachte Aristoteles zu der Auffassung, daß die Geschwindigkeit der Kraft proportional ist [denn je schneller man den Felsblock bewegen möchte, desto stärker muß man schieben]. Dieselben Erkenntnisse bezüglich von Kräften, verknüpft mit Galileis Experimenten, brachten Newton dazu, Aristoteles' Geschwindigkeit durch die Beschleunigung zu ersetzen. Der Rest ist, wie man zu sagen pflegt, Geschichte.

Die Sache hat jedoch noch einen anderen Aspekt. Zu Newtons Erfahrung von Kräften gehörte beispielsweise das Erlebnis, von anderen Menschen angestoßen zu werden. Wir Menschen detektieren solche Kräfte durch Sinnesorgane, in diesem Fall das Innenohr. Doch die Sensoren im Innenohr detektieren nicht eigentlich Kräfte. Das, was uns anstößt, stößt nicht die Sensoren direkt an. Die Kraft beschleunigt uns jedoch, und es ist diese Beschleunigung, auf die die Sensoren in unseren Ohren reagieren.

Newtons Bewegungsgestz ist eine unabsichtliche »Dekonstruktion« der Funktionsweise seiner Ohren. Hätte Newtons Gesetz nicht funktioniert, dann hätten auch Newtons Ohren nicht funktioniert. [Aristoteles hat es wohl nicht geschafft, seine Ohren korrekt zu dekonstruieren.]

Dies steht im Zusammenhang mit einer wichtigen Frage, die wir gleich am Anfang des Buches gestellt und noch nicht vollständig beantwortet haben. Sind die Muster, die wir in der Natur wahrnehmen, real, oder sind sie Produkte unserer Einbildung? Timothy Ferris benutzt in ›Das intelligente Universum‹ die Sanduhr [Abb. 51a] als Bild für das Verhältnis von Materie und Geist: Die obere Hälfte ist das materielle Universum, die untere der menschliche Geist, und der Sand, der aus der einen in die andere rinnt, ist die Information aus der materiellen Welt, die in das Gehirn eindringt. Doch wie die Geschichte von Newtons Ohren zeigt, ist dieses Bild viel zu symmetrisch; es stellt das Bild des Geistes vom Universum gleich mit dem Bild des Universums vom Geist. In Wirklichkeit ist der Sand innerhalb des Geistes ein Modell der materiellen Welt, und dieses Modell manipulieren wir, wenn wir nach Mustern suchen. Die materielle Welt ist nicht Bestandteil unseres Geistes. Unser Geist ist dagegen ein Bestandteil der materiellen Welt. Die untere Hälfte der Sanduhr befindet sich innerhalb der oberen Hälfte [aber nicht umgekehrt]. Ein besseres Bild ist vielleicht die Kleinsche Flasche [Abb. 51b], die nicht nur die untere Hälfte in die obere zurückbiegt, sondern das auch noch

so tut, daß die gemeinsame Oberfläche nur eine Seite hat. Die »geistige« Hälfte ist nach innen gestülpt, so daß ihr Inhalt mit dem Inhalt der materiellen Hälfte nicht direkt in Berührung kommt.

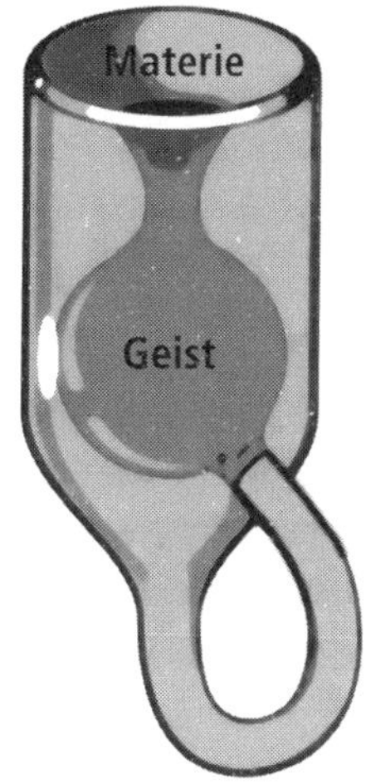

Abbildung 51: Zwei Bilder für das Verhältnis von Materie und Geist [Sanduhr / Kleinsche Flasche]

Dieses Bild betont die Tatsache, daß der Geist eine seltsame Schleife ist. »Information« über die materielle Welt kann auf Wegen, die nicht über unsere Sinnesorgane führen, in unseren Geist gelangen. Wenn jemand Sie mit einem Hammer auf den Kopf schlägt und Sie tötet, dann hat eine ziemlich unangenehme Information über die materielle Welt einen direkten und schwerwiegenden Effekt auf Ihren Geist gehabt – nämlich ihn zerstört. Halluzinogene Drogen beeinflussen den Geist auf chemischem Wege, erzeugen aber Bilder, die von den Sinnesorganen zu kommen scheinen. Die Drogen wirken auf jene Teile des Hirnapparats ein, der sensorische Daten verarbeitet. Sie haben dieselbe Art von »unerwartetem« Effekt wie die in Kapitel 1 erwähnte »verkehrte« Münze, die den Fahrscheinautomaten veranlaßte, eine ganze Rolle Fahrscheine auszuspucken. Diese Möglichkeit steckte implizit in der Mechanik der Maschine, war aber nicht als eine ihrer Funktionen vorgesehen. Mit den Drogen und dem Gehirn verhält es sich genauso.

Zwischen Geist und Materie besteht keine Sanduhr-Symmetrie. Die Realität mag, um nochmals ein Bild aus Kapitel 1 zu bemühen, vielleicht ein Produkt unserer Einbildung sein, wie manche Philosophen behaupten, doch unsere Einbildung ist eindeutig ein Produkt der Realität. So wurde das Konzept »Beschleunigung« in Newtons Einbildung offenbar aus der sensorischen Information »Kraft« abgeleitet. Wir haben dies so formuliert, weil sein Gehirn das Geschehen auf diese Weise interpretierte: »Ich fühle eine Kraft, die mich bewegt.« Dieser sensorische Eindruck kam aber in Wirklichkeit dadurch zustande, daß seine Ohren auf Beschleunigung reagierten.

Es gibt bessere und schlechtere zerebrale Schemata; am besten vereinfacht man die wahrgenommene Welt, wenn man sich auf einen Zusammenbruch des Chaos in der realen Welt einstimmt. Genau das tat Newton: Er stimmte sich auf einen Zusammenbruch des Chaos in seinen Ohren ein, der aufgrund einer Beschleunigung den Eindruck einer Kraft erzeugte. Es war genau das Gegenteil von dem, was er zu tun glaubte, nämlich die Beschleunigung durch eine Kraft zu erklären.

Gott im Urknall

Reduktionistische Wissenschaft kann sehr inhuman erscheinen, und viele spirituell eingestellte Menschen stören sich daran so sehr, daß sie die Wissenschaft schlechthin ablehnen. Wissenschaft ist aber nicht unvereinbar mit dem menschlichen Geist. Das Universum zu verstehen heißt nicht bloß, mechanistische Erklärungen im Sinne interner Zusammenhänge zu finden. Der menschliche Geist strukturiert das Universum mit Hilfe von Merkmalen, und wir orientieren uns an diesen Merkmalen, um unsere Stellung innerhalb der Natur zu bestimmen. Wenn wir uns zum Beispiel auf einen Baum beziehen, geschieht das mittels seiner Merkmale. Wir finden sein majestätisches Bild so anregend, daß wir Gedichte über ihn schreiben und ihn malen, wir fällen ihn und bauen Dinge aus ihm, wir bewundern die Schönheit seiner Maserung, und wir verknüpfen seine Knospen, seine Blüten und sein fallendes Laub mit den Jahreszeiten. Wir vergleichen seine rauhe Rinde mit unserer wettergegerbten Haut, und wir bezeichnen eine Beschädigung des Baums als eine »Wunde«. Das Gefühl der Verbundenheit mit Bäumen geht über bloße zerebrale Schemata hinaus: Sowohl Bäume als auch Menschen benutzen tote Zellen an der Außenseite, um drinnen Wasser festzuhalten.

Das Universum nimmt einen Baum ebenfalls anhand seiner Merkmale wahr. Vögel entwickelten die Fähigkeit zu sitzen, weil Bäume das Merkmal »Zweig« besaßen. Mykorrhiza und Bäume wurden symbiotisch, weil sie sich in ihren Merkmalen gegenseitig verstärkten. Auf astrophysikalischer Ebene »sieht« die Sonne den Mars nicht als eine Ansammlung von Atomen und Kraftvektoren, sondern als eine konzentrierte Masse, die eine Gravitationskraft ausübt, und dies ist eine der Sichtweisen, in der auch die Wissenschaft den Mars sieht.

Obwohl es also sein mag, daß das innere Wirken des Universums sich ganz unten, in der Tiefe der sich verzweigenden reduktionistischen Trichter, in einfache Gleichungen fassen läßt, funktioniert das Universum selbst doch vielfach in der Weise, daß es als eine Struktur höherer Ebene auf eine Struktur höherer Ebene einwirkt. Das tun auch wir. Diese Kongruenz zwischen der Art, wie das Universum funktioniert, und der Art, wie wir uns in ihm sehen, erzeugt auf der menschlichen Ebene Zufriedenheit. Da gibt es eine gemeinsame Dynamik, die Komplizität unserer Evolution innerhalb des Universums, die Tatsache, daß unsere Wahrnehmungssysteme Produkte der Realität sind. Dies reicht viel weiter als das anthropische Prinzip, dem zufolge wir uns aus rein logischen Gründen in einem Universum befinden, das Geschöpfe wie uns hervorzubringen vermag. Das mag vielleicht erklären, daß wir uns in diesem statt in einem anderen Universum befinden, aber es erklärt nicht, warum wir uns hier zu Hause fühlen. Die Komplizität einer gemeinsamen Dynamik impliziert dagegen, daß wir, wo immer wir sind, geistige Befriedigung darin finden werden, in einem Universum zu sein, das uns entspricht. Die Dynamik bringt uns dahin, uns selbst innerhalb des Universums positiv wahrzunehmen – nicht als die beliebige Konsequenz kalter Regeln, die so wenig mit uns zu tun haben, daß wir die Zusammenhänge nicht zu erfassen vermögen, sondern als einen natürlichen Bestandteil der höheren Merkmale des Universums. Wir gehören hierher.

Es genügt allerdings nicht, bloß eine romantische Auffassung davon zu haben, wie wunderbar das Universum ist. Das ist zu geistlos und zu gefährlich. Das Universum belohnt uns, wenn wir es verstehen, und es bestraft uns, wenn wir es nicht verstehen. Wenn wir es verstehen, klappen unsere Absichten, und wir fühlen uns gut. Wenn wir dagegen zu fliegen versuchen, indem wir von einer Klippe springen und mit den Armen flattern, tötet uns das Universum, und wenn wir zu viele Treibhausgase in die Atmosphäre schicken, überhitzt es uns. Wenn wir das Universum verstehen, erlangen wir geistige Ausgeglichenheit. Das ist es, was die meisten Wissenschaftler in die Wissenschaft lockt, nur vergessen sie es oft, wenn sie in die Tretmühle von Laborarbeit und Verwaltungsaufgaben geraten. Romantik allein kann Ihrem Geist ernstlich schaden, doch Reduktionismus allein kann Ihrer Seele ernstlich schaden.

Dies ist eine sehr religiöse Sicht, ähnlich der Auffassung Spinozas, mit dem Grundgewebe des Universums eins zu sein. Für Spinoza vermittelte die Entdeckung von Zwängen »Frieden« [Schalom = Ganzheit] und – meistens – mehr Freiheit. Diese paradoxe Wahrnehmung, daß Zwänge zu mehr Freiheit führen, erinnert an Zen-Koans und Gleichnisse der Hindureligion. Sie veranlassen Menschen dazu, ihr Leben und Denken mit der Realität in Einklang zu bringen, und das ergibt tüchtige, ausgeglichene Menschen. Das Christentum, der Taoismus und der Konfuzianismus [oder zumindest ihre Normalversionen] bieten den Menschen dagegen als Richtlinie für Denken und Handeln die Unwirklichkeiten von Himmel und Hölle, Schicksal und uralter Weisheit.

Manche Wissenschaftler, die sich mit dem Verhältnis der Menschheit zum Universum befaßt haben, sind zu Auffassungen gelangt, die der herkömmlichen Religion überraschend nahe kommen. Stephen Hawking hat in der ›Kurzen Geschichte der Zeit‹ sein mentales Radioteleskop auf die Überreste des Urknalls gerichtet, und was er erblickte, war Gott. Wir möchten Sie nicht in diese Richtung lenken. Ungeachtet der Überzeugungen, die Sie in diesen Dingen hegen mögen, möchten wir Ihnen eines begreiflich machen. Eine Dynamik impliziert nicht zwangsläufig einen Zweck oder eine Absicht. Die Darwinsche Evolution hat eine Dynamik, doch die Organismen haben nicht das Bestreben zu evoluieren. Die Existenz von Attraktoren impliziert nicht, daß dynamische Systeme Ziel-Sucher sind – sie sind vielmehr Ziel-Finder, die erst erkennen, was das »Ziel« ist, wenn sie es gefunden haben.

Der Irrtum, im Urknall Gott zu sehen, besteht in dem logischen Sprung von der Aussage »Im Universum herrscht eine Dynamik, die uns hat entstehen lassen und uns in ihm heimisch fühlen läßt« zu der anderen Aussage »Das Universum wurde geschaffen, damit wir entstehen und uns in ihm heimisch fühlen«. So mag es gewesen sein, doch aus der Entdeckung einer Dynamik allein ist so etwas nicht herzuleiten. Es ist allerdings – wie beim anthropischen Prinzip – verlockend, ein Gefühl der Zielgerichtetheit aus einer

Dynamik abzuleiten und darin einen geistigen Rahmen zu sehen, den wir nutzen sollten. »Wir sind da, weil es so sein sollte.« Das mag so sein oder auch nicht. Zu Hause fühlen wir uns hier jedoch – gleichgültig, ob wir ein Ziel oder ein zufälliges Nebenprodukt sind – aufgrund der gemeinsamen Dynamik, und deshalb bietet die Dynamik einen geistigen Rahmen, den wir sowohl als tröstlich wie auch als ehrfurchtgebietend empfinden.

Romantik allein ist inhaltslos. Reduktionismus allein vermag ein starkes Gefühl der Sympathie mit dem Universum zu vermitteln: Wir verstehen einzelne Teilbereiche; wir können ein bißchen verstehen, wie ein Baum funktioniert, wie er sein Wasser bis in die höchsten Äste schafft. Die gemeinsame Dynamik reicht dagegen viel weiter: Sie erzeugt ein Gefühl der Empathie mit dem Universum. Legen Sie Ihre Wange an einen Baum und spüren Sie die Rauheit seiner Rinde auf der Haut.

Was sind denn nun Naturgesetze?

Wir können Ihnen nicht sagen, warum die Natur Gesetze hat. Wir könnten zu argumentieren versuchen, daß sie »nur im Geist« existieren, doch der Geist gehört, wie wir Ihnen soeben in Erinnerung gerufen haben, »ganz zur Realität«, und es ist kaum vorstellbar, wie ein gesetzloses Universum es fertigbringen könnte, einen Geist entstehen zu lassen, der sich selbst vormacht, daß sein Universum den Anschein erweckt, als gehorche es Gesetzen, während es das in Wirklichkeit nicht tut. Gesetzlose Universen entwickeln keine organisierten Strukturen wie Gehirne, die denken, sie könnten Gesetze entdecken. Gewiß, auch dies ist ein anthropisches Prinzip, doch meinen wir, daß dieses klappt, weil es nicht darauf beruht, nur ein paar begrenzte Achsen im Raum des Möglichen zu erforschen.

Wir können jedoch zu klären versuchen, woher die Gesetze kommen. Die herkömmliche Vorstellung besagt im wesentlichen, daß es »tiefe« Gesetze gibt, die bestimmen, wie die Natur wirklich funktioniert, und seichtere Gesetze, in denen sich mathematische Konsequenzen aus ihnen spiegeln. Zu den tiefen Gesetzen gehört zum Beispiel die Quantenmechanik, zu den seichten die Aerodynamik, die Kristallographie und die Ökonometrie. Das soll nicht heißen, daß unsere aktuellen Versionen der tiefen Gesetze hundertprozentig richtig sind, doch ihre Übereinstimmung mit dem Experiment ist sehr gut, und so müssen sie der »wirklichen Wahrheit« ziemlich nahe sein. Wir könnten diese Auffassung zugespitzt so zusammenfassen: Naturgesetze resultieren aus der wahren Theorie von Allem durch den Prozeß der Simplexität. Dies ist der reduktionistische Baum von Allem, wie er in Abbildung 44 gezeigt wurde.Wir glauben, daß die oben charakterisierte Sichtweise viel zu klar und einfach ist. Sie unterstellt nämlich, daß die Muster, die unser Geist verwenden kann, mit denen identisch sind, welche die Natur verwendet. Wir berechnen die Bewegung von Teilchen mit Hilfe mathematischer Regeln, die wir aufgrund der Beobachtung von Teilchenbewegungen in der realen Welt entwickelt haben, aber das beweist nicht, daß das Universum ein Computer ist. Da die Bewegung von Teilchen auch durch eine Folge von Wörtern beschrieben werden kann, könnte man dann genausogut behaupten, das Universum sei ein Wortverarbeitungsprogramm. Information ist ein Konzept in uns, das Resultat von Komplizität in der Evolution des Gehirns, doch Komplizität setzt nicht bei der detaillierten internen Struktur an, sondern bei Merkmalen. Unsere mathematischen Modelle haben sicherlich die richtigen Merkmale, aber daraus können wir nicht ableiten, daß die interne Struktur des Universums dieselbe ist wie die des Modells, zumal die Merkmale gegen die interne Struktur immun sein können. Analogie und Metapher sind nicht dasselbe wie Identität; Analogien haben identische Merkmale, aber eine abweichende Substruktur.

Damit wir in einer feindlichen Welt überleben konnten, mußte unser Geist schnell und grob arbeitende Systeme der Merkmalserkennung entwickeln. Schnelle und grobe Methoden täuschen, sie verwenden Abkürzungen wie »Alles, was gelb und schwarz ist, ist ein Tiger«. Die Realität ist komplizierter und enthält viele gelb-und-schwarze Dinge, die keine Tiger sind, doch das Überleben verlangt eine rasche [und daher ungenaue] Entscheidung, die im Zweifelsfall der Sicherheit dient, und nicht ein abgewogenes, durchdachtes Urteil. Die in unseren Überlebenstechniken enthaltenen mentalen Berechnungen müssen in Echtzeit durchgeführt werden, und der Druck der evolutionären Konkurrenz ist so stark, daß er vielleicht nur solche fehlerhaften Lösungen erlaubt. Nachdem diese mentalen Rechenmechanismen einmal entwickelt sind, benutzen wir sie heute, um auch nach andersartigen Merkmalen Ausschau zu halten, obgleich die Berechnungen nicht mehr denselben unmittelbaren Überlebenswert haben und Schnelligkeit vielleicht nicht mehr von entscheidender Bedeutung ist. Mit der elliptischen Bahn des Mars konfrontiert, wird ein menschliches Gehirn daher [nach erheblich längerem Nachdenken] folgern: »Gravitationsgesetz«. Und es kann sein, daß diese Erkenntnis genauso schnell-und-grob ist, was die Kongruenz mit dem wirklichen Naturgeschehen angeht. Unsere mentalen Modelle der Natur sind nicht so sehr getreue Widerspiegelungen der Realität als vielmehr zurechtgestutzte Modelle, die sich auf einige wesentliche Merkmale beschränken.

Es könnte sein, daß das Universum weit mehr einer Glasmenagerie ähnelt, bestehend aus Strukturen und Prozessen, die mehr oder weniger »durchsichtig« sind [in dem Sinne, daß die Details ihres internen Funktionierens für ihr Verhalten irrelevant sind] und durch Komplizität zusammengebunden werden. Unsere Vorstellung ähnelt mehr der Abbildung 52, in die wir einige seltsame Schleifen eingefügt haben, um deutlich zu machen, daß es nur eine grobe Näherung ist. Naturgesetze sind aus dieser Sicht Merkmale. Sie sind strukturierte Muster, die ein zugrunde liegendes Meer des Chaos zusammenbrechen lassen, und sie sind bedingt und erzeugt durch den Kontext. Auch in Bereichen wie der Physik, wo der Reduktionismus König zu sein scheint, findet, wie wir gezeigt haben, eine starke mentale Selektion statt, die in solche Konzepte wie »Elektron« mündet. Ein Elektron ist ein Merkmal einer Reihe von physikalischen Regeln mit einem dazu passenden Fall [feststellbar nur durch Apparate, deren Interpretation auf denselben Regeln basiert].

Feinstruktur, gleich, ob strukturiert oder chaotisch, impliziert Merkmale. Selbst ein System ohne erkennbare Merkmale würde das Merkmal »merkmalslos« besitzen; es ist ein gemeiner Trick. Merkmale entstehen, weil Regeln auf einer Ebene der Interpretation »simplexifizieren« oder »komplizifieren«, um eine Ebene höher Merkmale zu ergeben.

Gesetze sind demnach die »großen Pläne« des Universums, die Merkmale, die als eine Konsequenz des Kontextes aus ihm abgeleitet werden können. Theoretisch betrachtet, sind Organismen Merkmale in einem Ökosystem – nicht Wellenfunktionen, nicht Fleisch gewordene DNS-Stränge, nicht neurale Netze. Gesellschaften sind Merkmale der Interaktion einer großen Zahl menschlicher Gehirne und Körper. Planeten sind Merkmale von Ansammlungen von Atomen, die unter dem Einfluß der Schwerkraft durchs All wandern. In der realen Welt finden wir passende Fälle für all diese theoretischen Konzepte.

Abbildung 52 Das komplizitäre Universum, eine Glasmenagerie. Durch mentale Trichter hinunterschauend, erblickt man »Innenseiten«: Die Tiere sind ineinandergeschachtelt. Aber durch seltsame Schleifen ist A manchmal in B und B in A.

Man könnte sich bizarre Merkmale ausdenken, zum Beispiel »Stränge von Atomen, die gemäß den Quadratwurzeln von Primzahlen hintereinander angeordnet sind«, und auch sie würden »Gesetzen« einer gewissen Art gehorchen. Sie würden aber unsere Art von Gehirn nicht interessieren, und aus gutem Grund. Unsere Gehirne denken sich nicht nach Belieben Muster aus.

Wegen der Komplizität zwischen Physik, Chemie und Biologie im Laufe der Evolution ist es viel richtiger, unser Gehirn als Produkt der Realität zu verstehen, als die Realität als Produkt unserer Einbildung. Die Muster, welche unsere Gehirne wahrnehmen, sind zutreffende Repräsentationen größerer Brocken der Realität, weil unsere Gehirne und Sinnesorgane sich in diesem Sinne entwickelt haben. Aus gleichem Grund haben jene *Hydras* überlebt, die sich zu ihrer Beute krümmten. Wenn wir ein Merkmal auswählen, erfolgt die Auswahl nicht willkürlich. Sie richtet sich nach Merkmalen unserer zerebralen Mechanismen, und diese Mechanismen beruhen auf Physik und nicht auf Einbildung.

Der Reduktionismus möchte alle Muster in der Natur, die offenen und versteckten, als Simplexitäten erklären, die aus zugrunde liegenden internen Einfachheiten hervorgehen. Wir denken, daß es viele Muster gibt, auf die diese Beschreibung nicht paßt; sie sind Komplizitäten, die unter dem Einfluß externer Komplexitäten und Einfachheiten aus internen Komplexitäten und Einfachheiten hervorgehen. Weil unser Gehirn selbst sich durch Komplizität zwischen seiner internen Repräsentation der Realität und der externen Realität selbst – zwischen seinem Inhalt und seinem Kontext – entwickelt hat, kann es Merkmale, Analogien und Metaphern erkennen und Muster in ihnen wahrnehmen. Unser komplizitäres Gehirn ist entstanden aus echten Komplizitäten im Universum, und es erkennt echte Komplizitäten im Universum, und der Zirkusdirektor in unserem Kopf erzählt sich selbst Geschichten über sie.

Unsere hochgeschätzten Naturgesetze sind keine letzten Wahrheiten, sondern nur ziemlich gut konstruierte Sherlock-Holmes-Storys. Diese Storys sind allerdings in Jahrhunderten so lange gescheuert und poliert worden, daß sie sehr signifikante Merkmale des Funktionierens unseres Universums einfangen. Das sind Naturgesetze.

Formalisierung der Emergenz

Wir haben behauptet, daß Emergenz eher die Regel als die Ausnahme sei und daß es mindestens zwei Wege gebe, auf denen Regeln höherer Ebenen aus Regeln tieferer Ebenen hervorgehen können – Simplexität und Komplizität. Wir haben aber keinerlei formale Struktur angeboten, innerhalb derer sie studiert werden können. Im Gegensatz dazu hat die reduktionistische Wissenschaft einen riesigen Vorrat an Theorien, an formalen Regeln für das Verhalten der Welt aufgehäuft. Physiker können die Gleichungen der Quantenmechanik hinschreiben und daraus Zahlen ableiten, die in beeindruckendem Maße mit dem Experiment übereinstimmen. Wir haben behauptet, der Reduktionismus sei voller Lücken, doch dem, was wir anbieten, um sie zu schließen, kann man vorwerfen, daß es ihm an der knappen Präzision eines Systems formaler Regeln fehle. Können wir die Gleichungen für Emergenz hinschreiben?

Die knappe Antwort heißt nein. Dafür gibt es mehrere Gründe. Die herkömmliche Wissenschaft hat einen ungeheuren Startvorsprung, und das

Panda-Prinzip macht sich bemerkbar. Auf jeden Fall ist »Gleichung« das falsche Bild; die Formulierung detaillierter Gesetze ist ein reduktionistisches Konzept, und der springende Punkt bei der Emergenz ist gerade, daß sie nicht reduktionistisch ist. Eigentlich bräuchte man jedoch eine irgendwie geartete formale Struktur, die das Wesen der Emergenz erfaßt. Auf den, der eine brauchbare findet, wartet ein Nobelpreis, und darauf spekulieren wir nicht; wir können aber einmal einen Versuch in dieser Richtung machen und einiges anführen, das für die Möglichkeit spricht, daß man irgendwann eine solche formale Struktur ersinnen wird.

Was man im Grunde braucht, ist eine mathematische Begründung für den Glauben, daß einfache Regeln höherer Ebenen nicht nur gelegentlich aus komplexen Wechselwirkungen von Regeln tieferer Ebenen emergieren können, sondern dies auch gemeinhin tun. Mit »emergieren« meinen wir, daß eine detaillierte Ableitung der Regeln höherer Ebenen aus den Regeln tieferer Ebenen so kompliziert wäre, daß sie unmöglich vollständig hingeschrieben oder gar verstanden werden könnte. Beispiele, in denen so etwas der Fall zu sein scheint, können wir durchaus anführen, allesamt aus Kapitel 6. Da die Beispiele mathematischer Natur sind und mathematische Beweise reduktionistisch sind, beschränken wir uns auf Simplexitäten. Ehe es uns nicht gelungen ist, die Simplexität zu formalisieren, brauchen wir uns über das noch viel schwerer zu erfassende Thema der Komplizität gar nicht den Kopf zu zerbrechen.

Dynamische Systeme haben Merkmale, die eindeutig emergent zu sein scheinen: Attraktoren. Attraktoren sind Merkmale höherer Ebenen, doch sieht man es den Gleichungen für das System, den Regeln tieferer Ebenen, nicht an, was für Attraktoren das System haben wird. Wie wir in Kapitel 6 sagten, ergeben sich Attraktoren, wenn man der Dynamik ihren Lauf läßt, und oft läßt sich anders nicht feststellen, wie sie beschaffen sind.

Mit Langtons Ameise ist es nicht anders. Ungeachtet all ihrer chaotischen Ausflüge und unabhängig davon, wie chaotisch die »Umwelt« der schwarzen Felder ist, in der sie lebt, richtet sie sich schließlich in einem einfachen Verhaltensmuster ein: Straßenbau. Wir können zwar noch nicht beweisen, daß sie es immer tut, aber wir können es in jedem Einzelfall nachprüfen. Wir brauchen nur anhand der einfachen Regeln, die bestimmen, welche Richtung die Ameise nehmen wird, ihrer Bewegung zu folgen, bis wir auf eine bestimmte Sequenz von 104 Schritten stoßen, welche sie um zwei Felder in diagonaler Richtung in ein Gebiet führt, das keine schwarzen Felder enthält. Von diesem Punkt an wird sie eine Straße bauen. Die Ameise wandert, wie wir gesehen haben, auch dann, wenn anfangs keine schwarzen Felder vorhanden sind, zunächst rund zehntausend Schritte lang umher, bevor sie in den Straßenbau-Zyklus hineingerät. Daß dies geschieht, läßt sich einstweilen nur dadurch feststellen, daß wir jeden Schritt der Reihe nach ausführen. Um also den Straßenbau auf die ursprünglichen Regeln zurückzuführen, müssen wir eine sehr lange Kette von ziemlich vertrackten Berechnungen anstellen

Das könnte sich ändern, falls jemand so schlau ist, eine logische Abkürzung zu entdecken, nach der die Mathematiker instinktiv Ausschau halten. Es läßt sich zum Beispiel in wenigen Zeilen der Beweis führen, daß die Ameise in jedem Fall aus einem eingegrenzten Bereich der Ebene entweichen wird. Der Beweis sagt aber nichts darüber, wie sie das macht. Es scheint, als hätten wir eine einfache Regel höherer Ebene gefunden – »Baut schließlich eine Straße« –, die eine Konsequenz der einfachen Regeln der tieferen Ebene über schwarze und weiße Felder ist, deren Ableitung aber rund zehntausend Schritte lang ist. Die Einfachheit wird von Regeln tieferer Ebenen nicht direkt auf Muster höherer Ebenen übertragen. Und je komplizierter die anfängliche Umwelt aus schwarzen Feldern ist, desto länger wird diese Ableitung. Außerdem erklärt der Beweis nicht, was die Ameise tut; er bestätigt nur, daß es der Fall ist.

Ein drastischeres Beispiel: Wir wissen, daß Conways »Spiel des Lebens« einen programmierbaren Computer generieren kann. Es ist bekannt, daß das Halteproblem – »Hört dieses Programm irgendwann auf?« – unentscheidbar ist. Man kann ein beliebiges Programm, dessen Halteproblem unentscheidbar ist, auf dem »Leben«-Computer laufen lassen und die Sache so arrangieren, daß für den Fall, daß das Programm endet, die ganze Struktur sich selbst vernichtet, indem sie sich selbst mittels der Gleiter abschießt. Entweder läuft es also endlos weiter, oder es löscht sich selbst aus. Das Problem ist, daß man nicht entscheiden kann, was geschehen wird. Das langfristige Schicksal dieses speziellen Objekts in Conways auf einfachen Regeln basierendem Spiel läßt sich nicht durch eine endliche Berechnung bestimmen. Wir können nur das System laufen lassen und abwarten, was es macht. Wir haben eine mathematische Garantie, daß die Antwort auf die einfache Frage: »Wird die Konfiguration irgendwann verschwinden?« implizit in den Regeln enthalten ist, aber nicht immer explizit gemacht werden kann.

Diese Art von Unberechenbarkeit rührt daher, daß die logische Kette, die von einer gegebenen Anfangskonfiguration zu ihrem künftigen Zustand führt, immer länger wird, je weiter man in die Zukunft blickt, und daß keine Abkürzungen vorhanden sind. [Dies ist nicht das, was der mathematische Beweis aussagt, aber das impliziert er.] Mit anderen Worten – und wir haben wiederholt darauf hingewiesen: Das Problem bei reduktionistischen Erklärungen ist, daß sie sich endlos vermehren können – der Reduktionistische Alptraum.

Diese Beispiele lenken unsere Aufmerksamkeit auf den Zusammenhang zwischen den Regeln tieferer Ebenen und der Struktur der höheren Ebenen. Für den Reduktionismus ist die Struktur der höheren Ebene eine logische Konsequenz der Regeln tieferer Ebenen, und wir wollen das hier nicht in Frage stellen. Die Frage ist: Was für eine Konsequenz? Wenn wir die Strukturen der höheren Ebenen mit Hilfe reduktionistischer Regeln erklären und verstehen wollen, müssen wir der Kette der Ableitung folgen können. Wenn diese Kette zu lang wird, verliert unser Gehirn die Erklärung aus den Augen, und damit hört sie auf, eine zu sein. so entstehen jedoch emergente Phänomene. Sie stehen nicht außerhalb der auf einer tieferen Ebene wirksamen Naturgesetze; sie folgen ihnen auf eine so komplizierte Weise, daß wir es nicht mehr erfassen können.

Das Problem besteht für eine formale Theorie der Emergenz darin, diesen Effekt eindeutig nachzuweisen und zu zeigen, daß es keine bislang unentdeckte Abkürzung gibt, die eine einfache Ableitung ermöglichen würde. Das führt zu einer zentralen Frage. Müssen bei einem gegebenen System von Regeln tieferer Ebenen notwendigerweise einfache Merkmale höherer Ebenen existieren, die nur durch ungeheuer lange logische Ketten aus den Regeln abgeleitet werden können? Dies ist eine schwierigere Frage, denn ein und dieselbe mathematische Aussage kann viele verschiedene Beweise haben, unter denen einige kürzer und andere länger sind. Wir können das Verhalten von Langtons Ameise einzig aus zehntausend Berechnungen ableiten, doch soviel wir wissen, ist genau in diesem Moment ein begnadeter Intellekt dabei, letzte Hand an eine gerade mal eine Seite lange Abhandlung zu legen, in der er eine raffinierte Abkürzung begründet. Davon leben ja die Mathematiker.

Was wir also brauchen, ist ein formaler Beweis, daß in einem hinreichend reichen, auf Regeln basierenden System einfache wahre Aussagen existieren, deren Ableitung aus den Regeln notwendigerweise enorm lang und kompliziert ist. [Wir sagen »hinreichend reich«, denn Systeme, die allzu einfach sind, könnten beispielsweise nur drei Aussagen enthalten, deren Beweis jeweils in nur zwei Zeilen besteht.] Nennen wir dies das Existenztheorem für emergente Phänomene. Sein Beweis ist eine Übung in Metamathematik, der formalen Mathematik formaler mathematischer Systeme. Wir wissen nicht, wie ein solcher Beweis zu führen ist, aber wir können einiges, was in diese Richtung führt, aus Gödels Theorem ableiten. Dieser berühmten Entdekkung zufolge können Sie innerhalb einer beliebigen, von Ihnen zu wählenden mathematischen Formalisierung der gewöhnlichen Arithmetik kein Verfahren finden, das automatisch feststellt, ob eine gegebene Aussage wahr oder falsch ist. Es gibt keinen »Entscheidungsalgorithmus« für die Wahrheit oder Falschheit arithmetischer Aussagen. Das ändert nichts daran, daß manche Aussagen [2 + 2 = 4] wahr und andere [2 + 2 = 5] falsch sind, es bedeutet aber, daß Sie kein Computerprogramm schreiben können, das stets in der Lage sein wird, Wahres von Falschem zu unterscheiden.

Wir wollen mit Hilfe von Gödels Theorem zeigen, daß reiche formale Systeme so etwas wie Emergenz besitzen müssen. Unsere Schlußfolgerungen sind nicht so zwingend, wie wir es uns wünschen würden, aber sie sind ein Anfang. Wir werfen die Frage auf, ob es einen allgemeinen Zusammenhang zwischen der Länge einer Aussage und der Länge ihres Beweises gibt. Dabei ist die Länge nichts anderes als die Gesamtzahl der Symbole, und sie ist ein grobes, aber praktikables Maß der Komplexität. In diesem Sinne würde das Existenztheorem für emergente Phänomene lauten: »Es gibt wahre, aus nur wenigen Symbolen bestehende Aussagen, deren kürzeste Beweise enorm lang sind.« Wir können das nicht beweisen, aber schauen wir einmal, wie weit wir kommen.

Nehmen wir einmal an, Sie wüßten, daß jede wahre Aussage einen Beweis haben muß, der höchstens tausendmal so lang ist. Ob eine gegebene Aussage wahr ist, können Sie dann im Prinzip dadurch entscheiden, daß Sie nachzählen, wieviele Symbole sie enthält, die Zahl mit tausend multiplizieren und dann systematisch alle Beweise von dieser Länge durchgehen. Entweder beweist einer davon die Aussage [dann ist sie wahr], oder keiner beweist sie [dann ist sie falsch]. Ein solches System kann also nicht Gödels Theorem gehorchen. Dieses Argument gilt auch, wenn alles, was wir wissen, darin besteht, daß jede wahre Aussage einen Beweis haben muß, der höchstens eine Milliarde Mal so lang ist – oder wenn wir irgendeine Methode angeben können, dem Umfang des Beweises eine Grenze zu setzen, die nur vom Umfang der Aussage abhängt. Da hinreichend reiche formale Systeme aber Gödels Theorem gehorchen, müssen sie wahre Aussagen enthalten, deren Beweise tausend oder eine Milliarde Mal so lang sind wie die Aussagen selbst. Das heißt, daß solche Systeme Eigenschaften besitzen, die weit einfacher sind als jeder Weg, auf dem Sie sie beweisen könnten.

Dies ist ein formaler Beweis für die Existenz einer Art von Emergenz. Er beweist aber nicht das Existenztheorem für Emergenz, denn er enthält keine Angabe über die Länge der entsprechenden Aussage. Gilt eine Aussage von der Länge 1 000 000, deren kürzester Beweis die Länge 1 000 000 000 hat, als emergent? Wahrscheinlich nicht. Was wir brauchen, ist eher eine Aussage von der Länge 100, deren kürzester Beweis die Länge 1 000 000 000 000 hat. Das wäre echte Emergenz. Unsere Schlußfolgerung aus Gödels Theorem erreicht dieses Ziel nicht, kommt ihm aber nahe. Tatsächlich spricht vieles dafür, daß Verbesserungen möglich sind, doch das Thema hat seine Tücken, und das heißt, daß wirklich überzeugende Verbesserungen äußerst schwer zu erreichen sein werden.

Wenn der obige Ansatz auf der richtigen Spur ist, dann können wir daraus entnehmen, daß der reduktionistische Alptraum in jedem hinreichend reichen formalen System auftreten wird. Eine Theorie von Allem ist sicherlich ein genügend reiches System –schließlich soll sie ja alles im Universum erklären. Theorien von Allem führen also unausweichlich zum Reduktionistischen Alptraum. Emergente Phänomene sind nicht nur möglich, sie sind unvermeidlich. Außerdem sind sie für reduktionistische Erklärungen notwendigerweise unzugänglich.

Dies alles spricht dafür, daß wir einen Weg finden müssen, um mit emergenten Phänomenen in ihren eigenen Kategorien und auf ihrer eigenen Ebene fertig zu werden. Wir können sie im Reduktionistischen Alptraum ein paar Stufen nach unten drücken, doch je tiefer wir sie drücken, desto vertrackter werden die Erklärungen, und es wird nie gelingen, sie durch eine nachvollziehbare Kette von Deduktionen mit der untersten Stufe zu verbinden. Andererseits wollen wir durchaus nicht die ganz realen Fortschritte leugnen, die die reduktionistische Wissenschaft gemacht hat. Wir müssen einen Weg finden, Inhalt und Kontext, Reduktionismus und Merkmale höherer Ebenen zu einem nahtlosen Ganzen zu verbinden.

Ein sauberes Kunststück, wenn es gelänge. Ist damit zu rechnen? Auf einigen Gebieten ist etwas Ähnliches schon im Gange. Eines davon ist die Theorie dynamischer Systeme, in der heute Gleichungen [reduktionistische Ableitungen aus den Regeln] und die geometrischen Begriffe von Phasenraum und Attraktoren [emergenten Merkmalen] ohne Probleme in einer Erklärung verknüpft werden. Auch aus diesem Grund haben wir Bilder von dynamischen Systemen benutzt, um das Verhältnis zwischen Einfachheit und Komplexität in der Natur zu erläutern. Die Komplexitätstheorie zielt in die gleiche Richtung, doch entdeckt sie ihre emergenten Merkmale hauptsächlich in Computersimulationen und nicht durch ihre formale Behandlung als Merkmale höherer Ebenen. Die Theorie dynamischer Systeme und die Komplexitätstheorie sind formale Theorien der Simplexität; darüber, wie man die Komplizität formal in den Griff bekommen könnte, haben wir noch keine brauchbaren Vorstellungen.

Komplizität ist zwar nicht an ihren internen Details, wohl aber an ihren universalen Meta-Mustern zu erkennen. Die Komplizität transzendiert ihre internen Details, und es gibt so etwas wie eine Skala der Transzendenz. Sie beginnt unten mit dem Reduktionismus. Eine Stufe höher befindet sich die Simplexität, wo ein einziger Raum des Möglichen emergente Merkmale hervorbringt. Noch eine Stufe höher befindet sich die Komplizität, wo die Wechselwirkung mehrerer Räume des Möglichen zu einer Explosion des kombinierten Raums und zur Emergenz von Merkmalen führt, die in keiner Weise auf die Komponenten zurückgeführt werden können. Auf die Komplizität folgt – ja, was? Nicht die Wechselwirkung von noch mehr Räumen des Möglichen – das wäre bloß eine Art von komplizitärem Reduktionismus. Nein, die nächste Stufe muß die Komplizität auf die gleiche, qualitativ verschiedene Weise transzendieren, wie die Komplizität die Simplexität und die Simplexität den Reduktionismus transzendieren. Ende der Durchsage.

Reduktionismus plus?

Wir haben zu Anfang gefragt, ob das Universum einfach oder kompliziert ist. Die Antwort: Das hängt von dem Kontext ab, der Ihnen vorschwebt, wenn Sie diese Frage stellen, und von der Art der Antwort, die Sie wünschen. Einfachheit, Komplexität, Simplexität, Komplizität – nichts davon ist so einfach oder so komplex, wie wir anfangs dachten. Einfache Regeln können einfaches oder komplexes Verhalten erzeugen; komplexe Regeln können einfaches oder komplexes Verhalten erzeugen. Anders als man gemeinhin glaubt, ist Komplexität eine der am wenigsten bewahrten Größen im Universum. Dies gilt auch für die zu ihr gehörenden Dinge wie Information, Bedeutung, Organisation, Bewußtsein. Es kann passieren, daß Sie etwas für nichts bekommen – oder auch nichts für etwas.

Wie also sollte die Wissenschaft ihr erklärtes Ziel anpacken, das Universum und die Stellung der Menschheit in ihm zu verstehen? Der reduktionistische Baum von Allem ist unzureichend: In seinen Erklärungen klaffen gewaltige Lücken. Wir denken, daß die DNS die biologische Entwicklung steuert, aber wir wissen nicht wie; wir denken, daß entsprechend angeordnete neurale Netzwerke Bewußtsein erzeugen, aber wir wissen nicht wie. Wir können uns vorstellen, was sich unter all den reduktionistischen Trichtern befindet, aber nicht, wie es nach oben gelangt.

Wir brauchen für diese Lücken einen anderen Ansatz, der mit den großen Mustern komplexer Systeme umgehen kann. Ein solcher Ansatz existiert noch nicht, doch haben wir einige der Phänomene, mit denen er fertig werden muß, und einige der gedanklichen Rahmen angedeutet, die er sich möglicherweise zu eigen machen wird. Wir sagten schon, daß in jüngster Zeit etliche neue Denkfabriken – darunter das Santa Fe Institute und das Center for Complex Systems – gegründet wurden, um diesen Fragen nachzugehen. Zu ihrem Geistesprodukt, der Komplexitätstheorie, möchten wir vor allem anmerken, daß sie eine Theorie der Simplexität ist; die Komplizität spielt überhaupt keine Rolle.

Wir meinen, daß es von entscheidender Bedeutung ist, die Komplizität zu verstehen, und zwar nicht als ein unglaublich komplexes reduktionistisches Netzwerk, sondern als Wechselwirkung von Merkmalen innerhalb verschiedener Räume des Möglichen. Das heißt, wir müssen in der biologischen Entwicklung, der Evolution, der Hirnfunktion wieder die Dynamik zur Geltung bringen, wobei qualitative Formen und Merkmale im Vordergrund stehen müssen. Nehmen wir noch einmal das Verhältnis von DNS und Organismen. Wir haben bereits gezeigt, daß der Organismus nicht den DNS-Code »sieht«, sondern nur jene Merkmale von ihm, die bestimmte Effekte erzeugen, die für den Organismus wichtig sind. Entsprechend »sieht« die DNS keine Organismen; für die DNS zählt nur, daß der Organismus, der sie trägt, überlebt, um sie zu replizieren. Dies ist das Bild vom »egoistischen Gen«, aber nicht als der einzige Faktor, sondern als ein Aspekt eines wechselseitigen Prozesses. Jedes System reagiert nur auf die Merkmale des anderen. Was wir also brauchen, ist eine Theorie der Merkmale, ein Verständnis davon, wie die Geographien von Räumen des Möglichen gemeinsam neue Muster und kombinierte Dynamiken erzeugen. Eine solche Theorie würde das Wetter als Bewegung von Zyklonen und Regenwolken erfassen, nicht als Bewegung von Milliarden winziger, ununterscheidbarer Teilchen eines Fluidums. Diese Merkmale würde sie jedoch exakt darstellen, anders als die veraltete qualitative Meteorologie. Sie könnte durchaus Computer verwenden, würde aber auf ihnen Programme laufen lassen, die die großräumigen Merkmale verstehen würden, statt sie lediglich als Nebenprodukt von Milliarden Informationsbits entstehen zu lassen. Sie würde das Wetter nicht besser vorhersagen können, als es uns derzeit möglich ist, weil das Wetter nach unserem derzeitigen Verständnis inhärent unvorhersagbar ist aufgrund des Schmetterlingseffekts und weil Merkmale nur das Chaos zum Zusammenbruch bringen, das sie zusammenbrechen lassen können – und nicht das Chaos, das sie zusammenbrechen lassen würden, wenn es nach unseren Wünschen ginge. Sie würde den Schmetterlingseffekt aber nicht mehr als einen der Mechanismen anerkennen, die uns das Wetter verstehen lassen.

Der Reduktionismus ist phantastisch, wenn es um quantitative Aspekte interner Details geht. Unser derzeitiges Verständnis externer großräumiger Effekte ist dagegen überwiegend deskriptiv und qualitativ, mehr geometrisch als numerisch. Wir können auf Satellitenfotos einen Hurrikan erkennen, aber wir können nicht sagen, was er tun wird. Irgendwie müßte man die besten Aspekte beider Ansätze miteinander verbinden. Richard Feynman hat über die Möglichkeiten, eine solche Theorie zu entwickeln, spekuliert – schauen Sie einmal nach, was er in dem Motto, das wir diesem Buch vorangestellt haben, gesagt hat. Wir müssen eine Theorie der mathematischen Komplizität finden, die zwischen dem Quantitativen und dem Qualitativen angesiedelt ist.

Wie? Das weiß der Himmel. Bedenken Sie, wie lange die Menschheit gebraucht hat, um nur den reduktionistischen Teil hinzukriegen. Wir können im Augenblick nur in eine bestimmte Richtung deuten und fordern, daß die Wissenschaft sich dorthin bewegen sollte. Das reduktionistische Bild weist ja wirklich große Lücken auf, und es spricht vieles dafür, daß sie nicht durch noch mehr Reduktionismus geschlossen werden können. Wir sagen nicht, daß man den reduktionistischen Ansatz aufgeben sollte, und wir sind auf keinen Fall dafür, ihn durch So-ist-es-einfach-Geschichten zu ersetzen. Wir sind jedoch der Ansicht, daß die derzeitige Betonung des Reduktionismus allzu sehr auf dem Panda-Prinzip beruht: Er war zuerst da, und seine Verfechter wollen nicht zulassen, daß er durch etwas anderes verdrängt wird. Und wir meinen, daß man sich sehr viel mehr um Fragen wie Bedeutung, Struktur und Entwicklung kümmern sollte, so daß die Wissenschaft interne und externe Dinge zu einem einzigen kohärenten Schema verbinden kann.

Das Institut für Einfache Systeme

Das letzte Wort überlassen wir den Zarathustranern, die nicht minder an der Frage interessiert sind, das Oktiversum und die Stellung der Zarathustranerheit in ihm zu verstehen. Ihr Ansatz ist typischerweise etwas extravagant.

Niplphut: »Willkommen im Institut für Einfache Systeme.«

Käpt'n Arthur: »Sehr beeindruckend. Noch nie habe ich ein so gewaltiges Gebäude gesehen! Und all die unglaublichen Geräte – atemberaubend!«

Niplphut: »Ja, das bedauere ich außerordentlich. Es ist ein Zeichen unserer Unwissenheit.«

Käpt'n Arthur: »Wie bitte?«

Niplphut [ignoriert die Frage]: »Käpt'n, Sie müssen mir etwas erklären. Sie haben mehrmals von ›Sherlock-Holmes-Storys‹ gesprochen. Ich habe mit diesem Konzept erhebliche Probleme. Was ist ein Sherlock Holmes?«

Käpt'n Arthur: »Sherlock Holmes ist ein fiktiver Detektiv.«

Niplphut: »›Detektiv‹ verstehe ich, aber mit ›fiktiv‹ hat der Übersetzer Probleme.«

Stanley: »Fiktion sind Geschichten, die nicht wahr sind, aber wahr sein könnten.«

Niplphut: »Ich glaube, mein Übersetzer ist defekt.«

Käpt'n Arthur: »Stanley meint eine logisch konsistente Ereignisfolge, die zu Unterhaltungszwecken zusammengestellt wurde.«

Niplphut: »Ach so, Sie meinen die Historie.«

Käpt'n Arthur: »Nein, diese sind erdachte Ereignisse. Sie sind nicht wirklich passiert.«

Niplphut: »Wie kann eine Ereignisfolge logisch konsistent sein, wenn sie nicht passiert ist?«

Stanley: »Nimm ›Der Hund der Baskervilles‹. Es handelt von einem alten Fluch auf der Familie Baskerville und dem plötzlichen Tod von Sir Charles. In der Nähe findet man die Fußabdrücke eines riesigen Hundes, die von dem großen Grimpen-Sumpf ausgehen ...«

Niplphut: »Das klingt aufregend. Ich mag Schlamm sehr gern. Es tut mir aber leid, von dem vorzeitigen Tod von Sir Charles hören zu müssen. Seine Familie muß sehr betrübt sein.«

Käpt'n Arthur: »Also, Niplphut, versteh' doch, daß es in Wirklichkeit keine Familie Baskerville und keinen wirklichen Hund gibt. Es ist alles erfunden.«

Niplphut: »Ach, du meinst, es ist eine Lüge! Lügen, das verstehe ich. Wir benutzen sie zur Unterweisung der Jungen.«

Stanley: »Verzeihung, Niplphut, aber du liegst völlig daneben. Sherlock-Holmes-Storys sind keine Lügen.«

Niplphut: »Ist diese merkwürdige Familie Baskerville bei den Terranern aktenkundig?«

Käpt'n Arthur: »Nein, sie ist erfunden.«

Niplphut: »Aber die Geschichte behauptet, daß sie existiert?«

Käpt'n Arthur: »Ja.«

Niplphut: »Damit ist die Beweisaufnahme für mich abgeschlossen.«

Käpt'n Arthur: »Hör mal zu, du versteht aber auch gar nichts. Jeder weiß, daß die Geschichte nicht wahr ist. Aber eine realistische Geschichte muß logisch und psychologisch konsistent sein. ›Das Erdhörnchen der Baskervilles‹ würde zum Beispiel nicht sehr überzeugend klingen.«

Niplphut: »Wieso nicht?«

Stanley: »Es würde keinen vom Stuhl reißen, wenn die Spuren eines Erdhörnchens aus einem Sumpf kämen.«

Niplphut: »Ich habe damit echte Schwierigkeiten. Die Leser wissen, daß die Geschichte falsch ist, verlangen aber, daß sie überzeugend ist. Sie muß realistisch sein, darf aber nicht real sein. Ich meine, da alle Falschheiten mathematisch gleichwertig sind, ist jede Lüge logisch konsistent! Sie ist konsistent unwahr. Folglich ergibt jede Lüge eine realistische Geschichte, und eine Geschichte ist nur eine erweiterte Lüge.«

Käpt'n Arthur: »Nein, nein, nein ... nur die innere Logik der Geschichte muß konsistent sein. Sie braucht nicht völlig mit der Realität übereinzustimmen.«

Niplphut: »Hmm, interessant. Die innere. Wir Zarathustraner denken da ein bißchen anders. Aber wenn es nur um die innere Logik geht, kann man sich natürlich leicht eine Welt vorstellen, in der alle Angst vor Erdhörnchen haben. Der Konflikt mit der Realität ist ja nicht Bestandteil der Geschichte.«

Käpt'n Arthur: »Nein, aber Bestandteil des Kontextes.«

Niplphut: »Die innere Logik ist Bestandteil des Kontextes? Bist du sicher?«

Käpt'n Arthur: »Nein, das heißt, äh, jede Geschichte hat einen Kontext, der vom Autor wie vom Leser benutzt wird.«

Niplphut: »Aber dieser Kontext ist nicht Realität? Obwohl eine Geschichte, wie du sagst, ›realistisch‹ sein muß?«

Stanley: »Es ist ein ausgewählter Teil der Realität. Der Hintergrund muß realistisch sein. Sherlock Holmes kann zum Beispiel nicht fernsehen oder mit einem Jumbojet fliegen. Da stimmt die historische Epoche nicht. Zwischen Leser und Autor muß ein stillschweigendes Einverständnis über den Kontext bestehen, sonst macht die Geschichte keinen Sinn.«

Niplphut: »Oh, jetzt geht mir ein Licht auf! Es ist wie ein begrenztes System von Axiomen, nur wird es nie explizit formuliert. Das ist eine wundervolle neue Idee! Sehr aufregend! Komplizität zwischen Inhalt und Kontext, beide künstlich beschränkt auf eine willkürlich gewählte Teilmenge der Realität ... Ich darf mal kurz meine Wissensbasis anzapfen ... ausgezeichnet. Gehe ich recht in der Annahme, daß ›Der Hund der Fotheringhay-Smythes‹ eine durchaus akzeptable Variante wäre?«

Käpt'n Arthur: »Gewiß, nur schwingt da vielleicht doch nicht soviel mit. Auf alle Fälle muß jeder Anklang von Erdhörnchen vermieden werden.«

Niplphut: »Und irgendwo zwischen dem ›Hund der Baskervilles‹ und der ›Rotschöpfigen Liga‹ würde man den ›Rotschöpfigen Hund‹ finden?«

Stanley: »Schon möglich, nur gäbe das eine recht dürftige Story. Hunde können sich keine Auszüge aus der ›Encyclopedia Britannica‹ machen.«

Niplphut [wird ganz aufgeregt]: »Aha! Es gibt also eine Geographie des Sherlock-Holmes-Story-Raumes, die bestimmt ist von der Dynamik der logischen Konsistenz des vereinbarten Kontextes ... Storys müssen ihre Überzeugungskraft maximieren, sitzen also auf Gipfeln in der Landschaft. ›Der rotschöpfige Hund‹ sitzt in einem Tal, kommt also in der Praxis nicht vor. Das ist aber doch dasselbe wie bei Merkmalen und Arten und Paradigmen und Funktionen und ökologischen Nischen – und anthropischen Prinzipien! Glaubwürdige Sherlock-Holmes-Storys sind die Attraktoren, die Gipfel der Glaubwürdigkeit, im Sherlock-Holmes-Story-Raum. Zwischen ihnen erstrekken sich die Storys, die nicht hinhauen, deren Logik auseinanderfällt, wie ›Das Erdhörnchen der Baskervilles‹ und ›Der rotschöpfige Hund‹. Ändert sich nur ein einziges Detail, bricht die ganze Struktur zusammen. Es gibt aber eine ganze Menge von Sherlock-Holmes-Storys, echte wie ›Der Hund der Baskervilles‹ oder ›Die rotschöpfige Liga‹ und ausgedachte wie ›Der Hund der Fotheringhay-Smythes‹ oder ›Die kahlköpfige Liga‹. In diesem Sinne kann aus der Tatsache, daß eine winzige Änderung der Planck-Konstante die speziellen Merkmale des Kohlenstoffs zerstört, die das Leben in der uns bekannten Form möglich machen, nicht gefolgert werden, daß in einem Universum mit ganz anderen Gesetzen nicht ganz ähnliche Lebensformen existieren können! Ich muß sofort den Bibliothekar verständigen!«

Käpt'n Arthur: »Wieso?«

Niplphut: »Diese Analogien bedeuten eine wesentliche Vereinfachung. Wir können fünf Flügel der Bibliothek zusammenlegen, zwei Gebäude abreißen und zehn Prozent des Personals entlassen. Alle werden sehr erfreut sein!«

Käpt'n Arthur: »Erfreut? Weil sie ihre Stellung verlieren?«

Niplphut: »Natürlich. Das ist das oberste Ziel des Instituts für Einfache Systeme. Etwas verstehen heißt, es zu vereinfachen. Theorien zerstören Tatsachen, Metatheorien zerstören Theorien und so weiter. Der Inbegriff all dessen, was das Institut anstrebt, ist seine eigene Schließung. Wozu Wissenschaft, wenn sie nichts anderes kann, als Ihr Bild der Welt zu verkomplizieren? Jeder Wissenschaftler sollte bestrebt sein, die Welt so einfach wie möglich zu sehen. Ich bin sicher, daß eure terranischen Wissenschaftler dem zustimmen/nicht zustimmen würden [Unzutreffendes streichen].«

[Anmerkungen]

Die folgenden Bemerkungen, Hinweise und sonstigen Materialien sollen der Klärung von Sachfragen dienen beziehungsweise zum Weiterlesen anregen. In den Anmerkungen gilt die Regel »Alles ist erlaubt«. Bücher, die ohne vollständige bibliographische Angaben erwähnt werden, findet man in den Empfehlungen zur weiteren Lektüre im Anschluß an diese Anmerkungen.

[1] Einfachheit und Komplexität

19 ... was Thomas Kuhn einen Paradigmenwechsel nennt: Siehe Thomas Kuhn, ›Die Struktur wissenschaftlicher Revolutionen‹.

21 ... was sich aus seinem »Programm« ergibt, wobei dieses Programm in den Naturgesetzen besteht: Ein führender Vertreter dieser Auffassung ist Ed Fredkin vom MIT. Siehe Julian Brown, ›Is the Universe a Computer?‹, New Scientist, 14. Juli 1990.

23 ... »Antichaos«, bei dem komplexe Ursachen einfache Wirkungen hervorrufen: Siehe M. Waldrop, ›Complexity‹, R. Lewin, ›Complexity: Life on the Edge of Chaos‹.

25 ... Das ist der Traum der Theorie von Allem: Siehe Steven Weinberg, ›Der Traum von der Einheit des Universums‹, John Barrow, ›Theorien für Alles‹.

26 ... die unter allen Vergrößerungsmaßstäben eine Feinstruktur besitzt: Siehe Benoit Mandelbrot, › Die fraktale Geometrie der Natur‹.

26 ... es war praktisch unmöglich, sie überhaupt wahrzunehmen: Genauer gesagt, entwickelt sich die Wahrnehmung zusammen mit dem allgemeinen Konzept »Fraktal«. Man muß die Einheit wahrnehmen, um das Konzept, das dahinter steckt, formulieren zu können, aber man kann es nicht richtig wahrnehmen, wenn man nicht das Konzept besitzt. In ›Die fraktale Geometrie der Natur‹ sagt Mandelbrot, er habe sich 20 Jahre lang mit verschiedenen Aspekten von Fraktalen befaßt, ohne zu erkennen, daß sie etwas miteinander zu tun hatten.

27 ... eine Vielzahl von Pflanzen und Blüten nachzuahmen: Siehe Przemyslaw Prusinkiewicz und Aristid Lindenmayer, ›The Algorithmic Beauty of Plants‹.

28 ... sogar an eine rechteckige: Das geht aus Abbildung 53 hervor. Man braucht nur die Geschwindigkeiten auf den Kreisen entsprechend einzurichten, und der Planet folgt dem Quadrat. Welche Bahnen man mit [einer möglicherweise unendlichen Zahl von] Kreisen gleichförmiger Geschwindigkeit erhalten kann, ist eine Frage, die mit der Fourier-Analyse zusammenhängt. Das wird ohnehin nur Mathematiker interessieren, und die können es sich selbst ausrechnen.

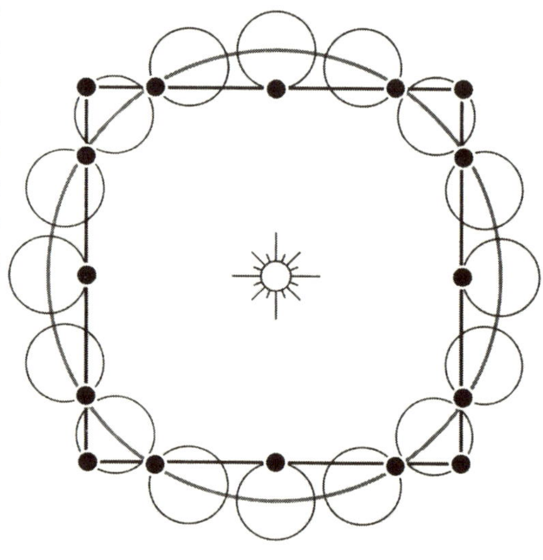

Abbildung 53 :
Ein Epizyklus mit variabler Geschwindigkeit ergibt eine quadratische Bahn.

29... von einem stumpfen Gegenstand getroffen: Bischof Wilberforce, ein entschiedener Kritiker von Darwins Evolutionstheorie, kam ums Leben, als er von seinem Pferd fiel und mit dem Kopf auf einen Felsblock aufschlug. Thomas Henry Huxley bemerkte dazu: »Erstmals in seinem Leben kam sein Gehirn mit der Realität in Berührung – und das Ergebnis war tödlich.«

31 ... Der Witzbold der Wissenschaft: Die in diesem Abschnitt erwähnte BBC-Serie ›Goon Show‹ war eine Sendung, deren Spezialität surreale Komik und Armeewitze aus dem Zweiten Weltkrieg waren. Am 28. März 1951 unter dem Titel ›Crazy People‹ entstanden, wurde sie 1952 umbenannt und beeinflußte maßgeblich den britischen Humor der fünfziger Jahre. Als Sprecher wirkten Spike Milligan, Peter Sellers, Harry Secombe und Michael Bentine mit, und sie spielten Typen wie Major Denis Bloodnok, Bluebottle, Eccles und Hercules Grytpype-Thynne. Fans dieser Serie erinnern sich noch an Klassiker wie ›The Dreaded Batter-Pudding Hurler [of Bexhill-on-Sea]‹ und ›The Affair of the Lone Banana‹. Die letzte Sendung ›The Last Smoking Seagoon‹ wurde im Januar 1960 ausgestrahlt. Siehe Spile Milligan, ›The Goon Show Scripts‹, Sphere Books, London 1973, 1976.

[2] Die Gesetze der Natur

34 ... Die Folgen der Chemie sind Kochen, Krieg und Mode: Das chinesische Schriftzeichen für »Chemie« bedeutet eigentlich »Studium des Wandels«.

37 ... 1 Messer, 200 Gabeln und 202 Gläser – aber es ist unwahrscheinlich: Es sei denn, der Botschafter von Arktur geht mit Fräulein Beteigeuze aus.

39 ... Acht von ihnen sind inzwischen bekannt: Die beiden anderen nicht; die Messungen, die Mendelejew durchführte, haben inzwischen zu anderen Werten geführt, und wir rechnen ohnehin nicht mehr damit, daß seine beiden anderen Elemente existieren.

42 ... Kohlenstoff kann – und das ist einzigartig – kovalente Bindungen mit sich selbst eingehen: Nicht ganz einzigartig; der Wasserstoff kann es zum Beispiel auch, dessen eines äußeres Elektron auf einer Schale, die zwei benötigt, um vollständig zu sein, gleichermaßen als ein Nocken oder eine Fassung gilt. Hat man jedoch zwei Wasserstoffatome zusammengefügt, so daß jeder Nocken seine Fassung und jede Fassung ihren Nocken hat, so sind alle Nocken und Fassungen verbraucht, und man kann nichts mehr anhängen. Mit Kohlenstoff hat man einige freie Nocken und Fassungen übrig und kann weitermachen.

43 ... unter geeigneten Bedingungen: Siehe Jim Baggott, ›Great Balls of Carbon‹, New Scientist, 6. Juli 1991, 34-38; Robert F. Curl und Richard E. Smalley, ›Fullerenes‹, Scientific American, Oktober 1991, 32-41.

44 ... am Rand von Felsspalten natürliche Fullerene entdeckt: Siehe Jeff Hecht, ›Russian Rock Yields Natural Buckyballs‹, New Scientist, 18. Juli 1992, 18; Peter R. Buseck et al., Science 257, 10. Juli 1992, 215-217.

45 ... Bild eines »würfelnden Gottes«: Aus einem Brief Einsteins an Max Born.

48 ... der COBE-Satellit: Diese Beobachtungen galten zunächst als anfechtbar, weil sie an der äußersten Empfindlichkeitsgrenze der benutzten Meßinstrumente lagen. Jetzt werden sie aber offenbar durch unabhängige Beobachtungen bestätigt. Siehe Marcus Chown, ›Afterglow of Creation‹.

48 … Einsteins Relativitätstheorie …: Das heißt, die allgemeine Relativitätstheorie. Die spezielle Relativitätstheorie sagt nichts über gekrümmte Raumzeit. Den Zusatz »allgemeine« lassen wir meistens fort, um unnötige Komplikationen zu vermeiden.

50… Wert der Planck-Konstante: Wert in SI-Einheiten: Joule-Sekunden.

51 … Manipulationen auf der ganzen Linie!: Zur Bestätigung zitieren wir den großen Physiker Richard Feynman: »Dasselbe trifft auf all unsere anderen Gesetze zu – sie sind durch die Bank nicht exakt. Bei allen bleibt ein Rest von Geheimnis, überall müßten wir noch etwas einflicken. Ob das nun eine Eigenart der Natur ist oder nicht, jedenfalls ist es für sämtliche uns heute bekannten Gesetze kennzeichnend.« Siehe Richard P. Feynman, ›Vom Wesen physikalischer Gesetze‹, München 1993, S. 46f., und James Gleick, ›Richard Feynman‹..

51 … Zarathustra ist von intelligenten Wesen bewohnt: »Nicht so harmlos, wie Sie vielleicht denken«, um den ›Großen Galaxienführer‹ zu zitieren [Octopi Press].

[3] Die Organisation der Entwicklung

81 … die meisten Organismen sind zugleich Organismus-Fabriken: Die meisten Bienen sind es nicht – allein die Bienenköniginnen vermehren sich, und jeder Stock oder Schwarm enthält nur eine Königin. Man braucht aber nur die Königin zu entfernen, und schon werden die Arbeiterinnen fruchtbar. Sie sind chemisch gehemmt, so wie Nonnen theologisch gehemmt sind, sind aber potentiell fortpflanzungsfähig.

83 … glücklicherweise abgekürzt zu DNS: Oft wird die Abkürzung DNS als »Desoxyribonukleinsäure« gedeutet. Desoxyribose ist jedoch ein Zucker, wie Glukose und Fruktose – das »-ose« ist keine Adjektivendung. Entsprechend gibt die Ribose, ein anderer Zucker, ihren Namen für die Substanz RNS her.

86 … ohne den Sauerstoff gäbe es auch uns nicht: So wird es meistens erklärt. Einer anderen Erklärung zufolge stammt der meiste Sauerstoff aus geologischen Faltungen. Siehe D. J. Des Marais et al., ›Carbon Isotope Evidence for the Stepwise Oxidation of the Proterozoic Environment‹, Nature 359, 5. Oktober 1992, 605-609.

93 … Dasselbe geschieht in Mamas Eizelle: Im Ei trennen sich die Paare erst, nachdem die Samenzelle in das Ei eingedrungen ist. Nicht benötigte Halbpaare werden zu den sogenannten Polkörpern.

95… Geheimnis des Lebens: Siehe James Watson, ›Die Doppelhelix‹.

101 … natürlich ein entsprechendes Gen für Rechtsgewinde: Dies wird ausführlicher dargestellt von Jack Cohen in ›Reproduction‹, Kapitel 8, sowie von Ian Stewart und Martin Golubitsky in ›Fearful Symmetry: Is God a Geometer?‹, Kapitel 7. Achtung! Steve Jones hat uns soeben mitgeteilt, daß das nicht ganz stimmt, auch wenn es so in den Lehrbüchern steht. [Wieder mal schlägt Murphy's Gesetz zu.] Aber es muß sich sehr ähnlich verhalten.

103 … Lewis Wolpert hat eine Theorie entwickelt: Siehe Lewis Wolpert, ›Regisseure des Lebens‹.

109 … Anomalien und Entwicklungsstörungen: Die Organisation von Embryos kann man gewöhnlich als Wechselwirkung zwischen einer »Landkarte« und einem »Buch« erklären. Die Karte sagt der Zelle, wo sie sich innerhalb des Organismus befindet; das Buch sagt ihr, was sie zu tun hat, wenn sie sich an dieser Stelle befindet. Die Zelle benutzt also – möglicherweise chemische – Hinweise aus der Umgebung,

um sich – metaphorisch gesprochen – auf der Karte zu lokalisieren, und dann schaut sie in ihrem DNS-Buch nach, welche Gene angeschaltet werden sollten, falls sie sich in dieser Position befindet. Wird zum Beispiel ein Stück Haut einer Molch-Kaulquappe in die Kopfregion einer Frosch-Kaulquappe verpflanzt, entwickelt es Kiemen [paarige Auswüchse]; wird ein Stück Haut einer Frosch-Kaulquappe in die Kopfregion einer Molch-Kaulquappe verpflanzt, entwickelt es hornige Zähne. Es ist, als stünde im DNS-Buch des Frosches »Position: Mundgegend – Aktion: mache Zähne«, im DNS-Buch des Molches dagegen »Position: Mundgegend – Aktion: mache Kiemen«, während die Karte in beiden Fällen dasselbe sagt. Edward Koller hat gezeigt, daß Gaumenepithel von Hühnern noch »Mache Zähne«-Signale gab; tieferliegendes Gaumengewebe reagierte nicht, das Maus-Mesenchym von irgendeiner Körperregion reagierte dagegen. Es entwickelte Hühnerzähne. Siehe Stephen Jay Gould, ›Wie das Zebra zu seinen Streifen kommt‹.

117 ... der ganze Prozeß wird trotzdem von der DNS kontrolliert: Als wir an diesem Kapitel schrieben, fragten wir Genetiker, ob Mendels Erbsenfarbe ein maternales Gen sei. Keiner wußte es, und keiner konnte verstehen, was an dieser Frage interessant ist, wo doch die Zahlen in jedem Fall stimmen.

118.. wenn es heiß ist, »langsame«: Siehe Diala C. Amanze, ›Regulation of the Early Embryonic Development in the Zebra Fish [Brachydanio rerio]‹, unveröff. Diss. Dis-S-2-B86, Universität von Birmingham 1986.

126 ... und am unteren Ende des Tuches herunterfallen: Mathematiker stellen sich vielleicht lieber ein Kugellager auf einem vieldimensionalen Tuch vor.

130 ... welche Enzyme bei welchen Temperaturen einzusetzen sind: Diese letztere Behauptung ist umstritten: Das Ei des Frosches reguliert seine eigene Entwicklung im Tümpel vor dem phylotypischen Stadium – also ohne sein eigenes DNS-Programm zu benutzen – rund einen Tag lang. Wir vermuten, daß maternale Boten-RNS die Aufschrift trägt »Zu benutzen, wenn die Temperatur unter 10° C sinkt«.

[4] Die Möglichkeiten der Evolution

137 ... die Entstehung von viel DNS ist leicht zu erklären: Siehe aber Richard Lewontin, ›The Dream of the Human Genome‹, New York Review of Books, 1992.

138 ... Allerdings wird man sehr lange darauf warten müssen: ›Hamlet‹ enthält rund 150 000 Zeichen. Eine Standard-Tastatur enthält rund 80. Die Wahrscheinlichkeit, daß sie nicht in der richtigen Reihenfolge getippt werden, beträgt rund 80150 000 zu 1, also etwa 10285 000 zu eins. Nicht unmöglich, aber sehr unwahrscheinlich. Das Hämoglobin-Molekül ist ein Protein aus 539 Aminosäuren, die Wahrscheinlichkeit, daß es nicht »getippt« wird, ist etwas besser, 10619 zu 1. Siehe Isaac Asimov, ›Hemoglobin and the Universe‹. Das Alter des Universums beträgt rund 10^{10} Jahre.

138 ... wir können über die möglichen Abläufe spekulieren: Nach einer anderen Theorie dienten Kupferatome als Gerüst. Siehe John Emsley, ›DNA's Ancestors Made Themselves Up‹, New Scientist, 25. August 1990, 27.

144 ... man hatte seine Botschaft nicht recht zur Kenntnis genommen: Bei Karl Marx kam sie allerdings an.

146 ... Sewall Wright führte die Idee der »Spitzen der Angepaßtheit« ein: Siehe William B. Provine, ›Sewall Wright and Evolutionary Biology‹, University of Chicago Press, Chicago 1986.

150 ... »Von welchem Affen behaupten Sie abzustammen, Mr. Darwin?«: Dies ist eine freie Wiedergabe, kein wörtliches Zitat. Eine ähnliche Bemerkung fiel in einer Evolutionsdebatte der viktorianischen Epoche, aber es gibt kein schriftliches Dokument über die Debatte, sondern nur schriftliche Erinnerungen von Zeugen.

160 ... die Mutationswahrscheinlichkeit ist für jede Base die gleiche: So die allgemeine – und vermutlich falsche – Annahme. Experimente zeigen, daß bestimmte Teile des Genoms stabiler sind als andere, entweder weil sie weniger oft mutieren oder weil Mutationen in diesen Bereichen letal sind und daher selten entdeckt werden.

161 ... Brian Goodwin hatte sie in einem Buch beschrieben: Siehe Brian Goodwin, ›Temporal Organisation of Cells‹.

164 ... im Speicher des Computers künstliche Organismen freigesetzt: Dieses spezielle System wurde von Robin Jones erfunden. Ausgefallenere Beispiele werden beschrieben in Mitchell Waldrop, ›Complexity ‹, und Roger Lewin, ››Complexity: Life on the Edge of Chaos‹.

170 ... viele schöne Essays: Siehe ›Ever Since Darwin‹, ›Der Daumen des Panda‹, ›An Urchin in the Storm‹, ›Wie das Zebra zu seinen Streifen kommt‹ und ›Bully for Brontosaurus‹.

176 .... wenn der K/T-Meteorit: I »K/T« steht für »Kreidezeit«, das »T« für »Tertiär«.

176 ... die Dinosaurier ausrottete: Diese Theorie ist ein wenig umstritten, aber längst nicht mehr so umstritten wie noch vor kurzem. Siehe die Debatte zwischen Walter Alvarez und Frank Asaro, ›An Extraterrestrial Impact‹, Scientific American, Oktover 1990, 44-52; und Vincent E. Courtillot, ›A Volcanic Eruption‹, Scientific American, Oktober 1990, 53-60. Schauen Sie dann mal hinein in Virgil R. Sharpton, ›New Links Between the Chicxulub Impact Structure and the Cretaceous/Tertiary Boundary‹, Nature 359, 29. Oktober 1992, 819-21.

177... mit der Unterseite zuoberst rekonstruiert: Siehe ›Weird Wonders‹, Scientific American, Juni 1992, 12-14.

[5] Die Ursprünge des menschlichen Verstehens

184 ... die Nische ist nicht unbesetzt; sie ist nicht vorhanden: Ein bodenlebender Papagei Neuseelands, der Kakapo, ist so selten geworden, daß man das letzte überlebende Dutzend auf eine kleine vorgelagerte Insel geschafft hat. [Bedenken, daß sie alle Männchen sein könnten, haben sich letzthin als unbegründet erwiesen.] Auf dem Kakapo lebt ein kleiner, diesem Vogel eigentümlicher Parasit. Wenn der Kakapo ausstirbt, wird eine Nische verschwinden – und der Parasit auch.

185 ... Die Evolution der Darwinfinken geht weiter: Siehe Peter R. Grant, ›Natural Selection and Darwin's Finches‹, Scientific American, Oktober 1991, 60-65.

186... die grundwühlenden Cichliden starben aus: In der Realität geht es nicht so ordentlich zu wie in den Lehrbüchern. Die Sache wurde noch verworrener durch die Aussetzung eines zweiten Außenseiters, des Nil-Flußbarsches, in den ostafrikanischen Seen. Er ist ein generalisierter Raubfisch, und er ist geradewegs dabei, alle Cichliden auszurotten. Und die Welse scheinen sich inzwischen Sorgen zu machen.

193 ... Neurone kommunizieren durch elektrische Impulse: Aber ein heißes Thema sind Neurone ohne Dornfortsätze, die nicht-digitale Signale senden. Nervenzellen »rechnen« nicht digital, sondern kommunizieren über lange Distanzen mittels diskreter Impulse. Siehe William H. Calvin, ›The Throwing Madonna‹.

193... ungefähr so wie die Nachrichten über eine Telefonleitung: Ein genaueres Bild ist das Feuer, das sich längs einer Spur von ausgestreutem Schießpulver ausbreitet. Eine Aktivität an irgendeiner Stelle löst Aktivitäten im weiteren Verlauf aus.

195 ... Eine wesentliche Vereinfachung ist der interne »Schwellen«-Mechanismus: Das Bild könnte sehr weit von der Realität entfernt sein. Es kann durchaus sein, daß ein Neuron mehr einem Mikroprozessor – einem ganzen Computer – ähnelt als einem einzelnen Transistor. In diesem Fall würde das Gehirn weit stärker massiv-parallel arbeiten, als die meisten glauben, und die heutige Technologie würde weit stärker hinter ihm herhinken.

197 ... Donald Hebb sagte, daß Nervenzellen, die zusammen feuern, zusammen wachsen: Jack Cohen las Donald Hebbs Buch ›The Organization of Behavior‹ [Wiley, New York 1949] 1951 und ist verblüfft, daß seine Erkenntnisse sich bis heute behauptet haben.

201 ... einen Löwen, der teilweise von einem Busch verdeckt ist: In der Familie Stewart gab es seit jeher eine Katze. Es war wohl 1973, als wir zu Weihnachten von einer Tante eine Katze aus Beton für den Garten geschenkt bekamen – sehr naturgetreu, in pirschender Haltung, mit schimmernden Kunststoffaugen. Als das Paket ausgepackt wurde, geriet die echte Katze, Seamus Android mit Namen, in helle Aufregung. Mit gesträubtem Fell schlich sie vorsichtig auf den Eindringling zu, die Augen starr auf den Feind geheftet ... bis sie an die Nase der anderen stieß. Daraufhin wich sie zurück und schaute uns der Reihe nach an, so als wollte sie sagen: »Natürlich habe ich nicht eine Sekunde geglaubt, daß es eine echte Katze ist.« In der Folgezeit würdigte sie das Beton-Schmuckstück keines Blickes mehr.

201 ... die als Isolator das elektrische Signal am Entweichen hindert: Die Natur ist wie immer komplexer. Die Ummantelung des Axons ist in regelmäßigen Abständen bei den sogenannten Ranvierschen Schnürringen unterbrochen. Wieso beschleunigen Lücken in der Isolation das Signal? Das Signal wird – wie bei einem Unterseekabel – mit der Zeit schwächer. Die Ranvierschen Schnürringe wirken wie lokale Verstärker, die ein schwaches einlaufendes Signal verstärkt weitergeben.

202 ... improvisierte Lösungen können oft die effektivsten sein: Eine improvisierende Verarbeitung macht zerebrale Schemata wahrscheinlicher, ja sie stützt sich sogar darauf. Siehe die vorletzte Anmerkung über die Betonkatze und Daniel Dennett, ›Consciousness Explained‹.

204 ... damit sind Ihre Augen gefüllt: Bienen haben kein Wasser in ihren Augen, und sie können auch im ultravioletten Bereich sehen. Pflanzen nutzen das in Gestalt von ultravioletten Reklametafeln aus. Diese nennt man Blütenblätter.

206 ... Informationen über die Anwesenheit oder Abwesenheit von Licht: Siehe David H. Hubel und Torsten N. Wiesel, ›Die Verarbeitung visueller Informationen. Gehirn und Nervensystem‹, Spektrum der Wiss., Heidelberg 1988, und Charles R. Michael, ›Retinal Processing of Visual Images‹, Scientific American, Mai 1969, 104-114.

207 ... dem Gehirn zu melden, daß sie dies getan haben: Sie verhindern außerdem, daß die Nervenzelle sich an etwas »gewöhnt« und reaktionsunfähig wird.

209... diese Berechnungen sind ungemein komplex: Siehe Daniel Dennett, ›Consciousness Explained‹.

212 ... daher der Begriff »Oktave«: Septimisten werden sagen, daß es Septave heißen müßte – numerisch mit Recht, aber musikalisch ohne Wohlklang.

212 ... die senkrecht aufeinander stehen: Das mag ein physiologischer Grund dafür sein, daß wir uns den dreidimensionalen Raum als mit einem rechtwinkligen Koordinatensystem ausgestattet denken: vorwärts/rückwärts, links/rechts und aufwärts/abwärts. Wir haben Koordinaten in unseren Ohren. Mathematiker, die in den letzten Jahren das »koordinatenfreie« Herangehen an den Raum propagiert haben, weil es statt künstlich aufgezwungener Bezugsrahmen die intrinsische geometrische Struktur zur Geltung kommen läßt, handeln gegen ihre eigenen Ohren.

214 ... Dr. Delius soll in unentdeckten Farben träumen: Einer, der als Versuchskaninchen eine Rohfassung dieses Buches lesen mußte, kam auf diesen Einfall.; woher er stammt, wissen wir nicht, aber er gefällt uns.

216 ... erspüren die elektrische Aktivität in den Nerven anderer Geschöpfe: Dies ist fast ein natürliches Pendant echter Telepathie.

220 ... Searles »chinesisches Zimmer«: Siehe John R. Searle, ›Minds, Brains, and Programs‹, Behavioral and Brain Sciences 3 [1980], 417-58. Deutsch in: Douglas Hofstadter und Daniel Dennett, ›Einsicht ins Ich‹, Stuttgart 1988.

222 ... eine intelligente Entität zu sein: Zwischen Searle und der Künstlichen Intelligenzia klafft ein solcher Paradigmen-Abgrund, daß keine Seite je verstehen wird, was die andere sagen will. Wir halten die Verfechter der KI mit Searle für ein wenig naiv, doch ziehen wir ihre positiven Bemühungen der negativ ablehnenden Haltung Searles vor. Seien wir doch ehrlich: Eine Maschine, die sich intelligent verhielte, auch wenn sie es nicht wirklich wäre, wäre schon eine prima Sache. Searles Verhalten erinnert allzu sehr an die Leute, die Flugmaschinen, die schwerer als Luft sind, nicht für möglich hielten. [»Kapierst du denn nicht, verdammt noch mal, sie sind schwerer als Luft!«] Allerdings rechnen wir in absehbarer Zeit nicht damit, daß die Gebrüder Wright der KI aufkreuzen werden. Für ähnliche [und bessere] Argumente siehe Daniel Dennett, ›Consciousness Explained‹.

226 ... Aus unbekannten Gründen nicht so symmetrisch wie das von Linkshändern: Für die Tatsache, daß Rechtshändigkeit häufiger ist, gibt es jedoch zumindest eine plausible Theorie, und wenn man das erklären kann, werden auch zerebrale Abweichungen zwischen Links- und Rechtshändern plausibler. William H. Calvin beschreibt die Theorie in ›The Throwing Madonna‹.. Es geht darum, daß der Herzschlag beim Menschen auf der linken Körperseite am stärksten ist; deshalb tragen Mütter ihr Kind fast durchweg so, daß der Kopf auf dieser Seite ruht. Das Baby, im Mutterleib an den Herzschlag der Mutter gewöhnt, bleibt nach der Geburt ruhiger, wenn es so getragen wird. Damit bleibt zum Steinewerfen nur der rechte Arm übrig, und mit der Zeit wird die Evolution die rechte Hand für solche Funktionen bevorzugen und das Gehirn entsprechend modifizieren.Die Tatsache, daß das Herz gewöhnlich mehr links sitzt, muß natürlich auch erklärt werden.

229 ... und etikettiert sie dann mit einem Wort: Siehe Antonio R. Damasio und Hanna Damasio, ›Brain and Language‹, Scientific American, September 1992, 63-71.

230 ... Ich weiß, daß ich ein Bewußtsein habe: »Ich« bezieht sich hier auf beide Autoren – in dieser Hinsicht sind wir uns einig.

231 ... Tut uns leid, aber das ist vermutlich falsch: Siehe Marvin Minsky, ›Mentopolis‹, Stuttgart 1990, und Daniel Dennett, ›Consciousness Explained‹.

231 ... bevor er sagt, daß er sich jetzt bewußt entschließt: Siehe Timothy Ferris,

›Das intelligente Universum‹, Byblos Verlag, Berlin 1992, und Daniel Dennett, ›Consciousness Explained‹.

232 ... »Ich denke, also bin ich«: Dies ist die übliche Übersetzung. Doch im lateinischen Original heißt es »Cogito ergo sum«, und »sum« kommt von »esse«, was zwar meistens mit »sein« übersetzt wird, aber »existieren« bedeutet. »also existiere ich« würde den Sinn besser treffen.

[6] Systeme interaktiven Verhaltens

237... die in der DNS als Datenstring repräsentierte Struktur des Gehirns: Es ist aber möglich, daß sie gar nicht als DNS-Sequenz repräsentiert ist.

238... dem halben Quadrat der Zahl der Objekte: Bei n Objekten gibt es 1/2n[n-1] verschiedene Paare, weil jedes der n Objekte mit den übrigen n-1 gepaart werden kann, wobei dann aber jedes Paar doppelt zählt, einmal für jedes Paarmitglied. Und das sind nur die paarweisen Wechselwirkungen. Wie sieht es dann erst bei dreifachen und noch höheren Wechselwirkungen aus?

238 ... in der Ökologie, der Epidemiologie und der Ökonomie keine griffigen Erklärungen: Eine interessante Untersuchung zeigt, daß Ökonomie und Ökologie sich zur Bestätigung ihrer Theorien gern auf Analogien im jeweils anderen Fach berufen, statt sie mit dem Experiment zu vergleichen. Siehe David J. Rapport, ›Myths in the Foundations of Economics and Ecology‹, Biological Journal of the Linnaean Society 44 [1991], 185-202.

238 ... Das neue Fach der Komplexitätstheorie: Siehe Mitchell Waldrop, ›Complexity‹, und Roger Lewin, ›Complexity: Life on the Edge of Chaos‹.

238 ... deren Theorien einander diametral widersprechen: Der Monetarismus, dem die britische Regierung sich mit Feuereifer als einem sicheren Weg zum ökonomischen Heil verschrieb, hat innerhalb von zehn Jahren zwei Konjunktureinbrüche gebracht, wobei der letzte der schlimmste Zusammenbruch in den dreißiger Jahren war. Dieselben angebotsorientierten Theorien haben die Wirtschaft der Vereinigten Staaten und mit ihr die Weltwirtschaft nahezu ruiniert. Dennoch wurden für angebotsorientierte Wirtschaftstheorien Nobelpreise verliehen, und das ist noch nicht einmal lange her. Vielleicht muß, wer einen Nobelpreis für Wirtschaftswissenschaften erhalten will, nicht recht haben, sondern nur schlau aussehen.

240 ... Sie meinen, die Theorie von Allem werde sich als mathematisch erweisen: Siehe Steven Weinberg, ›Der Traum von der Einheit des Universums‹, und John Barrow, ›Theorien für Alles‹.

241 ... die theoretische Vorhersage für eine bestimmte Größe, die Diracsche Zahl: Siehe Richard P. Feynman, ›QED‹.

242 ... die Unterscheidung zwischen dorsal und ventral und die Segmentierung: Siehe Brian K. Hall, ›Evolutionary Developmental Biology‹.

243 ... in jeder Generation zehn Prozent: J.B.S. Haldane, ›The Cost of Natural Selection‹, Journal of Genetics 55 [1957], 511-24.

243 ... wenn sie auf unsinnigen Annahmen basiert: Siehe Rodney Needham, ›Against the Tranquility of Axioms‹.

255 ... legal/illegal, lebend/tot oder männlich/weiblich: Von der Unschärfe der ersten Unterscheidung leben die Anwälte, die zweite wirft schwere ethische Probleme

für Ärzte auf, deren Patienten an Herz-Lungen-Maschinen hängen, und die dritte wird durch Chromosomen-Anomalien kompliziert: Es gibt mindestens siebzehn Geschlechter beim Menschen. [Solange Sie nicht der Ansicht sind, daß Sexualität nur eine Sache der Chromosomen oder nur des Verhaltens oder nur der Hormone ist.]

255 ... Wenn sie nicht dorthin entweicht, färben Sie ihn schwarz: Das Ganze wird verständlich erklärt in A. C. Clarke, ›The Colours of Infinity‹.

256 ... Datenmenge, die man benötigt, um die Regel zu definieren, welche die Mandelbrot-Menge generiert: Gregory Chaitin hat die Datenkompression in diesem Sinne systematisiert unter der Bezeichnung »algorithmische Informationstheorie«. Siehe sein Buch ›Information, Randomness, and Incompleteness‹.

257... weil Sie alle möglichen Regeln berücksichtigen müssen, die ihn generieren könnten: Siehe Michael Barnsley, ›Fractals Everywhere‹.

258 ... stellen Sie sich etwas vor, wozu wir Sie nicht aufgefordert haben!: Wenn Sie das getan haben, versuchen Sien bitte, während der nächsten fünf Minuten nicht an ein Nilpferd mit einem Hörrohr zu denken! Konzentrieren Sie sich ganz darauf, nicht daran zu denken!

268 ... Die Legende vom Haggis: Das moderne Haggis ist eine Mischung aus Innereien, Talg, Hafermehl und Kräutern, die in einen Schafsmagen gefüllt und gekocht werden. Es schmeckt phantastisch. Vielleicht ziehen Sie aber die Legende der Realität vor. In diesem Fall sollten Sie die Möglichkeit erwägen, daß das moderne Haggis ein nachgemachtes ist und das reale durch Überjagen ausgerottet wurde. Vergleiche Mockturtlesuppe. [= falsche Schildkrötensuppe – Anm. d. Ü.]

275 ... eine breite diagonale »Straße«: Siehe David Gale, ›Mathematical Entertainments‹, Mathematical Intelligencer 15 [1993], 54-55.

279 ... Pulse von Gleitern ... um die Information zu befördern und zu manipulieren: Siehe E. R. Berlekamp, J. H. Conway und R. K. Guy, ›Gewinnen- Strategien für Mathematische Spiele‹.

[7] Komplexität und Einfachheit

290 ... eine falsche, aber schöne Theorie einer richtigen, aber häßlichen Theorie vorziehen: Für diese und ähnliche Äußerungen siehe Helge Kragh, ›Dirac: A Scientific Biography‹.

290 ... einige Gene wirklich über das ganze Genom verteilt: Die meisten eukaryotischen Gene werden durch eingestreute Abschnitte, die mit dem betreffenden Gen offenbar nichts zu tun haben [Introns], in kleinere Abschnitte [Exons] zerlegt. Die Exons mancher Gene, zum Beispiel derer für Säuger-Antikörper-Moleküle, befinden sich sogar auf verschiedenen Chromosomen.

293 ... sogar eine achteckige: Achtecke haben Ecken, aber wenn Sie genug davon zusammenbringen und diese immer kleiner werden, sind die Ecken schließlich nicht mehr zu sehen; ein Kreis auf dem Computerbildschirm wirkt auch kreisförmig, obwohl er sich aus Punkten zusammensetzt, die auf einem quadratischen Gitter liegen.

298 ... derjenige, der eine neue Einfachheit aufdeckt: Nur nicht in der Wirtschaftswissenschaft. Aber selbst Wirtschaftswissenschaftler verkünden neue Einfachheiten.

300 ... »Besitzt der Wind eine Geschwindigkeit?«: Siehe Lewis Fry Richardson, ›Weather Prediction by Numerical Processes‹, Cambridge University Press, Cambridge [England] 1922.

302 … unterbinden eine entsprechende Publikation: Es gibt rühmliche Ausnahmen. Eine unbewiesene Vermutung, die sogenannte Riemannsche Hypothese, ist so wichtig und nützlich, daß Mathematiker oft Arbeiten schreiben, die unterstellen, daß sie wahr ist. In solchen Fällen gilt die Regel, daß man ausdrücklich angibt, daß man eine Annahme macht. Dafür gibt es eine vernünftige Erklärung: Falls Sie oft mit der Annahme arbeiten, daß die Riemannsche Hypothese stimmt, könnten Sie auf eine Erkenntnis stoßen, die dem bisher Bekannten widerspricht, und damit hätten Sie die Riemannsche Hypothese widerlegt. Aber das ist nur eine fadenscheinige Entschuldigung. Der wahre Grund ist, daß die Zahlentheoretiker so gern wissen möchten, was hinter der Riemannsche Hypothese steckt, daß sie viel zu ungeduldig sind, um auf ihren definitiven Beweis zu warten. Das, was sie dahinter sehen, könnte durchaus eine neue Idee sein, die zu einem Beweis führt. Der beste Weg, um ein Hindernis zu umgehen, besteht manchmal darin, herauszufinden, was auf der anderen Seite ist.

307 … wie oft die Erklärungen sich auf Quarks berufen: Es könnte scheinen, daß unser Argument nicht auf technische Geräte wie PET-Scanner [Positronen-Emissions-Tomographen] zutrifft. Positronen sind subatomare Teilchen, und PET-Scanner sind nicht immun gegen subatomare Details. Das liegt aber daran, daß sie dafür geschaffen wurden, bestimmte Erscheinungen der subatomaren Ebene zu verstärken. So etwas macht die Technik ständig, aber nur in einem ausgewählten, vereinfachten Bereich. Uns geht es hier nicht um Technik, sondern um Erklärungen, und um Naturphänomene zu erklären, ist man selten auf Details von den ganz tiefen Ebenen angewiesen.

311 … »bis zur Drogerie gegangen«: Douglas Adams, ›Per Anhalter durch die Galaxis‹, Anfang von Kapitel 8: »›Das All‹, heißt es, ›ist groß. Wirklich groß. Du glaubst gar nicht, wie ungeheuer riesig umwerfend groß es ist. Ich meine, du denkst vielleicht, daß es weit ist, wenn du die Straße runter bis zur Drogerie gehst, aber das sind kleine Fische, verglichen mit dem All. Hör mal …‹ und so weiter.«

312 … davon gibt es nur eines: Wir meinen damit, daß es nicht Millionen von ganz verschiedenen Molekülen gibt, die dasselbe machen wie die DNS. Da die Basensequenz in der DNS jedes Lebewesens eine andere ist, kann man in einem gewissen Sinne schon sagen, daß es Millionen verschiedener Moleküle gibt. Aber so verschieden auch nicht.

314 … er würde uns nicht sagen warum: Ein Embryologe würde die Warum-Frage in der Wie-Form beantworten. J. Cohen ist Embryologe.

314 … Sensoren an der Seite: Exotischere Beispiele wie etwa acht Augen, die ringsum verteilt sind, lassen wir außer acht. Beachten Sie, was hier passiert ist: Selbst wenn unsere Theorie über Insektenaugen auf Zarathustra sich als falsch erweisen sollte, hat sie uns doch veranlaßt, eine neue und wichtige Frage zu stellen. Reduktionisten können jetzt Tausende von Artikeln veröffentlichen, in denen sie die Augen von Insekten zählen, die Winkel messen, in welche diese zielen, und esoterische statistische Analysen anstellen.

[8] Die Natur der Gesetze

321 ... einer schwedischen Firma gelang es, diesen Weg einzuschlagen: Michael W. Geis / John C. Angus, ›Diamond Film Semiconductors‹, Scientific American 10/ 1992

322 ... Diamantsynthese bei niedrigem Druck: Ein mit Jack Cohen befreundeter Physiker in Wien suchte nach der besten Kohlenstoffquelle für die Aufbringung von Diamant auf Oberflächen. Reines Methan und Kohlendioxid ergaben sehr rauhe Oberflächen. Verunreinigter Methylalkohol war besser. Schließlich fand er, was eine gleichmäßige Diamantbeschichtung ergab: japanischen Whisky.

323... lauwarmes Gas, das keinerlei interessante Strukturen mehr aufweist: Dieses Bild mag zwar populär sein, ist aber falsch. Freeman Dyson zeigte in einem 1979 erschienenen Aufsatz [›Reviews of Modern Physics 51‹, 447-60], daß interessante Strukturen wie zum Beispiel intelligentes Leben auch in einem Universum überleben könnten, das unaufhaltsam dem »Wärmetod« entgegengeht. Siehe Seite 114 seines Buches ›Infinite in All Directions‹.

329 ... 495 Billionen: 495 918 532 948 103, um genau zu sein.

333 ... wenn zuvor kombinierte Systeme auf diese Weise getrennt werden: Siehe P. C. W. Davies, ›The Physics of Time Asymmetry‹.

335 ... wenn man ein [scheinbar abgeschlossenes] Subsystem des Universums zeitlich umkehren würde: Diese Überlegung entlehnen wir von David Ruelle, ›Chance and Chaos‹. Siehe auch Ilya Prigogine und Isabelle Stengers, ›Dialog mit der Natur‹, sowie Peter Coveney und Roger Highfield, ›Anti-Chaos‹.

335 ... etwa mit der Gravitation ferner Galaxien: Legen Sie zwölf Billardkugeln hintereinander und stoßen Sie die erste an, so daß der Stoß von einer zur anderen weitergegeben wird. Theoretisch wird die Bewegung eines Planeten in einer fernen Galaxie das Geschehen um einen spürbaren Betrag verändern. Hier wird die klassische Mechanik zugrunde gelegt; in der Quantenmechanik gilt dasselbe für nur sieben Kugeln hintereinander.

335 ... vielleicht sind wir es aber auch, die die Dinge direktional wahrnehmen: Zu dem Schluß kommt Stephen Hawking in seiner ›Kurzen Geschichte der Zeit‹.

339 ... die Bedeutung dieser Voraussetzung: Siehe Ilya Prigogine und Isabelle Stengers, ›Dialog mit der Natur‹.

340 ... Wenn Sie einmal Gelegenheit haben, müssen Sie es unbedingt selbst ausprobieren: Das von Art Winfree vereinfachte Rezept Zhabotinskijs läßt sich zuverlässig auch vor Schülern durchführen und benutzt nur vier billige, jahrelang lagerfähige Komponenten. Dabei entsteht Brom, aber die Menge ist in einem gut belüfteten Raum ungefährlich. Vorsicht: Die Mischung ist leicht giftig. Machen Sie die vier Komponenten zurecht: 1, 25 g Natriumbromat, 335 ml Wasser zum Auflösen, dann 10 ml konzentrierte Schwefelsäure; 2, 10 g Natriumbromid, Wasser auf 100 ml.: 3, 10 g Malonsäure, Wasser auf 100 ml.: 4, 1, 10 Phenanthrolin-Eisen-Komplex [Bezugsquelle: Fisons, Loughborough, England]. Geben Sie 6 ml von Lösung 1 in ein Becherglas, fügen Sie 0,5 ml von 2 hinzu, mischen Sie dann rasch 1 ml von 3 hinein. Lassen Sie das braune Gemisch [am offenen Fenster] Brom abgeben, bis es blaß strohfarben oder farblos ist [2-3 Minuten bei Umrühren oder in einer flachen Schale]. Fügen Sie 1 ml des Redox-Indikators 4 hinzu, rühren Sie gründlich um und gießen Sie das Ganze in ein Neunzentimeterglas oder eine Kunststoff-Petrischale auf einem weißen [vor-

zugsweise beleuchteten] Untergrund. Es wird sich uneinheitlich blau färben, sich danach zu einem Braunrot klären. Blaue Punkte werden auftauchen [das kann bis zu fünf Minuten auf sich warten lassen] und sich zu einer Reihe konzentrischer Ringe ausweiten, die sich langsam ausdehnen. Schüttelt man die Schale, um wieder Homogenität herzustellen, tauchen die Muster anschließend wieder auf. Halten Sie ansonsten die Schale von Erschütterungen frei. Der Effekt hält zwanzig bis fünfundzwanzig Minuten an. Der Versuch klappt sehr gut auf einem Overheadprojektor, aber die Ringe können unscharf sein, wenn der Ventilator nicht ausgewuchtet ist.

343 ... das traurige Schicksal von Schrödingers Katze: Siehe John Gribbin, ›Auf der Suche nach Schrödingers Katze‹.

343 ... Wie T. S. Eliot ... gesagt hat: Siehe T. S. Eliot, ›Old Possum's Book of Practical Cats‹, Faber and Faber, London 1962.

345 ... ob das Atom zerfallen ist: Siehe John Horgan, ›Quantum Philosophy‹, Scientific American, Juli 1992, 70-79.

349 ... Effekt, den die Physiker Dekohärenz nennen: Siehe Thanu Padamanabhan, ›Bridge over the Quantum Universe‹, New Scientist, 10. Oktober 1992, 27-29. Eine andere Eigentümlichkeit des »Zusammenbruchs der Wellenfunktion« ist, daß sie nicht zwangsläufig zusammengebrochen bleibt. Raymond Chiao hat Fälle gefunden, in denen sie wiederaufersteht. Außerdem gibt es Anhaltspunkte dafür, daß Quantenobjekte, die man SQUIDs nennt, in einem überlagerten Zustand angetroffen werden können, so daß ihre Wellenfunktion gar nicht zusammenbricht. Siehe John Horgan, ›Quantum Philosophy‹, Scientific American, Juli 1992, 70-79.

349 ... wird sie nie gestehen: Es müßte eigentlich heißen: wird er nie gestehen. Eliots Katze war ein Kater. Über das Geschlecht von Schrödingers Katze gibt es keine Unterlagen.

350 ... die Quantenmechanik ist reduktionistisch, die Relativitätstheorie aber kontextbezogen: Ein mehr technischer, aber wichtiger Grund ist, daß die Quantenmechanik linear ist, die Relativitätstheorie dagegen nichtlinear.

352... statt eines Gegenstandes ein Wort: Siehe J. Casti, ›Paradigms Lost‹.

355... beide Arten von Verhalten zugleich: Es könnte möglich sein, entweder Heisenbergs Unschärferelation oder Bohrs Komplementaritätsprinzip zu widerlegen. Siehe Jim Baggott, ›Beating the Uncertainty Principle‹, New Scientist, 2/1992, 36-40.

359 ... sie schlagen den schnellsten Weg ein: Eigentlich müßte es heißen, den extremalen Weg – es können zum Beispiel auch die langsamsten Wege sein. Wir wollten uns jedoch nicht über die Bedeutung von »extremal« auslassen. Siehe Tim Poston und Ian Stewart, ›Catastrophe Theory and Its Applications‹.

359 ... ein völlig anderes »physikalisches« Bild: Dieselbe allgemeine Beobachtung, daß gleichwertige Mathematik unterschiedliche physikalische Interpretationen ergibt, machte Richard Feynman 1946 in einem Brief an seinen Freund Theodore Welton: »Es gibt so wenige Gleichungen, daß ich festgestellt habe, daß viele physikalische Bilder dieselben Gleichungen ergeben.« Siehe J. Gleick, ›Richard Feynman‹.

364 ... um den Keim für die Bildung von Galaxien zu liefern: Siehe Nigel Henbest, ›Big Bang Echoes Through the Universe‹, New Scientist, 2. Mai 1992, 4-6, und ›The Golden Age of Cosmology‹, Scientific American, Juli 1992, 9-12.

[9] Die Entwicklung der Organisation

368 ... Micheal Crichtons Roman ›Jurassic Park‹ und Steven Spielbergs Filmknüller: Siehe Empfehlungen zur weiteren Lektüre.

369 ... DNS eines Rüsselkäfers [nemonychid] sequenzierten: Siehe R. J. Cano, H. N. Poinar, N. J: Pieniazek, A. Acra und G. O. Poinar, Jr., ›Amplification and Sequencing of DNA from a 120-135 Million Year old Weevil‹, Nature 363 [10. Juni 1993], 536-38.

371 ... Sequenzierung des menschlichen Genoms: Hier ein typisches Beispiel. Das Institute of Biology ist eine bedeutende britische Forschungsstätte. Im Programm seines 1993 veranstalteten Symposiums über jüngste Fortschritte in der Humangenetik heißt es: »Das ›Handbuch des Lebens‹, das schließlich entstehen wird, wird die Identität und Position der rund hunderttausend menschlichen Gene sowie ihre Nukleotid- [Basen-] Sequenz enthalten. Schließlich wird es die vollständige Sequenz aller Chromosomen enthalten. Diese Information wird das wesentlichste Quellenmaterial für die *gesamte* biologische und medizinische Forschung sein und unsere Möglichkeiten, den menschlichen Körper zu verstehen und Krankheiten des Menschen zu diagnostizieren und zu heilen, enorm steigern.« Biologen werden Ihnen erklären, daß sie so naive Dinge nicht äußern. Sie tun es.

371 ... *»Gengenieur«-Storys von Tom Easton:* Siehe ›The Magazine of Fantasy and Science Fiction‹, März 1989.

376... *biologischen, chemischen und kulturellen Prozessen:* Das menschliche Begriffsvermögen entwickelt sich nach der Geburt und wird beeinflußt von einer Umwelt, die in anderen Menschen besteht. Junge Katzen können Erscheinungen ihrer Umgebung, z. B. den Rand eines tiefen Loches, nur dann erkennen, wenn sie diesen Erscheinungen in einem entsprechend frühen Alter ausgesetzt wurden.

377 ... An der Entwicklung scheinen... dynamische... Vorgänge beteiligt zu sein: Siehe Stephen Jay Gould, ›Ontogeny and Phylogeny‹, und Brian K. Hall, ›Evolutionary Developmental Biology‹.

377 ... eine bestimmte dynamische Form stabilisiert wird: Siehe Brian Goodwin, ›Development as a Robust Natural Process‹, Preprint, Open University [Milton Keynes, England] 1992; Mae-wan Ho, ›Where Does Biological Form Come From?‹, Revista di Biologia 77 [1984], 147-179.

378 ... Richard Lewontin hat jedoch gezeigt: Siehe den glänzenden Rezensionsartikel von Richard Lewontin, ›The Dream of the Human Genome‹, New York Review of Books, 28. Mai 1992, 31-40. Ignorieren Sie den Rest ab Mitte der Seite 38 – er ist weniger gelungen.

386 ... genau 3 333 333 333 Sequenzen lang: Das stimmt nicht, aber es ist nicht weit von der Wahrheit entfernt [die wirkliche Zahl ist etwa 3.154.000.000], und es regt die Phantasie an. Siehe J. Weissenbach et al., ›A Second-Generation Linkage Map of the Human Genome‹, Nature 359, Nr. 6398 [29. Oktober 1992], 794-800. Wir haben außerdem unterstellt, daß es »das« einheitliche menschliche Genom gibt, was natürlich nicht stimmt. Die aktuelle Diskussion, in der man immer wieder hört, daß »es« sequenziert wird, ist insofern irreführend.

387 ... bei der 43 772 331sten Gruppe: Nochmals: Wir tun so, als gäbe es ein einheitliches Genom, um dieser Diskussion mehr Spannung zu verleihen.

391 ... DNS-Sequenzen leben im DNS-Raum: Siehe Manfred Eigen, ›Viral Quasis-

pecies‹, Scientific American, Juli 1993, 32-39. Er spricht vom »Sequenz-Raum«, den er ausführlich definiert. Sein zentrales Anliegen ist, daß Viren so häufig mutieren, daß man nicht sinnvoll von einer Virus-»Art« sprechen kann, wohl aber ersatzweise von Regionen des Sequenz-Raums.

393 ... Genetiker, die die Wechselwirkung so auffassen: Das heißt, sie nehmen an, daß x Prozent eines Merkmals auf Gene und 100 – x Prozent auf die Umwelt zurückzuführen sind. Anschließend sprechen sie eine Reihe von mathematischen Zauberformeln, die angeblich x messen. Man geht dabei so vor, daß zunächst genetisch identische Geschöpfe in unterschiedlichen Umwelten [zum Beispiel eineiige Zwillinge, die nach der Geburt getrennt wurden] miteinander verglichen werden; dann werden hinsichtlich ihrer Umwelt identische Geschöpfe mit unterschiedlichen Genen [gemeinsam aufgezogene Geschwister] miteinander verglichen. Statistischer Hokuspokus ergibt dann den Wert von x. Dieses Vorgehen ist äußerst anfechtbar. Der »reale« Fall, daß sowohl unterschiedliche genetische als auch unterschiedliche Umwelteinflüsse wirksam sind, wird nicht in Betracht gezogen. Bei der statistischen Behandlung werden Natur und Kultur als unabhängige Variablen betrachtet, deren Wirkungen sich einfach addieren lassen – eine Annahme, die im finsteren Mittelalter der linearen Mathematik plausibel gewesen sein mag, die einem aber in einer Zeit, die die Bedeutung der Nichtlinearität entdeckt hat, sauer aufstößt. Gegen das statistische Verfahren ist schließlich einzuwenden, daß es immer – gleichgültig, was das System tut – irgendeinen Wert für x ergibt. Selbst wenn man annähme, daß das Flugvermögen der Hummel zu x Prozent von der Sonnenfleckenaktivität und zu 100 – x Prozent von den Spielergebnissen der Fußball-Bundesliga abhängt, ergäbe sich bei dieser Methode ein Wert für x. Für eine glänzende Kritik aus fachlicher Sicht siehe Douglas Wahlsten, ›Insensitivity of the Analysis of Variance to Heredity-Environment Interaction‹, Behavioral and Brain Sciences 13 [1990], 109-161.

394 ... Sie wären immer noch Elefanten: Siehe ›If Not a Dinosaur, a Mammoth?‹, Science, 253 [20. September 1991], 1356.

[10] Die Evolution der Möglichkeiten

400 ... daß es andere gültige Betrachtungsweisen nicht gibt: Diese Fragestellung – simplex, komplex, multiplex – steht im Mittelpunkt des außergewöhnlichen Science-Fiction-Romans ›Empire Star‹ von Samuel R. Delany.

413 ... Stephen Jay Gould nennt dies das Panda-Prinzip: In seinem Buch ›Bully for Brontosaurus‹ [siehe die Empfehlungen]. Ausführlich geht er auf den Daumen des Pandas in seinem gleichnamigen Buch ein. Eigentlich ist der Daumen des Pandas kein Beispielfall für das Panda-Prinzip, denn es war nicht so, daß zuerst ein schlechter Daumen da war und einen besseren verhinderte, sondern die Möglichkeit, einen besseren zu entwickeln, war schon verbraucht.

416 ... Ray nennt seine Kunstwelt Tierra: Siehe Ed Regis, ›Great Mambo Chicken and the Transhuman Condition‹, Mitchell Waldrop, ›Complexity‹, und Roger Lewin, ›Complexity: Life on the Edge of Chaos‹.

420 ... die dinosaurischen Cohens und Stewarts... würden behaupten: Siehe Jack Cohen und Ian Stewart, ›Chaos, Contingency, and Convergence‹, Nonlinear Science Today 1, Nr. 2 [1991], 9-13.

Abbildung 54 : Katastrophenoberfläche für eine evolutionäe Sackgasse

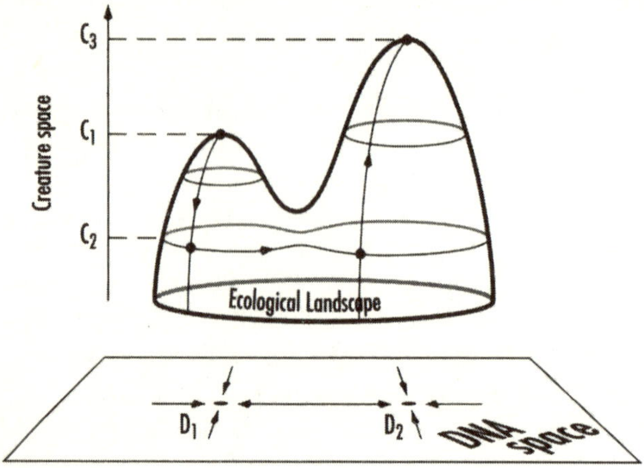

429 ... Wendungen wie »evolutionäre Sackgasse«: Tim Poston schickte uns ein Stück Katastrophen-Geometrie, aus dem dies sehr deutlich wird. Gesetzt, die Dynamiken auf dem Geschöpf-Raum und dem DNS-Raum seien durch eine vieldimensionale Oberfläche verknüpft, wie Abbildung 54 es schematisch zeigt. Die DNS-Sequenz D1 und das ihr entsprechende Geschöpf G1 sind in einer Sackgasse »gefangen«, weil G1 sich an einem lokalen Optimum der Geschöpf-Dynamik befindet. Die DNS-Sequenz D2, die dem weniger optimalen Geschöpf G2 entspricht, kann sich dagegen ohne eine Änderung des Phänotyps bewegen, durch versteckte Mutationen, deren Statistik den Anschein erweckt, als fände »überhaupt keine Auslese« statt. Wenn die DNS-Sequenz den Punkt D2 erreicht, führt ein leichter Weg ohne Änderung der DNS-Sequenz zu Geschöpf G3, das »fitter« ist als G1. Evolutionstheoretiker untersuchen üblicherweise die Bewegung entweder im DNS-Raum oder im Geschöpf-Raum, mißachten aber die neuen Möglichkeiten, die durch das Zusammenwirken beider Räume entstehen.

430 ... eine dorthin führende Brücke zu bauen: Wir weisen nochmals darauf hin, daß einer anderen Erklärung zufolge der meiste Sauerstoff aus geologischen Faltungen stammte. Siehe D. J. Des Marais et al., ›Carbon Isotope Evidence for the Stepwise Oxidation of the Proterozoic Environment‹, Nature 359, 5. Oktober 1992, 605-609.

[11] Das Verstehen der menschlichen Ursprünge

439 ... Kinder, die eigenständig kaum zu überleben vermöchten, bevor sie zehn bis zwölf sind: In Rio de Janeiro überleben sehr viel jüngere Straßenkinder ohne Hilfe der Eltern. Aber auch sie sind in einer – in unserem Sinne – »privilegierten« Lage. Die Straße versorgt sie mit nichtgenetischen Mitteln des Überlebens – weggeworfene Essensreste, Materialien wie Pappe und Holz sowie Waffen.

440 ... und das heißt: Gehirn: Computerwissenschaftler und Vertreter der Künstlichen Intelligenz haben denn auch inzwischen erkannt, daß ein hochentwickeltes Sehvermögen riesige Rechenkapazität erfordert – aber das ist nicht alles. Ein großes Gehirn reicht nicht aus; das Sehen erfordert Verarbeitungsmethoden, die so ausgeklügelt sind, daß bislang noch niemand verstanden hat, wie das Gehirn diese Aufgabe erledigt. Unsere Maschinen auf Siliziumbasis haben schon Mühe, ein Objekt von feststehender Gestalt und Größe zu erkennen, wenn seine Orientierung sich ändern kann; sogar die Erkennung der Ränder des Objekts fällt ihnen schon schwer. Unser visuelles System vermag ein Objekt in unterschiedlichen Entfernungen zu erkennen,

auch wenn es teilweise von anderen Objekten verdeckt ist, und außerdem aus unterschiedlichen Perspektiven. Es versieht Merkmale unserer Umgebung mit Etiketten, die uns einreden, wir sähen alle Farben, drei Dimensionen und Bewegung in »Echtzeit«. Siehe Daniel Dennett, ›Consciousness Explained‹. Im Vergleich dazu ist der größte Supercomputer nicht mehr als ein Abakus.

443 ... Da Diebstahl gegenüber ehrlicher Arbeit offenkundige Vorteile bietet: Eine Bemerkung von Bertrand Russell, im Zusammenhang mit einer theoretischen mathematischen Frage – der Rolle der Axiome.

443 ... Beta-Karotin, das in Pflanzen enthalten ist: Die britische Abwehr streute im Krieg das Gerücht, an das immer noch viele glauben, daß Karotten gut für das Nachtsehvermögen seien. Für den großen Erfolg der britischen Nachtjäger war in Wirklichkeit das Radar verantwortlich, und die Abwehr wollte verhindern, daß der Feind das herausbekam. Sollten Sie einen Mangel an Beta-Karotin haben, dann stimmt das Gerücht natürlich.

448 ... die biblische Erzählung von Noah: Die Erzählung von Noah war eine Bearbeitung einer schon existierenden babylonischen Sintflutgeschichte, des Gilgamesch-Epos, das polytheistisch war. Da die Israeliten ihre Version mit einem einzigen Gott ausstatteten, ist dies eine Geschichte, die sich ihrem Kontext entsprechend weiterentwickelte.

449 ... Einfach-so-Geschichten: und oftmals Nicht-so-Geschichten.

455 ... eine sehr scharfsinnige Formulierung der Kontext-Idee: Dieselbe Idee hatte der Science-Fiction-Autor Orson Scott Card. »Ich wollte zeigen, wo die Grenze zwischen Mensch und Tier verläuft, das exakte Komma im Interpunktionsmodell der sprunghaften Evolution, das den Übergang vom Nichtmenschlichen zum Menschlichen markierte. Für mich besteht diese Grenze in der menschlichen Universalie des Geschichtenerzählens; das ist es, was eine Gemeinschaft im Zeitablauf zusammenhält; das ist es, was eine menschliche Identität nach dem Tode bewahrt und sie während des Lebens definiert.« Siehe Orson Scott Card, ›Maps in a Mirror‹, Arrow Books, London 1992, Bd. 1. Card äußert sich über die Bedeutung seiner in diesem Band enthaltenen Story ›The Originist‹.

455 ... die erforderlichen Mittel, um mit unserer Kultur zu interagieren: »Unsere Identität ist nichts anderes als die Sammlung der Geschichten über uns selbst, die zu einem Teil unserer Überzeugung geworden sind. Auch die Erinnerungen an unser eigenes Leben sind gefiltert durch die Geschichten, die wir konstruiert haben, um die zurückliegenden Ereignisse zu interpretieren.« Orson Scott Card, Einführung von ›Maps in a Mirror‹, Arrow Books, London 1992, Bd. 2.

455 ... wie wir aus Mausgeschichten lernen, was »zaghaft« ist: Siehe Paul Shepard, ›Thinking Animals‹.

456 ... oder eines größeren Wortschatzes: Siehe Steven Pinker und Paul Bloom, ›Natural Language and Natural Selection‹, Behavioral and Brain Sciences 13 [1990].

462 ... resistente Sorten entwickelt: Das ist seit Jahrhunderten üblich – wir denken nicht bloß an ausgefallene »gentechnisch« erzeugte Sorten. Eine überspezialisierte Züchtung hat aber Nachteile: Nach einer kurzen Erfolgsphase fallen die »resistenten« Sorten oft Krankheiten zum Opfer, weil die genetische Vielfalt ausgeschaltet wurde. Die Wissenschaft hat uns großen Nutzen gebracht, aber es gibt nur wenige Dinge, die nicht auch Nachteile haben.

466 ... Ein Garnelen-Netz liefert Garnelen, ein Thunfisch-Netz Thunfisch: Und gelegentlich Delphine – aber das liegt daran, daß das Thunfisch-Netz im Grunde auch ein Delphin-Netz ist, auch wenn es nicht als solches gedacht war.

[12] Das Verhalten interaktiver Systeme

475 ... Je nachdem, wie man seine Wahl trifft: Mae-wan Ho, ›How Rational Can Rational Morphology Be?‹, Revista di Biologia 81 [1988], 11-55, wendet sich gegen die Grundannahme der phylogenetischen Systematik, daß eine Klassifikation anhand der Form mit der Stammesgeschichte deckungsgleich ist. Sie zeigt, daß man im Gedankenexperiment durch einen Prozeß, den man kennt, einen Stammbaum der Formen schaffen kann, daß die üblichen Methoden den Stammbaum aber nicht korrekt zu rekonstruieren vermögen.

481 ... kann die Ballonfahrt sich in unserem heutigen Ökosystem vermutlich nicht entwickeln: In der Technik entwickelte sich der Ballonflug zuerst, und der Flug mit Hilfe von Flügeln [hier Tragflächen genannt] kam später. Die beiden haben während ihrer Evolution unterschiedliche Nischen genutzt und sind einem direkten Wettbewerb ausgewichen.

482 ... wie es die meisten Selachier – Rochen und Haie – heute tun: Die *Cephalopoden* [Kopffüßer] haben es probiert und sind gescheitert. Nautilus, ein osmotischer »Ballon«, implodiert bei mehr als zweihundert Meter Tiefe, weil seine Schale hart ist.

486 ... Dazu müßten sie terrabildende Menschenaffen hervorbringen: Siehe Ian Stewart, ›The Ape That Ate the Universe‹, Analog, Juli 1993, 100-121.

488 ... Wir haben gute Aussichten, rund 99,99 Prozent aller eukaryotischen Arten auf diesem Planeten zu vernichten: Siehe Jared Diamond, ›The Third Chimpanzee‹.

491 ... und es gibt sie in vielen Formen: Die Parasitologin Miriam Rothschild berichtet von einer reizenden Anekdote. Ihre Tochter sollte in der Schule einen Aufsatz über das Thema »Es werde Licht« schreiben. Der Aufsatz ging dann etwa folgendermaßen: »Tiere brauchen, um sehen zu können, Pigmente, die nur Pflanzen aufbauen können. Mit Hilfe dieser Pigmente sehen die Tiere die Pflanzen, und dann fressen sie sie. Sie atmen Kohlendioxid aus, das von den Pflanzen wieder in Sauerstoff verwandelt wird. Bis dahin nutzen die Tiere nur die Pflanzen aus. Seit die Tiere aber sehen können, können die Pflanzen auch die Tiere ausnutzen, indem sie Blüten bilden, die die Tiere mit Nektar anlocken. Als die erste Biene die erste Blüte sah, da war Licht!« Jack Cohen erinnert sich, diese Anekdote in einer Vorlesung gehört zu haben. Ähnliches existiert auch in gedruckter Form. Siehe Miriam Rothschild, ›Remarks on Carotenoids in the Evolution of Signals‹, in ›Coevolution in Animals and Plants‹, Hrsg. Lawrence E. Gilbert und Peter H. Raven, University of Texas Press, Austin 1975, 20-37.

498 ... Theorie, die Lee Smolin neuerdings unter die Leute bringt: Siehe John Gribbin, ›Evolution of the Universe by Natural Selection?‹, New Scientist, 1. Februar 1992, 22; und Lee Smolin, ›Did the Universe Evolve?‹, Classical und Quantum Gravity 9 [1992], 173-91.

498 ... in dem die Lichtgeschwindigkeit sechshundert Meilen pro Stunde beträgt: Siehe Terry Pratchetts Discworld-Serie, deren jüngste Ausgabe heißt: ›Witches Abroad‹, ROC Books, New York 1993.

499 ... Nach herrschender Meinung: Siehe Martin Rees, ›Black Holes at Galactic Centers‹, Scientific American, November 1990, 26-33; Simon Mitton, ›Searchlights Reveal Black Hole in Action‹, New Scientist, 13. Juni 1992, 15; John Gribbin, ›Black Holes Reveal Themselves‹, New Scientist, 3. Oktober 1992, 32-35. Die Tatsachen sind noch umstritten, und manche Astronomen nehmen sie mit Vorbehalt auf. Am anderen Extrem hat Edward van den Heuvel berechnet, daß es allein in unserer Galaxie mindestens hundert Millionen Schwarze Löcher geben muß; siehe Govert Schilling, ›Black Holes by the Million Litter the Galaxy‹, New Scientist, 11. Juli 1992, 16.

501 ... Eine seiner Doktorandinnen – ihr Name war Baugenpheim: Eine Rosalind Franklin auf Zarathustra. Siehe Kapitel 1 und James Watsons ›Die Doppelhelix‹.

501 ... erfand ein Verfahren der Eckenverdopplung: In Wahrheit ging es um eine Eckenverachtfachung [praktisch wurde die Eckenverdopplung dreimal wiederholt], aber um die Idee auch Nichtoktimisten verständlicher zu machen und die Analogie zur Feigenbaum-Zahl herzustellen, haben wir die Geschichte von Zarathustra ein wenig umgeschrieben.

503 ... Inzwischen war das Oktimalitätsprinzip von allen – ausgenommen die starrsinnigsten Septimisten – anerkannt worden: Die klassische Darstellung der Geschichte der Schlacht zwischen Oktimisten und Septimisten ist ›Aufstieg und Fall der septimistischen Ketzerei. Eine Kurze Geschichte des Unglaubens an ein oktimales Universum‹ in acht Bänden von Dawkingjay Steephun, erschienen bei Octopoid Press. Dawkingjay führt den Aufstieg des Septimismus auf eine heimliche Tendenz zurück, das Intervall von eins bis acht mit der Differenz zwischen diesen beiden Zahlen, nämlich sieben, zu verschmelzen.

504 ... nennen wir sie Grais: Dies ist kein gültiger Fachbegriff.

[13] Komplizität und Simplexität

512 ... Kausalität und Kontingenz: Siehe Siehe Jack Cohen und Ian Stewart, ›Chaos, Contingency, and Convergence‹, Nonlinear Science Today 1, Nr. 2 [1991], 9-13.

513 ... vielleicht sogar der Heuschreckenkrebs: Siehe Jack Cohen, ›How to Design an Alien‹, New Scientist, 221. Dezember 1991, 18-21.

514 ... den sich unblässig verzweigenden Reduktionistischen Alptraum: Eine ähnliche Feststellung traf Richard Feynman 1981 im britischen Fernsehen, wo er sagte: »Sollte sich herausstellen, daß es ein einfaches letztes Gesetz gibt, das alles erklärt, hätte ich nichts dagegen – seine Entdeckung wäre eine feine Sache. Sollte sich herausstellen, daß es wie eine Zwiebel mit Millionen von Schalen ist ... das ist die Realität.« Siehe James Gleick, ›Richard Feynman‹.

519 ... aller Planeten des Sonnensystems für eine Million Jahre im voraus: Eines der Dinge, die sie fanden, war das Chaos, der Schmetterlingseffekt. Daher sind diese Vorhersagen cum grano salis zu nehmen. Und deshalb sagen wir »sehr angenähert auch in der Praxis«. Gewiß sagen die Gesetze die künftige Bewegung vorher, aber sie müssen sie nicht unbedingt korrekt vorhersagen. Das Chaos ist allerdings erstaunlich begrenzt. Von einer Berechnung zur nächsten können die exakten Positionen der Planeten sich ändern, doch der allgemeine Charakter der Bewegung hält sich in engen Grenzen. Kein Planet wandert hinaus in den interstellaren Raum oder stürzt in die Sonne. Es ist durchaus vorstellbar, daß die alte Frage nach der mathematischen

Stabilität des Newtonschen Sonnensystem eine befriedigende Antwort erfährt – freilich mit einem modifizierten Stabilitätsbegriff.

526 ... Stuart Kaufmanns Begriff des Antichaos: Siehe M. Waldrop, ›Complexity‹, und R. Lewin, ›Complexity: Life on theEdge of Chaos ‹.

527 ... bewegt sich bequemerweise auf einer annähernden Ellipse: Quanteneffekte lassen wir bewußt außer acht, weil nichts darauf hindeutet, daß sie an den Feststellungen bezüglich der Marsbahn etwas ändern. Allerdings zerstören sie die spezielle Simplexität »starre Kugel«, mit der wir in der klassischen Mechanik arbeiten, um die Bahn zu berechnen: Beim Übergang zur Quantenmechanik wird das Argument hinfällig. Unter Zuhilfenahme der Dekohärenz, die aus der Quantenmechanik eine gute Näherung der klassischen Mechanik macht, wäre es vielleicht zu retten.

530 ... Komplizität erweitert ihn: Eine ähnliche Unterscheidung trifft Margaret Boden in ihrem Buch ›The Creative Mind‹. Sie unterscheidet zwischen P-Kreativität, die einen bestehenden begrifflichen Raum erkundet, und H-Kreativität, die den begrifflichen Raum selbst erweitert. [»P« steht für »psychologisch« und bezieht sich auf Ideen, die für ihren Schöpfer neu sind; »H« steht für »historisch« und bezieht sich auf Ideen, die im Hinblick auf die gesamte menschliche Geschichte neu sind.]

534 ... Person im Mauthäuschen: Was sich in den Köpfen der Wartungsingenieure abspielt, ist eine Sache für sich, doch hat »Brücke« in ihren Vorstellungen eine ganz andere Bedeutung. Auch sie fassen sie als ein Merkmal auf, aber mit anderen geistigen Assoziationen als der Benutzer. Sie »sehen« sie anders. Merkmale sind kontextabhängig.

534 ... bei Insekten, Pterodaktylen, Fledermäusen und Vögeln: Und in weiteren Fällen, wenn man Flügelartiges wie die Distelwolle, den Ahornsamen und den Spinnenfaden hinzunimmt, mit dem die Tiere sich vom Wind treiben lassen.

535 ... haben die beiden Flugzeugtypen entsprechend geformte Tragflächen: Es ist uns klar, daß es Ballons, Hubschrauber und Flugzeuge gibt, die auf Skiern landen, aber der entscheidende Punkt ist getroffen – man muß nur den Kontext hinreichend einengen.

537 ... Rückkopplung zwischen Räumen mit unterschiedlichen Geographien: Rückkopplung zwischen Räumen mit derselben Geographie kann ebenfalls neue Verhaltenstypen erzeugen, sobald die Dynamik komplizierter wird als gleichbleibende Zustände.

540 ... Wir nennen solche Wechselwirkungen seltsame Schleifen: Diesen Ausdruck entlehnen wir bei Douglas Hofstadter, ›Gödel, Escher, Bach‹.

541 ... sie entwickeln sich zu erwachsenen Tieren, die anders aussehen: Diese Darstellung ist ein wenig umstritten, aber es steht fest, daß die europäischen Aale es nicht schaffen. Wenn unsere Geschichte also nicht stimmen sollte, so muß es sich doch ganz ähnlich verhalten.

542 ... in rund 130 Jahren auf die Erde schlagen könnte: Siehe Jeff Hecht, ›Will We Catch A Falling Star?‹, New Scientist, 7. September 1991, 48-53.

543 ... zur Basis des biologischen: Um allem die Krone aufzusetzen, schleudert Jupiter auch noch – dank des Chaos und mit Hilfe des Mars-Asteroiden in Richtung der Erdbahn. Siehe Ian Stewart, ›Spielt Gott Roulette?‹

543 ... Nicht die Selbstbezüglichkeit des Bewußtseins bedarf der Erklärung: Siehe

Nicholas Humphrey, ›A History of the Mind‹, und Daniel Dennett, ›Consciousness Explained‹.

548 ... einen direkten und schwerwiegenden Effekt auf Ihren Geist: Siehe das Huxley-Zitat in der Anmerkung zu von einem stumpfen Gegenstand getroffen, Kapitel 1.

557 ... und darauf spekulieren wir nicht: Andersherum heißt das: Wenn er käme, würden wir den Nobelpreis nicht direkt ausschlagen.

[Emfehlungen zur weiteren Lektüre]

Arnold, Vladimir I: Catastrophe Theory. New York/Berlin 1986

Asimov, Isaac: Hemoglobin and the Universe. London 1962

Baierlein, Ralph: Newton to Einstein: The Trail of Light. Cambridge 1992

Barnsley, Michael: Fractals Everywhere. Boston 1988

Barrow, John d.: Theorien für Alles. Die philosophischen Ansätze der modernen Physik. Heidelberg/Berlin 1992

Bateson, gregory: Ökologie des Geistes. Anthropologische, psychologische, Biologische und epistemologische Perspektiven. Frankfurt/Main 1985

Bell, Graham: The Masterpiece of Nature: The Evolution and Genetics of Sexuality. Berkeley 1982

Berry, R.J.: Neo-Darwinism. London 1982

Berlekamp, Elwyn R./Conway, John H./Guy, Richard K.: Gewinnen. Strategien für mathematische Spiele. Bd. 1-4, Braunschweig 1986

Boden, Margaret a.: Die Flügel des Geistes. Kreativität und künstliche Intelligenz. München 1992

Brenner, S./Murray, J. D./Wolpert, L.: Theories of Biological Pattern Formation. New York 1982

Brothwell, Don [hg.]: Biosocial Man. London 1977

Cairns-smith, A. G.: Seven Clues to the Origin of Life. Cambridge 1990

Calvin, William H.: The Throwing Madonna: Essays on the Brain. New York 1991

Casti, John L.: Verlust der Wahrheit. Streitfragen der Naturwissenschaften.München 1990

Casti, John L.: Szenarien der Zukunft. Was Wissenschaftler über die Zukunft wissen können. Stuttgart 1992

Chaitin, Gregory J.: Information, Randomness and Incompleteness. Singapur 1992

Chown, Marcus: Afterglow of Creation. London 1992

Clarke, Arthur C.: The Colours of Infinity. London 1992

Cohen, Jack: Maternal Constraints in Development. Cambridge 1979

Cohen, Jack: Reproduction. London 1977

Cohen, Jack: The Privileged Ape: Cultural Capital in the Making of Man. Carnforth 1989

Cohen, Jack/Massey, Brendan: Animal Reproduction: Parents Making Parents. London 1984

Coveney, Peter/Highfield, Roger: Anti-Chaos. Der Pfeil der Zeit in der Selbstorganisation des Lebens. Reinbek 1992

Crawford, Michael/Marsh, David: The Driving Force. New York 1989

Crichton, Michael: Jurassic Park. New York 1993

Darwin, Charles: Über die Entstehung der Arten durch natürliche Zuchtwahl oder die Erhaltung der begünstigten Rassen im Kampfe ums Dasein. Darmstadt 1988

Davies, Paul: Other Worlds. Harmondsworth 1988

Davies, P. C. W.: The Physics of Time Asymmetry. San Franzisco 1974

Dawkins, Richard: Der blinde Uhrmacher. Ein neues Plädoyer für den Darwinismus. München 1990

Dawkins, Richard: The Extended Phenotype. Oxford 1990

Dawkins, Richard: The Selfish Gene. Oxford 1990

Delany, Samuel R.: Empire Star. New York 1966

Dennett, Daniel C.: Consciousness Explained. London 1993

Diamond, Jared: The Third Chimpanzee: The Evolution and Future of the Human Animal. New York 1992

Ferris, Timothy: Das intelligente Universum. Berlin 1992

Feynman, Richard P.: QED. Die seltsame Theorie des Lichts und der Materie. München 1989

Field, Michael J./Golubitsky, Martin: Chaotische Symmetrien. Die Suche nach Mustern in Mathematik, Kunst und Natur. Basel/Berlin 1993

Gleick,James: Chaos. Die Ordnung des Universums. Vorstoß in Grenzbereiche der modernen Physik. München 1988

Gleick,James: Richard Feynman. Leben und Werk des genialen Physikers. München 1993

Gould, Stephen J.: Bully for Brontosaurus. New York 1992

Gould, Stephen J.: Der Daumen des Panda. Betrachtungen zur Naturgeschichte. Basel 1987

Gould, Stephen J.: Der falsch vermessene Mensch. Frankfurt/Main 1988

Gould, Stephen J.: Die Entdeckung der Tiefenzeit. Zeitpfeil und Zeitzyklus in der Geschichte unserer Erde. München 1990

Gould, Stephen J.: Wie das Zebra zu seinen Streifen kommt. Essays zur Naturgeschichte. Frankfurt/Main 1991

Gould, Stephen J.: Zufall Mensch. Das Wunder des Lebens als Spiel der Natur. München 1991

Gribbin, John: Auf der Suche nach Schrödingers Katze. Quantenphysik und Wirklichkeit. München 1991

Hall, Brian K.: Evolutionary Developmental Biology. London 1992

Hofstadter, Douglas R.: Gödel, Escher, Bach. Ein endloses geflochtenes Band. Stuttgart 1985

Hofstadter, Douglas R./Dennett, Daniel C.: Einsicht ins Ich. Fantasien und Reflexionen über Selbst und Seele. München 1992

Humphrey, Nicholas: A History of the Mind: Evolution and the Birth of Consciousness. New York 1992

Kragh, Helge S.: Dirac: A Scientific Biography. Cambridge 1990

Layzer, David: Cosmogenesis: The Growth of Order in the Universe. Oxford 1990

Lovelock, James: Das Gaia-Prinzip. Die Biographie unseres Planeten. Zürich 1991

Luminet, Jean-PPierre: Black Holes. Cambridge 1992

Mandelbrot, Benoit: Die fraktale Geometrie der Natur. Basel 1987

Minsky, Marvin: Mentopolis. Stuttgart 1990

Morgan, Elaine: The Aquatic Ape. Lanham 1984
Oyama, Susan: The Ontogeny of Information. Cambridge 1984
Penrose, Roger: Computerdenken. Des Kaisers neue Kleider oder die Debatte um künstliche Intelligenz, Bewußtsein und die Gesetze der Physik. Heidelberg 1991
Prigogine, Illya/Stengers, Isabelle: Dialog mit der Natur. Neue Wege naturwissenschaftlichen Denkens. München 1990
Prusinkiewicz, PPrzemyslaw/Lindenmayer, Aristid: The Algorithmic Beauty of Plants. New York/Berlin 1990
Riordan, Michael/Schramm, David N.: Die Schatten der Schöpfung. Dunkle Materie und die Struktur des Universums. Heidelberg 1993
Ruelle, David: Zufall und Chaos. Berlin 1992
Stewart, Ian: Spielt Gott Roulette? Chaos in der Mathematik. Basel 1990
Stewart, Ian: Probleme, Themen, Fragen. Basel/Berlin 1990
Waldrop, Mitchell: Complexity: The Emerging Science at the Edge of Order and Chaos. New York 1992
Watson, James: Die Doppel-Helix. Ein persönlicher Bericht über die Entdekkung der DNS-Struktur. Reinbek 1971
Weinberg, Steven: Der Traum von der Einheit des Universums. München 1993
Wolpert, Lewis: Regisseure des Lebens. Das Drehbuch der Embryonalentwicklung. Heidelberg/Berlin 1993

[Personenregister]